U0525843

人 性 论

［英］休谟 著
关文运 译
郑之骧 校

David Hume
A TREATISE OF HUMAN NATURE
Edited with an analytical index by
L. A. Selby-Bigge, M. A.
Oxford 1946

本书原文最初系分卷出版,第一、二卷发表于 1739 年,第三卷发表于 1740 年,发表地点都是英国伦敦。中译本根据牛津 1946 年版译出。

目　录

引　论 ………………………………………………………… 1

第一卷　论知性

第一章　论观念、它们的起源、组合、抽象、联系等 ……… 9
　　第一节　论人类观念的起源 ……………………………… 9
　　第二节　题目的划分 …………………………………… 15
　　第三节　论记忆观念和想象观念 ……………………… 16
　　第四节　论观念间的联系或联结 ……………………… 18
　　第五节　论关系 ………………………………………… 21
　　第六节　论样态和实体 ………………………………… 23
　　第七节　论抽象观念 …………………………………… 25
第二章　论空间和时间观念 ………………………………… 35
　　第一节　论空间和时间观念的无限可分性 …………… 35
　　第二节　论空间和时间的无限可分性 ………………… 38
　　第三节　论空间观念和时间观念的其他性质 ………… 42
　　第四节　对反驳的答复 ………………………………… 48
　　第五节　对反驳的答复（续） …………………………… 64
　　第六节　论存在观念和外界存在观念 ………………… 78
第三章　论知识和概然推断 ………………………………… 81
　　第一节　论知识 ………………………………………… 81
　　第二节　论概然推断；并论因果观念 ………………… 85
　　第三节　为什么一个原因永远是必然的 ……………… 91
　　第四节　论因果推理的组成部分 ……………………… 95

第五节　论感官印象和记忆印象 …………………… 97
　　第六节　论从印象到观念的推断 …………………… 100
　　第七节　论观念或信念的本性 ……………………… 108
　　第八节　论信念的原因 ……………………………… 113
　　第九节　论其他关系和其他习惯的效果 …………… 122
　　第十节　论信念的影响 ……………………………… 134
　　第十一节　论机会的概然性 ………………………… 142
　　第十二节　论原因的概然性 ………………………… 148
　　第十三节　论非哲学的概然推断 …………………… 161
　　第十四节　论必然联系的观念 ……………………… 174
　　第十五节　判断原因和结果所依据的规则 ………… 194
　　第十六节　论动物的理性 …………………………… 197
第四章　论怀疑主义哲学体系和其他哲学体系 ………… 202
　　第一节　论理性方面的怀疑主义 …………………… 202
　　第二节　论感官方面的怀疑主义 …………………… 209
　　第三节　论古代哲学 ………………………………… 242
　　第四节　论近代哲学 ………………………………… 249
　　第五节　论灵魂的非物质性 ………………………… 256
　　第六节　论人格的同一性 …………………………… 277
　　第七节　本卷的结论 ………………………………… 290

第二卷　论情感

第一章　论骄傲与谦卑 …………………………………… 305
　　第一节　题目的划分 ………………………………… 305
　　第二节　论骄傲与谦卑；它们的对象和它们的原因 … 307
　　第三节　这些对象和原因是从哪里来的 …………… 310
　　第四节　论印象与观念的关系 ……………………… 313
　　第五节　论这些关系对骄傲与谦卑的影响 ………… 315
　　第六节　这个体系的限制 …………………………… 320

第七节　论恶与德…………………………………… 325
　　第八节　论美与丑…………………………………… 329
　　第九节　论外在的有利条件与不利条件…………… 334
　　第十节　论财产权与财富…………………………… 341
　　第十一节　论名誉的爱好…………………………… 348
　　第十二节　论动物的骄傲与谦卑…………………… 357
第二章　论爱与恨……………………………………… 361
　　第一节　论爱与恨的对象和原因…………………… 361
　　第二节　证实这个体系的几种实验………………… 364
　　第三节　疑难的解决………………………………… 380
　　第四节　论对于亲友的爱…………………………… 384
　　第五节　论我们对于富人与权贵的尊重…………… 390
　　第六节　论慈善与愤怒……………………………… 399
　　第七节　论怜悯……………………………………… 402
　　第八节　论恶意与妒忌……………………………… 405
　　第九节　论慈善和愤怒与怜悯和恶意的混杂……… 414
　　第十节　论尊敬和鄙视……………………………… 423
　　第十一节　论性爱或两性间的爱…………………… 428
　　第十二节　论动物的爱与恨………………………… 431
第三章　论意志与直接情感…………………………… 433
　　第一节　论自由与必然……………………………… 433
　　第二节　论自由与必然(续)………………………… 441
　　第三节　论影响意志的各种动机…………………… 447
　　第四节　论猛烈情感的原因………………………… 452
　　第五节　论习惯的效果……………………………… 456
　　第六节　论想象对情感的影响……………………… 458
　　第七节　论空间和时间的接近和远隔……………… 461
　　第八节　论空间和时间的接近和远隔(续)………… 466
　　第九节　论直接的情感……………………………… 472

第十节　论好奇心或对真理的爱·················483

第三卷　道德学

第一章　德与恶总论·····························491
第一节　道德的区别不是从理性得来的············491
第二节　道德的区别是由道德感得来的············506
第二章　论正义与非义·····························513
第一节　正义是自然的还是人为的德···············513
第二节　论正义与财产权的起源······················521
第三节　论确定财产权的规则·························538
第四节　论依据同意而进行的财产转移···········550
第五节　论许诺的约束力································552
第六节　关于正义和非义的一些进一步的考虑···562
第七节　论政府的起源···································570
第八节　论忠顺的起源···································575
第九节　论忠顺的限度···································586
第十节　论忠顺的对象···································590
第十一节　论国际法······································604
第十二节　论贞操与淑德································607
第三章　论其他的德和恶·····························612
第一节　论自然的德和恶的起源······················612
第二节　论伟大的心情···································630
第三节　论仁善与慈善···································641
第四节　论自然才能······································646
第五节　关于自然才能的一些进一步的考虑·····653
第六节　本卷的结论······································657
附录···662
索引···671
作者生平和著作年表·····························738

引　　论

　　凡自命在哲学和科学方面给世人发现任何新事物的人们，总喜欢贬抑前人所提出的体系，借以间接夸耀自己的体系，这对他们说来是最通常和最自然的事情。诚然，对于那些可以提交人类理性法庭的最重要的问题，我们现在仍然愚昧无知；这些人如果满足于惋惜此种愚昧无知，那么一切熟悉科学现状的人们很少会对他们不欣然同意的。一个具有判断力和学识的人很容易看到这样一个事实，即那些最为世人称道，而且自命为高高达到精确和深刻推理地步的各家体系，它们的基础也是很脆弱的。盲目接受的原理，由此而推出来的残缺的理论，各个部分之间的不相调和，整个体系的缺乏证据；这种情形在著名哲学家们的体系中到处可以遇到，而且为哲学本身带来了耻辱。

　　用不着渊博的知识，就可以发现现在各种科学的缺陷情况，即使门外的群众根据他们所听到的吵闹的声音，也可以断定科学门内并非一切顺利。任何事物都是论辩的题材，学者们对它都持有相反的意见。对于一些最为微不足道的问题，我们也爱争辩，而对于一些极为重要的问题，我们却也不能给予确定的结论。争辩层出不穷，就像没有一件事情是确定的，而当人们进行争辩之际，却又表现出极大的热忱，就像一切都是确定似的。在

---

* 这里页旁所注罗马字码及以后各页所注阿拉伯字码，都是指英文原书的页码。——中译本编者注

这一切吵闹中间,获得胜利者不是理性,而是辩才。任何人只要具有辩才,把他的荒诞不经的假设,说得天花乱坠,就用不着怕得不到新的信徒。获得胜利者不是持矛执剑的武士,而是军中的号手、鼓手和乐队。

据我看来,对于各式各样的形而上学的推理,一般人之所以发生厌恶心理,就是因为这个缘故。甚至自命为学者,而且对其他任何学术部门给予恰当重视的一些人,也同样具有这种厌恶心理。他们所谓形而上学的推理,并不是指有关任何特殊科学部门的推理,而是指在任何方面相当深奥的、需要思考才能理解的任何一种论证。由于在这类研究中我们往往枉费心力,所以我们通常总是毫不犹豫地就摈弃它们,以为人类既然不得不永远受错误和幻想的支配,那么我们至少也应该使我们的错误和幻想成为自然的和有趣的。不过,只有最坚定的怀疑主义和极大程度的懒惰,才能为这种厌恶形而上学的心理辩解。因为,真理如果毕竟是人类能力所能及的,我们可以断言,它必然是隐藏在深奥的地方。最伟大的天才花了极大的精力,还是没有收获;我们如果希望真理可以不劳而获,那真可谓是狂妄自大了。在我下面所要阐述的哲学中,我并不自以为具有这种优越条件,而且我的哲学如果是十分浅显容易,我反而会认为是对它的一种极大的反对理由。

显然,一切科学对于人性总是或多或少地有些关系,任何学科不论似乎与人性离得多远,它们总是会通过这样或那样的途径回到人性。即使数学,自然哲学和自然宗教,也都是在某种程度上依靠于人的科学;因为这些科学是在人类的认识范围之内,并且是根据他的能力和官能而被判断的。如果人们彻底认识了人类知性的范围和能力,能够说明我们所运用的观念的性质,以及我们在作推理时的心理作用的性质,那么我们就无法断言,我们在这些科学中将会作出多么大的变化和改进。在自然宗教中,尤其希望有这些改进,因为自然宗教不肯满足于把神的本性告诉我们,而且进一步把见解扩展到神对人类的意向,以及人类对神的义务;因而人类不仅是能够推理的存在者,而且也是被我们所推理研究的对象之一。

数学、自然哲学、自然宗教既是如此依靠于有关人的知识,那么在那些和人性有更密切关系的其他科学中,又会有什么样的情况呢?逻辑的惟一目的在于说明人类推理能力的原理和作用,以及人类观念的性质;道德学和批评学研究人类的鉴别力和情绪;政治学研究结合在社会里并且互相依存的人类。在逻辑、道德学、批评学和政治学这四门科学中,几乎包括尽了一切需要我们研究的种种重要事情,或者说一切可以促进或装饰人类心灵的种种重要事情。

因此,在我们的哲学研究中,我们可以希望借以获得成功的惟一途径,即是抛开我们一向所采用的那种可厌的迂回曲折的老方法,不再在边界上一会儿攻取一个城堡,一会儿占领一个村落,而是直捣这些科学的首都或心脏,即人性本身;一旦被掌握了人性以后,我们在其他各方面就有希望轻而易举地取得胜利了。从这个岗位,我们可以扩展到征服那些和人生有较为密切关系的一切科学,然后就可以悠闲地去更为充分地发现那些纯粹是好奇心的对象。任何重要问题的解决关键,无不包括在关于人的科学中间；在我们没有熟悉这门科学之前，任何问题都不能得到确实的解决。因此，在试图说明人性的原理的时候，我们实际上就是在提出一个建立在几乎是全新的基础上的完整的科学体系，而这个基础也正是一切科学惟一稳固的基础。

关于人的科学是其他科学的惟一牢固的基础，而我们对这个科学本身所能给予的惟一牢固的基础，又必须建立在经验和观察之上。当我们想到，实验哲学之应用于精神题材较之应用于自然题材迟了一世纪以上，我们也不必惊奇；因为我们发现，事实上这两种科学的起源几乎也相隔有同样的时期；从泰勒斯推算到苏格拉底，相距的时间，约等于培根勋爵到英国晚近若干哲学家[①]相距的时间；到了这些哲学家才开始把关于人的科学置于一个新的立足点上，引起了人们的注意和好奇心。的确，在诗歌方面，其他民族虽然可以和我们抗衡，在其他一些足以欣赏的文艺方面，他们虽然可以超过我们，而理性和哲学的进步，却只能归功于我们这个容忍和自由的国家。

关于人的科学虽然发展得较迟，没有自然哲学那样的早，可是我们也不应该认为它给予我国的荣誉不如自然哲学那样的大，而应该认为它那较迟的发展是一个更大的光荣，因为这门科学具有更大的重要性，并且必须要经过这样一番的改革。因为，我觉得这是很显然的：心灵的本质既然和外界物体的本质同样是我们所不认识的，因此，若非借助于仔细和精确的实验，并观察心灵的不同的条件和情况所产生的那些特殊结果，那么对心

---

① 洛克先生、沙夫茨伯雷勋爵、曼狄维尔博士、赫钦逊先生、勃特勒博士等人。

灵的能力和性质,也一定同样不可能形成任何概念。我们虽然必须努力将我们的实验推溯到底,并以最少的和最简单的原因来说明所有的结果,借以使我们的全部原则达到最大可能的普遍程度,但是我们不能超越经验,这一点仍然是确定的;凡自命为发现人性终极的原始性质的任何假设,一下子就应该被认为狂妄和虚幻,予以摒弃。

我想一个认真致力于说明灵魂的最终原则的哲学家,不会自命对于他想要说明的人性科学是一位大师,或是自称对心灵自然地感到满意的事理知道得很多。因为失望和快乐对我们几乎是有同样的效果,我们一旦知道了某种欲望无法得到满足,这种欲望本身就会立即消失,这是确定不易的道理。当我们一旦看到,我们已经达到人类理性的最后限度时,我们便安心满足了,虽然我们完全明白我们在大体上的无知,并且也看到,对于我们的最概括、最精微的原则,除了我们凭经验知其为实在以外,再也举不出其他的理由。经验也就是一般人的理由,这种理由,即使对于最特殊、最奇特的现象,也无需经过研究便可以直接发现出来的。这种不能再进一步的情况就足以使读者感到满意,作者也就可以得到一种更为微妙的满意,因为他已坦然自认无知,明智地避开了过去许多人的错误,不把他的猜测和假设作为最确定的原则来蒙蔽世人。先生与学生既然如此互相感到满足和满意,我就不知道我们对于哲学还有什么进一步的要求。

如果这种不能说明最终原则的情形,被人认为是关于人的科学中的一个缺点,我也可以大胆声言,这是这种科学和一切科学所共有的缺点,也是和我们所从事的一切艺术所共有的缺点,不论这些学艺是在各个哲学学派中所培养的，或是在低贱的工匠作坊中所实践的。这些学艺中没有一种能够超出经验以外，或者建立任何不以这个权威为基础的原则。的确精神哲学有这样一种特殊的不利条件，这是自然哲学所没有的；那就是，当精神哲学收集实验材料时，无法有目的地进行实验，事先定好计划，并按照预定的方法去应付可能发生的每种具体困难情况。当我不明白在某种情况下某一物体对另一物体的影响时，我只须把这两个物体放在那样一种情况之下，并观察其有什么结果发生。但是在精神哲学中，我如果把自己放在我所要考察的那种情况下，企图以同样的方式消除任何疑难，那么这种思考和预计显然会搅扰我的自然心理原则的作用，而必然会使我无法根据现象得出任何正确的结论。因此，我们必须借审慎观察人生现象去搜集这门科学中的种种实验材料，而在世人的日常生活中，就着人类的交际、事务和娱乐去取得实验材料。当这类实验材料经过审慎地搜集和比较以后，我们就可以希望在它们的基础上，建立一门和人类知识范围内任何其他的科学同样确实、而且更为有用的科学。

原书第一、二卷前面的通告

我写这本书的计划已在引论里充分说明。读者必然会注意到,我在那里给自己规定的题目,并未全部都在这两卷中讨论。论知性和论情感这两卷是单独构成一系列完整的推理连锁的;我欣然利用这种自然的划分来试一试一般读者的趣味。如果幸而成功的话,我将进而对道德、政治和批评等题目加以考究,从而完成《人性论》全部著作。我把获得一般读者的嘉许看作是自己的辛劳的最大的报酬;但不管读者的判断怎样,我都决心把它当作是对自己的最好的教益。

人 性 论

在精神科学中采用实验推理方法的一个尝试

> 当你能够感觉你愿意感觉的东西,能够说出你所感觉到的东西的时候,这是非常幸福的时候。
>
> ——塔西陀

第一卷 论知性

第一章　论观念、它们的起源、组合、抽象、联系等

第一节　论人类观念的起源

人类心灵中的一切知觉(perceptions)可以分为显然不同的两种,这两种我将称之为印象和观念。两者的差别在于:当它们刺激心灵,进入我们的思想或意识中时,它们的强烈程度和生动程度各不相同。进入心灵时最强最猛的那些知觉,我们可以称之为印象(impressions);在印象这个名词中间,我包括了所有初次出现于灵魂中的我们的一切感觉、情感和情绪。至于观念(idea)这个名词,我用来指我们的感觉、情感和情绪在思维和推理中的微弱的意象;当前的讨论所引起的一切知觉便是一例,只要除去那些由视觉和触觉所引起的知觉,以及这种讨论所可能引起的直接快乐或不快。我相信,无需费词就可以说明这种区别。每个人自己都可以立刻察知感觉与思维的差别。两者的通常差别程度很容易分辨,虽然在特殊例子中,两者不是不可能很接近。例如在睡眠、发烧、疯狂或任何心情十分激动的状态中,我们的观念就可以接近于我们的印象;另一方面,有时就有这种情形发生,即我们的印象极为微弱和低沉,致使我们无法把它们和我们的观念区别开来。但是两者在少数例子中虽然有这种极

为近似的情形,而一般说来,两者仍然极为不同,所以没有人会迟疑不决,不敢把它们归在不同项目之下,并各给以一个特殊名称,以标志这种差异①。

我们的知觉还有另外一种区别,适用于我们的印象和观念两项,这是一种为我们提供方便的区别,值得我们注意。这就是简单与复合的区别。简单的知觉,亦即简单的印象和观念,不容再行区分或分析。复合知觉则与此相反,可以区分为许多部分。一种特殊的颜色、滋味和香味虽然都是结合于这个苹果中的性质,但我们很容易辨出它们是彼此并不相同的,至少是可以互相区别的。

通过这些区别,我们给了我们的研究对象以排列和秩序,于是我们便可以更精确地去研究它们的性质和关系。引起我注意的第一种情况是:我们的印象和观念除了强烈程度和活泼程度之外,在其他每一方面都是极为类似的。任何一种都可以说是其他一种的反映;因此心灵的全部知觉都是双重的;表现为印象和观念两者。当我闭目思维我的房间时,我所形成的观念就是我曾感觉过的印象的精确的表象,观念中的任何情节也无一不可在印象中找到。在检查我的其他知觉时,我仍然发现同样的类似和表象。观念与印象似乎永远是互相对应的。这个情况在我看来似乎是很突出的,当下引起了我的注意。

经过比较精确的观察之后,我发现我被初次的现象迷惑得

---

① 我在此处所用印象和观念这两个名词,其含义与通常的意义不同,我希望能有这种用词的自由。洛克先生曾用"观念"一词表示我们的全部知觉,违反了它的本义;我现在应用这个词,或者宁可说是恢复了它的本义。我所谓印象,读者请勿误会我是用以表示生动的知觉产生于心灵中时的方式,我只是指知觉的本身;无论在英语中或在我所知的其他任何语言中,对于这些知觉都没有专用的名词。

第一章　论观念、它们的起源、组合、抽象、联系等

过远了。我必须利用简单知觉与复合知觉的区别来限制"一切观念和印象都是类似的"这个概括判断。我观察到,我们的许多复合观念从来不曾有过和它们相应的印象,而我们的许多复合印象也从来没有精确地复现在观念之中,我能设想新耶路撒冷那样一座黄金铺道、红玉砌墙的城市,虽然我从来不曾见过这样一座城市。我曾见过巴黎;但是我难道就可以断言,我能对那座城市形成那样一个观念,使它按照真正的和恰当的比例完全复现那座城市的全部街道和房屋吗?

因此,我看到,我们的复合印象和观念一般说来虽然极为类似,可是说它们彼此互为对方的精确复本那个规律并非普遍真实的。其次,我们可以研究我们的简单知觉又是什么情形。经过我所能作的最精确的考察以后,我敢肯定说:前述规则在这里可以无例外地适用,每个简单观念都有和它类似的简单印象,每个简单印象都有一个和它相应的观念。我们在暗中所形成的那个"红"的观念和在日光之下刺激我们眼睛的那个印象,只有程度上的差别,没有性质上的区别。我们的简单印象和观念都是同样如此,不过我们不可能一一列举来加以证明。任何人都可以随意检查多少,使自己在这一点上得到满足。但是如果有人竟然否认这种普遍的类似关系,我也没有其他方法去说服他,只有要求他指出一个没有相应观念的印象,或者没有相应印象的观念。如果他不回答这个挑战——可以确定,他不能做到这点——我们就可根据他的缄默以及我们自己的观察来确立我们的结论。

这样,我们就发现,一切简单观念和印象都是互相类似的;而复合观念和印象既然由简单观念和印象形成,我们就可以概

括地断言,这两类知觉是精确地相应的。发现了这种无需进一步考察的关系以后,我就想发现观念和印象的其他一些性质。让我们来研究它们和它们的存在之间的关系,研究哪些印象和观念是原因,哪些是结果。

充分考察这个问题,就是本书的主题;因此,我们在这里就只限于确立一个概括的命题,即我们的全部简单观念在初出现时都是来自简单印象,这种简单印象和简单观念相应,而且为简单观念所精确地复现。

在搜罗种种现象来证明这个命题时,我只发现两种现象;但是每种现象都是很明显的,数量很多的,而且是没有争论余地的。我首先通过一个新的审查,来确定我前面所作的断言,即每个简单印象都伴有一个相应的观念,每个简单观念都伴有一个相应的印象。根据类似的知觉之间这种恒常的结合,我立刻断言,我们的相应的印象和观念之间有一种极大的联系,而且一种的存在对另一种的存在具有重大的影响。这样无数的例子中的这样一种恒常的结合决不会出于偶然,而是清楚地证明了不是印象依靠于观念,就是观念依靠于印象。为了要知道哪一种依靠于哪一种,我就研究两者初次出现时的次序,并由恒常的经验发现,简单印象总是先于它的相应观念出现,而从来不曾以相反的次序出现。要给一个儿童以深红和橙黄或甜味和苦味的观念,我就把这些对象呈现于他,换句话说,就是把这些印象传达给他;但我不会荒谬地试图通过激起这些观念来产生这些印象。我们的观念在出现时并不产生它们的相应的印象,我们也不能单借思维任何颜色或其他的东西,就知觉到那种颜色或感到其

第一章 论观念、它们的起源、组合、抽象、联系等

他的感觉。在另一方面,我们却发现,不论心灵或身体的任何印象,都永远有一个和它类似的观念伴随而来,而且观念与印象只在强烈和生动程度方面有所差别。我们的类似知觉的恒常的结合就令人信服地证明了,其中之一是另外一种的原因,而印象所占的这种优先性也同样地证明了,我们的印象是我们的观念的原因,而我们的观念不是我们的印象的原因。

为了证实这一点,我又研究另一个明显而令人信服的现象;就是,在任何情况下,只要产生印象的那些官能由于事故而使它们的作用受到了妨碍,例如一个生来就是盲人或聋子的那种情形;那么,不但没有了印象,而且相应的观念也就没有了,因而在心灵中两者都没有丝毫的痕迹。不但在感觉器官完全毁坏时是这种情形,就是在从未进行活动去产生一个特殊印象这种情况下,也是如此。我们如果不曾真正尝过菠萝,我们对于菠萝的滋味,便不能形成一个恰当的观念。

但是有一个与此矛盾的现象,可以证明观念不是绝对不可能出现于它们的相应的印象之前。我相信,人们会毫不迟疑地承认,通过眼睛进入心中的各别的颜色观念,或是通过听觉传入心中的各种声音的观念,实在是各不相同的,虽然同时它们是类似的。各种颜色既然是这种情形,那么同一颜色的各种深浅程度也必然有同样的情形,也就是说,各个色调都产生一个和其他色调的观念不同的另一个观念。如果否认这点,我们就可以将色调继续逐渐推移,使一种颜色在不知不觉之中推移到和它距离最远的一种色调;你如果不承认任何中间色调各不相同,那么你如果再否认两极色调相同,便不能不陷入谬误。因此,假设有

一个人三十年来视觉正常，并完全熟悉各种颜色，只有一种特殊的蓝色色调，偏是不幸没有遇到过。现在，把这种颜色的全部色调都放在那个人的面前，从最深的色调开始，逐渐降到最浅的色调，中间单缺那个特殊的色调；显然，他在没有那个色调的地方，将会看到一片空白，并且觉察到，在那个地方、两个互相邻接的色调要比在其他地方有较大的距离。现在我就问，那个人是否可以凭他的想象来补充这个缺陷，并使那个特殊色调的观念呈现在他的心中，虽然那种色调从未被他的感官传入到他的心中。我相信，很少有人会以为他不能做到这点。这一点可以用来证明简单观念并非总是从相应的印象得来的；但这种例子极为特殊和稀少，几乎不值得我们注意，也不值得单为它而改变我们的概括准则。

除了这个例外，我们不妨就这个题目附带说明一下，印象先于观念的这个原则，还要加上另外一条限制，即正如我们的观念是印象的意象一样，我们也能够形成次生观念，作为原始观念的意象，这在我们当前对于观念所作的推理中就可以看到。但恰当地说，这个限制与其说是那个规则的一个例外，不如说是那个规则的一个说明。观念可以在新观念中产生自己的意象；但原始观念既经假设为由印象得来；所以我们的一切简单观念或是间接地或是直接地从它们相应的印象得来的这个说法仍然是正确的。

这是我在人性科学中建立的第一条原则；我们也不应该因为它显得简易而加以鄙视。因为我们可以注意到，现在这个关于印象或观念的先后问题，正是和哲学家们争论有无先天观念，或我们的全部观念是否都从感觉和反省得来的那种在不同的名词下大为争吵的问题一样。我们可以说，为了证明广袤和颜色的观念不是先天的，哲学家们仅仅指出这些观念都是由我们的感官传来的。为了证明情感和欲望这两个观念不是先天的，哲学家们只是说，我们自身先前就曾有过这种情绪的经验。我们如果将这些论证仔细加以考察，就可以发现，这些论证只是证明了在观念之前已经先有了其他的更为生动的知觉，这些知觉是观念的来源，并被观念所复现。我希望这样清楚地陈述问题，将会消除有关这个问题的一切争论，并使这个原则在我们的推理中具有比原来更大的作用。

第二节　题目的划分

我们的简单印象既然是发生在它们相应的观念之前，而且很少例外，所以推理方法就要求我们先考察我们的印象，然后再研究我们的观念。印象可以分为两种，一种是感觉（sensation）印象，一种是反省（reflection）印象。第一种是由我们所不知的原因开始产生于心中。第二种大部分是由我们的观念得来，它们的发生次序如下。一个印象最先刺激感官，使我们知觉种种冷、热、饥、渴、苦、乐。这个印象被心中留下一个复本，印象停止以后，复本仍然存在；我们把这个复本称为观念。当苦、乐观念回复到心中时，它就产生欲望和厌恶、希望和恐惧的新印象，这些新印象可以恰当地称为是反省印象，因为它们是由反省得来的。这些反省印象又被记忆和想象所复现，成为观念，这些观念或许又会产生其他的印象和观念。因此，反省印象只是在它们相应的观念之前产生,但却出现在感觉印象之后,而且是由感觉印象得来的。研究人类感觉应该是解剖学家和自然哲学家的事情,而不是精神哲学家的事情,因此,现在就不加以研究。值得我们主要注意的反省印象,即情感、欲望和情绪,既然大多数是由观念产生,所以我们就必须把初看起来似乎是最自然的方法倒转过来;为了说明人类心灵的本性和原则,我们将先对观念作一详细的叙述,然后再进而研究印象。因为这个理由,我在这里就想先从观念开始。

第三节　论记忆观念和想象观念

我们从经验发现,当任何印象出现于心中之后,它又作为观念复现于心中,这种复现有两种不同的方式:有时在它重新出现时,它仍保持相当大的它在初次出现时的活泼程度,介于一个印象与一个观念之间;有时,印象完全失掉了那种活泼性,变成了一个纯粹的观念。以第一种方式复现我们印象的官能,称为记忆(memory),另一种则称为想象(imagination)。初看起来,就很显然,记忆的观念要比想象的观念生动和强烈得多,而且前一种官能比后一种官能以更为鲜明的色彩描绘出它的对象。当我们记忆起过去任何事件时,那个事件的观念以一种强烈的方式进入心中;而在想象中,知觉却是微弱而低沉,并且在心中很难长时间保持稳定不变。因此,在这两种观念之间就有一种明显的差别。但这一点可以留待以后详细讨论[①]。

---

① 第三章,第五节。

第一章 论观念、它们的起源、组合、抽象、联系等

这两种观念还有另外一种同样明显的差别，即不论记忆的观念或想象的观念，不论生动的观念或微弱的观念，若非有相应的印象为它们先行开辟道路，都不能出现于心中，可是想象并不受原始印象的次序和形式的束缚，而记忆却在这方面可说是完全受到了束缚，没有任何变化的能力。

显而易见，记忆保持它的对象在出现时的原来形式，当我们回忆任何事情时，如果离开了这种形式，那一定是因为记忆官能的缺陷或不完备的缘故。一个历史家为了叙述方便起见，或许会把前后事件颠倒叙述；但是他如果重视准确性的话，他会注意到这种颠倒了的次序，并且据此把那个后发生的事件的观念放在它应有的位置。在回忆我们先前所熟悉的地方和人时，也是同样情形。记忆的主要作用不在于保存简单的观念，而在于保存它们的次序和位置。总而言之，这个原则有那么多的普通和习见的现象作为根据，所以我们就可以无需再作进一步的讨论了。

我们的第二个原则也同样是很明显的，即<u>想象可以自由地移置和改变它的观念</u>。我们在诗歌和小说中所遇到的荒诞故事使这一点成为毫无疑问。在那些故事中，自然界完全被混淆起来了，所提到的无非是飞马、火龙和可怖的巨人。这种幻想的自由也是不足为奇的，当我们想到我们的一切观念都是由我们的印象复现而来，而且任何两个印象都不是完全不可分开的。更无须提到、这一点是观念分成简单和复合的区别的一个明显的结果。想象只要在任何情况下看到观念之间的差别，它便能很容易地加以分离。

第四节 论观念间的联系或联结

一切简单观念既然可以被想象加以分离,而且又可以被想象随意结合于任何一种形式以内,所以这个官能如果不是受某些普遍原则所支配,使它在某种程度上在一切时间和地点内都可以保持一致,那么,这个官能的各种作用将成为最不可解释的了。观念如果都是完全分散而不相联系,那就只有偶然的机会加以联结;各个简单观念之间如无某种结合的线索、某种能联结的性质,使一个观念自然地引起另一个观念,那么这些简单观念便不会有规律地联结成复合观念(而事实却通常是如此的)。观念之间的这个结合原则不应该被认为是一种不可分离的联系,因为这种联系已被排除于想象之外;同时,我们也不应该断言,如果没有这种联系,心灵便不能结合两个观念,因为任何东西都没有那个官能那样自由;我们只可以把这种联系看作经常占优势的一种温和的力量,这种力量也是——除了使其他事物联系之外——使各种语言极为密切地相应的原因;自然似乎向每个人指出最适于结合成一个复合观念的那些简单观念。产生这种联结,并使心灵以这种方式在各个观念之间推移的性质共有三种:类似,时空接近,因果关系。

我想无需证明,这些性质在观念之间产生一种联结,并在一个观念出现时自然地引起另一个观念。显然,在我们的思维过程中,在我们观念的经常的转变中,我们的想象很容易地从一个观念转到任何另一个和它类似的观念,而且单是这种性质就足以成为想象的充分的联系或联结的原则。同样明显的是,由于感官在变更它们的对象时必须作有规律的变更,根据对象的互相接近的次序加以接受,所以想象也必然因长期习惯之力获得同样的思想方法,并在想它的对象时依次经过空间和时间的各个部分。至于因果关系所造成的联系,我们以后还有机会加以彻底研究,因而现在不作详细讨论。这里我们只要提一下:没有任何关系能够比因果关系在想象中产生更强的联系于观念的对象之间,并使一个观念更为迅速地唤起另一个观念。

为了要了解这些关系的充分的范围,我们必须注意,不但当一个对象与另一个对象直接相似、接近或是它的原因时,而且当两者中间插入第三个对象、而这个对象对那两个对象又都具有这些关系之一时,这两个对象也可以在想象中联系起来。这种联系可以推得很远,虽然在同时我们可以看到,每一步的推移会使关系大为减弱。第四服的堂兄弟是被因果关系联系起来的(如果我可以用这个名词的话);但是这种联系的密切程度不及兄弟之间的联系,当然更不及父母和子女之间的联系。我们可以一般地说:一切血亲关系是根据因果关系的,并且是随各人中间所插入的起联系作用的原因的数目的多少而定其远近的。

在上述三种关系中,因果关系的范围最为广泛。不但当一个对象是另一对象的存在的原因时,而且当前者是后者的活动或运动的原因时,这两个对象也都可以认为是处于因果关系之中。因为那种活动或运动在某种观点下看来只是那个对象的自身,而且那个对象在它的种种不同的情况中又是保持同一不变,所以我们就很容易想象,对象之间的这种交互影响如何可以在想象中把它们联系起来。

我们可以把这个理论推进一步说，不但当一个对象在另一个对象中产生一种运动或任何活动时，而且当它具有产生这种运动或活动的能力时，那两个对象也被因果关系联系起来。我们可以看到，这就是一切利益和义务关系的根源，而人类就是通过这种关系在社会中互相影响，并被置于统治和服从的关系中间。一个主人就是依据暴力或合同处于一种地位，有权力在某些事项方面去支配我们所称为仆役的另一个人的行动。一个法官是在一切争讼案件中能够凭他的意见去确定社会任何成员之间对任何财物的所有权或财产权的一个人。当一个人具有任何权力时，他只要运用意志，就可以把权力变为行动；而这种转变在一切情况之下都可以被认为是可能的，而在许多情况之下应该被认为是很有可能的；在权威方面尤其是如此，在这里，臣民的服从就是官长的快乐和利益。

因此，这些原则就是我们简单观念之间的联结或结合原则，并在想象中代替了那种在我们记忆中结合这些观念的不可分离的联系。这是一种吸引作用（attraction），这种作用在精神界中正像在自然界中一样，起着同样的奇特作用，并表现于同样多的、同样地富于变化的形式中。这种吸引作用的效果到处都表现得很明显；但是它的原因却大体上都是不知道的，而必须归结为人性中的原始性质，这种性质我并不妄想加以说明。一个真正的哲学家必须具备的条件，就是要约束那种探求原因的过度的欲望，而在依据充分数目的实验建立起一个学说以后，便应该感到满足，当他看到更进一步的探究将会使他陷入模糊的和不确实的臆测之中。在这种情况下，他如果只是考察他的原则的效果,而不去探究它的原因,那么他的研究工作将会得到更好的结果。

在观念的这种结合或联结的许多结果之中,最为显著的就是构成我们思想和推理的共同题材,并一般地是产生于我们简单观念之间的某种结合原则的那些复合观念。这些复合观念可以分为关系、样态和实体。我们将依次简略地对这些观念分别加以研究,并附带讨论一下我们的一般的和特殊的观念,然后再结束现在这个题目——这个题目可以看作是我们这个哲学的基础。

第五节　论关系

关系(relation)这个名词通常用于两个差别得很大的意义。一个意义是指把两个观念在想象中联系起来,并按照前述方式使一个观念自然地引起另一个观念的那种性质而言;另一个意义是指我们在比较两个观念时所依据的那种特殊情况,即使是这两个观念只是任意在想象中结合着的。在普通语言中,前一种意义永远是我们使用关系这个名词时所指的意义;只有在哲学中,我们才把这个名词的意义加以扩充,用来指没有联系原则的任何特殊的比较题材。例如,哲学家承认距离是一种真正关系,因为我们是借比较各个对象而得到一个距离观念的;但是照通常的说法,我们却说,没有东西比这一类事物彼此距离更远的了,没有东西比它们之间更少关系的了,就像距离和关系是不相容似的。

使各种对象能够互相比较、并且产生出哲学上的关系观念来的那些性质，如果一一加以列举，也许会被认为是一种无休止的工作。但如果仔细地加以考察，我们就会发现，它们不难被归纳在七个总目之下，这七种关系可认为是一切哲学关系的根源。

(1) 第一就是类似关系(resemblance)：任何哲学关系离开了这种关系就都不能存在，因为任何对象如果没有几分类似，就不能被人比较。但是，类似关系虽然是一切哲学关系所必需的，可是我们并不能因此就说，这种关系总是产生观念的联系或联结。当一种性质变得非常普通，成为许多个体所共有的时，这种性质就不会直接使心灵注意任何一个个体，而是由于这种性质提供了一个太大的选择范围，因此就使想象无法固定在任何单一的对象上。

(2) 同一关系(identity)可以看作是第二种关系。我在这里所指的是在最严格意义下应用于恒常和不变的对象上的那种同一关系；我暂时不考察人格同一性的本性和基础，留待以后再行讨论。在一切关系中，同一关系最为普遍，它是一切具有持续存在时间的存在物所共有的。

(3) 同一关系之后，最普遍和最概括的关系就是空间和时间关系，这种关系是无数比较的源泉，例如远、近、上、下、前、后等等。

(4) 凡可以度量或计数的一切对象，都可以在数量(quantity)或数目(number)上加以比较；这又是关系的另一个丰富的源泉。

(5) 当任何两个对象具有一种共同的性质时，两者各自所具有的这种性质的差别程度就构成了第五种的关系。例如两个都是重的对象,其中一个比另一个或许是较重一些,或许是较轻一些。同一种类的两片颜色,它们的色调也许不同,在那一方面就可以比较。

(6) 相反(contrariety)关系,初看起来,可以认为是上述"没有某种类似程度便不能有任何关系存在"的那条规则的一个例外。不过我们可以注意,设有两个观念本身是相反的,除了存在和不存在这两个观念,而这两个观念显然也是类似的,因为两者都涵摄那个对象的观念,虽然后一个"不存在"观念把那个对象排除于它所不存在的一切时间和地点之外。

(7) 所有其他的对象,例如火和水,热和冷等,只是根据经验和它们的种种原因或结果的相反、而被人们发现为相反的,这种因果关系是第七种的哲学关系,也是一种自然的关系。这种关系中所涵摄的类似关系,将在以后加以说明。

人们自然会期望,我该把差异(difference)加在其他关系之后。不过我认为差异是关系的否定,而不是任何实在的或积极的东西。差异分为两种,即与"同一"相反的差异或与"类似"相反的差异。前者可称为数目上的差异;后者可称为种类上的差异。

第六节 论样态和实体

有一类哲学家把他们大量的推理建立在实体和偶有性的区别上,并且设想我们对两者都具有清楚的观念:我很想请问那些哲学家们,实体(substance)观念是从感觉印象得来的呢,还是从反省印象得来的呢? 如果实体观念是从我们的感官传给我们的,请问是从哪一个感官传来的,并以什么方式传来的?如果它是被眼睛所知觉的,那么这个观念必然是一种颜色;如果是被耳朵所知觉,那么它必然是一种声音;如果是被味觉所知觉,那么它必然是一种滋味;其他感官也是如此。但是我相信,没有人会说:实体或是一种颜色,或是一个声音,或是一种滋味。因此实体观念如果确实存在,它必然是从反省印象得来的。但是反省印象归结为情感和情绪;两者之中没有一个能够表象实体。因此,我们的实体观念,只是一些特殊性质的集合体的观念,而当我们谈论实体或关于实体进行推理时,我们也没有其他的意义。

实体观念正如样态观念一样,只是一些简单观念的集合体,这些简单观念被想象结合了起来,被我们给予一个特殊的名称,借此我们便可以向自己或向他人提到那个集合体。但是这两个观念的差别在于:构成一个实体的一些特殊性质,通常被指为这些性质被假设为寓存其中的一种不可知的东西;即使没有这种虚构,这些性质至少也被假设为由于接近和因果两种关系而密切地和不可分离地联系起来的。这样做的结果就是:我们只要一发现任何一个新的简单性质与其他性质有相同的联系,我们就立刻把这种性质列入于其他性质之中,即使这个性质原来没有加入最初的那个实体概念之中。例如我们的黄金观念开始可能是一种黄色、重量、可展性、可溶性;可是当我们发现它在王水中的可溶性以后,我们就把这种性质加入到其他一些性质中间,并假设它属于那个实体,就像它的观念自始就是构成那个复合黄金观念的一个部分。由于结合原则被认为是复合观念的主要部分,这个原则就接纳了后来出现的、并和其他最初出现的性质同样地包括在那个复合观念中间的任何性质。

样态方面便不能有这种情形,只要研究一下样态的本性,便可明了这点。构成样态的那些简单观念所表象的性质不是被接近关系和因果关系所结合,而是分散于不同的主体中的;或者,这些观念即使都结合在一起,而那个结合原则也并不被认为是那个复合观念的基础。跳舞的观念是第一种样态的例子,美丽的观念是第二种样态的例子。这类复合观念只要接受了任何一个新的观念,便要改变原来标志这个样态的名词,这个理由是很明显的。

第七节　论抽象观念

关于抽象观念或一般观念,已经有人提出了一个十分重要的问题,即当心灵想到这些观念时,这些观念是一般的呢,还是特殊的呢?在这一方面,一位大哲学家①已经辩驳过在这个问题上的传统见解,并且断言,一切一般观念都只是一些附在某一名词上的特殊观念,这个名词给予那些特殊观念以一种比较广泛的意义,使它们在需要时唤起那些和它们相似的其他各个观念来。由于我认为这一点是近年来学术界中最伟大、最有价值的发现之一,所以我将在这里力求通过一些论证加以证实,希望这些论证将会使这一点成为毫无疑问和无法争论。

显然,在构成我们大部分的——即使不是全体的——一般观念时,我们抽去一切在数量和性质上的特殊程度;而且一个对

---

① 贝克莱博士。

象也并不因为在它的广袤、持续和其他性质方面的任何些微的改变、而不再属于它原来的特殊种类。因此，我们可以认为这里有一个在那些抽象观念的本性方面起决定作用的明显的困难，它为哲学家们提供了许多思辨材料。一个"人"的抽象观念代表着种种身材不等、性质不同的人们；可以断言，抽象观念要做到这点，只有通过两个途径：或者同时表象一切可能的身材和一切可能的性质，或者根本不表象任何特殊的身材和性质。由于为前一个命题进行辩护已被认为是荒谬的，因为这就涵摄着心灵具有无限的才能，所以一般的推论都拥护后一个命题；于是，我们的抽象观念就被假设为既不表象任何特殊程度的数量，也不表象任何特殊程度的质量。但是，这个推论是错误的，我想在这里加以说明。第一，我要证明，对于任何数量或质量的程度如果没有形成一个明确的概念，那就无法设想这个数量或质量；第二，我要指出，心灵的才能虽然不是无限的，可是我们能在同时对于一切可能程度的数量和质量形成一个概念，这样形成的概念不管是怎样的不完全，至少可以达到一切思考和谈话的目的。

我们先从第一个命题开始，即心灵对于任何数量或质量的程度，如果没有形成一个明确的概念，那就无法对这个数量或质量形成任何概念。我们可以用下面三个论证来证明这点。第一，我们已经说过，一切差异的对象都是可以区别的，而一切可以区别的对象都是可以被想象和思想分离的。而且，我们在这里还可以附加说，这些命题逆转来说也同样是真实的：即一切可以分离的对象都是可以区别的，而一切可以区别的对象也都是差异的。因为，我们如何能够把不可区别的事物加以分离，把没有差异的事物加以区别呢？因此，为了要知道抽象作用是否包含着分离作用，我们只须在这个观点下加以考究，并且考察，我们从一般观念中抽去的一切细节是否和我们保留下来作为它们的本质部分的那些细节可以区别、并且是差异的。但是一看就可了然，一条线的确切长度和那条线本身既没有差异，也不可区别；而任何质量的确切程度和那个质量也是既没有差异、也不可区别的。因此，这些观念是不容分离的，正像它们不容区别、没有差异一样。所以，这些观念是互相结合在概念中的；一条线的一般观念，不论我们如何进行抽象和分辨，当它出现于心灵中时，总是具有在数量上和质量上的一个确切程度，不论它怎样可以被用来表象其他一些具有各种不同程度的线条。

第二，大家承认，凡出现于感官前面的对象，换句话说，即凡出现于心中的印象，总是在数量和质量的程度上是确定的。印象有时变得混淆，那只是由于它们的微弱和不稳定，并非由于心灵有任何能力可以接受在实际存在中，没有特殊程度或比例的任何印象。这是一个矛盾的说法，甚至涵摄着一个极度的矛盾，即同一件事物既可以是存在的，同时又可以是不存在的。

由于一切观念是从印象得来的，并且只是印象的复本和表象，那么，对于其中之一是真的道理、对于另外一种也必须承认是真的。印象和观念只是在它们的强烈程度和活泼程度上有差别。上述的结论并不是建立在任何特殊的活泼程度上的。因此，这方面的任何变化并不能影响上述的结论。一个观念是一个较弱的印象，一个强烈的印象既是必然有一种确定的数量和性质，所以它的复本或表象也必然是同样的情形。

第三，哲学中有一个公认的原理，即自然界一切事物都是特殊的；要假设一个没有确切比例的边和角的三角形真正存在，那是十分谬误的。因此，如果这种假设在事实上和实际上是谬误的，那么它在观念上也必然是谬误的；因为，我们对之能够形成一个清楚和明晰的观念的任何东西，没有一个是不合理的和不可能的。但形成一个对象的观念和单是形成一个观念，是同一回事；把观念参照一个对象，只是一种外加的名称，观念本身并不具有对象的任何标志或特征。我们既然不能形成一个只具有数量和质量、而不具有数量和质量的确切程度的对象观念，所以我们同样也就不能形成在这两方面没有限制和界限的任何观念。因此，抽象观念本身就是特殊的，不论它们在表象作用上变得如何的一般。心中的意象只是一个特殊对象的意象，虽然在我们的推理中应用意象时好像它具有普遍性似的。

这样把观念应用得超出它们本性以外，乃是由于我们把观念的一切可能程度的数量和质量粗略地集合起来去适应人生的目的；这是我要说明的第二个命题。当我们发现我们常见的各个对象之间有一种类似关系[1]时，我们就把同一名称应用于这些对象的全体，不论我们在它们的数量和质量的程度上看到什

---

[1] 〔显然，即使不同的简单观念之间也可以有一种相似或类似的关系，而且类似之点或类似的细节和它们之间的差异也不一定是可以区别或分离的。蓝和绿是两个不同的简单观念，不过它们比蓝和绯红较为类似，虽然它们的完全单纯性排斥了分离或区别的一切可能性。关于各个特殊的声音、滋味和气味，情形也是一样。这些虽然没有任何同一的共同细节，可是就它们的笼统现象作比较时却可以有无数的类似关系。甚至由单纯观念这个十分抽象的名词，我们也可以确信这一点。这些名词包括一切的简单观念。这些观念在它们的简单性方面互相类似。可是，由于它们的本性排斥一切的组合，所以使它们互相类似的这一细节就是和其他的细节

第一章　论观念、它们的起源、组合、抽象、联系等

么差异，也不论其他什么样的差异可能在它们中间出现。当我们养成了这种习惯之后，一听到那个名称，就会唤起这些对象之一的观念，并使想象想起它以及它的一切特殊的细节和比例。但是由于那个名词被假设为通常也应用于其他一些的个体，这些个体在许多方面和心中当前出现的那个观念是不同的，而那个名词又不能再现所有这些个体的观念，所以它只是触动了灵魂（如果我可以这样说），唤起了我们通过观察这些观念而养成的那种习惯。这些观念并不是实际上和事实上出现在心中，而只是处于一种潜能的状态；我们也并非在想象中把它们全部一个一个明晰地描绘出来，我们只是受当前的目的或需要的指使；准备随时观察其中的任何一个。这个名词唤起了一个具体观念，连同某种习惯；这个习惯就会唤起我们可能需要的任何其他的个别观念。但是，由于在大多数情况下这个名词所指的全部观念不可能都产生出来，我们就以一种比较片面的考虑简化了这种工作，并且发现在我们的推理中这种简化并未引起许多的不便。

因为，现在讨论的问题有一个最为奇异的情况，即当心灵产生了一个具体观念、使我们根据它进行推理时，倘或我们偶尔形成一串与这个观念不相符合的任何推理，那么由一般名词或抽象名词所唤起的那种伴随的习惯，立刻就会提出任何其他的个体来。例如我们如果提到三角形这个名词、并形成一个特殊的等

不可区别的，也是不可分离的。任何性质的一切的程度也都是这种情形。这些程度都是类似的，不过任何个体的性质和它的程度是不能区别的。〕

（这段脚注是由原书附录中移来的。原书附录中凡作者标明应插入正文或作脚注的段落，在中译本中均已分别排入正文或脚注的相应位置，并放在方括弧〔〕里，以资识别。——中译本编者注）

边三角形观念和它相应,后来我们如果说,一个三角形的三个角彼此相等,那么我们最初所忽视了的不等边三角形和等腰三角形等其他个体会立刻拥入我们的心中,使我们觉察这个命题的谬误,虽然对于我们先前形成的那个观念说来,这个命题是正确的。如果心灵在需要时并不总是提出这些观念,那就是由于心灵的能力有所缺陷,这样一种缺陷也往往是谬误的推理和诡辩的根源。但这种情形主要发生于深奥而复杂的观念方面。在其他的场合,我们的习惯就比较的完整,很少会陷入这样的错误。

不但如此,而且这种习惯的完整程度,可使同一观念附着于各个不同的名词,并可以用于种种不同的推理中,并不发生任何错误的危险。例如一个高度一寸的等边三角形观念,可以使我们谈论某一个形、一个直线形、一个有规则形、一个三角形和一个等边三角形。因此,所有这些名词在这种情形下都伴有同一个观念;但由于这些名词的习惯应用范围或大或小,它们就会据此刺激起它们的特殊习惯,并使心灵随时注意不要形成和这些名词通常所包括的任何观念相抵触的任何结论。

在那一类习惯还没有成为十分完善以前,心灵也许不满足于只形成一个个体的观念,而会去轮流观察好几个观念,借使自己了解自己的意义,以及自己通过这个一般名词所要表示的那个集合体的范围。例如,为了确定"形"(figure)这个名词的意义,我们就会在心中轮流审察不同大小的、不同比例的种种圆形、正方形、平行四边形、三角形等观念,而不肯停留在一个意象或观念上。不管怎样,有一件事情是确定的,就是:当我们应用任何一般名词时,我们所形成的是个体的观念;就是,我们很少

第一章　论观念、它们的起源、组合、抽象、联系等

或绝不会把这些个体全部审察穷尽；而那些余留下来的观念，只是通过那种习惯而被表象的，只要当前有任何需要时，我们就可以借这种习惯唤起这些观念来。这就是我们抽象观念和一般名词的本性；我们就是以这个方式来说明前面所提出的那个似非而是的说法，即某些观念在它们的本性方面是特殊的，而在它们的表象方面却是一般的。一个特殊观念附在一个一般名词上以后，就成为一般的了，这就是说，附在这样的一个名词上，这个名词由于一种习惯的联系，对其他许多的特殊观念都有一种关系，并且很容易把那些观念唤回想象中来。

这个题目所可能留下来的惟一的困难，必然是在于可以那样容易地唤起我们可能需要的每一特殊观念的那种习惯，那种习惯是被我们通常附在观念上的任何名词或语音所刺激起的。据我看来，对这种心灵活动要想给以一个满意的说明，最恰当的方法就是举出一些和它相似的其他的例子，以及促进它的活动的其他原则来。要说明我们心灵活动的最终原因是不可能的。我们只要能够根据经验和类比给以任何满意的解释，也就够了。

第一，我可以说，当我们提到任何一个大数字时，例如一千，心灵对它一般没有恰当的观念，心灵只有能力，借着形成包括那个数字的一些十进数的恰当观念来产生那样一个观念。但是我们观念中的这个缺点，在我们的推理中却从来感觉不到，这是和现在所研究的普遍观念的例子似乎是平行的一个例子。

第二，有些习惯可以被一个单个字唤起，我们有不少这种的例子；例如，一个人原会背诵一篇论文或若干首诗，一时记忆不起，只要一经提及篇首的一个字或一个词句，他便会记起全文

来。

第三,我相信,任何人只要一考察自己在推理时的心境,都会同我一致主张:我们在我们所应用的每个名词上并不总是附有明晰和完整的观念;在谈到政府、教会、谈判、征服时,我们很少会在自己心中展开这些复合观念所由组成的一切简单观念。但是我们可以注意到,虽然有这种缺陷,我们仍然可以对这些题材避免胡说乱谈,并且可以觉察观念之间的任何矛盾,就像我们对它们有充分的理解一样。例如,我们如果不说在战争中弱者总是选择谈判的途径,而却说他们总是采取征服的方式,那么,由于我们一向惯于把某些关系附在某些观念上,那种习惯仍然随着那些名词而来,并使我们立刻觉察这个命题是谬误的,这正像一个特殊观念可以被我们用来对其他的观念进行推理一样,即使这些其他观念在某些细节上和那个观念是很不相同的。

第四,由于个体被集合起来、并根据它们的互相类似关系被归纳在一个一般名词之下,这种关系必然会使这些观念易于进入想象之中,而在需要时更为迅速地呈现出来。的确,我们只要研究一下我们在思考或推理时的通常思维过程,就会发现可以相信这种说法的充分理由。想象极为敏捷地体现它的观念,并且在需要或有用的时刻,立刻把这些观念显现出来:这种敏捷程度真是十分奇异的。想象在收集属于任何一个题材的观念时,可以从宇宙的一端搜索到宇宙的另外一端。可以认为,由观念所组成的这个理智世界全部被展现在我们的眼前,我们只要拣出最适合于我们目的的那些观念。但是,除了灵魂中那种魔术般的能力所收集的那些观念之外,心中没有任何其他的观念;这种魔术般的能力在最伟大的天才心中虽然总是最为完善的,而且也正是我们所称的天才,但它是人类理智的最大努力也无法加以解释的。

我所提出的关于抽象观念的假设,和哲学界向来流行的假设极为相反;上面的四种考虑也许会帮助消除我的假设所有的困难。但是,老实说,我的主要信念仍然在于我按照通常说明一般观念的方法,对一般观念的不可能性作了证明。关于这个题目,我们必须寻求一个新的体系,而除了我所提出的体系之外,显然是再也没有其他的体系。观念就其本性来说既然只是特殊的,同时它们的数目又是有限的,所以观念只是由于习惯才在其表象作用上成为一般的、并且包括了无数其他的观念。

在我结束这个题目之前,我将应用这些同样的原则来说明经院中所谈论不休而很少了解的所谓理性的区别(distinction of reason)。形象和赋有形的物体,运动与被运动的物体的区别就属于这一类。说明这种区别的困难,来自上述的那个原则,即一切差异的观念都是可以分离的。因为根据这个原则,就可以推断说,如果形象和物体是不同的,它们的观念不但是可以区别的,而且也是可以分离的。如果形象和物体不是差异的,它们的观念就是既不能分离,也不能区别。那么,理性的区别既不涵摄差异,也不涵摄分离,这种区别到底有什么意义呢?

为了消除这种困难,我们必须采用前面关于抽象观念所作的说明。确实,心灵决不会想到要区别一个形象和赋有形象的物体,因为两者在实际上既是不可区别,又是不相差异、不能分离的;心灵所以要作这种区别,乃是因为它发现,即使在这种简单状态中也可能包含许多不同的类似关系和其他一些的关系。例如，当一个白色大理石球呈现在面前时，我们只是得到分布于一种形式中的一种白色印象，而且我们既不能分离、也不能区别颜色和形式。但是后来当我们看到一个黑色大理石球和一个白色大理石的立方体、并把它们和先前的对象加以比较时，于是在先前似乎完全不能分离而实际上也是不能分离的印象方面就发现有两种各别的类似情况。在经过一些更多的这种实践之后，我们就根据一种理性的区别开始去区别形象和颜色；也就是说，形象和颜色实际上既然是同一而不可区别的，所以我们把两者一并考察；可是又因为两者和其他的形象和颜色有类似关系，所以我们又根据它们所能有的类似关系在各个不同方面加以考察。当我们只是考察白色大理石球的形象的时候，我们实际上形成一个形象和颜色两者的合并观念，不过是暗中着眼于它和黑色大理石球的类似关系。同样，当我们只考察它的颜色时，我们又注意它和白色大理石的立方体的类似关系。通过这种方法，我们就在自己的观念上附加了一种反省，但是习惯的力量使我们多半觉察不到这种反省。如果有人希望我们只考察一个白色大理石球的形象，而不想到它的颜色，那就是希望一件不可能的事情；但他的意思是说，我们应该把颜色和形象一并考察，不过仍然应该注意它和黑色大理石球的类似关系，或者和任何其他颜色或任何其他物质的球体的类似关系。

第二章　论空间和时间观念

第一节　论空间和时间观念的无限可分性

一切带有莫名其妙的样子、并和人类原始的和最没有偏见的概念相反的任何见解，哲学家们往往会贪婪地加以信受，以为这就表明他们的学术的优越性，表明他们的学术就能够发现出远远地超出通俗看法的意见。在另一方面，对我们提出来的任何可以引起惊奇和钦佩的见解，也给予心灵极大的满意，以致耽溺于那些可意的情绪，再也不肯相信它的快乐是完全没有任何根据的。从哲学家和他们的弟子的这种爱好中，就发生了他们那种互相满足的情形；哲学家们提出那样多的奇怪的和不可解释的意见，而他们的弟子们也就非常轻易地相信这些意见。关于这种互相满意的情形，我可以举出无限可分说来作为一个最明显的例子；我想通过对无限可分说的探讨，开始去研究空间和时间观念的这个题目。

大家一致公认，心灵的能力是有限的，永远不能得到一个充分的和恰当的"无限"概念；即使这一点不被大家承认，它从最平凡的观察和经验中也表现得足够明显。同时这也是显然的：凡可以无限分割的东西必然含有无数的部分；而且，如果限制各部分的数目，也就不能不同时限制分割的过程。我们几乎无需什么归纳，就可以由此断言，我们对任何有限性质所形成的观念都不是可以无限分割的，而是通过适当的区别和分离过程，我们便可以把这个观念层层分割成完全简单而不可分的细小观念。在否认心灵具有无限能力的同时，我们就假设了心灵分割它的观念是有止境的。这个结论的明白性是没有任何方法可以逃避的。

因此，可以确定，想象会达到一个最小点，并且可以为自己提出一个不能再分割的观念，这个观念如果再要分割，便会完全消灭了。当你告诉我一颗沙粒的千分之一和万分之一时，我对于这两个数字和它们的不同的比例，都有一个明晰的观念；不过我在心中所形成借以表象这些事物本身的那些意象，彼此并无差异，比起我用来表象沙粒本身的那个意象，也并不更小，虽然我们假设沙粒大大地超过了它的千分之一和万分之一。凡由部分组成的东西仍可区别为那些部分，而凡可以区别的东西也都是可以分离的。但不管我们怎样想象这个东西，一颗沙粒的观念不可能区别或分割为二十个观念，当然更不能分割为一千、一万或无数不同的观念了。

感官的印象也和想象的观念情形相同。试在纸上画一墨点，凝神注视那个点，然后退往远处，直到最后看不见那一点为止；显然，在它即将消失之前的一刹那，那个映象或印象是完全不可分割的。远处物体的微小部分所以传达不来任何可以感觉到的印象，并非由于缺少刺激我们眼睛的光线，而是因为物体在某种距离上、它们的印象便缩小到了最小限度，不能再行缩小。而它们现在却已被移到那个距离以外了。显微镜或望远镜虽然能使这些对象可以看见，可是它们并不产生任何新的光线，只是扩展了那些永远由物体发出的光线，并通过这个方法使肉眼看来是简单而不复合的印象呈现出各个部分，并且把先前不可知觉的东西提升到最小点。

由此我们就可以发现通常的意见的错误，即认为心灵的能力在两方面都受到限制，而且想象对于超过某种微小程度东西，正像对于超过某种巨大程度的东西一样，都不能形成一个恰当的观念。我们在想象中所形成的某些观念和呈现于感官的某些映象可以达到最小的限度，没有东西能够比它们更小，因为有些观念和映象是完全简单而不可分的。我们感官的惟一缺点在于：它们给予我们以一些和物体本身不成比例的物体的映像，并且把实际上是巨大的、并由许多部分组成的东西表象为微小的和单纯的。这种错误，我们觉察不到；我们把呈现于感官的那些微小对象的印象，认为就等于或差不多等于那些对象，随后又依据理性发现还有其他远为微小的对象，因此就遽然断言，这些对象比我们的想象的任何观念或我们的感官的任何印象都更为微小。但是，可以确定，我们可以形成一些观念，不大于一个较蚰虫千分之一的虫子的元气[译注]（animal spirits）的最小的原子；我们其实应该这样断言：困难在于如何扩大我们的概念，以便形成一个正确的蚰虫概念，或者甚至形成比蚰虫小一千倍的一个虫子的正确概念。因为要对这样微小的动物形成一个正确的概念，我们必须有一个表象它们每一部分的明晰的观念；根据无限可分说，这是完全做不到的，而根据不可分的部分或原子这个理论，这又是极为困难的，因为这些部分数目太大，而且是过于繁复了。

[译注]元气是一种旧的说法,相当于现代生理学或心理学中所说的神经或神经活动。休谟在本书中用 animal spirits 或 spirits 处均指此;译文中在原书用 animal spirits 处,译为元气,在原书用 spirits 处,译为精神,意义根据上下文自明。

第二节　论空间和时间的无限可分性

当观念是对象的恰当的表象的时候,这些观念之间的关系、矛盾和一致,都可以应用于它们的对象之上;我们可以概括地说,这就是一切人类知识的基础。但是我们的观念是广袤的最小部分的妥当的表象;不论我们如何假设这些部分可以一分再分,这些部分永远不会变得小于我们所形成的某些观念。明显的结论就是:在比较这些观念时显得是不可能的、矛盾的事情,必然在实际上也是不可能的、矛盾的,不容任何辩解或遁词。

凡能无限分割的任何东西都包含有无数的部分;否则我们便会立刻达到不可分的部分而停顿下来。因此,任何有限的广袤如果是无限可分的,那么假设有限的广袤含有无数的部分,便不可能是一种矛盾了。反过来说,如果假设有限的广袤包含无数的部分、是一种矛盾,那么任何有限的广袤都不是无限可分的了。但是我只要考察一下我的一些清楚的观念,就很容易使自己相信,后面这一种的假设是谬误的。先拿我所能形成的最小的广袤部分的观念来说,我因为确知,没有东西比这个观念更小,于是我就断言,我通过这个观念所发现的任何性质必然是广袤的一种真正的性质。于是我便把这个观念重复一次、两次、三次……,结果发现由于重复这个观念而产生的复合的广袤观念总是在增大,变为两倍、三倍、四倍……,直到最后它随着我重复这个观念的次数的多少、而膨胀成较大或较小的相当大体积。

当我不再增加这些部分的时候,这个广袤观念便停止扩大;如果我把增加的过程无限地进行下去,我就清楚地看到,广袤观念必然也会变为是无限的。总而言之,我可以断言:〔无数的部分〕的观念和无限的广袤观念原是同一个的观念;任何有限的广袤都不能包含无数的部分,因此任何有限的广袤都不是无限可分的。①

我可以再附加一位著名作家②所提出的另外一个论证,这个论证在我看来是非常有力而精美的。显然,存在本身只能属于单位,绝不能应用于数字,它之所以应用于数字,只是由于组成数字的那些单位。我们可以说二十个人存在;不过这只是因为一个、两个、三个、四个……等人存在,如果你否认后者的存在,那么前者的存在自然也就不成立了。因此,要假设任何数字的存在、而同时却否认单位的存在,那是彻底谬误的。而按照形而上学家们一般的意见,广袤永远只是一个数字,而且永远不会分解为任何单位或不可分的数量,因此就可以推断,广袤根本不能存在。有人或许会答复说,任何有确定数量的广袤都是一个单位,不过它是可以含有无数部分的一个单位,并且可以一直无限地分割下去的;这种说法是无效的。因为依照这个同一的规则,那二十个人也可以看作一个单位了。整个地球,甚至整个宇宙也可以看作一个单位。单位这个名词只是一个虚构的名

---

① 有人曾反驳我说,无限可分性只是假设无数的比例部分,不是无数的除得尽部分,而无数的比例部分并不构成一个无限的广袤。但这种区别完全是无聊的。不论这些部分被称为除得尽的或比例的,都不能小于我们所能想象的那些微小部分;因此它们在结合起来时也不能形成一个更小的广袤。

② 马尔秀先生 Mons. Malezieu。

称,心灵可以把它应用于心灵所集合的任何数量的对象;这样一个单位也和数字一样不能单独存在,因为它实在也是一个真正的数字。但是那个能够单独存在、而且它的存在又是一切数字的存在的必要条件的单位,却是另外一种的单位,而且必然是完全不可分的,也不能再分解为任何较小的单位。

这一切的推理也都可以应用于时间方面;这里还要另外加上一条论证,我们也应该加以注意。时间有一个和它不可分的特性、可以说是构成了它的本质,即时间的各个部分互相接续,而且任何一些部分不论如何邻接,也永远不能共存的。一七三七年和今年一七三八年不能同时出现,根据同样的理由,每一个刹那和另一个刹那也必然互相区别,不是在后,便是在前。因此,时间的存在确是由不可分的刹那组成的。因为,如果我们永远不能把时间分割到底,而且接续其他刹那的刹那也不是完全单一而不可分的,那就会有无数共存的刹那或时间的部分;这一点我相信会被认为是一个明显的矛盾。

空间的无限可分性涵摄着时间的无限可分性,这在运动的性质中就显示出来。因此,后者如果是不可能的,前者也同样是不可能的。

我毫不怀疑,无限可分说的最顽固的辩护者也会立刻承认,这些论证确是一些困难,而且对于它们不可能提出任何完全清楚而满意的答复。不过我们在这里可以说,把一种理证称为困难,并借此来逃避它的力量和明白性,这是一种最为荒谬的习惯。在理证范围内和在概然推断(probability)范围内不一样,不可能有困难发生,或是一个论证和另外一个论证互相抵消,因而削减它的权威。一个理证如果是正确的,就不容许有反面的困难;如果是不正确的,那它就只是一种诡辩,因此也就绝不能算是一个困难。理证如果不是不可抗拒的,便是没有任何力量。在这样一个问题方面来谈反驳和答复,来谈各种论证的互相抵消,那就是承认人类理性只是语言的玩弄,否则便是说这种话的人本身没有胜任这种题材的能力。由于题材的抽象,理证可能会难于了解;但是理证一经了解以后,便永远不会有削弱它的权威的任何困难。

诚然,数学家们惯说:在这个问题的另一方面,也有同样有力的论证;不可分的点这个学说,也同样会受到难以答复的反驳。在我详细考察这些论证和反驳之前,我在这里要把它们作为整体来对待,并以一个简短而有决定性的理由一下子来证明它们绝对不可能有任何正当的根据。

形而上学中有一条确立的公理,就是:凡心灵能够清楚地想象的任何东西,都包含有可能存在的观念,换句话说,凡我们所想象到的东西都不是绝对不可能的。我们能形成一座黄金色的山的观念,由此就可断言,这样一座山可能真正存在。我们不能形成一座没有山谷的山的观念,因此就认为这样的山是不可能的。

确实,我们有一个广袤观念,否则我们为什么对它进行谈论和推理呢? 同样确实的一点是:想象所设想的这样一个观念虽然可以分为部分或较小的观念,却不是无限可分的,也不是由无数的部分组成的;因为那就超出了我们的有限的理解能力。那么,这里既然有一个由完全不可分的部分或较小的观念组成的广袤观念,所以这个观念并不含有矛盾,因此广袤可能是符合这个观念而真正存在的,因此所有为反驳数学点的可能性而提出的一切论证只是经院哲学的诡辩,不值得我们的注意。

33　　我们可以将这些结论更推进一步,并且断言,关于广袤的无限可分说的一切所谓理证同样都是一些诡辩;因为我们确知,如果不先证明数学点是不可能的,那么这些理证都不可能是正确的;而要想证明数学点的不可能,那显然是一种荒谬的企图。

第三节　论空间观念和时间观念的其他性质

上面我们所提到的那种发现,即印象永远是发生于观念之先,而且想象中所得到的每一个观念都是首先出现于和它相应的印象中的;对于解决关于观念的一切争论来说,没有其他发现比这个发现更为幸运的了。印象都是非常清楚而明显的,它们不容有任何争论,虽然我们的许多观念是很模糊的,甚至形成它们的心灵也几乎无法精确地说明它们本性和组合。我们可以应用这一条原理,来进一步发现我们的空间观念和时间观念的本性。

当我张开眼睛去观看周围的对象时,我就看到许多可见的物体;而当我闭上眼睛去思考这些物体之间的距离时,我就得到了广袤的观念。由于每个观念是从和它确切相似的某个印象得来的,那么和这个广袤观念相似的印象必然或者是由视觉得来的感觉,或者是由这些感觉产生的某种内在印象。

我们的内在印象是我们的情感、情绪、欲望和厌恶;我相信,没有人会说空间观念是以这些印象中的任何一个为范本而得来

第二章　论空间和时间观念

的。因此,剩下来就只有感官能够把这个原始印象传给我们。那么我们的感官在这里传给我们什么印象呢？这是主要的问题,它单独就能决定这个观念的本性。

在我眼前的这张桌子,在一看之下就足以给予我广袤的观念。因此,这个观念是由此刻出现于感官前的某一印象得来、并表象那个印象的。但是我的感官只给我传来以某种方式排列着的色点的印象。如果说我的眼睛还感觉到其他任何的东西,我希望有人把那个东西指点给我。但是如果无法再向我指出其他任何的东西来,那么我们就可以确实地断言,广袤观念只是这些色点和它们的呈现方式的一个复本。

假设在我们最初由以获得广袤观念的那个占有空间的对象或色点的组合中、那些点都是紫色的,那么必然的结果是：在那个观念每一次重复出现时,我们不但把那些色点放在同样的秩序内,而且还要把我们所仅仅熟悉的那种确切颜色加到那些点上。但是后来我们又经验到其他的颜色,如深紫、绿、红、白、黑,并经验到这些颜色的各种不同的组合,发现了这些颜色所由组成的色点的排列也有互相类似之处,于是我们就尽可能除去颜色的特点,而只根据那些色点的相同的排列方式或呈现方式形成一个抽象观念。不但如此,甚至当这种类似关系推进到一种感官的对象以外,当触觉印象在对象的各个部分的排列方面也被发现为与视觉印象相似时,这个抽象观念也可以依据两者的类似关系、同时把两者都表象了。所有的抽象观念实际上都是在某种观点下被考察的特殊观念,但由于这些抽象观念附着于一般名词,所以它们就能表象一大批的观念,并且包括在某些细节方面虽然相似、而在其他细节方面却极不相同的一些对象。

还有一个抽象观念较空间观念包括更大一批的观念,可是在想象中却被一个在数量上和质量上都是确定的特殊观念所表象;时间观念就是这样的一个例子,时间观念是由我们各种知觉的接续中得来的,这些知觉可以是观念,也可以是印象,可以是反省印象,也可以是感觉印象。

正像我们是从可见的和可触知的对象的排列方式得到空间观念,我们的时间观念是依据观念和印象的接续而形成的;时间绝不可能单独地出现于心灵,或被心灵所注意。一个酣睡的人或沉思一事的人都感觉不到时间;随着他的各个知觉接续得或慢或快,同一个的时间在他的想象中便显得或长或短。一位大哲学家①曾经说过,我们的知觉在这方面有某种界限,这种界限是由心灵的原始的本性和结构所决定的,超出了这种界限,外界对象对于感官的影响便不能加速或延缓我们的思想。如果你把一块烧红的煤块迅速地旋转,它就会在感官之前呈现一个火圈的映象;而在它的各次旋转之间也似乎没有任何时间的间隔。这只是因为人类知觉接续的速度跟不上传给外界对象的那种运动的速度。当我们没有接续着的知觉时,我们便没有时间概念,即使在对象中实在是有真正的接续的。根据这些和许多其他的现象,我们可以断言,时间不能单独地或伴随着稳定、不变的对象出现于心中,而总是由于可变的对象的某种可以知觉的接续而被发现的。

---

① 洛克先生。

第二章 论空间和时间观念

为了证实这一点，我们可以加上下面的一个论证，这个论证在我看来似乎是有完全的决定性和说服力的。显然，时间或持续是由各个部分组成的；因为，如果不是这样，我们便不能想象一个较长或较短的持续。还有一个明显的事实，即这些部分不是共存的；因为各个部分的共存性质是属于广袤的，这也就是广袤和持续的区别之点。时间既然是由不共存的各个部分组成，而一个不变的对象既然只能产生共存的印象，它就产生不出能够给予我们时间观念的任何印象。因此，时间观念必然是由可变的对象的接续得来，而且时间在最初出现时绝不可能和这样一种接续现象分开。

我们已经发现，时间最初出现于心中时，总是和可变的对象的接续现象结合着的，否则它就不可能被我们注意；现在我们必须考察，如果我们不想到任何对象的接续，我们是否能够想象时间，以及时间是否可以单独地在想象中形成一个明晰的观念。

为了要知道、在印象中结合着的任何对象在观念中是否可以分离，我们只须考察这些对象是否是差异的；如果是差异的，它们显然是可以分别想象的。根据前述的原理，凡差异的事物都是可以区别的，而凡可以区别的事物也都是可以分离的。相反的，如果这些对象不是差异的，它们就不能区别，如果它们是不能区别的，它们也就不能分离。但是时间在和我们的接续的知觉相较之下，正是这种情形。时间观念并不是由一个和其他印象混杂着、并可以和其他印象明显地区别的特殊印象得来的。时间观念完全由一些印象呈现于心中时的方式发生，而它却并不是那些印象中的一个。笛子上吹出的五个音调给予我们时间的印象和观念,但时间并非呈现于听觉或其他任何感官的第六个印象。它也不是心灵凭反省在自身所发现的第六个印象。这五个音在出现于这种特殊方式下时,在心中并不刺激起任何情绪,也并不产生任何感情,使心灵在观察到它时产生一个新的观念。因为,要产生一个新的反省观念,那种情形是一个必要条件,而且心灵即使对它的全部感觉观念作一千次的反复思考,也不能从它们中间得出任何新的原始观念,除非自然把心灵的官能构造得使心灵能够感到某种新的原始印象从那样一种思考中发生出来。但是心灵在这里只注意到各个不同的声音的出现方式;随后心灵就可以单独想到这个方式,而不必想到这些特殊的声音,并且可以把这个方式和其他任何的对象结合起来。的确,心灵必然要有某些对象的观念,而离了这些观念、心灵也永远不能得到任何时间概念;这个概念既然不是作为任何原始的独立印象出现,显然就只能是出现于某种排列方式、即互相接续的方式中的不同的观念、印象或对象。

我知道,有人认为持续观念可以在一个确当的意义下应用于完全不变的对象;我认为这不但是世人的一般想法,也是哲学家们的一般想法。不过我们只要回顾一下前面的结论,就可以相信这个想法是谬误的;我们前面的结论是,持续观念总是由可变的对象的接续现象得来的,绝不可能被任何稳定的和不变的对象传入心中。因为,由这里得出的不可避免的结论就是:持续观念既然不能由这样一个对象得来,所以在任何恰当的或精确的意义下,持续观念不可能应用于这样一个对象,而且任何不变的东西也不可能说成具有持续。观念永远表象着它们所由以得来的对象或印象,而且离了虚构便永不能表象或应用于其他任何的对象。究竟我们凭着什么样的虚构,把时间观念甚至应用于不变的对象,并且像通常那样设想持续不但是运动的衡量标准,而也是静止的衡量标准:这一点我们以后要加以考察①。

还有一个很有决定性的论证,它确立了我们现在关于空间观念和时间观念的这个学说,并且它本身只是建立在"我们的时空观念都是由不可分的部分组成"的那个简单原理上面的。这个论证也许值得考察。

由于一切可以区别的观念也都是可以分离的,我们可以把复合的广袤观念所由形成的那些简单而不可分的观念任取一个,把它和其他的一切观念分开,单独加以考察,然后对它的本性和性质作出一个判断。

显而易见,这个观念不是广袤观念。因为广袤观念是由许多部分组成的;而这个观念根据假设是完全简单而不可分的。它会是非实在物么?那是绝对不可能的。因为真实的复合广袤观念既然是由这一类观念组成的,如果这些观念只是一些非实在物,那就会有一个由一些非实在物组成的真实存在;这种说法是谬误的。因此,我在这里必须问,我们的简单而不可分的点的观念是什么呢?我的答复如果显得有些新奇,那是不足为怪的,因为这个问题本身几乎还从来不曾被想到过。我们惯于争论数学点的本性,但是很少争论数学点的观念的本性。

空间观念是由视觉和触觉这两个感官传入心中的;任何不

---

① 第五节(81页)。

可见的或不可触知的东西都不会显得具有广袤的。表象广袤的那个复合印象是由若干较小的印象组成的,这些较小的印象对视觉和触觉说来是不可分的,可以称为是具有颜色和坚固性的原子或粒子的印象。但是这还不够。不但这些原子必须是有颜色的和可触知的,才能呈现于我们的感官,我们还必须保存它的颜色或可触知性的观念,才能被我们的想象所接纳。使这些原子可以被心灵想象的,只是它们的颜色或可触知性的观念。如果把这些可以感知的性质的观念除去,这些原子对思想或想象说来便完全消灭了。

部分是如此,整体也是如此。如果一个点不是被看作为有颜色的或可触知的,它就不能传给我们任何观念;因而由这些点的观念组成的广袤观念也就绝不可能存在。但是广袤观念如果确实能够存在(我们意识到它是确实存在的),那么它的部分也必然存在;而为了要能存在,也就必须被看作是有颜色的或可触知的。因此,除了我们把空间或广袤观念看作我们的视觉或触觉的对象的时候,我们便没有这样一个观念。

同样的推理也能证明,时间的不可分的刹那也必然填充着某种真实的对象或存在,这种对象的接续形成了持续,并使它能够被心灵所想象。

第四节 对反驳的答复

我们关于空间和时间的体系是由两个密切关联的部分组成的。第一个部分依靠于下面这个推理连锁。心灵的能力不是无限的;因此,任何广袤或持续观念都不是由无数的部分或较小的观念组成的,而是由数目有限的、简单而不可分的观念所组成的。因此,空间和时间是可能符合于这个观念而存在的:如果是可能的,也就可以断定,它们实际上是符合这个观念而存在的;因为它们的无限可分性是完全不可能的和自相矛盾的。

我们的体系的另一个部分是前一部分的结果。空间和时间观念所分解成的一些部分,最后成为不可分的;这些不可分的部分由于本身是非实在物,所以如果不被某种真实的、存在的东西所填充,便不可能想象。因此,空间和时间观念不是各别的或独立的观念,而只是对象存在的方式或秩序的观念;或者,换句话说,我们不可能想象一个没有物质的真空和广袤,也不能想象一段没有任何真实存在物的接续或变化的时间。我们的体系的这两个部分因为有这种密切的联系,所以我们将一并研究那些对这两个部分所提出的反驳;我们首先要研究反对广袤的有限可分说的那些反驳。

Ⅰ.我要研究的第一个反驳,更适合于证明这两个部分的这种互相联系和依赖,而不可能摧毁其中任何一个部分。经院中往往有人主张说,广袤必然是无限可分的,因为数学点这个理论是荒谬的。这个理论所以是荒谬的,乃是因为数学点是一个非实在物,因此它和其他的数学点结合起来绝不可能形成一个真实的存在。如果在物质的无限可分性和数学点的非实在物之间没有任何中介,这种反驳应该是完全有决定性的。但是这里显然有一个中介,即我们可以赋予这些点一种颜色或坚固性。两个极端意见的荒谬正是这个中介的正确性和真实性的证明。物理点——另外一种的中介——的理论是太荒谬了,不值一驳。

一个实在的广袤,正像物理点被假设为是这样的,不可能离开了互相差异的部分而存在;而一切差异的对象又都是可以被想象所区别和分离的。

Ⅱ.第二个反驳是从这里得来的,即如果广袤是由一些数学点组成的,它们必然会互相渗透。一个简单而不可分的原子和另一个原子接触时,必然透入其中;因为它不能借它在外面的部分接触另一个原子,由于原来假设它是完全简单的,这就排斥了一切的部分。因此,第一个原子与第二个原子必然密切接触,以它的全部本质(Secundum se tota,& totaliter)接触;这正是互相渗透的定义。但渗透是不可能的,因此数学点也同样是不可能的。

我可以用一个比较正确的渗透观念来代替这个渗透观念,借以答复这个反驳。假设有两个在它们的周边以内不含有空隙的物体互相接近,密合无间,使结合而成的那个物体较那两个物体中任何一个的体积丝毫不大;这就是我们谈到渗透时所指的意义。但是显然,这种渗透只是指两个物体中的一个被消灭了,另一个被保存了,同时我们也无法具体区别出哪个被保存了,哪个被消灭了。在接触以前,我们有两个物体的观念。在接触以后,我们只有一个物体的观念。心灵对这样两个性质相同、而且在同一地点和同一时间内存在的物体,不可能保存它们之间的任何差异的概念。

如果照这种意义来说明渗透,把它认为是指一个物体在接触另一个物体后即便消灭,那么我就要问任何人,他是否认为一个有色的或可触知的点和另一个有色的或可触知的点接触之后、就必然要消灭呢？相反，他岂不是显然看到，这两个点的结合产生出了一个复合的、可分的对象么？这个对象岂不是可以分为两个部分，而且这些部分虽然互相邻接，岂不是仍然各自保存它们的各别的和独立的存在么？为了更容易防止这两个点的混合和混淆，他可以设想这两个点有不同的颜色，借以帮助他的想象。一个红点和一个蓝点一定可以互相接触、而不会渗透或消灭。因为，这两个点要是不能这样，那么它们可能成为什么呢？是红点，还是蓝点要被消灭呢？如果这两种颜色结合为一，它们的结合又会产生哪种新颜色呢？

引起这些反驳、同时使我们对这些反驳难以提出一个满意的答复的主要原因，乃是在于我们的想象和感官在运用于这类微小对象上时，有一种天然的缺陷和不稳定性。试在纸上画一墨点，然后退到那样一个距离，至墨点完全看不见为止；你将发现，在你返回来走近墨点的时候，墨点首先是时隐时现，随后便经常可以看到了；再后来，只是它的颜色变得浓一些，它的体积却并未增加；再后来，当它增加到显得真正占有空间的程度时，想象仍然难以把它分裂为它的组成部分，这是因为想象不很容易构想象单一的点那样一个微小的对象。这种缺陷影响了我们在当前这个题材上的大部分的推理，使人几乎无法清楚地、并以恰当的语言来回答关于这个题材所可能发生的许多问题。

Ⅲ.反对"广袤的部分"不可分说的许多反驳，都是从数学中得来的，虽然初看起来数学似乎反而是有利于现在这种学说的。不过数学在它的证明方面虽然是和现在这种学说相反的，但在它的定义方面却完全和现在这种学说符合的。因此，我现在的任务就必然是要辩护数学的定义,而驳斥它的证明。

一个面被下定义为只有长度和宽度而没有厚度;一条线被下定义为只有长度而没有宽度或厚度;一个点被下定义为没有长度、没有宽度、也没有厚度的东西。显然,如果不根据广袤是由不可分的点或原子组成的这一假设,那么根据其他任何的假设,这一套的说法便都是完全不可理解的。除了这个假设所假设的情形以外,任何没有长度、没有宽度或没有厚度的东西能够存在么?

对于这个论证,我发现曾有两个不同的答复:据我看来,这两个答复没有一个是满意的。第一个答复是:几何学的对象,即几何学研究它们的比例和位置的那些面、线和点,只是心中的一些观念,不但从未存在于、并且也永远不可能存在于自然界中。这些对象从未存在过,这是因为没有人会自称能够完全符合了定义去画一条线或作一个面;这些对象也永远不能存在,这是因为我们可以就从这些观念中提出论证来证明它们是不可能的。

但是,我们能够设想还有比这种推理更为荒谬而矛盾的任何说法么?凡能通过一个清楚和明晰的观念而被想象的东西必然涵摄它的存在的可能性;一个人如果自称借着由这个清楚的观念得来的任何论证来证明那个东西不可能存在,那他实际上就是在说,因为我们对它有一个清楚的观念,所以我们对它没有清楚的观念。在心灵能够明晰地想象的任何事物中,要想找出矛盾来,那是徒然的。如果它包含任何矛盾,那它就绝不可能被人想象。

因此,在承认不可分的点的可能性和否认这种点的观念这两者之间,没有任何中介;对于前述论证所作的第二个答复,就是根据于后面这一个原则。有人主张说①,我们虽然不能想象一个没有任何宽度的长度,可是我们可以通过一种不必把两者分离的抽象作用,单独考虑其中之一,而不去考虑另外的一个,正像我们可以考虑两个城镇间的道路的长度,而忽略去它的宽度一样。不论在自然界或心中,长和宽都是不可分的;但这并不排斥根据前面所说明的方式去作一个片面的考虑和理性的区别。

在反驳这个答复时,我自然可以援引我在前面已经充分地说明的那个论证,即心灵如不能在它的观念方面达到一个最小的限度,那么它的能力必然是无限的,这样才能接纳由它的任何广袤观念所组成的无数的部分。不过我在这里不坚持我的这个论证,而将力图在上述的那种推理中发现一些新的谬误。

一个面是一个立体的界限,一条线是一个面的界限;一个点是一条线的界限:不过我肯定说,如果一个点、一条线或一个面的观念不是不可分的,我们便不可能想象这些界限。因为,假设这些观念是无限可分的,随后再使想象力图固定在最后的面、线或点的观念上,想象便立刻会发现,这个最后的观念分裂为一些部分;而当想象抓住这些部分中的最后一个时,便又由于一次新的分裂而失去掌握,如此无限地继续下去,想象将永远不可能达到一个最后的观念。不论分裂多少次数,也都不能比想象所形成的最初观念使想象更为接近于最后的分裂。每一个分子都因

---

① 思维术(L'art de penser)。

为一次新的分裂，使人无法掌握，正像我们竭力去抓住水银的情况一样。但是，由于事实上必须有某一个观念来作为每一个有限的数量观念的界限，而且这个界限观念本身不能再由一些部分或较小的观念组成，否则便是它的最后部分才是观念的界限，（如此一直可以推下去）；这就清楚地证明了面、线和点的观念不容许再分的了，即面的观念在厚度上不能再分，线的观念在宽度和厚度上不能再分，点的观念在长度、宽度、厚度任何一方面都是不能再分的了。

烦琐哲学家们十分感到这种论证的力量，因而他们中间有些人就认为，自然在那些无限可分的物质分子中间掺进去了一些数学点，借以作为物体的界限；其他一些人却又通过一大堆毫无意义的指摘和区别，企图逃避这个论证的力量。这两种敌人都同样地认输了。一个躲藏起来的人正和一个公开地交出武器来的人一样，都是明显地承认了他们敌人的优势。

由此可见，数学的定义摧毁了它的那些所谓的证明；如果我们有符合定义的不可分的点、线和面的观念，它们的存在也就确实是可能的；但是如果我们没有这样的观念，我们便不可能想象任何一个形的界限；而要是没有了这种概念，那就不可能有几何的证明。

不过我还可以再进一步断言，这些证明没有一个具有充分的力量，足以建立像无限可分说的那样一个原则。这是因为对于这些微小的对象来说，这些证明不是恰当的证明，因为它们所依靠的观念并不精确，它们所依靠的原理也并不正确。当几何学关于数量的比例有所决定的时候，我们不应当要求极端的确切和精确。几何的证明没有一个达到这样的程度。它正确地设定形的维度和比例,但只是粗略地,而且有些任意。几何学的错误从来不是重大的,而且如果几何学不是企图达到那样一种绝对的完善,它就根本不会错误。

我首先要问数学家们,当他们说一条线或一个面等于、大于或小于另一条线或另一个面的时候,他们的意义是什么?让任何一位数学家作出一个答复,不论他属于哪个学派,也不论他是主张广袤是由不可分的点组成的,或是由无限可分的数量组成的。这个问题将会使这两种人同样地感到困难。

很少或者简直没有一个数学家拥护不可分的点的假设;可是恰好是这些数学家们对于现在这个问题给予最敏捷而最确当的答复。他们只须答复说:当一些线或一些面中间的点的数目相等时,这些线或面也就相等;而且随着点的数目比例的变化,线和面的比例也就跟着变化。这个答复虽然是明显的,而且又是确当的,可是我可以肯定说,这个相等的标准是完全无用的,而且我们在决定一些对象彼此相等或不相等时,也永远不根据这样一种的比较。因为,由于组成任何线或面的一些点,不论是视觉还是触觉所感知的,都是那样地微小而且互相混淆的,所以心灵绝不可能计算它们的数目,这样一种计算永远不能为我们提供一个判断各种比例的标准。没有人能够通过精确的计数去决定,一英寸比一英尺所含的点较少,或者是一英尺比一埃耳(ell)或其他较长的尺度所含的点较少。由于这个缘故,我们很少或永不认为这种计数法是相等或不相等的标准。

至于设想广袤是无限可分的那些人,就不可能利用这个答复,或是通过任何一条线或一个面的组成部分的计数,来决定这条线或这个面是否和另外的线或面相等。因为,按照他们的假设,最小的和最大的形既然都包含有无数的部分,而无数的部分,恰当地说,彼此又不能是相等的或不相等的,所以任何空间部分的相等或不相等,绝不能决定于它们的部分的数目的任何比例。诚然,人们可以说一埃耳和一码的不相等,在于组成两者的英尺数不同,而一英尺与一码的不相等在于组成两者的英寸数不同。不过由于在一种长度方面所称为英寸的那个数量被假设为等于另一种长度方面我们所说的时,而由于心灵不可能无限地参考这些较小的数量,来发现这种相等的关系;那么显然,我们最后就不得不另外确立一个和部分计数法不同的标准。

还有些人①认为,相等的最好的定义就是相合(congruity),当任何两个形互相重叠、而它们的各个部分都是互相符合和接合时,这两个形便是相等的。要判断这个定义,我们可以作这样的考虑:相等既然是一种关系,所以严格说来,相等并不是形的本身的一个特性,而只是由心灵对一些形所作的比较中产生出来的。因此,相等关系如果在于各部分之间这种假想的叠合和互相接触,我们就必须至少对这些部分有一个明晰的概念,并且也必须想象到它们的接触。但是显然,在这种想象中,我们就要把这些部分分到我们所能想象的最小限度;因为较大的部分的接触决不能使这些形成为相等。但是我们所能想象的最小部分就是数学点;因此,这个相等标准与点数相等的标准是一样的;

---

① 参阅博罗博士的数学讲演集。

而后面这个标准,我们已经判定是一个虽然确当但是无用的标准。因此,我们必须在别处寻求现在这个困难的解决。

〔有许多哲学家不肯指定任何相等的标准,而只是说,只要拿出两个相等的对象来,就足以给予我们以这个比例的一个正确观念。他们说,如果没有对于这一类对象的知觉,一切定义都是无效的;而当我们知觉到这类对象时,也就不再需要任何定义了。我完全同意这个推理,并且主张,关于相等或不相等的惟一有用的概念,是从各个特殊对象的整体现象和比较得来的。〕

因为,显而易见,眼睛、或者倒不如说是心灵,往往在一看之下就能够确定物体的比例,断言它们是相等、较大或较小,不必考察或比较它们的微小部分的数目。这一类的判断不但是很普通的,而且在许多情形下还是确实而无误的。当一码的长度和一英尺的长度呈现在前时,心灵就不能怀疑码比英尺较长,像它不能怀疑那些最为清楚和自明的原理一样。

因此,心灵在它的对象的一般现象中区别成三种比例,把它们称为较大、较小和相等。但是心灵关于这些比例的判断虽然有时是正确的,但并非永远如此;我们这一类的判断并不比关于其他任何题材的判断更能免于怀疑和错误。我们通常是借检查和反省来改正我们的第一次的意见;我们会肯定我们原来认为是不相等的对象是相等的,我们会认为先前显得比另一个对象较大的一个对象是较小的。我们感官的这种判断也不单是受到这样一种的校正;我们还往往把一些对象并列起来,借以发现自己的错误。而在无法并列的时候,我们便用一种共同的和不变的尺度连续地加以度量,这就把各种不同的比例报告我们。甚至这种校正也还容许新的校正,并且也可以有各种不同的精确程度,这就要看我们度量物体时所用的工具的性质如何,和我们进行比较时仔细的程度如何而定的。

因为,当心灵习惯于这些判断和它们的校正,并发现使两个形在眼中显出我们所称为相等这一现象的那个同一的比例,同样也使这两个形互相符合,并且符合于比量它们的任何共同尺度的时候,我们便从粗略的和精密的两种比较方法得到一个关于相等的混合概念。但是我们还不以此为足。因为,由于健全的理性使我们相信,除了呈现于感官前的物象以外,还有远远地比它们小得很多的物体;而虚妄的理性又要促使我们相信,还有无限地更为微小的物体;于是我们便清楚地看到,我们并没有任何度量的工具或技术,可以使自己免除一切的错误和不确定。我们知道,这种微小的部分增加或减少一个,无论在现象中或度量时,都是觉察不到的;而由于我们想象,两个原来相等的形在经过这种增加或减少以后、不可能还是相等,所以我们就又假设了某种假想的相等标准,以便精确地校正种种现象和度量,并将种种的形完全归约到那个比例。这个标准显然是假想的。因为,相等观念本身既然是由并列或共同的尺度所校正过的那样一个特殊现象的观念,所以除了我们具有工具或技术可以进行校正以外,其他任何的校正概念都只是心灵的一种虚构,既是无用的,也是不可理解的。不过这个标准虽然只是假想的,而这个虚构却是很自然的;而且原来促使心灵开始任何活动的理由即使停止了,心灵仍然会依照这种方式一直继续下去,这也是十分通常的事情。在时间方面,这一点显得十分明白;在这方面,我们显然没有确定各部分的比例的精确方法,这里的精确程度甚至还不及在广袤方面;可是我们的测量标准的各种校正以及它们的各种精确程度,却给予我们以一个模糊的、默认的完全相等的概念。在其他许多题材方面,情形也是一样。一个音乐家发现自己的听觉一天一天地变得精细起来,同时借反省和注意经常校正自己,于是即使在他对于题材无能为力的时候,仍然继续同一的心理活动,并认为自己有一个完整的第三音或第八音的概念,虽然他无法说出自己从哪里得到他的标准。一个画家对于颜色也形成同样的虚构。一个机匠对于运动也是一样,画家设想明和暗,机匠设想快和慢,认为都能够有一种超出感官判断以外的精确的比较和相等。

我们也可以把同样的推理应用于曲线和直线。对感官来说,没有东西比曲线和直线的区别更为明显的了,也没有任何观念比这些对象的观念能够被我们更容易地形成的了。但是,不论我们怎样容易形成这些观念,我们却无法举出确定它们的确切界限的任何定义来。当我们在纸上或任何连续面上画出一些线条的时候,这些线条依照一定的秩序从一点到另一点移动,因此可以产生一条曲线或直线的完整印象;但是这种秩序是我们所完全不知的,被观察到的只是合成的现象。所以,即使根据不可分的点的理论,我们对这些对象也只能形成某种不知的标准的模糊概念。要是根据无限可分说,我们甚至走不到这么远的地步,而只好归到一般的现象,以它为决定一些线条是曲线或是直线的准则。但是,对于这些线条,我们虽然不能给予任何完善的定义,也不能举出任何十分精确的方法来把一条线和另一条线加以区别；但这并不妨碍我们作更精确的考究，并以我们经过屡次试验认为它的正确性比较可靠的一个准则来作比较，借以校正最初的现象。就是由于这些校正，并由于心灵在已经没有理性作为根据时仍然要继续同样的活动，所以我们就形成对于这些形的一个完善标准的模糊观念，虽然我们并不能加以说明或加以理解。

的确当数学家们说"直线是两点之间最短的路线"时，他们自以为是下了一个精确的直线定义。但是，首先我要说，这更恰当地是直线的特性之一的发现，而不是它的正确定义。因为我问任何人，在一提到直线时，他岂不是立刻会想到那样一个的特殊现象，而只是偶然才会想到这种特性吗？一条直线可以单独地被理解，可是我们如果不把这条直线和我们想象为较长的其他线条加以比较，这个定义便不可理解。通常生活中有一个确立的原理，即最直的路线总是最短的路线；这就和说最短的路线总是最短的路线一样荒谬，如果我们的直线观念与两点之间最短路线的观念并无差别的话。

第二，我再重复一次我已经确立的说法，即我们不但没有精确的直线或曲线的观念，同样也没有精确的相等或不相等、较短和较长的观念；因此，后者绝不能给予我们对于前者的一个完善的标准。一个精确的观念永远不能建立于那样模糊而不确定的观念之上。

平面的观念也和直线的观念一样，不能有一个精确的标准，除了平面的一般现象以外，我们也没有任何其他判别这样一个平面的方法。数学家们把平面说成是由一条直线的移动而产生出来的,这是无效的。我们可以立刻反驳说:我们的平面观念之不依赖于这种形成平面的方法,正如我们的椭圆形观念之不依赖于锥形的观念一样;我们的直线观念也并不比平面观念更为精确;一条直线可能不规则地移动,因此而形成一个与平面十分不同的形;因此,我们必须假设这条直线要沿着两条互相平行的并在同一平面上的直线移动;这就成了以事物的本身来说明这个事物、循环论证的一个说法。

由此看来,几何学中一些最根本的观念,即相等和不相等、直线和平面那些观念,根据我们想象它们的通常方法,远不是精确而确定的。不但在情况有些疑问时,我们不能说出,什么时候那样一些特殊的形是相等的,什么时候那样一条线是一条直线,那样一个面是一个平面;而且我们同样也不能对于那个比例和这些形状形成任何稳定而不变的观念。我们仍然只能乞求于我们根据对象的现象所形成的、并借两脚规或共同尺度加以校正的那个脆弱而易错的判断。我们如果再假设进一步的校正,这种假设的校正如果不是无用的,便是假想的。我们如果竟然采纳那种通常的说法,采取一个神的假设,以为神的全能可以使他形成一个完善的几何的形,并画出一条没有弯曲的直线:那也是徒然的。这些形的最终标准既然只是由感官和想象得来,所以如果超出了这些官能所能判断的程度之外去谈论任何完善性,那就荒谬了;因为任何事物的真正完善性在于同它的标准符合。

这些观念既然是那样模糊而不确定,我就要问任何一个数学家,他不但对于数学中一些比较复杂而晦涩的命题,就是对于一些最通俗而浅显的原理,都有一些什么无误的信据呢?例如,他如何能够向我证明,两条直线不能有一个共同的线段?他又如何能够证明,在任何两点之间不可能画出一条以上的直线呢?他如果对我说,这些意见显然是谬误的,并且和我们的清楚的观念相抵触;那么我就会回答说,我不否认,当两条直线互相倾斜而形成一个明显的角度时,要想象那两条线有一个共同的线段是谬误的。但是假设这两条线以六十英里差一英寸的倾斜度互相接近,那我就看不出有任何谬误去说、这两条线在接触时会变成一条线。因为,我请问你,当你说,我假设两条线相合而成的那条线不可能像形成那样一个极小的角度的那两条直线一样成为同样的一条直线,你这时候是依照什么准则或标准来进行判断的呢?你一定有某种直线观念,和这一条线不相一致。那么你的意思是否说,这一条线中的点的排列秩序和它们所遵循的规则,和一条直线所特有的、而且是它的根本条件的那个秩序和规则不同呢?如果是这样,那么我必须告诉你,要是依照这个方式进行判断,你就已经承认了广袤是由不可分的点组成的(这也超出了你的本意),而且除此以外,我还必须告诉你,这也不是我们形成一条直线观念时所根据的标准;即使是的话,我们的感官或想象也没有那样大的稳定性,可以确定那个秩序何时被破坏了、何时被保存了。直线的原始标准实际上只是某种一般的现象;显然,我们可以使直线之间有相合的部分而仍然符合于这个标准,虽然这个标准是经过了一切实际的或想象的方法加以校正。

〔数学家们不论转向哪一边,都会遇到这个困境。如果他们借一个精密而确切的标准,即计数微小的、不可分的部分,来判

第二章 论空间和时间观念

断相等或任何其他比例,那么他们既是采用了一个实际上无用的标准,而又实际上确立了他们所企图破坏的广袤的部分的不可分说。如果他们像通常那样,从一些对象的一般现象的比较中得到一个不精确的标准,加以应用,并通过度量和并列加以校正;那么他们的一些最初原则虽然是确定和无误的,但也是太粗略了,不足以提供出他们通常由此所推出的那些精微的推论。这些最初原则是建立在想象和感官上面的。因此,结论也不能超出这些官能,更不能和它们抵触。〕

这就可以使我们的眼界开阔一些,并使我们看到,证明广袤无限可分性的任何几何的证明,并不能有那样大的力量,如像我们很自然地认为那种以辉煌名义作为支持的每一个论证应该具有的力量一样。同时,我们也可以了解,为什么几何学的所有其他的推理都得到我们的充分的同意和赞同,而单是在这一点上却缺乏证据。的确,现在更需要做的,似乎是说明这个例外的理由,而不是指出我们实际上必须要作这样一个例外,并把无限可分说的一切数学论证看成完全是诡辩的。因为,任何数量观念既然都不是无限可分的,那么显然,要试图证明那个数量本身允许那样一种分割,并且借着在这方面和它直接相反的一些观念来证明这点,那便是所能想象到的最为显著的一种谬误了。这种谬误本身既是十分显著的,那么以它为基础的任何论证必然会带来一种新的谬误,并且含有一个明显的矛盾。

我还可以举出一些由接触点(point of contact)得来的无限可分性的论证作为例子。我知道,没有一个数学家肯被人根据纸上所画的图形加以判断,他会说,这些图形只是一些粗略的草稿,只能较为简便地传达作为我们全部推理的真正基础的某些观念。我很满意这种说法,并愿意将争论只是建立在这些观念上面。因此,我希望我们的数学家尽量精确地形成一个圆和一条直线的观念。然后我就问,在想象两者的接触时,他还是想象线和圆在一个数学点上互相接触呢,还是不得不把线和圆想象为在一段空间中相合呢?不论他选择哪个方面,他都陷于同样的困难地步。如果他肯定说,在他的想象中勾画出这些形的时候,他能够想象线与圆只在一点上接触,那他便承认了那个观念的可能性,因而也就承认了那个对象的可能性。如果他说,在他想象那些线条接触的时候,他不得不使它们相合,那他因此便承认了几何学证明在进行到超出某种微小程度的时候,便发生错误;因为他确是有反对一个圆和一条线的相合的那样证明,换句话说,也就是他能够证明一个观念、即相合的观念与一个圆和一条直线这两个另外的观念是不相容的,虽然他在同时却又承认这些观念是分不开的。

第五节 对反驳的答复(续)

我的体系的第二部分是:空间或广袤观念只是分布于某种秩序中的可见的点或可触知的点的观念;这一部分如果是正确的,那么由此便可得到这样的结论:我们不能形成一个真空的观念或是一个不包含可见的或可触知的东西的空间观念。这种说法引起了三种反驳,我将对这三种反驳一并加以考察,因为我对一个反驳的答复正是我用以对待其他反驳的答复的一个结论。

第一,有人也许会说,许多年代以来人们关于真空(vacuum)

和充实(plenum)争论不休,没有能够使这个问题得到最后的解决;即在今天,哲学家们还以为可以随着自己的想象任意站在某一方面。但是,有人就会说,关于事物的自身,人们的争论不管有什么样的基础,那种争论的本身就确定了那个观念;人们如果对于他们所反驳或拥护的真空没有任何概念,那么他们对于真空便不可能那样长期地进行推理,或是加以反驳,或是加以拥护。

第二,如果这个论证会引起争执,真空观念的实在性或至少是可能性,也可以通过下面的推理加以证明。任何观念如果是可能观念的必然的和无误的结果,这个观念也就是可能的。我们即使承认世界此刻是一个充实体,我们也可以很容易地设想它被除去了运动;这个观念当然可以被承认为可能的。我们也必须承认能够设想全能的神可以毁灭任何一部分的物质,而其余的部分仍然处于静止的状态。因为,凡能区别的每一个观念既然可以被想象分离,而凡可以被想象分离的每一个观念又可以被设想为各别存在的;所以一个物质分子的存在显然不涵摄另一个物质分子的存在,正如一个物体的方形并不涵摄每一个物体的方形一样。这点既被承认,我现在就要问,静止和消灭这两个可能观念的并存可能会产生什么结果呢?当这一个房间中全部空气和细微物质都被消灭以后,并假设墙壁如旧、没有任何运动或变化的时候,那么我们必须设想会有什么结果发生呢?有一些形而上学家们答复说:物质和广袤既是同一的,所以一个的消灭就必然涵摄另一个的消灭。现在房间中各个墙壁之间既然不隔着距离,所以墙壁就互相接触,正像我的手接触着在我面前的这张纸一样。但是,这种答复虽然是很普通,可是我要问这些形而上学家们,他们是否能够根据他们的假设去想象这个情况,或者想象地板与屋顶,连同房间的相对的墙壁,互相接触,而同时却仍静止不动,保持同一的位置。因为自南向北的两壁既然与自东向西的两壁的相反的两端接触,那么自南向北的两壁如何还能够互相接触呢?而且地板与屋顶既然被处于相反位置的四壁所隔开,又如何能够互相会合呢?如果你改变它们的位置,那么你便假设了一种运动。如果你设想它们之间有任何东西,那么你便假设了一种新创造出来的东西。但是如果严格地守着静止和消灭这两个观念,那么由这两个观念产生出来的观念显然不是各部分接触的观念,而是其他某种东西;这种东西可以断定是一个真空的观念。

第三个反驳把问题更推进了一步,不但主张真空观念是实在的和可能的,并且认为它也是必然的和不可避免的。这个主张是建立于我们在物体中所观察到的运动,认为如果没有了真空,这种运动便将是不可能的,也是不能设想的,一个物体必须进入真空之中,才能为其他物体留出空间。我不准备详细阐说这个反驳,因为这个反驳主要是属于自然哲学,而自然哲学并不在我们现在的研究范围之内。

为了答复这三种反驳,我们必须将问题加以相当深刻的研究,并考察各个观念的本性和根源,以免我们没有完全理解争论的主题,而就进行争辩。显然,黑暗观念不是一个积极的观念,只是光的否定,或者更确切地说,是有色的、可见的对象的否定。一个享有视觉的人,如果周围没有了丝毫的光,那么他虽然向四面转动眼睛,他所得到的知觉和一个生来就盲的人的知觉相同。可以确定,这样一个人既没有光的观念,也没有黑暗的观念。由此而得的结论就是:我们并不是由于除掉了可见的对象后,就接受到没有物质的广袤印象;绝对黑暗的观念和真空观念绝不可能是同一的。

再假设一个人悬在空中,并被某种不可见的力量轻轻地向前移动;那么他显然感觉不到任何东西,并且从这种不变的运动也永远得不到广袤观念或任何其他观念。即使假设他来回运动他的肢体,这也不足以给予他以那个观念。他在这种情形下感到某种感觉或印象,那个感觉或印象的各部分是前后接续的,并且可给予他以时间观念;不过这些部分决不是排列于这样一个方式,足以成为传来空间或广袤观念的必要条件。

由于把一切可见的和可触知的东西全部除去以后,黑暗和运动看来决不能给予我们没有物质的广袤观念或真空观念,那么,第二个问题就是:它们如果与可见的和可触知的东西混杂起来,是否能够传来这个观念呢?

哲学家们通常承认,呈现于眼前的一切物体都似乎是涂绘在一个平面上,而且它们和我们相距的各种距离程度,都是被理性、而不是被感觉所发现的。当我把我的手举在面前、并把手指叉开时,那么手指完全被天空的蓝色分开,正像它们能够被我放在它们之间的任何可见的对象分开一样。因此,为了要知道视觉是否能传来一个真空的印象和观念,我们必须假设:在一片纯粹的黑暗中有一些发光体呈现于我们面前,这些物体的光只显示出这些物体的本身,而并不给予我们以周围对象的任何印象。

关于我们的触觉对象,我们也必须作出一个平行的假设。我们不该假设完全除去一切可触知的对象:我们必须允许有某种东西被触觉所触知;在隔了一段时间并把手或其他感觉器官运动之后,又遇到了另一个触觉对象;离开那个对象之后,又遇到了另一个;我们可以照这个方式随意继续下去。问题在于,这些时间的间隔是否能够给予我们没有物体的广袤观念呢?

先研究第一个情形:当只有两个发光体呈现于眼前时,显然我们能够知觉到它们是连接的,还是分开的;它们还是被长距离分开,还是被短距离分开;这个距离如果变化,我们还能知觉它的增加或减少和那些物体的运动。但是由于这里的距离并不是一种有色的或可见的东西,有人也许就以为这里有一个真空或纯粹的广袤,不但为心灵所理解,而且为感官所明显地感到。

这是我们的自然的、最熟习的思维方式;但是我们将通过一些思考加以校正。我们可以说,当两个物体呈现于先前完全黑暗的地方的时候,所能发现的惟一变化只是这两个物体的出现,其余一切仍和先前一样是光的完全否定,是一切有色的或可见的对象的完全否定。不但与这两个物体可说是远隔的东西是这种情形,就是二者之间的距离本身也是如此;这种距离只是黑暗或是光的否定,没有部分、没有组合、不变的和不可分的。这个距离所引起的知觉既然和一个盲人从他的眼睛所接受的知觉并无差异,也和漆黑的深夜中传给我们的知觉并无差异,那么这个距离也必然具有同一的特性;盲和黑暗既然不给予我们广袤观念,那么两个物体间黑暗而不可区别的距离也不可能产生那个观念。

如前所说,绝对黑暗与两个或较多的可见的发光体的现象之间的惟一差异,在于那些对象本身和它们刺激我们感官的方式。由对象发出的光线所形成的角;眼睛由一个物体转到另一物体时所需要的运动;被这些对象所影响的器官的各个部分:这些因素就产生了我们所能据以判断距离的仅有的知觉。但是由于这些知觉各自都是简单而不可分的,所以它们绝不能给予我们广袤观念。

我们可以借考察触觉,借考察可触知的物体或固体间的假想的距离或间隔来说明这一点。我现在假设两个情形:一个人悬在空中,来回运动他的肢体,并没有遇到任何可触知的东西;另一个人在触到某种可触知的东西以后,离开了它,并在经过他所知觉到的一种运动以后,又触到另一个可触知的对象;那么我就要问,这两个情形有什么差异呢?没有人不会断然说,这种差异只在于我们知觉到那些对象,至于由运动所发生的感觉则在两种情形下都是同样的。由于这种感觉在不伴有其他知觉时不能传给我们一个广袤观念,所以它在与可触知的对象的印象混合起来时,也并不能给予我们那个观念,因为那种混合对那种感觉并不产生任何变化。

虽然运动和黑暗,单独地或伴有可触知的和可见的物体,都不能传来一个真空或没有物质的广袤观念,可是它们却是我们错误地设想我们能够形成那样一个观念的原因。因为,那种运动和黑暗对于可见的和可触知的对象的实在广袤或组合具有一种密切的关系。

第一,我们可以说:在绝对黑暗中出现的两个可见的对象,就其刺激感官的方式来说,就其所发出的并会合于眼中的光线所形成的角度来说,正像两者之间的距离是充满了给予我们以真正广袤观念的那些可见的对象一样。当两个物体之间没有放着任何可触知的物体时,我们的运动感觉也和我们触到各个部分远离的一个复合物体时所得到的运动感觉一样。

第二,我们从经验发现,如果两个物体中间放着某种广度的一些可见的对象,另外有两个物体,就它们的位置来说,也能以同样的方式刺激感官;那么后面这两个物体间也可以接纳同样广度的可见的对象,而不至于有任何可以感知的撞击或渗透,也不至于对它们呈现于感官的角度有所改变。同样,如果我们先触到另一个对象,隔了一个时间以后,才能触到某个对象,而且我们把那个运动的知觉称为自己的手或其他感觉器官的运动,那么经验就告诉我们,在感到那个对象时,我们所有的运动感觉,也就和那种感觉伴有插在两个物体间的坚固和可触知的对象的印象时一样。换句话说也就是:一个不可见的和不可触知的距离可以转变成一个可见的和可触知的距离,而对于那些远隔的对象却不发生任何变化。

第三,我们可以说,这两种距离对于每一种自然现象几乎都有同样的效果,这一点可以说是这两种距离之间的另一种关系。因为一切性质,如热、冷、光、引力等,既然随着距离而减弱;所以不论这种距离是被复合而可感知的对象所标志出的,或者只是通过几个远隔的对象刺激感官的方式而被认知的,都没有多大差别。

因此,传达广袤观念的那种距离和不被任何有色的或坚固的对象所充满的那另一种距离之间就有三种关系。互相隔离的对象,不论是被哪样一种距离隔开,都以同一的方式刺激感官;第二种距离被发现为可以接纳第一种距离;两种距离同样减弱每一种性质的力量。

这两种距离间的这三种关系,将使我们很容易地说明,后一种距离为什么往往被误认作前一种距离,以及我们为什么在没有任何视觉或触觉对象观念时,也想象自己有一个广袤观念。因为,我们可以在这种人性科学中建立一个一般的原理,即只要两个观念有一种密切的关系,心灵就容易误认它们,并且在它的一切讨论和推理中把一个代替另外一个。这种现象发生于那样多的场合,并且那样重要,所以我在这里不得不稍停一下来考察它的原因。只是有一点我要先提到,即我们必须精确地区别现象本身和我将给那个现象指出的原因;我们决不可以由于原因方面的任何不确定而推断说现象本身也是不确定的。我的说明即使是虚妄的,现象仍然可以是真实的。说明的虚妄并不是现象的虚妄的结果;虽然同时我们可以说,我们得出这样一个结论是很自然的;这正是我力图说明的那个原则本身的一个明显的例子。

当我在前面把类似、接近和因果等关系看作观念结合的原则、而不再考察它们的原因时,这主要是为了执行我所确立的"我们终究必须满足于经验"的那个第一原理,而不是由于我在那个题材上拿不出一些动听的、似是而非的理由来。我们可以很容易地在想象中把脑子解剖一下,并且指出:为什么当我们想到任何观念时,元气就流入所有邻接的大脑痕迹中,因而唤起一些和它相联系的其他观念。但是,在说明观念的关系时我虽然忽略了从这个论题中可能得到的任何便利,可是恐怕我在这里不得不求助于这个论题,以便说明由这些关系所发生的错误。因此,我要说,由于心灵赋有一种能力,可以随意刺激起任何观念,所以每当心灵把元气送到观念所寓存的脑中那个区域,这些元气总是刺激起那个观念,如果元气恰好流入适当的大脑痕迹,并找出属于那个观念的那个细胞。但是由于元气的运动很少是直接的,并且自然地会偏向这一方面或那一方面,因此,元气由于落入邻接的痕迹中,就不显现出心灵最初所要考察的观念,而显现出其他关联的观念来。这种变化,我们并不总是觉察到;我们仍然继续同一的思想路线,运用呈现于我们的那个关联着的观念,并把它应用在我们的推理中,就像这个观念是我们所要求的那个观念似的。这是哲学中许多错误和诡辩的原因;这自然是很容易想象得到的,而且如果有需要的话,也是很容易指出来的。

在上述三种关系中,类似关系是错误的最丰富的根源。的确,在推理中,很少错误不是主要从这个根源得来的。类似的观念不但是互相关联的,而且我们思考它们时的心灵活动也极少差异,因此我们不能加以区别。后面这个情况非常重要;因此我们可以概括地说,形成任何两个观念的心灵活动只要是相同的或类似的,我们便很容易混淆这两个观念,把一个当作另外一个。随着本书的进展,我们将看到许多的例子。但是类似关系虽然是最容易在观念中引起错误的一种关系,但其他两个关系,即因果关系和接近关系,也可以协同发生这种影响。我们本来可以举出诗人们和演说家们的比喻，作为这一点的充分证明，如果在形而上学的论题上，从这方面去取得论证是合乎惯例、而且又是合理的。为了恐怕形而上学家们会认为这种引证有损他们的尊严，所以我将从我们对形而上学家们的大部分的讨论所能作的一种观察中借取一个证明，就是：人们通常都用词语来代替观念，并且在他们的推理中用谈论来代替思想。我们用词语来代替观念，乃是因为两者往往那样密切地联系着，致使心灵容易把它们混淆起来。也是因为这个缘故，我们才以一种既是不可见的又不可触知的距离的观念，来代替那只是分布于某种方式下而组合起来的可见的点或可触知的点所构成的广袤。因果关系和类似关系结合起来造成了这种错误。第一种距离既经发现为可以转变成第二种距离，所以它在这一方面就是一种原因；两者刺激感官的相似的方式和它们同样地减弱每一种性质的作用，形成了这种类似关系。

在作了这一连串的推理，并说明了我的一些原则以后，现在我就有了准备，可以答复无论是根据形而上学或是根据机械学所提出的全部反驳。关于真空或没有物质的广袤的频繁的争论，并不证明争论所围绕的那个观念的真实性；在这一方面，最常见的是，人们欺骗他们自己，尤其是当由于任何一种密切关系，另外一个观念被呈现了出来，可以成为引起他们的错误的原因的时候。

对于根据静止和消灭这两个观念的结合所提出的第二个反驳，我们也可给以几乎是同样的答复。房间内每样东西如果都被消灭了，而墙壁仍然屹立不动，那么我们想象这个房间所处的状态必然是同现在一样,充满其中的只是那不成为感官对象的空气。这种消灭给眼睛留下了一个虚构的距离,这个距离是被受了刺激的那个器官的各个不同部分,以及明暗程度所显现的;这种消灭又给触觉留下一个虚构的距离,这个距离就在于手或其他肢体的一种运动感觉。我们如果再进一步探索,那是徒然的了。不论把这个题目如何反复探索,我们将发现这就是在假设的那样一种消灭以后,那样一个对象所能产生的仅有的印象;而前面已说过,印象只能引起和它们类似的观念,不能产生任何其他的观念。

介于其他两个物体之间的一个物体既然可以假设为被消灭掉,而对它两边的物体并不产生任何变化,所以我们也很容易设想那个物体怎样可以重新被创造出来,而同样也不产生任何变化。但是一个物体的运动和它的被创造具有同样的结果。远隔的物体在两种情形下同样都不受影响。这就足以满足想象,并证明那样一种运动并不包含矛盾。后来,经验又使我们相信,处于上述方式中的两个物体确实有在它们之间容纳物体的那样一种能力,而且要把那个不可见的和不可触知的距离转变为可见的和可触知的距离,也并无任何阻碍。那种谈论不管显得如何自然,在我们对它没有经验之前,我们不能确定它是有实效的。

这样,我就似乎已经答复了上述的三种反驳;不过同时我也知道,很少人会满足于这些答复,他们一定会立刻提出新的反驳和困难。有人或许会说,我的推理对于当前的问题没有什么贡献,我只是说明了对象刺激感官的方式,而并没有试图说明对象真正的本性和作用。两个物体之间虽然不插有任何可见的或可触知的东西，可是我们根据经验发现，那两个物体正如被一种可见的和可触知的东西所隔开时一样，在眼睛看来是处于同一的方式之下，并且要求手在两个物体之间来回移动时有同样的运动。这个不可见的和不可触知的距离也凭经验被发现为具有容纳物体的能力，或变为可见的和可触知的距离的能力。这便是我的全部体系。我在体系的任何一个部分都不曾试图说明按照这个方式隔开两个物体、并且给予两个物体以容纳其他物体（不经过任何撞击或渗透）的能力的那个原因。

作为对于这种反驳的答复，我情愿认罪，并且承认我从来不曾想洞察物体的本性，或者说明它们的作用的奥秘原因。因为除了这不是我现在的目的以外，我恐怕那样一种企图也是超出了人类知性的范围，而且我们也决不能认为，不借着呈现于感官的那些外面的特性，就可以认识物体。至于那些企图作更进一步的发现的人们，那就要等到我看见他们至少在某一个例子中得到成功，我才能赞同他们的雄心。但是现在，我只要能够根据经验的指示，完全认识了对象刺激感官的方式和对象之间的联系，我就心满意足了。这就足以作为生活的指导；这也就满足了我的哲学，我的哲学只是要说明我们的知觉、即印象和观念①的本性

---

① 〔我们如果把自己的思辨限制于对象在我们感官面前的现象，而不进一步探究对象的真正的本性和作用，那么我们便可以免除一切困难，也永不会被任何问题所困惑。所以如果有人问，介于两个物体之间的那个不可见的和不可触知的距离是某种东西，还是空无所有；那么我们就很容易地答复说，它是某种东西，即按照那样一个特殊方式刺激感官的那些对象的一种特性。如果有人问，中间隔着那种距离的两个物体是否互相接触，那么我们可以答复说，这就要决定于接触这个词的定义。如果对象之间没有可感知的东西介于其间的时候，就说它们是接触的，那么这些对象就接触了；如果两个物体的映象刺激眼睛的邻接部分，而且手在接续触到两

和原因。

我将以一个似非而是之论来结束这个关于广袤的题目,不过这个似非而是的说法根据前面的推理是很容易说明的。这个似非而是之论就是:如果你乐意把那个不可见的和不可触知的距离、换句话说也就是转变为可见的和可触知的距离的那种能力、称为一个真空,那么广袤和物质是同一的,可是仍然有一个真空。如果你不想称它为真空,那么在一个充实体内,运动是可能的,无需无限的撞击,无需循环往复,无需互相渗透。不过我们不论采用何种说法,我们总是必须承认,我们要形成任何实在的广袤观念,必然要把一些可以感知的对象填充进去,并想象它的部分是可见的或可触知的。

至于认为时间只是某些实在对象在它中间存在的那个方式的学说,我们可以说:这个学说和关于广袤的相似学说一样,要受到同样的反驳。如果说因为我们在真空观念上进行争辩和推

个对象时,中间并无间隔的运动,这时那些对象才可说是接触的,那么这些对象便不相接触。对象在我们感官前的现象是一致的;一切困难都是来自我们所用的词语来模糊。

如果我们把我们的探讨推进到对象在感官前的现象以外,我恐怕我们大部分的结论都将充满了怀疑主义和不确定。因此,如果有人问,那个不可见的和不可触知的距离是否永远充满着物体、还是某种东西——那种东西在我们的器官改进之后可以变成可见的或可触知的,那么我不得不承认,我不论在哪一方面都发现不出很有决定性的论证来;虽然我倾向于相反的意见,因为那个意见比较符合于通俗和一般的想法。如果我们正确地理解牛顿哲学,我们将发现它的意义也只是如此。一个真空被肯定了;那就是说,物体被说成是处于这样一种方式,可以在它们中间接纳其他物体而没有任何冲击或渗透。物体的这种状态的真实性质是不知的。我们只认识到它对感官的作用和它接纳物体的能力。对于那个哲学来说,最适当的就是一种适度的温和的怀疑主义,同时坦率地承认对于超出一切人类能力的那些题材,我们是一无所知的。〕

第二章 论空间和时间观念

理,那就是我们有真空观念的一个充分证明,那么根据同样的理由我们也必然有一个不包含任何可变的存在物的时间的观念,因为没有一个题目比这个题目争论得更多、更经常的了。不过我们实际上没有这个观念,这是确定的。因为它是从哪里得来的呢?它是起源于感觉印象还是反省印象呢?请把这个观念清楚地向我们指出来,使我们知道它的本性和性质。但是你如果指不出任何那样的印象来,那么你可以确定,当你想象自己有任何那样的观念时,你是错了。

但我们虽然不能指出不包含可变的存在物的时间的观念所由得来的那个印象,可是我们能够很容易地指出使我们假想自己有那个观念的那些现象。因为我们可以看到,我们的心中有不断的一连串的知觉,所以时间观念永远存在于我们的心中;当我们在五点钟思考一个稳定的对象,随后又在六点钟加以思考时,我们就容易以同一方式把那个时间观念应用于它,就像每一个刹那都被那个对象的一种不同的位置或变化加以区别似的。那个对象的初次出现和第二次出现,在同我们的知觉的接续比较之下,似乎同样地远隔,就像那个对象已经真正变化了一样。此外,我们还可以加上经验向我们所指出的,即:那个对象在前后两次出现之间原可以有那样多的变化;正如那个不变的、或者宁可以说是虚构的持续,也和感官所明显地看到的那种接续一样,都可以增减每一种性质,而对它发生同样的作用。由于这三种关系,我们便容易混淆我们的观念,想象自己能够形成没有任何变化或接续的一个时间或持续的观念。

第六节 论存在观念和外界存在观念

在我们结束这个题目之前,我们不妨说明一下存在和外界存在这两个观念;这些观念正像空间和时间观念一样,也有它们的困难。通过这样的研究,当我们彻底理解了可能进入我们推理中的那些特殊观念以后,我们在考察知识和概然性时就有了更好的准备。

我们可以意识到的或记忆起的一切印象或观念,没有一个不可以被想象为存在的。显而易见,存在(being)的最完善的观念和信据是从我们的这种意识得来的。根据这点,我们就可以形成一个可以设想到的最清楚的、最有决定性的两端论法,即:我们既然在记忆起任何观念或印象时,总是要赋予它以存在,所以存在观念如果不是由一个与每一个知觉或思想的对象联结着的独立印象得来,必然就和知觉观念或对象观念是同一的。

这个两端论法既然是每一个观念都是来自一个相似的印象那个原则的一个明显的结论,所以我们对于这个两端论法的两端命题的决定是没有什么更多的怀疑的。不但完全没有任何独立的印象伴随着每个印象和每个观念,而且我还不以为有任何两个独立印象是不可分离地联结着的。某些感觉虽然有时会结合起来,可是我们迅速发现它们可以分离,可以分别地呈现。由此看来,我们所记忆的每一个印象和观念虽然可以被认为是存在的,存在观念却并非由任何特殊的印象得来的。

因此,存在观念和我们想象为存在的东西的观念是同一的。单纯地反省任何东西和反省它是存在的,这两件事并无不同之处。存在观念在和任何观念结合起来时,并没有对这个观念增加任何东西。不论我们想象什么,我们总是想象它是存在的。我们任意形成的任何观念都是一个存在的观念;一个存在的观念也是我们所任意形成的任何观念。

任何人要反对这个说法,就不得不指出实在物观念所由获得的那个独立印象,并且必须证明,这个印象与我们相信其为存在的每个知觉都是不可分离的。我们可以毫不迟疑地断言,这一点是做不到的。

我们前面①所作的观念没有任何实在的差异仍然可以区别的那种推理,在这里不能给我们任何帮助。那种区别是建立于同一个简单观念对几个不同的观念所可能有的不同的类似关系。但是,不可能呈现出在存在方面和某个对象类似、而在同一方面又和其他对象差异的任何一个对象来,因为每一个呈现出来的对象都必然是存在的。

同样的推理也可以说明外界存在的观念。我们可以说,哲学家们公认的、并且本身也相当明显的一个理论就是:除了心灵的知觉或印象和观念以外,没有任何东西实际上存在于心中,外界对象只是借着它们所引起的那些知觉才被我们认识。恨、爱、思维、触、视:这一切都只是知觉。

心中除了知觉以外既然再也没有其他东西存在,而且一切观念又都是由心中先前存在的某种东西得来的;因此,我们根本就不可能想象或形成与观念和印象有种类差别的任何事物的观

---

① 第一章,第七节。

念。我们纵然尽可能把注意转移到我们的身外,把我们的想象推移到天际,或是一直到宇宙的尽处,我们实际上一步也超越不出自我之外,而且我们除了出现在那个狭窄范围以内的那些知觉以外,也不能想象任何一种的存在。这就是想象的宇宙,除了在这个宇宙中产生出来的观念以外,我们也再没有任何观念了。

外界对象如果被假设为与我们的知觉有种类差别,那么我们在想象它们时所能达到的最大限度,就是对它们形成一个关系观念,而并不自以为理解了那些关联着的对象。一般说来,我们并不假设它们有种类差别,而只是赋予它们以不同的关系、联系和持续。不过关于这点,以后还要比较充分地加以讨论[①]。

---

① 第四章,第二节。

第三章 论知识和概然推断

第一节 论知识

有七种①不同的哲学关系,即类似、同一、时间和空间关系、数量或数的比例、任何性质的程度、相反和因果关系。这些关系可以分为两类:一类完全决定于我们所比较的各个观念,一类是可以不经过观念的任何变化而变化的。我们是从一个三角形的观念、发现它的三个角等于两个直角的这样一种关系;只要我们的观念不变,这种关系也就不变。相反,两个物体间的接近和远隔的关系,可以仅仅由于它们的位置的改变而有所变化,并不需要对象自身或它们的观念有所变化;这种位置决定于心灵所不能预见的千百种不同的偶然事件。同一关系和因果关系也是一样。两个对象虽然完全类似,甚至在不同时间出现于同一位置,但是它们可以在数量上有所不同;至于一个对象产生另一个对象的那种能力既然决不能单是从它们的观念中发现出来的,因此,原因和结果显然是我们从经验中得来的关系,而不是由任何抽象的推理或思考得来的关系。没有任何一个现象——即使是最简单的——可以根据出现于我们面前的对象的性质而加以说

---

① 第一章,第五节。

明的,或者是我们可以不借着记忆和经验的帮助而预见的。

由此看来,七种哲学关系之中,只有四种完全决定于观念,能够成为知识和确实性的对象。这四种是类似、相反、性质的程度和数量或数的比例。这些关系中有三种是一看便可以发现出的,它们恰当地应该属于直观的范围,而不属于理证的范围。当任何一些对象互相类似时,这种类似关系首先就刺激眼睛,或者不如说是刺激心灵,很少需要再一次的考察。相反关系和任何性质的程度也是同样情形。没有人能够有一次怀疑,存在与不存在互相消灭,并且是完全不相容的和相反的。当任何性质如颜色、滋味、热、冷等的程度差异十分微小时,我们虽然不可能精确地加以判断,可是当它们的差异是巨大的时候,那就很容易决定它们中间某一种较另一种强些或弱些。无需任何研究或推理,我们一看就可以作出这个决定。

在确定数量或数的比例时,我们也可以照同一方式进行,并在一见之下就可以观察出任何数或形之间的较大或较小,尤其是当这种差异是很大而显著的时候。至于相等或任何精确的比例,我们从单独一次的考察只能加以猜测。很小的数和很有限的广袤部分是一个例外;这些是立刻可以了解的,而且我们在这里也觉察到自己不容易陷于任何重大的错误。在其他一切情形下,我们必然只能粗略地决定比例,或者必须在比较人为的方式下进行决定。

我已经说过,几何学或者说确定形的比例的那种技术,虽然就普遍性和精确性而论远远超过感官和想象的粗略判断,可是也永远达不到完全确切和精确的程度。几何学的最初原理仍然是由对象的一般现象得来的,而当我们考察自然所容许的极小的对象时,那种现象就绝不能对我们提供任何保证。我们的观念似乎给予我们一个完全的保证：没有两条直线能有一个共同的线段；但是我们如果考究这些观念，我们就会发现，它们总是假设着两条直线的一种可感知的倾斜度，而当它们所形成的角是极其微小的时候，我们便没有那样精确的一条直线标准，可以向我们保证这个定理的真实。数学中大多数的原始判断也都是同一情形。

因此，就只剩下代数学和算术这两种仅有的科学，在这两门科学中，我们能够把推理连续地推进到任何复杂程度，而同时还保存着精确性和确实性。我们有一个精确标准，我们能根据它去判断一些数的相等和比例；按照数的是否和这个标准符合，我们确定它们的关系，而不至有任何错误的可能。当两个数是那样地结合起来，其中一个数所含的单位与另一个数所含的单位永远相应的时候，我们就断言那两个数是相等的，而几何学正是由于缺乏那样一个在广袤方面的相等标准，因此难以认为是一个完善和无误的科学。

我说，几何学虽然缺乏算术和代数学所特有的那种完全精确性和确实性，可是比起我们感官和想象的不完善的判断来，仍然是优越的。这种说法可能会引起一个困难，我们应该在这里把这个困难消释一下。我所以认为几何学有缺点，其理由在于它的原始的和基本的原理只是由现象得来的；有人或许会设想，这个缺点必然永远伴随着几何学，使几何学在比较它的对象或观念的时候，永远不能达到比我们的眼睛或想象单独所能达到的精确性更大的精确性。我承认这种缺点总是跟随着它，使它永远不能期望达到充分的确实性；但是由于这些基本的原理建立于最简易而最少欺骗性的现象上面，这些原理就给予它们的结论以一种精确程度，这种精确程度是这些结论单独地所不能达到的。人的眼睛不能断定千边形的角等于一九九六个直角，或作出任何和这个比例接近的推测；但是当它断定、几条直线不能相合和在两点之间我们不能画一条以上的直线时，它的错误决不会是很大的。这就是几何学的本性和功用：它使我们一直研究到那些现象，这些现象由于它们的简易性，不至于使我们陷于重大的错误。

我将利用机会在这里提出另外一个意见，这是关于理证性推理的一个意见，它是由这个同一的数学论题所提示出来的。数学家们惯于自称：作为他们对象的那些观念的本性，是非常细致的和精微的，它们不属于想象的概念范围，而必须借一种纯粹的和理智的观点才能了解，这种观点只有灵魂的高级官能可以胜任。同样的看法也贯穿于大多数的哲学部门，并且主要是用以说明我们的抽象观念，并指出我们如何能够形成例如一个既不是等腰、也不是不等边、各边也不限于某种特定长度和比例的三角形观念。不难看到，哲学家们为什么那样喜爱某些细致的和精微的知觉这个概念，因为他们借此就掩盖了他们的许多谬误，并可以通过采用模糊和不确定的观念而拒不服从清楚观念的判断。不过，为了打破这个诡计，我们只须回顾一下我们的全部观念都是由印象复现而来的那个我们所屡次坚持的原则。因为，我们由此就可以立刻推断说，我们的全部印象既然都是清楚的和确切的，所以由印象复现而来的观念也必然具有同一本性，如果不是由于我们的过失，决不能包含任何那样晦暗而繁复的东西。一个观念由于它的本性是比印象较为微弱而低沉的,但是因为在其他各方面都是与印象同一的,所以不能含有任何极大的神秘。如果观念的微弱使它成为模糊不清,我们就应该使观念保持稳定和精确,尽量去补救这个缺点。如果没有做到这一点,却妄谈什么推理和哲学,那是徒然的。

第二节 论概然推断;并论因果观念

关于作为科学基础的那四种关系,我所认为必须要说的,就只是这些。但是其他三种关系却并不由观念所决定,并且即使在那个观念保持同一的时候,这些关系也可以存在,也可以不存在;关于这些关系,应该作比较详细的说明。这三种关系是同一关系、时空中间的位置和因果关系。

一切推理都只是比较和发现两个或较多的对象彼此之间的那些恒常的或不恒常的关系。不论当两个对象都呈现于感官之前的时候或者当两者都不呈现于感官之前的时候,或者当只有一个呈现出来的时候:我们都可以进行这种比较。当两个对象连同它们的关系呈现于感官之前的时候,我们把这种情形称为知觉,而不把它称为推理,在这种情形下,恰当地说,并没有运用任何思想或活动,而只是通过感觉器官被动地接纳那些印象。根据这种思维方式,我们就不应当把我们关于同一关系以及时间和空间关系所作的任何观察看作推理,因为在这两种关系的任何一种关系中间,心灵都不能超出了直接呈现于感官之前的对象,去发现对象的真实存在或关系。只有因果关系才产生了那样一种联系,使我们由于一个对象的存在或活动而相信、在这以后或以前有任何其他的存在或活动;其他两种关系也只有在它们影响这种关系或被这种关系所影响的范围以内,才能在推理中被应用。任何一些对象中都没有东西可使我们相信,它们或是永远远隔的、或是永远接近的;当我们根据经验和观察发现它们在这一方面的关系是不变的时候,我们就总是断言,有一种秘密原因在分离它们或结合它们。这种推理也可推广到同一关系。一个对象虽然好几次在我们感官之前时隐时现,我们也容易假设它的个体继续是同一不变的,而且知觉虽然间断,我们还是认为它有同一性;我们总是断言,如果我们的眼睛不停地看着它,我们的手不停地触着它,它会传来一个不变的和不间断的知觉。但是超出我们感官印象之外的这个结论只能建立于因果的联系上面,除此以外我们也没有任何保证,足以保证我们的对象没有变化,不论这个新的对象如何类似于先前呈现于感官之前的那个对象。每当我们发现那样一种完全的类似关系时,我们就考究这种关系是否是那一类对象所共有的;是否可能有或者很可能有某种原因起着作用去产生那种变化和类似关系;根据我们对这些原因和结果所作的断定,我们就形成了关于那个对象的同一性的判断。

由此看来,在不单是由观念所决定的那三种关系中,惟一能够推溯到我们感官以外,并把我们看不见、触不着的存在和对象报告于我们的,就是因果关系。因此,在我们结束关于知性这个题目之前,我们将力求充分地说明这种关系。

依照程序着手,我们必须先考究因果关系的观念,并且看它是从什么来源获得的。如果我们没有完全理解我们要对它进行推理的观念,我们便不可能进行正确的推理;而我们若不是把一个观念追溯到它的根源,并考察它所由产生的那个原始印象,也就不可能完全理解那个观念。考察印象,可以使观念显得清楚;考察观念,同样也可以使我们的全部推理变得清楚。

因此,我们可以观察我们所称为原因和结果的任何两个对象,把它们的各方面反复检查,以便发现产生那样一个极度重要的观念的那个印象。初看起来,我就觉察到,我一定不能在对象的任何特定性质中去寻求这个印象;因为我从这些性质中不论选定哪一种,我总是可以发现某种虽然没有那种性质、可是仍然归在原因或结果的名称之下的对象。的确,不论外界或内心存在的任何东西,没有一个不被认为是一个原因或一个结果的,虽然很明显地没有任何性质普遍地属于一切的存在,使它们应该得到那个名称。

因此,因果关系的观念必然是从对象间的某种关系得来;现在我们必须力求发现那种关系。第一,我发现,凡被认为原因或结果的那些对象总是接近的;任何东西在离开了一点它的存在的时间或地点的以外的任何时间或地点中,便不能发生作用。互相远隔的对象虽然有时似乎互相产生,可是一经考察,它们往往会被发现是由一连串原因联系起来的,这些原因本身是互相接近的,并和那些远隔的对象也是接近的;而当在任何特殊例子中我们发现不出这种联系的时候,我们仍然假设有这种联系存在。因此,我们可以把接近关系认为是因果关系的必要条件。我们至少可以根据一般的意见假设它是如此;以后①我们将找

---

① 第四章,第五节。

到一个比较适当的机会,来考察哪些对象能够并列和结合,哪些对象不能够如此,借以澄清这个问题。

我将认为原因与结果的必要条件的第二种关系,不是那样地被普遍公认的,而是很可能引起某种争论的。那就是在时间上因先于果的关系。有些人主张,原因并不是绝对必然地先于它的结果;任何对象或活动在它存在的最初一刹那,就可以发挥它的产生性质(productive quality),产生与它完全同时的另一个对象或活动。不过,在大多数的例子中,经验似乎反驳了这种意见;除此以外,我们还可以借一种推论或推理来建立因先于果的这个关系。在自然哲学和精神哲学中,有一个确立的原理,即一个对象如在充分完善的状态下存在了一个时期,而却没有产生另一个对象,那它便不是那另一个对象的惟一原因;它就需要其他的原则加以协助,把它从不活动状态中推动起来,使它发挥它所秘密含有的那种能力。但是,如果有任何原因可以和它的结果完全同时的话,那么根据这个原理就可以确定一切原因和结果都是如此;因为其中任何一个只要在一刹那间延缓它的作用,那么它在原该活动的那个刹那并不曾发挥它的作用,因而就不是一个恰当的原因。由此而来的结果就无异是毁灭了我们在世界上所观察到的原因的那种一连串的接续,并且确实也是把时间完全消灭了。因为,如果一个原因和它的结果是同时的,这个结果又和它的结果是同时的,这样一直推下去。那么显然就不会有接续这样一个现象,而一切对象必然就都是同时存在的了。

如果这个论证显得令人满意,那就很好。如果不是如此,那么我请求读者允许我在前面那种情形下所擅用的那种自由,即暂时假设它是这样的。因为他将会发现,这件事情并没有什么重大关系。

在这样发现了或假设了接近关系和接续关系是原因和结果的必要条件以后,我就发现我猛然停住,而在考察任何单独的一个因果例子方面不能再往前进了。在撞击的时候,一个物体的运动被认为是另一个物体运动的原因。当我们以极大注意考究这些对象的时候,我们只发现一个物体接近另一个物体,而且它的运动先于另一个的运动,但其间并没有任何可感知的时间间隔。在这个题目上,我们即使再进一步竭力去思索和思考,也是丝毫没有益处的。在考究这一个特殊的例子中,我们并不能再进一步了。

如果有人抛开这一例子,妄想给原因下一个定义说,它是能够产生其他东西的一种东西,那他显然是什么也没有说。因为他所谓产生是什么意思呢?他能给产生下一个与原因作用的定义不同的任何定义么?如果他能够,我希望他把这个定义说出来。如果不能,那他就是在这里绕圈子,提出了一个同义词,并没有下一个定义。

那么我们是否就该满足于接近和接续这两种关系,以为它们可以提供一个完善的原因作用的观念呢?完全不是这样。一个对象可以和另一个对象接近、并且是先在的,而仍不被认为是另一个对象的原因。这里有一种必然的联系应当考虑。这种关系比上述两种关系的任何一种都重要得多。

这是我又把这个对象的各方面反复加以观察,以便发现这种必然联系的本性,并发现这个联系观念所可能由以获得的那一个印象或一些印象。当我观察对象的已知性质时,我立刻发现因果关系丝毫也不依靠它们。当我考察它们的关系时,我只能发现接近关系和接续关系,而这两种关系我已认为是不完全的、不满意的。我既然没有成功的希望,那么我是否便可以因此说,我在这里有一个并无任何类似印象在它之先出现的观念呢?这就会断然地证明我的轻率和易变;因为与此相反的一个原则已经那样坚定地确立起来,不容有进一步的怀疑了;至少在我们比较充分地,考察了现在这个困难之前,那个原则是不容怀疑的。

有些人在寻找一种掩藏起来的东西,而在他们所预期的地方找寻不到时,就毫无确定的观点或计划,只是在附近各处搜索,希望他们的好运气最后会引导他们碰到他们所寻找的东西。我们现在也必须仿效这些人的做法。对于进入因果观念中的那个必然联系的本质的问题,我们必须放弃直接的观察,而力图去发现其他一些问题,加以考察,这种考察或许会提供一个线索,有助于澄清现在的困难。这些问题共有两个,我将加以考察。

第一,我们有什么理由说,每一个有开始的存在的东西也都有一个原因这件事是必然的呢?

第二,我们为什么断言,那样一些的特定原因必然要有那样一些的特定结果呢?我们的因果互推的那种推论的本性如何,我们对这种推论所怀的信念(belief)的本性又是如何?

在我作进一步的研究之前,我只想说,原因和结果的观念虽然不但是由感觉印象得来,而且也是由反省印象得来,可是为了简略起见,我通常只提到感觉印象作为这些观念的来源;不过我希望我所说的关于感觉印象的话也都可以应用于反省印象。各种情感和它们的对象之间以及它们彼此之间都有一种联系,正如外界物体彼此之间互相联系着一样。因此,属于感觉印象的因果关系也必然是感觉印象和反省印象全体所共有的。

第三节 为什么一个原因永远是必然的

先从关于原因的必然性这第一个问题开始研究。哲学中有一条一般原理:一切开始存在的东西必然有一个存在的原因。在一切推理中,人们不举出任何证明,也不要求任何证明,通常总是把这一点视为当然的。这点被假设为是建立在直观上面的,并且是人们虽然会在口头上否定、而心中却实际上从未怀疑过的那些原理之一。但是我们如果根据前面所说明的知识观念来考察这条原理,那么我们在这条原理中将发现不出这类直观确实性的任何标记来;相反,我们会发现这条原理的本性与那一类信念的本性是完全不合的。

一切确实性都是来自观念的比较,以及观念保持不变时也一直总是不变的那些关系的发现。这些关系就是类似关系、数量和数的比例、任何性质的程度和相反关系;这些关系中没有一个是涵摄于"一切开始存在的事物也都有一个存在的原因"的这个命题之中。因此,那个命题并没有直观确实性。任何肯定这个命题有直观确实性的人,至少必须否认这四种关系是仅有的无误的关系,而且必须发现其他一种同类的关系涵摄在这个命题之中；关于这一点，我们将有足够的时间加以考察。

但是这里有一个论证，可以立刻证明前述的命题既没有直观的确实性，也没有理证的确实性。我们如果不能指出，没有某种产生原则(productive principle)任何东西决不能开始存在，那么我们同时也永远不能证明，每一新的存在或存在的每一新的变异都必然有一个原因；前一个命题如果不能证明，那么我们就没有希望能够证明后一个命题。但是前一个命题是绝对不能用理证来证明的，我们只要考虑下面这一点就可以明白，就是：所有各别的观念既然是可以互相分离的，而原因和结果的观念又显然是各别的，所以我们很容易想象任何对象在这一刹那并不存在，在下一刹那却存在了，而无需对它加上一个各别的原因观念或产生原则的观念。所以，对想象来说，一个原因观念和存在开始观念的分离显然是可能的；所以，这些对象的现实的分离，就其不涵摄任何矛盾或谬误来说，是完全可能的。因此这种分离就不能被单是根据观念的任何推理所反驳；而如果驳不倒这一点，我们便不可能证明一个原因的必然性。

因此，我们在考察之后就将发现，对于原因的必然性人们所提出的每一个理证，都是错误的、诡辩的。某些哲学家[①]说：我们所能假设任何对象在其中开始存在的一切时间点和空间点，本身都是相等的；除非有某种原因，它是一个时间和一个地点所特有的，并借此决定和确定这种存在，这种存在必然永远处于悬空状态，因而那个对象由于缺乏某种东西确定它的开始，也永远

---

① 霍布士先生。

第三章 论知识和概然推断

不能开始存在。不过我要问,假设时间和地点没有原因就可以确定,比假设存在在那个方式下(即没有原因——译者)成为确定,果真是更为困难些么?在这个题目方面所发生的第一个问题永远是:那个对象是否将要存在;其次的问题才是,它将在何时何地存在?如果在一种情形下原因的除去在直观上就显得是谬误的,在另一种情形下也必然是这样的。如果在一种情形下不经过证明就不能显出谬误,在另一种情形下也就同样需要一个证明。因此,一个假设的谬误决不能是另一个假设也是谬误的证明,因为它们都是站在同一立场上,并且必然要依据同一推理而成立或不成立的。

关于这个题目,我发现哲学家们①所用的第二个论证,也遭到同样的困难。据说,每一事物都必然有一个原因;因为如果任何事物缺乏一个原因,那么它就是产生出自己来的,也就是说,它在它存在之前就已存在,而这是不可能的。不过这种推理显然是没有决定性的;因为它假设,在我们否定一个原因之后,我们仍然承认了我们所明白地否定了的事情,即必须有一个原因;这个原因因此就被认为是对象自身,而这无疑是一种明显的矛盾。不过,说任何事物没有一个原因就被产生出来,或者更恰当地说,就开始存在,那并不等于肯定它是它本身的原因;正相反,排除了外面的一切原因,就更加排除了被创造出的那个事物本身。一个没有任何原因而绝对存在的对象,当然不是它自己的原因;当你肯定说、一个对象是随着另一个对象而来的时候,你

---

① 克拉克博士和其他人。

就是在窃取论点,并假设了任何事物没有一个原因是绝对不能存在的,而且我们在排除了一个产生原则以后,仍然必须求助于另一个这样的原则。

那个曾被用来证明原因的必然性的第三个论证①,也完全是同样情形。没有任何原因而被产生出的任何东西,都是由虚无所产生的;换句话说,它以虚无作为它的原因。不过虚无不能成为一个原因,正像它不能成为某种东西或等于两个直角一样。我们凭直观知道,虚无,不能等于两个直角,也不能成为某种东西;借着同样的直观,我们也可以知道它决不能成为一个原因。因此,我们必然看到,每个对象都有它的存在的真实原因。

我相信,在我评论了前面两种论证之后,不必费多少话就可以表明这个论证的脆弱。它们全部都是建立在同样的谬误上面,并且都由同一思路得来的。我们只须说一点就够了,就是:当我们排除一切原因的时候,我们就实实在在把它们都排除了,既不认虚无为存在的原因,也不认对象自身为存在的原因;因此,不能根据这些假设的谬误推出一个论证来证明那种排除是谬误的。如果每一种东西必然有一个原因,那么在排除其他原因以后,我们自然就必须承认对象自身或虚无作为原因。但是,争论之点正是在于每一种东西是否必然有一个原因;因此,根据一切正确的推理,我们决不该把这一点看作已被承认的了。

---

① 洛克先生。

还有一些尤其轻率的人说:每一个结果都有一个原因,因为原因就涵摄在结果这个观念之内。每个结果必然以一个原因作为前提;结果是一个相对的名词,原因是它的相关项目。但这并不证明每一个存在先前必然有一个原因,正如我们不能因为每个丈夫必然有个妻子,因而就说每个男人都结了婚一样。问题的真相在于:每一个开始存在的对象是否都由一个原因得到它的存在;而我断言,这一点既没有直观的确实性,也没有理证的确实性,并且我希望前面的论证已经充分证明了这点。

认为每一个新的产物都必然有一个原因的那个意见,既然不是由知识或任何科学推理得来的,那么那个意见必然是由观察和经验得来的。其次的问题自然就是:经验如何产生那样一个原则呢?不过我发现,把这个问题降低到下面这个问题将会是比较方便的,即我们为什么断言,那样特定的原因必然有那样特定的结果,我们为什么形成由这一个推到那一个的推断呢?我们将把这个问题作为我们下面的研究题目。最后,我们也许会发现,同一个答复将会解决这两个问题。

第四节　论因果推理的组成部分

心灵在根据原因或结果进行它的推理时,虽然把它的视野扩展到它所见的或所记忆的那些对象之外,可是它决不能完全不看到那些对象,也不能单凭它的观念进行推理,而必须在推理中混杂着一些印象,或至少混杂着一些与印象相等的记忆观念。当我们由原因推到结果时,我们必须确立这些原因的存在;而要确立这个原因,只有两个方法:或是通过我们的记忆或感官的直接知觉，或是由其他原因加以推断，这些其他原因我们也必须以同一方式加以确定，或者是通过当前的印象，或者是根据它们的原因进行推断，如此一直推求下去，直到我们达到我们所见过或所记忆的某个对象为止。我们不可能把我们的推断无限地进行下去；而惟一能停止我们推断的乃是一个记忆印象或感官印象，超出了这些印象以外，就没有怀疑或探究的余地。

在这一方面要举一个例子，我们可以选择历史上任何一点，并且考察我们为了什么理由要相信它或否定它。例如我们相信，恺撒在三月十五日在元老院被刺死；这是因为这个事实是根据历史家们的一致的证据所确立的，而这些历史家都一致给那个事件指定这个确切的时间和地点。这里有若干符号和文字呈现于我们的记忆或感官之前；我们也记得这些文字符号曾被用作某些观念的记号；这些观念或者是存在于行刺时亲自在场，并由这件事的存在直接得到这些观念的那些人的心中；或者是这些观念是由别人的证据得来，而那个证据又从另一个证据得来，这样清楚可见地层层推进，直至最后我们达到那些目击此事发生的人们为止。显然，全部这个论证连锁或因果联系最初是建立在所见过或所记忆的那些符号或文字上的，而且如果没有记忆或感官的根据，我们的全部推理就将成为虚妄而没有基础。没有了那种根据，那个连锁中的每一个环节都将依靠于另一个环节，但是连锁的一头并不固定于足以支持全部连锁的任何东西上，因而也就没有信念或证据。一切假设性的论证、或是依据假设而进行的推理，实际上都是这种情形；它们中间并没有任何现前的印象或对一个真实的存在的信念。

有人反对说，我们能够根据过去的结论或原则进行推理，并不必求助于那些结论最初所由以发生的那些印象；不消说，这对于我现在的学说不是确当的反驳。因为，即使这些印象已经完全从记忆中消失，它们所产生的信念仍然可以存在。同样真实的是：关于因果的一切推理原来都是由某种印象得来的，正像某种理证的信据永远是来自观念的比较一样，虽然这种比较已被遗忘，信据却仍然可以继续存在。

第五节　论感官印象和记忆印象

因此，在根据因果关系而进行的这种推理中，我们所应用的是性质混杂而互相差异的材料，这些材料虽然互有联系，可是本质上仍是互相差别的。我们关于因果的全部推理由两种因素所组成，一个是记忆印象或感官印象，一个是产生印象的对象的，或被这个对象所产生的、那个存在的观念。因此，这里我们就有三件事情需要说明：第一是原始的印象。第二是向有关的原因观念或结果观念的推移过程。第三是那个观念的本性和性质。

至于由感官所发生的那些印象，据我看来，它们的最终原因是人类理性所完全不能解释的。我们永远不可能确实地断定，那些印象还是直接由对象发生的，还是被心灵的创造能力所产生，还是由我们的造物主那里得来的。这样一个问题对于我们现在的目的来说也并不重要。我们的知觉不论是真是伪，我们总可以从它们的一贯性中得出一些论断，不论它们是正确地表象自然事物，或者只是感官的幻象。

当我们寻找那种区别记忆与想象的特征时，我们必然会立刻觉察到,那个特征不在于记忆所呈现于我们的那些简单观念中;因为这两种官能都是由印象得到它们的简单观念,并永远不能超出这些原始知觉之外的。这两种官能的差别同样也不在于它们的复合观念的排列方式。因为,虽然记忆的特性在于保存它的观念的原来秩序和位置,而想象却可以随意改换和变化它们的秩序和位置,可是这种差别并不足以区别它们的作用,或者使我们能够对两者进行辨识;我们不可能将过去的印象唤回,以便把它们和我们当前的观念加以比较,并看看它们的秩序是否精确地相似。记忆既然不是通过它的复合观念的秩序,也不是通过它的简单观念的本性而被人认知,因此,记记和想象的差别就在于记忆的较大的强烈和活泼程度。一个人原可以逞其幻想,臆造任何过去的冒险情景;若不是想象的观念比较微弱和模糊,那就无法把这种想象的情景和同样的记忆的情景加以区别。

〔常有这样的事发生:两个人都曾经参与过某一事件发生的场合,其中一个人比另一个人记忆得比较清楚,并且费尽周折也无法使他的同伴追忆起这件事。他列举了若干情节,还是无效;他提到了时间、地点、在场的人、所说的话和在种种方面所做的事;直到最后,他忽然碰巧提到了唤起全部情景的某个情节,使他的朋友完全记起当时的一切情形。这里,遗忘了往事的那个人最初也从另一个人的谈话中接受了所有的观念,连同时间和地点的同一的情节;不过他认为它们只是想象中的虚构。但是一当触动记忆的那个情节被提到以后,同样的那些观念现在便出现于一个新的观点下,并且好像与它们先前所引起的感觉有所不同。除了那种感觉的变化而外,并无任何其他变化,可是那些观念却立刻变成了记忆观念,并且得到了同意。

记忆所呈现于我们的一切对象,想象既然都能加以表象,而且那两个官能的区别只在于它们所呈现出的观念所引起的不同的感觉,所以我们应该要考究一下那种感觉的本性。这里我相信,每个人都会立刻同意我,认为记忆观念要比想象观念更为强烈和活跃。一个要想描摹任何一种情感或情绪的画家,总要设法去看一看被同样情绪所激动的人,以便使他的观念生动活泼,并使它们比那些只是想象中的虚构的观念更为强烈和活泼。这种记忆越是新近,观念也就越是清楚;在隔了一个长时间以后,他如果再返回来思维他那个对象,他总是会发觉那个对象的观念衰退了,即使不是完全消灭的话。当我们的记忆观念变得十分微弱的时候,我们对它们时常发生怀疑;当任何一个意象不是表现得色彩鲜明、足以表明记忆官能的特征时,我们就难以断言,那个意象是来自想象,还是来自记忆。一个人说,我想我记得那样一件事情,不过我没有把握。漫长的时间几乎把它消磨于我的记忆之外,使我不能确定它是否是我的想象的纯粹产物。

一个记忆观念既然可以由于失去它的强力和活泼性而衰退到那样一个程度,以致被认为是一个想象观念;同样地,在另一方面,一个想象观念也可以获得那样一种强烈和活泼程度,以致被认作一个记忆观念,并且对信念和判断起着和记忆观念相似的作用。这种情形可以在撒谎的人身上看到;这些人由于一再撒谎,最后终于对谎话产生了信念和记忆,就像它们是实在的事情一样。习惯在这种情形下也像在其他情形下一样,对心灵产生了和自然对心灵的同样的影响,并且给观念注入了同样的强力和活力。

由此可见,那种永远伴随着记忆和感官的信念或同意只是它们所呈现的那些知觉的活泼性;它们和想象的区别只在于这一点。在这种情形下,所谓信念就是感到感官的直接印象,或是感到那个印象在记忆中的复现。只有知觉的强力和生动性才构成了判断的最初活动,并在我们推溯因果关系、根据这种判断进行推理时,奠定了那种推理的基础。

第六节 论从印象到观念的推断

我们很容易看到,在追溯这种关系时,我们从因到果的推断,不是单从观察这些特定的对象得来的,也不是由于我们洞察对象的本质、因而发现它们彼此的依赖关系而得来的。没有任何对象涵摄其他任何对象的存在,如果我们只考究这些对象本身,而不看到我们对它们所形成的观念以外。这样一个推断就等于是知识,并且意味着:想象任何与此差异的东西是绝对矛盾的、不可能的。但是由于一切各别的观念都是可以分离的,所以显然不会有这类的不可能性。当我们由当前的一个印象转移到任何对象的观念时,我们可能把那个观念和那个印象分开,而以其他任何观念来代替它。

因此,我们只能根据经验从一个对象的存在推断另外一个对象的存在。经验的本性是这样的。我们记得曾有过一类对象的存在的常见的例子;并且记得,另一类对象的个体总是伴随着它们,并且和它们处于经常的接近秩序和接续秩序中。例如,我们记得曾经看到我们所称为火焰的那一类对象,并且曾经感到我们所称为热的那种感觉。我们也回忆起那些对象在过去一切例子中的恒常结合。没有经过任何进一步的程序,我们就把一个称为原因,把另一个称为结果,并由一个的存在推断另一个的存在。在我们所亲见的特定原因和结果结合在一起的所有那些例子中,原因和结果都曾被感官所知觉,并被记忆下来。但是在我们对它们进行推理的一切情形下,只有一项被知觉或被记忆,而另外一项却是依照我们过去的经验加以补足的。

这样,在研究进程中,我们在根本想不到、而完全在研究其他题目的时候,却不知不觉地发现了因果之间的一个新的关系。这个关系就是它们的恒常结合(constant conjunction)。接近和接续并不足以使我们断言任何两个对象是因和果,除非我们觉察到,在若干例子中这两种关系都是保持着的。我们现在可以看到,为了发现构成因果关系那样一个必需部分的那种必然的联系的本性,不去直接考察这种关系有什么益处。我们大可希望通过这个方法最后达到我们所提出的目的;虽然,说实在话,这个新被发现的恒常结合关系,似乎在我们的研究道路上使我们前进不了多远。因为它的含义只不过是,相似的对象永远被置于相似的接近和接续关系中;而且至少初看起来,我们似乎显然不能借着这种关系发现任何新的观念,我们只能加多、而不能扩大我们心灵的对象。有人也许会想,我们从一个对象所不能发现的东西,我们也永远不能从一百个种类相同的、并在每一个条件方面都完全类似的对象那里发现。我们的感官在一个例子中给我们指出处于某种接续关系和接近关系中的两个物体、运动或性质；我们的记忆也只是把我们永远发现为处于相似关系中的相似物体、运动或性质的许多例子呈现于我们。单是把任何过去的印象即使重复无数次，也永不能产生任何新的原始观念，如像必然联系的观念那样；在这里，许多的印象比我们单限于一个印象时并没有更大的影响。这种推理虽然似乎是正确而明显的，可是如果我们失望得太早，那也未免愚蠢；所以我们还是把讨论的线索继续下去。我们既然知道，在发现了任何一些对象的恒常结合以后，我们总是要由一个对象推断另一个对象，所以我们现在就可以考察那种推断的本性，以及由印象向观念的那种推移过程的本性。最后我们也许会看到，那个必然的联系依靠于那种推断，而不是那种推断依靠于必然的联系。

从呈现于记忆或感官之前的一个印象到我们称为原因或结果的那个对象的观念的那个推移过程，看来既然是建立于过去的经验之上，建立于我们对于它们的恒常结合的记忆之上，那么其次的问题就是：经验是借着知性、还是借着想象产生这个观念的呢？我们还是被理性所决定而作这种推移呢？还是被各个知觉的某种联想和关系所决定而作这种推移呢？如果是理性决定我们，那么它该是依照下面这个原则进行的，即我们所没有经验过的例子必然类似于我们所经验过的例子，而自然的进程是永远一致地继续同一不变的。因此，为了澄清这个问题，让我们来考究这样一个命题可能被假设为建立于其上的全部论证。由于这些论证必然是从知识或概然推断得来的，我们可以依次观察这两种证据的程度，并看看它们是否能提供这种性质的任何正确结论。

我们前面的推理方法很容易地使我们相信，不可能有理证性的论证来证明：我们所没有经验过的例子类似于我们所经验过的例子。我们至少能够设想自然的进程有所改变，这就足以证明这样一种改变不是绝对不可能的。能对任何事物形成一个清楚的观念，那就是那个事物的可能性的不可否认的论证；而单单这一点就足以驳斥反对它的任何所谓的理证。

概然推断既然不是发现观念本身间的关系，而只是发现对象间的关系，所以它在某些方面必然以我们的记忆和感官的印象作为基础，而在某些方面又以我们的观念作为基础。在我们的概然推理中，如果不掺杂着任何印象，结论就会成为完全虚妄；其中如果不掺杂着任何观念，那么观察这种关系时心灵的活动，严格地说，只是感觉，而不是推理。因此，在一切概然推理中，心中必然呈现着某种东西，或是看见的，或是记忆的；我们是根据了这种东西来推断某种和它相关而却没有被我们看见或记忆的东西。

能够引导我们超出我们记忆和感官的直接印象以外的对象间的惟一联系或关系，就是因果关系；因为这是可以作为我们从一个对象推到另一个对象的正确推断的基础的惟一关系。原因和结果的观念是由经验得来的，经验报道我们那样一些特定的对象在过去的一切例子中都是经常结合在一处的。当我们假设一个和这些对象之一类似的对象直接呈现于它的印象中的时候，我们因此就推测一个和它的通常伴随物相似的对象也存在着。根据这个说明（我认为这在每一点上都是没有问题的），概然推断是建立于我们所经验过的那些对象与我们没有经验过的那些对象互相类似的那样一个假设。所以，这种假设决不能来自概然推断。同一个原则不能既是另一个原则的原因，又是它的结果。关于那个关系，这或许就是有直观确实性或理证确实性的惟一命题。

如果有人想逃避这个论证，并且不先确定我们关于这个题目的推理是否是由理证或由概然推断而来，而就自称根据因果所得的一切结论都是建立于可靠的推理；那么我只希望他们把这种推理提出来，以便我们加以考察。有人也许会说，在有了某些对象的恒常结合这种经验以后，我们就依照下述方式进行推理。这样一个对象总是被发现为产生另外一个对象。它如果不被赋有某种产生能力，它便不可能有这个结果。能力必然涵摄结果；因此，我们根据一个对象的存在而推断它的通常伴随物的存在，就有一个正确的基础。过去的产生涵摄着一种能力：能力涵摄一种新的产生；这个新的产生正是我们从能力和过去的产生所推断出来的。

我在前面已经说过，产生观念与原因作用观念是一回事，而且没有一种存在确实地、决定性地涵摄任何其他对象中的能力；我如果愿意利用这些说法，或者我如果把我关于*能力*和*效能*（efficacy）观念将来有机会要说的话先在这里提出，如果这样做是恰当的，那么我就可以很容易地指出上述推理的弱点。不过这样一种进行方法似乎会使体系的各个部分互相依托，因此削弱我的体系，并且会在我的推理中引起混乱，所以我将力求不借这类帮助而维持我现在的主张。

因此，我们可以暂时承认，在任何一个例子中，一个对象被另一个对象的产生涵摄着一种能力,而且这种能力和它的结果有一种联系。但是我们已经证明,这种能力并不存在于原因的可感知的性质之内;而呈现于我们的却只是一些可感知的性质;我就要问,在其他例子中,你为什么只根据这些性质的出现,而就假设同一能力仍然存在呢?在现在这种情形下,援引过去经验丝毫不能解决什么问题;你最多只能证明,产生其他任何对象的那个对象在那一刹那中具有那样一种能力;但是你永远不能证明,同一能力必然在同一对象或可感知的性质的集合体中继续存在;更不能证明,相似的能力永远与相似的可感知的性质结合着。如果有人说,我们曾经验到,同一能力与同一对象继续结合着,而且相似的对象也赋有相似的能力;那么我愿意重新提出我的问题:为什么根据了这种经验,我们就超出我们所经验过的那些过去的例子而推得任何结论呢?如果你照先前的方式来回答这个问题,那么你的回答又会引起同样性质的新问题,以至于无限的地步;这就清楚地证明了前面的推理没有任何正确的根据。

由此看来,不但我们的理性不能帮助我们发现原因和结果的最终联系,而且即便在经验给我们指出它们的恒常结合以后,我们也不能凭自己的理性使自己相信,我们为什么把那种经验扩大到我们所曾观察过的那些特殊事例之外。我们只是假设,却永不能证明,我们所经验过的那些对象必然类似于我们所未曾发现的那些对象。

我们已经注意到,某些关系使我们由一个对象推到另一个对象,即使没有理由决定我们去作这种推移;我们可以把这一点立为一条一般的规则：即当心灵没有任何理由而恒常地和一致地由一个对象推到另一个对象时，它就是受了这些关系的影响。我们现在的情形恰恰是这样。理性永远不能把一个对象和另一个对象的联系指示给我们，即使理性得到了过去一切例子中对象的恒常结合的经验和观察的协助。因此，当心灵由一个对象的观念或印象推到另一个对象的观念或信念的时候，它并不是被理性所决定的，而是被联结这些对象的观念并在想象中加以结合的某些原则所决定的。如果观念在想象中也像知性所看到它们那样没有任何结合的话，那么我们就不可能由原因推到结果，也不会对于任何事实具有信念。因此，这种推断是单独地决定于观念的结合的。

观念间的结合原则，我曾经归纳为三个一般原则，并且说过，任何对象的观念或印象自然而然地引起与它类似、接近或相关的其他任何对象的观念。我承认，这些原则既不是观念间的结合的必然的原因，也不是仅有的原因。它们不是必然的原因，因为一个人可以在某一段时间内，固定他的注意于一个对象、而不再去看其他的对象。它们不是仅有的原因，因为人的思想显然可以在它的各个对象之间极不规则地任意流动，可以从天上转移到地上，从宇宙的一端跃到宇宙的另一端，毫无任何法则和秩序。不过我虽然承认这三种关系有这种缺点，并承认想象中有这种不规则性，但我仍然肯定说，类似关系、接近关系和因果关系是结合各个观念的仅有的一般原则。

的确，有一个观念的结合原则，初看起来，或许会被认为和这三条原则中的任何一条都不相同，不过归根到底也会被发现为依靠于同一的根源。当任何一类对象中的每一个体在经验中被发现为与另一类对象的一个个体经常地结合起来的时候,于是不论哪类对象中任何一个新个体的出现,自然就把思想转移到那个个体的通常的伴随物上。例如,由于那样一个特定观念通常附着于那样一个特定的词,所以只要一听那个词,就足以产生出那个相应的观念;而且心灵即使以极大的努力也几乎无法阻止那种推移过程。在这种情形下,在听到那个特定的词的时候,并不绝对必须反省过去的经验,并且思考什么观念通常是和那个词音结合在一起的。想象本身就代替了这种反省,并且非常习惯于由词推到观念,因此,一听到词的时候便想起观念,其间并无丝毫停顿。

但是,我虽然承认这是观念的联结的一个真正原则,可是我肯定它和因果观念之间的结合原则是一回事,并且是我们根据因果关系所进行的一切推理中的一个必需的部分。我们所有的因果概念只是向来永远结合在一起并在过去一切例子中都发现为不可分离的那些对象的概念,此外再无其他的因果概念。我们不能洞察这种结合的理由。我们只观察到这件事情自身,并且总是发现对象由于恒常结合就在想象中得到一种结合。当一个对象的印象呈现于我们的时候,我们立刻形成它的通常伴随物的观念;因而我们可以给意见(opinion)或信念下一个部分的定义说:它是与现前一个印象关联着或联结着的观念。

由此看来,因果关系虽然是涵摄着接近、接续和恒常结合的一种哲学的关系,可是只有当它是一个自然的关系、而在我们观念之间产生了一种结合的时候,我们才能对它进行推理,或是根据它推得任何结论。

第七节　论观念或信念的本性

一个对象的观念是对于这个对象的信念的一个必需的部分，但并不是它的全部。我们可以想象许多我们并不相信它们的事物。因此，为了比较充分地发现信念的本性，或者我们所同意的那些观念的性质，我们可以衡量下面的一些考虑。

显然，根据原因或结果而进行的一切推理都归结到关于事实的结论，即关于一些对象的存在或是它们的性质的存在的结论。同样显然的是：存在观念和任何对象的观念没有什么不同，而且当我们单纯地想象一个对象之后再来想象它是存在的时候，我们实际上并没有增加或改变我们的最初观念。例如，当我们肯定说上帝是存在的时候，我们只是照人们向我们描写的样子形成那样一个存在者的观念；我们并不是通过一个特殊观念来想象归属于他的那种存在，并把这个特殊观念加到他的其他性质的观念上，而且还可以把这个特殊观念和那些性质的观念分离开、区别开。不过我还要更进一步。我还不满足于说，任何对象的存在概念对于这个对象的单纯概念并没有任何增加，而且还主张，对于存在的信念也并不以新的观念加到组成那个对象观念的一些观念。当我想到上帝的时候，当我想到他是存在的时候，当我相信他是存在的时候，我的上帝观念既没有增加，也没有减少。但是一个对象的存在的单纯概念和对它的信念之间既然确有一个很大的差异，而这种差异既然不存在于我们所想像的那个观念的一些部分或它的组成中间，所以我们就可以断言,那个差异必然存在于我们想象它的方式(manner)中间。

假如我面前有一个人提出了我所不同意的一些命题,说恺撒死在他的床上,说银比铅较易熔化,或说水银比金为重;那么显然,我虽然不相信,仍然可以清楚地理解他的意思,而形成他所形成的全部观念。我的想象也和他的想象一样,赋有相同的能力;他能够想象的任何观念,我也都能够想象;他所能结合的任何观念,我也都能结合。因此,我就要问,在信和不信命题之间有什么差别呢?在被直观或理证所证明的各种命题方面,比较容易回答这个问题。在那种情形下,同意那个命题的人不但依照那个命题想象那些观念,并且必然被决定在那个特定方式下来想象那些观念,不论是直接地想象,或是以其他观念作为媒介。一切谬误的东西都是不可理解的;想象也不能违反了理证来设想任何事物。但是,由于根据因果的推理和关于事实的推理中,没有这种绝对必然性,而且想象可以自由地设想问题的两面,所以我仍然要问,不信和信念的差别在哪里呢?因为在信和不信这两种情形下去想象观念,同样地是可能的和必要的。

如果有人答复说:一个不同意你所提出的命题的人,在和你以同一方式想象那个对象之后,立刻就可以按另一个不同的方式去想象它,并对那个对象构成一些不同的观念。这种答复是不能令人满意的,这倒并非因为它含有任何谬误,而是因为它不曾发现全部真理。大家承认,在我们不同意任何人的一切场合下,我们总是设想问题的两个方面;但是我们既然只能相信一个方面,那么显然的结论就是:那种信念必然使我们所同意的那种概念和我们所不同意的那种概念有所差别。我们可以在一百种不同方式下混合、结合、分离、混乱、改变我们的观念,可是若非有某种原则的出现,确定了这些不同情况中的一种,我们实际上并无任何信念;这个原则对于我们先前的观念既是显然没有什么增益,所以它只能改变我们想象它们的方式。

心灵的全部知觉共分两类,即印象和观念,两者的差别只在于它们不同的强烈和活泼程度。我们的观念是由我们的印象复现而来,并表象出印象的一切部分。如果你想在任何方式下改变一个特定对象的观念,你只能增加或减少它的强烈和活泼程度。如果你对观念作了任何其他的改变,那么它就表象另一个对象或印象了。这种情形就与在颜色方面的情形一样。一个特定的色调可以获得一个新的生动程度或明亮程度,而并无任何其他变化。当你作了任何其他的改变的时候,它就不再是同一的色调或颜色了。信念既然只改变我们想象任何对象的方式,所以它只能给予我们的观念一种附加的强烈和活泼程度。因此,一个意见或信念可以很精确地下定义为:和现前一个印象关联着的或联结着的一个生动的观念。①

―――――――――

① 我们可以借这个机会观察一个十分明显的错误,由于经院中常常以这个错误教人,所以这个错误已经成了一个确立的原理,并被全体逻辑学家所普遍接受了。这个错误在于把知性的作用根据通俗的看法分为概念、判断和推理,并在于我们给它们所下的定义。概念的定义是:对一个或较多的观念的简单观察;判断的定义是各种不同观念的分离或结合;推理的定义是:借着指出观念间的关系的中介观念把那些观念分离或结合。不过这些区别和定义在很关重要的条款方面都是错误的。因为第一,要说在我们所形成的每一个判断中,我们都把两个差异的观念结合起来,那是远非真实的;因为在上帝存在那个命题中,或在有关存在的其他任何命题中,存在观念并不是我们用来与对象观念结合起来的一个独立观念,并不是能借这

第三章 论知识和概然推断

这便是使我们达到这个结论的那些论证的项目。当我们由其他对象的存在推断一个对象的存在时,必然永远有某种对象呈现于记忆或感官之前,作为我们推理的基础;因为心灵不能无止境地继续推论下去。理性永不能使我们相信,任何一个对象的存在涵摄另外一个对象的存在;因而当我们由一个对象的印象推移到另一个对象的观念或信念上时,我们不是由理性所决定,而是由习惯或联想原则所决定。不过信念并不止是一个单纯观念。它是形成一个观念的特殊方式;同一个观念既然只能随着它的强烈和活泼程度的变化而有所变化,所以总的来说,信念,依照前面的定义,乃是由于和一个现前印象相关而被产生出的一个生动的观念。

〔形成关于任何事实的信念的这种心灵作用,似乎从来是哲学中最大的神秘之一;虽然任何人甚至都不曾猜想到、说明这种神秘有任何困难。就我来说,我必须承认,我在这点上发现了一个极大的困难;并且即使当我自以为完全理解了这个题目时,我也

种结合形成一个复合观念的一个独立观念。第二,我们既然能够这样形成只含有一个观念的一个命题,所以我们无需应用两个观念,无需求助于第三个观念作为它们之间的中介,就可以运用我们的理性进行推理。我们从一个结果直接推断出它的原因;这种推断不但是一种真正的推理,而且是一切推理中最强有力的一种,比我们用另一个观念联结两端时所作的推理具有更大的信服力。关于知性的这三种作用,我们可以概括地断言的是:在正确的观点下看来,它们都还原到第一种,都只是想象我们的对象的特定方式。不论我们想象一个或几个对象;不论我们固定地想象这些对象,或由它们而想到其他对象;不论我们在哪一种方式或秩序下来考察它们,心灵的作用总不超出于单纯的概念;在这个场合下所出现的惟一显著的差异就是:我们在这个概念上加了一种信念,并因而相信了我们所想象的那个事物的真实。这种心灵作用还不曾被任何哲学家所说明过,因此,我可以有自由提出我关于这种作用的假设,即信念只是对任何观念的一种强烈而稳定的概念,只是在某种程度上接近于一个现前印象的那样一个观念。

找不出词语来表达我的意思。我借着一个我认为是很明显的归纳过程断言,一个意见或信念只是一个观念,这个观念与虚构不同之处不在于它的本性,或是它的各部分的秩序,而在于它被想象的方式。但是当我要说明这种方式的时候,我几乎找不出任何完全符合这个情况的词语,而不得不求助于每个人的感觉,使他对于心灵的这种作用有一个完善的概念。一个被同意的观念在感觉起来和想象单独所提供于我们的一个虚构的观念是有差别的。我将把这个不同的感觉称为一种较强的力量、活泼性、坚定性、稳固性或稳定性,力图加以说明。这一批词语似乎十分没有哲学意味,我只是想用了它们表示那种使实在的事物较之虚构更为亲切地呈现于我们之前的心灵作用,这种作用使实在的事物在思想中较有分量,使它们对情感和想象发生一种较大的影响。我们只要同意事情本身,那么关于词语便不必争辩。想象可以支配它的全部观念,可以在一切可能的方式下结合、混合并改变它们。它可以设想各个对象和它们的地点和时间的全部情景。它可以用某种方式按照对象的真正色彩把那些对象显现于我们之前,就像它们真正存在着一样。但是由于想象官能自身不能达到信念,所以这种信念就不在于我们观念的本性和秩序,而在于它们被想象的方式,并在于它们给心灵的感觉。我承认,这种感觉或想象方式是不可能完全加以说明的。我们可以使用表示与此近似的情形的词语。但是它的正确而恰当的名称是信念(belief),这是每个人在日常生活中所充分理解的一个名词。在哲学中我们也不能再前进一步而只能说、它是被心灵感觉到的某种东西,可以使判断的观念区别于想象的虚构。这种信念给予那些观念以较大的力量和影响,使它们显得较为重要,将它们灌注到心中,并使它们成为我们全部行动的支配原则。]

这个定义也将被发现为与每个人的感觉和经验完全符合。我们所同意的那些观念比空中楼阁的散漫幻想较为强烈、牢固而活泼,这是最明显不过的。如果一个人坐下来把一本书当作小说阅读,另一人把它当作一部真正历史阅读,他们显然都接受到同样的观念,并且也依照同样的次序;而且一个人的不信和另一个人的信念也并不妨碍他们对于他们所读的书作同样的解释。作者的文字在两人的心中产生了同样的观念,虽然他的证据对他们并没有同样的影响。后者对于一切事件有一种较为生动的概念。他比较深切地体会到人物的遭遇;他向自己表象出他们的行为、性格、友谊和敌意;他甚至对他们的面貌、神情和体态形成一个概念。至于前一个人既然不相信作者的证据,他对于所有这些情节就只有较为模糊而黯淡的概念;除了文体的优美和结构的巧妙以外,他从这本书得不到多大的愉快。

第八节 论信念的原因

我们已经把信念的本性说明如上,并且指出它就是与现前印象有关的一个生动观念;现在我们可以进而考察它是由什么原则得来的,什么东西赋予观念以那种活泼性。

我很乐意在人性科学中确立一个一般的原理,即:当任何印象呈现于我们的时候,它不但把心灵转移到和那个印象关联的那样一些观念,并且也把印象的一部分强力和活泼性传给观念。心灵的种种作用在很大程度上都是依靠于它作那些活动时的心理倾向；随着精神的旺盛或低沉，随着注意的集中或分散，心灵的活动也总会有较大或较小程度的强力和活泼性。因此，当任何一个对象呈现在前、使思想兴奋和活跃起来时，心灵所从事的每一种活动，在那种心理倾向继续期间，也将是较为强烈而生动的。但是那种心理倾向的继续显然完全是依赖于心灵所想象的那些对象；而且任何新的对象都自然地给予精神一个新的方向，并且把心理倾向改变了；相反，当心灵经常地固定于同一个对象上，或者顺利地、不知不觉地顺着一些关联的对象向前移动时，这时那种心理倾向就有了长得很多的持续时间。因此，就有这样的事情发生：当心灵一度被一个现前印象刺激起来时，它就由于心理倾向由那个印象自然地推移到关联的对象，而对于那些关联的对象形成一个较为生动的观念。各个对象的交替变化十分容易，心灵几乎觉察不到，因而它在想象那个关联的观念时，也就带着它由现前印象所获得的全部强力和活泼性。

如果在考究那种关系的本性和对它极关重要的那种推移的顺利情况时，我们能够相信这种现象确实如此，那自然很好；但是我必须承认，在证明这样一个重要原则的时候，我是把主要信心放在经验上的。因此，我们可以说（这可以作为满足我们现在的目的的第一个实验），当一个不在面前的朋友的相片一出现时，我们对他的观念显然被那种类似关系赋予一种生气，而且那个观念所引起的每一种情感，不论是喜是悲，也都获得一种新的强力和活力。一种关系和一个现前印象结合起来，产生了这种效果。当相片不像他，或者至少不是为他而作的写照的时候，它就根本不会使我们想到他。如果相片和他本人都不在面前，心灵虽然可以从想起相片推想到那个人，可是它却觉得它的观念反而被这种推移所减弱了，而不是被它所活跃了。当友人的相片放在我们面前时，我们看起它来感到一种快乐；但是如果把相片移去，我们就宁可直接想他，而不借反省一个同样远隔而模糊的影像来想象他。

罗马天主教的教义可以被认为是同样性质的实验。人们责难那个奇特的迷信教门的信徒所举行的哑剧，可是他们却往往为此进行辩解说，他们感到那些外表的行动、姿势和动作的良好效果，这些姿态表情可以活跃他们的信仰，鼓舞他们的热忱；否则，他们的信仰如果完全向着远隔的、精神的对象，就会消沉下去。他们说，我们在可感知的象征和形象中，隐约体会到我们信仰的对象，并且因为这些象征呈现眼前，使对象比在只用一种理智的静观和思维的时候，显得更加亲切，如在目前。可感知的对象比其他任何对象对想象总是有较大影响，它们把这种影响迅速地传到那些与它们关联并与它们类似的观念。从这些教义和这个推理，我只是要推断说，在使观念活跃起来这点上，类似关系的效果是很普遍的；在每种情形下，既是必然有一种类似关系和一个现前印象结合起来，所以我就得到充分多的实验来证明前述原则的真实。

在考察类似关系的效果之后，我们如果再考察接近关系的效果，那就可以把另外一种实验给前述实验增添力量。距离确实会减弱任何观念的力量，而当我们接近任何对象时，它虽然还未呈现于我们的感官之前，可是它作用于心灵上时的影响，却类似于一个直接的印象。思维任何一个对象，就会立刻将心灵转移到和它接近的东西,不过只有当一个对象实际呈现出来时,才能以一种较大的活泼性将心灵转移。当我离家只有数英里时,一切和家有关的东西都比我在离家六百英里时更能感动我;虽然即在离家六百英里时,我只要反省我的朋友和家人们的邻近任何东西,自然也会使我对他们发生一个观念。但是在后面这种情形下,心灵的两种对象既然都是观念,所以其间虽然也有顺利的推移,而因为缺乏一个直接印象,单是那种推移并不能给任何一个观念以较大的活泼性①。

因果关系与类似和接近这两种其他关系一样,也有同样的影响,这一点没有人能够怀疑。迷信的人们之所以喜爱圣徒的遗物,正和他们追求象征和形象的理由一样,也是为了活跃他们的信仰,而使他们对于他们所想模仿的那些典型人物的生平产生一种亲切的、强烈的概念。一个信徒所能求得的最好遗物之一显然就是一个圣徒的手制品;人们所以也在这个观点下看待他的衣着和用具,那是因为它们一度供他使用,并且被他移动过、抚摩过;在这一方面,这些遗物虽然被看作不甚完全的结果,可是这些遗物与圣徒本人的关系链锁,较之我们据以推知他的

---

① 〔于是庇索说道,"究竟这是一种自然的本能,还只是一种幻想,我不能说。不过在看到人们传说往古名人经常爱莅临的地方时,比在听他们的事迹或读他们的著作时,人的情绪激动得更强烈一些。我此时的感觉正是这样。我想起了据说常在此处进行讨论的柏拉图;他的花园近在眼前,不但使我想见其人,而且使我仿佛亲见其人。这是斯皮幼西普、克森诺克拉提和后者的学生波勒摩经常造访之处,他们经常爱坐在我们看到的那里的座位上。我觉得我一看到本国的元老院(我指的是Caria hostilia,不是现在的建筑;新建筑物虽系扩建,在我看来反而更小了),也经常使我想及西皮奥、加陶、莱里乌斯,尤其是我的祖父。地方有这样大的暗示力量。无怪乎科学的记忆训练法要以方位为基础了。"

西塞罗:《目的论》,第五卷〕

第三章 论知识和概然推断

真实存在的其他任何关系链锁，都较为短些。这个现象清楚地证明了一个现前印象与因果关系结合起来可以活跃任何观念，结果就产生了信念或同意，这正符合于前面的定义。

但是，我们为什么还找寻其他论证来证明、一个现前印象伴着一种想象的关系或推移可以活跃任何观念呢？单是我们根据原因和结果进行推理的这个例子，就足以达到我们的目的。对于我们所相信的每一个事实，我们确实都必须有一个观念。这个观念的发生确实只是由于它和现前印象发生一种关系。信念对观念确实没有增加什么，它只是改变了我们想象它的方式，使观念变得比较强烈而生动。关于关系的影响所作的现在这个结论，乃是所有这些推理步骤的直接结论；每个步骤在我看来都是确实而无误的。出现于这种心灵作用中的，只有一个现前印象、一个生动的观念，以及这个印象与这个观念在想象中的关系或联结；因此，不可能怀疑其中有什么错误。

为了把这个问题全部更充分地加以观察起见，我们可以把它当作必须借经验和观察才能加以决定的自然哲学中的一个问题看待。我假设有一个对象呈现出来，我从它推出某种结论，而给我自己形成一些可以说是我相信或同意的观念。这里显而易见，呈现于我的感官面前的那个对象和我根据推理推断其为存在的那另一个对象，虽然可以被设想为借它们的特殊能力或性质互相影响，可是我们现在所考察的这个信念现象既然只是内心现象，所以这些能力和性质便完全不参与着产生这个信念，因为我们对它们毫无所知。我们只应当把现前的印象认为是观念和伴随它的那种信念的真实原因。因此，我们必须力求借实验来发现使印象发生那样一种奇特结果的那些特殊性质。

首先我看到,现前的印象借其本身的能力和效力,并且当它作为只限于当前这一刹那的一个单一的知觉单独地被考虑时,它并没有这个结果。我发现,一个印象在其初次出现时,我虽然不能由它推得一个结论,可是当我后来经验到它的通常结果时,它就可以成为信念的基础。在每一种情形下,我们都必然已经在若干过去的例子中观察到同一印象,并且发现它和其他某种印象经常结合在一起。这是被那样多的实验所证实的,不容有丝毫的怀疑。

在第二度观察之后,我断定,伴随现前印象而来、并由过去许多印象和许多次结合所产生的这个信念,乃是直接发生的,并没有经过理性或想象的任何新的活动。对于这一点我是可以确定的,因为我从来不曾意识到任何那样的活动,并且在主体方面也发现不出可以作为这种信念的基础的任何东西。凡不经任何新的推理或结论而单是由过去的重复所产生的一切,我们都称之为习惯(custom),所以我们可以把下面一种说法立为一条确定的真理,即凡由任何现前印象而来的信念,都只是由习惯那个根源来的。当我们习惯于看到两个印象结合在一起时,一个印象的出现(或是它的观念)便立刻把我们的思想转移到另一个印象的观念。

在对这项实验完全满意之后,我就再做第三套实验,以便知道:对于产生这个信念现象来说,除了习惯性的推移之外,是否还需要其他任何东西。于是我把第一个印象改变成一个观念,并且观察到,转到相关观念的那种习惯性的推移虽然还存在,可是实际上已经没有信念或信心了。因此,一个现前印象对于这整个的作用是绝对必需的。随后,当我把一个印象和一个观念加以比较,并且发现它们的惟一差异只在于它们不同的强烈和活泼程度,于是我就总结起来说,那种信念乃是我们因为一个观念与现前印象发生关系而对那个观念所作的一种较为活泼而强烈的想象。

由此看来,一切概然推理都不过是一种感觉。不但在诗歌和音乐中,就是在哲学中,我们也得遵循我们的爱好和情趣。当我相信任何原则时,那只是以较强力量刺激我的一个观念。当我舍弃一套论证而接受另外一套时,我只不过是由于我感觉到后者的优势影响而作出决定罢了。对象之间并没有可以发现的联系;我们之所以能根据一个对象的出现推断另一个对象的存在,并不是凭着其他的原则,而只是凭着作用于想象上的习惯。

这里值得注意的是:我们关于因果的一切判断所依据的过去经验,可以不知不觉地影响我们,使我们完全没有注意到,并且甚至在某种程度上不被我们所知道。一个人在旅途上遇到一条河,就预见到继续前行的结果;他对这些结果的知识是由过去的经验传给他的,那种经验把原因和结果的那样一些的结合报告给他。但是我们是否能够认为,在这种场合下,他真会反省任何过去的经验,并且回忆起他所见、所闻的一些例子,借以发现水对动物身体的作用么?当然不是这样;这并不是他进行推理的方法。沉没的观念和水的观念那样密切地联系着,窒息的观念又和沉没的观念那样密切地联系着,以致使心灵不借助于记忆,就一直推移下去。我们来不及反省,习惯就已发生了作用。那些对象似乎是那样不可分离的，以致我们由一个对象推到另一个对象时，中间并无片刻停顿。但是这种推移既是由经验而来，不是由观念间的任何原始联系而来，所以我们不得不承认，那种经验不经过人的思想就可以借一种秘密作用产生对于因果的信念和判断。这就使人失去一切借口（如果还留有任何借口的话），无法再说心灵是通过推理才相信我们所没有经验过的例子必然类似于我们所经验过的例子那一个原则。因为我们在这里发现，知性或想象无需反省过去的经验，就能从它得出推断，更无需形成有关这种经验的任何原则，或根据那个原则去进行推理了。

我们可以概括地说，在一切最为确定而一致的因果结合中，如在重力、冲击力、坚固性等方面，心灵永远不会明白地把它的观点转到对任何过去经验的考虑；虽然在其他较为稀少而不常见的对象的结合方面，心灵或许会借这种反省去帮助观念之间的习惯和推移。不但如此，我们发现：在有些情形下，不通过这种习惯，反省就产生了这种信念；或者更恰当地说，反省以一种间接而人为的方式产生了那种习惯。我把我的意思说明一下。不但在哲学中，甚至在日常生活中，我们确实可以单是根据一次实验就得到关于一个特殊原因的知识，只要我们在做实验时经过一番审查，并且细心地把一切外来的和附加的条件都先行去掉。但是在做了一次这种实验以后，心灵既然不论在原因或结果一出现之后，就能推断其相关物的存在；而且一个习惯既然永远不能单从一个例子中获得：所以有人或许会认为，在这种情形下，信念并不能被认为是习惯的结果。不过我们只要考虑一下下面的情况,这种困难便会消失;这个情况就是,这里虽然假设我们对于一种特定结果只有一次实验,可是我们有几万次实验使我们相信这个原则:相似的对象在处于相似的环境下时,永远会产生相似的结果;这条原则既然是借着充分的习惯确立起来的,所以它不论应用于什么信念上,都会以明白性和稳固性赋予那个信念。观念间的联系在一次的实验中并没有获得习惯性;不过这个联系却被包括在另一条有习惯性的原则之下;这就又使我们回到了我们的假设上。在一切情形下,我们总是明白地或默认地、直接地或间接地把我们的经验转移到我们所没有经验过的例子上。

在结束这个题目之前,我不可不说一下:要完全恰当地和精确地谈论心灵的各种作用,是极为困难的,因为普通的语言对于这些作用很少作出任何精细的区别,而是通常用同一个名称去称谓所有密切地类似的作用。在著作者方面,这是晦涩和混乱的几乎不可避免的来源,而在读者方面,这也往往会引起他所原来不曾梦想到的怀疑和反驳。因此,我所主张的那个总的论点,即一个意见或信念只是由一个关联的印象得来的一个强烈而生动的观念,也可以由于强烈和生动这两个词的含义不清而引起下面的反驳。有人或者会说,不但一个印象能够引起推理,而且一个观念也可以有同样的影响;根据我的原则,一切观念既由相应的印象得来,那就更可以提出这种反驳。因为,假如我现在形成一个我已忘记它的相应的印象的观念,我还是可以根据这个观念断定那样一个印象确曾一度存在过。这样一个断定既然伴有一种信念,那么有人就会问,构成这种信念的强力和活泼性这两种性质是从哪里得来的。我可以立即答复说是由现前的观念得来的。因为这个观念在这里既不被认为是任何不存在的对象的表象,而被认为我们在心中亲切地意识到的一个实在的知觉,所以它一定能够以心灵反省它、并确信它的现前存在时所带有的那种性质(我们可以称之为稳固性、坚定性、强力和活泼性)赋予任何与它关联的东西。观念在这里代替了印象,而且对于我们现在的目的来说,完全有同样的作用。

根据同样一些原则,当我们听说对于观念的记忆,即听说观念的观念,以及它比想象的散漫概念有较大的强力和活泼性的时候,我们也无需惊异了。在想到我们过去的思想的时候,我们不但描绘出我们先前所思想过的对象,而且还要想象先前默想时的心理作用,即那种无法下定义、无法形容、可是每人都充分了解的"莫名其妙"的活动。当记忆呈现出这样一种情景的观念来、并表象它已成过去时,我们就很容易设想,这个观念怎么会比我们想到我们所记不起来的一个过去思想时,具有较大的活力和稳固性。

在这样说明之后,任何人都会理解,我们怎样形成一个印象的观念和一个观念的观念,而且我们怎样相信一个印象的存在和一个观念的存在。

第九节　论其他关系和其他习惯的效果

我们前面的论证不论怎样有说服力,我们决不可以此自足,而必须从各方面去研究这个题目,以便发现某些新的观点,借以说明和证实那样奇特的、那样基本的原则。在接受任何新的假设时,表示踌躇犹疑,本是哲学家们非常值得夸奖的心情,并且对于考察真理也是非常必要的,所以这种心情值得我们加以满足,同时它也要求我们举出可以使他们满意的每一种论证,并且消除可以阻止他们进行推理的每一种反驳。

我屡次说过,除了原因和结果以外,类似和接近这两种关系也应该被认为是思想的结合原则,它们也能够使想象由一个观念转移到另一个观念。我也曾经说过,当这些关系中任何一种关系所联系起来的两个对象中间的一个直接呈现于记忆或感官之前的时候,心灵不但借着联结原则被转移到它的相关的对象,并且还借那个原则和现前印象的联合作用,以一种附加的强力和活力去想象那个相关对象。我说这一些话,乃是为了要借类比推理来证实我们对于因果关系判断的说明。不过就是这个论证或许也可以被用来反对我,也许它不但不成为我们的假设的证实,反而会成为对于它的反驳。因为有人或许会说,那个假设的各部分如果都是正确的,就是:这三种关系如果都是由同样一些原则得出的;它们在加强和活跃我们的观念方面如果都有同样的效果;信念如果只是对一个观念的较为有力而活泼的想象;那么结论就应当是:那种心理作用(信念)不但可由因果关系得来,而且也可以由接近和类似关系得来。但是,我们既然凭经验发现,信念只起于因果关系,而且两个对象若不是被这种关系联系着,我们便不能由一个对象推到另一个对象;所以我们可以断言,在那种推理中间有一种错误使我们陷于这样一些困难之中。

这就是反驳;我们现在来研究它的解答方法。显然,凡呈现于记忆中间、并以一种类似现前印象的活泼性刺激心灵的任何东西，必然在心灵的一切作用中占有一个重要地位，并且很容易把自己和想象的单纯虚构区别开来。我们把这些印象或记忆观念形成一个系统，其中包括了我们所记得曾经呈现于内在知觉或感官之前的一切东西；那个系统中的每个特殊项目与现前印象结合起来，我们就称之为一个实在物。但是，心灵并不停在这里。因为，心灵发现，这个知觉系统被习惯（您也可以称之为因果关系）把它和另一个知觉系统联系了起来，于是心灵就进而思考那个知觉系统中的观念；并且因为它感觉到它在某种意义上是必然地被决定了去观察这些特殊观念，而且决定它这样做的那种习惯或关系不容有丝毫变化，于是它就把它们形成一个新的系统，也把它们庄严地称为实在物。第一个系统是记忆和感官的对象，第二个系统是判断的对象。

后面这个原则使我们熟习了由于时地远隔而为感官和记忆所达不到的那些存在物，并以这些存在物填充于世界之中。借着这个原则，我在自己想象中描绘出宇宙来，并且随意把我的注意固定在宇宙的任何一个部分上。我形成一个罗马观念；我虽然从未见过也不记得罗马，可是罗马却和我从旅行家们和历史家们的谈话和著述中所得到的那些印象联系着。我把这个罗马观念放在我所称为地球的那个对象的观念的某个位置上。我在这个观念上加上一个特殊的政府、宗教和风俗的概念。我又回顾过去，并思考它最初的建立，它的多次的革命、成功和不幸。我所相信的这些一切以及其他种种事物都只是一些观念，不过它们都借着由习惯和因果关系发生的强力和固定秩序，而与纯系想象产物的其他观念有所区别。

至于接近关系和类似关系的影响,我们可以说,如果接近和类似的对象包括在这个实在物的系统中,那么这两种关系无疑地会帮助因果关系,并且在想象中以更多的力量灌注于相关的观念。这一点我现在就要加以详细论述。同时,我还将把我的说法更推进一步说,即使当相关的对象只是虚构的时候,这种关系也会使那个观念生动起来,并增加它的影响。一个诗人如果借美丽的草地或花园的景色来促起他的想象,那他对于极乐国土无疑地更容易构成一幅生动的写景;正如在另一个时候他也可以借他的想象置身于这些神话境地中,以便借那种假设的接近关系来鼓动他的想象一样。

不过我虽然不能完全排除类似关系和接近关系在这种方式下对想象所起的作用,可是我们可以注意,当它们单独出现的时候,它们的影响是很微弱而不确定的。正如我们需要因果关系来使我们相信任何真实的存在,同样,我们也需要这种信念给其他这些关系增加力量。因为当一个印象出现时,我们如果不但虚构另一个对象,并且任凭己意、随着高兴,使那个对象和那个印象发生一种特殊关系,那么这个对象对心灵只能有轻微的影响;而且当这个印象返回来时,也没有理由来决定我把同一对象放在对它的同一关系之中。心灵丝毫没有必要虚构任何类似的和接近的对象;它如果虚构这类对象,它也并非必须永远限于这个对象,而不许有任何差异或改变。的确,这样一个虚构很少有什么理性作为基础的,因此除了纯粹的任性之外,没有东西能够决定心灵来形成这种虚构;而且那个任性原则既是变化而不定的，所以它的作用就不可能有多大程度的强力和恒常性。心灵预见到、预料到那种变化，从最初一刹那起就感觉到它的活动的散漫，不能牢固地把握它的对象。这个缺点在每个单独的例子中已是很明显的。而由于经验和观察就更加增强了，因为这时我们就可以比较我们所可能记得的各个例子，并建立一条通则：对于根据虚构的类似关系和接近关系而发生于想象中的那些短暂的浮光掠影，不能给予任何信任。

因果关系却有与此相反的一切优点。它所呈现的对象是确定而不变的。记忆的印象永远没有任何重大变化；每个印象都带来一个精确的观念，那个观念发生于想象中，而成为一种坚定和实在、确定而不变的东西。思想永远被决定由印象转到观念，并从那个特定印象转到那个特定观念，没有任何选择或犹豫。

不过我还不以消除这种反驳就算满足，我还要力求从这个反驳中求得对于现在这个学说的一个证明。接近关系和类似关系的作用比由因果关系来的作用小得多，但是它们仍然有一种作用，并且增加任何意见的信念和任何概念的活泼性。如果在我们已经观察过的例子之外，再在几个新的例子中证明我们这种说法，那么我们所主张的信念只是与现前印象相关的一个生动观念的那个说法，将得到一个相当重要的论证。

先从接近关系谈起：基督教徒和回教徒人中都曾讲过，朝拜过麦加和圣地的香客，此后比起没有得到这种优越条件的人来都成为更加虔诚而热忱的信徒。一个人的记忆如果给他呈现出红海、沙漠、耶路撒冷和加利利的生动的意象，他就永远不会怀疑摩西或福音书著者所记述的任何神奇事件。这些地方的生动观念顺利地推移到那些被假设为由于接近关系而与它们关联的事实上，并且由于增强了想象的活泼性而增加了那种信念。这些田野和河流的记忆对于一般人具有和一个新的论证同样的影响，并且也发生于同样原因。

关于类似关系，我们也可以做同样的观察。我们已经说过，我们由一个现前对象推出不在眼前的它的原因或结果的那个推论，决不是建立于我们在那个对象本身所观察到的任何性质；换句话说就是，除了凭借经验而外，我们不可能断定任何现象将产生什么结果，或是在它之前曾有什么东西发生。不过这一点本身虽然那样明显，似乎不需要任何证明，可是有些哲学家们却认为，运动的传达有一个显明的原因，而且一个有理性的人可以根据一个物体的撞击推出另一个物体的运动来，无需求助于任何过去的观察。不难证明，这个意见是谬误的。因为如果单从物体、运动和撞击这三个观念就可以得出那样一个推论，那么这个推论将等于一个理证，而必然涵摄任何相反假设的绝对不可能性。所以，除了运动的传达而外，其他任何结果都将涵摄一种形式矛盾：它不但不可能存在，而且也不能够被想象。不过我们马上就可以使自己相信相反的说法，因为我们可以清楚而一致地想象一个物体进向另一个物体，在一接触时就停止住；或者想象它循原来路线返回，想象它的消灭，想象它的圆形的或椭圆形的运动；简而言之，想象我们可以假设它所能遭遇的其他无数变化。这些假设都是一致的、自然的；而我所以想象运动的传达不但比那些假设、并且比其他任何自然结果都更为一致而自然，其理由就建立在原因与结果的类似关系上；这种关系在这里同经验结合起来,并把这些对象极其密切地结合起来,以至使我们想象它们是绝对不可分离的。因此,类似关系就和经验有同一的或平行的影响;经验的惟一直接效果既然在于把我们的观念联结起来,所以结果就是:一切信念依照我的假设都是发生于观念的联结。

对光学从事著作的人们都公认,眼睛在任何时候都看到同样数目的物理点。而且一个立在山顶上的人比局促于一个十分狭窄的庭院或房间中的人,其感官前所呈现出来的映象也并不更大一点。他只是凭借了经验,才能根据映象的某些特殊性质,推断出对象的大小;他把这种判断的推论同感觉混淆起来,正如在其他场合下通常所发生的情形一样。但是,显而易见,判断的推论在这里比我们平常推理中所有的情形更为生动得多;而且一个人如果站在耸立的海角的顶巅上,比他只听到海水的吼啸声时,可以根据他由他的眼睛所接受的映象,对于汪洋大海有一个较为活跃的概念。他从海洋的宏伟景象感到一种较为亲切的快乐;这就证明他有一个较为生动的观念;他又将他的判断与感觉混淆了,这又是一个较为生动的观念的证明。但是在两种情形下,推断既然都是同样确实而直接的,那么在前一种情形下我们的想象所以有较大的活泼性,只能发生于下面的一种情形;即在根据视觉进行推断时,除了习惯性的结合以外,在映象和我们所推断的对象之间还有一种类似关系;这就加强了那种关系,并借一种较为容易而较为自然的活动把印象的活泼性传给相关的观念。

人性中没有任何弱点比我们通常所谓的轻信(即对别人的

证据过分轻易地信任)更为普遍、更为显著的了,这个弱点也可以用类似关系的影响很自然地加以说明。当我们根据人的证据接受任何事实时,我们对它的信念正和我们由因至果或由果至因的推断起于同样的根源;而且我们也只是因为对于支配人性的原则有了经验,才对人的忠实可靠发生一种信任。不过经验虽然是这一方面的真正标准,正像它是一切其他判断的真正标准一样,可是我们也很少完全依据这个标准来指导自己;我们有一种相信任何报道的显著倾向,哪怕是有关幽灵、妖术、神异的报道,尽管这些报道十分违反日常的经验和观察。别人的言辞和谈论与他们心中的某些观念有一种密切的联系,这些观念和它们所表象的事实或对象又有一种联系。后面这种联系往往受到过分重视,并强制我们同意于经验所不能证实的事情。这个现象只能发生于观念和事实间的类似关系。其他的结果只能以间接方式指出它们的原因,但是人的见证却直接提出其原因来,并且既被当作一个结果,也被当作一个意象。这就难怪我们那样鲁莽地由它推得结论,并且在判断它时,也不像在判断其他题材时那样受经验的指导了。

类似关系在和因果关系结合起来时,既然能加强我们的推理,所以如果在很大程度上缺乏了类似关系,也就足以把我们的推理几乎完全摧毁。关于这种情形,最显著的例子就是人们对于来世的普遍的不注意和愚蠢,他们在这一方面表现出顽固的不信,正如在其他方面表现出盲目轻信一样。看到大部分人类对于来世状态那样漫不经心,这确是使好学的人大感惊奇、虔诚的人极为惋惜的事;许多卓越的神学家们毫不迟疑地说,一般人虽然没有无神论的理论原则，可是他们心里实在是无神论者，而并无什么所谓灵魂永生的信仰，这话甚有道理。我们可以一方面先考虑到神学家们关于永生的重要性表现了多少滔滔的辩才，同时并反省一下，在修辞功夫方面我们虽然应当夸张其词，可是在永生这一方面，我们即使极意渲染，对于这个题目也远远地不能相称：在这以后，我们在另一方面再来观察一下人们对于这事是如何极度的泰然自若：那么，我就要问，这些人们是否真正相信他们所被教导的、和他们自称是肯定了的这个道理？答案显然是否定的。信念既是来自习惯的一种心理作用，无怪缺乏了类似关系，就会推翻习惯所确立的作用，并且减弱观念的强力，正如习惯原则增加它的强力一样。来世状态远非我们所能理解，我们对于身体分解之后我们的生存方式又只有那样模糊不清的观念，所以我们所能创设的种种理由不论其本身如何有力，不论其如何受到教育的协助，它们在想象迟缓的人身上永远不能克服这种困难，或是对观念给予充分的权威和力量。我认为这种不信的发生，乃是由于来世状态和现世生活没有类似关系，因而我们对来世只能形成模糊的观念，而不是由于来世太远，因而我们只能形成这样的模糊观念。因为我注意到，到处的人们对于他们身后可能发生的有关现世的事情都很关心；人们对于他们身后的名声、他们的家属、朋友和国家，不论任何时候都是很少漠不关心的。

的确，在这种情形中，由于类似关系的缺乏，就把信念那样地完全消灭了，以致除了少数人凭着冷静反省这个题目的重要性，并留心借反复的默想把证明来世状态的论证刻记心中以外，

第三章 论知识和概然推断

很少有人以真正和确定的判断(如像根据旅行家们和历史家们的证据所得到的那种判断)相信灵魂的永生。这种情况表现得十分明显,当人们比较现世的和来世的快乐和痛苦、报酬与惩罚的时候;即使事情并不关于他们自己,并且没有任何激烈的情感来扰乱他们的判断。天主教徒在基督教世界确乎是最为热忱的一个教派,可是你会发现那个教派中比较明理的人很少不责怪火药阴谋[译注一]和圣巴多罗买节(St. Bartholomew)[译注二]的屠杀是残忍和野蛮的,虽然那种阴谋和暴行正是被策划或执行了去对待他们毫不犹豫地判处永恒和无限惩罚的人们。要为这种前后矛盾进行辩解,我们所能说的话只是:他们实在不相信他们所肯定的来世状态;这种前后矛盾本身就是这种不信再好不过的证明。

我们还可以再附加一点说:在宗教的事情方面,我们乐意受到恐怖。最受欢迎的讲道者,就是那些刺激起最凄惨、最阴沉的情感来的人们。在平常生活中,我们深深感到恐怖题材的真实性,所以没有事情比恐惧和恐怖更使人不愉快的;只有在戏剧表演和宗教讲道中,这些情感才能给予我们一种快乐。在后面这些情形下,想象悠然地以恐怖观念自娱;而情感也因为对于题材缺乏信念而感到轻松,因而只产生活跃心灵、集中注意的那种愉快的效果。

我们如果考察一下其他各种关系和各种习惯的效果,现在这一个假设将会得到更进一步的证实。要理解这一点,我们必须考虑到:我所认为产生一切信念和推理的那种习惯,可以在两种不同方式下作用于心灵,因而加强一个观念。因为,假使在过去的一切经验中,我们发现两个对象永远结合在一起,那么显然,当这些对象之一出现于一个印象中时,我们必然就根据习惯很容易地推移到通常伴随它的那个对象的观念上;并且必然借着现前的印象和顺利的推移,对那个观念有一种比对于想象中任何松散和飘荡的意象较为有力、较为生动的想象。但是我们其次还可以假设,单纯一个观念,没有任何这类奇特的和几乎是人为的准备,也常常出现于心灵中:那么,这个观念一定逐渐会获得一种方便和力量,并由于它对心灵有一种牢固的掌握,并且容易进入心灵,因而与任何新的、不常见的观念有所区别。这就是这两种习惯的惟一共同之点;如果两者对于判断的影响都是类似的、相称的,那么我们确实可以断言,前面对那个官能所作的解释已是满意的了。但是当我们一考究教育的本性和效果时,我们还能够怀疑这两种习惯对于判断的一致影响么?

我们从婴儿时起就习惯了的所有那些对事物的意见和概念,都是非常根深蒂固,我们即使用理性和经验的全部力量,也无法把它们拔除;这种习惯就其影响而论,不但接近于那个由因果的恒常而不可分离的结合所养成的习惯,并且在许多场合下甚至压倒了那种习惯。这里我们还不该只满足于说观念的活泼性产生了信念,我们还必须主张它们两者是同一的。任何观念的一再重复,就把它固定在想象中;但是这种重复本身决不能产生任何信念,如果那种心理作用(信念),依照我们本性的原始结构,只是附着在对观念所作的推理和比较上。习惯可以导致我们对于一些观念作某种错误的比较。这就是我们所能设想到的它的最大效果。但是它确是不能代替那种比较,也不能产生自然地属于那个原则的任何心理作用。

一个人被切除了一条腿或一条膀子以后,在很长时期内还在试图运用它们。在任何人死后,全家的人,尤其是他的仆役们都常说,他们难以相信他已经去世,而总还设想他仍在他们经常见到他的那个房间或其他地方。在谈话中,当谈到一个相当著名的人物时,我往往听到一个与他素昧平生的人说,"我虽然从来不曾看到那样一个人,不过几乎想象自己曾看见过他;我是久闻他的大名的。"这都是平行的例子。

如果我们在恰当的观点下来考察根据教育所作的这个论证,它将显得有说服力量;而使它更有说服力的是:它是建立在任何地方所可以遇到的最普通的现象之一的上面的。我相信,在考察之后,我们将会发现,流行于人类中的那些意见有一半以上是由教育得来的,而且那样盲目地被信从的原则压倒了那些由抽象推理或实验得来的原则。爱撒谎的人因为不断撒谎,最后终于记得那些谎话;同样,判断,或者不如说是想象,也可以借着同样的方法使观念在它中间留有强烈的印象,并以那样清楚的程度加以想象,以致那些观念,可以和感官、记忆或理性所呈现于我们的那些观念以同样方式作用于心灵。但是由于教育是一种人为的、而不是自然的原因,而且教育的准则又往往违反理性,甚至在异时异地也会自相矛盾,所以哲学家们总是不承认这种原因;虽然实际上它和我们根据因果进行的推理几乎是建立在同样的习惯和重复的基础上面的[①]。

[①] 我们可以概括地说,我们对于一切概然推理的同意既然是建立于观念的活泼性上,所以它也和许多由于被蔑视为想象的产物而受到排斥的那些幻想和偏

〔译注一〕 这是天主教徒在 1605 年 11 月 5 日谋刺英王詹姆士一世及议员们的一次阴谋。发动阴谋的主要人之一裴尔西(Percy)先在下院附近赁了一所房子，掘了隧道通往议院，在议院的下面埋了一吨多火药，而以煤和柴作为掩护。他准备在 1605 年 11 月 5 日议会开会时，炸死国王和全体议员，但阴谋被破获了。主犯八名被处死。休谟所以引这件事，乃是因为甚至天主教徒也不满意这件事，因为其中有无辜的人，虽然这些谋刺对象是新教人士。

〔译注二〕 圣巴多罗买节屠杀是 1572 年 8 月 24 日在巴黎对新教的胡根诺派(Huguenots)所进行的一次屠杀。发动这次惨剧的迦太邻，意在一网打尽胡根诺派领袖和歼灭基督教的党。迦太邻得到查理九世的同意，于 24 日清晨开始屠杀，一直持续到 9 月 17 日。屠杀由巴黎蔓延至各省，直至 10 月 3 日才止。据估计在全法国被惨杀的共有五万人。

第十节　论信念的影响

　　教育虽然被哲学认为人们所以同意任何意见的一个错误根据，因而遭到排斥，可是教育在世界上仍然占着优势，而一切体系在最初所以易于被认为新奇和反常，而遭受排斥，其故即在于此。我在这里所提出的这个关于信念的意见或许要遭受到同样的命运；我所举出的那些证明虽然在我看来似乎是完全有决定性的，我也不期望我的意见会招来许多新的信徒。人们难以相信，那样重要的结果会由那样似乎无足轻重的原则得来，而且我们的绝大部分推理，连同我们全部的行动和情感，竟会只是由习惯和习性得来。为了排除这种反驳，我在这里要略为提前叙述

见有类似之处。根据这种说法，想象一词似乎通常被用于两个不同的意义；这种不精确性虽然最为违反真正的哲学，可是在下面的推理中，我往往被迫陷入这种不精确性。当我把想象和记忆对比时，我指的是形成微弱观念的那个官能。当我把想象和理性对比时，我指的还是同样的官能，只是排除了我们的理证的和概然的推理。当我不把想象与两者对比时，则不论在较广的或较狭的意义下来理解它，都无关系，或者至少上下文也会充分地说明它的意义。

一下以后在研究情感和美感时才应该考察的几点。

人类心灵中生来有一种苦乐的知觉,作为它的一切活动的主要动力和推动原则。但是痛苦和快乐可以通过两个途径出现在心灵中:两个途径的效果是很不相同的。苦乐可以出现于印象中,使人现实地感觉到,也可以只出现于观念中,如我现在提到它们时这样。显然,这两种苦乐对于我们行动的影响是远不相等的。印象总是激动心灵,并且激动的程度最高。但是每个观念,并不都有同样的效果。在这种情形下,自然的措施极其谨慎,并且似乎细心地避免了两个极端的不便。如果单是印象影响意志,那么我们的一生中时刻都会遭受极大的灾难。因为我们即使预见灾难的来临,自然也不会把可以推动我们躲避灾难的任何行动原则供给我们。在另一方面,如果每个观念都影响我们的行动,那么我们的处境也不会有多大的改善。因为人的思想的浮动性和活跃性是那样的大,以致每一事物,尤其是祸福的意象都永远在心中游荡着;假使心灵被每一种这样的闲想所激动,那么它将不会享到片刻的平静和安宁。

因此,自然选择了一条中间道路,既不给予每个祸福观念以激动意志的力量,也不完全排除它们这种影响。一个无聊的虚构虽然没有效力,可是我们凭经验发现,我们相信其现在存在或将来会存在的那些对象的观念,却会产生比直接呈现于感官和知觉的那些印象较弱一些程度的同样的作用。因此,信念的作用就是将一个简单观念提高到与印象相等的地位,并以对于情感的一种同样的影响赋予它。信念只有使一个观念在强力和活泼性方面接近于一个印象,才能产生这个作用。因为一个印象和一个观念的全部原始差异既然在于各种不同的强烈程度,所以这些强弱不同的程度也必然是这些知觉的作用方面一切差异的来源,而这些差异程度的一部分或全部被移去,也就成了这些知觉所以获得种种新的类似关系的原因。什么时候我们能使一个观念在强力和活泼性方面接近于印象,那么观念在心灵上的影响也将和印象的作用相似。反过来说,什么时候这个观念的影响类似于印象,就如现在的情况,那么这一定是由于它在强力和活泼性方面接近于印象。因此,信念既然使一个观念类似印象的作用,所以必然使它在这些性质方面类似于这些印象,因而这个信念只是对于任何观念的一种较为活泼而强烈的想象。因此,这就既可以作为现在体系的一个附加的论证,又可以使我们明了,我们根据因果关系所进行的推理在何种方式下才能够对意志和情感发生作用。

正如刺激我们的情感几乎绝对必需一个信念似的,同样,情感也很有利于信念。不但传达愉快情绪的那一类事实,而且往往还有给人痛苦的那样一些事实,也都因为这种缘故更容易成为信念和意见的对象。最易被人唤起恐惧的一个懦夫一听到人们讲到危险,马上就会加以同意,正如一个心情悲哀和忧郁的人,每逢听到滋长他的主导情感的事情,就轻信不疑。当任何能感动人的对象呈现出来的时候,它就发出警报,立刻刺激起某种程度的与之相应的情感;而在天然倾向于那种情感的人身上,尤其是这样。这种情绪,根据我们前面的理论,借着一种顺利推移传到想象中间,散布于我们对那个有感动作用的对象的观念上,使我们以较大的强烈和活泼程度来形成那个观念,因而对它同意。敬佩和惊讶也和其他情感有同样的作用；因此，我们可以注意到，庸医和骗子的大吹大擂，比起采取谦和的态度，更容易得到一般人的信仰。由他们的神聊瞎说所自然地引起的那种最初的惊异，传播到人们的心灵全部，使观念成为那样活跃和生动，以致那个观念类似于我们由经验所推得的论断。这是一个神秘，我们对此或许已经稍有一些认识，在本书的进程中，我们将会有机会对它作进一步的探索。

在这样叙述了信念对情感的影响以后，我们要说明它对想象的作用，就更少困难，不论那种作用可能显得怎样奇特。当我们的判断并不相信呈现于我们想象中的那些意象的时候，我们对任何谈论确是不能感到快乐。养成撒谎习惯的人们，即使是在无关紧要的事情方面，谈起话来也绝不能给人任何快乐；这是由于他们所呈现于我们的那些观念并不伴有信念，因而在我们的心中不能造成任何印象。以撒谎为业的诗人们总是力求给予他们的虚构以一种真实的模样。如果他们完全不顾到这点，那么他们的作品不论如何巧妙，也永不能给予我们多大快乐。简单些说，即使当观念丝毫不影响意志和情感时，它们也仍然需要真实和实在这两个条件，以便使想象对它们感到愉快。

但是我们如果把这个题目方面所出现的一切现象一起加以比较，那么我们将发现，"真实"在一切天才作品中不论怎样必需，它的作用也不过是使观念容易被人接受，并使心灵乐意去信从它们，或者至少没有什么抗拒之感。但是，根据我的体系，根据因果关系的推理所确立的那些观念都伴有坚定性和强力，而我们又很容易假设上述那种作用是由这种坚定性和强力所发生,因此,信念对于想象的一切影响也都可以根据那个体系加以说明。因此,我们可以说,任何时候,那种影响如果不是发生于真实或实在而是发生于其他原则,那些原则就代替了"真实"的地位,而给想象以同样的愉快。诗人们构成了一个他们所谓诗意的事物体系(poetical system of things),这个体系虽然连他们自己和读者都不相信,可是却被公认为任何虚构的一个充分的基础。我们已经那样习惯于战神(Mars)、天神(Jupiter)、爱神(Venus)的名称,以致这些观念的经常重复使这些观念易于进入心中,控制想象,而并不至于影响判断,正如教育把任何意见注入心中一样。同样,悲剧作者们也总是从历史中某一个著名的篇章借取他们的故事。或者至少借取他们主要角色的名字。这并不是为了欺骗观众,因为他们坦白地承认,真实并不是在任何情况下都被神圣不可侵犯地遵守的;而是为了使他们所描述的不寻常事件比较容易被想象接受。不过喜剧诗人们并不需要这种准备,喜剧诗人的人物和事件因为是比较常见的,所以容易进入想象,无需通过这种形式就可以被人接受,虽然在一看之下,人们就认出它们是虚构的、纯粹是想象的产物。

悲剧诗人们的故事中这种真伪混杂情形告诉我们,想象即使没有绝对的信念,或信据,也可以得到满足,这就可以说明我们现在的宗旨;不但如此,而且在另一个观点下,这种混杂情形还可以看作是这个体系的很有力的证明。显然,诗人们所以用这种手法,从历史上借取他们人物的名称和他们诗中的主要事件,乃是为了使全部故事容易被人接受,而使它在想象和感情上造成一个较为深刻的印象。故事的各个事件由于结合在一首诗或一个剧中而获得了一种关系；这些事件中如果有一件是信念的对象，它就对与它相关的其他事件赋予一种强力和活泼性。第一个概念的活泼性顺着种种关系散布出去，好像通过许多管道和渠槽，传达于和原始观念有任何沟通的每个观念上。这诚然不能算是一种圆满的信念，那是因为观念间的结合有些偶然性；不过它仍然在其影响方面那样接近于圆满的信念，以致使我们相信，它们是由同一根源得来的。信念必然是借着伴随它的强力和活泼性而使想象感到愉快，因为每一个具有强力和活泼性的观念都被发现为能使那个官能感到愉快的。

为了证实这一点，我们可以说，判断与想象，也如判断与情感一样，都是互相协助的；不但信念给予想象活力，而且活泼而有力的想象，在一切能力中也是最足以取得信念和权威的。对于任何以鲜明有力的色彩给我们描绘出来的东西，我们要想不同意也很困难；想象所产生的活泼性在许多情形下大于由习惯和经验而来的活泼性。作者或友人的生动想象使我们不由自主地听其支配，甚至他本人也往往成为自己的热情和天才的俘虏。

我们也该在这里说，生动的想象往往会堕落为疯狂或愚痴，而其作用也与疯狂或愚痴很相像；想象的作用也是以同样方式影响判断，并且也根据同样原则产生信念。在血液和精神特别冲动时，想象获得了那样一种活泼性，使它的全部能力和官能陷入混乱，这时我们就无法区别真伪，每一个模糊的虚构或观念就都和记忆的印象或判断的结论具有同样的影响，也都被同样地看待，并以同样力量作用于情感。这时就不再需要一个现前的印象和习惯性的推移来使我们的观念生动起来了。脑中的每一个狂想,都和我们先前庄严地称为关于事实的结论(有时也称之为感官的现前印象)的那些推断同样活泼而有力了。

〔在诗歌中,我们也可以观察到较小程度的同样作用;诗和疯狂有这个共同之点,就是:它们给予观念的活泼性,并不是由这些观念的对象的特殊情况或联系得来的,而是由其人的当下性情和心情得来的。不过这种活泼性不论达到何种高度,其在诗歌中所引起的感觉显然永远达不到我们即使是根据最低级的概然性进行推理时心中发生的那种感觉。心灵很容易区别两者;诗的热情不论使人的精神发生什么样的情绪,这种情绪仍然只是信念或信意的假象。观念也是这种情形,正如它所引起的情感一样。人类心灵的任何情感都可以由诗激动起来;不过同时,情感在被诗的虚构刺激起的时候所给人的感觉,比起当这些感觉是由信念和实在发生的时候,悬殊甚大。在现实生活中一种使人不愉快的情感,到了悲剧或史诗中,就可以给人以最高的快乐。在后一种情形下,它并不以同样沉重的压力加于我们;它在感觉中没有那样稳固性和坚定性;它只有刺激精神和引起注意的那种愉快作用。情感方面的这种差异,清楚地证明了在这些情感所由以发生的那些观念中也有相似的差异。当活泼性是由于与当前印象有一种习惯性的结合发生起来时,想象即使在表面上不曾受到那样大的激动,可是在它的活动中比在诗歌和雄辩的热忱中,总有一种更为有力而实在的东西。在这种情形下,也和在其他任何情形下一样,我们心理活动的力量不是以心灵的表面激动来衡量的。一篇诗的描写可能比一段历史的叙述对于想象有更为明显的作用。诗的描写可以把形成一幅完善的形象或图画的那些情景更多地集拢起来。它可以似乎用较为生动的色彩把对象放在我们的面前。可是它所呈现出的观念仍然和来自记忆和判断的那些观念在人的感觉中有所不同。在伴随诗的虚构而发生的那种似乎沸腾激烈的思想和情绪里面，仍然有一种微弱而不完善的东西。

我们以后将有机会注意到诗意热情和真正的信念之间的类似和差异。同时，我必须说，两者在其感觉方面的重大差异，在某种程度上是由反省和通则发生的。我们观察到，虚构从诗歌和雄辩方面得来的想象的活力只是一种偶然的情况，每个观念也都同样可以有这种偶然情况；而且这类虚构与任何实在事物都没有联系。这种观察只是使我们可以说是帮助了虚构，但却使这个虚构观念感觉起来十分不同于建立在记忆和习惯上的永恒不变的信念。两者可说是属于同一类的，不过虚构在其原因和作用方面比起信念来却远为逊色。

如果对于通则作一种相似的反省，就可使我们不会随着我们的观念的强力和活泼性的每一次的增强而也增强我们的信念。当一个意见不容任何怀疑或不容有相反的概然性时，我们就对它发生充分的信念；虽然类似关系或接近关系的不具备会使它的强力较逊于其他意见的强力。由此可见，知性矫正了感官所呈现的现象，并使我们想象，二十英尺以外的一个对象甚至在眼睛看来同十英尺以外的同样大小的一个对象显得是一样大小。〕

我们可以注意到诗歌的较小程度的同样作用，其间只有这种差异，即我们稍一反省，便会驱散诗歌的幻想，而把对象置于其恰当的观点之下。但是在诗意焕发，热情沸腾的情形下，诗人确是有一个假的信念，甚至好像亲见他的对象。只要有丝毫的论证足以支持这个信念，那么就没有什么比诗中的人物形象的光辉，更足以助长他的充分信念，这些形象不但对于读者，就是对于诗人自己，也都有感动的作用。

第十一节　论机会的概然性

不过为了给予这个系统充分的力量和明白性起见，我们必须暂时抛开这个系统来考察他的各种结论，并且根据同样的原则说明由同一来源发生的其他几种推理。

有些哲学家们将人类理性分为知识和概然推断两种，并且给知识下定义为由观念的比较而发生的那种证据，因此这些哲学家们就被迫把我们根据原因或结果所作的一切论证都归在概然推断这个总名之下。不过每个人虽然都可以有自由根据他自己的意义去应用他的名词，而且我在本书前面一部分就准此采取了这种表达方法；可是在通常讨论中，我们确是断然地肯定说，根据因果关系而进行的许多论证超过概然推断，并且可以被视为一种较强的证据。一个人如果说，太阳明天会升起或者一切人都要死、只是很可能的事情，人们就会觉得他可笑；虽然对于这些事实，我们所有的信据显然不超出经验所提供的范围。根据这个理由，为了保存通常的词义、而同时又标志出各种程度的证据起见，把人类理性分为三种或许是比较方便的；这三种就是，根据于知识的推理，根据于证明的推理和根据于概然推断的推理。所谓知识，我指的是由观念的比较得来的那种信据。所谓证明，我指的是由因果关系得来、而完全没有怀疑和不确实性的那些论证。所谓概然推断,我指的是仍然伴有不确实性的那种证据。现在我所要进行考察的是最后这种推理。

概然推断也就是推测性的推理,可以分为两种,一种是建立在机会上的,一种是建立在原因上的。我们将依次考察这两种推断。

因果观念是由经验得来,经验因为以恒常结合在一起的对象呈现于我们,所以就产生了在那种关系下观察那些对象的那样一种习惯,以致我们在其他任何关系下观察它们时,就大为感觉勉强。在另一方面,机会本身既然不是任何实在的东西,而且恰当地说,只是一个原因的否定,所以它对心灵的影响和因果关系的影响正是相反。机会的本性是使想象不论在考虑那个被视为偶然的对象的存在或不存在时,完全保持一种中立。一个原因进入我们的思想中时,就可以说是强迫我们在某种关系下来观察某种对象。机会却只能消灭思想的这种倾向,而使心灵处于本来的中立状态;在原因不出现时,心灵是会立刻返回到这种状态的。

完全的中立既然是机会的必要条件,所以一个机会若不是含有较多数的同等机会时,它就不可能比另一个机会较占优势。因为假如我们肯定说:一个机会能够在任何其他方式下比其他机会占着优势,那么我们在同时必须肯定说,总有某种东西给予它这种优势,并决定结果偏于那一面,而不偏于另外一面。那也就是说,我们必须承认一个原因,而取消了我们前面已确立的那个机会的假设。机会的必要条件是完全的中立,而一个完全中立本身决不可能比另一个完全的中立占优势或处于劣势。这个真理并不是我的体系所特有的,而是被任何计算过机会的人所承认的。

这里可以注目的就是:机会和因果关系虽然直接相反,可是若不假设那些机会之中混杂有某些原因,并假设某些情节的必然性和其他情节的完全中立性结合起来,我们就不可能设想使两个机会有高下之分的那种机会的结合。如果没有东西限制机会,那么最狂妄的幻想所能形成的任何概念,便都处于平等地位;这里也就不能有任何情节可使一个概念比另一个概念占优势。因此,如果我们不承认有一些原因使骰子下落,并在下落时保持其形状,而且落到某一面上:那么我们便不能推算机会的规律。但是如果假设这些原因起着作用;并假设其他原因都是中立,而是被机会所决定的,那么我们便容易得到一种机会的优势结合的概念。一个骰子如果有四面标记着某种点数,只有两面标记着另一种点数,那么这个骰子便给予我们一个明显而容易理解的例子,可以说明这种优势。在这里,心灵就被那些原因限制于那些结果的那样一个精确的数目和性质,而同时却没有被决定去选择其中任何一个特殊结果。

在上面的推理中,我们前进了三步:第一,机会只是原因的否定,在心中产生了完全中立状态;第二,一个原因的否定和一个完全的中立状态永远不能比另一个原因的否定和另一个完全的中立占优势;第三,机会中必须混杂着一些原因,以便成为任何推理的基础。在进行了这种推理以后,我们其次就要考究,机会的优势结合对于心灵能够起什么样的作用,以及它是以什么方式影响我们的判断和信念。这里我们可以重复一下我们在考察发生于原因的那种信念时所用过的全部论证，并且可以照同样方式证明，占有多数的机会之所以产生我们的同意，既不是由于理证，也不是由于概然推断。显然，我们决不能单纯借观念的比较在这件事情上作出任何重要的发现，而且我们也不能确实证明，任何结果必然落在占有多数机会的那一面。在这一点上，要假设任何确实性，那就推翻了我们关于机会的互相对立以及它们的完全相等和中立所已确立的原则。

如果有人说，在两种机会对立的时候，我们虽然不能确实断定结果将落在哪一方面，可是我们可以确实断言，它大概并很可能地要落在机会占多数的那一面，而不落在机会占少数的那一面；如果有人这样说，那么我要问，这里所谓大概和很可能是什么意思？机会的大概出现和很可能出现，就意味着相等机会在一方面占着多数，因此，当我们说，结果大概落到占优势的那一面、而不落到占劣势的那一面时，那我们也只不过是说，在机会占多数的一面，实际上有一个优势，在机会占少数的一面，实际上有一个劣势；这只是一些同一命题，没有什么重要性。问题在于：多数的相等机会借着什么方法作用于心灵上，并产生信念或同意，因为它看来既非借着根据于理证的论证，也非借着根据于概然推断的论证。

为了澄清这个困难；我们可以假设一个人手中持着一个骰子，骰子的四面标记着一种形象或点数，其余两面标记着另一种形象或点数；假设他把这个骰子放在匣中要去摇掷它；显然，他一定断言，前一个形象的出现比后一个形象的出现的概然性要大些，因而选取了那个刻在多数面上的形象。他可以说是相信这一面将要朝上;不过他根据相反机会的数目,仍然有一种怀疑和踌躇;而随着这些相反机会的减少和另一方面优势的增加,他的信念就获得了新的稳定和信据程度。这个信念发生于心灵对我们眼前那个简单而有限的对象所有的作用;因此,它的本性就更加容易发现和说明。我们只要思维单单一个骰子,就可以理解知性的最神奇的作用之一。

照上述方式作成的这个骰子,包括着三种值得我们注意的情况。第一,就是某些原因,如重力、坚固性、方形;这些原因决定了它的降落,在降落时保持它的形相,并使它的一个面朝上。第二,就是被假设为彼此没有差异的一定数目的面。第三,就是各个面上所刻的形象。就其有关我们现在的目的来说,这三点就形成了骰子的全部本性。因此,当心灵判断这样掷一次骰子的结果时,这三点就是它所考虑的仅有情况。因此,我们可以依次仔细考虑这些情况在思想和想象上的影响必然是什么样的。

第一,我们已经说过,心灵是被习惯决定了由任何原因推到它的结果,当其中之一一出现时,心灵就不可能不形成对另一个的观念。它们在过去例子中的恒常结合、在心中产生了那样一种习惯,以致它永远把它们结合在它的思想中,并且由一个的存在推出其通常伴随物的存在。当心灵想到骰子已经不被匣子支持着的时候,它就很难认为它悬在空中,而是自然地认为它落在桌上,并且看到它仰起一面来。这就是推算机会时所需要的那些混合原因的结果。

第二,可以假设,骰子虽是必然被决定要降落,并将它的一面仰起,可是并没有任何东西来确定哪一个特殊的面,而这是完全被机会所决定的。机会的本性和本质就是原因的否定,并使心灵在那些被假设为偶然的各种结果中间处于一种完全中立状态。因此,当思想被原因所决定去考虑骰子降落、将一面仰起时,那些机会就把所有这些面都呈现为是相等的,并使我们认为它们每一个都是有同样的概然性、同样是可能的。想象由原因即掷骰子,推到结果即六面中有一面仰起;它感觉到自己不可能半途停止,或形成任何其他观念。但是全部这六个面既然是互不相容的,而且骰子一次只能仰起一面,所以这个原则就指导我们不把六面看作是同时仰起:我们认为这事是不可能的。这个原则也并不以其全部力量把我们导向任何特殊的一面,因为如果这样,这个面就会被认为是确定而必然的了。这个原则把我们导向全部那六个面,而使其力量平均分配于六面。我们一般地断言,六面中一定有一面因投掷而仰起;我们在心中一一思想它们;思想的决定对它们都是一律的;不过任何一面与其他各面既然有一定比例,所以思想的力量只是依着这种比例以一份力量落在那个面上。原来的冲动,并因而还有由原因发生的那种思想的活泼性,就照这样被互相混杂的机会分裂成为片段。

我们已经看到骰子的前两种性质的影响,即 1. 原因以及 2. 各面的数目和中立性,并且已经知道,它们怎样给予思想一种冲动,而且怎样依照各面数目所含的单位把那个冲动分成许多部分。现在我们必须考察第三个项目的作用,即刻在各个面上的那些形象的作用。显而易见,当几个面有同一个形象刻在其上时,那么它们必然联合起来影响心灵,并且一定把那些分散于刻有那个形象的各面上的分散冲动集中在一个形象的意象或观念上。如果问题只在于哪一个面将会仰起，那么这些面是完全相等的，没有一面比其他的面占有优势。但是问题既然在于形象，而同一个形象又被一个以上的面呈现出来；那么显然，原来分属于所有这些面的那些冲动必定仍然重新联合在那个形象上，并因这种联合而变得较强而较有力。在现在的情形下，我们假设四个面有同一个形象刻于其上，两个面刻有另外一个形象。因此，前一方面的冲动，就比后一方面的冲动较为强些。但是那些结果既然互相反对，而且这两个形象不能够同时仰起；所以冲动也变得互相反对，而力量较弱的一面也就尽其力之所及对消力量较强的一面。观念的活泼性永远与那种冲动程度或那种推移倾向成正比例；而依照前面的学说说来，信念与观念的活泼性原是一回事。

第十二节 论原因的概然性

关于机会的概然性，我前面所说的各节不是为了达成别的目的，而只是为了协助我们说明原因的概然性：因为哲学家们公认一般人所谓的机会只是一个秘密而隐蔽的原因。因此，原因的概然性正是我们必须主要考察的对象。

原因的概然性有好几种；但是都由同一根源、即观念与一个现前印象的联合得来的。产生这种联结的那个习惯既然起于各个对象的恒常结合，那么它一定是逐渐达到纯熟地步，并且必然由我们所观察到的每个例子获得一个新的力量。第一个例子简直没有什么力量；第二个例子给它稍为增加了一点力量；第三个例子变得更为明显；通过这些缓慢的步骤，我们的判断才达到一种充分的信念。不过在它达到这个完善的高度以前,它经过了几个比较低级的程度,并且在所有这些程度中都被看作是一种推测或概然性。因此,在许多情形下,由概然性到证明的逐步进展是不知不觉的。这些各种证据之间的差别,在距离远的各个等级之间,比在距离近的各个等级之间容易被知觉到。

在这个场合下,值得提出的是:这里所说明的这种概然性在次序上虽然是首先发生的,并且是在任何充分证明能够存在以前自然地发生的,可是没有任何一个已经达到成年的人还能够再熟悉这件事。诚然,我们常见知识很高深的人对于许多特殊事情只有一种不完全的经验;这就自然只产生一种不完全的习惯和推移。但是我们其次也必须考虑下面这种情形,就是:当心灵形成关于因果联系的另外一种观察以后,它就会给予根据这一种观察进行的推理以一种新的力量,并能借这种推理在经过适当准备和考察的单独一个实验上建立一个论证。我们一度发现为随着任何对象而来的结果,我们就断言它会永远随之而来;如果这个原理并不永远被人认作确实的基础、而在其上建立推理,那倒不是因为缺乏足够数量的实验,而是因为我们往往碰到相反的例子。这就把我们引到第二种的概然推断,在这种推断中,我们的经验和观察中是含有相反的情况的。

同样的一些对象如果永远结合在一起,而且我们除了自己的判断错误以外,再也没有什么可怕的,并且也没有任何理由去害怕自然的变化不定:那么,人类在生活和行动中就将会是十分幸运的了。但是,我们既然屡屡发现一次观察和另一次互相反对,而且原因和结果也不按我们所经验到的那种秩序相继出现,所以我们由于这种变化不定，就被迫改变我们的推理，并把各种结果的相反情况加以考虑。在这个题目方面所发生的第一个问题，就是关于这种相反情况的本性和原因的问题。

132　　一般人根据初次现象去看待事物，他们把结果的变化不定归之于原因方面的变化不定，以为原因方面的这种变化不定使它们往往不能发生它们通常的影响，虽然它们在它们的作用中不曾遇到障碍和阻挠。但是哲学家们观察到，几乎在自然的每一部分都包含着许多动力和原则，它们由于微小或远隔而隐藏不见；因此，他们就发现，各种结果的相反至少"可能"不是发生于原因中的任何偶然性，而是发生于相反原因的秘密作用。当他们注意到，在精确检查之下，结果的相反永远揭露出原因的相反，并且是由这些原因的互相阻碍和反对而发生的，于是上述的那种可能性就借这种进一步的观察而转变为一种确实性了。一个农民看到一架钟或一只表停了，他不能说出别的更好的理由，只说它通常走得不准。但是一个钟表匠却很容易看出，发条或摆锤方面的同一力量永远对齿轮有同一影响，而它所以不能发生它的通常的效果，或许是由于一粒微尘阻止了全部运动。由于观察了几个平行的例子，哲学家们便定出一条原理说，一切原因和结果间的联系都是同样必然的，而在某些例子中这种联系所以似乎不确定，乃是由于有相反原因的秘密的反对作用。

但是哲学家们和一般人在说明结果的相反情况时，不论怎样意见分歧，可是他们双方根据这种相反情况而进行的推论永远是属于一类，并且是建立在同样原则之上的。几个过去结果的相反情况通过两个不同途径给予我们以对将来的一种踌躇的信念。第一是通过产生一种不完善的习惯和由现前印象推到相关观念的不完善的推移。当任何两个对象的结合是屡见的而不是完全恒常不变的时候，心灵是被决定由一个对象推到另一个对象，可是决定心灵的那种习惯，并不是那样完整，如在那种结合是不间断的、而且我们所遇到的例子都是整齐一致时那样。我们根据平常经验发现，在我们的行动中也和在我们的推理中一样，任何生活过程中的经常性的坚持总会产生一种一直继续到将来的强烈倾向和趋势；虽然对于我们行为中的程度较低的稳定性和一致性，也有与之相应的力量较小的习惯。

这个原则无疑地有时会发生，并产生了我们由几种相反现象所推出的那些推断；虽然我相信，一经考察，我们将发现，这个原则并不是在这种推理中最通常地影响心灵的那个原则。当我们只是顺从于心灵的习惯性倾向，我们就不经反省而由一个对象推移到另一个对象，而且我们一看到一个对象，就相信有通常发现为伴随它的那个对象，其间并无片刻停顿。这个习惯既然不依靠于任何审查，所以它是立刻发生作用，不容有任何反省的时间。不过在概然推理中，我们只有这种进行方式的极少数的例子，它们甚至比在根据对象的不间断的结合所作的推理中还要少见。在前一种推理中，我们平常总是有意识地考虑过去结果的相反情况，我们比较这种相反情况的两方面，并仔细衡量我们在每一方面所有的那些实验：由此，我们就可以断言，我们的这一类推理并非直接发生于习惯，而是由间接方式发生的；这点我们现在必须力求加以说明。

显而易见，当一个对象伴有几个互相反对的结果时，我们只根据过去的经验来判断它们,并且永远认为我们曾见随着这个对象而来的那些结果是可能的。我们过去的经验既然调节着我们关于这些结果的可能性的判断,所以也调节着我们关于这些结果的概然性的判断;而最常见的结果,我们永远认为有最大的概然性。因此,这里就有两件事需要考虑,即:决定我们将过去作为将来标准的那些理由,和我们怎样从过去结果的相反情况中取得单一判断的方式。

第一,我们可以说,将来类似于过去的那个假设,并非建立在任何一种论证上的,而完全是由习惯得来的,我们是被这种习惯所决定去预期将来也有我们所习见的同样一系列的对象。这种把过去转移到将来的习惯或倾向是充分而完善的;因而在这类推理中,想象的最初冲动也赋有同样的性质。

第二,但是当我们考虑过去的种种实验而发现它们彼此性质相反的时候,那么这种倾向本身虽然是充分而完善的,却不给我们呈现出稳定的对象,而给我们提供一批处于某种秩序和比例的互不调和的意象。因此,最初的冲动在这里就分裂开来,而散布在所有的那些意象,这些意象各自均分了由冲动得来的那种强力和活泼性。过去这些结果中任何一个都可以再度发生;而且我们判断,当它们真正出现时,它们也将和过去一样以同一比例混合起来。

因此,我们的意图如果在于考究一大批例子中的相反结果的比例,那么我们过去的经验所呈现的那些意象必然会保留于它们的最初形式,并保存它们的最初比例。举例来说,假使我凭长期观察发现,出海的二十艘船中间只有十九艘驶回。假如我现在看到二十艘船离开港口：于是我就把我过去的经验转移到将来，而设想这些船中只有十九艘安全返回，一艘沉没。关于此点，并无什么困难。但是因为我们常常检视那些过去结果的各个观念，以便判断单独一个似乎不确定的结果，这种考虑必然改变我们的观念的最初形式，而把经验所呈现的分散的意象集在一处；因为当我们判断我们所据以推理的那个特殊结果时，我们是参照于经验的。许多的这些意象被假设为联合一致，而且大多数的意象就会合在一个方面。这些一致的意象结合起来，使那个观念不但比想象的单纯虚构，而且比被较少数实验所支持的任何观念，都较为强烈和生动。每次新的实验就等于用铅笔新画了一道，这道笔画在颜色上给予一种附加的明显性，而并不曾增多或扩大那个形象。这种心理作用在讨论机会的概然性时已经那样充分地加以说明，所以我在这里无需再把它说得更清楚了。每一个过去的实验都可以被认为是一种机会；而我们既然不能确实知道，那个对象的存在还是将符合于某一个实验，还是将符合于另一个实验；由于这个缘故，我们在上一个题目（机会的概然性）上所说的一切，也适用于现在的题目（原因的概然性）。

由此可见，整个说来，相反的实验产生一个不完善的信念，或是通过减弱那种习惯，或是通过把那种完善的习惯分为各个不同的部分，随后再加以结合；这种完善的习惯就是使我们概括地断言、我们所没有经验过的例子必然类似于我们所经验过的例子的那种习惯。

在这第二种概然推断方面，我们是根据知识并根据反省过去实验的相反情况而进行推理的;为了进一步证实这种说明,我提议作下面的考虑,我也不怕由于这些考虑带着深奥的色彩而被人责怪。正确的推理不论如何深奥,仍应该保持它的力量;正如物质不但在较粗重的、较明显的形式下,而且在空气、火和元气中都能保存它的填充性一样。

第一,我们可以说,概然性不论多大,总是允许有相反的可能性;因为若非如此,它便不是一种概然性,而变成一个确实性了。我们现在所考察的那种最为广泛的原因的概然性,依靠于实验的相反情况;而且显而易见,过去的一次实验在将来至少会成为一个可能。

第二,这种可能性和概然性的组成部分在本性上是相同的,只有数目上的差别,没有种类上的差别。前面已经说过,一切单一的机会都是完全相等的,而能使任何一个偶然结果比其他结果占优势的惟一条件,乃是较多数的机会。同样,原因的不确实性既然是被以各种相反结果的观念呈现于我们的那种经验所发现的,所以当我们将过去转移到将来,将已知转移到未知时,过去每一个实验显然都有同样的分量,而只有较多数的实验才能够加重某一方面的分量。因此,每一个这样的推理中所含有的可能性也是由各个部分组成的,那些部分本身彼此性质相同,而且与组成反面的概然性的那些部分也是性质相同的。

第三,我们可以建立一条确定原理说,在一切精神现象中也和在自然现象中一样,每当任何一个原因是由许多部分组成,而结果也依照那个数目的变化有所增减时,那么恰当地说,那个结果是一个复合结果,并且是由来自原因的各个部分的若干结果的联合而发生的。例如，一个物体的重量既然由其各个部分的增减而有所增减，所以我们断言，每个部分都含有这种性质，并对全体的重量有所贡献。原因中一个部分的不存在或存在就随着有结果中相应部分的不存在或存在。这种联系或恒常的结合充分地证明一个部分是另一个部分的原因。我们对任何结果所抱的信念，既然随着机会或过去实验的数目而有所增减，所以它就该被认为是一个复合结果，这个结果的每一部分都发生于相应数目的机会或实验。

现在让我们把这三种说法结合起来，看看我们能够由它们推出什么样的结论。对于每一个概然性，都有一个和它相反的可能性。这种可能性是由一些部分组成的，那些部分与组成概然性的那些部分性质上完全相同，因而对于心灵和知性有同样的影响。伴随着概然性的那个信念是一个复合的结果，并且是由来自概然性的每个部分的若干结果会合起来所形成的。概然性的每个部分对于产生那个信念既然都有贡献，那么可能性的每个部分在反对的方面也必然有同样的影响，因为这些部分的本性是完全一样的。伴随着可能性的相反信念包含着某一个对象的心象，正如概然性包含着一个与之相反的心象一样。在这一点上来说，这两种信念的程度都是一样的。一方面的较多数的相似的组成部分只在一个方式下即借着产生它的对象的较为有力而生动的心象，才能发挥其影响，并对另一方面的少数部分占着优势。每个部分都呈现出一个特殊的心象；所有这些心象结合起来就产生了一个总的心象；这个总的心象因为是由较多数的原因或原则发生的，所以也就较为圆满，较为明晰。

概然性和可能性的组成部分性质上既然相似，所以必然产生相似的结果；而它们的结果的相似性就在于它们各自都呈现出一个特殊对象的心象。但是这些部分的本性虽然相似，它们的数和量都是很有差异；而这种差异必然也如相似性一样出现于结果方面。不过它们所呈现的心象在两方面都是圆满而完整的，并且包括了对象的一切部分，所以在这一点上不可能有任何差异；只有概然性中由较多数的心象集合起来所产生的那种较大的活泼性才能使这些结果有所区别。

这里有一个不同观点下的大体相同的论证。我们关于原因的概然性的一切推理都是建立在把过去转移到将来上面。将过去任何一次实验转移到将来，足以给予我们以那个对象的心象，不论那个实验是孤立的，或是与其他同类的实验结合着的，也不论那个实验是概括全体的，或有其他相反实验与之对立的。假定这种实验获得了"结合"和"对立"这两种性质，它仍不会因此失掉它呈现那个对象的心象的原有能力，而只是与具有相似影响的其他实验相合起来和对立起来。因此，关于相合和对立的方式就可以发生一个问题。关于相合，则只能在两个假设之间有所选择。第一，借着转移过去每次实验而引起的那个对象的心象，仍然保持完整，只是加多了心象的数目。第二，否则便是，它加入了其他一些相似而相应的心象中，给予它们以较大的强烈和活泼程度。但是根据经验看来，第一个假设显然是错误的；经验告诉我们，伴随着任何推理的那个信念只是一个结论，而不是一大批相似的结论；一大批的结论会使心灵迷惑，并且在许多情形下，也因数目太多而无法被任何有限的能力所清楚理解。

因此，剩下来惟一合理的意见就是：这些相似的心象互相掺和，把它们的力量联合起来，因而产生一个较之由任何一个单独的心象所发生的心象更为有力清楚的心象。这就是过去历次实验转移于任何将来结果上时的相合方式。至于它们的对立方式，显然，由于各个相反的心象是互不相容的，而对象又不可能同时符合于两种心象而存在，所以它们的影响就互相抵消，而心灵只是被减掉较弱影响之后剩余下来的那种力量所决定而偏于优势方面的。

我感到，这一大套推理对于一般读者必然显得太深奥了，他们不习惯于这样去深刻反省心灵的理智能力，因此容易把不合于公认的传统意见，以及不合于最简易和最明显的哲学原则的说法，认为是虚妄而加以排斥的。无疑地，要深入体会这些论证是需要一番辛苦的；虽然我们不费多大辛苦也许就可以看到关于这个题目的每个通俗假设的缺点，和历来的哲学在这样高深和奥妙的思辨方面所能给予我们的黯淡的微光。但是这里有两个原则，一个就是，任何对象单就其自身而论，都不含有任何东西，能够给予我们以一个理由去推得一个超出它本身以外的结论；第二，即使在我们观察到一些对象的常见的或恒常的结合以后，我们也没有理由得出超过我们所经验到的那些对象以外的有关任何对象的任何推论；我说，只要人们彻底相信了这两条原则，那就会使他们那样地摆脱一切通常的系统，以致他们不难接受一个显得非常奇特的系统。我们已经发现甚至在我们根据因果关系所进行的最确实的推理方面，这些原则也是有充分说服力的。不过我还要大胆地说，就这些推测性或概然性的推理而论,这些原则还更获得了一种新的证信程度。

第一,在这种推理中,显然不是呈现于我们之前的那个对象本身、给予我们以任何理由,使我们据以推出有关其他任何对象或结果的一个结论。因为后面这个对象既然被假设为不确定的,而且这种不确定性又是由前一个对象中所隐藏着的若干原因的相反情况得来的,所以,如果把任何原因放在那个对象的已知性质中,那些原因便不再是隐藏的了,而且我们的结论也不会不确定了。

第二,但是在这种推理中,同样明显的是:把过去转移于将来的过程如果只是建立在知性的一个结论上面,那么它就永不能引起任何信念或信意。当我们把一些相反的实验转移到将来的时候,我们只能重复这些相反的实验以及它们的特殊的比例;这对于我们对它进行推理的任何单一结果并不能产生任何信念,除非想象把那些互相符合的意象融合起来,并由其中抽出单独一个观念或意象,这个观念或意象的生动和强烈程度是和它所由以获得的那些实验的数目成比例,并与那些实验对其相反实验所占的优势成比例的。我们过去的经验并不呈现出确定的对象来;而且我们的信念不论如何微弱,既然总是固定在一个确定的对象上,那么显然,那个信念不单是发生于将过去转移到将来,而是发生于与那种转移结合着的想象的某种作用。这就会使我们考虑那个官能是在什么方式下进入我们的一切推理中的。

我将以两个或许值得我们注意的附论来结束这个题目。第一个附论可以照这个方式加以说明。当心灵构成关于任何仅仅是概然的事实的一个推理时，它就回顾过去的经验，而且当它将过去的经验转移到将来时，它面前就纷纷呈现出它那个对象的许多互相反对的心象来，这些心象中种类相同的就结合起来，合并为一个心理活动，因而使那个活动巩固而生动。但是假如一个对象的这许多心象或闪现不是来自经验，而是来自想象的随意作用；那就没有这种结果发生，或者虽然发生，也达不到同样的程度。因为习惯和教育虽然可以借那样一种不由经验发生的重复过程而产生一种信念，可是这却需要长久的时间以及很经常的和无意识的重复过程。概括地说，我们可以断言，当一个人随意地①在自己心中重复任何观念（即使那个观念有一个过去的经验给以支持）时，他并不比当他只满足于对它观察一次时更为倾向于相信其对象的存在。除了有意识的计划的结果以外，心灵的每次活动因为都是各别而独立的，所以都只有一种各别的影响，并不把它的力量与其他同样的活动的力量联合起来。这些活动既然不被可以产生它们的任何一个共同对象所结合起来，所以它们彼此没有关系，因而也就不引起力量之间的推移或结合。这个现象，我们以后将会理解得更为清楚。

我的第二个附论是建立在心灵所能判断的那些大的概然性和心灵在它们之间所能观察出的那些微细差别上的。当一方面的机会和实验达到一万次，另一方面的达到一万零一次的时候，于是我们的判断就因为后者占着优势而选择了后者，虽然心灵显然不能检视每一个特殊心象，也不能区别由较大数目发生的

---

① 见原书 XXII、XXIII 页。

那个意象的较大活泼程度,因为这里的差异是那样微小的。在感情方面,我们也有平行的例子。显然,依照上述的原理来说,当一个对象在我们心中产生了任何情感,而且这个情感又随着对象的不同数量而变化时,那么,显然,那个情感恰当地说并不是一个单纯的情绪,而是一个复合情绪,它是由对象的每一个部分的心象所发生的许多微弱情感组成的。因为,如果不是如此,那个情感便不会随着这些部分的增加而有所增加。例如,希望得到一千镑的一个人,实际上有一千个或较多的欲望,这些欲望联合起来似乎仅仅构成一个情感,但是每当对象变化一次,他就对较大的数目(即使只是大着一个单位)发生偏向,因而就明白显示出那个情感是组合而成的。不过这样一种微细的差别在情感中不会被觉察到的,因而也不能使这些情感有所区别;这一点是绝对确定的。因此,我们选择较大数目时的心理作用的差别并不依靠于情感,而是依靠于习惯和通则。我们在许多例子中发现,当数目精确而差异明显时,任何总数所包含的数目每增加一次,也就增加了情感。心灵能够凭它的直接感觉知觉到,三金镑比两金镑产生一个较大的情感;心灵因为类似关系就把这种知觉转移到较大的数目上,并且借一个通则对于一千金镑比对于九百九十九金镑以较强的情感。这些通则,我们往后将加以说明。

不过除了由一个不完全的经验和相反的原因发生的这两种概然性以外,还有由类比发生的第三种概然性,这种概然性在某些重要条件方面与前两种有所差别。根据上面所说明的假设来说,所有根据原因或结果而进行的推理都建立在两个条件上,即任何两个对象在过去全部经验中的恒常结合,以及一个现前对象和那两个对象中任何一个的类似关系。这两个条件的作用就是,现前的对象加强了并活跃了想象;这种类似关系连同恒常结合就把这种强力和活泼性传给关联的观念;因而就说是我们相信了或同意了这个对象。如果你削弱这种结合或类似关系,那么你就削弱了推移原则,结果也就削弱了由这个原则所发生的那种信念,如果两个对象的结合并不经常,或者现前的印象并不完全类似于我们惯见为结合在一起的那些对象中任何一个,那么第一个印象的活泼性并不能完全传给关联的观念。在前面所说明的那些机会和原因的概然性方面,被减少的只是结合的恒常性;而在由类比发生的概然性方面,受到影响的却只有类似关系。离开了结合关系和某种程度的类似关系,便不可能有任何推理。不过这种类似关系既然允许有许多不同的程度,所以这种推理也就依着比例而有或大或小的稳固和确实程度。一个实验在转移到一些和它并不精确地相似的例子上时,就失掉了它的力量。不过只要还保留着任何类似关系,这个实验显然还可以保留足以作为概然性基础的那种力量。

第十三节 论非哲学的概然推断

所有这些概然性都是为哲学家们所接受,并被承认为信念和意见的合理基础的。不过还有其他一些概然性,虽由同样原则发生,可是它们却没有得到同样承认的好运气。属于这一类的第一种概然性可以这样加以说明。如上所述,结合程度和类似关系的减弱,就会减低转移的顺利程度,并因而削弱了证信程度。我们还可以进一步说，印象的减弱，以及印象出现于记忆或感官之前时它的色彩变得黯淡，也会使那种证信程度同样地减弱。我们根据自己所记忆的任何事实所建立的论证，随着那个事实的或远或近，而有或大或小的说服力量。这些证信程度的差异，虽然不被哲学认为是可靠而合法的（因为若是这样，一个论证今天所有的力量就必然同它在一个月以后所有的力量不同），可是尽管有哲学的反对，这种情况对于知性确实有一种重大的影响，并根据一个向我们提出的论证的提出时间的不同，而在暗中改变了那个论证的权威。印象中的一种较大的强力和活泼性自然地把较大的强力和活泼性传给相关的观念；而依据前面的系统来说，信念是随着强烈和活泼程度而为转移的。

在我们的各种程度的信念和信意方面，我们还往往可以观察到第二种差异。这种差异哲学家们虽然加以否认，却总是不断地发生。一个新近做过的、并在记忆中仍然新鲜的实验，比一个已有几分忘却了的实验更为感动我们，而且对于判断也如对于情感一样有较大的影响。一个生动的印象比一个微弱的印象产生较大的信念，因为它有较为原始的力量可以传给相关的观念，这个观念因此就获得了较大的强力和活泼性。一次新近的观察也有相似的作用；因为习惯和转移过程在那里较为完整，并且在传达过程中较好地保存了原始的力量。例如一个醉汉看到了他的一个伙伴由于暴饮而死，在一个时期内也会慴于当前事例，深恐自己也蹈其覆辙。但是当他对这个情景的记忆逐渐消逝的时候，他的旧的安全感又回来了，而危险也似乎没有那样确定而真实了。

第三章　论知识和概然推断

我还可再加上属于这一种的第三个例子，即我们根据证明和概然推断所进行的两种推理虽然彼此差异很大，可是前一种推理往往仅仅由于中间的联系论证过多，不知不觉地降落为后一种的推理。的确，当一个推断不经过任何中间原因或结果而由一个对象直接推出来的时候，比起当想象通过一长串互相联系的论证的时候（不论每个环节的联系可以认为是如何无误），人的信心要较为强固，信念也较为生动。一切观念的活泼性都是借着想象的习惯性的推移而由原始的印象得来的；而这种活泼性虽然必定随着距离而逐渐减低，并且每经一度推移，就要有所损失。有时候，这种距离甚至比相反的实验还有更大的影响：一个人从一个接近而直接的概然推理，比从各部分都很正确而确定的一长串推论，可以得到一个更为生动的信念。不但如此，后面这种推理还很少产生任何信念；一个人必须有一种非常强固的想象，才能在它经过那样多的阶段中间把证信程度保持到底。

现在这个题目给我们提示出一个奇特的现象，我们在这里不妨加以论述。我们对于古代历史上任何一点所以能够相信，显然只是通过了几百万个原因和结果。并通过了长到几乎不可度量的一串论证。有关事实的知识必然是经过多少人的口传才能达到第一个历史家；而当它被写到书上以后，每本新书又都是一个新的对象，它与先前对象的联系也只有借经验和观察才能被认识。因此，根据前面的推理也许可以得出这样的结论：全部古代史的证据现在必然消失了，或者至少随着原因的链锁的增加和达到更长的程度而逐渐消失。但是学术界和印刷术只要仍和现在一样,那么我们如果认为我们的后代在千万年以后竟然会怀疑有过尤利斯·恺撒那样一个人,那似乎是违反常识的;这可以认为是对于我现在这个体系所提出的一种反驳。如果信念只是成立于由原始印象传来的某种活泼性,那么它在经过漫长的推移过程以后就会衰退,最后必然会完全消灭;反过来说,如果信念在某些场合下并不能这样消灭,那么它必然是与活泼性不同的另外一种东西。

在答复这个反驳以前,我先要说,有人从这个论题借取了反对基督教的一个很有名的论证;不过却有这样一种差别,即在这里,人类证据的链锁中的每个环节间的联系曾被人假设为不能超出概然性之外,而且容易发生某种程度的怀疑和不确定。我们确实必须坦白承认,若照这个方式思考这个题目(这种思考方式自然不是真实的),那么任何历史或传统最后没有不失去其全部力量和证据的。每一个新的概然性减少了原来的信念,那个信念不论可以被假设为大到怎样程度,而在那样一再减弱之后,它是不可能继续存在的。一般说来,确实就是这种情形;不过我们往后将发现①有一个很显著的例外,它在现在这个关于知性的题目方面是极其重要的。

同时,我们还该假设历史的证据最初是等于一个完整的证明,而根据这样一个假设来解决前面那个反驳。让我们这样考虑:联系任何原始事实和作为信念的基础的现前印象的那些环节虽然是无数的,可是它们都是种类相同,都依靠于印刷者和抄

---

① 第四章,第一节。

第三章　论知识和概然推断

写者的忠实的。一版之后继之以第二版，跟着又印了第三版，这样一直下去，直到我们现在所阅读的这一册。在各个步骤之间并没有变化。我们知道了一个步骤，就知道了一切步骤。我们经历了一个步骤，对其余的步骤就不再怀疑。单是这一个条件就保存了历史的证据，而会把现代的记忆传到最后一代。将过去任何事件与任何一册历史联系起来的一长串的因果系列，如果由各个不同的部分组成，而且这些部分各自都需要心灵加以分别想象，那么我们便不可能将任何信念或证据保存到底。但是所有这些证明大部分既然完全类似，所以心灵便很容易地往来其间，并由一个部分迅速地跳至另一部分，而对于各个环节只形成一个混杂的、一般的概念。通过这种方法，一长串的论证对减低原始活泼性的力量所起的作用，不超过一串短了许多的论证所起的作用。如果后面这一串论证是由各个互相差异而又各自需要分别考虑的部分所组成的。

第四种非哲学的概然性是由我们鲁莽地形成的通则得来的那种概然性，这些通则就是我们所恰当地称为偏见的来源。〔人们说，〕爱尔兰人没有机智，法国人不懂庄重；因此，爱尔兰人的谈话虽然在某一次显然很令人愉快，法国人的谈话虽然很为明智，而我们对他们仍然怀有极大偏见，他们虽然解事和明理，而我们总认为他们是傻瓜或纨袴子弟。人性最容易受这类错误的支配；我们这个民族或许也和任何其他民族同样如此。

如果有人问，人们为什么作出通则，并允许通则影响他们的判断，甚至违反现前的观察和实验，那么我就当答复说，在我看来，它们就是发生于一切因果判断所依靠的那些原则。我们的因果判断来自习惯和经验;当我们已经习惯于看到一个对象与其他对象结合着的时候,我们的想象就凭借一种自然推移作用由第一个对象转到第二个对象,这种推移过程发生于反省之前,并且不能被反省所阻止住的。而就习惯的本性而论,它不但在所呈现出的对象和我们所习见的对象恰恰相同的时候,以它充分的力量发生作用,而且即当我们发现了相似的对象的时候,习惯也要在较低程度内发生作用。每逢有一种差异时,习惯虽然总要减少它的几分力量,可是在重要条件仍然相同的场合下,它很少会完全消失。一个人如果因为常吃梨或桃而养成爱吃水果的习惯,那么当他在找不到他的心爱的水果时,也可以满足于甜瓜;正如一个爱饮红酒的醉汉,如果遇到白酒,也几乎同样会大喝一阵。我已经根据这个原则解说了根据类比进行的那种概然推断;在那种概然推断中,我们是把我们在过去例子中所有的经验转移到那些与我们所经验过的对象类似而并不恰恰相同的对象上面。类似关系越是减低,概然性也越为减少;不过只要类似关系的任何痕迹还保留着,概然性仍然有几分力量。

我们还可以将这种说法更推进一步,并且可以说,习惯虽然是我们一切判断的基础,可是有时候它却对想象起一种违反判断的作用,并且使我们对于同一个对象的情绪中发生抵触情形。我把我的意思说明一下。在几乎所有的一切原因中,都有复杂的条件,其中有些是本质的,有些是多余;有些对于产生结果是绝对必需的,有些只是偶然结合起来的。这里我们可以说,这些多余的条件如果数目极大,而且很显著,并常常与必需的条件结合起来,那么它们在想象上就有那样一种影响,以致即使在必需的条件不存在的时候，它们也促使我们想到那个通常的结果，而给那种想象以一种强力和活泼性，因而使那种想象比想象的单纯虚构较占优势。我们可以借反省那些条件的本性来改正这种偏向；但这点仍然是确定的，即习惯是先发动的，并给予想象以一种偏向。

为了用一个熟悉的例子把这一点说明起见，让我们考究这样一种情况：一个坐在铁笼里悬挂在一个高塔顶外的人，在看到他身子下面的陡势时，总不免要发抖，虽然他由于经验到支持他身子的那个铁笼的坚固牢靠，知道他十分安全，不会摔下去；虽然降落、跌下、摔伤、摔死等观念只是由习惯和经验发生的。这种习惯超出了它所由此获得、并与之完全相应的那些例子之外，并影响了在某些方面类似而并不恰恰归在同一规则下的那些对象的观念。深度和跌落这两个情况那样强烈地刺激了他，因而它们的影响就不能被原可使他感到十分安全的"支持"和"坚固性"那两个相反情况所消除。他的想象被它的对象卷去，刺激起与对象成比例的情感。那种情感又回到想象上，活跃了那个观念；那个生动的观念对于情感有一种新的影响，转而增加其强力和猛力；于是他的想象和情感便这样互相支持，而使全部对他有一种很大的影响。

但是现在这个有关〔哲学的〕①概然性的题目就给我们提供了那样明显的一个例子，我们何必再去找其他的例子呢？这个明显的例子就是：由习惯的这些作用所发生的判断和想象之间的对立。依照我的系统来说，一切推理只是习惯的作用；而习惯

---

① 〔非哲学的？〕

的作用只在于活跃想象,并使我们对于某一个对象发生强烈的概念。因此,有人或许断言,我们的判断和想象永远不能互相反对,而习惯也不能以那样一种方式影响想象,以致使它和判断对立起来。除非借着假设通则的影响,我们便不能以其他方式克服这个困难。后面①我们将注意我们所应该借以调节因果判断的某些通则;这些通则是就我们知性的本质、并就我们对知性在我们对象判断中所起作用的经验而形成的。借着这些通则,我们学会了去区别偶然的条件和有效的原因;当我们发现一个结果没有某某一个特殊条件的参与也能产生出来时,我们就断言,那个条件并不构成那个有效原因的一个部分,不论它和那个原因怎样常常结合在一起。但是由于这种通常的结合必然使那个条件在想象上产生某种作用,尽管通则得出相反的结论,因而这两个原则的对立就在我们思想中产生了一种相反关系,使我们把一种推论归于判断,把另一种推论归于想象。通则被归于判断,因为它是范围较广而有经常性的。例外被归于想象,因为它是较为变化无常和不确定的。

这样,我们的一些通则看来就互相对立起来了。当一个在很多的条件方面与任何原因相类似的对象出现时,想象自然而然地推动我们对于它的通常的结果有一个生动的概念,即使那个对象在最重要、最有效的条件方面和那个原因有所差异。这是通则的第一个影响。但是当我们重新观察这种心理作用,并把它和知性的比较概括的、比较可靠的活动互相比较的时候,我们就会发现这种作用的不规则性,发现它破坏一切最确定的推

---

① 第十五节。

第三章 论知识和概然推断

理原则；由于这个原因，我们就把它排斥了。这是通则的第二个影响，并且有排斥第一个影响的含义。随着各人的心情和性格，有时这一种通则占优势，有时另一种通则占优势。一般人通常是受第一种通则的指导，明智的人则受第二种通则的指导。同时，怀疑主义者也许会感到高兴，因为他在这里观察到我们理性中一种新的显著的矛盾，并看到全部哲学几乎被人性中的一个原则所推翻，而随后又被这个同一原则的一个新的方向所挽救了。遵循通则是一种极为非哲学的概然推断；可是也只有借着遵循通则，我们才能改正这种和其他一切的非哲学的概然推断。

我们既然有了通则甚至可以违反判断在想象上起作用的例子，所以当我们看到通则因与判断结合而增加它的作用，并且当我们观察到通则在其呈现于我们的观念上比在其他任何观念上给予一种较大的力量时，我们也就不必惊异了。每个人都知道，暗示赞美或责怪的曲折方式，远不及对任何人公然谄媚或谴责那样骇人。不论他用什么样的曲折隐示的方式把他的意见传达出去，并且使他的意见同样确实地被人认识，正像他公开表示出他的意见的时候一样，可是两种表达方式的影响确实不是同样强有力的。一个人在以冷嘲热讽打击我时，总不如他直截地称我为一个傻瓜和纨袴子时使我那样愤怒，虽然我同样明白他的意思，就像他直截地对我说了那样。这个差异应该归属于通则的影响。

不论一个人是在公然责骂我，或阴险地隐示他的轻蔑，我在两种情形下都不直接觉察他的意思或意见；我只是借着标志，即它的结果，才觉察到他的意见。因此，这两种情形的惟一差异就在于，在公开表示他的意见时，他用的是一般的、普遍的标志，而在秘密讽示时，他用的是较为特殊而不寻常的标志。这个情况的结果就是：当一种联系较为常见、较为普遍时，比当它较为少见、较为特殊时，想象较容易由现前的印象转到不在现前的观念上，并因而以较大力量想象那个对象。因此，我们可以说，公开宣布我们的意见、被称为脱掉假面具，曲折隐示自己的意见、可以说是加以掩饰。一般的联系所产生的观念和一种特殊联系所产生的观念之间的差别，在这里可比作一个印象与一个观念之间的差别。想象中的这种差别在情感上有一种适当的结果；这个结果又被其他条件加以扩大。隐示愤怒或轻蔑，表示我们对于当事人仍有几分体谅，并避免直接责骂他。这就使一种隐藏的讽刺不至于那样的不愉快；不过这仍然依靠于同样的原则。因为一个观念在仅仅隐示出来时如果不是较为微弱一些，人们便不会认为，用这种方式比用其他方式表示意见，是一种较大的敬意的标志。

有时候粗鄙的话还没有委婉的讽刺使人不快，因为这种谩骂给予我们以一个正当理由去申斥和谴责那个出语伤人的人，因此在他一侵犯我们的时候，我们就似乎已经得到报复了。不过这个现象也是依靠于同样的原则。因为我们所以责怪一切粗鄙和骂人的语言，只是由于我们认为这是违反礼貌和仁厚的。而其所以违反，又是因为它比任何委婉的讽刺更为骇人。礼貌的规则谴责我们对于交谈的人们公然无礼，给予他们很大的痛苦。这个规则一经确立之后，骂人的语言就普遍地受到责怪，而且由于这种语言的粗鄙使说它的人受到鄙弃，所以反而给人以较少的痛苦。它所以不是那样使人不快，正因为它原来更加使人不快；而其所以更为令人不快，乃是因为它使我们通过明显而不可否认的通则得到一种推论。

在这样说明公开的和隐蔽的谄媚或讽刺的不同影响以外，我将进一步考究另一个与它相似的现象。有许多有关男女体面的细节，如果公然违犯，那么世人永远不会宽恕，但是如果顾全了外表，秘密而隐蔽地违犯了它们，就比较容易被人忽视。甚至那些同样确实地明知人们犯了那种过失的人，在证据有几分间接和含糊的时候，也比在证据是直接而不容否认时，较为容易对那种过失加以宽恕。在两种情形下都有同一个观念呈现出来，并且恰当地说，是被判断同样加以同意的；可是由于这个观念在不同的方式下呈现出来，所以它的影响就有了差别。

我们如果把破坏荣誉规则的这两种公开的和隐蔽的情形加以比较，我们便将发现，两者的差别在于：在第一种情形下，我们所据以推出过失行为来的那个标志是单纯的，而且单独就足以成为我们推理和判断的基础，至于在后一种情形下，则有许多的标志，它们如果单独出现，而不伴有许多几乎觉察不到的细微情节，便丝毫不能决定什么。但是任何推理，越是显得单纯而一致，而且它越是少运用想象去搜集它的各个部分、并由这些部分推到构成结论的那个相关的观念；那么这种推理便永远越加有说服力；这是一个确实的道理。努力思想就搅乱了意见的有规律的进程；我们往后就会看到这一点。在这种情形下，观念并不以那样大的活泼性刺激我们,因而在情感和想象上也没有那样的影响。

根据同样原则,我们就可以说明雷茨红衣主教(Cardinal De Retz)[译注]所说的话:世人在许多事情方面是情愿受骗的,而且对于一个在行动上违犯其职业和性格的体统的人,比对于一个在言语上违犯体统的人,也比较容易宽恕。言语上的一种过错比行动上的一种过错往往更为公开、更为明确,因为行为允许有许多掩饰的借口,关于行为者的意向和看法并不能那样清楚地加以决定。

因此,整个看来,每一种还没有达到知识地步的意见或判断,完全由知觉的强力和活泼性得来,而且这些性质就在心中构成我们所谓对任何对象的存在所具的信念。这种强力和活泼性在记忆中是最为明显的;因此,我们对于记忆官能的可靠性的信任达到了最大的程度,并且在许多方面等于对一个理证所有的信念。这些性质的次一级程度是由因果关系发生的那个程度;这个程度也很高,而当因果的结合被经验发现为完全恒常不变、而且呈现于我们之前的对象也精确地类似于我们所经验过的那些对象的时候,那么这种强力和活泼性的程度就更大了。不过在这个证信程度之下,还有许多其他程度,这些大小不同的证信程度又依着它们传给观念的强力和活泼性的程度,而在情感和想象上发生一种相应的影响。我们是借着习惯由原因推移到结果的;我们是由某种现前印象借取我们传播于相关观念上的那种活泼性。但是当我们不曾观察到可以产生强烈习惯的足够多的例子时,或者当这些例子互相反对时,或者当类似关系不精确时,或者当现前印象微弱而模糊时,或者当经验有几分消失于记忆之外时,或者当联系依靠于一长串的对象时,或者当推论虽然由通则得来、可是并不符合于通则时;在所有这些情形下,随着观念的强力和强度的减低,证信程度也就减低了。因此,这就是判断和概然推断的本性。

给予这个体系以威信的主要条件,除了每个部分所依据的无可怀疑的论证以外,还有这些部分的互相符合以及必须用一个部分才能说明另一部分的情形。伴随着我们的记忆的信念和由我们判断得来的信念,本性上是相同的,而且由因果的恒常和一致的联系得来的那个判断和依靠于一种间断而不确定的联系上的那个判断之间,也没有任何差别。这一点的确是很明显的:当心灵根据各种相反实验作出决定时,它在它的一切决定中最初是自相矛盾、并依照我们所见过或所记忆的实验的数目的比例而倾向于任何一方面。这种斗争最后被决定为有利于我们曾见过较多数实验的那一方面;但是证信的力量仍然要和反面实验的数目相应地有所减少。组成概然性的每一个可能性,在想象上分别地起着作用;而最后占到优势的是那些可能性较大的集合体,而且这个集合体的力量是和它所占的多数成正比例的。所有这些现象都直接归导到先前的体系;而且我们根据任何其他原则也都不可能对这些现象给予一个满意的、一致的说明。如果不把这些判断看作习惯在想象上的结果,那么我们将迷失于永远的矛盾和谬误中间。

〔译注〕 雷茨红衣主教(1614—1679)是法国教士,著有《回忆录》。

第十四节　论必然联系的观念

我们已经说明了在什么方式下，我们的推理进行到我们的现前印象以外，并且断言，某些特殊原因必然有某些特殊结果；我们现在必须循着原来的路线返回去考察那个首先出现于我们之前①、而在中途为我们所搁置起来的问题，就是：当我们说，两个对象必然联系着的时候，我们的必然观念是什么。对于这个题目，我要重复我在前面常常需要一再提说的话，就是：我们既然没有一个不是从印象得来的观念，所以我们必须找出产生这个必然观念来的某个印象，如果我们说、我们真正有那样一个观念的话。为了达到这个目的，我就考究，人们平常假设必然性是寓存于什么对象之中。我在发现了必然性永远被人归于原因和结果以后，于是我就转过来观察人们所假设为处于因果关系中的两个对象，并就那两个对象所能处于其中的一切情况对它们加以考察。我立刻看到，这两个对象在时间和地点两方面都是接近的，而且我们所称为原因的那个对象先行于我们所称为结果的那另一个对象。在任何例子中，我都不能再前进一步；我也不能再发现这些对象之间的任何第三种关系。于是我就扩大视野，观察若干例子；在那里，我发现相似的对象永远处于相似的接近关系和接续关系中。初看起来，这似乎对我的目的毫无帮助。对于几个例子进行反省只是重复同样一些对象，因而不能产生一个新的观念。但是在进一步探讨之后，我发现，重复作用

---

① 第二节。

在每一个情况中并不都是同样的,它产生了一个新的印象,并因而产生了我现在所要考察的那个观念。因为在屡次重复之后,我发现,在这些对象之一出现的时候,心灵就被习惯所决定了去考虑它的通常伴随物,并因为这个伴随物与第一个对象的关系,而在较强的观点下来考虑它。给我以必然观念的就是这个印象或这种决定。

我并不怀疑,这些结论在初看之下,人们就不难加以接受,因为它们是由我们已经确立的、并在我们推理中常用的那些原则得出来的明显的推论。第一原则和推论两者的证据可以不知不觉地诱使我们达到这个结论,并使我们想象其中并不含有任何值得我们的好奇的奇特之点。不过这种粗率作风虽然易于使我们接受这个推理,可是它也因而会使这个推理比较容易被人忘却。因为这个缘故,所以我认为发出一个警告是适当的,就是:我方才所考察的是哲学中最高深的问题之一,即关于原因的能力和效能的问题;一切科学对于这个问题似乎都感到非常关心。这样一个警告自然会引起读者的注意,并使他希望我把我的学说和建立那个学说的论证更加详细地阐述一番。这个要求是非常合理的,所以我不能不答应,特别是因为我很希望这些原则越加考察,便会得到越大的力量和明白性。

关于原因的效能,也就是使原因之后随着有结果的那种性质的问题,由于它的重要和困难,曾在古今哲学家之间引起了纷纷争论,超过了任何其他的问题。不过在他们开始这些争论之前,我想不妨先考察一下,我们对于成为我们争论题目的那种效能(efficacy)有什么样的观念。这是我发现他们的推理中所主要缺乏的,而我在这里要力求加以补充的一点。

我一开始要说:效能(efficacy)、动力(agency)、能力(power)、力量(force)、功能(energy)、必然性(necessity)、联系(connexion)和产生性质(productive quality),几乎都是同义词;因此,要用其中任何一个名词来给其他名词下个定义,那是谬误的。通过这个说法,我们一下子就排斥了哲学家们给能力和效能所下的一切通俗定义;我们不能在这些定义中去寻求这个观念,而必须在它最初所由得来的那个印象中去找寻它。它如果是一个复合观念,那它必然是由复合印象发生的。它如果是简单观念,则它必然是由简单印象发生的。

我相信,关于这个问题的最一般而最通俗的说明就是[①]:我们既然由经验发现物质方面有一些新的产物,例如物体的运动和变化,并且断言,在某某地方一定有一种能够产生它们的能力;于是我们终于根据这种推理得到能力和效能的观念。不过我们只要一反省两条很明显的原则,就可以相信这只是一个通俗的说明,而不是哲学的说明。第一,理性单独并不能产生任何原始观念,第二,理性就其与经验相区别而言,永不能使我们断言,一个原因或一个产生性质对于每一个存在的开始都是绝对必需的。这两种考虑都已加以充分说明;所以我们现在就不再加以申论。

我只是根据这两种考虑推断说,理性既然不能产生效能观念,那么那个观念必然是由经验得来,必然是由这种效能的某些

---

① 参阅洛克先生:论能力的一章。

特殊例子得来的，而这些例子都是借感官或反省的共同途径进入心灵中的。观念永远表象它们的对象或印象；反过来说就是，每个观念的发生必然需要某些对象。因此，如果我们自称有任何正确的效能观念，那么我们必须举出一些例子来说明那种效能显然是可以被心灵所发现的，而且那种效能的作用也是可以被意识和感觉明显地知觉的。如果举不出这些例子，那么我们就得承认，那个观念是不可能的，是假想的；因为惟一能挽救我们脱离这个两难的困境的那个先天观念的原则已经被驳倒了，而且现在在学术界几乎已被普遍地排斥了。因此，我们现在的任务必然就是要找出某种自然的产生过程，在这个过程中，原因的作用和效能能够被心灵清楚地想象和理解，而不致有任何含糊或错误的危险。

曾经自称能说明原因的秘密力量和功能的那些哲学家们[①]，真是意见纷纷，他们那一大批的意见对于我们这种探讨很少鼓励。有人主张，物体是凭其实体的形式（substantial forms）发生作用的；有人主张，物体是凭其偶有性或性质发生作用的；有些人主张，物体是凭其内容与形式（matter and form）发生作用的；有些人主张，物体是凭其形式和偶有性发生作用的，更有些人主张，物体是借与所有这些都不同的某些潜能和机能（faculties）发生作用的。所有这些意见又都以千百种不同的方式混合和变化，使我们有充分理由去推测，其中没有一个是有任何根据或证据的；而且假设物质的任何一种已知性质中含有效能，

---

① 参阅神父马尔卜兰希第四卷，第三部，第三章及说明。

那是完全没有根据的。倘使我们考究一下，这些实体的形式、偶有性和功能等原则，实际上并不是物体的任何已知的特性，而是完全不可理解的，不可说明的；那么上述的推测对我们就会有更大的影响。因为哲学家们如果遇到一些令人满意的、清楚而可理解的原则的话，那么他们显然决不会采用那样含糊而不确定的原则。在像现在这件事情方面，尤其如此，因为这件事情必然是最简单的知性的对象，如果不是感官的对象的话。总而言之，我们可以断言，我们不可能在任何一个例子中指出一个原因的能力和动力寓存其中的那个原则；在这一点上，理智上最精明的人和理智上最平庸的人是同样没有办法的。如果任何人以为应当驳斥这种说法，他无需去费心发明长篇大套的推理，他只要立刻给我们指出一个原因的例子，使我们在其中发现出能力或作用原则来。我们不得不常常利用这种挑战的办法，因为这几乎是证明哲学中的一个否定命题的惟一方法。

　　哲学家们在确定这种能力的历来一切尝试中，既然都没有什么成功，这就最后迫使他们作出结论说，自然界的最终的能力和效能是我们所完全不知的，而且我们如果在物质的一切已知性质中来寻找这种最终的能力，那是徒然的。他们在这个意见上几乎是一致的；只有在他们由此所得出的推论中，他们才表现出彼此的意见不同。因为其中有些人，特别是笛卡尔派，建立了一个原理说，我们完全认识了物质的本质，于是他们就自然而然地推论说，物质并不赋有效能，物质本身不可能传达运动，或产生我们所归之于物质的任何一个结果。物质的本质既然是在于广袤，而广袤又不涵摄现实的运动，仅仅涵摄着可动性，于是他们就断言,产生运动的那种功能一定不能存在于广袤中间。

这个结论把他们导入他们所认为完全不可避免的另一个结论。他们说,物质本身是完全不活动的,是没有任何能力使它可借以产生、继续或传达运动的;不过这些结果既然是我们的感官所明显地感到的,而且产生它们的那种能力必然寓存于某个地方,所以它就必然存在于上帝或神,这个神的本性是一切德能全部具备的。因此,神才是宇宙的原动力,他不但首先创造物质,给予它以原始的冲动,并且也通过继续施展全能的力量、支持物质的存在,而且继续不断地给予物质以其所有的那些运动、形象和性质。

这个意见确是很奇特,很值得我们注意,但是我们稍一反省我们现在所以提到它的目的,那么在这里来考察它,就显得有些多余了。我们已经确立了一条原则说,我们的全部观念既然是由印象或某种先前知觉得来,所以如果举不出这种能力被人知觉到在发挥作用的一些例子来,那么我们便不可能有任何能力和效能的观念。这些例子既然不能在物体方面发现出来,所以笛卡尔派根据他们的先天观念的原则进行推理时,就求助于一个最高的精神或神,他们认为神是宇宙间惟一的主动的存在者,并且是物质的每一种变化的直接原因。但是先天观念的原则既然被承认是虚妄的,所以一个神的假设也并不能代替了那个原则、来帮助我们说明呈现于我们感官前面或是我们在内心意识到的一切对象中所寻找不到的那种动力的观念。因为,如果每个观念都是由一个印象得来的,那么一个神的观念也是由同一根源发生的;而如果任何感觉印象或反省印象都不涵摄任何力量或效能,那么也就同样不可能发现或想象神具有任何那样主动的原则。所以,这些哲学家们既然已经断言,物质不可能有这样一个效能的原则,因为我们不能在其中发现那样一个原则;同样的推理方法也该决定他们把这个原则排除于最高存在者之外。如果他们认为这个意见是荒谬而不敬的(它确实也是这样),那么我可以告诉他们,怎样才可以避免它,就是:他们在起初就该断言,他们并没有任何对象中的能力或效能的恰当观念。因为不论是在物体中或在精神中,不论是在高级事物中或是在低级事物中,他们都不能发现出一个可以表现这种能力的例子。

有些人主张有第二性原因的效能,而给予物质以一种派生的但系实在的能力和功能,根据这些人的假设来说,上述的结论也同样是不可避免的。因为他们既然承认这种功能不存在于物质的任何已知性质中,那么关于这个观念的来源仍然存留着困难。如果我们实在有一个能力观念,那么我们可以把能力归之于一种未知的性质;但由于那个观念不可能从那样一个性质得来,而且已知性质中也没有任何能够产生它的东西;所以,当我们想象自己具有通常所理解的任何这样一个观念时,我们就是欺骗了自己。一切观念都由印象得来,并且表象印象。我们永远没有包含着任何能力或效能的任何印象,因而我们也没有任何能力的观念。

〔有些人主张说,我们在自己心中感觉到一种功能或能力;我们在这样获得了能力观念以后,便把那种性质转移到我们不能在其中直接发现它的物质上。他们说,我们身体的运动和我们心灵的思想及情绪都服从意志;我们也不必远求,就可得到一个正确的力量或能力的观念。不过要使我们相信这个推理是如何的谬误，我们只须思考下面这一点就够了：即意志在这里虽然被当作一个原因，可是它和它的结果之间并没有一种可以发现的联系，正如任何物质的原因和它的相当的结果之间没有这种可发现的联系一样。我们远远看不到一个意志行为和一种身体运动之间的联系；而且大家都承认，没有任何结果是更难以用思想和物质的能力和本质来说明的。意志对我们心灵的控制，也并不是较为可以理解的。那里的结果和原因是可以区别，可以分离的，而且人们如果不是预先经验到它们的恒常结合，这种结果也并不能被预先见到。在某种程度内，我们对于自己的心灵有一种控制力，但是超过了那个限度，我们便丝毫不能加以控制；我们如果不求助于经验，我们便显然不能确定我们的控制权的精确界限。简单说来，心灵的作用在这一方面是和物质的作用一样的。我们只看到心灵的各种作用的恒常结合；超出这个限度，我们就不可能进行推理。任何内心的印象，和外界的对象一样，都没有明显的功能。因此，物质既被哲学家们承认是借一种未知的力量发生作用的，所以我们如果想求助于自己的心灵来得到一个力量观念，那也是一种徒然的希望[①]。〕

我们已经建立了一个确定的原理说，一般的或抽象的观念只是在某种观点下被观察的特殊观念，而且在反省任何对象时，

[①] 〔我们的神的观念也有同样缺点；不过这对宗教和道德学都不能有任何影响。宇宙的秩序证明有一个全能的心灵；那就是说，这个心灵的意志是恒常伴随着每一个生物和存在物的服从的。不再需要有其他东西去对宗教的全部信条给予一个基础。而且我们也无需对最高存在者的力量和功能形成一个明晰的观念。〕

我们不可能把一切特定程度的数量和性质排除于思想之外，正如不能把它们排除于事物的实在的本性以外一样。因此，我们如果具有任何一般的能力观念，我们也必然能够想象这个观念的某种特定的类别；而且能力既然不能单独存在，而永远被看作是某种存在物或存在的一个属性，所以我们必然能把这种能力放在某种特定的存在物中，并且想象那个存在物是赋有一种实在的力量和功能，而那样一个特定的结果就必然由这个功能的作用产生出来。我们必须明晰地、个别地想到因果之间的联系，并且必须在单看到其中之一以后，就能够断言在它之后或在它之先必然有另一个存在。这才是想象一个特定物体中一个特定能力的真正方式；而由于离了一个个体的观念就不可能有一个一般的观念，所以如果特殊观念不可能存在，一般观念也决不能存在。但是现在最明显不过的一点就是：人类心灵对于两个对象并不能形成那样一个观念，使自己能够想到它们之间的任何联系，或是明晰地理解到联合它们的那种能力或效能。那样一种联系就会等于一个理证，并且会意味着、一个对象绝对不可能不随着另一个对象出现，或被想象为不随着另一个对象出现；但是这种联系在一切情形下都已经被排斥了。如果有任何人持着相反的意见，并且以为自己已经获得了任何一个特定对象中的能力的概念，我希望他可以给我指出那个对象来。但是在我遇到这样一个人以前（我对于这一点是绝望的），我就不得不断言：我们既然永不能明晰地想象、一个特定的能力如何能够寓存于一个特定的对象中，那么我们如果设想自己能够形成那样一个一般观念，那就只是在欺骗自己。

由此可见，整个说来，我们可以推断说，当我们谈到一个高级的或低级的存在物赋有一种与任何结果成比例的能力或力量时，当我们说到对象之间的一种必然联系，并且假设这种联系依靠于这些对象中任何一个所赋有的一种效能或功能时；那么在所有这样应用的表达方式中，我们实在没有任何明确的意义，我们只是运用了普通的词语，而并无任何清楚而确定的观念。不过这也许是这些表达方式在这里由于被误用了，因而失掉了它们的真义，而不见得是它们原来就没有任何意义；所以，我们应该对于这个题目再给予一番考虑，看看我们是否可能发现出我们所附于这些表达方式上的那些观念的本性和来源。

假如有两个对象呈现于我们面前，其中一个是原因，另一个是结果；那么显然，我们不能单凭思考一个对象或两个对象，就可以发现结合它们的那个联系，或者能够确实断言，它们之间有一种联系。因此，我们并不是从任何一个例子中得到因果观念，得到能力、力量、功能和效能的必然联系观念。如果我们从来只见到一些彼此完全不同的对象的个别结合例子，那么我们就永远不能够形成任何那样一些的观念。

但是还有：倘若我们看到同样一些对象永远结合在一起的若干个例子，我们便立刻想到它们的联系，而开始由这一个推出那一个来。因此，类似的例子的这种重复，就构成能力或联系的本质，并且是这个观念所由以发生的来源。因此，为了理解能力的观念，我们必须考虑那种重复；而且为了解决长时期来使我们迷惑的那个难题，我只要求这一点就够了。我是这样进行推理的。完全类似的例子的重复出现永远不能单独产生出不同于任何特定例子中所发现的观念的一个原始观念;这一点前面已经说过,并且是"我们一切观念都由印象复现而来"的那个基本原则的一个明显结论。因此,能力观念既是不能在任何一个例子中找到的一个新的原始观念,而却又在若干个例子重复之后发生出来,那么可以断定:重复单独并不能产生那个结果,它必然要显现或产生可以作为那个观念来源的某种新的东西。如果重复过程既不显现,也不产生任何新的东西,那么我们的观念虽然可以由于重复而增多,但是并不能够扩大得超出我们在观察单独一个例子时所见的它们原来的样子。因此,由许多类似例子的重复所发生的每一种扩大效果(例如能力观念或联系观念),都是由那种重复的某些结果复现而来的,我们只有先理解了这些结果,才可以完全理解这种扩大效果。不论在什么地方我们看到重复过程显现了或产生了任何新的东西,我们就必须认为能力也在那个地方,而决不可在其他任何对象中去寻找它。

但是,显而易见,第一,相似的对象在相似的接续关系和接近关系中的重复,在任何一个对象中显现不出任何新的东西来;因为我们既不能由这个对象作出任何推断,也不能把它作为我们理证的推理或概然推理的题目;这点在前面已经证明过了①。即使我们能够由此作出一个推断,那在现在情形下也无关紧要;因为任何一种推理都不能产生像能力观念这样一个新的观念;可是不论什么地方,我们只要进行推理,我们必须预先具有可以成为我们推理对象的清楚观念。概念永远先于理解,而当概念

---

① 第六节。

模糊时,理解也就不确实了;在没有概念的时候,必然也就没有理解。

第二,类似对象在类似情形下的这种重复,不论在这些对象以内,或是在任何外在的物体以内,确是都产生不了任何新的东西。因为我们都会立刻承认,我们所见的各个类似原因和结果互相结合的若干例子,其本身是完全互相独立的;我现在所见的由两个弹子相撞而发生的那种运动的传达,和我在一年以前所见的由那种撞击得来的运动的传达,完全是互相区别的。这些撞击彼此并没有影响。它们在时间和空间上是完全隔开的。纵然其中之一次的撞击不曾存在过,另外一次的撞击还是可以存在、并传递运动的。

因此,对象的恒常结合以及它们的接续关系和接近关系的始终类似,并不在这些对象中显现或产生任何新的东西。但是必然观念、能力观念或效能观念却是由这种类似关系得来的。因此,这些观念并不表象任何属于或能够属于恒常结合着的对象的任何东西。这将被发现是一个完全不能回答的论证,不论我们在哪一个观点下去考察它。类似的例子仍然是我们的能力观念或必然观念的最初来源,而同时,它们却又不借它们的类似关系互相影响,或影响任何外在的对象。因此,我们必须转向其他方面去找寻那个观念的来源。

产生能力观念的若干类似例子,虽然并不互相影响,并且永远不能在对象中产生任何新的性质,可以作为那个观念的范本,可是对于这种类似关系的观察,却在心灵中产生了一个新的印象,成为那个观念的真实范本。因为当我们在足够多的例子中观察到了那种类似关系以后，我们立刻就感到心灵有由一个对象转到它的通常伴随物的倾向，并因为那种关系而在较强的观点下来想象它。这种倾向就是那种类似关系的惟一结果，因此必然与能力或效能是同一的东西，能力观念也就是从那种类似关系得来的。若干类似结合的例子导致我们的能力和必然概念。这些例子本身是彼此完全区别的，除了在观察它们和集合它们的观念的心灵中以外，并没有任何结合。因此，必然性就是这种观察的结果，并且只是心灵的一个内在印象，或者是把我们的思想由一个对象带到另一个对象的倾向。若不是在这个观点下来考虑必然性，我们就丝毫不能有什么必然概念，也不能把它归之于外界的或内心的对象，也不能把它归之于精神或物体，原因或结果。

因果的必然联系是我们在因果之间进行推断的基础。我们推断的基础就是发生于习惯性的结合的推移过程。因此，它们两者是一回事。

必然性观念发生于某种印象。一切由感官传来的任何印象都不能产生这个观念。因此，它必然是由某种内在印象或反省印象得来的。没有一个内在印象与现在的问题有任何关系，与现在问题有关系的只有习惯所产生的由一个对象推移到它的通常伴随物的观念上的那种倾向。因此，这就是必然性的本质。整个说来，必然性是存在于心中，而不是存在于对象中的一种东西；我们永远也不可能对它形成任何哪怕是极其渺茫的观念，如果它被看作是物体中的一种性质的话。或者我们根本没有必然性观念，或者必然性只是依照被经验过的结合而由因及果和由

第三章 论知识和概然推断

果及因进行推移的那种思想倾向。

正如使二乘二得四和三角形三内角之和等于两直角的那种必然性、只存在于我们借以思考并比较这些观念的那个知性作用中一样,结合原因和结果的那种必然性或能力,同样地存在于心灵在因果之间进行推移的那种倾向中。原因的效能或功能既不存在于原因本身,也不存在于神,也不存在于这两个原则的结合中;而完全是属于思考过去全部例子中两个或更多对象的结合的那个心灵。原因的真正能力、连同其联系和必然性都在于这里。

我觉察到,在我所已提出的、并在本书进程中将来有机会要提出的全部似非而是之论里面,现在这个似非而是之论是最为骇人的;我只有凭借坚实的证明和推理的力量,才能希望它为人所接受,才能克服人类的根深蒂固的偏见。在我们信服这个学说之前,我们必须反复思维下列各点:一点是,单纯观察任何两个不论如何关联着的对象或行动,决不能给予我们以任何能力观念,或两者的联系观念;一点是,这个观念是由它们的结合一再重复而发生的;一点是,那种重复在对象中既不显现也不引生任何东西,而只是凭其所产生的那种习惯性的推移对心灵有一种影响;一点是,这种习惯性的推移因此是和那种能力与必然性是同一的;因此,能力和必然性乃是知觉的性质,不是对象的性质,只是在内心被人感觉到,而不是被人知觉到存在于外界物体中的。任何奇特的东西通常总是要引起人们的惊奇;而随着我们赞同或不赞同这个论点,这种惊奇就会立刻转变成最高度的尊敬或鄙视。我恐怕,前面的推理虽然在我看来是最为简易、最为确定的，可是在一般读者方面，心灵的偏执仍然会占到上风，以致他们会反对现在这个学说。

这个反对的偏执是容易说明的。我们平常观察到，任何内心印象如果被外界对象所引起，而且在这些对象呈现于感官的同时，这些内心印象总是要出现：心灵便有一种很大的倾向对这些外界对象加以考虑，并将这些内心印象与外界对象结合起来。例如，因为某些声音和气味永远被人发现为伴随着某些有形的对象，我们便自然而然地想象那些对象和性质甚至有一种空间上的结合，虽然那些性质的本性不容许那样的结合，并且事实上也不在任何地方存在的。不过关于这一点，以后还要详细讨论[①]。这里，我们只说下面一点就够了，就是：这种倾向就是我们所以假设必然和能力都存在于我们所考察的对象之中、而不存在于考察它们的心灵中的缘故；虽然当我们不把那种性质看作是心灵由一个对象的观念转到它的通常伴随物的观念上的一种倾向的时候，我们对它并不能形成任何哪怕是极其渺茫的观念。

这虽然是我们对必然性所能给予的惟一合理的说明，可是相反的观念仍然由于上述的原则盘踞在心中，所以我并不怀疑，我的意见将被许多人认为是荒诞可笑的。什么！原因的效能是存在于心灵的倾向中么！照这样说，原因的作用岂不是不能完全独立于心灵以外，而且当没有心灵存在着来思维它们、对它们进行推理时，原因就不能继续其作用么！思想可以说是依靠原因

[①] 第四章，第五节。

发生作用，原因却不能说是依靠思想而起作用。这就是将自然的秩序颠倒了，把真正是第一性的东西认作第二性的了。对于每一个作用，都有一个和它相称的能力；而这种能力必须被放在那个起作用的物体上。如果我们把能力从一个原因移去，那我们就必须把它归于另一个原因；但是如果把能力从所有的原因移去，而将它赋予一个除了对因果有所知觉以外、与因或果再无任何关系的存在物，那就是极端的谬误，违反了人类理性的最确定的原则。

对于所有这些论证，我只能答复说，这里的情况就像一个盲人对于朱红色与喇叭声音的不同，以及光与坚固性的不同的那个假设，自称发现其中有许多的谬误一样。如果我们真正没有任何一个对象中的能力或效能的观念，或者没有因果之间任何真正联系的观念，那么我们要想证明在一切作用中一种效能都是必要的，这是毫无益处的。我们在作这样谈论时，并不了解自己的意思，只是无知地混淆那些完全各别的观念罢了。我诚然愿意承认，在物质和精神的对象中可能有一些性质是我们所完全不知道的；如果我们高兴把这些称为能力或效能，那对世人也无关紧要。但是我们如果用能力和效能等名词，不指这些未知的性质，而用它们指示我们对之有清楚观念的某种东西，可是那种东西与我们应用它所指的那些对象又都是不相容的，那么立刻就会发生含糊和错误，而我们也就被一种虚妄的哲学带入了歧途。当我们把思想的倾向转移于外界的对象，并且假设它们之间有任何实在的、可理解的联系时，情形就是这样；因为这种性质只能属于思考它们的心灵。

人们可以说,自然的作用是独立于人类思想和推理以外的,我也承认这点;因而我已经说过,对象之间彼此有接近关系和接续关系;相似的一些对象可以在若干例子中被观察到有相似的关系,所有这些都是独立于知性的活动以外,并且是在这种活动之先发生的。但是我们如果再进一步,而以一种能力或必然联系归之于这些对象;这是我们绝不能在它们身上发现的;而必须从我们思维它们时内心的感觉得到这个能力观念。我对这点深信不疑,我并且愿意借一种并不难于理解的巧妙手法,把我现在这种推理转变成它本身的一个例证。

当任何对象呈现于我们面前时,它立刻就使心灵转到通常被发现为伴随这个对象的那个对象的生动观念上。心灵的这种倾向就形成了这些对象之间的必然联系。但是当我们改变观点、由对象转到知觉时,那么印象就被看作是原因,而生动观念就被看作是结果;而它们之间的必然联系就是我们感觉到由这一个观念转到另一个观念的那个新的倾向。我们内心的知觉之间的结合原则和外物之间的那种结合原则同样是不可理解的,除了凭借经验之外不可能在其他方式下被我们所认识的。但是经验的本性和结果已经被充分地考察和说明过了。它永远不能使我们洞察对象的内在结构或作用原则,它只是使心灵习惯于从一个对象转到另一个对象。

现在这时候已该将这个推理的各个部分归结起来,并在将它们结合起来以后,给构成我们现在的考察题目的因果关系下一个精确的定义。如果我们原来可以换一个方法进行,那么照这样先考察根据因果关系而进行的推断,然后再说明那个关系自身，这样的颠倒次序是无可宽恕的。但是由于这个关系的本性那样地有赖于那个推断的本性，所以我们就被迫在这种似乎荒谬的方式下进行考察，并且在我们能够精确地给某些名词下精确的定义或确定其意义之前，就先应用了那些名词。现在我们要给原因和结果下个精确定义，借以校正这个缺点。

对于这个关系，可以下两个定义，这两个定义的不同之处，只在于它们对于同一个对象提供了两个不同的观点，使我们把它看作一个哲学的关系或自然的关系，把它看作对两个观念所作的比较或看作两个观念间的联系。我们可以给一个原因下定义说，"它是先行于、接近于另一个对象的一个对象，而且在这里凡与前一个对象类似的一切对象都和与后一个对象类似的那些对象处在类似的先行关系和接近关系中。"如果因为这个定义是由原因以外的对象得来的，而被认为有缺陷，那么我们可以用另一个定义来代替它，即："一个原因是先行于、接近于另一个对象的一个对象，它和另一个对象那样地结合起来，以致一个对象的观念就决定心灵去形成另一个对象的观念，一个对象的印象就决定心灵去形成另一个对象的较为生动的观念。"倘使这个定义仍然因为同一理由而遭到驳斥，那么我就没有别的办法，只能希望表现出这样细心的人们拿出一个更为正确的定义来代替它。至于我自己，我不得不承认对此无能为力。当我极其精确地考察那些通常称为原因和结果的对象时，我发现，在考察单独一个的例子时，一个对象是在另一个对象之先并与之接近的；当我扩大视野去考察若干个例子时，我也只发现相似的对象通常处于相似的接续关系和接近关系中。其次，当我考察这种恒常结合的影响时,我看到,除了凭借习惯以外,那样一种关系永远不能成为推理的对象,永远不能在心灵上发生作用;只有习惯才能决定想象由一个对象的观念推移到它的通常伴随物的观念,并由一个对象的印象转到另一个对象的较为生动的观念。这些意见不论显得怎样奇特,而我认为,对于这个题目多费心思去作进一步的探讨或推理,那是徒劳无益的,所以我就把这些意见作为确定的原理而深信不疑了。

在结束这个题目之前,我们应当从这里得出一些结论来,借以消除哲学中一向十分流行的若干偏见和通俗谬误。第一,从前面的学说,我们可以知道,一切原因都属于同一种类,而在特殊方面说来,则我们有时在作用因(efficient causes)和必需因(causes sine qua non)之间所作的区别,或在作用因、形相因、质料因、模式因和终极因之间所作的区别,都是没有基础的。因为我们的作用因的观念既然是由两个对象的恒常结合得来的,所以不论什么时候观察到这种结合,这个原因便是作用因,这种结合若是观察不到,便永远不能有任何一种原因。根据同一理由,我们也必须排除原因和外缘(occasion)的区别,如果它们被假设为指示任何本质上互相差异的东西。如果恒常的结合包括在我们所称为外缘的中间,那它就是一个实在的原因。如果不是的话,它就根本不是一种关系,因而也不能引生任何论证或推理。

第二,同样的推理过程将使我们断言,必然性只有一种,正如原因也只有一种一样;而且关于精神的(moral)和物理的必然性通常所作的那个区别,在自然中并无任何根据。从前面给必然性所作的说明看来,这一点是清楚无疑的。构成物理必然性的是对象的恒常结合，以及心灵的倾向；如果没有这两个因素，那就等于一个机会。对象既是必然结合着的或不结合着的，心灵既是必然倾向或不倾向于由一个对象转到另一个对象的，所以在机会和绝对必然之间并无任何中介。如果把这种结合和倾向减弱，你并没有改变了必然的本质；因为即使是在各种物体的作用中，这些也有不同的恒常程度和强力程度，可是也并不产生出另外一种因果关系来。

我们通常对能力和能力的发挥所作的区别，也是同样没有基础的。

第三，我们曾经力图通过前面的推理，证明原因对于每一个开始的存在的必要性并不是建立在理证的或直观的论证上面的，现在我们或许能够充分克服我们对那个推理自然地所抱的全部反对情绪了。在下了前面那些定义以后，那一个意见将不再显得是奇特的了。如果我们给原因下定义说，它是先行于、接近于另一个对象的一个对象，而且在这里凡与前一个对象类似的一切对象都与后一个对象类似的对象处在类似的先行关系和接近关系中；那么我们就很容易想到，所谓每一个开始的存在都应当伴有那样一个对象这件事、并没有绝对的或形而上学的必然性。如果我们把一个原因下定义为一个先行于、接近于另一个对象的对象，而且它和另一个对象在想象中密切地结合起来，以致一个对象的观念决定心灵形成另一对象的观念，而且一个对象的印象也决定心灵形成另一对象的较为生动的观念；那么我们就更不难同意这个意见了。在心灵上所加的这种影响本身是完全奇特而不可理解的；而我们除了根据经验和观察以外，也不能确实知道实在有无这种影响。

我将加上第四个结论,就是:凡我们对之不能形成一个观念的任何对象,我们永远不能有相信它存在的理由。因为我们关于事物存在的一切推理既然都是由因果关系得来的,而且我们关于因果关系的全部推理既然是由所经验到的对象间的结合得来的,而不是由任何推理或反省得来的,那么这种经验同样也必然使我们对这些对象产生一个概念,并且必然使我们的结论免除一切神秘性。这一点本来是那样明显,不值得我们注意的,而我们所以提到它,乃是为了避免人们对于下面关于物质和实体的推理可能提出某些这一类的反驳。不消说,这里并不需要对于对象有充分的知识,而只需要对我们信其为存在的对象的那些性质具有充分的知识。

第十五节 判断原因和结果所依据的规则

依照前面的学说,如果单凭观察,不求助于经验,那么我们便不能确定任何对象为其他对象的原因;我们也不能在同样方式下确实地断定某些对象不是原因。任何东西都可以产生任何东西。创造、消灭、运动、理性、意志;所有这些都可以互相产生,或是产生于我们所能想象到的其他任何对象。我们如果将上述两个原则比较一下,那么这个说法也并不显得奇特:上述的两个原则的一个就是:各个对象的恒常结合决定了它们的因果关系,另一个就是[①]:恰当地说,除了存在和不存在之外,没有对象是

---

① 第一章,第五节。

第三章 论知识和概然推断

互相反对的。不论什么地方,对象如果不是互相反对的,那里就没有东西阻止它们发生因果关系全部所依靠的那种恒常的结合。

一切对象既然都有互为因果的可能,那么如果确定一些通则,使我们借以知道它们什么时候确实是那样的,那可能是适当的。

1. 原因和结果必须是在空间上和时间上互相接近的。

2. 原因必须是先于结果。

3. 原因与结果之间必须有一种恒常的结合。构成因果关系的,主要是这种性质。

4. 同样原因永远产生同样结果,同样结果也永远只能发生于同样原因。这个原则我们是由经验得来的,并且是我们大部分哲学推理的根源。因为当我们借着任何清楚的实验已经发现任何现象的原因或结果的时候,我们不等待这个最初关系观念所由以得来的那种恒常重复,立刻就把我们的观察推到每一个同类现象上。

5. 还有另外一个原则是依靠着这个原则的,就是:当若干不同的对象产生了同样结果时,那一定是借着我们所发现的它们的某种共同性质。因为相似的结果既然涵摄相似的原因,所以我们必须永远把那种原因作用归之于我们所发现为互相类似的那个条件。

6. 下面的原则也是建立于同样的理由。两个相似对象的结果中的差异,必然是由它们互相差异的那一点而来。因为相似的原因既然永远产生相似的结果,那么在任何例子中我们如果不能实现我们的预料，我们便必须断言，这种不规则性是由那些原因中某种差异而来。

7. 当任何对象随着它的原因的增减而增减时，那个对象就应该被认为是一个复合的结果，是由原因中几个不同部分所发生的几个不同结果联合而生。这里人们假设，原因的一个部分的不存在或存在永远伴有结果中一个相应部分的不存在或存在。这个恒常的结合就充分证明了一个部分是另一个部分的原因。不过我们必须小心不要从少数实验中推出这样一个结论。例如某种程度的热给人以快乐；如果你减少那种热，快乐也就降低；不过并不能由此推断说，如果你把热加大到超出了某种限度，快乐也同样会增加；因为这时我们发现，快乐就变为痛苦了。

8. 我所要提出的最后第八条规则是：如果一个对象完整地存在了任何一个时期，而却没有产生任何结果，那么它便不是那个结果的惟一原因，而还需要被其他可以推进它的影响和作用的某种原则所协助。因为相似的结果既是必然在接近的时间和地点中跟随着相似的原因，所以它们的暂时分离就表明，这些原因是不完全的原因。

我所认为在我的推理中应该运用的全部逻辑就是这样，甚至这一套逻辑或许也不是很必需的，而是可以被人类知性的自然原则所代替的。我们经院派的大师们和逻辑家们在他们的理性和能力方面并不表明他们比一般人有那样大的优越性，以致使我们乐于效法他们，发表一大套的规则和教条来指导我们在哲学中的判断。所有这类性质的规则都很容易发明，但是应用起来，却极感困难；甚至似乎最自然、最简单的实验哲学，也需要人类判断的极大的努力。自然中没有一种现象不是被那么多的不同的条件所组合、所改变的，所以为了要达到起决定作用的一点，我们必须谨慎地把多余的东西分离出去，并且借着新的实验探讨一下，是否第一次实验中的每一个特定的条件对这个实验都是必需的。这些新的实验仍然需要同样地加以讨论；因此，我们需要极其恒久不懈，坚持探讨，并且需要极大的机敏，在呈现出的那样多的路线中选择最正确的路线。如果在自然哲学中还是这种情形，那么在精神哲学中，岂不更该是这种情形么？因为在精神哲学中，情况尤其复杂得多，而且任何一种心理作用所必需的那些观点和意见是那样隐晦而模糊的，以致它们往往逃脱我们最严密的注意，而且不但它们的原因难以解释，甚至它们的存在也不被人知晓。我深怕，由于我在我的探讨中所获得的成就很小将会使这种说法显得是一种辩解，而倒不是一种自负。

如果有任何东西能使我在这一方面觉得安心的话，那就是把我的实验范围尽可能地扩大；因为这个缘故，所以在这里应当考察一下畜类的推理能力，也如我们考察人类的推理能力那样。

第十六节　论动物的理性

否认明显的真理固属可笑，而费了许多心思来为明显真理进行辩护，也相差无几；在我看来，最明显的一条真理就是：畜类也和人类一样赋有思想和理性。这里的论证是那样的明显，以致它们永远不会逃掉最愚蠢、最无知的人们的注意。

我们自觉到，我们自己在选定手段以达到目的时，是被理性和意图所指导的，而当我们作出那些趋向自卫，以及取得快乐和避免痛苦的行为时，并不是盲目无知或任意妄为的。因此，当我们在千百万例子中看到其他动物作出相似的行为、并使那些行为指向相似的目的时，那么我们的理性和概然推断的全部原则，便以一种不可抗拒的力量迫使我们相信有相似原因存在。我想，我们无需列举各种细节，来具体地说明这个论证。稍加注意，我们所得的例子已超过了需要。动物行为和人类行为在这一方面是那样地完全类似，所以我们随意选择的第一个动物的第一个行为，便足以供给我们以一个证明现在这个学说的不可抗拒的论证。

这个学说不但明显，而且有用，并且供给我们以一种试金石，使我们可借以检验这种哲学中的每一个体系。我们是根据动物的外表行为与我们自己的外表行为的互相类似，才判断出它们的内心行为也和我们的互相类似。这个推理原则如果推进一步，将会使我们断言：我们〔人类和畜类〕的内心行为既然互相类似，那么它们所由以发生的那些原因，也必然互相类似。因此，如果有任何一个假设被提出来说明人类和畜类所共同的一种心理活动时，我们就必须将这个假设应用于两者；每一个正确的假设既然都经得起这种检验，那么我可以大胆地肯定说，任何虚妄的假设都经不起这种检验。哲学家们用以说明心理行为的那些体系有一个共同缺点，就是：那些体系都假设了一种不但超出畜类能力，甚至超出我们人类中儿童和普通人的能力的精微和深奥的思想；虽然这些人也和具有最卓越的天才和悟性的人一样，可以有同样的情绪和感情。这样一种玄妙的说法正是任何体系的虚妄性的一个清楚的证明，正如与此相反的简易理论是任何体系的真实性的一个清楚的证明一样。

因此，让我们把我们关于知性本质的现在这个体系、做这种决定性的检验，看看它是否可以同样说明畜类的推理，一如其说明人类的推理那样。

这里我们必须区别那些一般性的并似乎与动物的平常能力相称的行为，和它们有时为了保存自体、繁衍物种所表现的那些较为奇特的机智的事例。一条避免烈火和悬崖、躲开生人、向主人表示亲热的狗，供给我们以第一种的例子。一只细心巧妙地选择地点、觅取筑巢材料，并以一定的时间在适当季节中像一位化学家在最精密的设计中那样细心谨慎地孵卵的鸟，供给我们以第二种行为的一个生动的例子。

关于前一种行为，我说，它们是根据一种推理进行的，那种推理本身和人的推理并无差别，而其所依据的原则和人性中出现的原则并无差异。首先，它们的记忆或感官之前必须有某种印象直接呈现出来，以为它们判断的基础。狗从他主人的音调推断出他的发怒，并且预见到它要受到惩罚。它由刺激其嗅觉的某种感觉，判断出它所追捕的猎物离它不远了。

第二，它由现前印象所得出的推断是建立在经验之上的，是建立在它对过去例子中这些对象的结合所作的观察上面的。如果你将这个经验加以变化，狗也会将它的推理加以变化。如果你在一个时期内，在某种标志或动作之后，继之以鞭笞，随后又在另一种标志之后，继之以鞭笞，那么它会根据它的最近经验陆续得到不同的结论。

让任何一个哲学家试一试，设法去说明我们所称为信念的那种心理作用，并且不用习惯对想象的影响来说明这种信念所由得来的那些原则，并且使他的假设同样可以应用于畜类和人类；在他作到这一点以后，我就答应接受他的意见。不过同时我也要求一个公平的条件，即如果我的体系是能够满足所有这些条件的惟一体系，它就要被当作完全满意和有信服力的，而加以承认。这个体系是惟一的，这一点几乎不用任何推理就是明显的。畜类确实永远知觉不到对象之间的任何实在联系。所以它们只是借着经验由一个对象推到另一个对象的。它们永远不能借任何论证形成一个一般的结论说，它们所不曾经验过的那些对象类似于它们所经验过的那些对象。因此，经验只是单独借着习惯对它们起作用的。所有这些理论对人来说，已是充分明显的了。至于畜类，则更是丝毫不能怀疑有任何错误；必须承认这是我的体系的一个有力的证实，或者是它的一个不可抗拒的证明。

习惯的力量使我们安于任何一种现象，而最明显地给我们指出这一点的，就是这件事，即：人类对于自己的理性的活动并不感觉惊奇，而同时，他们却惊羡动物的本能，并且只因为它不能归入同样一些原则，而觉得它难以说明。如果正确地考虑这个问题，那么理性也只是我们灵魂中的一种神奇而不可理解的本能，这个本能带着我们经历一系列的观念，并按照特殊情况和关系而赋予那些观念以特殊的性质。这种本能诚然是由过去的观察和经验发生的；但是，任何人都无法举出最后的理由，来说明为什么过去的经验和观察产生那样一个结果,正像他无法说明为什么只有自然产生这种的结果。自然确实可以产生出一切由习惯发生的行为;不但如此,而且习惯也只是自然的一条原则,并且是从那个根源获得它的全部力量。

第四章　论怀疑主义哲学体系和其他哲学体系

第一节　论理性方面的怀疑主义

一切理证性的科学中的规则都是确定和无误的。但是当我们应用它们的时候，我们那些易误的、不准确的官能便很容易违背这些规则，而陷于错误之中。因此，我们在每一段推理中都必须形成一个新的判断，作为最初的判断或信念的检查或审核；而且我们必须扩大视野去检视我们的知性曾经欺骗过我们的一切例子的经过，并把这些例子和知性的证据是正确而真实的那些例子进行比较。我们的理性必须被视为一个原因，而真理为其自然的结果；但是理性是那样一个原因，它可以由于其他原因的侵入，由于我们心理能力的浮动不定，而往往可以遭到阻碍。这样，全部知识就降落为概然推断。随着我们所经验到的知性的真实或虚妄，随着问题的单纯或复杂，这种概然性也就有大有小。

没有一个代数学家或数学家，在他的科学中造诣到那样精深的程度，以至于他刚一发现一条真理，就完全深信不疑，而不把它看作只是一个单纯的概然推断。当他每一次检视他的证明时，他的信心便有所增加；他这种信心更因为他的朋友们的赞许而有所增加，并由于学术界的一致同意和赞美而提高到最高的圆满程度。但是,这种信念的逐步增加显然只是若干新的概然性的积累,并且是根据过去经验和观察由因果的恒常结合得来的。

在较长或较重要的账目中,商人们很少安然相信所记数目确实无误的,而总要用人为的计算方法,超出记账员的技术和经验所得出的概然推断以外,再造成一种概然推断。因为计算本身显然是某种程度的概然推断;虽然随着他的经验的程度和账目的长短,那种概然推断有所变化和不确定。既然没有人主张我们对于一长串计算的信任会超过概然推断以外,那么我可以坦然地说,几乎没有一个有关数字的命题,我们对它有比概然推断更为充分的保证。因为在逐渐减少数字以后,我们很容易地把最长的加法系列归纳为最简单的问题,归纳为两个单纯数字的相加;根据这个假设,我们将发现难以划分知识和概然推断的精确界线,或发现知识终止于其上和概然推断由此开始的那个特殊数目。但是知识与概然推断是极其相反而分歧的两种东西,它们不能在不知不觉中互相渗入,这是因为它们是完整而不能分割,而必然是完全存在,或是完全不存在的。而且,如果任何一次加算是准确的,则每一次加算也该是准确的,因而全部或整个数目也都该是准确的;除非说全体是异于其一切部分的。我曾几乎说这是准确的;但是我又反省到,这也和其他任何一种推理一样,必然减弱自己,而由知识降低到概然推断。

全部知识既然都归结为概然推断,而且最后变成和我们日常生活中所用的那种证据一样,所以我们现在必须考察后面这一种推理,看看它是建立在什么基础上面的。

在我们所能形成的关于概然推断的每一个判断中,如同在关于知识的每一个判断中一样,我们应当永远把从知性本性得来的另一个判断,来校正那个从对象本性得来的最初判断。可以确定,具有确实见解和长期经验的人比起一个愚昧无知的人来,对他自己的意见应该有、并且也通常有较大的信念,而且我们的意见,也随着我们的理性和经验程度,甚至对自己说来也有不同的威信程度。即便具有最高的见识和最长的经验的人,这种威信也决不是完整的,因为甚至那样一个人也必然自觉到过去许多错误,而不得不恐怕将来仍有类似的事情。因此,这里就发生了一个新的概然推断来校正和调节第一次的概然推断,而确定其正确的标准和比例。正如理证受到概然推断的审核一样,概然推断也借心灵的反省作用得到一种新的校正;这种反省作用的对象就是人类的知性的本性和根据第一次概然推断而进行的推理。

我们既然在每一个概然推断中,除了那个研究对象所固有的原始不确定性以外,已经发现了由判断官能的弱点发生的一种新的不确定性,并且已经把这两者一起调整,现在我们就被我们的理性所强迫,再加上一种新的怀疑,这种怀疑的发生是由于我们在评价我们官能的真实可靠性时所可能有的错误。这是立刻出现于我们面前的一种怀疑,而且我们如果紧密地追随我们的理性,我们对这种怀疑不能避免要给以一个解决。不过这种解决虽然有利于前面的判断,可是因为它只是建立在概然性之上,所以必然更加减弱我们的原始的证据,而其本身也必然被同样性质的第四种怀疑所减弱,并照这样一直无限地推下去,直至最后原来的概然性丝毫不存在为止,不论我们假设它原来是如何之大,不论每一次新的不确定性所造成的减少是如何之小。任何有限的对象在无数次一再减少以后，都不能继续存在；即使是人类想象所能设想的最大的数量，照这样下去也必然会归于无有。我们原来的信念不论是多么强，它由于经过那样多次的新的考察，并且每一次考察又多少要削减它的强力和活力，所以它必然不可避免地会消灭了。当我反省我的判断的自然的易误性时，比在我只考究我对它进行推理的那个对象时，我对我的意见的信心就更小了；当我再往前进，细细检查我对我的官能所作的一次接一次的评价时，于是全部逻辑规则都要求不断的降低信念，而最后把信念和证据都完全消灭了。

如果有人问我说，我是否真心同意我所不惮其烦地以之教人的这个论证，我是否是那些怀疑主义者之一，主张一切都不确实，而且我们对任何事情的判断都没有任何区别真伪的尺度；那么我就会答复说，这个问题完全是多余的，而且不论我或任何人都不曾真心地并恒常地抱着这个意见。自然借着一种绝对而不可控制的必然性，不但决定我们要呼吸和感觉，而且也决定我们要进行判断；由于某些对象和现前印象有一种习惯性的联系，我们就不能不在一种较为强烈而充分的观点下来看待那些对象，这就像我们在醒着的时候不能阻止自己思维，或是在明朗的阳光之下我们用眼睛向周围观看对象的时候，不能阻止自己看到它们一样。谁要是费了心思来反驳这个全部怀疑主义的吹毛求疵，他就实在是没有对手而在进行辩论，并且是在努力通过论证来建立自然在心灵中先已树立起来、并使其不得不活动的一个官能。

我所以这样细心地陈述那个狂妄学派的种种论证，只是要想使读者觉察到我的假设的真实,我的假设就是:关于原因和结果的一切推理都只是由习惯得来的;而且恰当地说信念是我们天性中感性部分的活动,而不是认识部分的活动。我在这里已经证明,有一些原则使我们对任何题材可以构成一个断定,并且借着考察我们思考那个题材时所运用的天才、能力和心境、来矫正那种断定;是的,我已经证明,这些原则在更向前推进、而被运用于每一种新的反省判断时,必然会由于连续减弱原来的证据,最后使它归于无有,因而彻底推翻了一切信念和意见。因此,如果信念是一种单纯的思想活动,没有任何特殊的想象方式,或者说是不赋有一种强力和活泼性,那它必然会毁灭自己,而在每一种情形下,终于使判断完全陷于停顿。但是经验会使乐于尝试的任何人充分相信,他在前面的论证中虽然不能发现错误,可是他仍然在照常继续相信、思维和推理。既是这样,他就可以坦然地断言,他的推理和信念是一种感觉或特殊的想象方式,单纯的观念和反省不可能把它消灭的。

不过这里有人或许会问,即使根据我的假设,上面所说明的这些论证为什么不使判断陷于完全停顿,心灵是依靠什么方式对任何一个题材还能保留某种程度的信念呢?因为这些由于一再重复而不断减弱原来的证据的新的概然推断,既然与原始的判断依靠同样的原则(不说是思想的或感觉的),那么一个似乎不可避免的结论就是:不论在哪一种情形下,它们都必然会同样地推翻原始的判断,而且由于各种相反思想或感觉的对立,必然会使心灵陷于完全不确定的地步。我假设人们向我提出某个问题来,而且在我细想我的记忆印象和感官印象,并把我的思想由这些印象带到通常与它们结合着的那样一些对象上以后，于是我就感觉到在某一面比在另一面有一种较为强烈、较为有力的想象。这种强烈的想象形成我的第一个断定。我假设，后来我考察我的判断力自身，并且由经验观察到，它有时是正确的，有时是错误的，我于是认为我的判断力是被若干相反的原则或原因所调节的，这些原则有的导致真理，有的导致错误；在把这些相反原因互相抵消以后，我就借着一个新的概然推断减弱了我对第一个判断的信念。这个新的概然推断仍然和前面一个概然推断一样，也会被同样地减弱，如此一直无限地减弱下去。因此，有人就会问，我们为什么毕竟还保留着足以在哲学或日常生活中供我们应用的一种信念程度呢？

我答复说，在第一次和第二次的断定以后，心灵的活动就变得勉强而不自然，观念就变得微弱而模糊；判断力的原则和各个相反原则的抵消，虽然仍和起初一样，可是它们加于想象上的影响和它们加于思想上或由思想上减去的力量，就和以前完全不相等了。当心灵不能从容而便捷地达到它的对象时，同样的原则就不像在较自然地想象各个观念时那样发生同样的效果。想象在那时所感到的感觉也和由它的平常判断和意见所发生的那种感觉不成比例。注意紧张起来了；心情踌躇不定；精神由于离开了自然的途径，所以支配精神运动的那些法则就与支配它们在通常的途径中运行的那些法则不相同了，至少那些法则的作用达不到平常那样的程度了。

如果我们要找相似的例子，那也并不难找寻。现在这个形而上学题目将可以把它们大量供给我们。在关于历史或政治学的推理中原可以认为有说服力的那种论证,在这些更加深奥的题目方面简直没有什么影响,即使那种论证被人完全理解;这是因为哲学上的论证需要思想的努力和钻研,才可以被人理解;这种思想的努力,扰乱了信念所依靠的我们的情绪作用。在其他题目方面,情形也是一样。想象的紧张总是阻止情感和情绪的正常运行。一个悲剧诗人如果把他的主角表象得在忧患不幸之中仍然随机应变,诙谐风趣,他决不会触动人的情感。不但心灵的情绪妨害任何精微的推理和反省,而且后面这些心灵活动也同样有害于前面那些活动。心灵也像身体一样,似乎赋有某种精确程度的力量和活动,它在把这种力量应用在一种活动中时,就不能不牺牲其余一切的活动。在各种活动的性质十分不相同时,这种情形更显然是真实的;因为在那种情形下,不但心灵的力量偏于一面,而且甚至心情也有所改变,以致使我们不能由一种活动突然转到另一种活动,当然更不能同时进行两种活动。因此,无怪当想象努力去进入一个推理过程、并想象它的各个部分时,由这种精微的推理所发生的信念,就随着这种努力的比例而减弱了。信念是一种生动的想象,所以它如果不是建立在一种自然而顺利的东西之上,就永远不可能是完整的。

我认为这是问题的真相,我不赞成有些人对于怀疑派所采取的直截了当的办法,不经过研究或考察,而一下子就把他们的全部论证都排斥了。这些人说,如果怀疑主义的推理是有力的,那就证明,理性还可以有一点力量或威信;如果这些推理是脆弱的,那么它们永远不足以使我们的知性所有的结论归于无效。这个论证是不正确的,因为怀疑主义的推理如果可以存在,如果它们不被其精深难解所毁灭，那么它们是会随着我们心情的前后变化，忽而强、忽而弱的。理性在一开始占着宝座，以绝对的威势和权力颁布规律，确定原理。因此，她的敌人就被迫藏匿于她的保护之下，借着应用合乎理性的论证来说明理性的错误和愚蠢，因而可以说是在理性的签字和盖章之下作出了一个特许照。这个特许照在一开始依据了它所由以产生的理性的现前直接权能，而也具有一种权能。但是它既然被假设为与理性相矛盾的，所以它逐渐就减弱了那个统治权的力量，而同时也减弱了它自己的力量；直至最后，两者都因循序递减而完全消失。怀疑的和独断的理性属于同一种类，虽然它们的作用和趋向是不同的。因此，在独断的理性强大时，它就有怀疑的理性作为它的势均力敌的敌人需要对付；在开始时它们的力量既是相等的，所以它们两方只要有一方存在，它们就仍然继续如此。在斗争中，一方失掉多大力量，就必然从对方取去同样大力量。因此，自然之能够及时摧毁一切怀疑主义论证的力量，使其不至对人的知性发生重大的影响，这是一件幸事。如果我们完全听任它们自行毁灭，那是永不会发生的事，除非它们首先推翻了一切信念，并全部消灭了人类的理性。

第二节　论感官方面的怀疑主义

这样，怀疑主义者虽然声言，他不能通过理性来卫护他的理性，可是他仍然在继续推理和相信；根据这条同样的规则，他也不得不同意关于物体存在的原则，虽然他并不能自称通过任何哲学论证来主张那个原则的真实性。自然并不曾让怀疑主义者在这方面自由选择,并且无疑地认为这件事太重要了,不能交托给我们的不准确的推理和思辨。我们很可以问,什么原因促使我们相信物体的存在?但是如果问,毕竟有无物体?那却是徒然的。那是我们在自己一切推理中所必须假设的一点。

因此,我们现在探讨的题目乃是关于促使我们相信物体存在的那些原因:对这个问题进行推理之初,我要先立出一个区别,这个区别初看起来似乎多余,但是它将大有助于彻底理解下面的道理。我们应当分别考察那两个平常被混淆起来的问题;一个问题是,即使当物体不呈现于感官时,我们为什么还以一种继续的存在赋予它们;另一个问题是,我们为什么假设它们有独立于心灵和知觉以外的一种存在。在最后这个项目下,我包括了各个对象的地位和关系,它们的外在位置以及它们存在和作用的独立性。关于物体的继续存在和独立存在的这两个问题是密切联系着的。因为如果我们感官的对象即使在不被知觉时仍然继续存在,那么对象的存在自然是独立于知觉之外,而与知觉有区别的;反过来说,对象的存在如果独立于知觉之外,而与知觉有区别的,那么这些对象即使不被知觉,也必然继续存在。不过一个问题的解决虽然也解决了另一个问题,可是为了更易于发现这种解决所根据的人性原则起见,我们将一路带着这种区别,同时去考察,产生一种继续存在或独立存在的信念的是感官,是理性,还是想象?对于现在的题目来说,这些问题是惟一可以理解的问题。因为关于我们所认为与我们的知觉是在种类上不同的那个外界存在的概念,我们已经指出它的谬误了[①]。

---

① 第二章,第六节。

先从感官谈起：当对象已不再呈现于感官之前以后，这些官能显然不能够产生这些对象继续存在的概念。因为这是一种词语矛盾，并且假设感官即在其停止一切活动以后，仍然在继续活动。因此，这些官能如果在现在情形下有任何影响的话，必然产生一个独立存在的信念，而不是产生一个继续存在的信念；而为了产生这个独立存在的信念，必然将它们的印象呈现为意象和表象，或把它们呈现为就是这些独立的、外界的存在。

我们的感官显然不把它们的印象呈现为某一种各别的、独立的和外在的事物意象；因为它们只给我们传达来一个单纯的知觉，而毫不以任何外在事物提示我们。单纯的知觉若不是借着理性的或想象的某种推断的帮助，永不能产生双重存在的观念。当心灵看到它面前直接呈现的东西以外时，那么它的结论决不能归源于感官；而当心灵由单纯的知觉推出了双重的存在、并假设其间有类似关系和因果关系时，它确实是看得已经较远了。

因此，我们的感官如果提示出独立存在的任何观念来，那么它一定是借着一种谬误和幻觉，才把印象作为那些存在物的自身传来。在这个问题上，我们可以说，我们的一切感觉都是依照其本来面目被心灵感觉到的，而当我们怀疑、它们是否把自己呈现为独立的对象或呈现为单纯的印象时，那么困难就不在于感觉的本性，而在于各种感觉的关系和位置。如果感官把印象呈现为在我们之外、并独立于我们之外的，那么对象和我们自己都必须被我们的感官明显地感到才行，否则两者便不能被这些官能加以比较。因此，困难就在于，我们自己在什么样的程度上是我们感官的对象。

在哲学中,关于人格的同一性,关于构成一个人格的那种结合原则的本性的问题,确是再深奥不过的。我们远远不能单靠我们的感官来解决这个问题,我们必须求助于最深奥的形而上学,以便给它以一个满意的解答;而且在日常生活中,这些自我观念和人格观念显然绝不是很固定而明确的。因此,要设想感官真是能够区别我们和外界对象,那是荒谬的。

还有一点:每个内在的和外在的印象、情感、感情、感觉、痛苦和快乐,原来都处于同样的立足点上的;不论我们在它们中间可以观察到任何其他的差异,它们全部都以其本来面目出现为印象或知觉。的确,如果我们正确地考虑这个问题,那么情形也几乎只能是如此,我们也不能设想,我们的感官在我们的印象的位置和关系方面会比在我们的印象的本性方面更能够欺骗我们。因为心灵的全部活动和感觉既然都是通过意识被我们所认识到的,那么这些活动和感觉必然是在每一点上、现象正如其实在,实在也正如其现象。进入心灵中的每一种事物,实际上既然是一个〔据休谟自改〕知觉,所以任何东西对感觉来说也都不可能呈现出另一种东西。要是这样的话,那就等于假设,即使当我们有着最亲切的意识时,我们仍然会有错误。

不过我们不必多费时间来考察,我们的感官是否可能欺骗我们,是否可能将我们的知觉表象为和我们是各别的,也就是说,把知觉表象为外在于我们的、独立于我们之外的;让我们考察一下,感觉是否确实在欺骗我们,以及这种错误是由直接的感觉发生的,还是由其他原因而发生的。

先从关于外界存在的问题谈起;我们或许可以说,撇开有关思想实体同一性的那个形而上学问题，我们自己的身体显然是属于我们的；有些印象既然显得是在身体以外的，所以我们假设它们也在我们的自我以外。我现在写字用的纸是在我的手以外的。桌子又是在纸以外的。房间的墙壁又是在桌子以外的。当我向窗口一望，我又看到大片田野和房屋在我的房子以外。从这一切我们也许可以推断说，除了感官以外，并不需要其他的官能，就可以使我们相信物体的外界存在。不过为了防止这个推论，我们只需要衡量下面三种考虑就够了。第一，恰当地说，当我们观察自己的肢体时，我们所知觉的不是我们的身体，而是由感官传来的一些印象；所以把一种实在的、物质的存在归之于这些印象或它们的对象的那种心理作用，是和我们现在所考察的心理作用同样难以说明的。第二，声音、滋味、气味，虽然被心灵通常认为是继续的独立的性质，可是并不显得是任何占有空间的存在，因而对感官来说不能显得是位于身体以外的。至于我们给予它们一个位置的理由，将在以后加以考察①。第三，甚至我们的视觉，如果不借助于某种推理和经验，也不能直接以距离或外在性(outness)报告我们；这一点是最崇尚理性的哲学家们所都承认的。

至于我们的知觉对我们的独立性，这点永远不能成为感官的一个对象；我们关于这种独立性所形成的意见都必然是从经验和观察得来的：往后我们将会看到，我们根据经验所得到的结论是非常不利于知觉独立存在学说的。这里，我们可以说，当我

---

① 第五节。

们谈到实在的、独立的存在物时,我们通常所注意的大都是存在物的独立性,而不是它在空间中的外在位置;而且当一个对象的存在是继续不断的、独立于我们在自身所意识到的那些不停的变化以外时,我们就认为那个对象有充分的实在性。

把我前面关于感官所说的话归结起来重述一遍就是这样:感官并不给我们以继续存在的概念,因为感官的活动不能超出其实在活动的范围以外。感官同样也不能产生一个独立存在的观念,因为感官既不能把这种存在当作被表象的东西呈现于心灵,也不能把当作原始的东西呈现于心灵。要把这种存在当作被表象的东西呈现出来,那么感官既要呈现出一个对象,又要呈现出一个意象。要使这种存在显得是原始的东西,那么感官必然是传来一个假象;而这个假象必然存在于〔我们和对象的〕关系和位置中间:要做到这一点,感官必须能够把对象和我们自己进行比较;但即使在那种情形下,感觉也并不欺骗我们,而且也不可能欺骗我们。因此我们可以确实断言,关于继续存在和独立存在的信念,永远不能由感官发生。

为了证实这一点,我们可以说,有三种由感官传来的不同的印象。第一种是物体的形状、体积、运动和坚固性的印象。第二种是颜色、滋味、气味、声音、冷和热的印象。第三种是对象与我们身体接触后发生的痛苦和快乐,就如当身体被刀所割等等。哲学家们和一般人都假设第一种印象有独立的、继续的存在。只有一般人才认为第二种也处于同等的地位。而哲学家们和一般人又都公认第三种只是一些知觉,并因而是有间断的、从属的存在物。

但是不论我们的哲学意见是怎样，颜色、声音、冷和热，就其呈现于感官之前而论，显然是与运动和坚固性以同一方式存在的，而我们在它们之间所作的这一方面的差别，并不是由单纯的知觉发生的。人们对于前一种性质的独立继续存在所抱的偏见是那样强烈的，以致当近代哲学家们提出相反的意见来时，人们就认为自己几乎能够根据自己的感觉和经验加以驳斥，认为他们自己的感官本身就驳斥了这种哲学。颜色、声音等等和由刀而起的痛苦、由火而生的快乐，显然原来处于同等的地位；而且它们之间的差别不是建立在知觉或理性之上，而是建立在想象上面的。因为两者既然都被承认为只是由物体各个部分的特殊结构和运动发生的，那么它们之间的差别可能存在于哪里呢？总而言之，我们可以断言，就我们感官作为裁判而论，一切知觉在其存在方式上都是同样的。

在上述声音和颜色这个例子中，我们也可以看到，无需求助于理性或借任何哲学的原则来衡量我们的意见，我们就能赋予对象以一种独立的、持续的存在。的确，不论哲学家们怎样设想自己能够提出什么样令人信服的论证，借以建立对象独立于心灵以外的那种信念，显然，这些论证只为极少数人所认知，而农民、儿童和大部分人类显然都不是受了这些论证的指导，才把对象归之于某些印象，而不归之于其他印象。因此，我们就发现一般人在这个问题上所形成的结论，与哲学家们所证实的那些结论恰恰是相反的。因为哲学告诉我们，呈现于心灵前的每样东西只是一个知觉，并且是间断的、依靠于心灵的；至于一般人，却把知觉和对象混淆起来，而赋予他们所感觉和所看见的那些事物以一种独立持续的存在。这种意见既是完全不合理的,所以它不是由知性发生的,而必然是由其他官能发生的。我们还可以加上一点,就是:只要我们将知觉和对象认为是同一的,我们就永远不能由这一个的存在推出另外一个的存在来,也不能根据了使我们相信任何一个事实的那种惟一的因果关系而形成任何论证。即使在我们将知觉与对象加以区别以后,我们也可以立刻看到,我们仍然不能由这一个的存在推出另外一个的存在;因此,总的来说,我们的理性实际上既没有、同时根据了任何假设也不可能、给予我们以关于物体的继续和独立存在的信念。那个意见必然完全来自想象:所以现在必须把想象作为我们探讨的题目。

194　　一切印象既然都是内在的、倏生倏灭的存在物,并且也显现得就是如此,所以关于这些印象的独立和继续存在的概念必然是由印象的某些性质和想象的性质的互相配合而发生的;这个概念既然不扩及于全部印象,那么它必然是由某些印象所特有的一些性质而发生的。因此,我们只要比较一下我们认为有独立继续存在的那些印象和我们所认为内在的和倏生倏灭的那些印象,就可以容易地发现出这些性质来。

因此我们可以说,我们所以认为某些印象有一种实在性和继续的存在,而不认为其他随意的或微弱的印象有这种存在,既不如一般人所假设那样,是由于前面那些印象的不随意性,也不是由于它们有较大的强力和猛力。因为,显而易见,我们所永不假设其为在我们知觉以外存在的那些痛苦和快乐、情感和感情,比我们所假设为是永久存在物的那些形状、广袤、颜色和声音等

第四章　论怀疑主义哲学体系和其他哲学体系

的印象,作用更为猛烈,并且同样是不随意的。适度的火的热被假设为存在于火中,但是当我们靠近火时由火所引起的痛苦,却被认为除了在知觉中以外,并没有任何存在。

这些通俗的意见既被排斥了,我们就必须找寻其他假设,借以发现存在于我们的印象中、使我们给予我们的印象以一种独立和继续存在的那些特殊性质。

在稍加考察之后,我们将发现,我们所认为有一种继续存在的一切对象,都有一种特殊的恒定性,使它们区别于那些依靠我们的知觉才能存在的印象。我现在眼前所见的那些山岭、房屋、树木,永远以同一秩序出现于我的面前;当我闭目或掉头看不到这些对象时,不久以后又发现它们返回到我的面前,没有丝毫改变。我的床和桌子,我的书籍和纸张,以同样一致的方式呈现出来,并不因为我对它们的视觉或知觉有任何间断,而有所改变。凡其对象被假设为有一种外界存在的一切印象,都是这种情形;而其他对象则不是这种情形,不论它们是温和的或强烈的,随意的或不随意的。

不过这种恒定性并非那样完整,以致不容有重大例外的。物体往往改变其位置和性质,而在稍一离开或间断以后,就几乎难以辨认了。不过这里可以观察到,即使在这些变化中,物体仍然保持着一种一贯性,并且彼此之间有一种有规则的互相依赖的关系;这是根据因果关系所进行的一种推理的基础,并且产生了物体继续存在的信念。在我离开我的房间一小时以后再返回来时,我发现我的炉火与我离开它的时候情形不一样了;可是在其他例子中,我习惯于看到相似时间内所产生的相似变化,不论我在与不在、是在远处还是在近旁。因此,外界对象的变化当中所有的这种一贯性,正如它们恒定性一样,是外界对象的特征之一。

我既然已经发现了物体继续存在的信念依靠于某些印象的一贯性和恒定性,现在就进而考察,这些性质是在什么方式下产生了那样奇特的一个信念。先从一贯性说起;我们可以说,我们所认为飘忽易逝、旋生旋灭的那些内在的印象,虽然在它们的现象方面也有某种一贯性或规则性,可是那种一贯性和我们在物体方面所发现的,一贯性在性质上有些不同。我们的各种情感已由经验发现为彼此互相联系、互相依赖的;不过无论如何,我们都没有必要去假设,它们即使在不被知觉时仍然是存在过、活动过,以便保存我们所曾经经验过的那种互相依赖和联系。在外界对象方面,情形就与此不同。那些对象需要一种继续的存在,否则便会在很大程度上失去它们活动的规则性。我在房间中面对着炉火坐在这里;刺激我的感官的一切对象都包括在我周围的数码地方以内。我的记忆诚然以许多对象的存在报告给我;不过这种报告不超出关于这些对象的过去存在以外;而且不论我的感官或记忆,对这些对象的继续存在,也都不提出任何证据来。因此,当我这样坐着,这样辗转思维时,我突然听到好像是开门的声响;不久以后,看到守门人向我走来。这使我发生许多新的反省和推理。第一,我从来不曾注意到,这个声音除了由门钮的运动传来而外,还能由其他事物传来;因而我就断言,除非我记得安在房间另一面的那道门仍然存在,那么现在这个现象对过去一切经验说来都是一种矛盾。其次,我也经常发现,人的身体赋有我所称为重量的一种性质，这种性质就阻止人体升到空中；可是除非我所记得的那个楼梯、当我不在其处时、并不曾被消灭了，那么守门人必然是腾空上升，才来到我的房间的。不仅如此。我还接到一封信，打开以后，由其笔迹和签名得悉这封信是由一位友人寄来的，友人并说他在六百英里以外。显然，我若是不在心中展现出使我们相隔的整个海洋和大陆，并依照我的记忆和观察假设驿站和渡船的作用都继续存在：那么我便不能依照我在其他例子中所得到的经验来说明这个现象。在某种观点下来思考守门人和信件这种现象，那么它们是与平常经验矛盾的，并且可以认为反驳了我们对因果联系所形成的那些原理。我习惯于听到那个声音，并在同时看到那样一个对象（门）在转动。可是在这个特殊例子中，我并没有同时接受到这两种知觉。除非我假设那道门仍然存在，并且是不经我的知觉就开了的，那么这两种观察就成为是互相反对的。这个假设在一开始完全是任意的、臆测的，可是因为我只有根据这个假设才能调和这些矛盾，所以这个假设就获得了一种力量和证据。我的一生中几乎没有一个刹那没有一个类似的例子呈现给我，我总是时时需要假设对象的继续存在，以便联系其过去的和现在的现象，并以我凭经验所发现为适合于它们的特殊本性和条件的那样一种彼此的结合给予它们。因此，在这里，我就自然而然地会把世界看作一种实在而持久的东西，并且当它已经不在我的知觉之中时仍然保存其存在。

这个根据现象的一贯性得来的推论，虽然似乎与我们关于因果的推理是同样性质的（因为是由习惯发生，并被过去经验所调节的),可是在考察之后,我们将发现,两者实际上是大不相同的,而且这种推断是从知性、并在间接方式下由习惯得来的。因为人们立刻会承认,除了心灵自己的知觉以外,再也没有其他的东西真正存在于心灵中,所以任何习惯如果不依靠于这些知觉的有规则的接续出现,便不可能养成,不但如此,而且任何习惯也永不可能超过那种规则性的程度。因此,我们知觉中的任何程度的规则性都永远不能成为一个基础,使我们借以推断出某些不被知觉的对象中有一种更大的规则性来,因为这就假设了一个矛盾,即由从来不曾存在于心中的东西养成的一个习惯。不过,每当我们由感官对象的一贯性和经常结合、推断其继续存在时,那么显然就是要赋予对象一种比我们在单纯知觉中所观察到的较大的规则性。我们观察到两种对象在过去出现于感官之前时互相之间曾有一种联系,但是我们不能观察到这种联系是完全恒常的,因为我们一掉头或一闭眼,就足以打破这种联系。那么在这种情形下,我们岂不就是在假设,这些现象表面上虽然间断,可是仍然继续它们通常的联系,而且它们不规则的现象是被我们所知觉不到的一种东西结合着的么?但是关于事实的一切推理、既然只是发生于习惯,而习惯又只能是知觉重复的结果,所以把习惯和推理扩展到知觉以外,决不能是恒常重复和联系的直接而自然的结果,而必然是由于其他某些原则与之合作而发生的。

在考察数学的基础时,我已经说过[①],当想象被发动起来进

---

① 第二章,第四节。

第四章 论怀疑主义哲学体系和其他哲学体系

行一连串的思维时,它的对象纵然不在它面前时,想象也仍然会继续下去,正如一艘船在被桨推动以后,不必重新推动,仍然继续前进一样。我曾用这个理由说明,为什么在考察了若干个粗略的相等标准并把它们彼此互相校正以后,我们就进而想象出那样正确而精确的、不容有丝毫错误或变化的一个相等关系的标准。这个同样的原则也使我们容易抱持物体继续存在的这个信念。对象即在呈现于我们的感官之前时,就显得有一种一贯性;但是如果我们假设这些对象有一种继续的存在,那么这种一贯性就更大而更一致了;当心灵一度处于观察对象的一致性的思维路线中时,它就自然而然地继续下去,以致最后它使那种一致性达到最大完善的程度。关于对象的继续存在的单纯假设就足以达到这个目的,并且使我们想到对象中的规则性比起我们仅仅局限于感官范围以内时它们所有的规则性要大得多。

不过,我们不论以多么大的力量归之于这个原则,我恐怕这个原则仍然过于微弱,不足以单凭自己支持那样一个巨大的体系,即一切外界物体的继续存在;我恐怕我们必须把物体现象的恒定性加在其一贯性上,才能对那个信念给予一个满意的解释。由于对这一点的解释将会把我导入范围广大的深奥推理,所以我认为为了避免混乱,应当把我的体系作一个扼要的纲领或简述,随后再把它所有的部分详细阐述。根据我们知觉的恒定性所得的这种推断正如先前根据其一贯性所得的推断一样,产生了物体继续存在的信念,这个信念是先于独立存在的信念,并且是产生后面这个原则的。

当我们已经习惯于观察到特定印象中的恒定性,并且发现,例如太阳或海洋的知觉在一度不见或消灭以后,又和其初次出现时一样以同样的部分、同时的秩序再度出现时;我们便不容易认为这些间断的知觉是互相差异的(实际上这些前后的知觉是差异的),我们反而由于它们的类似认为它们是同一的个体。但是它们的存在的这种间断既然与它们的完全的同一性相反,并使我们认为前一个印象已经消灭,第二个印象为新被创生,所以我们就感觉有些茫然,而陷于一种矛盾之中。为了使我们摆脱这个困难,我们就尽量掩盖这种间断,或者不如说完全把它除去了,这就是通过假设这些间断的知觉是被我们所觉察不到的一种实在的存在联系起来的。而由于我们记得这些断续的印象,由于这些印象使我们有假设它们是同一不变的那样一种倾向,所以这种继续存在的假设或观念就由这种记忆和倾向获得一种强力和活泼性;而依照前面的推理来说,信念的本质恰恰在于想象的强力和活泼性。

证明这个体系,需要四个条件。第一,要说明个体化原则,或同一性原则。第二,要举出理由说明我们断续的和间断的知觉的互相类似、为什么促使我们赋予它们以一种同一性。第三,要说明这个幻觉所产生的那种倾向,即以一种继续存在来联合这些断续的现象的倾向。第四,最后要说明由那种倾向所发生的想象的强力和活泼性。

第一,关于个体化原则,我们可以说,观察任何一个对象,并不足以传来同一性的观念。因为在"一个对象是与其自身同一的"那个命题中,如果对象一词所表示的观念和自身一词所指示的观念丝毫没有区别,那么我们实在是丝毫没有表示什么意义,而且那个命题也并不真正包括一个谓语和一个主语,虽然这个肯定本身涵摄一个谓语和一个主语。单独一个对象传来单一的观念,却传不来同一性的观念。

在另一方面,多数的对象也永远不能传来这个观念,不论这些对象可以假设为怎样互相类似。心灵永远断言这一个不是那一个,并认为这些对象就是完全各别而互相独立地存在着的两个、三个或任何确定数目的对象。

多数与单一既然都和同一关系不能相容,所以同一关系就必然存在于既非多数又非单一的另一种东西以内。不过据实说来,初看之下,这完全是不可能的。在单一或多数之间不可能有中介,正如在存在和不存在之间没有中介一样。在一个对象被假设为存在以后,我们或者必须假设另一个对象也存在着,因而就有了一个多数观念,或者必须假设另一个对象不存在,因而第一个对象就仍然是一个单一。

为了避免这个困难,我们可以求助于时间或持续的观念。我已经说过[①],严格意义下的时间涵摄着接续关系,而当我们把时间观念应用于任何不变的对象上时,那只是凭着想象的一种虚构,凭着这种虚构,那个不变的对象才被假设为参与了和它共存着的各种对象的变化,特别是参与了我们知觉的各种变化。想象的这种虚构几乎是无时无地不发生的;正是由于这种虚构,所以当单独一个对象放在我们的面前,并被我们观察了一个时期,而没有发现其中有任何间断或变化,那个对象就能给予我们

---

① 第二章,第五节。

以一个同一性的概念。因为当我们考究这个时间中任何两个点时，我们可以把那两个点置于不同的观点之下：或者我们可以在同一刹那之内观察两个点，这样，这两个点就借它们自身并借着对象给予我们以一个多数观念，这个对象必须经过重复，然后才能同时被人想象为在两个不同的时间点中存在；或者我们可以在另一方面借着观念的接续来追溯时间的相似的接续，并且首先想象一个刹那以及当时存在的那个对象，随后再想象时间中的变化，而对象却并无任何变化或间断：这样，这个对象就给予我们以一个单一观念。于是这里就有了一个观念，它是单一和多数的中介；更恰当地说，这个观念是随着我们的观点既是一个单一的又是一个多数的观念：这个观念我们称为同一性观念。确切地说，我们的含义若不是说，某一时候存在的对象与另一时候存在的它自身是同一的，我们便不能说，一个对象与它自身是同一的。通过这种方法，我们就把对象一词所含的观念与自身一词所含的观念加以区别，无需进到多数上面，同时也不把自己限于严格而绝对的单一上面。

由此可见，个体化原则只是一个对象在一段假设的时间变化中的不变性和不间断性，心灵借着这种性质便能够在那个对象存在的各个不同时期把它追溯出来，无需中断它的视景，并且也无需被迫形成一个重复或多数观念。

现在，我将进而说明我的体系的第二部分，并且指出，为什么我们知觉的恒定性使我们以一个完善的数目的同一性归于它们，虽然这些知觉历次出现之间可能有长时期的间隔，并且这些知觉也仅仅有同一性的必要性质之一，即不变性。在这个题目方面,为了避免种种含糊和混乱起见,我要说,我在这里所说明的是一般人关于物体存在的意见和信念,因此,我必须使自己完全符合于他们的思想方式和表达方式。我们已经说过,哲学家们不论怎样区别对象和感官的知觉,并假设它们是共存的和类似的,可是这是一般人所不理解的一种区别,一般人既然只知觉到一种存在物,所以永不能同意于主张有双层存在和表象的意见。由眼或耳进入心中的那些感觉,在他们看来,就是真实的对象,他们也不容易想象直接被知觉到的这支笔或这张纸表象着与它们差异而又与它们类似的另外一支笔或一张纸。因此,为了适合于他们的概念起见,我首先将假设:存在只有一种,我将根据最适合于我的目的的需要任意称之为对象或知觉,我用这两个名词时所指的就是任何一个普通人在说到一顶帽子、一只鞋子、一块石头或感官传给他的任何其他印象时所指的东西。当我返回到较为哲学的谈话方式或思维方式时,我一定会再提醒读者们的。

我们的类似的知觉虽然有所间断,而我们仍然以同一性归于它们;为了研究这种同一性方面的错误和欺骗的来源问题,我在这里必须回忆一下我所已经证明过并说明过的一种说法①。在两个观念之间,如果有任何一种关系把它们在想象中结合起来,使想象顺利地从一个转移到另一个,这种关系比任何其他东西都更容易地使我们把两者混淆起来。在一切关系中间,类似关系在这一方面的效力最大;这不仅因为这种关系引起了观念

---

① 第二章,第五章。

之间的联系，而且也因为它引起了心理倾向之间的联系，使我们想象一个观念时的心理作用或活动类似于我们想象另一个观念时的心理作用或活动。我已经说过，这一点是有重大关系的；我们可以立一条通则说：任何一些观念只要使心灵处于同样的心理倾向或相似的心理倾向中，那些观念便极其容易被人混淆。心灵迅速地从一个观念转到另一个观念，并且若非严密注意，便觉察不到这种变化，而一般说来，心灵是完全没有能力去作这种严密注意的。

为了应用这个一般原则起见，我们必须首先考察心灵在观察任何保存着完全同一性的对象时的心理倾向，随后再来发现另一个由于引起类似的心理倾向而与这个对象混淆起来的对象。当我们把我们的思想固定在任何对象上、并假设它在某个时期以内继续保持同一时，那么显然，我们假设所有的变化只是在时间方面，而我们从来不努力去产生那个对象的任何新的意象或观念。心灵的官能可说是处于休息状态，除了必须在一定范围内活动去继续保持我们先前所有的、并且没有任何变化或间断而仍然存在着的那个观念以外，再不作进一步的活动了。由一个刹那至另一个刹那的过程几乎觉察不到，并且也不通过一种不同的知觉或观念来表现它自己，因为那个不同的知觉或观念是需要精神上一种不同的方向的努力才会进入想象的。

那么除了彼此原是同一的这些对象以外，还有什么其他对象能使心灵在思考它们时处于同样的心理倾向中间，并且能够引起想象由一个观念向另一个观念的同样不间断的过渡呢？这个问题是极为重要的。因为如果我们能够发现任何这一类的对象，那么我们确实可以根据前面的原则断言，它们是极为自然地与同一的对象被人互相混淆，并且在我们大部分推理中被误认为就是那些同一的对象。不过这个问题虽是十分重要，可是并不困难，也不引起多大的疑惑。因为我立刻答复说，一批接续着的相关对象使心灵处于这种心理倾向之中，而且心灵在思考它们时也和在观察同一不变的对象时一样，都伴有同样顺利而不间断的想象进程。关系的本性和本质就在于把我们的观念彼此联系起来，并且在一个观念出现时，促进〔心灵〕向它的相关观念上的推移。因此，互相关联的各个观念间的转移是那样顺利而方便的，以致它在心灵上只产生很小的变化，并且似乎是同样活动的继续；而同样活动的继续既然是对同一对象继续观察的一个效果，由于这种缘故，我们就以同一性赋予每一系列的接续的相关对象。思想同样顺利地沿着那个接续系列滑下去，好像它只是在思考一个对象似的。因此，它就把接续与同一性混淆起来了。

这种关系倾向于使我们以同一性归于各个不同的对象，以后我们将见到这种倾向的许多例子；不过我们在这里将只限于讨论现在这个题目。我们从经验发现，几乎在全部感官印象中都有那样一种恒定性，以致它们的间断也并不对它们产生任何变化，也不妨害它们以同一现象、同一位置再返回来，一如在它们第一次存在时那样。我观察我房间内的家具；我闭住眼睛，随后又睁开；并且发现这些新的知觉完全类似于先前刺激我的感官的那些知觉。这种类似关系在上千个例子中被观察过，并且以最强固的关系自然而然地把这些间断知觉的观念联系起来，而以一种顺利推移把心灵由一个观念传送到另一个观念。想象沿着这些差异而有间断的知觉的观念有一种顺利的推移或进程，这种推移和我们思考一个恒定而不间断的知觉时的心理倾向几乎是同样的。因此，我们就把两者混同起来，这是很自然的。①

关于我们类似知觉的同一性持有这种意见的人们，一般就是人类中不爱思维的、无哲学精神的那一部分人（也就是说我们全体有时都是这样），因而也就是那些假设自己的知觉即是他们的惟一对象，从没有想到内在和外在的两重存在（一个是能表象的，一个是被表象的）的人们。呈现于感官之前的那个意象本身，对于我们来说就是实在的物体；我们就以完全的同一性赋予这些间断的意象。但是现象的间断既然似乎与同一性相反，并且自然而然地使我们把这些类似的知觉看作是互相差异的，所以我们在这里就茫然不知所措，无法调和那样对立的意见。想象沿着各个类似知觉的观念的顺利进程，使我们以完全的同一性赋予这些观念。这些知觉的间断的出现方式，使我们认为它们是许多经过一定时间的间隔出现的类似而仍然各别的存在物。起于这种矛盾的迷惑心理就产生了一种倾向，要借着继续存在这样一个虚构来联合这些断续的现象，这就是我原来计划

---

① 我们必须承认，这种推理有些深奥，不易领悟。不过可以注目的是，这个困难本身就可以转变为这个推理的一个证明。我们可以说，有两种关系，并且都是类似关系，使我们把一系列接续着的间断的知觉误认为是一个同一的对象。第一种就是知觉之间的类似关系；第二种就是心灵在观察接续的类似对象时与观察同一对象时所有的那种类似的活动。我们容易把这些类似关系互相混淆起来；我们所以这样，依照这个推论来说，也是很自然的。不过让我们把这两种类似关系分别清楚；那么我们将发现，思考现在这个论证，也就并不困难。

第四章 论怀疑主义哲学体系和其他哲学体系

说明的那个假设的第三部分。

根据经验看来,有一点是最确实不过的,就是与情绪或情感相矛盾的任何东西,都给人以一种明显的不安的感觉,不论那种矛盾是来自心外,或是来自心内,是起于外界对象的互相对立,或是起于内在原则的互相斗争。反之,凡与自然倾向符合,并从外面促进其满足,或在内心协助其活动的任何东西,也都一定给予人以一种明显的快乐。在类似知觉的同一性的概念和这些知觉出现的间断性之间既然有一种对立,所以心灵处在那种情况下就必然感到不安,因而自然而然地要设法逃脱那种不安状态。这种不安状态既然起于两个反对原则的对立,所以它不得不把一个原则牺牲于另一个原则,而借此求得安定。但是我们的思想沿着类似知觉前进的顺利进程既然使我们以同一性赋予它们,所以我们总是不甘心抛弃这个同一性的信念。因此,我们必须转向另一方面,假设我们的知觉不再是间断的,而是保持着一种不变的、继续的存在,并因此是完全同一的。不过在这里,知觉现象的间断既是那样时间长久,而又是屡屡出现的,所以我们就不能忽视这些间断;而且心中一个知觉的出现和其存在,在初看之下,既然似乎完全相同,所以人们就会怀疑,我们是否毕竟能够同意于那样一个明显的矛盾,而假设一个知觉在它不呈现于心中时也能存在。为了阐明这个问题,并明了一个知觉现象的间断怎样并不必然涵摄它的存在的间断,我们在这里要提一下某几个原则,这些原则,我们以后将需要加以更详尽的说明。①

---

① 第六节。

首先我们可以说,现在情形下的困难不在于事实方面,也不在于心灵是否形成关于它的知觉的继续存在的那样一个结论,而只在于形成那个结论的方式和那个结论所由以得来的一些原则。确实,几乎全体人类,甚至哲学家们自己在他们一生中大部分的时间内,都把他们的知觉当作是他们仅有的对象,并且假设,亲切地呈现于心灵的那种存在物就是实在的物体或物质的存在。确实,这个知觉或对象也就被假设为有一种继续而不间断的存在,既不因我们离开而消灭,也不因我们在场而存在,当我们离开它时,我们说它仍然存在着,只是我们感觉不到它,看不见它。当我们在场时,我们就说,我们感觉到它,或看到它。因而,这里就可以发生两个问题:第一,我们如何能够自信不疑地假设、一个知觉在离开心灵时并没有被消灭了呢?第二,我们是以什么方式设想,不必从新创造一个知觉或意象,一个对象就可以呈现于心灵之前呢?而且我们所说的这种看见、感觉和知觉是什么意思呢?

关于第一个问题,我们可以说,我们所谓的心灵只是被某些关系所结合着的一堆不同知觉或其集合体,并错误地被假设为赋有一种完全的单纯性和同一性。但是每个知觉既然是可以与另一个知觉互相区别的,并可以被认为分别存在着的;所以明显的结论就是:把任何特殊的知觉从心灵中分离出来,并无任何谬误,也就是说,如果割断它与构成思维者的互相联系着的那一团知觉的关系,并无任何谬误。

同样的推理,也为我们对第二个问题提供了一个答案。如果知觉这个名称使它和心灵的这样分离并不显得谬误和矛盾,那么代表着同样事物的对象这个名称当然也决不能使两者的结合成为不可能的。外界的对象被看见、被感觉,并呈现于心灵之前;那就是说,这些对象同一堆互相联系着的知觉获得了那样一种关系,因而给予这些知觉以重大的影响,而借现前的种种反省和情感增加了知觉的数目,并以种种观念贮藏于记忆之中。那个继续而不间断的存在物,因此就可以有时呈现于心灵中,有时又离开了心灵,而这个存在物本身却没有任何实在的或本质的变化。感官面前现象的中断,并不必然涵摄存在的中断。关于可感知的对象或知觉的继续存在的那个假设,并没有含着矛盾。我们对于那个假设容易有所偏爱。当我们的知觉的精确类似关系使我们以一种同一性归于它们时,我们就可以借着虚构一个继续的存在物来填充那些时间的间隔、并给我们的知觉保存一种完整的同一性,以便消除那种外表的间断。

但是我们在这里既然不但虚构而且还相信这种继续的存在,那么问题就在于,那样一个信念是从哪里发生的呢?这个问题就把我们导入这个体系的第四部分。前面已经证明,信念一般只是一个观念的活泼性,而且一个观念可以借着它与某种现前印象的关系获得这种活泼性。印象自然是心灵中最活泼的知觉;这种性质有一部分借着这种关系传给每一个与之关联着的观念。这种关系引起了由印象至观念间的顺利推移,并且甚至给予那种推移以一种倾向。心灵那样顺利地由一个知觉转到另外一个知觉,以致它几乎觉察不到那种变化,并且在第二个知觉中仍然保留着第一个知觉的大部分活泼性。心灵受了那个生动印象的刺激;这种活泼性传到相关的观念上,并由于顺利的推移和想象的倾向而在过程中不至于大为减弱。

但是假设这种倾向不发生于关系这个原则,而发生于其他某种原则;那么显然,这种倾向必定仍有同样的结果,把活泼性由印象传到观念。现在的情形正是这样。我们的记忆以一大批完全类似的知觉的例子呈现于我们之前,这些知觉隔着长短不同的时间距离、并在相当长的间断之后返回来。这种类似关系使我们倾向于把这些间断的知觉认为是同一的,并使我们倾向于借一种继续存在把它们联系起来,以便证实这种同一性,并避免我们由于这些知觉的间断出现而似乎必然要陷入的那种矛盾。于是我们这里就有虚构一切可感知的对象的继续存在的一种倾向;这种倾向既然发生于记忆中某些生动的印象,所以它就赋予那种虚构以一种活泼性;换句话说,就是使我们相信物体的继续存在。如果我们有时以一种继续存在归于我们所见的完全新颖的、而且我们从未经验过其恒定性和一贯性的对象,那是因为它们呈现于我们面前的方式类似于恒定的和一贯的对象的方式;这种类似关系是推理和类比的一个来源,并导致我们以同样的性质赋予类似的对象。

我相信,一个聪明的读者将会感到,详尽而清晰地理解这个体系虽然是不容易的,但对它表示同意却较少困难,而且他在稍加反省之后,将会承认这个体系的每一部分都带有其自己的证明。一般人既然假设他们的知觉就是他们的惟一对象,而同时又相信物质的继续存在,所以我们显然必须依据那个假设来说明这个信念的起源。但是依据那个假设来说,要说我们的任何对象或知觉在经过一次间断之后仍然是同一的,那是一个虚妄的意见；因此，关于知觉的同一性的信念决不能发生于理性，而必然发生于想象。想象只是被某些知觉的类似关系所诱引而发生那样一种信念的；因为我们发现，我们所倾向于假设它们是同一的，只是我们那些互相类似的知觉。这种以同一性赋予我们的类似知觉的倾向，产生了一个继续存在的虚构；因为那种虚构也如那种同一性似的，实在是虚妄的（这是一切哲学家所公认的），而且也只有补救我们知觉的间断性的这种作用——这种间断是与知觉的同一性相反对的惟一情况。最后，这个倾向又是借现前的记忆印象才引起信念；因为如果回忆不起先前的感觉，我们显然永远不会相信物体的继续存在的。由此看来，在考察所有这些部分时，我们发现，其中每个部分都有最强有力的证明给以支持，这些部分全部集合起来就构成一个完全令人信服的、互相一致的体系。单单一个强烈的倾向，没有任何现前的印象，有时就会产生一个信念或意见。如果再有了那个条件（即现前的记忆印象）的帮助，那么它不是更会产生这种信念么？

但是我们虽然在这个方式下被想象的自然倾向所驱使，而以一种继续存在归之于我们所发现的那些虽然间断地出现而仍互相类似的可感知的对象或知觉，可是一点点的反省和哲学就足以使我们看到那种意见的错误。我已经说过，在继续存在和各别或独立存在这两个原则之间有一种密切的联系，我们只要确立了一个原则，另一个原则立刻就成为它的必然结果，随之而来。最先发生的是一个继续存在的信念，而且只要心灵遵循其最初的和最自然的趋向，这个信念无需经过多少研究或反省，就带来另一个信念。但是当我们比较各种实验、而对它们进行一些推理时，我们很快便看到，感官的知觉的独立存在说是违反最明显的经验的。这就引导我们循着原路返回，去看到我们以一种继续的存在归之于我们的知觉是一种错误，而且这个说法乃是许多奇特意见的根源，这些奇特意见我们在这里将力求加以说明。

许多实验可使我们相信，我们的知觉并没有任何独立的存在；我们现在可以首先观察一些这种实验。当我们用一个指头按住一只眼睛时，我们立刻看到一切对象都变成了双重的，而且对象的一半离开其平常的、自然的位置。但是我们既然不以一种继续的存在归于这两套知觉，而且它们的本性既然又都相同，所以我们就清楚地看到，我们的全部知觉都依靠于我们的器官，依靠于我们的神经和元气的配置。对象都随着距离显得时大时小，物体的形状显得在变化，我们在疾病和发热时物体的颜色和其他性质都有所变化，此外还有无数其他性质相同的实验，这一切都证明了上述的那个意见，由这一切，我们就了然，我们感官的知觉并不具有任何各别的或独立的存在。

这种推理的自然结果就应该是：我们的知觉既没有独立的存在，也没有继续的存在。的确，哲学家们已经深信这个意见，以致改变了他们的体系，并区别开知觉和对象（将来我们就会这样区别），而且假设知觉是间断的、生灭的、每一次返回时都是不同的，至于对象则是不间断的，保存其继续的存在和同一性的。不过这个新体系不论如何可以认为是有哲学性的，我仍然肯定说，这个体系也只是一个暂时缓和的补救办法，而且不但会有通俗体系的全部困难，也还含有其自身特有的困难。没有任何知性

第四章 论怀疑主义哲学体系和其他哲学体系

原则或想象原则可以直接使我们接受知觉和对象的双重存在这个信念，而且我们也只有通过间断的知觉有同一性和继续性那个普通假设，才能达到这个信念。我们如果不是首先相信，我们的知觉是我们惟一的对象，并且即当它们不为出现于感官之前时仍然继续存在，那么我们万不可能被诱导来认为，我们的知觉和对象是互相差别的，而且只有我们的对象保存着继续的存在。〔我肯定说〕"后一个假设没有任何被理性或想象所直接采纳的理由，它对想象所有的全部影响乃是由前一个通俗假设得来的。"这个命题含有两个部分，我们将在这样深奥的题目所许可的范围以内力图尽可能明晰而清楚地加以证明。

关于这个命题的第一部分，即这个哲学的假设没有任何被理性或想象所直接采纳的理由，我们可以借着下面的反省在理性方面立刻加以证明。我们所确实知道的惟一存在物就是知觉，由于这些知觉借着意识直接呈现于我们，所以它们获得了我们最强烈的同意，并且是我们一切结论的原始基础。我们由一个事物的存在能推断另一个事物的存在的那个惟一的结论，乃是凭借着因果关系，这个关系指出两者中间有一种联系，以及一个事物的存在是依靠着另一个事物的存在的。这个关系的观念是由过去的经验得来的，借着过去的经验我们发现，两种存在物恒常结合在一起，并且永远同时呈现于心中。但是除了知觉以外，既然从来没有其他存在物呈现于心中，所以结果就是，我们可以在一些差异的知觉之间观察到一种结合或因果关系，但是永远不能在知觉和对象之间观察到这种关系。因此，我们永不能由知觉的存在或其任何性质，形成关于对象的存在的任何结论，或者在这个问题上满足我们的理性。

同样确定的是：这个哲学体系没有任何被想象所直接采纳的理由，而且那个官能本身永远不会借其原始的倾向碰到那样一个原则上。我承认，要把这一点证明得使读者完全满意，是有些困难的；因为这点包含着一个否定，而这个否定在许多情形下是不允许有任何肯定的证明的。如果有任何人肯花费心力来考察这个问题，并且发明一个体系，来说明这个信念是直接由想象产生的，那么我们将可以借考察那个体系而对现在这个题目下一个确定的判断。假定我们的知觉是断续的、间断的，并且不论如何相似，也仍然是互有差异的；同时让任何一个人根据这个假设指出，想象为什么直接而立刻地进到另一个与这些知觉性质上是相同的，但是继续的、不间断的、保持同一的存在这个信念上：在他把这一点说得使我满意以后，我就答应放弃我现在的意见。在这以前，我却只能根据第一个假设的抽象性和困难而断言说，这个假设不是想象根据它进行活动的适当题材。谁要愿意说明关于物体的继续而独立存在的那个通俗意见的根源，那他就必须在心灵的通常情况下来观察心灵，并且必须依据下面的假设进行推理：即我们的知觉就是我们的惟一对象，而且即当它们不被知觉时也仍然继续存在，这个意见虽然是虚妄的，可是它是一个最自然的假设，并且只有它才有被想象所直接采纳的理由。

至于命题的第二个部分，即哲学的体系是由通俗的体系获得它对想象的全部影响，我们可以说，这是前面所说它并没有任何被理性或想象所直接采纳的理由那个结论的一个自然而不可避免的结果。因为我们既然从经验上发现哲学的体系支配着许多人的心灵,特别是支配着那些对这个题目很少进行反省的人们的心灵,所以这个体系必然是由通俗体系获得它的全部权威,因为这个体系并没有它自己的原始权威。这两个直接相反的体系的互相联系的方式,可以说明如下。

想象自然而然地顺着这样的思想路线进行。我们的知觉是我们的惟一对象:类似的知觉是同一的,不论它们的出现是如何断续和间断的;这种外表的间断与同一性相反;因此,这种间断不超出现象以外,而且知觉或对象即当其不存在于我们面前时,也实在是继续存在着;因此,我们的感官的知觉就有一种继续而不间断的存在。但是稍加反省就可指出,我们的知觉只有一种依附性的存在,因而打破了知觉有一种继续存在这个结论,因而我们自然就会预料,我们必然会完全抛弃那样一个意见,即自然中有像继续存在的那样一种东西,而且即当其不再呈现于感官之前时,这种存在还会被保存着。可是情况却和我们的预料相反。哲学家们虽然抛弃了关于感官的知觉的独立性和继续性的意见,可是远不曾同时抛弃了关于继续存在的意见,以致一切学派虽然都一致持有排斥知觉的独立性和继续性的主张,可是只有少数激烈的怀疑主义者才与众不同地排斥继续存在的主张(虽然这个主张是前一种主张的必然结果);不过这些少数的哲学家们终究也只是在口头上主张那个意见,而永远不能真心真意地加以信奉。

在我们深思熟虑之后所形成的那样一些意见和我们因其适合于心灵而借一种本能或自然冲动所信奉的那些意见之间,有很大的差异。这两类意见如果成为互相反对的,那就不难预见哪一方面将占优势。当我们集中注意于我们的题材时,那么哲学的和精细的原则会占到上风;但是我们的思想只要稍一松懈,自然便会发挥它的作用,把我们拉回到先前的意见上。不但如此,而且自然有时候会有那样大的影响,甚至能够在我们最深刻的反省当中阻止我们的思想进程,并妨害我们顺着任何哲学意见一直推出全部的结论。这样,我们虽然清楚地看到我们知觉的依附性和间断性,而我们仍然半途而废,从不因此排斥一个独立继续存在的概念。那个意见在想象中是那样的根深蒂固,以致永远难以拔除,而且关于我们知觉的依附性的任何形而上学上经过苦思而得来的信念,也都不足以达到拔除这个意见的目的。

我们的自然的和明显的原则在这里虽然战胜我们的精细的反省,可是在这种情形下一定必然有某种斗争和对立;至少在这些反省仍保存任何力量或活泼性时是这种情形。为了使自己在这一方面得到心理上的安定起见,我们就创立了一个似乎包括了理性和想象这两个原则的新的假设。这个假设就是关于知觉和对象的双重存在的那个哲学的假设;这个假设因为承认我们的依附性的知觉是间断的、差异的,所以就投合于我们的理性;同时又因为它赋予我们所称为对象的另一种东西以一种继续的存在,所以这个假设又使想象感到满意。因此,这个哲学体系乃是两个互相反对的原则的怪异的产物:这两个原则同时都被心灵所接受,并且都不能互相消灭。想象告诉我们说,我们的互相类似的知觉有一种继续而不间断的存在,并不因其不在眼前而

第四章 论怀疑主义哲学体系和其他哲学体系

被消灭。反省又告我们说,甚至我们那些互相类似的知觉,在其存在方面也是间断的,并且互相差异的。于是我们借着一个新的虚构躲避了这两种意见的矛盾,这个虚构由于以相反的性质归之于不同的存在物,就是把间断性归之于知觉,把继续性归之于对象,所以它就既适合于反省的假设,又适合于想象的假设。自然是顽强的,不论如何受到理性的攻击,也不肯退下战场;同时理性在这一点上又是十分清楚的,无法加以掩蔽。我们既然不能调和这两个敌人,那么我们就力图尽可能地求得安定,就是通过依次满足两者的要求,并虚构一个双重的存在,使两者各自在其中找到具有其所希望的全部条件。我们如果充分相信,我们的类似的知觉是继续的、同一的、独立的,那么我们永远不会陷于所谓双重存在的这样一个意见之中,因为我们就会满意于我们的第一个假设,而不必再远求了。其次,我们如果充分相信我们的知觉是依附的、间断的、差异的,我们也同样不会接受双重存在的意见;因为在那种情形下,我们就会清楚地看到关于继续存在的第一个假设的错误,而不再理会它了。因此,这个意见的发生是由于心灵的依违两可的状态,是由于我们那样地执著于这两个相反的意见,以至使我们去找寻一个借口,以为自己同时接受两个原则进行辩护;而这个借口最后幸运地就在双重存在的体系中找到了。

这个哲学体系的另一个优点就是:它和通俗的体系互相类似,通过这个办法,在理性提出要求和引起麻烦的时候,我们就能够对它作一些迁就;不过当理性稍为疏忽和懈怠时,我们又很容易地回到我们的通俗的、自然的概念上。因此,我们发现,哲学家们并不忽视这个优点；他们一离开自己的书斋，就和其他的人们共同信奉那些已被粉碎了的意见：即我们的知觉就是我们的惟一对象，在它们所有的间断的现象中仍然继续是同一而不间断的。

在这个体系的其他各点上，我们也可以看到这个体系是很显著地依靠于想象的。其中我将提到下面两点。第一，我们假设外界对象与内心的知觉互相类似。我已经指出，因果关系永不能使我们由我们知觉的存在或其性质、正确地推断出外界的继续不断的对象的存在。我还可以进一步说：即使因果关系能够提供那样一个结论，我们也永远不会有任何理由推断说：我们的对象类似于我们的知觉。因此，那个意见只是从想象的前述那种性质得来的，那种性质就是：想象是从某种先前的知觉得到它的全部观念的。我们除了知觉以外，永不能再想象任何东西，因而不得不使一切事物和知觉类似。

第二，我们既然假设我们的一般的对象类似于我们的知觉，所以我们也就认为，每一个特殊的对象当然类似于其所产生的那个知觉。因果关系决定我们加上类似关系；这些存在物的观念既被前一种关系在想象中联系起来，所以我们就自然而然地加上后一种关系，来补足这种结合。我们如果先前在任何一些观念之间观察到一些关系，我们就有很强烈的倾向要把新的关系加在那些关系上面，以便补足那种结合；往后我们将有机会观察到这一点①。

---

① 第五节。

第四章 论怀疑主义哲学体系和其他哲学体系

我既然说明了关于外界存在的所有通俗的和哲学的体系，因而不禁要吐露我在复查那些体系时所发生的一种意见。我在一开始研究这个题目时，就先说过，我们应当对于自己的感官有一种绝对的信任，而且这也将是我从我的全部推理所得出的结论。但是坦率地说，我现时觉得我有一种十分相反的意见，我更倾向于完全不信任我的感官（或者宁可以说是想象），而不肯对它再那样绝对信任了。我不能够设想，想象的那样一些浅薄的性质，在那种虚妄假设的指导之下，会有可能导致任何可靠和合理的体系。这些性质就是我们知觉的一贯性和恒定性，它们产生了这些知觉继续存在的信念，虽然在知觉的这些性质和那样一种存在之间并无可以觉察到的联系。我们知觉的恒定性起了最显著的作用，可是它伴有最大的困难。要假设我们的互相类似的知觉有数目上的同一性，那是一个绝大的幻觉；不过正是这个幻觉才使我们发生了这些知觉即当其不在感官之前时，仍然是不间断的、仍然存在着的这个信念。我们的通俗体系就是这种情形。至于我们的哲学体系，则也有同样的困难，并且被这样一种谬误所累，就是这个体系既否认了、而同时又确立了通俗的假设。哲学家们否认我们的类似的知觉是同一的、不间断的；可是他们又极其倾向于相信那些知觉是同一而不间断的，所以他们就又任意创设了一套新的知觉，而把这些性质归于它们。我所以说是一套新的知觉，乃是因为我们虽然可以一般地假设，但却不能清楚地想象，对象就其本性而论，除了恰恰就是知觉而外，还可能是任何其他的东西。那么我们从这些没有根据的和离奇的一大批混乱的意见中，除了错误和虚妄以外，还能希望得到什么呢？我们对这些意见，如果有任何一点信念，又将何以自解呢？

在理性和感官两方面的这种怀疑主义的惶惑，是一种疾患，这种疾患永远不能根治，它每时每刻都可以复发，不论我们怎样加以驱除，有时甚至似乎完全摆脱了它。不论根据任何体系，都不可能为我们的知性或感官进行辩护，而且我们如果以这个方式力图加以辩护，反而会更加暴露它们的弱点。怀疑主义的惶惑，既是自然而然地发生于对那些题目所作的深刻而透彻的反省，所以我们越是加深反省（不论是反对着或符合了这种惶惑），这种惶惑总是越要加剧。只有疏忽和不注意，才能给予我们任何救药。由于这个缘故，我就完全依靠它们，而且不论读者此刻的意见如何，我假定他过了一个小时以后当然会相信既有外在世界，也有内心世界；根据这个假设进行下去，我打算在更仔细地考察我们的印象之前，要考察一番古代和近代哲学家们关于内心和外在世界所提出的若干一般的体系。最后，我们也许会发现这种考察对于我们现在的目的并非毫不相干。

第三节　论古代哲学

有些道德学家曾经劝我们在清晨时回忆我们的梦境，并且严格地考察这些梦境，如同我们考察我们最严肃、最审慎的行为一样；他们认为这是认识自己的内心、明了自己在道德上的进步的一种优越的方法。他们说，我们的性格是始终同一的，而且当诡计、恐惧和权谋都不存在，并且对自己或他人都不能进行欺诈的时候，我们的性格便彻底显露了。我们性情的慷慨或卑劣、柔

第四章 论怀疑主义哲学体系和其他哲学体系

顺或残酷、勇敢或怯懦，以极为无限的自由影响想象的虚构，并以最鲜明的色彩显露其自身。同样地，我相信，如果把古代哲学关于实体(substances)和实体的形式(substantial forms)、偶有性(accidents)和奥秘性质(occult qualities)等虚构作一番批评，那也许会有一些有用的发现；这些虚构虽然是极不合理和任意臆造的，可是和人性原则有一种很密切的联系。

最明智的哲学家们承认，我们的物体观念只是心灵由各个独立的可感知的性质的观念形成的集合体——这些性质是对象所由以组成、并经我们发现为彼此经常结合在一起的。但是这些性质在其本身不论可以是怎样完全各别，而我们平常却总是认为它们所形成的那个混合体是一个东西、并且在很重大的变化以后仍然继续保持同一。这种公认的组合性显然是和那种假设的单纯性相反，而这种变化也和同一性相反。因此，使我们几乎普遍地都堕入那样明显的矛盾中的那些原因，以及我们力图借以掩饰这些矛盾的方法，是值得我们加以考察的。

显而易见，关于对象的各自区别的、接续的性质我们所有的观念既然是被一种很密切的关系结合起来的，所以心灵在一路观察这种接续进程时，必然被一种顺利推移所推动，由一个部分转移到另一个部分，并且和它在思维同一不变的对象时一样，它将知觉不到那种变化。这种顺利推移就是那种关系的结果，或者不如说就是它的本质；在两个观念对心灵的影响互相类似的时候，想象既然容易把一个观念误认为另一个观念，因此结果就是，关联着的性质的那样一种接续很容易被认为是一个没有变化、继续存在着的对象。顺利无阻的思想进程在两种情形下既然互相类似,所以就容易欺骗心灵,使我们以同一性归之于若干相关性质的有变化的接续过程。

但是当我们改变了我们思考那种接续过程的方法,不再依次逐渐地通过接续着的时间点去推溯它,而是同时观察它的持续时间的两个各别的时期、并比较两个接续着的性质的不同情况时:那么在那种情形下,那些因为逐渐发生,原来是不易觉察的种种变化,现在就显得重要起来,并似乎要把同一性完全消灭了。因此,由于我们观察对象时的观点不同,并由于我们所比较的那些时间刹那有远有近,所以我们的思想方法中就发生了一种矛盾。当我们循序地追踪一个对象的接续的变化时,思维的顺利进程使我们以同一性归之于那个接续过程;因为我们在思考一个不变的对象时,就是借着与此相似的一种心理活动。当我们在它经了重大变化之后、再来比较它的情况时,思想的进程就中断了;因而就有一个多样观念呈现于我们之前。为了调和这些矛盾,想象就容易虚构一种不可知、不可见的东西,并假设它在这种种变异之下,仍然继续保持同一不变;想象就称这种不可理解的东西为一个实体,或原始的、第一性的物质。

对于实体的单纯性,我们也抱有一个相似的概念,而且也由于相似的原因。假设有一个完全单纯而不可分的对象,和另一个各个共存的部分被一种强固关系联系起来的对象同时呈现出来,那么心灵在思考这两个对象时的活动,显然并不十分差异。想象借着一种单纯的思想努力,没有变化或变异,顺利地一下子就想出那个单纯的对象。在那个复合对象中,各个部分的联系也差不多有同样的效果,并且把对象那样地结合在自身以内,

第四章 论怀疑主义哲学体系和其他哲学体系

以致想象觉察不到由一部分转到另一部分的推移过程。因此，结合在一个桃子或甜瓜中的颜色、滋味、形状、坚固性，就被想象为构成一个东西；这是因为那些性质有一种密切关系，使它们影响思想的方式正像它们是完全单纯的一样。但是心灵并不停止在这里。心灵每逢在另一观点下来观察这个对象时，它就发现所有这些性质都是互相差异的、可以区别的、可以分离的。对于事物的这种看法摧毁了心灵的原始的、比较自然的概念，迫使想象虚构一种不可知的东西，或原始的实体和物质，作为这些性质之间的结合原则或聚合原则，借此给予那个复合的对象以"一个物体"的名称，虽然那个对象具有多样性和组合性。

逍遥学派哲学肯定原始物质在一切物体中都是完全同质的，并且认为火、水、土、气都属于同一实体，因为四个元素是可以依次循环、互相转化的。同时，这个学派又给予这几类对象中的每一类以一种各别的实体的形式，并假设这种形式是各类对象所具有的那些不同性质的来源，并且是各类特殊对象的单纯性和同一性的一个新的基础。一切都决定于我们观察对象的方式。当我们循着物体的不可觉察的变化进行观察时，我们假设它们全部都属于同一实体或本质。当我们考察它们的明显差异时，我们又各个给以一种实体的和本质的差异。为了使我们耽迷于这两种观察对象的方式起见，我们就假设一切物体同时具有一个实体和一个实体的形式。

偶有性的概念是关于实体和实体形式的这种思维方法的一个不可避免的结果；我们总是不自禁地把物体的颜色、声音、滋味、形状和其他特性看作是不能独立自存的存在物，总需要一个寓托的主体来给以支持。因为我们每当发现这些可感知的性质中的任何一种时，既然因为上述理由总要同时也想象那里有一个实体存在，所以使我们推断因果之间的联系的那种习惯，也使我们在这里推断任何一种性质对于那个不可知的实体的依附性。想象一种依附关系的习惯，和观察一种依附关系的习惯具有同样的效果。不过这种幻想比前面任何一种幻想也并不更为合理。任何一个性质既然是区别于其他性质的一种各别事物，所以也就可以被想象为独立存在，而且也可以不但离开了其他性质、并且离开了那个不可理解的实体虚构而独立存在。

不过这些哲学家们在他们关于奥秘性质的意见中，更将这些虚构向前推进了。他们不但假设了一个他们所不理解的具有支持作用的实体，同时又假设了他们也同样不懂的一个被支持的偶有性。因此，整个体系是完全不可理解的，然而却是从和上述这些原则中的任何一个都同样自然的原则得来的。

在考究这个题目时，我们可以观察到三个层次不同的意见，随着形成这些意见的人们所获得的新的理性程度和知识程度，这些意见也就一个高出一个。这三种意见就是：通俗的意见、虚妄哲学的意见和真正哲学的意见。在这些意见中间，我们在探讨之后将会发现，真正哲学与通俗意见较近，与错误知识的意见却较远。人们在平常漫不经心的思想方式中，很自然地想象他们在他们经常发现为结合在一起的那些对象中觉察到一种联系，而且由于习惯使得那些观念难以分开，所以他们就容易想象那样一种分离本身就是不可能的、谬误的。但是，摆脱了习惯的影响而把对象的观念进行比较的那些哲学家们，立刻看到了这些通俗意见的错误,并且发现了对象之间并无任何已知的联系。每一个差异的对象,在他们看来都是完全各别的、分离的,而且他们看到,我们只有在若干例子中观察到那些现象是恒常结合在一起时,才由这一个对象推断另一个对象,而并非因为我们观察到那些对象的本性和性质。但是这些哲学家们却不曾由这种观察推得一个正确的结论,并断定我们没有离开心灵而属于原因的任何能力或动力的观念;他们并不曾推得这个结论,反而往往去找寻这种动力所在的那些性质,而对理性向他们提出来说明这个观念的每一个体系都表示不满意。他们有充分的才能,使他们摆脱了通俗的错误,即认为物质的各种可感知的性质和活动之间有一种自然而可以知觉的联系;但是他们的才能却不足以使他们断然不再在物质中或原因中来寻找这种联系。要是他们真正碰到了正确的结论,他们也就会返回到一般人的立场,并对所有这些研究都表示懒散和淡漠。就现状来说,他们却处于很可悲叹的境地,对于这种可悲的程度,诗人们所描写的西西发斯(Sisyphus)〔译注一〕和坦塔卢斯(Tantalus)〔译注二〕的受罚情况,也只能给予我们一个微弱的概念。因为人们如果急切地寻求永远是可望而不可即的东西,并且在其永不可能存在的地方去找寻它,那么我们还能想象出比这个更为痛苦的境况么?

不过由于自然似乎对每一事物都保持着一种公正和补偿的精神,所以她对哲学家们也不曾漠然不管,正像她并不忽视其他造物一样。自然在哲学家们所遭遇的重重失望和痛苦之中,仍给他们保留了一种安慰。这种安慰主要就在于他们所发明的能力和奥秘性质这两个名词。因为我们在屡次使用真正有意义而可以理解的名词以后,既然通常是略去我们用这些名词所要表示的观念,而只保留我们可借以任意唤起那个观念来的习惯;所以自然而然地就发生了下面这件事,就是:在经常使用完全无意义而不可理解的名词以后,我们也就想象这些名词和前一类名词处于同等地位,并具有一种我们可以借反省发现出来的秘密意思。这些名词的外表上的类似,也和通常一样,欺骗了心灵,使我们想象两者之间有一种彻底的类似关系和一致关系。这些哲学家们借着这种方法就使自己坦然自得,并借一种幻觉最后达到了一般人由于愚蠢、真正哲学家们由于适度的怀疑主义所达到的那种漠不关心态度。他们只须说,凡使他们迷惑的任何现象,都发生于一种能力或奥秘性质,于是对于这个题目的全部辩论和探讨到此就结束了。

在逍遥学派显示出他们受了想象的每一种浅薄倾向的支配的所有的例子中,最显著的例子就是他们所说的交感(sympathies)、反感(antipathies)和憎恶真空之感(horrors of a vacuum)。人性中有一种很显著的倾向,喜欢把自身内部所观察到的那些情绪加之于外界对象,并且在到处都找到最常呈现于自己的那些观念。的确,这种倾向稍微通过一些反省便可以压制下去,并且只发生于儿童、诗人和古代哲学家们的身上。儿童们在被石头所打痛时,就想要去打石头;诗人们喜爱把一切事物人格化;古代哲学家们则虚构了交感和反感:这一切都是上述那种倾向的表现。儿童们因为年纪小,诗人们因为自认是盲目信从其想象的启示,所以我们都必须加以宽恕;但是我们将发现什么样的借口来为我们的哲学家们这样显著的一个弱点进行辩护呢？

〔译注一〕 希腊哥林多的一个神话上的国王，号称世上最狡黠的人。据说当死神来拘捕他的时候，他把死神拴住；所以一直等到阿雷斯来释放了死神以前，人都不死了。由于他在尘世上有种种坏行为，所以他就被罚，下了地狱，要他把一块大石头推到山顶上。可是那块大石一达到山顶就滚下来，所以他永远推不上去，因而这种处罚是永远的。休谟借这个故事说明人在物质中永远找不到事物的联系。

〔译注二〕 希腊神话上的人。他由于犯了罪（如用他儿子的肉祭神，偷窃神的甘露，泄露神的秘密），所以他被打入冥间。他又饥又渴处在一池水旁，他一试图饮水，水池就向后退；当他在树下，伸手摘水果时，风就把树枝吹跑。另有一种传说，说在他的头顶上空悬着一块大石头，时时有掉在他的头上的危险，所以他永远吃不到摆在他前面的筵席。

第四节　论近代哲学

但是这里，有人或许会反驳说，依照我的自白，想象既是一切哲学体系的最后裁判者，而我却斥责古代哲学家们利用那个官能、并在他们的推理中完全听任想象去支配自己，那就不公平了。为了辩明我的理由起见，我必须分别想象中的两种原则：一种原则是恒常的、不可抗拒的、普遍的，就如由因到果和由果到因的那种习惯性的推移；另一种原则是变化的、脆弱的、不规则的，就如我方才提到的那些。前者是我们一切思想和行动的基础，所以如果除去了那些原则，人性必然立即要毁坏、消灭。后一种原则对人类并不是不可避免的，也不是必然的，甚至也不是生活过程中所需用的；正相反，我们只看到这些原则发生于脆弱的心灵，并且因为它们违反其他习惯原则及推理原则，很容易会被适当的对比和对立所推翻。因为这个缘故，所以前面的原则被哲学所信奉，而后面的原则却遭到排斥。当一个人在黑暗中听到清晰的语音时，断言说有一个人在其近处，他的推理是正确而自然的，虽然那个结论只是由习惯推得的，这种习惯由于"人"的观念和现前的印象经常结合在一起，把一个人的观念灌输于心灵，并使那个观念生动起来。但是一个人如果在黑暗中没来由地被恐惧幽灵的心理所苦恼，那他或者也可以说是在进行推理，并且也是很自然地在推理；不过说这种推理是自然的，其含义正如说一种疾病是自然的一样；因为疾病是由自然的原因发生的，虽然疾病正与健康——人的最愉快、最自然的状况相反。

古代哲学家们的意见，他们的实体和偶有性那两种虚构，和他们关于实体形式及奥秘性质的推理，正如黑暗中的幽灵，并且是由虽是通常、而并非人性中普遍而不可避免的原则得来的。近代哲学自认是完全摆脱了这个缺点，是由坚实、永恒和一致的想象原则产生的。这种自负究竟建立在什么基础上，正是我们现在所要研究的题目。

那个哲学的基本原则就是关于颜色、声音、滋味、气味、冷和热的那个意见；那个意见断言，这些性质都只是心中的印象，是由外界对象的作用而发生，但与对象的性质并无任何类似。在经过考察之后，我发现人们平常给这个意见所举出的理由中只有一条令人满意，那个理由的根据就是：即使外界对象在一切外表上都继续同一不变，那些印象却常有变化。这些变化决定于各种各样的条件；决定于我们不同的健康状况，犹如一个患病的人对于一向最喜欢的肉类会感到一种恶味；决定于各人的不同的脾性和体质，犹如一人所尝着是甜的东西，在别人会尝到是苦的。这些变化也决定于外界情况和位置的差别；云反射回来的彩色，随着云的距离，随着云与眼和发光体所形成的角度而有变化。火也在隔着某种距离时传来快乐感觉,而在隔着另一种距离时则传来痛苦感觉。这一类例子很多,而且是常见的。

由这些例子所推出的结论,也同样是可以想象到那样地极为令人满意。确实,当同一个感官的各种不同印象发生于任何一个对象的时候,那么这些印象中并不是每一个都有存在于对象中的一种类似的性质。因为同一个对象在同时既然不能赋有同一个感官的几种不同性质,而同一种性质又不能类似于若干完全差异的印象;因此,明显的结论就是:我们的许多印象并没有外界的模型或原型。但是我们根据相似的结果推测出相似的原因来。大家承认,许多颜色、声音等印象只是内心的存在物,发生于与之完全不相类似的原因。这些印象和其他颜色、声音等印象,在现象上看来并无不同之点。因此,我们断言,这些印象全体是由相似的根源发生的。

这个原则一经承认,那个哲学的一切其他学说似乎都可以自然地随之而来。因为声音、颜色、冷和热,以及其他可感知的性质既被排出了继续独立存在物之列,那么我们所剩下的便只有所谓第一性质,只有这些性质是我们对之有任何恰当概念的实在性质。这些第一性质就是广袤和填充性,以及它们的种种混合和变异,即形状、运动、重力和凝聚力。动植物的生、长、衰、朽只是形状和运动的变化;一切物体的相互作用也是如此;火、光、水、气、土,以及自然中一切元素和能力的作用也都是这样。一种形状和运动产生另一种形状和运动;在物质世界中再也没有我们可以拟想到的其他任何主动或被动的原则。

我相信,对于这个体系可以提出许多反驳:不过现在我将专限于提出一种我认为很有决定意义的反驳。我肯定说,通过这个体系,我们不但说明不了外界对象的作用,反而把所有这些对象完全消灭了,并使我们不得不归到最狂妄的怀疑主义关于这些对象的意见。如果颜色、声音、滋味、气味只是知觉,那么我们所能想象的任何东西便不能赋有一种实在的、继续的、独立的存在;甚至人们所主要强调的第一性质,如运动、广袤和填充性等,也都没有这种存在。

先从运动考察起:显然,这是单靠运动自身而不参照某种其他对象,便完全不能被想象的一种性质。运动这个观念必然以一个运动着的物体为前提。那么,运动着的物体的观念(没有了它,运动便是不可思议的)究竟是什么样的观念呢?这个运动物体的观念必然还原到广袤或填充性的观念;结果运动的实在性就依靠于其他这些性质的实在性上了。

关于运动、这个意见是被普遍承认的,而我也已经证明在广袤方面这个意见也是正确的;我并且也指出,我们不可能想象广袤不是由赋有颜色或填充性的部分组成的。广袤的观念是一个复合观念;但是这个观念既然不是由无数部分或微小观念组成的,所以它最后必然分解为完全单纯而不可分的部分。这些单纯而不可分的部分,既然不是广袤的观念,所以除非被想象为有颜色的,或是有填充性的,它们就只能成为非实在物了。颜色已被排除于任何实在的存在物以外。因此,我们的广袤观念的实在性就只有依靠于填充性观念的实在性了。填充性的观念如果是虚幻的,那么广袤的观念也便不能是正确的。因此,让我们注意来考察填充性的观念。

第四章 论怀疑主义哲学体系和其他哲学体系

填充性的观念是两个物体在受到极大力量推动时也不能互相渗透、而仍维持其分离和独立存在的那样一个观念。因此,如果不想象到某些有填充性的、并维持着这种分离而独立存在的物体,单独的填充性是完全不可思议的。但是我们对于这些物体有什么样的观念呢?颜色、声音和其他第二性质的观念已被排除了。运动观念依靠于广袤观念,而广袤观念又依靠于填充性观念。因此,填充性的观念就不可能依靠于其中任何一个观念。因为那就是在绕圈子,使这一个观念依靠于那一个观念,而同时又使那一个观念依靠于这一个观念了。因此,我们的近代哲学就不曾给我们留下任何正确而满意的填充性观念,因而也没有留下正确而满意的物质观念。

对于能够理解这个论证的每一个人,它将显得完全是有结论性的;但是由于这个论证对一般读者也许会显得深奥而复杂,所以我如果力求改变说法,借以使其较为明白浅显,希望读者们加以原谅。为了形成填充性的观念,我们必须想象两个物体互相挤压而并不互相渗透。我们如果只限于一个对象,便不可能得到这个观念,当然如果不想象任何一个对象,就更加不可能得到这个观念了。两个非实在物并不能相互把对方排斥于其自己位置以外;因为非实在物并不占有任何位置,也不能赋有任何性质。现在我问,对于我们假设填充性所属的这些物体或对象,我们形成什么观念呢?要说我们仅仅想象物体为有填充性的,那就要无限地进行下去。如果说,我们在自己心中把这些物体描绘成为具有广袤的,那就把一切都还原到一个虚妄的观念上,或者只是在绕圈子。广袤必须被认为是有颜色的,这是一个虚妄的观念;或被认为是有填充性的,这又使我们回到了第一个问题上。关于运动性和形状,我们也可以作同样的说法;总而言之,我们必须断言,在把颜色、声音、冷和热排除于外界存在之列以后,就没有剩下任何东西能够给予我们以一个正确而一致的物体观念。

还有一层:恰当地说,填充性或不可渗透性只是一种不可消灭性,这点前面已说过了①;因为这个理由,我们就更有必要来形成我们所假设为不能消灭的那个对象的清楚观念。消灭的不可能性不能独立存在,也不能被想象为独立存在,而必然需要它所属的某种对象或真实存在。但是现在困难仍然存在,就是:我们如何能不求助于第二性的和可感知的性质而形成这个对象或存在的观念呢?

我们所惯用的、借着研究观念所由以发生的那些印象来考察那些观念的方法,在现在的场合下,我们也必须不能省略。由视觉、听觉、嗅觉和味觉进入心中的那些印象,据近代哲学说来是没有任何与之类似的对象的;因而,被假设为真实存在的填充性的观念决不能由这些感官的感觉中任何一个得来。因此,就只剩下触觉这一感官还能够传来可以为填充性观念所由来的那个印象;我们确实也自然而然地想象,我们感觉到物体的填充性,而只需要触碰一下任何对象,就知觉到这种性质。不过这种思想方法宁可说是通俗的,而不是哲学的。这一点由下述两点考虑就可以看到。

---

① 第二章,第四节。

第一，我们很容易地看到，物体虽然借其填充性而被人感觉，可是触觉是与填充性十分差异的一种东西，两者并无丝毫类似之点。一只手瘫痪了的人，在看到那只手被桌子所支持时，也同他用另一只手触到那张桌子时，有同样完整的一个不可渗透性的观念。当一个对象挤压我们的任何一个肢体时，都会遇到抵抗；那种抵抗借其所给予神经和元气的那种运动，把某种感觉传到心中；但是我们不能由此断言，感觉、运动、抵抗三者有任何类似之处。

第二，触觉的印象若非当它在其广袤方面被考虑时，那它只是单纯的印象；这对于现在的目的毫无帮助：从这个单纯性我推断说，触觉印象既不表象填充性，也不表象任何实在的对象。因为让我们假定一个人用他的手抵压一块石头或任何坚固的物体，又假定有两块石头互相挤压，那么人们立刻会承认，这两种情形并非在各方面都是相似的；在前一种情形下，有一种感觉与填充性相结合起来，而在后一种情形下，并没有这种现象。因此，为了使这两种情形互相类似起见，就必须把那个人凭其手或感觉器官所感到的那一部分印象除去；在一个单纯印象方面既然不可能做到这一点，所以这就迫使我们把整个感觉都除去，并且证明这一整个印象在外界对象方面并没有原型或模型。此外还可以再加上一点：填充性必然以两个物体为前提，并需要接近和撞击两个条件；这既然是一个复合的对象，所以永不能被一个单纯印象所表象。更不用说，填充性虽然继续永远始终不变，而我们的触觉印象却是时时刻刻在变化的；这就清楚地证明了后者并不是前者的表象。

由此可见，我们的理性和我们的感官之间有一种直接而全部的对立；或者更确切地说，在我们根据原因和结果所得的那些结论和使我们相信物体的继续独立存在的那些结论之间，有一种直接而全部的对立。当我们根据原因和结果进行推理时，我们断言，颜色、声音、滋味、气味，都没有继续、独立的存在。当我们排除了这些可感知的性质时，宇宙中也就没有剩下具有那样一种存在的任何东西。

第五节　论灵魂的非物质性

在关于外界对象的每一个体系中，和我们所设想为那样清楚和确定的物质观念中，我们既然已经发现有那样一些矛盾和困难，那么在关于我们内在知觉和心灵本性的每个假设中，我们自然会预料有更大的困难和矛盾，因为我们总是认为后者是尤其模糊而不确定的。不过在这一方面，我们却是自己欺骗了自己。理智世界虽然纠缠于无限的含糊暧昧之中，却并不被我们在自然界中所发现的任何那一类矛盾所困惑。我们关于理智世界所有的知识都是自相符合的；至于我们所不知道的，那我们就只好听其自然了。

的确，假使我们倾听某些哲学家们，那么他们是声称要减少我们的无知的；不过我恐怕，这样就有使我们陷入这个题目本身原来可以避免的矛盾中的危险。这些哲学家们就是对于他们假设知觉所寓存其中的物质实体或精神实体进行细密推理的那些人们。为了终止双方的无限争论起见，我不知道有更好的方法，只有用一句话要问这些哲学家们，他们所谓实体或寓存

(inhesion)究竟是什么意思？在他们答复了这个问题以后，而且一定要在作出答复以后，我们才可以合理地、认真地去参加这场争辩。

我们已经发现，在物质和物体方面，这个问题是无法答复的；但是在心灵这个方面，它除了仍然苦于种种同样困难之外，又被这个题目所特有的附加困难所缠扰。每个观念既是由先前的印象得来的，那么倘使我们有任何心灵实体的观念，我们也必然有这种实体的印象；而这如果不是不可能的，也是难以想象的。因为一个印象若非类似于一个实体，又如何能表象那个实体呢？按照这派哲学来说，一个印象既然不是一个实体，并且没有一个实体的任何特殊性质或特征，它又如何能类似那个实体呢？

但是如果撇开了可能是什么或不可能是什么的问题，来谈现实是什么的问题，那么我希望，那些自称我们对心灵实体有一个观念的哲学家们指出产生那个观念的那个印象来，并且清楚地说出，那个印象是以什么方式发生作用，是由什么对象得来的。这个印象是一个感觉印象，还是一个反省印象呢？这个印象是愉快的，还是痛苦的，还是漠然的呢？这个印象还是永远伴随着我们，还是有间歇地返回来的呢？如果它是有间歇地返回来的，那么主要是什么时候返回来呢？并且是由什么原因产生出来的呢？

如果有任何人不答复这些问题，而是躲避这个困难，说一个实体的定义乃是可以独立自存的某种东西，而且这个定义就应当使我们满意：如果有人这样说，那么我就要说，这个定义与每一个可以被想象的东西都是符合的,可是决不足以区别实体与偶有性,或是区别灵魂和它的知觉。因为我是这样进行推理的。凡可以清楚地被想象的东西都可能存在;而凡在任何方式下被清楚地想象的任何东西也就可能以那种方式存在。这是已经被承认的一条原则。其次,凡差异的事物都是可以区别的,而凡可以区别的事物都是可以被想象所分离的。这是另一条原则。我从这两条原则所推得的结论就是:我们的全部知觉既然都是互相差异,并且与宇宙中其他一切事物差异,所以这些知觉也都是互相分别的,互相分离的,而可以被认为是分别存在的,因而也就可以分别存在,而不需要任何别的东西来支持其存在。因此,这个定义如果说明一个实体的话,那么这些知觉便都是实体了。

由此可见,不论是借着考察观念的最初根源,或是借着一个定义,我们都不能得到任何一个令人满意的实体概念,据我看来,这似乎就是可以完全抛弃关于灵魂的物质性和非物质性的那个争论的一个充足理由,并且是使我绝对鄙弃那个问题本身的一个充足理由。除了对知觉而外,我们对任何事物都没有一个完善的观念。一个实体是和一个知觉完全差异的。因此,我们并没有一个实体观念。"寓存于某物之中"这个条件被假设为是支持我们知觉的存在的一个必要条件。可是没有任何东西似乎对支持一个知觉的存在是必要的。因此,我们便没有寓存观念。当人们问:知觉是寓存于一个物质的实体中,还是寓存于一个非物质的(精神的)实体中时,我们甚至不懂得这个问题的含义,那么如何还可能加以答复呢?

有一个通常被用来证明灵魂的非物质性(精神性)的论证,据我看来是值得注意的。凡占有空间的东西都是由若干部分组成的;而凡由部分组成的东西即使不在实际上、至少在想象中是可以分割的。但是任何可分的东西都是不能与一个思想或知觉结合起来的,因为思想或知觉是一种完全不可分离、不可分割的存在物。因为假设有那样一种结合,那么那个不可分割的思想还是存在于这个占空间的、可分的身体的左方呢?还是存在于其右方呢?还是存在于其表面呢?还是存在于其中央呢?还是存在于其后方呢?还是存在于其前方呢?如果这个思想是和广袤结合起来的,那么它必然存在于广袤范围内的某处。如果思想存在于广袤的范围以内,那么思想或者存在于一个部分,或者存在于每一个部分:在前一种情形下,那个特殊的部分便是不可分的,知觉只是与这一部分结合,而并不与广袤结合;如果思想存在于每一部分,那么思想也必然是占有空间的、可以分离的、可以分割的,如同物体一样;这是彻底谬误而矛盾的。因为任何人能够设想一个一码长、一英尺宽、一英寸厚的情感么?因此,思想和广袤是完全不相容的两种性质,永远不能合并于一个主体中。

这个论证并不影响关于灵魂实体的问题,而只影响灵魂与物质在空间上的结合问题。因此,一般地考察一下哪些对象能够或不能够有空间上的结合,那或许不是不适当的。这是一个奇妙的问题,或许可以导致我们达到重大的发现。

最初的空间和广袤概念完全是由视觉和触觉两种感官得来的;而且除了有颜色的或可触知的事物以外,也没有任何东西的部分的排列方式足以传来空间观念。我们减少或增添一种滋味的方式,与我们减少或增添任何可见的对象的方式不同;当几种声音同时刺激我们的听觉时,也只有习惯和反省使我们对于发出那些声音的物体的远近程度形成一个观念。凡标志出其存在的场所来的东西,必然是占有空间的,否则便是没有部分或组合的一个数学点。凡占有空间的东西一定有一个特殊的形状,如方形、圆形、三角形,其中没有一个与一个欲望,或与其他任何印象或观念互相符合的,而只能与上述视觉和触觉两种感官的印象符合。一个欲望,虽然是不可分的,也不应当被认为是一个数学点。因为要是那样,那么就可以加上其他欲望,而造成两个、三个、四个欲望,而且这些欲望还是分布和安置于有一定的长、宽、厚的那样一个方式中;这种说法显然是荒谬的。

在说明这一点以后,我如果提出曾被若干形而上学家所鄙弃、并被认为是违反人类理性最确定的原则的一个原理来,那就该不至于使人惊讶了。这个原理就是:一个对象可以存在,但却不存在于任何地方。我肯定说,这不但是可能的,而且绝大部分的存在物都是、而且必然是以这个方式存在的。一个对象的各个部分如果不是排列得可以形成一个形状或数量,而且整个对象对其他物体的关系也并不符合于我们的远近概念,那么那个对象可以说是不在任何地方存在。但是除了视觉和触觉两者的知觉和对象以外,我们的全部知觉和对象显然都是这种情形。一次道德的反省不能处于一个情感的右方或左方,气味或声音也不能是一个圆形或一个方形。这些对象和知觉不但不需要任何特殊的场所,而且还和场所是绝对不相容的,甚至想象也不能以场所给予这些知觉。至于说,要假设这些知觉不存在于任何地方，便是谬误，那么我们可以这样考虑：如果情感和情绪在知觉之前显得有任何特殊的场所；那么广袤观念也可以由这些知觉获得，正如其可以由视觉和触觉得来一样；这是与我们所已经确立的理论相反的。如果这些知觉显得没有任何特殊的场所，那么它们也就可能以这种无场所的方式存在；因为凡我们所能想象的事物都是可能的。

现在就无需证明，那些单纯而不在任何地方存在的知觉是不能在任何场所与占有空间并可以分割的物质或物体结合的了；因为如果没有一种共同的性质作为依据，便不能建立一种关系①。更值得提出的是：关于对象在空间中的结合的这个问题，不但出现于有关灵魂本性的形而上学的争论中，而且甚至在日常生活中，我们也时时刻刻都有机会加以考察。例如，我们假设在桌子的一头有一个无花果，另一头有一个橄榄，那么显而易见，在形成这些实体的复合观念时，其中最明显的一个观念就是两种果实的不同的滋味的观念；同样显而易见的是：我们还把这些性质与有颜色而可触知的性质合并起来、结合起来。我们假设一种果实的苦味和另一种果实的甜味、存在于那两个可见的物体中，并且被桌子的全部长度所分开。这是那样引人注目和那样自然的一个幻觉，所以我们应当考察一下它们所由以产生的那些原则。

一个占有空间的对象虽然不能和其他不存在于任何场所或者不占有空间的对象结合起来，可是这些对象仍然可能发生许

---

① 第一章，第五节。

多其他关系。例如,任何果实的滋味和气味都不能与其颜色和可触知性两种性质分开的;不论其中哪个是原因,哪个是结果,这些性质确是都永远同时并存的。这些性质也不但是一般地并存着,并且在心中也是同时出现的;而且我们是在使占有空间的物体接触我们的感官的时候,我们才知觉它的特殊的滋味和气味。因此,占有空间的对象和不在任何特殊场所存在的性质之间所有的这些因果关系,和在其呈现的时间上的接近关系,对心灵必然发生那样一种效果,即其中的一个出现的时候,它就立刻使心灵的思想转而想到另外一个。不仅如此。我们不但因为两者之间的关系,使自己的思想由其中一个转到另外一个,而且我们还要努力给予两者以一个新的关系,即场所中的结合关系,以便使这种推移更为顺利,更为自然。因为一些对象如果被任何关系结合起来,我们便有在其中加添一种新关系的强烈倾向,以便补足那种结合:这个性质乃是我在人性中常有机会看到的,我将在适当的地方加以更详细的说明。在我们排列各个物体时,我们总不会不把那些互相类似的物体放得互相接近,或者至少把它们放在相对应的观点之下。为什么呢?那只是因为我们在把接近关系加在类似关系上时,或把位置的类似关系加在性质的类似关系上时,感到一种满意。这种倾向的结果已经在我们所最容易假设的特殊印象和其外界原因间那种类似关系中观察到[①]。但是我们在现在这个例子中找到了这种倾向的最为明显的一个结果,在这里我们根据两个对象间的因果关系和在时间

---

① 第二节篇末。

第四章 论怀疑主义哲学体系和其他哲学体系

上的接近关系,又虚构了一个场所上的结合关系,以便加强那种联系。

但是不论我们对于一个占有空间的物体(如无花果)和其特殊的滋味在场所上的结合、形成怎样混乱的概念,而在反省起来,我们在这种结合中确实一定会观察到一种完全不可理解、自相矛盾的东西。因为假设我们向自己提出一个明显的问题,即我们所认为包括在一个物体范围以内的那种滋味,还是在物体的每一个部分,还是只在于它的一个部分:那么我们立刻会感觉自己茫然不知所措,并且知道我们永远不能给予一个满意的答复。我们不能答复说,滋味只存在于一个部分,因为经验使我们相信,每个部分都有同样的滋味。我们也不能答复说,滋味存在于每一个部分,因为要是这样,我们就必须假说它是有形状的、占有空间的;这种说法是荒谬而不可思议的。因此,我们在这里是被两个直接相反的原则所影响的:一个原则就是决定我们将滋味与占有空间的对象结合起来的那种*想象*的倾向,另一个就是向我们指出那样一种结合是不可能的*理性*。我们分歧于这两个对立的原则之间,哪一个都不肯舍弃,而却使这个问题陷于混乱和模糊之中,以致我们不再觉察到那种对立。我们假设滋味存在于物体范围以内,不过它的存在的方式使它充满全体而却不占空间,并且完整地存在于每一部分以内而无需分裂。简而言之,我们在自己最习惯的思维方式中就应用了"全体存在于全体,全体又存在于各个部分"那个经院哲学派的原则;这个原则若是不加修饰地被提出来,是十分骇人的,因为那就等于说,一个东西存在于一个场所,同时却又不存在于那个场所。

所有这些谬误的发生,都是由于我们力图以一个场所加于一种完全不能有场所的事物;而我们所以要作这种努力,乃是因为我们倾向于借着赋予那些对象以一种场所上的结合,来补足建立在因果关系和时间接近关系上面的那种结合。但是理性如果毕竟有充分的力量足以克服偏见的话,那么在现在的情形下,它必然要取得胜利。因为我们只剩下几个可能的假设供我们选择:或者假设某些事物不在任何场所存在;或者假设这些事物是有形状的、占有空间的;或者假设,当这些事物与占有空间的对象合并起来时,全体就存在于全体之中,而全体又存在于每一个部分之中。后两个假设的谬误充分地证明了第一个假设的真实。此外再没有第四个意见。因为,如果假设这些事物是以数学点的方式存在的,那么这个假设就归结为第二个意见,并且假设,几个情感可以处于一个圆形之中,而且若干个气味在与若干个声音结合以后,就可以构成十二立方英寸的一个物体;这一点只要一提到,就显得是可笑的了。

不过,在这样看待事物的观点之下我们虽然不能不摈弃那些把一切思想都结合于广袤中的唯物主义者,可是略加反省就将为我们指出有同样的理由可以斥责其敌方,他们把一切思想都结合于单纯而不可分的实体。最通俗的哲学告诉我们说,不通过一个意象或知觉作为媒介,任何外界对象都不能被心灵直接认知。现在呈现于我面前的那张桌子只是一个知觉,它所有的性质全部都是一个知觉的性质。但是在它的全部性质中,最明显的一个乃是广袤。这个知觉由各个部分组成。这些部分的配置给予我们以一种远近的概念,以及长、宽、厚的概念。这三个度次的界限,就是我们所谓的形状。这个形状是可移动的、可分离的、可分割的。可动性和可分离性是占有空间的对象的显著特性。为了终止一切争论起见,我们可以说,广袤这个观念本身只是由一个印象复现而来,因而必须与那个印象完全符合。说广袤观念与任何东西符合,也就等于说,这个观念是占有空间的。

自由思想者这时也许会洋洋得意了;他在发现了竟然有真正占有空间的印象和观念以后,就可以向他的敌方说,他们怎样能把单纯而不可分的主体与一个占有空间的知觉结合起来呢?神学家们的全部论证现在都可以用来反诘他们自己了。那个不可分的主体或精神的实体是在知觉的左方呢?还是在右方呢?是在这个特殊部分呢?还是在那个特殊部分呢?是存在于每一个部分而并不占有空间呢?还是它整个处于任何一个部分,而同时并不抛弃其余部分呢?对于这些问题,我们所能给予的答复不但其本身是荒谬的,而且也不可能说明不可分的知觉和占有空间的实体是如何结合的。

这就给予我一个重新考察有关灵魂实体的问题的机会。我虽然认为那个问题完全不可理解而加以摈弃,可是我不禁要提出有关那个问题的进一步考虑。我肯定说,关于一个思维实体的非物质性、单纯性、不可分性的学说是一个真正的无神论,正好为斯宾诺莎由此而恶名远扬的那些意见进行辩护。从这个论题,我希望至少获得一个有利的条件,就是我的论敌在看到他们的攻击也很容易被用来还击他们自己时,他们将没有任何借口来攻击现在这个学说、使它成为可憎的了。

斯宾诺莎无神论的基本原则就是关于宇宙的单纯性、关于他所假设为思想和物质都寓存其中的那个实体的统一性的学说。他说,世界上只有一个实体;那个实体是完全单纯而不可分的,并且到处存在,而无局部存在的。我们由感觉在外界所发现的任何东西,我们由反省在内心所感觉到的任何概念,这些一切都只是那个惟一的、单纯的、必然存在着的实体的种种变异,并没有任何分离的或各别的存在。灵魂的每一种情感,物质的每一个形状,不论如何彼此差异、互相不同,都是寓存于同一个实体中,并且在其本身保存其各别的特性,而并不把这些特性传达于其所寓存的那个主体。同一个基体(substratum)(如果我可以用这个名词)支持着千差万别的变异,而其本身并无任何差别;它使那些变异发生变化,而其本身并无任何变化。时间、地点、自然中一切差异,都不足以在这个基体的完全单纯性和同一性中产生任何组合或变化。

我相信,对于那个著名的无神论者的原则所作的这个简略的陈述,就足以说明现在的目的,无需继续深入那些阴暗的领域,我就可以表明,这个可憎的假设和已经那样深得人心的灵魂非物质性的假设,几乎是没有什么差别。为了阐明这点,让我们回忆①一下前述的理论:每个观念既然是由一个先前的知觉得来的,所以对于一个知觉的观念,对于一个对象(或外界存在)的观念,这两者决不可能表象在种类上互相差别的任何东西。不论我们可以假设它们两者之间有什么差异,那种差异仍然是我们

---

① 第二章,第六节。

所不可思议的。我们只能设想一个外界对象只是没有相关项的一种关系,否则便是把外界对象认为就是一个知觉或印象。

我由这个前提所将推出的结论,初看起来也许显得只是一种诡辩;不过稍加考察,它就可以被发现为是可靠而令人满意的。这个结论就是:我们既然只可以假设,而永不能想象对象和印象间的一个种类上的差别,所以我们关于印象间的联系和矛盾所形成的任何结论都不能确知其是否可以应用于对象上;但是在另一方面,我们关于对象所形成的任何这一类结论却是一定可以应用于印象上面的。理由不难说明。一个对象既被假设为与一个印象是有差别的,所以我们不能断定,当我们根据印象进行推理时,我们的推理所依据的那种情况,是否是对象和印象两者所共有的。对象在那一点上仍然可以和印象不同。但是当我们先形成关于对象的推理时,那么这种推理无疑地就必然扩展到那个印象上。这是因为那个论证建立于其上的那个对象的性质至少必然是被心灵所想象到的;而且那种性质如果不是与一个印象所共有的,那么它本身也就不能为我们所想象,因为我们没有一个观念不是从印象那个根源得来的。因此,我们就可以建立一条确定的原理说,我们根据任何原则(除非根据经验而作的一种不规则的推理①)所发现出的对象之间的联系或矛盾,没有不能扩展到印象上的,虽然与此相反的命题,即"印象之间可以发现的全部关系也是对象所共有的"那个命题,也许不是同样真实的。

---

① 就如第二节,由我们的知觉的一贯性所作的那种推理。

把这个理论应用到现在的问题上：这里有两个不同的存在物体系呈现出来，我假设我不得不给予它们以某种实体或寓存的基础。首先我观察到许多对象或物体所组成的一个宇宙，其中有太阳、月亮和星星，大地、海洋、植物、动物、人类、船舶、房屋和其他艺术品或自然产品。这里斯宾诺莎出场了，并告诉我说，这些都只是变异，这些变异所寓存的主体是单纯的、非混合的、不可分的。此后我又考究另一个存在物体系，即思想的宇宙，或我的印象和观念的体系。在那里我观察到另一个太阳、月亮和星星；被植物所覆盖、动物所居住的另一套大地、海洋、城市、房屋、山岭、河流，简而言之，就是我在第一个体系中所能发现的或想象的每一种事物。在我考察这些事物的时候，神学家们又露面了，并且对我说，这些也都是变异，都是一个单纯的、非混合的、不可分的实体的变异。顷刻之间，就有数百张嘴吵得震耳欲聋，都对第一个假设表示憎恶和轻蔑，对第二个假设则表示赞扬和尊敬。我转而注意这些假设，看看人们所以那样有所偏好的理由；我于是发现这些体系都犯了同样的不可理解的弊病，而且就我们所能理解的来说，这两个假设非常相似，不可能在一个假设中发现出不是两者所共有的谬误之点来。我们对一个对象中任何性质所有的观念，没有一个不符合于印象中的性质，没有一个不表象那种性质，这是因为我们的全部观念都是由印象得来的。因此，在一个作为变异而占有空间的对象和作为其实体的单纯而非混合的本质之间，我们所能发现的任何矛盾，也永远是同样发生于那个占有空间的对象的知觉（或印象）和那个非混合的本质之间。对象的每一个性质的观念都是通过一个印象传来的；

第四章　论怀疑主义哲学体系和其他哲学体系

因此,凡可以知觉的每一种关系,不论是联系关系或是矛盾关系,必然是对象和印象两者所共有的。

这个论证一般地考究起来虽然似乎已经非常明显,不容有任何怀疑和矛盾,可是为了使它显得更为清楚和明白起见,让我们来详细地加以考察,并且看看,在斯宾诺莎体系中所发现的一切谬误是否也可以在神学家们的体系中发现出来。①

第一,经院学派的人们曾按照他们那派的谈论方式(不能说是思想方式)反对斯宾诺莎说,一个形态既然不是任何独立的或分别的存在,所以同它的实体必然是一体的,因而宇宙的广袤必然在某种方式下与宇宙被假设为寓存其中的那个单纯而非混合的本质是同一的。但是,他们可以说,这完全是不可能的、不可设想的,除非那个不可分的实体使自己扩展开来、去符合于广袤,或者是广袤收缩起来、去符合于不可分的实体。这个论证就我们所能理解的而言是正确的,而且要把这个论证应用到占有空间的知觉上和灵魂的单纯的本质上,显然也不需要别的,只要把名词变换一下就可以了。对象的观念和知觉的观念在每一方面都是同样的,人们只是假设两者之间有一种既不可知又不可理解的差别。

第二,前面已经说过,我们所有的实体观念没有一个不可以应用于物质,而且没有任何一个特殊的实体观念不可以应用于每一个特殊的物质部分。因此,物质不是一个形态,而是一个实体,而且每一个物质部分不是一个特殊的形态,而是一个特殊的

---

① 参阅贝尔(Bayle)氏字典,斯宾诺莎条。

实体。我已经证明,我们没有一个完全的实体观念;我们只是把它当作可以独立自存的某种东西,所以显而易见,每一个知觉都是一个实体,而且知觉的每一个特殊的部分都是一个特殊的实体:因此,在这一方面来说,两种假设都处在同样的困难之下。

第三,人们对于主张宇宙中只有一个单纯实体的这个体系曾经反对说:这个实体既是一切事物的支持或基体,所以必然在同时改变形式,化为许多互相反对、互不相容的形象。圆形和方形同时在同一实体中是互不相容的。那么同一个实体如何能在同时改变其形式,化为那张方桌和这张圆桌呢?关于这些桌子的印象,我也要提出同样的问题,结果发现,这一方面的答案也不比前一方面的答案更为令人满意。

由此可见,不论我们转向哪一方面,同样的困难总是跟随着我们,我们如果在证明灵魂的单纯性和非物质性方面前进一步,同时就不能不给一种危险而不可挽救的无神论准备好道路。如果我们不把思想称为灵魂的一个变异,而给它以那个较古而却又转为时髦的活动(action)那一个名词,情形也完全相同。我们所谓活动的含义就等于普通所谓抽象的形态,恰当地说,也就是与一个实体不能区别、不能分离的某种东西,而只是借着理性的区别或一种抽象作用才能被人想象的。不过这样把变异一词改为活动一词,也毫无收获;我们也不能借此摆脱任何一个困难;这从下面两点考虑中就可以看出来。

第一,我说,活动一词,按照这样的解释,永远不能正确地应用于由心灵或思维实体得来的任何知觉。我们的全部知觉彼此之间,以及和我们所能想象的其他每一个事物,都实在是互相

第四章 论怀疑主义哲学体系和其他哲学体系

差异,并且是可以互相分离、互相区别的。因此,我们就不可能设想,这些知觉如何能够成为任何实体的活动或抽象形态。人们通常举运动为例来表明,知觉(作为一种活动)是以什么方式依靠它的实体的;这个例子并没有给予我们任何教导,反而使我们搞得更糊涂了。在外表上看来,运动对物体并不产生任何实在的和本质的变化,只是改变了它和其他对象的关系。但是一个在清晨和他所喜悦的同伴们在花园中散步的人,和一个在下午被关在地牢里,充满了恐怖、绝望和愤恨的人,似乎有一种根本的差别,而且这种差别和物体因改变位置而发生的那种差别比起来,是完全另外的一种。我们既然由外界对象的观念的区别和可分离性推断说,外界对象彼此间有一种分别的存在,那么当我们把这些观念本身作为我们的对象时,依照前面的推理,我们关于这些观念也必然推得同样的结论。至少我们必须承认,我们既然没有灵魂实体的观念,所以我们就不能指出,这个实体怎么能够不经根本的变化而就允许有知觉的那些差异,甚至知觉之间的相反情况;因而就永不能指出,在何种意义下知觉是那个实体的活动。因此,用毫无意义的活动一词来代替变异一词,丝毫不能增加我们的知识,并且对于灵魂非物质性说也毫无益处。

第二,我还要附加说,应用活动一词,如果有利于那个主张,那么对于无神论的主张也必然同样有利。因为我们的神学家们难道可以垄断活动一词,无神论者不是同样可以利用这个名词,并且肯定说,植物、动物、人类等等只是一个单纯的、普遍的、并根据一种盲目和绝对的必然性发挥其作用的实体的特殊活动?

你将会说这是彻底荒谬的。我承认这是不可理解的,不过同时我肯定说:依照上述的原则来说,如果在"自然中一切对象都是一个单纯实体的活动"那个假设中发现有任何谬误,那么这个谬误也必然存在于关于印象和观念的一个相似的假设中。

由这些关于知觉的实体和知觉的空间结合的假设,我们可以进到另一个比前一个假设较易理解、比后一个假设较为重要的假设,即关于我们知觉的原因的假设。经院学派中通常说:物质和运动不论怎样变化,仍然是物质和运动,而只是在对象的地位和位置方面产生一种差异。不论你怎样把物体一直分析下去,它仍然还是一个物体。不论你把物体纳入什么样的形状,所得的结果仍然只是一个形状或各部分的关系。不论你以任何方式推动物体,你仍然只发现运动或关系的变化。我们不可能想象,例如一种圆形运动只是一种圆形运动,而另一个方向的运动,例如椭圆形运动却会成为一种情感或道德反省,或是两个球形分子的撞击会变成一种疼痛的感觉,而两个三角形分子的相撞却会给人以快乐的感觉:这样想象是荒谬的。但是这些不同的撞击、改变和混合既然是物质所能发生的仅有的变化,而且这些变化从来不能给予我们以任何思想或知觉的观念,所以经院学派就断言说,思想永远不可能被物质所产生。

很少有人能够抵抗这个论证的表面上的明显性;可是驳斥这个论证却是一件最容易的事情。前面我们已经详细证明,我们从来感觉不到因果之间的任何联系,我们只是由于经验到因与果的恒常结合,才得到有这种关系的知识,现在我们只需回顾一下那个证明就够了。凡不相反对的对象既然都可以恒常结

第四章　论怀疑主义哲学体系和其他哲学体系

合,而任何实在的对象既然都不是相反的[①],所以我曾从这些原则推论说,如果把这个问题先验地加以考虑,则任何事物都可以产生任何事物,而且我们永不会发现一个理由,可以说明任何对象为什么可以或不可以成为其他任何对象的原因,不论它们之间有多么大或多么小的类似关系。这显然摧毁了前面关于思维或知觉的原因的那一套推理。因为在运动和思想之间固然并不显现任何一种联系,可是其他一切原因和结果也都是这种情形。将一磅重的物体放在杠杆的一头,将同样重的另一个物体放在另一头;你将永不会在这些物体中发现出依据它们和中心的距离的任何运动的原则,正如你发现不出任何思想和知觉的原则一样。因此,如果你自称可以先验地证明物体的那样一种位置决不能产生思想(因为不论如何转动它,它仍然只是物体的一种位置);那么你也必须借着同样推理过程断言,位置永不能产生运动,因为在后一种情形下比在前一种情形下并没有更为明显的联系。但是由于后面这个结论违反明显的经验,而且我们在心灵的活动中也可能有相似的经验,并且可以知觉到思想和运动之间的一种恒常结合:所以你如果在单单考虑了观念之后,就断言说,运动不可能产生思想,或者说,各个部分的不同位置不可能产生一个不同的情感或反省,那么你的推理就未免过于草率鲁莽了。我们不但可以有这样一种经验,而且确实有这种经验,因为每一个人都可以觉察到,他的身体的不同位置改变了他的思想和情绪。如果有人说,这种现象决定于灵魂和身体的联合,

---

[①] 第三章,第十五节。

那么我答复说,我们必须把关于心灵实体的问题和关于它的思想的原因的问题分开;而且如果专限于讨论后一个问题,则借着比较思想和运动这两个观念,我们就发现两者是互相差异的,同时凭着经验却又发现了两者是恒常结合在一起的。因果观念在应用于物质的作用上时,它的内容既然就只有这些情况,那么我们可以确实断言,运动可能是、而且确实是思想和知觉的原因。

在现在的情形下,我们只剩下这个两端论法:或者是说,除了在心灵能够在它的对象的观念中知觉到一种联系的地方以外,任何事物都不能成为其他事物的原因;否则便必须主张,我们所发现为恒常结合着的一切对象,就由于那种关系而应该被认为是一些原因和结果。如果我们选择两端论法的第一部分,那么就有下面这些结果。第一,我们实际上是说,宇宙中并没有什么原因,或产生原则,甚至神自己也不是;因为我们对那个最高存在者的观念是由若干特殊印象得来的,可是那些印象没有一个包含着效能,而且对其他任何存在似乎都没有任何关系。有人也许说,对一个全能的存在者的观念和他所意愿的任何结果之间的联系是必然而不可避免的;对于这种说法,我答复说:我们并没有赋有任何能力的一个存在者的观念,当然更没有赋有无限能力的存在者的观念。但是如果我们愿意改变我们的说法,那我们就只能给能力下定义说,能力就是联系。因此,当我们说,全能存在者的观念和他所意愿的每一结果的观念联系着时,我们实际上只是说:它的意志与每个结果联系着的那个存在者是和每个结果联系着的;这就成了一个同一命题,并不能使我们洞察能力或联系的本性。第二,但是假设神是伟大而具有效能的原则,填补了一切原因的缺乏,这个说法就会把我们导入极端的大不敬和谬误之中。因为我们如果由于物质、运动和思想之间并没有明显的联系,便在自然的作用方面求助于神明,并且肯定说,物质本身不能传达运动或产生思想;那么根据同一理由,我们必须承认、神是我们全部意志和知觉的创生者;因为这些心理活动彼此之间以及和虽被假设但却是不可知的灵魂实体之间也并没有明显的联系。我们知道,有些哲学家们[①]主张最高存在者对心灵的一切活动都具有这种动力,只有对于意志或意志的不重要的一些部分是个例外;虽然我们很容易看到,这个例外只是想逃避那个学说的危险结果的一个借口。如果除了具有一种明显能力的东西以外,再没有任何东西是能活动的,那么思想也并不比物质较为活动;如果这种不主动性使我们不得不求助于一个神,那么最高的存在者就是我们全部行为的真正原因,不论那些行为是坏的或是好的,是恶劣的或是善良的。

这样我们就不可避免地被迫转到两端论法的另一方面,即凡被发现为恒常结合在一起的一切对象,就该单单由于这种结合而被认为是一些原因和结果。但是凡不相反的一切对象既然都可以恒常结合在一起,而且任何实在的对象都不是互相反对的,那么结果就是,就我们凭着单纯观念所能判定的范围内而论,任何事物都可以成为任何事物的原因或结果;这显然就使唯物主义者们比他们的论敌占到上风。

因此,整个说来,我们如果下一个最后判决的话,我们可以

[①] 神甫马尔卜兰希 Malebranche 和其他笛卡尔派。

说：关于灵魂实体的问题是绝对不可理解的；我们的全部知觉不论与延伸的实体或非延伸的实体并不是都能够有空间上的结合的；有些知觉是属于这一种，有些知觉则属于另外一种；对象的恒常结合既然就是因果的本质，所以就我们对那种关系有任何概念而言，物质和运动往往可以看作思想的原因。

哲学的王权是应该到处被承认的，所以要是在每个场合下，都迫使哲学为它的结论进行辩解，并且在可能要责怪哲学的每种特殊的艺术和科学之前，都得为自己进行辩护，那确实是对哲学的一种侮辱。这就令人想起一个被控诉为对其臣民犯了叛国罪的国王一样。只有在一个场合下，即当宗教似乎受到一点儿冒犯的时候，哲学认为给自己进行辩解是必要的，甚至是光荣的。因为宗教的权利，正如哲学本身的权利一样，是为哲学所珍视的，并且两者实际上是一致的。因此，如果有任何人设想前述的论证在任何方式下危害了宗教，那么我希望，下面的辩护将会消除他的顾虑。

关于人类心灵所能想象的任何对象的作用或持续，任何先验的结论都是没有基础的。任何对象都可以被想象为完全变为不活动了，或在一刹那间被消灭了；而且，一个明显的原则就是：凡我们所能想象的事物都是可能的。这个原则，对于物质固然是真实的，对精神说来同样也是真实的，对一个延伸的复合的实体固然是真实的，对于一个单纯而不延伸的实体同样也是真实的。在这两种情形下，证明灵魂的永生性的形而上学的论证都同样是没有决定性的。在两种情形下，道德的论证和根据于自然类比而得的论证都是同样有力而令人信服的。我的哲学如果对于证明宗教的论证没有增添什么东西，可是当我想到我的哲学并未削弱这些论证，一切还是保持原状，我至少可以感到满意了。

第六节　论人格的同一性

有些哲学家们认为我们每一刹那都亲切地意识到所谓我们的自我；认为我们感觉到它的存在和它的存在的继续，并且超出了理证的证信程度那样地确信它的完全的同一性和单纯性。他们说，最强烈的感觉和最猛烈的情感，不但不使我们放弃这种看法，反而使我们更深刻地固定这种看法，并且通过它们所带来的痛苦或快乐使我们考虑它们对自我的影响。要想企图对这一点作进一步的证明，反而会削弱它的明白性，因为我们不能根据我们那样亲切地意识到的任何事实，得出任何证明；而且如果我们怀疑了这一点，那么我们对任何事物便都不能有所确定了。

不幸的是：所有这些肯定的说法，都违反了可以用来为它们辩护的那种经验，而且我们也并不照这里所说的方式具有任何自我观念。因为这个观念能从什么印象得来呢？要答复这个问题，就不能不陷于明显的矛盾和谬误；可是我们如果想使自我观念成为清楚而可理解的，那么这个问题就必须要加以答复。产生每一个实在观念的，必然是某一个印象。但是自我或人格并不是任何一个印象，而是我们假设若干印象和观念所与之有联系的一种东西。如果有任何印象产生了自我观念，那么那个印象在我们一生全部过程中必然继续同一不变；因为自我被假设为是以那种方式存在的。但是并没有任何恒定而不变的印象。

痛苦与快乐、悲伤与喜悦、情感和感觉，互相接续而来，从来不全部同时存在。因此，自我观念是不能由这些印象中任何一个或从任何别的印象得来的；因此，也就没有那样一个观念。

但是再进一步说，依照这个假设，我们的一切特殊知觉又必然成了什么样子呢？所有这些知觉都是互相差异，并且可以互相区别、互相分离的，因而是可以分别考虑，可以分别存在，而无需任何事物来支持其存在的。那么，这些知觉是以什么方式属于自我，并且是如何与自我联系着的呢？就我而论，当我亲切地体会我所谓我自己时，我总是碰到这个或那个特殊的知觉，如冷或热、明或暗、爱或恨、痛苦或快乐等等的知觉。任何时候，我总不能抓住一个没有知觉的我自己，而且我也不能观察到任何事物，只能观察到一个知觉。当我的知觉在一个时期内失去的时候，例如在酣睡中，那么在那个时期内我便觉察不到我自己，因而真正可以说是不存在的。当我因为死亡而失去一切知觉，并且在解体以后，再也不能思维、感觉、观看并有所爱恨的时候，我就算是完全被消灭了，而且我也想不到还需要什么东西才能使我成为完全不存在的了。如果有任何人在认真而无偏见的反省之后，认为他有一个与此不同的他自己的概念，那么我只能承认，我不能再和他进行推理了。我所能向他让步的只是：他或许和我一样正确，我们在这一方面是有本质上的差异的。他或许可以知觉到某种单纯而继续的东西，他称之为他自己，虽然我确信，我自身并没有那样一个原则。

不过撇开这些形而上学家们不谈，我可以大胆地就其余的人们说，他们都只是那些以不能想象的速度互相接续着、并处于

第四章 论怀疑主义哲学体系和其他哲学体系

永远流动和运动之中的知觉的集合体,或一束知觉。我们的眼睛在眼窝内每转动一次,就不能不使我们的知觉有所变化。我们的思想比我们的视觉更是变化无常;我们的其他感官和官能都促进这种变化,灵魂也没有任何一种能力始终维持同一不变,哪怕只是一个刹那。心灵是一种舞台;各种知觉在这个舞台上接续不断地相继出现;这些知觉来回穿过,悠然逝去,混杂于无数种的状态和情况之中。恰当地说,在同一时间内,心灵是没有单纯性的,而在不同时间内,它也没有同一性,不论我有喜爱想象那种单纯性和同一性的多大的自然倾向。我们决不可因为拿舞台来比拟心灵,以致产生错误的想法。这里只有接续出现的知觉构成心灵;对于表演这些场景的那个地方,或对于构成这个地方的种种材料,我们连一点概念也没有。

那么,什么东西给予我们那样大的一种倾向,使我们赋予这些接续的知觉以一种同一性,并且假设我们自己在整个一生的过程中具有一种不变的、不间断的存在呢?为了答复这个问题,我们必须区别思想或想象方面的人格同一性和情感或我们对自身的关切方面的人格同一性。前一种是我们现在研究的题目;为了彻底说明这个题目,我们必须对这个题目作相当深入的研究,并且要说明一下我们归之于植物和动物的那种同一性,因为这种同一性与自我或人格的同一性有极大的相似之点。

对于一个经过一段假设的时间变化而仍然没有变化而不间断的对象,我们有一个明确的观念,这个观念我们称为同一性观念。我们对于接续存在着、并被一种密切关系联系起来的若干不同的对象也有一个明确的观念;在精确观察之下,这就提供了一个极其完善的多样性概念,就像那些对象之间原来没有任何关系似的。不过"同一性"和"相关对象的接续"这两个观念虽然本身是完全各别的,甚至是相反的,可是在我们的通常思想方式中,两者确是往往被人互相混淆起来。我们考虑不间断的、不变化的对象时的那种想象的活动,和我们反省相关对象的接续时的那种想象的活动,对于感觉来说几乎是相同的,而且在后一种情形下也并不比在前一种情形下需要更大的思想努力。对象间的那种关系促使心灵由一个对象方便地推移到另一个对象,并且使这种过程顺利无阻,就像心灵在思维一个继续存在着的对象时那样。这种类似关系是混乱和错误的原因,并且使我们以同一性概念代替相关对象的概念。不论我们在一个刹那中如何把相关的接续现象认为是可变的或间断的,而在下一刹那仍然一定会赋予那种关系以完全的同一性,而认为它是不变化的、不间断的。上述那种类似关系,使我们发生了那样大的这种错误倾向,以致我们在还没有觉察之前,就陷入了这种错误之中。我们虽然借着反省不断地校正自己,并且返回到一种较为精确的思维方法,可是我们不能长期坚持我们的哲学,或是消除想象中的这种偏向。我们的最后办法就是向这种偏向屈服,并且大胆地肯定说,这些不同的相关对象实际上是同一的,不论它们是如何间断而有变化的。为了向我们自己辩护这种谬误,我们往往虚构某种联系起那些对象、并防止其间断或变化的新奇而不可理解的原则,这样,我们就虚构了我们感官的知觉的继续存在,借以消除那种间断;并取得了灵魂、自我、实体的概念,借以掩饰那种变化。但是我们还可以进一步说,即在我们不发生这样一种虚构的地方,我们混淆同一性和关系性的那种倾向也是那样的大,以致使我们往往想象①,在各个部分间的关系之外,还有某种不可知的神秘的东西联系着这些部分。我认为我们所归之于植物和蔬菜的同一性,就是这种情形。即使没有这种情形发生,我们仍然感觉到有混淆这些观念的倾向,虽然我们在这一方面并不能自圆其说,也不能发现任何不变的、不间断的东西作为我们的同一性概念的根据。

由此可见,关于同一性的争论并不单是一种文字上的辩论。因为当我们在一种不恰当意义下把同一性归之于可变的或间断的对象时,我们的错误并不限于表达方式,而是往往伴有一种不变的、不间断的事物的虚构,或是伴有某种神秘而不可解说的事物的虚构,或者至少伴有进行那种虚构的一种倾向。要给每一个公正的研究者把这个假设证明得使他满意,必须要根据日常经验和观察指明,那些可变的或间断的、可是又被假设为继续同一不变的对象,只是由接续着的部分所组成,而由类似关系,接近关系或因果关系联系起来的。因为那样一种接续既然显然是符合于我们的多样性的概念,所以我们只是由于一种错误,才认为这种接续有一种同一性;而且使我们陷于这种错误的那些部分的关系,实际上既然只是产生观念的联结并使想象在各个观念之间顺利推移的一种性质,所以错误的发生只是由于这种心灵活动和我们思维同一而继续的对象时的那种心灵活动有一种类

------

① 如果读者想知道一个大天才怎样会和一般人一样被这些显得很浅薄的想象原则所影响,那么就请他读一下莎夫茨伯雷勋爵关于宇宙联合原则和植物及动物同一性的推理。参阅他的道德学家或哲学漫谈。

似关系。因此,我们的主要任务就必然是要证明,我们没有观察到它们的不变性和不间断性、而就以同一性赋予它们的一切对象,都是由若干接续的相关对象组成的那样一些对象。

为了证明这一点,可以假设有任何一团物质、它的各个部分是互相接近、互相联系着的;假设所有的部分都不间断地、不变地继续是同一的,我们显然一定要认为这个物质团有一种完全的同一性,不论我们在它的全体或在任何一个部分中观察到什么样的运动或地位的变化。但是假设一个很小的或细微的部分加在那个物质团上,或者从那个物质团上减去,那么严格地说,这虽然绝对消灭了全体的同一性,可是由于我们的思想很少那样的精确,所以我们毫不犹豫地断言,我们所见的那个变化得很小的物质团仍然是同一的。由变化前的对象至变化后的对象,思想的进程是那样的顺利而方便,所以我们几乎觉察不到那种推移,而很容易认为,我们还只是在继续观察同一个对象。

这个实验带着一种很可注意的情节,就是:在一个物质团中任何一个重大部分的变化虽然消灭了全体的同一性,可是我们必须依部分对全体的比例来度量部分的大小,而不是用绝对标准加以度量。加上或减少一座山,并不足以使一个行星呈现异样;可是增减不多几时,就能消灭某些物体的同一性。我们只有借助于下面这种反省,才可以说明这点:就是对象不是依照它们实在的大小,而是依照它们彼此的比例,在心灵上起着作用,并打断或间断它们的作用的继续性的。因此,这种间断既然使一个对象不再显得同一,所以构成这种不完全的同一性①的,必然

---

① 英文编者在书旁加上了〔完全的?〕这样的一个附注,并把正文中的"不完

就是那种不间断的思想进程。

这一点还可以被另一种现象所证实。一个物体的任何重大部分的变化消灭了它的同一性,但是可注意的是,在那种变化是逐渐地、不知不觉地产生出来时,我们就不那样容易认为它有同样的效果。理由显然不外是这样的:即心灵在追随物体的接续的变化时,感觉到很容易地由观察物体在这一刹那的状态进而观察它在另一刹那的状态,而在任何特殊的时间都知觉不到它的活动有任何间断。心灵根据这种继续着的知觉就以一种继续的存在和同一性归于那个对象。

但是不论我们如何小心把变化徐徐引进,并使那种变化和全体成某种比例,可是当这些变化最后被观察到变得巨大了的时候,我们就迟疑不决,不肯以同一性归于那样一些差异的对象了。但是,我们还有另外一种手段,通过它可以诱导想象更前进一步;那就是,使各个部分互相联系,并与某种共同目的或目标结合起来。一艘船虽然由于屡经修缮,大部分已经改变了,可是仍然被认为是同一艘船;造船材料的差异,也并不妨碍我们以同一性归于那艘船。各个部分一起参与的共同目的,在一切变化之下始终保持同一,并使想象由物体的一种情况顺利地推移到另一种情况。

我们如果再把部分之间的感应作用加到它们的共同目的上面,假设在它们的全部活动和作用中、彼此有一种交互的因果关

全的"一词放在括弧里,显然是对于"不完全的"一词用在这里的正确性有所怀疑。但从上下文看来,休谟在这里用"不完全的同一性"乃是指上文所说"我们毫不犹豫地断言,我们所见那个变化得很小的物质仍然是同一的"那种同一性而言,并无任何不合之处。因此,我们在中译本中已把英文编写的旁注略去。——中文编者

系；那么上述情形就更加显著了。一切动物和植物都是这种情形；在这些物类方面，不但各个部分都和某种共同的目标有联系，并且也都互相依靠、互相关联。那样一种强固的关系的效果就是：每个人虽然都必须承认，在不几年的时间中，植物和动物都经过了全部改变，而且其形状、大小和实质也完全变了，可是我们仍然以一种同一性归于它们。由幼小树苗长成高大树木的一棵橡树，仍然是同一棵的橡树，虽然任何一个物质分子或其各部分的形状都已不是同一的了。一个婴儿长大成人，时而肥胖，时而消瘦，可是他的同一性却并没有变化。

我们也可以考究下面两种现象，这两种现象也有其可以注目之点。第一个现象就是，我们平常虽然能够相当精确地区别数目的同一性和类型的同一性，可是我们有时把两者混淆了，在思想和推理中把一个当作另外一个。例如一个人听到一种时断时续的声音时就说，那还是同一的声音，虽然那些声音只有一种类型同一性或类似关系，而并没有任何数目的同一性，只有发出这些声音的那个原因的同一性。同样，我们也可以说（这也并不破坏语言的恰当性），原来一座用砖块建筑的教堂倾圮以后，教区又用沙石按照近代的建筑术重建了同一的教堂。在这里，教堂的式样和建筑材料都已不是同一的了，前后两个教堂也没有任何共同之点，所共同的只有两者对教区居民的关系；可是单是这一点就足以使我们称两者为同一的了。但是我们不得不说，在这些情形下，在第二个对象开始存在之前，第一个对象已经可说是消灭了。借着这种方法，在任何一个时间点上就都不会有差异观念或多样观念呈现于我们之前；而且我们因此就毫不犹豫地把两者称做同一的。

第二,我们可以说,在接续的相关对象中,虽然需要各部分的变化不要太突然,不要很完全,才能保存同一性,可是当印象本性就是容易变化而不恒定的时候,我们就允许较为突然的一种转变,这种转变在其他情况下是和那种同一关系不相符合的。例如一条河流的本性既然在于各部分的运动和变化,所以虽然在不到二十四个小时的时间中,这些部分完全变了,而这并不妨碍河流在若干世纪中继续保持同一不变。任何东西的自然情况或本质情况都可说是被人所预期的;而凡被人所预期的东西比起不寻常的、奇特的东西来,所造成的印象总是较浅,并且也显得没有那样重要。前一类中的重大变化比起后一类中的最细微的变化来,在想象看来,实在似乎要小一些;而且那种变化因为它所打断的思想的连续性较少,所以就其消灭同一性而言,影响也就较为小些。

现在我们可进而说明人格同一性的本性,这个问题在英国,尤其是近年来,已成为那样重大的一个哲学问题;在英国,人们对一切比较深奥的科学都在以特别大的热诚和勤奋加以研究。显然,在说明植物、动物、船舶、房屋、一切复合的和可变的艺术产品或自然产品的同一性方面、所曾经那样成功地运用的那个推理方法,在这里仍然必须继续采用。我们所归之于人类心灵的那种同一性只是一种虚构的同一性,是与我们所归之于植物或动物体的那种同一性属于同样种类的。因此,这种同一性一定不可能有另一个来源,而是一定发生于想象在相似对象上的相似作用。

这个论证在我认为是完全有决定性的,不过恐怕它仍然不能使读者信服,所以就请他衡量下面这个更加严密、更为直接的推理。显然,我们所归之于人类心灵的那种同一性,不论我们想象它是如何的完善,仍然不足以使那些各别而不同的知觉合并为一体,并使那些知觉失掉作为它们要素的那些各别的和差异的特征。这点仍然是真实的:加入人类心灵组织中的每一个各别的知觉都是一个各别的存在,并且与其他各个知觉(不论是同时的或接续的)都是互相差异、可以互相区别、互相分离的。不过虽有这种区别性和分离性,而我们仍然假设整个一系列的知觉是被同一性结合着的;所以关于这种同一性关系自然就发生了一个问题,就是:同一性是把各种知觉真正缔结起来的一种东西呢,还是只把这些知觉的观念在想象中联结起来的一种东西呢?换句话说就是,在声言一个人格的同一性时,我们还是观察到他的各个知觉之间的一种真正的缔合呢?还是只感觉到我们对这些知觉所形成的观念之间有一种结合呢?前面我们已经详细地证明,人的知性在对象之间永远观察不到任何实在的联系,而且甚至因果结合在严格考察之下也归结为观念间的一种习惯性的联系,我们如果回忆一下这个证明,那么上述的问题便将迎刃而解。因为由此所得的结论显然是这样的:同一性并非真正属于这些差异的知觉而加以结合的一种东西,而只是我们所归于知觉的一种性质,我们之所以如此,那是因为当我们反省这些知觉时,它们的观念就在想象中结合起来的缘故。但是能在想象中把观念结合起来的仅有的性质,就是前述的那三种关系。这些关系就是观念世界中的结合原则,离开了这些原则,每

第四章　论怀疑主义哲学体系和其他哲学体系

一个明确的对象都可以被心灵所分离，并可以分别地被思考，而和其他任何对象似乎并无什么联系，就像它们因为差异极大、距离极远而彼此互不相关时一样。因此，同一性是依靠于类似关系、接近关系和因果关系三种关系中的某几种关系的。这些关系的本质既然在于产生观念间的一种顺利推移；所以，我们的人格同一性概念完全是由于思想依照了上述原则，沿着一连串关联着的观念顺利而不间断地进行下去而发生的。

因此，现在所留下的惟一问题就是：当我们考虑一个心灵（或能思想的人格）的接续存在时，我们的思想的这种不间断的进程是由什么关系产生出来的。这里我们显然必须专取类似关系和因果关系，而把接近关系去掉，因为这种关系在现在情形下的影响是很小的或是完全没有的。

先从*类似关系*谈起：假使我们能够清楚地透视他人的心胸，而观察构成其心灵（或思想原则）的接续的那一串知觉，并且假设他对于大部分过去的知觉永远保持着记忆；那么显然，再没有比这个情形更能有助于以一种"关系"给予层层递变中的这个接续现象了。因为记忆不就是我们借以唤起过去知觉的意象来的一种官能么？一个意象既是必然和它的对象类似，那么记忆既然把这些互相类似的知觉常常置于思想系列中，岂不就必然会使想象较为顺利地由一个环节转移到另一个环节，而使全部系列显得像一个对象的继续么？因此，在这一点上，记忆不但显现出了同一性，并且由于产生了知觉间的类似关系，而有助于同一性的产生。不论我们考虑自己或别人，情形都是一样。

至于*因果关系*，我们可以说，要想对人类心灵有一个正确的观念，就该把它视为各种不同的知觉或不同的存在的一个体系，这些知觉是被因果关系联系起来，互相产生，互相消灭，互相影响，互相限制的。我们的印象产生它们的相应的观念，而这些观念又产生其他印象。一个思想赶走另一个思想，跟着引进第三个思想，而又被第三个思想所逐走了。在这一方面，我如果将灵魂比作一个共和国，那是最为恰当的；在这个共和国中，各个成员被统治与服从的相互关系结合起来，随后又生出其他的人们，后人继承着前人、不断更替地来传续同一个的共和国。同一个共和国不但改变其成员，并改变其法律和制度；同样，同一个人也可以改变其性格和性情，以及其印象和观念，而并不致失去其同一性。不论他经历什么样的变化，他的各个部分仍然被因果关系所联系着。在这个观点下，情感方面的人格同一性可以证实想象方面的人格同一性，因为前一种同一性使我们的那些远隔的知觉互相影响，并且使我们在现时对于过去的或将来的苦乐发生一种关切之感。

既然只有记忆使我们熟悉这一系列知觉的接续性和这个接续性的范围，所以主要是由于这个缘故，记忆才被认为是人格同一性的来源。我们如果没有记忆，那么我们就永远不会有任何因果关系概念，因而也不会有构成自我或人格的那一系列原因和结果的概念。但是当我们一旦从记忆中获得了这个因果关系的概念以后，我们便能够把这一系列原因、因而也能把人格的同一性扩展到我们的记忆以外，并且能够包括我们所完全忘却而只是一般假设为存在过的一切时间、条件和行动。因为我们所记忆的过去行动是多么少呢？例如，谁能告诉我说，在一七一五年、一月、一日，一七一九年、三月、十一日，一七三三年、八月、三日，他有过什么思想或行动呢？他是否会由于完全忘记了这些日子里的事件，而说，现在的自我和那时的自我不是同一个人格，并借此推翻了关于人格同一性的最确立的概念呢？因此，在这种观点下来说，记忆由于指出我们各个不同的知觉间的因果关系，所以与其说它产生了人格同一性，不如说它显现了人格的同一性。那些主张记忆完全产生了人格同一性的人们，就必须说明我们为什么能够这样把自我同一性扩展到我们的记忆之外。

这个学说的全部使我们达到一个对现在问题极关重要的结论，即关于人格同一性的一切细微和深奥的问题，永远不可能得到解决，而只可以看作是语法上的难题，不是哲学上的难题。同一性依靠于观念间的关系；这些关系借其所引起的顺利推移产生了同一性。但是这些关系和顺利推移既然可以不知不觉地逐渐减弱，所以我们就没有正确的标准，借此可以解决关于这些关系是在何时获得或失去同一性这个名称的任何争论。关于联系着的对象的同一性的一切争论都只是一些空话，实际上仅仅是部分之间的关系产生了某种虚构或想象的结合原则而已，正像我们前面所说的那样。

关于我们的同一性概念（在应用于人类心灵上时）的最初来源和不确定性我们所说过的话，无需多少更动，就可以推广来用于单纯性的概念。一个对象，如果其各个不同的共存的部分是被一种密切关系所缔结起来的，那么它在想象上的作用正如一个完全单纯而不可分的对象的作用完全一样，无需更大的思想努力便可以进入想象。由于这种作用的单纯性，我们就认为那个对象有一种单纯性，并虚构一个结合原则，作为这种单纯性的支持，作为那个对象的一切不同部分和性质的中心。

关于理智世界和自然（照休谟自改）世界的各派哲学体系，我们现已考察完毕；在我们的多方面的推理方式中我们曾被导入各种的论题；这些论题有的阐明了和证实了本书的前几部分，有的给我们下面的意见准备了道路。现在就应该返回来更仔细地考察我们的题材，并且在我们已经对我们的判断和知性的本性作了详细说明之后，进而精确地剖析人性。

第七节　本卷的结论

但是在我进入我前面的哲学的深海中之前，我很想在现在这一站上稍停片刻，思考一下我所已经走过的、并需要极大的技术和勤劳才能圆满结束的那段航程。我想我正像这样的一个人，虽曾触到许多浅滩，并在驶过狭窄的海口时几乎遭到船舶沉没的危险，可是仍然有绝大的勇气，敢于乘着那艘风吹雨打的漏船驶入大海，甚至雄心勃勃，居然想在这些不利条件下环绕地球一周。不过回忆起过去的种种错误和困惑，使我对将来很不自信。在我的研究中我所不得不使用的那些官能的可怜的状态、弱点和纷乱，增加了我的顾虑。补救或校正这些官能的不可能性，使我几乎陷于绝望，使我决意在现在这块光秃秃的岩石上灭亡，而不愿投身于无边无际的大洋中。在这样突然料到我的危险时，使我垂头丧气；而且那种悲观情感既是比其他情感往往更容易沉溺不返，所以现在这个题目就唤起我的层出不穷的沮丧的感想，助长了我的失望情绪。

第四章 论怀疑主义哲学体系和其他哲学体系

我首先对我在我的哲学中所处的孤苦寂寞的境地,感到惊恐和迷惑,设想自己是一个奇形怪状的妖物,不能融合于社会中间,断绝了一切人间的来往,成为一个彻底被遗弃了的、衷心忧郁的人。我很想混入群众之中,取得掩护和温暖;我自惭形秽,就没有勇气与人为伍。于是我就招呼他人来与我为伍,自成一个团体;但是没有一个人听我的话。每个人都退避远处,惧怕那个四面袭击我的风暴。我已经受到一切哲学家、逻辑学家、数学家甚至神学家的嫉恨;那么,我对我必然要遭受的侮辱,还有什么惊奇么?我对他们的体系,已经声明不赞成;那么他们如果对我的体系和我个人表示憎恨,我还能惊奇么?当我四面展望时,我就预见到争论、反驳、愤怒、诟骂和毁谤。而当我反观内视时,我也只发现怀疑与无知。举世都联合起来反对我,驳斥我;虽然我自己就已经是那样脆弱,以致我觉得,我的全部意见如果不经他人的赞同,予以支持,都将自行瓦解和崩溃。每走一步,我都感到踌躇,每重新反省一次,都使我恐怕在我的推理中发生错误的谬误。

因为,除了我个人特有的无数弱点以外,我既然还发现了许多人性所共有的弱点,我为什么还能够自信不疑地冒险从事那样一个勇敢的事业呢?在抛弃一切已经确立的意见的同时,我难道能够自信自己是在追随真理么?即使幸运指导我跟踪真理的足迹前进,我又可以凭什么标准来判别真理呢?在作了最精确的最确切的推理之后,我并不能拿出为什么要同意它的理由来。我只是感到一种强烈的倾向,不得不在那些对象出现于我面前的那个观点下来强烈地考虑它们。经验是以对象的过去种种结合来教导我的一个原则。习惯是决定我预期将来有同样现象发生的另一个原则；这两个原则联合起来作用于想象，并使某些观念比其他没有这种优势的观念、能在较强烈而较生动的方式下被我所形成。心灵借这种性质才使某些观念比其他观念较为生动（这一点似乎是那样浅薄，那样少地建立在理性上的），离了这种性质，我们便永不能同意任何论证，也永不能使我们的视野超越呈现于我们感官之前的那些少数对象之外。不但如此，就是这些对象我们也只能认为它们只有依靠于感官的一种存在；而且我们也必须把这些对象完全包括在构成我们自我或人格的那一系列接续的知觉中。不但如此，即使对于那个接续的关系而言，我们也只能承认那些直接呈现于我们意识中的知觉，而记忆所呈现于我们的那些生动的意象，也永远不能被认为是过去知觉的真相。因此，记忆、感官和知性都是建立在想象或观念的活泼性上面的。

像这样一个无常而易误的原则，人们如果在它的一切变化中都盲目地加以信从（这是不可避免的），那就难怪它把我们导入种种错误之中了。使我们根据因果进行推理的，正是这个原则；使我们相信外界对象在离开感官时仍然继续存在的，也是这个原则。不过这两种作用虽然在人类心灵中同样是自然的和必然的，可是，在某些情况下两者却是[①]直接相反的，而且我们也不可能一面根据因果进行正确而有规则的推理，同时又相信物质的继续存在。那么我们该怎样调整那些原则呢？我们该选择

---

① 第四节。

第四章 论怀疑主义哲学体系和其他哲学体系

哪一条原则呢？假如我们不愿选择两个原则中的任何一个，可是依次同意于两者（这在哲学家们中间是常见的），那么当后来我们明知故犯地接受了那样一个明显的矛盾时，我们还有什么信心去僭取哲学家那样一个光荣的称号呢？

如果我们推理的其他部分在某种程度上是可靠的、令人满意的，那么这种矛盾[①]也就比较可以原谅的了。但是，情形正与此相反。当我们把人类知性追溯到它的第一原则上时，我们就发现它把我们导入了那样一些的意见，使我们过去全部的辛苦勤劳都显得可笑，并使我们没有勇气去进行将来的研究。人的心灵所最爱好研究的，就是每一个现象的原因；而且我们知道了直接的原因还不满足，总还要把我们的探讨推进下去，一直达到原始的、最后的原则。我们如果没有认识到原因借以作用于其结果上的那种功能，联系着因果的那种链索，以及那种链索所依靠的那个具有效能的性质，那么我们便不肯停止下来。这是我们全部研究和思考的目的：那么，当我们知道了这种联系、链索或功能只是存在于我们自身，只是因习惯而得来的那种心理的倾向，而且这种倾向只是使我们由一个对象推移到它的通常伴随物，并由一个对象的印象推移到那个伴随物的生动观念；这时候，我们该是怎样的失望呢？这样一个发现不但斩断了可以得到满意结果的任何希望，甚至挫折了我们的这种愿望；因为当我们说，我们想把最后的作用原则作为寓存于外界对象中的一种东西而加以认识的时候，那就显得我们或者是自相矛盾，或者是在

---

① 第三章，第十四节。

说毫无意义的话。

的确,在日常生活中,我们觉察不到我们观念中的这个缺陷,而且我们也感觉不到,在最常见的因果结合方面,也正如在最不寻常而奇特的因果结合方面,我们都一样不知道结合因与果的那个最后原则。但是这种情形只是由想象的幻觉发生;问题在于,我们应当在什么样程度上听从这些幻觉。这个问题极为困难,使我们陷于极为危险的两难境地,不论我们以哪个方式加以回答。因为我们如果同意想象的每一个浅薄的提示,那么这些提示除了往往是互相反对之外,还使我们陷于那样的错误、荒谬和模糊之中,使我们最后对自己的轻信感到惭愧。最可以危害理性,并在哲学家们中间引起最多错误的,就是想象的飞跃。想象焕发的人在这一方面或许可以比作圣经上所说拿翅膀掩住自己眼睛的那些天使〔译注〕。这一点已有那样多的例子加以阐明,我们就可以不必再费心去详细论究了。

但在另一方面,如果考虑到了这些例子,使我们决心排斥想象的一切浅薄的提示,而牢牢地守住知性,即想象的比较一般的、比较确立的那些特性:那么,即使这个决心能够稳固地贯彻下去,那也是危险的,并且会带来十分有害的结果。因为我已经指出①,知性在依照它的最一般的原则单独活动时,就完全推翻了自己,不论在哲学或日常生活的任何命题中都不留下任何最低的证信程度。我们只是借着想象的那种独特的和似乎浅薄的特性,才把自己从这种彻底的怀疑主义中挽救出来,因为由于这

---

① 第一节。

种特性,我们就难以观察事物的远景,而且对于那些事物的远景也不像对于较容易、较自然的事物那样,能够发生明显的印象。那么,我们是否可以立下一条普遍原理说:任何精微或细致的推理都不应当接受么?应当仔细考究一下这样一个原则的结果。要是这样,你就完全断绝了一切科学和哲学;你既然根据想象的一个特性进行推理,根据公平的理由你就必须接受它的全部性质:这样你分明是自相矛盾了;因为这个原理必然建立在前面的推理上面,而前面的推理已可以被认为是足够精细的和思辨的了。那么,我们处在这些困难之中,该选择哪一方面呢?如果我们信从这个原则,摈弃一切精微的推理,那么我们就陷于最明显的谬误。如果我们排斥这个原则,而接受这些推理,那么,我们就完全推翻了人类的知性。因此,我们就只剩下一个虚伪的理性,否则便是毫无理性,再无其他选择余地。就我来说,我在现在情形下,不知如何是好。我只能遵照平常人的所为;那就是,这种困难很少或从来不被想到;即使这个困难一度出现于心中,马上也就被遗忘了,仅仅留下一个模糊的印象。十分精微的反省对我们的影响很小;可是我们并不、而且也不能、立下一条规则说,这些反省不应该有任何影响;这种说法包含一种明显的矛盾。

不过我所说十分精微的、形而上学的反省对我们的影响很小或竟是没有,那是什么意思呢?根据我现在的感觉和经验,我不能不取消和摈弃这个意见。对人类理性中这些重重矛盾和缺陷的强烈观点深深地影响了我,刺激了我的头脑,因此我准备抛弃一切信仰和推理,甚至无法把任何意见看作比其他意见较为可靠或更为可能一些。我在什么地方？我是什么样的人？我由什么原因获得我的存在，我将来会返回到什么状态？我应该追求谁的恩惠，惧怕谁的愤怒？四周有什么存在物环绕着我？我对谁有任何影响，或者说，谁对我有任何影响？我被所有这类问题迷惑了，开始想象自己处于最可怜的情况中，四围漆黑一团，我完全被剥夺了每一个肢体和每一种官能的运用能力。

最幸运的是，理性虽然不能驱散这些疑云，可是自然本身却足以达到那个目的，把我的哲学的忧郁症和昏迷治愈了，或者是通过松散这种心灵倾向，或者是通过某种事务和我的感官的生动印象，消灭了所有这些幻想。我就餐，我玩双六，我谈话，并和我的朋友们谈笑；在经过三四个钟头的娱乐以后，我再返回来看这一类思辨时，就觉得这些思辨那样冷酷、牵强、可笑，因而发现自己无心再继续进行这类思辨了。

因此，我在这里发现自己绝对而必然地决心要生活、谈话、行动，正如日常生活中的其他人们一样。不过我这种自然的倾向以及我的精力和情感的趋向，虽然使我回到对世人的一般原理的懒散的信仰，可是我觉得先前的那种心情仍然存留着，以致我准备把我的全部书籍和论文都扔到火里，决心不再为了推理和哲学而放弃人生的快乐。现在怒气笼罩着我，使我发生了这些感想。如果服从我的感官和知性，那么我就会、而且也必然顺从自然的倾向；在这样的盲目服从中我就赤裸裸地表明了我的怀疑主义的心情和原则。不过我是否因此就必须竭力反抗使我懒散和行乐的自然倾向呢？我是否必须在某种程度上断绝那样愉快的人和人之间的交往，而且我必须绞尽脑汁去从事玄思和

第四章 论怀疑主义哲学体系和其他哲学体系

诡辩呢？虽然在同时对于那样一种辛苦的勤劳究竟是否合理，我也不能得到解答，而且又没有借此达到真理和确实性的任何相当大的希望。我有什么义务非把时间这样浪费不可呢？这样做能够达到什么目的，能够服务于人类的利益、还是我私人的利益呢？不能。正像进行推理或信仰任何事物的一切人都一定是傻瓜那样，如果我一定要做傻瓜的话，那么我的傻气至少要是自然的和愉快的。如果我反抗我的倾向，我也得有反抗的正当理由；我不愿再被导入前面所遭遇到的凄凉的寂境和险恶的路途中去流浪了。

这些就是我的愤怒和懒散的情绪；的确，我必须承认，哲学对这些情绪丝毫提不出什么反对的理由，哲学的胜利的希望只能寄托在愉快的心情的再现，而不能寄托在理性和信念的力量。在人生一切事务中，我们仍然应当保存我们的怀疑主义。如果我们相信，火能生暖，水能提神，那只是因为我们如果作其他的想法，我们就会吃大亏的。如果我们是哲学家的话，那么我们的哲学只应该是根据于怀疑主义的原则，并且是由于我们感觉到一种喜爱从事哲学思想的倾向。不论什么地方理性如果是生动活泼，并与某种倾向混合起来，我们就应当加以同意。理性如果不是这种情形，它便永远不能有影响我们的任何权利。

因此，当我倦于娱乐和交游，而在我的房间中或在河边独自散步时恣意沉思，这时我又感到自己的心灵集中内向，自然地倾向于把我的观点转到我在读书和谈话过程中所遇到的争论得很多的所有那些题材。对于道德上的善恶的原则，对于政府的本性和基础，对于推动和支配我的那些情感和倾向的原因，我都不禁有一种乐意加以认识的好奇心。我如果不知道我是根据了什么原则,赞许一个对象,而不赞许另一个对象,称一种东西为美,称另一种东西为丑,判断其真实和虚妄,理性和愚蠢:那么我思想起来便觉得不安。现在的学术界在这种种方面都是处于可怜的无知状态,我对此很感关切。我感觉自己雄心勃勃,要想对于人类的教导有所贡献,并借我的发明和发现获得声名。这些感想在我现在的心情中自然而然地涌现起来,我如果转到其他事情或娱乐上去,借以驱除这些感想,那么我觉得就快乐而论我将有所损失。这就是我的哲学的起源。

但是,即使假设这种好奇心和雄心不至于把我带到日常生活范围以外的思辨中去,可是由于我的弱点,我也必然会被导入这一类的探讨之中。确实,迷信在其体系和假设方面,比起哲学来要大胆得多。哲学对于有形世界中出现的种种现象满足于指出它们的新的原因和原则,而迷信却开辟了自己的世界,给我们呈现出完全新的景象、存在物和对象。人类的心灵既然几乎是不可能像动物的心灵一样,停止在构成日常交际和行动的题材的那个狭隘的对象范围以内,所以我们就只应当慎重考虑如何选择我们的向导,并应当选择最稳妥、最惬意的向导。在这一方面,我要大胆地推荐哲学,而且毫不犹豫地选取哲学,舍弃各种各样的迷信。因为迷信既是自然而顺利地由人类的通俗意见发生的,所以就更加有力地把握住人心,而且往往能够搅乱我们对生活和行动的安排。哲学则与此相反,它如果是正确的话,那么就只能以温和与适中的意见提供于我们;如果是虚假而狂妄的话,那么它的意见也只是冷静的、一般的思辨的对象,很少可以

第四章 论怀疑主义哲学体系和其他哲学体系

达到打断我们自然倾向进程的程度。哲学家中间,只有犬儒学派是一个离奇的例子,只有他们曾由纯粹哲学的推理陷入了极度狂妄的行为,正像世界上曾有的任何僧侣或托钵僧一样。一般说来,宗教中的错误是危险的;哲学中的错误则仅仅是可笑而已。

我也知道,具有这种心理上的优点和心理上的弱点的两类人将包括不了所有的人类,尤其在英国,有许多正直的先生们因为经常从事家庭琐务,或是以通常的消遣自娱,他们的思想很少超出每日呈现于其感官前的那些对象之外。的确,这一类人,我并不想把他们造成哲学家,我也不希望他们成为这些研究中的同道,或这些发现的听众。他们还是留在他们现在的情况中比较好;我不想把他们锻炼成哲学家,我只希望我们能够把这种粗泥土的混合物分一份给我们各派体系的奠基人,因为这正是他们通常所最需要的一种成分,可以缓和组成他们的那些烈焰般的分子。当一种热烈的想象被允许进入了哲学,当各种假设只因为是动人听闻和称心合意而被采纳时,那么我们便永不能有任何稳定的原则,也永不能有任何符合于平常的实践和经验的意见。但是如果这些假设一旦消除去了,那么我们就可以希望建立一个体系或一套意见,这个体系即使不是真实的(因为这一点或许是超过了我们的希望),至少也会使心灵感到满意,而经得起最苛刻批评的考察。如果我们想到,这些问题成为探讨和推理的题材,为时尚短,那么我们便不会因为人世间许多空想体系的倏生倏灭,而对达到这个目的表示绝望了。在两千年的时间中,曾经屡次有那样长期的中断,又经过那样大的挫折,所以这段历史只是一段短暂的时间，不可能使科学达到相当完善的程度；也许我们还处在世界的过早的时期，难以发现任何可以经得起最后世代人类的考察的原则。就我而论，我的惟一希望只是：在某些点上使哲学家们的思辨转到另一个方向上去，并向他们比较清楚地指出他们惟一能够希望对之得到证信和信念的那些题目，借此我可以对促进人类知识稍有贡献。人性研究是关于人的惟一科学，可是一向却最被人忽视。我如果能使这门科学稍为流行一些，就心满意足了。这一点希望平息了有时候控制着我的怒气，又把我的心情从有时候控制着我的懒散状态中振奋起来。读者如果觉得自己处于同样轻松的心情，请他随着我进入我后面的思辨中。如果不是这样，那么就请他顺从自己的爱好，等待勤奋精神和高兴心情的再度来临。一个人如果这样轻松愉快地研究哲学，比起另一个感觉自己爱好哲学、而同时却充满了疑虑和犹豫以至完全排斥哲学的人，他的行为就更符合于地道的怀疑主义。一个地道的怀疑主义者，不但怀疑他的哲学的信念，也怀疑他的哲学的怀疑；不论由于怀疑或信念，他都从来不会摈弃他可能自然享到的天真的快乐。

虽然我们有怀疑主义的原则，我们还是不但应当一般地纵容那种爱好从事于最细致的哲学研究的倾向，而且还应当顺从那种使我们在某些特殊点上（依据我们在特殊时刻观察这些特殊点的那些观点）表示肯定而坚决的倾向。我们比较容易制止自己，不去进行一切考察和探讨，而不容易制止自己那样一种自然的倾向，并防止由于精确和详细地观察一个对象总是会发生的那种信念。在这样一种场合下，我们不但容易忘掉我们的怀

第四章　论怀疑主义哲学体系和其他哲学体系

疑主义,甚至也容易忘掉我们的谦逊,而应用这一类的词语,如显然,确实,不可否认的;我们对于公众如果存着适当的敬意,或许就应当避免这类词语。我也可能曾经照着别人的榜样陷于这种错误之中;不过在这里,我要申请大家不要再提出在这一方面所可以提出的任何驳斥,我在这里声明,这一类词语是由我对于对象的现前观点所逼出来的,并不意味着独断的精神,也不意味着对于我自己的判断的自负的看法;我非常清楚,这一类意见是不适合于任何人的,而对于一个怀疑主义者则更不适合。

〔译注〕　圣经旧约,以赛亚第六章二节:其上有撒拉弗(天使之一种)侍立,各有六个翅膀,用两个翅膀遮脸,两个翅膀遮脚,两个翅膀飞翔。

人 性 论

在精神科学中采用实验推理方法的一个尝试

> 当你能够感觉你愿意感觉的东西,能够说出你所感觉到的东西的时候,这是非常幸福的时候。
>
> ——塔西陀

第二卷 论情感

第一章　论骄傲与谦卑

第一节　题目的划分

正像心灵的一切知觉可以分为印象和观念一样,印象也可以有另外一种分类,即分为原始的和次生的两种。这种印象分类法,也就是我在前面把印象分为感觉印象和反省印象时所用的那种分类法①。所谓原始印象或感觉印象,就是不经任何先前的知觉,而由身体的组织、精力或由对象接触外部感官而发生于灵魂中的那些印象。次生印象或反省印象,是直接地或由原始印象的观念作为媒介,而由某些原始印象发生的那些印象。第一类印象包括全部感官印象和人体的一切苦乐感觉;第二类印象包括情感和类似情感的其他情绪。

确实,心灵在发生知觉时,必须要由某处开始;而且印象既然先行于其相应的观念,那么必然有某些印象是不经任何介绍而出现于灵魂中的。这些印象既然依靠于自然的和物理的原因,那么要对它们进行考察,就会使我远远离开本题,进入解剖学和自然哲学中。因为这个缘故,我在这里将只限于讨论我所称为次生的和反省的那些其他的印象,这些印象或是发生于原

---

① 第一卷,第一章,第二节。

始的印象,或是发生于原始印象的观念。身体的苦乐是心灵所感觉和考虑的许多情感的来源;但是这些苦乐是不经先前的思想或知觉而原始发生于灵魂中或身体中的(称之为灵魂或身体都可以)。一阵痛风症产生一长系列的情感,如悲伤、希望、恐惧;但痛风症并不是直接由任何感情或观念发生的。

反省印象可以分为两种,即平静的与猛烈的。对于行为、著作和外界对象的美和丑所有的感觉,属于第一种。爱和恨,悲伤和喜悦,骄傲与谦卑等情感属于第二种。这种分类远非精确。对诗歌和音乐的狂喜心情往往达到极高的程度;而恰当地被称为是情感的其他别的印象,却可以衰退成为那样柔和的一种情绪,以至于变得可说是觉察不到了。但是一般说来,情感比起发生于美和丑的情绪来既然较为猛烈,所以这两类印象通常是互相加以区别的。人类心灵这个题材是极其丰富和多样的,所以我在这里将利用这个通俗的、似乎有理的划分,以便可以比较有秩序地进行研究;关于我们的观念,我所认为必须要讲的话,现在既然都已说过,我将进而说明这些猛烈情绪或情感、它们的本质、来源、原因和结果。

当我们观察各种情感时,又发现了直接情感和间接情感的那种划分。我所谓直接情感,是指直接起于善、恶、苦、乐的那些情感。所谓间接情感是指由同样一些原则所发生、但是有其他性质与之结合的那些情感。这种划分我现在不能再进一步加以辩解或说明。我只能概括地说,我把骄傲、谦卑、野心、虚荣、爱、恨、妒忌、怜悯、恶意、慷慨和它们的附属情感都包括在间接情感之下。而在直接情感之下,则包括了欲望、厌恶、悲伤、喜悦、希望、恐惧、绝望、安心。现在先从前一种谈起。

第二节 论骄傲与谦卑；它们的对象和它们的原因

骄傲(pride)与谦卑(humility)是单纯而一致的印象,所以我们不管用多少话也不能对两者(或者说对任何一种情感)下个正确定义。我们所能企求做到的最大限度,就是列举伴随这些情感的种种条件,而对它们作一描述;不过骄傲与谦卑这两个名词既是通用的,而且两者所表象的印象又是最常见的,所以每一个人自己都会对它们形成一个最正确的观念,不致有任何错误的危险。因为这个理由,为了不在绪论上多费工夫,我将立刻开始考察这些情感。

显而易见,骄傲与谦卑是恰恰相反的,可是它们有同一个对象。这个对象就是自我,或我们所亲切记忆和意识到的接续着的一串相关观念和印象。当我们被这些情感之一所激动时,我们的观点总是固定在自我。我们的自我观念有时显得优越,有时显得不够优越,我们也就随着感到那些相反感情中的这一种或那一种,或因骄傲而兴高采烈,或因谦卑而抑郁沮丧。心灵不论接纳其他什么对象,而在考虑这些对象时,总要着眼于我们自己;否则这些对象便永远不能刺激起这些感情,或者使它们有些微的增减。当自我不被考虑到时,便没有骄傲或谦卑的余地。

不过我们所谓自我的那一系列接续着的知觉,虽然永远是这两种情感的对象,可是自我并不能成为这些情感的原因,或单凭自身就足以刺激起这些情感。因为这些情感既是恰恰相反的,并且有一个共同的对象;所以假使它们的对象也是它们的原因，那么，这个对象一产生了任何程度的一种情感，同时就不能不刺激起相等程度的另一种情感来；这种对立和反对必然会互相消灭。一个人不可能同时既骄傲而又谦卑；当他有发生这些情感各自不同的理由时（这是常常发生的），那么这些情感或是交替发生，或是在相遇时、一方尽其全力去消灭对方，结果是占优势的那一方的剩余力量还继续影响着心灵。但是在现在的情况下，没有一种感情能够占到优势；因为假设单是自我观点就刺激起这些情感来，那么这个观点对两者既然都是漠然的，所以就必然以同一比例产生两种情感；换句话说，也就是不能产生任何一种情感。如果一面刺激起某种情感，而同时又刺激起其势均力敌的对手来，那就立刻取消了前面所做的工作，而最后必然使心灵成为完全平静和漠然。

因此，我们必须区别这些情感的原因和对象；必须区别刺激起情感的那个观念和那个情感一经刺激起来被我们观察时所参照的那个观念。骄傲与谦卑一旦刺激起来以后，立即把我们的注意转向自我，并把自我看作它们终极的、最后的对象；但是还需要一种东西，才能产生它们，即两种情感之一所特有，而不在同一程度内产生两者的一种东西。呈现于心灵的第一个观念就是一个原因（或产生原则）的观念。这个观念刺激起与之相关的情感来；那种情感一经刺激起来，就把我们的观点转到另一个观念，即自我观念。因此，这里就有一个情感处于两个观念之间，其中一个是产生情感的，另一个是被情感所产生的。因此，第一个观念表象着情感的原因，第二个观念表象着情感的对象。

先从骄傲与谦卑的原因谈起；我们可以说，它们的最明显而

第一章　论骄傲与谦卑

可注目的特性,就是这两种情感可以由此而发生的那些主体的极大多样性。心灵的每一种有价值的性质,不论其属于想象,属于判断,属于记忆,或属于性情,如机智、见识、学问、勇敢、正义、正直,所有这些都是骄傲的原因,而其反面则是谦卑的原因。这些情感并不限于发生在心灵方面,而也将它们的观点扩展到身体方面。一个人也可以由于美貌、体力、敏捷、体态、熟练的舞术、骑术、剑术,以及他在任何体力劳动和技艺方面的灵巧而感到骄傲。但是还不止这些。这些情感在往远处看时,还包括了一切与我们有丝毫联系或关系的任何对象。我们的国家、家庭、儿女、亲戚、财富、房屋、花园、犬马、衣服,任何一样都可以成为骄傲或谦卑的原因。

由于考虑到这些原因,所以看来就必须对这种情感的原因作一个新的区别,即区别那种发生作用的性质和那种性质所寓存的主体。例如,一个人对属于自己的美丽的房屋,或自己所建筑和设计的美丽的房屋,感到得意。这里,情感的对象就是他自己,而其原因则是那所美丽的房屋;这个原因又再分为两个部分,即作用于情感上的那个性质,和那个性质所寓存的那个主体。性质就是那种美,而主体即是视为他的财产或由他所设计的那所房屋。这两个部分都是要素,而它们之间的区别也不是虚幻不实的。美如果不寓存于和我们有关系的某种东西,而单就其自身来考虑,永不能产生任何骄傲或虚荣;但如果没有美或可以代替美的其他某种事物,单靠最强的关系也很少影响到那种情感的。这两个项目既然很容易分开,而且两者必须结合起来才能产生那种情感,所以我们应该把两者看作那个原因的组成部分,并在自己心中确定一个这种区别的精确观念。

第三节 这些对象和原因是从哪里来的

我们前面已经观察到这些情感的对象和它们的原因之间的差别,并且在原因以内又区别了作用于情感上的那种性质,和那种性质所寓存的主体;现在我们就进而考察,什么东西决定它们各自的内容,并给这些感情指定那样一个特殊的对象、性质和主体来。借着这种方法,我们将会充分理解到骄傲与谦卑的起源。

第一,这些情感显然不但是被一种自然的特性,而且还被一种原始的特性所决定来把自我作为它们的对象的。这种特性的作用既是恒常而稳定的,所以没有人能够怀疑它们不是自然的。骄傲与谦卑的对象永远是自我;每当这些情感向外观察的时候,它们总要着眼于我们自己,否则任何人或对象都不能对我们发生任何影响。

这个情形也是由一种原始的性质或最初的冲动发生的;我们如果考虑到这种性质是区别这些情感的特征,这一点就将显得明白无疑。自然若不是给予心灵以某些原始的性质,心灵便永不能有任何次生的性质;因为在那种情形下,心灵就没有行动的基础,也永不能开始发挥它的作用。但是我们所必须认为原始的这些性质,是和灵魂最不可分离的,而且不能还原到其他性质的那样一些性质。而决定骄傲和谦卑的对象的正是这样一种性质。

产生那种情感的原因和那种情感所指向的那个对象是否是同样自然的,而且那么许多的原因还是由心灵的任意的妄想得

第一章 论骄傲与谦卑

来的,还是由它的素质得来的:我们或许可以把这一问题看作一个更重大的问题。这个疑惑是可以立刻消除的,如果我们观察一下人性,并且考虑一下,在一切民族和时代中,同样的对象永远产生骄傲与谦卑,而且甚至当我们看到一个素不相识的人的时候,我们也能相当知道,什么将增加或减少他的这一类的情感。在这一方面,如果有任何差异,那也只是由于人类性情和脾气的差异,并且这种差异也不甚大。只要人性保持同一不变,我们能不能想象,人们对于他们的权力、财富、美貌或个人的优点会完全漠不关心,而他们的骄傲和虚荣也不会被这些优点所影响呢?

但是,虽然骄傲与谦卑的原因显然是自然的,可是我们在考察之后,将会发现这些原因并不是原始的,而且这些原因绝对不可能各自借着自然的一种特殊规定和原始结构适合于这些情感。这些原因除了它们的极大的数量以外,许多都是艺术的产品,一部分来自人的勤劳,一部分来自各人的爱好,一部分来自人的幸运。勤劳产生了房屋、家具、衣服。爱好决定这些东西的特殊种类和性质。幸运显示了物体的不同的混合和组合所产生的结果,因而往往有助于上述一切的制作。因此,不能设想,所有这些每一种都由自然所预见和规定;不能设想,引起骄傲或谦卑的每一种新的艺术品,不是因为具有自然地影响心灵的某种共同的性质,才适合于这些情感,而是其本身就是一个原始原则的对象,那个原则在此以前一向隐藏在灵魂以内,只是由于偶然才终于被人发现出来的;这样设想是荒谬的。因为要是这样,那么发明精美盖式办公桌的第一个工匠,使得到这种办公桌的人心中产生出骄傲来时,其所凭借的原则便不同于使他因华丽的桌椅而自傲的那些原则了。这种说法既然显得分明是可笑的,那么我们必须断言,骄傲和谦卑的每一个原因,并不是借着一种个别的、原始的性质适合于这些情感,而一定有或多或少的条件是这些情感所共有的,并且是它们的效能所依据的。

此外,在自然的过程中,我们也发现了,虽然结果可以很多,而结果所由以产生的原则通常却是少数的、简单的;一个博物学家在说明每种不同的作用时,如果都要求助于一种不同的性质,那就是他的拙劣的一个表征。这个说法在人类心灵方面岂不更是正确的吗?因为心灵是这样有限的一个主体,我们可以正确地设想,它不能够包容刺激起种种骄傲和谦卑的情感所必需的那样一大堆的原则,如果每个个别的原因都借着一套个别的原则适合于情感的话。

因此,精神哲学在这里所处的情况正和哥白尼时代以前的自然科学所处的情况一样。古代的人们虽然知道自然无妄作的那个格言,可是仍然设计了与真正哲学不相符合的那样繁复的天体体系,而最后那些体系却不得不让位于一个比较简单而自然的体系。倘使我们毫不犹豫地给每一个新现象都发明一个新的原则,而不使它适合于旧的原则;倘使我们以叠床架屋的原则充塞在我们的假设之内;那就确实地证明了,这些原则中没有一条是正确的,而我们只是想借一大批伪说来掩盖自己对于真理的无知罢了。

第四节　论印象与观念的关系

这样，我们没有任何障碍或困难，就确立了两条真理，一条是：这许多原因是根据自然的原则刺激起骄傲与谦卑的；另一条是：每个不同的原因并不是借一个不同的原则适合于其情感的。现在我们就将进而探讨，我们如何可以把这些原则归结到较小的数目，并且在那些原因中发现它们的影响所依靠的某种共同成分。

为了达到这个目的，我们必须反省人性中某些特性，这些特性虽然对于知性和情感两者的每种作用都有一种巨大的影响，可是哲学家们通常并不曾加以强调。第一个特性就是我一再讲述和说明过的观念的联结。心灵不可能在长时间内始终固定在一个观念上，而且即使尽其最大努力，也永不能达到那样一种恒定程度。不过我们的思想不论如何容易改变，它们在变化中并不是完全没有任何规则和方法的。思想依之进行的规则，是由一个对象进到与之类似、接近，或为它所产生的对象。当一个观念呈现于想象中时，被这些关系结合起来的其他任何观念就自然地随之而来，并由于这种导引而比较顺利地进入心灵。

我在人类心灵中所观察到的第二种特性就是与此类似的印象的联结。所有类似的印象都联系在一起，一个印象一发生，其余的就立刻随之而来。悲伤和失望产生愤怒，愤怒产生妒忌，妒忌产生恶意，恶意又产生悲伤，一直完成整个一周为止。同样，当我们的性情被喜悦鼓舞起来时，它自然而然地就进入爱情、慷慨、怜悯、勇敢、骄傲和其他类似的感情。心灵在被任何情感激动时,就难以限定在那种单独的情感,没有任何变化或变异。人性是十分无常的,不可能有任何那样的规律性。易变性是人性的要素。既是这样,那么人性不是极其自然地要向着那些适合于人的性情、符合于当时占着优势的那一套情感的感情或情绪而变化么?因此,在印象间也和在观念间一样,显然都有一种吸引作用或联结作用;不过两者之间有这样一种显著的差别,即观念是被类似、接近和因果关系所联结的,而印象却只是被类似关系所联结的。

第三,我们可以观察到,这两种联结关系是十分互相协助、互相促进的,两种联结如果会合于同一个对象上,推移过程便更加容易完成。例如一个人因为受到他人侵害,性情变得非常紊乱和暴躁的时候,就容易找到几百种引起不满、焦急、恐惧和其他不安情感的东西,特别是当他能够发现这些东西就在于引起他的最初情感来的那个人身上,或是在这个人附近。促进观念推移的那些原则在这里和影响情感的那些原则会合在一种活动里面,使心灵上起了双重的冲动。因此,那个新的情感必然以更大的猛烈程度发生出来,而向这种情感的推移也必然变得更加顺利而自然。

在这个场合下,我可以援引一个优秀作家的高论;他是以下述方式发表他的感想的。"想象对于一切伟大、奇异而美丽的事物都感到愉快,而且想象在同一对象中所发现的这些优点越多,它就越感到愉快,因为这个缘故,它也能够借另一个感官的帮助,得到新的快乐。例如任何连续的声音,如鸟鸣的声音或瀑布倾泻的声音,每一刹那都激发观赏者的心灵,使他更加注意他眼前那个地方的各种美景。又如有一个地方发出了一阵香气,那种香味也提高想象的快乐,使当前景色中的色彩和青绿显得分外怡人;因为两种感官的观念都在互相促进,而且在互相结合起来时,比在分别进入心中时,更加令人愉快;正如一幅画中的各种颜色如果调配得很好,便可以互相衬托,因而相得益彰,增添了它的美。"在这个现象中,我们可以注意到印象和观念的联结,以及它们交互的协助。

第五节　论这些关系对骄傲与谦卑的影响

这些原则既是依据毫无疑问的经验确立起来的,我现在就开始考虑,我们该怎样通过检视骄傲和谦卑的一切原因来应用这些原则,不论这些原因被视为起作用的性质或被视为这些性质所寓存的主体。在考察这些性质时,我立刻发现,其中有许多都一致地产生苦乐的感觉,而且那种苦乐感觉是独立于我在这里所力求加以说明的那些骄傲和谦卑的感情的。例如,我们的美貌借其本身,凭其外观,就给人以骄傲之感,同时也给人以快乐之感;而容貌的丑陋,则既给人以谦卑之感,也给人以痛苦之感。一席华筵令人高兴,一顿薄餐招人不快。我在少数例子中所发现是真实的,我假设在一切例子中也同样是真理;我现在不再作进一步的证明就想假设,骄傲的每一个原因,凭着它的特有的性质,就各自产生一种快乐,而谦卑的每一个原因也各自产生一种不快。

其次,在考虑这些性质所寓存的主体时,我又立了一个由许多明显的例子表明是非常可能的新的假设,即这些主体或者是我们自己的一部分，或者是与我们有密切关系的某种东西。例如，我们的行为和态度的善的和恶的性质构成德与恶，并且决定我们的性格，德和恶比任何东西都更能强烈地影响这些骄傲和谦卑的情感。同样，我们的容貌、房屋、设备或家具的美或丑，也使我们感到傲慢或自卑。这些性质若是转移到与我们没有关系的主体上去，那么对骄傲或谦卑这些感情就没有丝毫影响。

我们既然照上述那样已经给骄傲和谦卑感情的原因假设了两种特性，即这些性质各自产生一种苦乐之感，而这些性质所寓存的主体则和自我有关系的；现在我要进而考察那些情感本身，以便在其中发现和它们的原因的某些假设的特性相符合的某种东西。第一，我发现，骄傲与谦卑的特殊对象是被一种原始的、自然的本能所决定的，而且由于心灵的原始组织，这些情感绝对不可能看到超出自我之外，这个自我或者说就是我们各人都亲切地意识到他的行为和情绪的那样一个特定的人格。当我们被这些情感之一所激动时，我们的观点最后就总是停在自我这里，而且我们处在那种心境中，也永远不能看不到这个对象。对于这种现象，我并不敢擅自给以任何理由；我只认为思想的那样一个特殊方向是一种原始的性质。

第二种性质是我在这些情感中所发现的，并且我也认为它是一种原始性质，这种性质是这些情感在心中产生的感觉，也就是它们〔情感〕在灵魂中所刺激起的、并构成骄傲和谦卑情感的存在和本质的那种特殊情绪。这样，骄傲是一种愉快的感觉，谦卑是一种痛苦的感觉，把苦乐除掉以后，实际上就没有了骄傲和谦卑。我们自己的感觉就使我们相信这一点；超出了我们的感

第一章 论骄傲与谦卑

觉之外而在这里去进行推理或争辩,那是徒然无益的。

这些情感有这两种已经确定的特性,一是它们的对象,即自我,一是它们的苦乐感觉;这些情感的原因也有两种假设的特性,一是它们对自我的关系,一是它们产生独立于情感之外的痛苦或快乐的倾向;如果把这些确定的特性和假设的特性加以比较,我立刻就发现,这些假设如果可被认为是正确的,正确的体系便以不容争辩的明白性显现出来。刺激起那种情感的原因和自然赋予那种情感的对象是关联着的;而原因所分别产生的那种感觉也和情感的感觉是关联着的:那种情感就由观念和印象的这种双重关系产生出来。一个观念很容易转化成为它的相关的观念;一个印象很容易转化成为与之类似、与之相应的印象:那么,当这些活动互相促进,而心灵又从其印象关系和观念关系获得双重冲动时,这种推移岂不更是要顺利得多么?

为了更透彻地理解这一点起见,我们必须假设,自然赋予人类心灵的各个器官以一种适于产生我们称之为骄傲的一个特殊印象或情绪的倾向;自然又给这个情绪指定一个观念,即自我观念,这个情绪是永远会产生这个观念的。自然的这种设计是很容易想象的。对于这样一类情况,我们有许多的例子。鼻腔和上颚的神经的配置,使这些器官可以在某些情况下传达那样一些特殊的感觉于心中;性欲和饥饿的感觉永远在我们心中产生适合于这两种欲望的那些特殊对象的观念。这两种情况就在骄傲中联合了起来。各个器官的配置使它们产生了这种情感,而这种情感在产生以后,自然就产生了某个观念。这一切都无需证明。如果没有适合于这种情感的心理倾向,则我们显然不会具有那种情感;同样显然的是,那种情感也永远使我们着眼于自我,并且使我们想到我们自己的性质和情况。

这一层既然充分明了,现在就可以问,是自然本身直接产生那种情感呢,还是自然必须要其他原因的合作给予协助呢? 因为我们可以观察到,在这一方面,随着各种不同的情感和感觉的差异,自然的行为也有所差异。上颚必须受到一个外界对象的刺激,才能产生任何滋味;至于饥饿则由内部发生,没有任何外界对象与之同时出现。但是不论其他情感和印象是怎样的情形,骄傲却确是需要某种外界对象的帮助,而且产生骄傲感的各个器官的发生作用,也不是凭借着一种原始的、内在的运动,像心脏和动脉那样。因为,第一,日常的经验使我们相信,骄傲需要某些原因才能刺激起来;如果没有性格、仪表、衣服、设备或财富等方面的某种优越性加以支持,便会衰退下去。第二,骄傲如果直接发生于自然,显然就会永久存在,因为它的对象永远是同一的,而且身体方面也并没有特别适于产生骄傲的倾向,如像对于饥渴之感那样。第三,谦卑和骄傲处于完全相同的情况;因此,依照这个假设来说,必然也是永久存在的,否则在一开始必然会消灭那个相反的情感,因而两者就都永远不能出现。总起来说,我们可以满足于前面的结论,即:骄傲既是必然要有一个对象,又是必然要有一个原因,缺少了其中之一,另外一个也就不会发生任何影响。

因此,困难只在于发现这个原因,在于发现什么东西给予骄傲以最初的推动,并发动那些自然地适合于产生那种情绪的器官。在我查考经验、以解决这个困难时,我立刻发现了产生骄傲

第一章 论骄傲与谦卑

的上百个的不同的原因；而在考察这些原因之后，我就假设，全部原因都有两个共同的情况（这是我在最初就看到是很可能的一点），即：（一）那些原因自身产生了与那种情感关联的一个印象，（二）那些原因寓存于与情感的对象有关的一个主体。此后，当我一考究关系的本性和它对情感与观念两者的影响时，我就不能再怀疑，根据这些假设来说，正是这个关系原则产生了骄傲，并推动了那些器官，那些器官既是自然地倾向于产生那种感情，所以只需要最初的推动力或开端就可以发生作用。凡产生快乐感觉并与自我相关的任何事物都能刺激起骄傲的情感，而这种骄傲情感同样也是愉快的，并以自我为其对象。

关于骄傲我所说的话，对于谦卑也同样是真实的。谦卑感是一种不快的感觉，正如骄傲感是一种愉快的感觉一样；因此，由这些原因发生的个别的感觉必然是相反的，而对于自我的关系却继续不变。骄傲与谦卑的作用和感觉虽是恰恰相反，可是仍然有同一个对象；所以我们只须改变印象的关系，而无须改变观念的关系。因而我们发现，属于我们的一所美丽的房屋产生了骄傲；而同一所仍然属于我们的房屋，在由于某种事故从美丽变为残破时，就产生了谦卑，因而与骄傲相应的快乐感觉就转变成与谦卑相关的痛苦。观念关系和印象关系，这个双重关系在两种情形下都存在着，并产生了由一种情绪到另一种情绪的顺利推移。

一句话说，自然对某些印象和观念赋予某种吸引作用，借着这种吸引作用，其中之一一经出现，就自然地引起它的相关的印象或观念来。印象和观念的这两重吸引作用或结合作用如果会合在同一对象上,便互相协助,而使感情和想象的推移进行得极为方便顺利。当一个观念产生了一个印象,这个印象又与另一个印象相关,而这另一个印象又与一个观念关联着,这个观念又与第一个观念相关:那么这两个印象便可说是不可分离的,而且在任何情形下一个印象总要伴有另外一个印象。骄傲和谦卑的各个特殊原因就是依照这个方式决定的。作用于骄傲和谦卑情感上的性质分别地产生了一个与这种情感类似的印象;那种性质所寓存的那个主体又与自我——那种情感对象——相关:无怪由一种性质和一个主体所组成的整个原因那样不可避免地产生那种情感了。

为了说明这个假设,我们可以把它和我用以说明我们根据因果关系进行判断时的信念所用的那个假设作一个比较。我已经说过,在所有这一类判断中,永远有一个现前的印象和一个相关的观念;现前的印象使想象活泼起来,而关系则借一种顺利的推移把这种活泼性传到相关的观念。如果没有现前的印象,注意力就不能固定,精神也就刺激不起来。没有了这种关系,注意力便停留于其第一个对象上,而没有更进一步的结果。那个假设和我们现在关于印象和观念所作的这个假设显然有很大的类似,因为这个印象和观念也是借其双重关系将其自身传达于另一个印象和观念的:这种类比必须承认是关于这两个假设的一种不可轻视的证明。

第六节　这个体系的限制

不过在我们进一步研究这个题目并详细考察骄傲与谦卑的

第一章 论骄傲与谦卑

一切原因之前,我们应当给那个概括的体系加上某些限制。这个体系就是:凡与我们自己关联着的一切愉快的对象都借观念和印象的联结而产生骄傲,而凡不愉快的对象则都产生谦卑;这个体系所有的这些限制,发生于这个论题的本性。

Ⅰ.假设一个愉快的对象与自我发生了一种关系,那么在这个场合下所出现的第一个情感便是喜悦;这种情感比起骄傲和虚荣感来,可借较为细微的关系出现。我们在出席一个宴会时,由于种种珍美的东西满足了我们的感官,我们就会感到一种喜悦;但是只有宴会的主人,除了有同样的喜悦之外,还另有一种附加的自夸与虚荣的情感。固然,人们有时对于他们仅仅是出席过的华筵也会引以自夸,就因为那样轻微的一种关系而把快乐转化为骄傲;但是我们必须一般地承认,喜悦所由以发生的那种关系比骄傲所由以发生的那种关系是较为轻微的;许多东西虽然不足以产生骄傲,却还能够使我们感到高兴和快乐。这种差异的理由可以这样说明。一种关系只要使一个对象接近我们,并使它给予我们以任何愉快便可以产生喜悦。但是除了喜悦和骄傲这两种情感所共有的这种关系以外,骄傲还需要进一步的关系,借以产生由一种情感到另一种情感的推移,并把愉快转变为虚荣。这种关系既然要完成双重任务,所以必须赋有加倍的力量和势力。此外,我们还可以再附加一点说,愉快的事物如果与我们没有很密切的关系,那些对象往往就与其他人发生密切关系;后面这种关系,不但超过,而且甚至减少,有时还消灭前一种关系;这点我们在后面就将看到①。

---

① 第二章,第四节。

这就是对我们的概括的论点所要作的第一个限制。我们的论点是：凡与我们有关而产生苦乐的每样事物，也同样都产生骄傲或谦卑。这里不但需要一种关系，而且还需要一种密切的关系，一种比喜悦所需要更加密切的关系。

Ⅱ. 第二种限制是：愉快的或不愉快的对象，不但要与我们自己有密切关系，而且要为我们所特有，或者至少是我们少数人所共有的。在人性中可以观察到一种性质，即：凡时常呈现出来的、而为我们所长期习惯的一切事物，在我们看来就失掉了价值，很快就被鄙弃和忽视；这个性质，我们以后将力求加以说明。我们判断对象时也是大多根据于比较，而较少根据其实在的、内在的优点；我们如果不能借对比增加对象的价值，那么我们就容易忽略甚至其本质的优点。心灵的这些性质对骄傲与喜悦都有一种影响；可以注目的一点是，人类所共有、并为我们所习见的东西，很少给予我们任何愉快，虽然这些东西比我们由于它们的独特性而加以珍视的那些物品来也许更为优越。不过这个条件对这两种情感虽然都起作用，可是对于虚荣感的影响却更大一些。许多东西因为时常出现，不使我们感到骄傲，可是我们仍然喜欢享有。在长时期失去健康以后，康复就给予我们以很明显的快乐；不过人们很少把健康当作虚荣的对象，因为享有健康的人为数是那样多的。

在这一点上，骄傲所以比喜悦更多要求的理由，我认为是这样的。为了刺激起骄傲来，我们总要想到两个对象，即产生快乐的原因或对象，和作为那种情感的真正对象的自我。但是喜悦的产生只需要一个对象，即给人快乐的那个对象；这个对象虽然

第一章 论骄傲与谦卑

需要对自我有某种关系,可是这种关系的需要,只是为了使那个对象成为愉快的;至于自我,恰当地说,并不是这个情感的对象。因此,骄傲既然可说是有两个使我们着眼的对象,所以结果就是,这两个对象如果都没有任何独特性,那么这种情感比起单有一个对象的情感来,必然因此更加减弱。如果在把自己同别人比较起来(这是我们往往时刻都在进行的),我们发现自己丝毫没有突出的地方;而在比较我们所占有的对象时,我们仍然发现有同样不幸的情况;那么由于这两种不利的比较,骄傲情感必然会完全消灭了。

Ⅲ.第三种限制就是:令人愉快或令人痛苦的对象,必须不但对我们、并且对其他人也都是显而易见的。这个条件也如前两个一样,不但对骄傲、就是对喜悦也都有影响。别人如果认为我们是幸福的、有德的、美貌的,我们便想象自己更为幸福、更为有德、更为美貌;但是我们对于我们的德,比对于我们的快乐,更为自负。这种情形发生的原因,我在以后将力求加以说明。

Ⅳ.第四种限制是根据这些情感的原因的变化无常,以及这种原因和我们自己联系的时期的短暂得来的。一切偶然而易变的事物给予人们很少的喜悦,更少的骄傲。我们对于那个事物自身就不甚满意,更不会因为这个事物而感到任何更进一步的自满程度。我们在想象中预见和预料到它的变化,这就使我们对那个事物不甚满意;我们把它和存在时期较长久的我们自己加以比较,因而它的变化无常就显得更大了。一个对象的存在时间既然比我们短了那么多,并且只在我们一生中那样短暂的时间内伴随我们,所以如果由于这样一个对象而设想我们自己的优越性,那就似乎可笑了。我们不难理解这个原因对喜悦的作用何以不如对骄傲的作用那样有力的理由,因为自我观念对前一种情感并不如对后一种情感那样必要。

Ⅴ. 我还可以再加上第五种限制,这种限制倒不如说是这个体系的一种扩充,就是:通则不但在其他一切情感上有极大的影响,就是对骄傲和谦卑也有极大影响。因此,我们就依据各人所占有的权力或财富,而形成他们的不同等级的概念;那些人的健康或性情纵有任何特点,足以剥夺去他们对于他们的所有物的一切享受,我们也不因此而改变这个概念。前面在说明通则对知性的影响时所用的那些原则,也可用来说明通则在这里的影响。在我们的情感方面,也像在我们的推理方面一样,习惯都很容易地使我们超出确当的范围以外。

在这个场合下,我们也不妨提出来说,通则和一般准则对于情感的影响大有助于促进本书所要依次说明的一切原则的效果。因为显而易见假如有一个充分成长、而与我们天性相同的人突然被放进我们的世界之内,那么他对每个对象都会感到迷惑,而不会马上发现他对于各个对象都该赋予多大程度的爱或恨、骄傲或谦卑,或任何其他情感。各种情感往往因为极不重要的原则而有所变化;这些原则并不是永远完全有规则地起着作用,而在初次试验之时,尤其不规则。但是当习惯和实践一经把所有这些原则显示出来,并且确定了每种事物的正确价值以后,那就必然有助于情感的顺利产生,并且依据一般确立的准则,指导我们应当依照什么比例去选择一个对象,而舍弃另一个对象。往后我将给一些特殊情感指出它们的原因来,人们也许会认为那些原因过于精微,难以发生那些普遍而确定的作用(它们实际上有这种作用)。上面关于通则的这种说法或许可以消除这些困难。

我将以根据这五种限制所得的感想,结束这个题目。这个感想就是,那些最骄傲而在世人看来也最有骄傲理由的人,并不永远是最幸福的,而最谦卑的人也并不永远是最可怜的人,虽然根据这个体系初看起来也许会这样想象的。一种祸害,虽然它的原因和我们没有关系,仍然可以是实在的;虽然不是个人所特有的,也仍然可以是实在的;虽然不表现出来被别人所见到,也仍然可以是实在的;虽然不是经常的,也仍然可以是实在的;虽然不归纳在通则之下,也仍然可以是实在的。像这一类的祸害,虽然没有减少骄傲的倾向,也总会使我们处于可怜的状况。而最实在、最顽强的人生祸害或许是属于这种性质的。

第七节 论恶与德

记住了这些限制,让我们进而考察骄傲与谦卑的原因,并且观察一下,我们是否在每一种情形下都能发现这些原因借以影响这些情感的那个双重关系。如果我们发现所有这些原因都与自我相关,并产生独立于骄傲和谦卑情感的快乐或不快,那么现在这个体系便不再有什么可以怀疑的了。我们将主要地力图证明后面一点,前面一点可以说是自明的了。

恶(vice)与德(virtue)是这些情感的最明显的原因,现在就先从这两者谈起。近些年来,有一种争论刺激起了公众的好奇心,就是:这些道德的区别还是建立在自然的、原始的原则上呢?

还是发生于利害关系和教育呢;加入这种争论,是和我现在的目的完全不相干的。这个问题的考察,我想留待下卷。在这里,我将力求表明,我的体系不论依据哪一个假设,都是立于不败之地。这就是这个体系的坚实性的有力证明。

因为假设道德没有自然的基础,我们仍然必须承认,恶和德,不论是由于自利或是由于教育的偏见,总是使我们产生一种实在的痛苦和快乐。我们可以看到,拥护这个假设的人是竭力主张这种说法的。他们说,每一种对我们有有利倾向或有害倾向的情感、习惯或性格的倾向都产生一种快乐或不快;赞许或谴责就是由此而发生。由于他人的慷慨,我们就容易有所获得,但是他们如果贪婪,我们就永远有损失的危险;勇敢防卫我们,但是怯懦却使我们随时易于遭受攻击;正义是社会的维系力量,而非义若不加以遏制,便迅速招致社会的沉沦;〔别人的〕谦卑使我们感到高兴,而〔别人的〕骄傲则使我们感到耻辱。因为这些理由,所以前一类性质就被认为是德,而后一类性质则被认为是恶。这里既然承认,每一种优点或缺点都伴有一种愉快或不快,那就是我的目的所要求的一切了。

不过我还要进一步说,这个道德假设和我现在的体系不但互相符合,而且如果承认前者是正确的,那么它就成了后者的一个绝对的和不可抗拒的证明。因为一切道德如果都是建立在痛苦或快乐之上,而痛苦或快乐的发生,又都是由于我们预料到我们自己的或别人的性格所可能带来的任何损失或利益,那么道德的全部效果必然都是由这种痛苦或快乐得来的,其中骄傲和谦卑的情感也是由此而来的。依据这个假设来说,德的本质就

第一章 论骄傲与谦卑

在于产生快乐,而恶的本质就在于给人痛苦。德与恶又必须是我们的性格的一部分,才可以刺激起骄傲或谦卑。关于印象和观念的双重关系,我们还希望有什么进一步的证明呢?

从那些主张道德是一种实在的、本质的、基于自然的东西的人们的意见,也可以得出同样没有疑问的论证来。在说明恶和德的区别和道德的权利与义务的起源方面所提出来的最可能的假设就是:根据自然的原始结构,某些性格和情感在一经观察和思维之下,就产生了痛苦,而另外一些的性格和情感则在同样方式下刺激起快乐来。不快和愉快不但和恶和德是分不开的,而且就构成了两者的本性和本质。所谓赞许一种性格,就是面对着这种性格感到一种原始的快乐。所谓谴责一种性格,也就是感到一种不快。因此,痛苦和快乐既是恶和德的原始原因,也就必然是它们一切结果的原因,因而也是骄傲和谦卑的原因,这两者乃是那种区别的不可避免的伴随物。

但是假设这个道德哲学的假设被承认是虚妄的,可是仍然显而易见,痛苦和快乐即使不是恶和德的原因,至少也是与两者分不开的。一个慷慨和高尚的性格,在观察之下就给人以愉快;这种性格即使只在一首诗或一个故事中呈现于我们,总也不会不使我们感到喜悦和愉快。在另一方面,残忍和奸诈也因其本性而使人不悦;而且我们也永远不能容忍我们或他人有这些性质。由此可见,一个道德假设是前面体系的不可否认的证明,而另一个假设至少也是与之符合的。

但是骄傲与谦卑并不单是发生于心灵的这些性质(通俗的伦理学体系把这些性质包括在道德义务中间,作为道德义务的一些部分),而且也发生于凡与快乐和不快有关联的其他任何一种性质。能够以我们的机智、幽默或其他任何才艺使人喜欢的才能,是最能投合我们的虚荣心的;而在这一方面的任何企图如果遭了挫折,也最能给我们以明显的耻辱。但是从来没有人能够说出什么是机智,并且指出,为什么那样一个思想方式必须被认为是机智;而另一个思想方式就被排斥了不算是机智。我们只有凭鉴别力才能对它有所决定,我们也没有其他任何标准,可据以形成这种判断。这种鉴别力可说是确定了真的和假的机智的存在,而且离开了它,任何思想便都不能被称为真的或假的机智,那么,这种鉴别力是什么呢?它显然只在于由真机智所得到的一种快乐感觉,和由假机智所得到的一种不快感觉,不过我们在这里并不能说出那种快乐或不快的理由。因此,以这些相反感觉给予人们的那种能力,就是真的和假的机智的本质所在,因而也就是由真假机智发生的那种骄傲或谦卑的原因。

也许有人习惯于经院和讲坛的讲解方式,只能用他们观察人性的观点,而不能用其他观点来考察人性,所以当他们在这里听到我说德可以刺激起他们所视为恶的骄傲来,而恶可以产生他们被教导而视为德的谦卑来,他们也许会感到惊讶。不过为了不作词语上的争论,我要提出来说,我所谓骄傲是指我们在观察德、美貌、财富或权力时,由于对自己满意而心中发生的那种愉快的印象而言;而所谓谦卑,则是指相反的印象而言。前一个印象显然并非总是恶劣的,后一个印象也并不总是善良的。最严格的道德学也允许我们在反省一个慷慨的行为时感到一种快乐;而人们在想到过去的卑鄙和奸恶时所产生的那种无益的悔恨感觉,也没有人会认为是一种德的。因此,让我们考察这些印象的本身,并探究它们的原因(不论它们是在心灵中或在身体中),暂且不管可能伴随这些印象的功过。

第八节 论美与丑

不论我们把身体认为自我的一部分,或同意那些把身体看作外在物体的哲学家们,我们仍然必须承认身体与我们有足够近的关系,足以形成骄傲与谦卑的原因所必需的(如我所说)这些双重关系之一。因此,只要我们发现了另一个印象关系和这个观念关系联结起来,那么我们随着那个印象是愉快的或不快的,就可以可靠地预期这些情感之一的发生。但是各种各样的美都给予我们以特殊的高兴和愉快;正如丑产生痛苦一样,不论它是寓存于什么主体中,也不论它是在有生物或无生物中被观察到。因此,美或丑如果是在我们的身体上,那么这种快乐或不快必然转化成骄傲或谦卑,因为在这种情形下,它已具备了可以产生印象和观念的完全转移的一切必需的条件。这些对立的感觉是和对立的情感互相关联着的。美或丑与自我——这两种情感的对象——密切地关联着。因此,无怪我们自己的美变为一个骄傲的对象,而丑就变为谦卑的对象了。

容貌和体态的性质的这种作用,不但表明骄傲和谦卑两种情感在具备了我所要求的全部条件以后才能在这种情形下发生,从而证明我现在这个体系,而且这种作用还可以用作一个更有力的、更有说服力的论证。如果我们考察一下哲学或常识所提出来用以说明美和丑的差别的一切假设,我们就将发现,这些假设全部都归结到这一点上：美是一些部分的那样一个秩序和结构，它们由于我们天性的原始组织，或是由于习惯，或是由于爱好、适于使灵魂发生快乐和满意。这就是美的特征，并构成美与丑的全部差异，丑的自然倾向乃是产生不快。因此，快乐和痛苦不但是美和丑的必然伴随物，而且还构成它们的本质。的确，如果我们考虑到、我们所赞赏的动物的或其他对象的大部分的美是由方便和效用的观念得来的，那么我们便将毫不迟疑地同意这个意见。在一种动物方面产生体力的那个体形是美的；而在另一种动物方面，则表示轻捷的体形是美的。一所宫殿的式样和方便对它的美来说，正像它的单纯的形状和外观同样是必要的。同样，建筑学的规则也要求柱顶应比柱基较为尖细，这是因为那样一个形状给我们传来一种令人愉快的安全观念，而相反的形状就使我们顾虑到危险。这种顾虑是令人不快的。根据这一类无数的例子，并由于考虑到美和机智同样是不能下定义的，而只能借着一种鉴别力或感觉被人辨识：我们就可以断言，美只是产生快乐的一个形象，正如丑是传来痛苦的物体部分的结构一样；而且产生痛苦和快乐的能力既然在这种方式下成为美和丑的本质，所以这些性质的全部效果必然都是由感觉得来的；这些效果中主要有骄傲与谦卑，这在其全部效果中乃是最通常而最显著的。

这个论证我认为是正确而有决定性的；但是为了使现在的推理具有更大的权威起见，我们可以权且假设其为虚妄，并看看有什么结果产生。产生快乐和痛苦的能力，即使不形成美与丑的本质，这些感觉和这些性质确实至少是不可分离的，而且我们

第一章 论骄傲与谦卑

甚至难以分别加以思考。可是自然的美和道德的美（两者都是骄傲的原因）所共有的因素，只有这种产生快乐的能力；而共同的效果既然总是以一个共同的原因为前提，那么显然，在两种情形下，快乐必然是那种情感的实在的、有影响的原因。其次，我们的身体的美和外在对象的美所有的惟一原始差异只是：一种美和我们有亲近的关系，另一种则没有。因此，这种原始差异必然是它们的其他所有差异的原因，其中尤其是两种美在骄傲情感上所以有不同的影响的原因；骄傲情感可以被我们的美貌所刺激起，但是丝毫不受外界对象的美所影响。如果把这两个结论结合起来，我们就发现两者综合起来组成了前面的体系，即快乐作为一个与这种情感相关的或类似的印象寓存于一个与自我相关的对象上时，就借着一种自然的推移产生了骄傲；而它的反面就产生了谦卑。因此，这个体系似乎已被经验充分加以证实，虽然我们的全部论证还不止这些。

不但身体的美产生骄傲，而且体力和膂力也产生骄傲。体力是一种能力；因此，要想在体力上超过别人的那种欲望可以认为是一种较低一级的野心。因为这个缘故，在说明那个情感时，现在这个现象也就得到了彻底的解释。

关于身体方面所有的其他优点，我们可以概括地说，凡我们自身所有的有用的、美丽的或令人惊奇的东西，都是骄傲的对象；与此相反的，则都是谦卑的对象。显而易见，凡有用的、美丽的或令人惊奇的事物的共同点，只在于各自产生一种快乐，此外再无其他共同之点。因此，快乐和它对自我的关系，必然是骄傲情感的原因。

有人或许会问,美是否是一种实在的东西,是否不同于产生快乐的能力,不过我们决不能争论,惊奇只是由"新奇"所发生的一种快乐,所以恰当地说,惊奇不是任何对象的一种性质,而只是灵魂中的一种情感或印象。因此,骄傲必然是借一种自然的推移由那个印象而发生的。骄傲是那样自然地发生起来的,凡我们自己的或属于我们的任何事物,只要产生了惊奇之感,没有不同时刺激起那另一种情感来的。例如,我们因为我们所遇到的惊险事情,因为我们曾经逃脱险境,因为我们曾处于危难之中而洋洋自夸。一般人所以爱好撒谎的原因,就在于此。人们往往并无任何利害关系,而纯粹是因为虚荣,就堆造一大批的离奇事迹,那些奇事有的是他们头脑中的虚构,有的即使是真实的,至少也与他们没有任何联系。他们的丰富的想象供给了他们一大批的惊险事迹;而当他们没有那种编造的才能的时候,他们就冒用别人的事迹,以满足自己的虚荣心。

这个现象中包括了两个奇特的实验,我们如果以我们在解剖学、自然哲学和其他科学方面判断因果时所依据的已知规则来比较这些实验,那么这两种实验对于上述双重关系的影响,将是一种不可否认的论证。通过这些实验之一,我们发现,一个对象只是因为有快乐作为中介才可以刺激起骄傲;这是因为那个对象所借以刺激起骄傲的那种性质,实际上只是一种产生快乐的能力。借着另一种实验我们又发现,那种快乐由于两个相关的观念之间的推移,才产生了骄傲;因为当我们把那种关系切断时,那个情感便立刻消灭了。一个惊险事迹,如果我们曾经亲自参加,就对我们有了一种关系,因此就产生了骄傲;但是别人的惊险事迹,虽然可以刺激起快乐,可是因为缺乏这种观念的关系,永远刺激不起那种骄傲情感来。对于现在这个体系,还要求什么进一步的证明呢?

关于我们的身体方面,对于这个体系只有一种反驳的理由,就是:健康虽然是最令人愉快的东西,疾病虽然是最令人痛苦的东西,可是人们普遍既不因前者而感到骄傲,也不因后者而感到耻辱。我们如果考虑到前面给我们的体系所提出的第二和第四两条限制,这种现象便很容易加以说明。我曾经说过,任何对象如果没有一种为我们自己所特有的东西,就不能产生骄傲和谦卑;还有:那种情感的每个原因都必须是相当恒久的,并且与构成骄傲的对象的"自我"的存在时期成某种比例。健康与疾病对一切人既是不断地变化的,而且也没有人是专一地或确实地固定于两种状态之一的,所以这些偶然的幸福和灾难就可说是与我们分离的,而从不被认为是与我们的本身和存在关联着的。这个说明的正确性,可以由下面一种情形看出来,就是:如果有任何一种疾病在我们的体质中成为根深蒂固,使我们不再抱有痊愈的希望,从那个时刻开始,那种疾病便成为谦卑的对象;这在老年人方面可以明显地看到,因为老年人一想到自己的年老多病时,总是感到极大的耻辱。他们总要尽力掩藏他们的耳聋眼花,他们的风湿病和痛风症;他们即使在承认这些疾患的时候,也总是带着十分勉强和不快的心情。青年人虽然对于他们所患的每次头痛或伤风并不感觉耻辱,可是倘使我们一生中时时刻刻都受到这种疾病的侵袭,那么没有任何话题更能够那样挫伤我们的骄傲心,使我们对自己的天赋抱有那样的自卑感。

这就充分地证明,身体的痛苦和疾患本身就是谦卑的恰当的原因;不过因为我们习惯于借比较而不借事物的内在价值来评价一切事物,这就使我们忽略了我们发现为每个人可以遭遇到的这些灾难,并使我们不把这些灾难估计在内,而对自己的优点和性格形成一个观念。

对于传染别人并危害别人或使人不快的那些疾病,我们感到羞耻。我们因癫痫症而感到羞愧,因为它使在场的人都感到恐怖;我们因疥癣而感到羞耻,因为这种病是传染的;我们因瘰疬而感到羞耻,因为这种病通常是遗传的。人们在判断自己时,总是要考虑到别人的意见。在前面某些推理中,这一点已经显得很明白了,往后将显得更为明白,并将得到更加充分的说明。

第九节 论外在的有利条件与不利条件

但是骄傲与谦卑虽以我们身心(即自我)的各种性质作为它们自然的和较为直接的原因,可是我们凭经验发现,还有产生这些感情的许多其他的对象,而且原始的对象也在某种程度上被多种多样的外在的、外来的对象所掩没了。房屋、花园、家具,也像自身的优点和才艺一样,成为我们自负的依据;这些外在的有利条件本身和思想或人格虽然相距甚远,可是这些有利条件却大大影响了甚至那个原以人格为其最后对象的情感。当外界对象对我们获得了任何特殊关系而与我们结合或联系起来时,就有这种情形发生。大洋中一条美丽的鱼,荒野中一个野兽,以及任何既不属于我们、也和我们无关的事物,不论赋有什么样的奇

第一章 论骄傲与谦卑

特性质,不论它们自然地激起多大程度的惊奇和赞羡,都对我们的虚荣心没有任何影响。任何事物必须和我们有某种关系,才能触动我们的骄傲感。这个事物的观念必须可说是系属于自我的观念;而且由一个观念到另一观念的推移过程也必须是容易的和自然的。

但是这里可以注意的是,类似关系虽然与接近关系和因果关系以同样的方式作用于心灵,使我们由一个观念转移到另一个观念,可是这种关系很少是骄傲或谦卑的基础。如果我们在一个人的性格的任何有价值的部分方面和他类似,那么我们必然在某种程度上具有我们和他类似的那种性质;而我们如想在这种性质上建立任何程度的虚荣心,那么我们总是宁可在自己方面直接观察这种性质,而不借助于反省别人的这种性质。因此,一种相似关系虽然有时因为提示一个比较有利的自我观念,因而产生那种骄傲情感,可是观点最后终于确定在自我观念上,并且那种情感也以自我观念为它的最后的、终极的原因。

人们因为在容貌、体态、丰度或对他的声名没有丝毫贡献的其他细节方面和一个大人物类似,而感到一种虚荣;这些例子诚然是有的。不过我们必须承认,这种情形并不能扩展得很远,而且在这类感情中也没有任何重要性。对于这个现象,我举出下列的理由来加以说明。任何人如果没有若干辉煌的性质使我们对他表示尊敬和景仰,那么我们不会因为在琐细情节方面与他类似,而感到自负的。因此,恰当地说,这些性质,是因为与我们有关,才成为我们自负的原因。那么,这些性质是在什么方式下与我们发生关系的呢?这些性质是我们所重视的那个人的一些部分,因此是与这些细节相关联的;而这些细节,也被假设为他的一些部分。这些细节和我们所有与他类似的性质又有关系;而我们的这些性质因为是我们的一些部分,所以又与整体有关;因此在我们与我们所类似的那个人的辉煌性质之间形成了包含若干环节的一个连锁。不过这个多重关系必然削弱那种联系,除此以外,心灵在由辉煌的性质转到琐细的性质时,显然一定会因为那种对比而觉察到后一种性质的细微琐屑,并在某种程度上由于这种比较和类似而感到羞惭。

因此,骄傲与谦卑的原因和对象两者之间的接近关系或因果关系是产生这些情感的惟一的必需条件;而这些关系只是使想象借以由一个观念转移到另一个观念的那些性质。现在让我们考察一下,这些关系在心灵上可能有什么作用,并且借着什么方法成为产生那两种情感的那样必需的条件。显而易见,观念的联结是那样默然地和不知不觉地进行的,以致我们很难加以觉察,而我们只是借其效果,而不是借任何直接的感觉或知觉来发现这种联结的。这种联结并不产生任何情绪,也不产生任何一种新的印象,而只是改变心灵先前所具有而可以临时唤起的那些观念。根据这种推理,并根据无可怀疑的经验,我们可以断言,观念的联结不论如何必要,它本身单独不足以产生任何情感。

因此,显而易见,当心灵遇到一个与己有关的对象出现因而感到骄傲或谦卑情感的时候,除了思想的关系或推移之外,还有被其他原则所产生的一种情绪或某种原始印象。问题在于,最初产生的情绪是那种情感自身呢,还是与这种情感有关系的

第一章 论骄傲与谦卑

其他某种印象呢？这个问题不难解决。因为除了这个论题所富有的所有其他论证以外，有一件事情看来是必然很明显的，就是：经验所指出是产生这种情感的那样一个必要条件的那种观念间的关系，倘使不是辅助感情间的关系，并促进由一个印象到另一个印象的推移，它便成为完全多余的了。如果自然直接产生了骄傲或谦卑的情感，那么骄傲或谦卑便该是自足的了，不需要从其他任何感情方面得到进一步的增加或补充。但是假使最初的〔苦乐〕情绪只是与骄傲或谦卑相关的，那么就容易设想，对象间的关系可以达成什么目的，而且印象和观念的这两种不同的联结如何通过它们力量的结合而互相促进它们的作用了。这不但是容易设想的，而且我敢说，这是我们所能够设想这个题目的惟一方式。观念间的顺利推移本身并不引生情绪，这种推移若不是通过促进某些相关印象之间的推移，那么它对于这种情感就决不能是必然的，甚至不能是有用的。而且，同一个对象不但随其性质的增减，并且也随其关系的远近，引起或大或小的骄傲。这就清楚地证实感情是沿着观念间的关系而推移的，因为在这个关系方面的每一种变化，都在情感方面产生一种与之成比例的变化。由此可见，在上述体系中，论究观念关系的那一部分就充分证明了论究印象关系的另一部分；而那一部分的本身又是那样明显地建立在经验上的，如果再要力图进一步去加以证明，那就是浪费时间了。

在特殊例子中，这一点将显得更加明白。人们对于他们的国家、州郡、教区的美景，都感到自豪。在这里，美的观念显然产生了一种快乐。这种快乐是和骄傲关联的。依照假设来说，这种快乐的对象又是与自我相关的。借着印象间和观念间的这个双重关系,由一个印象到另一个印象的推移就形成了。

人们也因其故乡气候的温度而感到自豪,因其本乡土壤的肥沃而感到自豪,因其本土所产的酒、水果或粮食的精美而感到自豪,因其语言的柔和或雄壮而感到自豪,也因其他同类事情而感到自豪。这些对象显然都和感官的快乐有关,并且原来只被认为对触觉、味觉或听觉是愉快的。那么这些对象除了借上述的那种推移之外,如何能成为骄傲的对象呢?

有些人表现了一种相反的虚荣心,故意贬低本国而夸示他们游历过的那些国土。这些人在本国时,看到了周围都是本国人,就觉得他们和他们祖国的强烈关系是有许多人和他们共享的,所以这种关系对他们反而无所谓了;至于他们因观光外国、居住外国而与外国形成的那种疏淡关系因为他们考虑到曾经观光异国的人是如何之少,反而加强了。因为这个缘故,所以他们才总是赞赏外国事物的美丽、有用和珍奇,而贬抑本国的事物。

我们既然能够对一个国家、气候或与我们有关系的任何无生物感到虚荣,无怪我们对于那些因血统或友谊而与我们有联系的人们的品质也感到虚荣了。因此,我们就发现,那在我们自己方面产生骄傲的品质,当其在与我们有关的人身上被发现出来时,也产生较小程度的同样感情。骄傲的人们对于他们的亲戚的美貌、谈吐、优点、声望、尊荣,总是极意渲染,作为他们虚荣心的一些最重要的来源。

我们既然因为自己的财富而感到骄傲,所以为了满足我们

第一章 论骄傲与谦卑

的虚荣心,我们就希望,一切与我们有任何关系的人也都占有财富,并且因为自己亲友中,有任何一个贫贱的人而感到羞耻。因为这个缘故,我们就尽量把贫穷的人推得远些;而且因为有些远亲难免贫穷,而我们的祖先又被认为我们的最近的亲属,因此每一个人都装作出身名门,由世代相承的富贵祖先一脉相传下来的。

我常常观察到,那些自夸家世久远的人们,如果能再加上下面这个条件,他们就更加高兴,这就是:他们的祖先多少代以来曾经连续不断地是某块土地的业主,而且他们的家从来不曾出让财产或移居其他郡县或省份。我还观察到,当他们能够自夸说,这些财产完全由男性家系一脉相传,而其尊荣和财富从不曾经过任何女性承继,那么这也就成为他们虚荣心的附加的题材。让我们试图用前述的体系来说明这些现象。

显然,当任何人自夸他的家世久远时,他的虚荣心的对象就不但是时间的悠久和祖先的众多,而且还有他们的财富和声望,这些都被假设为由于与他相关而给他反映了一种光辉。他首先考虑这些对象,并得到一种愉快的感受;而当他经过亲、子关系返回到自己身上时,就借着印象间与观念间的双重关系,发生了骄傲情感,因而兴高采烈起来。骄傲情感既然依靠于这些关系,所以凡增强任何一种关系的东西,也必然增强那种情感,而凡减弱那些关系的东西,也必然减低那种情感。但是所有权的同一,确是加强了由血统和亲属而发生的观念关系,使想象更加顺利地由一代转到另一代,由最远的祖先转到他们的后代,这些后代既是他们的继承人,又是他们的子孙。借着这种顺利的推移,那个印象便比较完整地传递下去,并刺激起较大程度的骄傲和虚荣心来。

尊荣和财富如果由男性家系一脉承袭下来,没有经过任何女性的承继,情形也是一样。人性有一种性质(我们往后①将加以考察),就是:想象自然而然地转向一切重要的、重大的事物;当一小一大两个对象呈现在想象之前时,想象通常舍弃前者,而专想后者。在婚姻关系中,男性因为比女性占着优势,所以丈夫就首先引起我们的注意;不论我们直接考虑他,或是通过与他相关的对象而想到他,思想总是更喜欢停留在他身上,并比较迅速地想到他,而对他的配偶则与此相反。我们很容易看到,这种特性必然加强子女对父亲的关系,而减弱其对母亲的关系。因为一切关系既然都是由一个观念转到另一个观念的倾向,所以凡加强这种倾向的任何事物,也都加强那种关系;我们由子女观念转到父亲观念的倾向既然比由子女观念转到母亲观念的倾向为强,所以我们应当把前一种关系认为是较为密切而较为重要的。子女们通常所以用他们父亲的姓,而且他们的出身贵贱也依据他们父亲的家世而定,其故即在于此。母亲纵然比父亲赋有较高的气魄和才智(这是常见的),可是虽然有这种例外,而通则仍然占着优势(按照前述的学说)。不但这样,而且当任何一种优越性达到那样大的程度,或者当任何其他理由具有那样一种效果,以致使子女宁可代表母亲的家庭,而不代表父亲的家庭,这时通则仍然保留那样大的效力,以致减弱了那种关系,并且使祖先世系发生了一种中断。这时,想象并不顺利无阻地循着这些

---

① 第二章,第二节。

祖先推移,也不能那样迅速地把祖先的尊荣和声望转移到同一名称和同一家庭的后代,一如那种转移过程是依据通则进行,由父及子、兄弟相承时那样。

第十节 论财产权与财富

但是那个被认为是最密切而且在其他一切关系中最通常产生骄傲情感的关系,乃是财产权关系。在我研究正义与其他道德上的德以前,不能详细说明这种关系。在现在的场合下,我们只是这样说就够了,就是:财产权可下定义为:在不违犯正义的法则和道德上的公平的范围以内,允许一个人自由使用并占有一个物品,并禁止其他任何人这样使用和占有这个物品的那样一种人与物的关系。因此,正义如果是在人类心灵上起着自然的和原始的影响的一种德,那么财产权可以被看作一种特殊的因果关系;不论我们是考虑它所给予所有主以任意处理物品的那种自由,或是考虑他由这个物品所获得的利益。如果依照某些哲学家们的体系把正义认为是一种人为的而不是自然的德,情形也是一样。因为这时,荣誉感、习惯和民法就代替了自然的良心,而在某种程度上产生了同样的效果。这里,这一点是确定的:一提到财产权便自然地使我们想到所有主,一提到所有主也便自然地使我们想到财产权;这就证明了这里有一种完全的观念关系,这是我们现在的目的所需要的一切。观念间的关系与印象间的关系结合起来,总是产生感情间的推移;因此,每当任何快乐或痛苦是从一个由于财产权与我们发生关系的对象发生起来的时候,我们就可以断定,由这两种关系的结合必然会发生骄傲或谦卑,如果前面的理论体系是确实而满意的话。究竟是否如此,我们只要粗略地观察一下人生,马上就可以得到满足。

属于爱虚荣的人的每样东西,都是世界上最好的。他的房屋、设备、家具、衣服、犬马,在他的自负的心目中都以为是超过其他一切人的;我们很容易看到,从这些东西中任何一个的些小的优点,他都可以得出一个骄傲和虚荣的新对象。如果你肯相信他的话,他的酒比任何其他种的酒都有一种更好的美味,他的烹调也是更为精美,他的餐桌更为整齐,他的仆役更为伶俐,他住的地方的空气更为有益于健康,他所耕的土壤更为肥沃,他的水果成熟得较早、而且质量也更好。家中某种东西因其新奇而值得叹赏,另一种东西则因其古老而令人注目。这一个东西是一个著名艺术家的作品,那一个东西曾一度属于某个王子或伟人:总而言之,凡有用的、美丽的或令人惊奇的一切对象,或与这些对象有关的对象,都可以借着财产权产生这种骄傲情感。这些东西的共同点只在于产生快乐,并无其他共同之点。只有这一点是这些对象所共有的,因此也必然就是产生这种情感的那种性质,因为这种情感是它们所共有的效果。每一个新的例子既然都是一个新的论证,而这里的例子又是无数的,所以我敢大胆地说,几乎没有任何体系能像我在这里所提出的这个体系那样充分地被经验所证明的了。

由于其效用、美丽或新奇而给人以快乐的任何事物的财产权,如果也借着印象间和观念间的双重关系,都产生了骄傲;那么我们就不必惊异,获得这种财产权的能力也会有同样的效果

第一章 论骄傲与谦卑

了。但是财富被认为是获得令人快乐的任何事物的财产权的一种能力；而且也只有在这个观点下，财富才对情感有任何影响。票据在许多场合下被认为是财富，这是因为票据可以提供获得货币的能力；而货币所以是财富，也并非因为它是赋有某些性质，如坚固性、重量和可熔性等的一种金属，而是因为它对人生的快乐和方便有一种关系。因此，我们如果承认这个本身已是极为明显的一点，我们就可以从其中推出我所用以证明双重关系对骄傲和谦卑的影响的最强有力的论证之一。

在研究知性时，我曾说过，我们有时在能力和能力的发挥之间所作的区别，完全是无聊的，而且不论人或其他任何存在物都不应当被认为赋有任何能力，除非这种能力已被发挥和发动起来。这种说法，在一种正确的、哲学的思维方式下虽然是完全真实的，可是它确实不是适于我们的情感的哲学；许多东西都可以借着关于能力的观念和假设在情感上发生作用，不一定要这种能力实际发挥出来。当我们得到一种获致快乐的能力时，我们便感到高兴，而当另一个人获得令人痛苦的能力时，我们便感到不快。从经验上看来，这一点是明显的；不过为了正确地解释这个问题，并说明这种愉快和不快起见，我们必须衡量下面的一些考虑。

显而易见，把能力和能力的发挥加以区别的那种错误，并不完全起于经院学派关于自由意志的学说，这种学说确实很少进入日常生活中，对于一般的、通俗的思想方式绝少影响。依据那个学说，动机并不剥夺去我们的自由意志，也不取消作出或抑止任何行为的能力。但是依照通俗的概念来说，当非常重要的动机阻止他满足他的欲望,并且决定他抑止他所愿望完成的事情时,那么那个人就是没有任何能力。当我看到我的敌人腰间佩着刀在街上经过我面前,而我并不带着武器,我也不认为我已落到他的手中,任他自由处置。我知道他对于民政长官的恐惧和对于镣铐的恐怖一样,都是很强的一种约束,而且我是十分安全的,正如他是带着枷锁或受了监禁一样。但是当一个人获得了控制我的那样大的权力,以致不但他的行动不受外面的障碍,而且他可以任意对我进行赏罚,并不惧怕任何惩罚,于是我便认为他有充分的能力,而自认是他的臣民或属下。

这两个人,一个有很强的利害动机或安全动机使他抑止任何行动,另一个人则不受这样一种约束;如果把这两个人的情形加以比较,我们就将发现,依照前一卷所说明的哲学来说,他们两人之间的已知的惟一差别只在于这一点,就是:在前一种情形下,我们是根据过去的经验推断那个人永远不会作出那种行为,而在后一种情形下,则推断说,他也许会或者很可能会作出那种行为。在许多场合下,没有任何东西比人的意志更为变化无常;而且除了强烈的动机以外,也没有任何事物能使我们绝对确实地对于他的将来的任何一种行动有所断言。当我们看到一个人没有这些动机时,我们就假设他可能行动,也可能抑止;我们虽然可以概括地推断他被种种动机和原因所决定,可是这并不取消我们关于这些原因的判断的不确定性,也打消不了那种不确定性对于情感的影响。我们既然认为没有抑止其行为的强烈动机的每个人都有作出他的行为的能力,并且不认为那些有这种抑止动机的人有这种能力:所以我们可以正确地断言,能力永远和它的发挥有关,不论这种发挥是现实的或是很可能会实现的;而当我们根据过去经验发现一个人很可能或者至少是可能会作出一种行为时,我们就认为他赋有那种能力。我们的情感既然永远考虑到对象的实际存在,而且我们永远根据过去的例子来判断这种实在性;那么,无需进一步的推理,就可以确定地说,能力就是世人的经验和实践所发现的任何行动的可能性或概然性。

但是显然,任何时候,一个人如果对我处于那样一个地位,没有什么很强的动机阻止他来侵害我,因而他是否会侵害我是不确定的;那么当我处于那种地位时,必然感到不安,而一考虑到那种侵害的可能性或概然性,就不能不发生明显的关切。情感不但被确定的和必然的事情所影响,而且也在较小程度上被可能的或偶然的事情所影响。即使我也许从来不曾感到任何危害,并借着这个结果发现出(用哲学的说法来讲),那个人永不曾有侵害我的任何能力(因为他不曾发挥过任何能力),可是这并不阻止我由于前面所说的不确定的情形而感到不安。当我看到,一个人先前所有阻止他对我给予恩惠的强烈动机消除去了,有可能或很可能要赐给我这种恩惠,因而这种恩惠就成为可能的或很可能会有的时候;那么在这里,愉快的情感也可以和前面所说的不快的情感一样起着作用,并传来一种快乐。

但是我们还可以进一步说,当任何福利来临的时候,我们自己有能力随意取舍,而且没有任何物理的障碍或很强的动机妨害我们的享受,那么上述的那种快乐便更为增加。既然一切人都希望得到快乐,当没有外在的阻碍防止快乐的产生而且人们也看到遵循他们的〔爱好快乐的〕倾向毫无任何危险,那么那种快乐总是很可能会实现的。在那种情形下,他们的想象便容易预期快乐,并且传来同样的愉快,正如他们相信快乐有实在的和现实的存在时一样。

不过这还不足以充分说明伴随财富而来的那种快乐。一个守财奴由于他的钱财而感到高兴,那就是说,由于钱财使他有能力获得生活中的一切快乐和舒适而感到高兴,虽然他知道,他已经享有他的财富达四十年之久,而从未加以使用,因而不能借任何一种推理断言,这些快乐的实际存在比他完全被剥夺了他的全部财物时较为接近了些。但是他虽然不能用推理方式推断那种快乐即将实现,可是他确实还在想象那种快乐接近了,只要一切外在的障碍都被消除,以及反对这种快乐的比较强烈的利害动机也都一并消除去了。关于这个题目的进一步的说明,请参阅我关于意志的解释,在那里①,我将说明那种虚妄的自由感觉,使我们想象自己能够实行任何没有很大危险或破坏性的事情。当任何其他人没有抑止任何快乐的有力的利害动机时,我们凭经验作出判断,那种快乐将会存在,而且他很可能会得到它。但是当我们自己处于那种地位时,我们就凭想象的幻觉判断,那种快乐更加接近,更加亲切。意志似乎自在地向任何一方面活动,并且甚至在它所不曾确定下来的那一面上投射自己的一个影子或影像。借着这个影像,那种快乐就似乎与我们更为接近,使我们感到一种生动的快乐,正如那种快乐是完全确定而不可避免的一样。

① 第三章,第二节。

第一章 论骄傲与谦卑

现在我们就很容易把全部推理归结到一点,并且证明,当财富在它的所有者的心中产生任何骄傲或虚荣时(财富永远有这种作用),那总是通过印象间和观念间的双重关系。财富的本质就在于获得生活中的快乐和舒适的能力。这种能力的本质在于它的发挥的概然性,在于它使我们借一种真的或假的推理去预期那种快乐的真正存在。这种快乐的预期本身就是一种很大的快乐;这种快乐的原因既然是我们所享有的,并因而是与我们有关系的某种所有物或财产,所以我们在这里就清楚地看到前面体系的所有各个部分都极为精确而明晰地在我们面前展现出来了。

财富产生快乐和骄傲,贫穷引起不快和谦卑,由于同样理由,权力必然产生前一种情绪,而奴役就产生后一种情绪。控制他人的权力或权威使我们能够满足我们的全部欲望,而奴役却使我们服从他人的意志,使我们会遭受无数的缺乏和耻辱。

这里值得提出的是:当我们考虑到我们对他们行使权威的那些人,或对我们行使权威的那些人时,那么对于权威的虚荣感和对于奴役的羞耻感便大为增加了。因为假使我们能够制造一些具有十分灵巧的机械结构的机器人,可以听从我们的意志而运动和行动,那么我们如果占有这些机器人,显然也可以给我们以一种快乐和骄傲,不过这种快乐和骄傲的程度不及那种权威行使于有感觉的、有理性的人的时候那样的大,因为这些人的情况,如果与我们的情况比较起来,就使我们的情况显得更为愉快、更加尊贵。在任何情形下进行比较,总是使我们对任何事物增加重视的一种可靠方法。一个富人如果把他的境况与一个乞丐的境况相比,他就更加感觉到他的幸福。但是若把我们和我们所支配的人作一对比,那么权力便因此占到一种特有的优势,因为这种对比可以说是直接呈现于我们面前的。这里的比较是明显而自然的:想象在其对象本身就看到这种比较:思想进入这种比较的想象进程是顺利而方便的。这种条件在增加比较作用的影响方面有很大效果,这一点在以后考察恶意和妒忌的本质时将会清楚地显出。

第十一节 论名誉的爱好

但是除了骄傲和谦卑的这些原始的原因以外,还有一种次生的原因,那就是别人的意见,这对于感情也有相等的影响。我们的名誉、我们的声望、我们的名声,都是有极其重大关系的一些考虑。甚至骄傲的其他原因,如德、美丽和财富,如果没有别人的看法和意见加以配合,它们的影响也就很小了。为了说明这个现象,我们必须绕些圈子,先来说明同情的本性。

人性中任何性质在它的本身和它的结果两方面都最为引人注目的,就是我们所有的同情别人的那种倾向,这种倾向使我们经过传达而接受他们的心理倾向和情绪,不论这些心理倾向和情绪同我们的是怎样不同,或者甚至相反。这一点不但在儿童方面是显著的(他们盲目地接受给他们提出来的任何意见),而且在判断力和理解力最强的人们方面,也是很明显的,他们也觉得很难遵从他们自己的理性或心理倾向,以反对他们的朋友和日常伴侣的理性或心理倾向。我们在同一民族的人们的性情和思想倾向方面所观察到的一致性,就应当归之于这个原则;这种

第一章　论骄傲与谦卑

类似关系更可能是发生于同情心,而不是发生于土壤和气候的任何影响,因为土壤和气候虽然继续保持同一不变,却不能使一个民族的性格在一个世纪的时间中保持同一。一个性情和善的人立刻就会和他的同伴们性情相投;就是最骄傲的、最倔强的人也会沾染上他的本国人和相识的人的一点性情。愉快的面容注入我心中一种明显的满意和宁静,而愤怒或悲哀的面容却投给我一种突然的沮丧。憎恨、愤怒、尊重、爱情、勇敢、欢乐、忧郁,所有这些情感,我大都是由传达、而很少是由我自己的天性或性情感觉到的。这样一个显著的现象值得我们注意,必须把它推溯到它的第一原则。

当任何感情借着同情注入心中时,那种感情最初只是借其结果,并借脸色和谈话中传来的这个感情观念的那些外在标志,而被人认知的。这个观念立刻转变为一个印象,得到那样大的程度的强力和活泼性,以至变为那个情感自身,并和任何原始的感情一样产生了同等的情绪。不论那个观念是在怎样短暂的一刹那内转变为一个印象,这种变化总是由于某种观点和反省而发生的,这些观点和反省逃脱不掉一个哲学家的严密的观察,即使产生这种观点和反省的那人自己也许观察不到。

显而易见,自我的观念(或者倒不如说自我的印象)是永远密切地呈现于我们的,我们的意识给予我们以自我人格的那样一个生动的概念,以至不可能想象任何事物能够在这一方面超越这种自我之外。因此,任何与我们有关的对象,必然依照前述的原则在同样活泼的想象方式下被人想象;这种关系虽然不及因果关系那样强烈,可是仍然一定有重大的影响。类似关系和接近关系也是不该忽略的关系;而当我们根据因果进行推断,并观察外在的标志,因而得知有类似的或接近的对象的真实存在时,则情形尤其是如此。

显而易见,自然在一切人之间保持了一种很大的类似关系;我们在别人方面所观察到的任何情感或原则,我们也都可以在某种程度上在自身发现与之平行的情感或原则。在心灵的结构方面是这种情况,在身体的结构方面也是这种情况。各个部分的形状或大小虽然有很大差异,而其结构和组织一般都是相同的。各个部分虽然千差万别,而其间仍然保存着一种很显著的类似关系;这种类似关系,对于我们体会别人的情绪而欣然立即加以接受,一定大有帮助。因此,我们发现,如果在我们各人天性的一般类似关系以外,我们在举动、性格、国籍、语言方面还有任何特殊的类似,这种类似便促进了同情。我们与任何对象的关系越是强固,想象就越容易由此及彼进行推移,而将我们形成自我观念时经常带有的那种想象的活泼性传到相关的观念上去。

类似关系并不是产生这种效果的惟一关系,而也由那些可能与之相伴的其他关系得到新的力量。别人如果与我们距离很远,那么他们的情绪的影响就很小,需要有接近关系,才能把这种情绪完全传达给我们。血统关系因为是一种因果关系,有时也可以促进这种效果;相识关系与教育和习惯也起着同样的作用;这一点,我们在以后将详细加以阐述①。所有这些关系在联合起来时,就把我们的自我印象或意识传到我们对其他人的情

---

① 第二章,第四节。

第一章 论骄傲与谦卑

绪或情感所发生的观念上,并使我们以最强烈、最生动的方式加以想象。

在本书开始时已经说过,一切观念都是由印象复现而得来的,而且这两类知觉的差异只在于它们刺激灵魂时的强烈和活泼程度的不同。观念和印象的组成部分完全都是相同的。两者出现的方式和秩序可能是同一的。因此,两者的强烈和活泼程度的差别是区别两者的惟一条件:这种差别既然在某种程度上可以被印象和观念的关系所消除,无怪对于一个情绪或情感的观念可以借此而大大地活跃起来,以至变成那个情绪或情感的自身。任何对象的生动观念总是接近于它的印象;而且我们确实可以单凭想象的力量就感觉疾病和痛苦,而由于常常在想一种病变得真病了。但是在意见和感情方面,这种情形最为显著;一个生动的观念主要是在这里转变为一个印象。我们的感情比其他任何印象更为依靠于我们自己和心灵的内部活动;因为这种缘故,这些感情就更为自然地由想象发生,由我们对这些感情所形成的每个生动的观念发生。这就是同情的本性和原因;每当我们发现其他人的意见和感情以后,我们就以这个方式那样地深入到这些意见和感情中去。

在这个全部过程中,最可注目的就是:这些现象强有力地证实了前面关于知性的理论体系,因而也证实了现在这个有关情感的理论体系;因为这两个体系是互相类似的。显然,当我们同情别人的情感和情绪时,这些心理活动在我们心中首先出现为单纯的观念,并且被想象为属于他人的,正如我们想象其他事实一样。其次,还有很明显的一点是,对别人感情所发生的观念被转化为这些观念所表象的那些印象本身，而且那些情感就照着我们对那些感情所形成的意象发生起来。所有这些都是最明显的经验的对象，而不依靠于任何哲学的假设。我们只允许哲学来说明这些现象，虽然同时我们必须承认，这些现象本身已经那样明显，几乎无需再应用哲学了。因为我们不但凭因果关系相信我们所同情的那种情感的实在性，除此而外，我们还必须有类似关系和接近关系的协助，才能充分完满地感觉到同情。这些关系既然能够把一个观念完全转化为一个印象并把印象的活泼性传达于观念，而且传达到那样完善的程度，以致这种活泼性在推移过程中毫无减损，所以我们很容易设想，因果关系单独也足以强化并活跃一个观念。在同情中，一个观念显然转化为一个印象。这种转化发生于对象与我们自己的关系。我们的自我永远密切地呈现于我们。让我们比较一下所有这些条件，我们将会发现，同情和我们知性的作用恰恰相应，甚至还包括着某种更惊人、更奇特的现象。

现在我们就该由概括地考究同情，转而观察，当骄傲和谦卑两种情感由称赞和责备、由美名和丑名发生起来时，同情对于这些情感起着什么影响。我们可以说，任何人如果因为某种性质被人称赞，那么那种性质（如果是实在的）本身就不会不在具有它的人内心产生一种骄傲。颂词总是赞美人的权力、财富、家世或美德；所有这些都是虚荣心的对象，这一点我们已经加以说明和解释。因此，可以确定，当一个人在钦佩他的人的观点下考虑自己时，依照上面所说明的假设，他首先会发生一种单独的快乐，随后又感到一种骄傲或自满。在这一点上，我们接受他人的

第一章　论骄傲与谦卑

意见是最为自然的：一方面是由于同情，因为同情使他们的全部情绪亲切地呈现于我们之前，另一方面是由于推理，因为推理使我们认为他们的判断就是他们所肯定的事实的一种论证。权威和同情这两种原则几乎影响了我们一切的意见；而当我们判断我们自己的价值和性格时，这两个原则必然有一种特殊的影响。这一类判断永远伴有情感[①]；最能干扰我们的知性并使我们陷入任何意见（不论如何不合理）中的，就是这些意见与情感的联系；这种情感弥漫于想象中，给每个相关的观念加上一种力量。此外，我们还可以附加说，我们由于意识到自己对自己极大的偏向，所以我们对于任何证实我们对自己的好评的事物都感到特别高兴，而对于任何反对这种好评的任何事物都容易感到震惊。

所有这些在理论上都似乎是很可能的；但为了使这个推理有充分的确实性起见，我们必须考察情感所表现的现象，并研究它们和这个推理是否符合。

这些现象中有一种，我们可以认为是最有利于说明现在的目的，就是：美名虽然一般说来是令人愉快的，可是我们从我们自己所尊重和赞许的人的赞美方面，比从我们所憎恨和鄙视的人的赞美方面，得到更大的快乐。同样，我们对他们的判断十分重视的那些人，如果对我们表示轻蔑，我们就要感到极大的耻辱。但我们对其余的人们的意见，则大部分是漠不关心的。但是如果心灵本来由于任何原始的本能得到一种对美名的欲望和对丑名的厌恶，那么美名和丑名就该毫无区别地影响我们，而任何意见随其对我们是有利的或不利的，应该同等地刺激起欲望或

[①] 第一卷，第三章，第十节。

厌恶来。一个傻瓜的判断正像一个智者的判断一样是别人对自己的一种判断,只是它对我们的自我判断的影响较小一些。

我们不但对于智者的赞许比对于傻瓜的赞许更加感到快乐,而且当我们与智者有了长期亲密的相识以后,我们会从他的赞许中得到一种附加的愉快。这可以用同样方式加以说明。

其他人的称赞若不是和我们自己的意见相合,并且他们所赞美的若不是我们所主要擅长的性质,便决不能给予我们很大的快乐。军人不重视雄辩的能力,法官不重视勇敢,主教不重视幽默,商人不重视学问。一个人对于任何抽象考虑下的品质,不论如何加以重视,而当他自觉到自己并无这种品质时,那么全世界的人的对他的赞许,也不会在这一点上给他以多大的快乐,这是因为他们永不能使他同意他们的缘故。

出身名门而境况贫乏的人们,总是喜欢抛弃了他们的亲友和故乡,宁愿投身生人中间,从事低贱的和手艺的工作去谋生,而不愿在素知其门第和教育的人们中间生活。他们说,我们走到那里,人们都将不知道我们的底细。没有人会料想到,我们出身于什么门第。我们将远离我们的亲友,这样我们的贫贱境况就使我们较为坦然自在。在考察这些情绪时,我们将发现它们对我现在的目的提供了许多非常令人信服的论证。

第一,我们可以从这些情绪推断说,由于被人轻贱而感到的不快感依靠于同情,而同情又依靠于对象与我们的关系;因为我们在与我们有血统关系并居住接近的人们的轻视之下,是最感到不快的。因此,我们就竭力设法断绝这些关系,使自己与异乡人接近,而与亲戚远隔,以便减弱这种同情和不快。

第一章　论骄傲与谦卑

第二，我们可以断言，关系对同情是必需的，但不是绝对就其是关系而说的，而是由于这些关系有一种影响，促使我们把自己对别人的情绪所产生的观念转化成那些情绪自身——这种转化是通过别人人格的观念和自我的观念之间的一种联结。因为在这里，亲戚和接近关系两者都仍然存在；不过这些关系因为不是结合在同一些人的身上，所以它们促进同情的程度就较小。

第三，割断关系而减弱同情这一个情况，值得我们注意。假如我在陌生人中间处于贫乏状况，因而受到轻视；可是我觉得在那种境况下生活，要比我每天遭受我的亲戚和本国人的轻蔑，还较为自在些。这里我感到双重的轻视；一是来自我的亲戚方面，不过他们并不在场；一是来自周围的人，不过他们是陌生人。这种双重轻蔑，同样也被亲戚和接近两种关系所加强。不过借着那两种关系和我发生联系的那些人不是兼有两种关系的人，所以这种观念方面的差异就把发生于轻视的两个印象加以隔离，不使它们互相混合。邻人的轻蔑有某种影响，亲戚的轻蔑也有某种影响；但是这些影响互相独立，永不联合起来；而当轻蔑来自既是邻人、又是亲戚的人时，这两种影响便联合起来了。这个现象类似于前述的骄傲和谦卑的体系——那个在一般人看来可能显得是那样奇特的体系。

第四，处于这种情况下的一个人在他生活周围的人们中间自然要隐瞒他的出身，而且如果任何人猜疑他原来出身于远远高出于现在的景况和生活方式的一个家庭，他便会感到极为不安。这个世界上的每样事物都是通过比较加以判断的。对一个普通绅士来说是一个极大的财富，对一个国王来说简直就像乞丐的生活。在不能供给一个绅士以必需品的境况下,一个农夫会认自己是幸福的。当一个人无论是习惯于比较豪华的生活方式,或是自以为按照他的门第和品质应该享受这种生活的时候,一切低于这种身份的事情都成为不愉快的,甚至是可耻的了;他总是以极大的努力来掩盖他对于更大财富的权利要求。他在这里自己知道自己的不幸,但是在他生活周围的人既然不知道他的不幸,因而他的不愉快的回顾和比较,只是由他自己的思想所提示出来,而绝不是从和他人有同情而发生的;这就必然使他大为自在和满意了。

我们的假设是:我们由赞美所获得的快乐发生于情绪的传导。对于这个假设如果有人提出任何反驳,那么我们在考察之后,将会发现这些反驳,在恰当的观点之下看来,反而足以证实这个假设。广泛的名声甚至对于一个轻视世俗人们的人也是愉快的;但这是因为人数众多给予世俗人们以一种附加的重要性和权威。剽窃者在得到称赞时,虽然自己知道不配这种赞美,也仍然感到高兴。不过这是一种空中楼阁,想象在这里只是以自己的虚构使自己高兴,并力图借着对他人意见表示同情来使这些虚构变得较为巩固和稳定。骄傲的人遇到轻蔑,就感到震惊,虽然他们并不立即加以同意;这是因为他们的自然情感和他们由同情得到的情感发生冲突的缘故。一个正在热恋中的人,如果你责备或谴责他的爱人,他也同样会大为不快;虽然显而易见,你的反对所以能够对他有任何影响,只是因为你的反对把握住了他,并由于他对你发生的同情。如果他轻视你,或者看到你是在开玩笑,那么,你不论说什么,对他都不会发生作用。

第一章　论骄傲与谦卑

第十二节　论动物的骄傲与谦卑

由此可见,不论我们在什么观点下来考究这个问题,我们仍然可以看到,骄傲和谦卑的原因恰恰符合于我们的假设,而且任何东西如果不是与我们自己发生关系,并产生一种独立于那种情感以外的快乐或痛苦,就永不能刺激起这些情感中的任何一种。我们不但已经证明,产生快乐或痛苦的一种倾向是骄傲或谦卑的一切原因所共有的,而且还证明这是惟一共同的条件,因而是它们所借以发生作用的那种性质。我们还更进一步证明了,这些情感的最重要的原因,实在只是产生愉快感觉或不快感觉的那种能力,因此,这些原因的全部结果,其中尤其是骄傲和谦卑,只是从那个根源发生的。这些简单而自然的原则既然建立在那样可靠的证明之上,就不会不被哲学家们所接受,除非有我所忽略了的一些反驳可以反对这些原则。

解剖学家们往往把他们对人体所做的观察和实验同他们对动物所做的观察和实验结合起来,并从这两种实验的互相符合,取得对于任何一个特殊的假设的附加的论证。的确,畜类各部分的构造如果和人类的构造是同样的,而且这些部分的活动也是同样的,那么那种活动的原因便也不能是不同的,而且我们在一类中间所发现的真理,可以毫不犹豫地断言对另一个类也同样是真实的。例如体液的混合和微细部分的组织可以正确地假设在人类和在畜类方面有些不同;因此,我们在其中一类方面关于药物效果所做的实验,并不总是能应用于另一类;可是血管和肌肉的结构,心、肺、胃、肝和其他内脏的组织和位置,在一切动物方面既然都是相同或差不多是相同的,所以那在某一类方面能够说明肌肉运动、乳糜演变、血液循环的假设,也必然可以应用于每一类的;而且根据这个假设是符合于或不符合于我们在任何一类动物方面所做的实验,我们就可以由此对于整个假设的真或伪得到一个证明。因此,让我们把关于人体的推理方面已被发现为那样正确和有用的研究方法,应用于现在关于心灵的解剖学上,看看我们借此能作出什么发现。

为了要这样做,我们首先必须指出人类的情感和动物的情感之间的相应现象,随后再比较产生这些情感的原因。

显而易见,几乎在每一类动物方面,特别是在高等动物方面,都有骄傲和谦卑的许多明显的标志。天鹅、火鸡或孔雀的姿态和步伐,表示它们对自己的自负和对其他动物的轻蔑。这一点更可注目的是:在后两类动物方面,骄傲永远伴随着美丽的羽毛,并且只在雄性方面显现。夜莺在啼叫中表示的自夸和争胜,是人们所通常注意到的;马在迅疾,猎犬在机敏和嗅觉,公牛和公鸡在体力,以及其他各种动物在其各自的优点方面的好胜,也同样是常见的事实。此外,一切常和人类接近、并和人类熟习的各种动物,对人类给自己的赞许都表示一种明显的骄傲,而对于人的夸奖和抚爱感到欢喜,并无其他任何考虑。但也并非任何人的抚爱都毫无区别地使动物感到得意,使它们得意的、主要只有它们所认识的、所爱的人的抚爱;正像人类的那种情感被刺激起来的方式一样。所有这些都显然证明,骄傲与谦卑不但是人类所有的情感,而且是推广到全部动物界的。

这些情感的原因,在动物方面也和在人类方面一样,只要我们适当地估计到人类的较高的知识和知性。例如，动物没有德或恶的意识；它们很快忘掉了血统关系；它们没有权利和财产权的关系。因为这个缘故，动物的骄傲和谦卑的原因，只在于身体方面，决不能寓存于内心或外界对象。但是在身体方面，同样的性质在动物方面也像在人类方面一样产生出骄傲来。这种骄傲情感永远是建立在美丽、体力、敏捷和其他某种有用的或愉快的性质上面的。

其次的问题就是：在全部动物界，那些情感既然相同，并且都由同样原因发生的，那么，那些原因发生作用的方式是否也是同样的。依据一切类比推理的规则，这一点是可以正确地预期的。如果我们在试验以后发现，我们在一类方面所应用的对于现象的说明，并不能应用于其他一些类上，那么我们就可以认为，那种说明无论怎样动听，实际上是没有基础的。

为了决定这个问题，让我们来考虑这一点：就是在动物的心中，也像在人类的心中一样，显然有同样的观念关系，并且也由同样的原因得来的。一条狗在掩藏起一根骨头之后，往往忘记了地方；但是你如果把狗带到那个地方，那么狗的思想借着接近关系很容易转到先前所掩藏的东西上，因为这种接近情况在它的观念之间产生了一种关系。同样，狗如果在任何地方曾被痛打一顿，它在走近那个地方时，便会战栗发抖，即使它在那里并不发现任何先前危险的标志。类似关系的效果并不那样明显；但是那种关系在一切动物对之表现出那样明显的判断的因果关系中既然是一个重要的因素，所以我们可以断言，类似、接近和因果三种关系，对于动物也像对于人类一样，都以同一的方式起着作用。

还有一些印象关系的例子,也足以使我们相信,在较低级的动物方面和在高等动物方面一样,某些感情彼此之间也有一种关联,而且这些动物的心灵往往也是通过一系列互相关联的情绪推移下去的。一条狗在由于欢乐而高兴起来的时候,自然就发生爱情和仁慈,不论对它的主人或是对于异性。同样,当它充满痛苦和悲哀的时候,就变得好斗而暴躁;那种原来是悲伤的情感,稍有触动就转变为愤怒了。

由此可见,人类方面产生骄傲或谦卑所必需的一切内在的原则,是一切动物所同有的;而刺激起这种情感来的原因既然也是相同的,那么我们可以正确地断言,这些原因在整个动物界是以同样方式起作用的。我的假设是那样的简单,并且所要求的反省和判断也是那样的少,所以是可应用于每一种感情动物的。这不但必须被承认为证明我的假设是真实的一个令人信服的证据,而且我自信将被发现为对每一个其他的理论体系的一个反驳。

第二章　论爱与恨

第一节　论爱与恨的对象和原因

给爱和恨两种情感下任何定义是完全不可能的；这是因为两者只产生一个简单的印象，而没有任何混合或组合。我们也同样无需根据其本性、来源、原因和对象，企图对它们加以描述；这是因为爱和恨正是我们现在研究的主题，同时也因为这些情感自身根据我们平常的感觉和经验就已被人充分认识。关于骄傲和谦卑，我们已提到这一点，在这里，关于爱和恨，我们仍要加以重复；这两组情感之间有着那样大的一种类似关系，所以我们就不得不先略述一下我们关于前面一组情感的推理，以便说明后面一组的情感。

骄傲和谦卑的直接对象是自我，或是我们亲切地意识到它的思想、行为和感觉的那个同一的人格；而爱和恨的对象则是我们意识不到他的思想、行为和感觉的某一个其他的人。这一点在经验中就表现得充分的明显。我们的爱和恨永远指向我们以外的某一个有情的存在者。当我们谈及自爱时，那不是就爱的本义而言，而且自爱所产生的感觉和一个朋友或情人所刺激起的柔情也并无共同之点。憎恨也是如此。我们可以因为我们自己的过失和愚蠢而感到耻愧；但是只有由于他人所加的侵害才会感到愤怒或憎恨。

爱和恨的对象虽然永远是其他某一个人，可是显而易见，那个对象恰当地说并不是这些情感的原因，而且单独也不足以刺激起这些情感。因为爱和恨在它们所引起的感觉方面既是恰恰相反的，并且有着一个共同的对象，所以那个对象如果也是它们的原因，那么它就会产生同等程度的两种相反的情感，这两种情感从最初一刹那起必然就会互相消灭，于是任何一种情感便都无法出现。因此，必然有异于那个对象的某种原因。

我们如果考究爱和恨的原因，我们就将发现这些原因是多种多样的，并且没有许多共同的东西。任何人的德行、知识、机智、见识和风趣，都引起爱和尊重；相反的性质便引起憎恨和鄙视。身体方面的优点，如美丽、体力、敏捷、灵巧和它们的反面都引起同样的爱和恨的情感；而由家庭、财产、衣服、民族和气候等外在的优点和缺点，同样也引起那些情感。这些对象中没有一个不可以借其不同的性质引起爱和尊重，或是憎恨和鄙视。

根据对这些原因的观察，我们就在起作用的那种性质和这种性质所寓存的主体之间得到一个新的区别。占有壮丽宫殿的国王，由于这个缘故，就引起人民的尊敬；这第一是由于宫殿的美丽，第二是由于财产权的关系把宫殿与他联系起来。这两个条件中只要消除一个，就消灭了那种情感；这就显然证明，那个原因是一个复合的原因。

关于骄傲和谦卑我们所曾作的种种讨论，同样地适用于这两组情感，但是要把这些讨论在爱和恨的情感方面重新加以陈述，那就未免腻烦了。我们只消作一个概括的评述就够了，就是：爱和恨的对象显然是一个有思想的人，而前一种情感的感觉永远是愉快的，后一种情感的感觉则永远是不快的。我们还

第二章 论爱与恨

可以大概地假设说，这两种情感的原因永远是和一个有思想的存在者相关的，而且前者的原因产生一种独立的快乐，而后者的原因则产生一种独立的不快。

这些假设之一，即爱和恨的原因必然与一个人或有思想的存在者相关，才能产生这些情感，不但是很可能的，而且是非常明显，不容争论的。德和恶，如果抽象地加以考虑；美与丑如果寓存于无生物；贫与富如果是属于第三人：则对于和它们没有关系的人，便产生不了任何程度的爱或恨，尊重或轻视。一个人如果向窗外观望，看到我在街上行走，在我以外又有一所美丽宫殿，与我毫无关系；我相信，没有人会妄说，这个人会对我表示尊敬，就像我是那座宫殿的所有主一样。

初看之下，并不能那样明显地看到，这些情感需要一种印象关系，这是因为在推移过程中一个印象与另一个印象那样地互相混淆，以致可以说是无法区别的了。不过在骄傲和谦卑方面，我们既然能够很容易地分辨出来，并且证明，这些情感的每一种原因都各自产生一种独立的痛苦或快乐，所以我在这里详细考察爱和恨的各种原因时，如果采用同样的方法，也许会有同样的成功。不过因为我急于要给这些体系作一个充分的、确定的证明，所以我暂且把这种考察搁置一下；同时，我将力图通过一个建立于毫无疑问的经验之上的论证，使我关于骄傲和谦卑的全部推理都服务于我现在的目的。

凡对自己的性格、天才、财富感到满意的人，很少有不想在世人面前显露自己，并取得人们的爱和赞美的。显而易见，成为骄傲或自负的原因的那些性质和条件，也就是虚荣心或名誉欲的原因；我们自己最为得意的那些特点，我们总是要炫耀于人。但是假设爱与尊重不是和骄傲一样由同一性质产生的（它们的不同点只在于这些性质或是与我们有关，或是与他人有关），那么这种进行方法将是非常荒谬的，而且人们也不能期望每一个其他人的情绪和他们自己所有的情绪互相对应。诚然，很少有人能够形成精确的情感体系，或是考究它们一般的本质和类似关系。但是我们纵然在哲学中没有多大的进展，我们在这一方面也不会有很多错误，通常的经验和一种预感就给予我们充分的指导；这种经验和预感就借着我们自己内心的直接感受告诉我们，什么东西将会对别人发生作用。产生骄傲或谦卑的那些性质既然也引起爱或恨，所以在证明前面一组情感的原因产生一种独立于情感以外的痛苦或快乐时所用的全部论证，也将可以同样明显地应用于后面一组的情感。

第二节 证实这个体系的几种实验

我已根据这些论证，对于相关的印象和观念间那种推移过程得到一个结论；在充分衡量这些论证之后，没有人将会迟疑而不同意于那个结论，特别是因为这个原则本身是那样的简易和自然。不过为了使这个体系在爱和恨与骄傲和谦卑两方面丝毫都没有疑问起见，我们可以对所有这些情感做一些新的实验，并回忆一下我在前面所提到的一些观察。

为了做这些实验起见，让我们假设，我和一个我向来对他没有任何友谊或敌意情绪的人在一起。这里在我面前有了全部这四种情感的自然的、最后的对象。我自己是骄傲或谦卑的恰当

第二章 论爱与恨

的对象,另一个人是爱或恨的对象。

现在可以注意观察这些情感的本性,和这些情感彼此的位置。显而易见,这里有四种情感好像处于一个方形状态,它们彼此之间有一种有规则的联系和距离。骄傲与谦卑两种情感和爱与恨两种情感一样,被它们同一的对象联系起来,第一组情感的对象是自我,第二组情感的对象是另一个人。这两条交通线或联系线形成方形的相对的两边。其次,骄傲与爱是愉快的情感;憎恨和谦卑是不快的情感。骄傲和爱之间、谦卑与憎恨之间在感觉上的类似形成一种新的联系,并可以被认为是方形的另外两边。总起来说,骄傲和谦卑、爱和恨是被它们的对象或观念联系起来的;骄傲和爱、谦卑和恨是被它们的感觉或印象联系起来的。

因此我说,凡产生这些情感之一的东西,对于那种情感都不能不具有双重关系,即观念与情感对象的关系,以及感觉与情感自身的关系。我们必须用实验来证明这点。

第一实验。 为了更有条理地进行这些实验起见,让我们首先假设,当自己处在上述的那种情况下,即与另一个人处在一起,这时有一个对象呈现出来,那个对象和这些情感中的任何一种,既无印象关系,也无观念关系。假如我们一同观察一块普通的石头,或其他不属于我们中任何一个人、并且其本身也不引起情绪或独立苦乐来的普通对象:那么显然,这样一个对象将不产生这四种情感中的任何一种。我们可以把这个对象在四种情感上依次做一个试验。让我们把这个对象应用于爱、恨、谦卑、骄傲;其中任何一种都丝毫发生不起来。让我们还任意尽量改换对象；假定我们所选择的是没有这两种关系之一的一个对象。让我们在心灵所能发生的一切心理倾向方面来重复这种实验。自然界中那么一大批的对象中的任何一个对象，如果没有这些关系，则在任何心理倾向中都将产生不出任何情感来。

第二实验。 没有这两种关系的一个对象既然永远不能产生任何情感，那么让我们把这两种关系之一加在它上面，看看有什么结果发生。例如，假设我看到一块石头或任何一个普通对象，那块石头或是属于我的，或是属于我的同伴的，并借此与情感的对象获得了一种观念关系；那么显然，先验地考察起这件事来，任何一种情绪按理都不能期望其出现。因为这个观念关系只是隐蔽地、平静地在心灵上起着作用，除此以外，这个关系又随着那个对象之属于我们或属于别人，而以一种相等的冲动给予骄傲和谦卑、爱和恨这些对立的情感；这种情感上的对立必然使两者互相抵消，而使心灵完全没有任何感情或情绪。这种先验的推理又被经验所证实了。凡不产生一种独立于情感之外的痛苦或快乐的任何平凡的或一般的对象，都不能借其对我们或对其他人的财产权关系或其他关系产生骄傲或谦卑、爱或恨这些感情。

第三实验。 因此，显而易见，单有一种观念关系并不足以产生这些感情。现在让我们把这种关系除去，而代之以一种印象关系，即呈现出一个令人愉快或不快的、但与我们或同伴都没有关系的对象来；让我们来观察其结果如何。如果首先先验地来考究这件事，像在前一个实验中那样；那么我们可以断言，那个对象和这些情感将有一种微细的但是不确定的联系。这个对

第二章 论爱与恨

象与情感有微细的联系,乃是因为这个关系不是一种冷淡而不可觉察的关系,而且也没有观念关系的那种缺点,也不以相等的力量指使我们趋向那两种由于对立而互相抵消的相反情感。但是我们如果在另一方面考虑一下,这种由感觉到感情的推移是没有一种产生观念推移的任何原则加以推进的,正相反,一个印象虽然很容易转移到另一个印象,可是对象的变化不定却和引起这种推移的一切原则抵触;那么我们就可以由此断言,任何东西如果只借一个印象关系与情感发生联系,仍然不可能成为那种情感的稳定的或持久的原因。在衡量了这些论证以后,我们的理性依照类比推理规则所可断言的就是:一个产生快乐或不快、但与我们自己或其他人都没有任何联系的对象,可以给予人的心情以那样一种倾向,以至它自然地流入骄傲或爱、谦卑或恨这些情感,并使它找寻别的对象,以便依据了双重关系而在其上能够建立这些感情;不过一个只具有这些关系之一(即使是最有利的关系)的对象,永不能产生任何恒久而确定的情感。

最幸运的是,所有这套推理都被发现为恰恰与经验符合,并与情感的现象符合。假设我和一个同伴在我们两人从来未曾到过的一个国家中旅行,那么,风景如果美丽,道路如果平坦,旅馆如果舒适,这种环境显然会使我对自己和同伴都感到心情愉快。但是我们既然假设,这个国家对我自己或我的朋友都无关系,所以它就不能成为骄傲或爱的直接原因;因此,我如果不把情感建立在与我或与他有比较密切关系的其他某种对象上,那么我的情绪宁可以视为一种舒畅的心情的流露,而不是一种确定的情感。当对象引起了不快情绪时,情形也是一样。

第四实验。 我们既然发现，一个毫无观念关系或印象关系的对象，或是一个只有一项关系的对象，都不能引起骄傲或谦卑、爱或恨来；那么，无需进一步的实验，单是理性就可以使我们相信，凡有双重关系的对象，都必然刺激起这些情感来；因为这些情感的发生，显而易见必然有某种原因。但是为了尽量消除怀疑的余地起见，让我们重做几次实验，看看在这一种情形下，结果是否符合我们的期望。我选定一个能够引起独立快感来的对象，例如美德；在这个对象上，我加上一种对自我的关系；结果发现，由于这样的事情安排，立刻发生了一种情感。但是什么情感呢？正是骄傲情感，这个对象对它是有双重关系的。关于对象的观念和关于自我（情感的对象）的观念发生了一种关联：那个对象所产生的感觉和那种情感的感觉相类似。为了确定自己在这个实验中不发生错误起见，我首先除去一项关系，随后又除去另一项，结果发现每一次除去以后，都消灭了那个情感，而使那个对象成为完全漠然无关的。但是我还不以此为足。我还更进一步从事实验；我不把关系除去，而只代之以另一种关系。我假设那种美德属于我的同伴，而不属于我自己；并且观察这样改变之后，会有什么结果。我立刻看到感情转了方向，离开了单有一种印象关系的骄傲，而落到了爱的一方面去，在这一方面，感情就被印象和观念的双重关系所吸引住了。再重复同一个实验，把观念关系重新变化一下，我又把感情带回骄傲方面；再重做一次，我又把感情置在爱或好感方面。在彻底相信了这个关系的影响之后，我又试验另一对象的结果，把德换成了恶，这样就把由前者所产生的愉快印象转变为由后者所产生的不快印象。

结果仍然符合于预期。恶存在于他人身上时,就借其双重关系刺激起憎恨情感来,而刺激不起那个由于同样理由从德所产生的爱来。为了继续实验,我又重新改变观念关系,假设恶属于我自己。结果如何呢?仍然和往常一样。结果是情感由憎恨转成谦卑了。我若把印象重新改变一下,就又把这种谦卑转为骄傲;结果我发现,我绕完了一个圈子,并借这些变化把情感带回到我最初发现其所处的那种位置中。

不过为了使这个问题更加确定,我又把对象加以改变;我舍去恶和德,而在美和丑、贫和富、权力和奴役方面进行实验。所有这些对象都各自通过它们关系的改变,以同一方式转了一个情感的圈子:不论我们依什么秩序进行,不论是通过骄傲、爱、恨、谦卑,或是通过谦卑、恨、爱、骄傲,实验丝毫不发生变化。的确,尊重和鄙视在某种情形下代替了爱和恨而发生,不过这些归根到底是同样的情感,只是由于某些原因才有一些变化(这些原因我们将在以后加以说明)。

第五实验。 为了给予这些实验以更加大的权威,我们可以尽量变化情况,把各个情感和对象置于它们可能处在的各种不同的位置中。让我们假设,除了上述的种种关系之外,我和他一起进行所有这些实验的那个人由于血统关系或友谊关系和我有密切的关系。假设他是我的儿子或兄弟,或是和我有长期熟识的关系。其次,让我们再假设,情感的原因对这个人获得了印象和观念的双重关系;让我们看一下,所有这些复杂的吸引关系有些什么样的结果。

在我们考究实际上有什么样的结果之前,我们可先推断,依据我的假设来说,这些结果应该是什么样的。显然,随着印象是愉快的或是不快的,我对于那个借着这双重关系(我一向要求这两种关系)而与印象的原因联系着的人,必然有爱或恨发生。一个兄弟的德必然使我爱他,正如他的恶或丑名必然刺激起相反的情感来一样。不过如果单是根据这个情况来判断,则我不应该期望感情停止在那里,而永不再转移到其他的印象。这里这个人既然借着双重关系成为我的情感的对象,所以这个同一的推理就导使我想到那个情感会向前推进。依据假设,那个人和我自己有一种观念关系;以他为对象的那种情感,随着它是愉快的或不快的,对于骄傲或谦卑又有一种印象关系。因此显然,骄傲和谦卑情感之一,必然会由爱或恨发生起来。

这是依照了我们的假设我所形成的推理;而我在试验以后,很愉快地发现一切都恰恰符合于我的期望。一个儿子或兄弟的德或恶不但刺激起爱或恨来,而且借着一个新的推移过程,由于相似的原因,产生了骄傲或谦卑。没有东西能比我们亲戚的任何辉煌的品质引起更大的虚荣,正像没有东西比他们的恶或丑名更加令人感到耻辱。经验和我们的推理的这种精确的符合,就令人信服地证明了、我们所据以进行推理的那个假设的可靠性。

第六实验。 我们如果把实验倒转一下,并仍旧保持着同样的关系,只是从另一种不同的情感着手:这就更会增加我们的理论的明白性。上面说过,一个儿子或兄弟的德或恶先引起爱或恨,随后又引起骄傲或谦卑,现在假设我们把这些好的或坏的品质置于我们自己身上,使它们与那个和我们有关系的人没有任

第二章 论爱与恨

何直接联系；那么，经验告诉我们，这样把情况改变以后，整个连锁就被打断了，心灵不再从一个情感转移到另一个情感，如像在前一个例子中那样。我们从来不会因为我们在自身所发现的德或恶而去爱或恨一个儿子或兄弟，虽然他自己的这些品质显然会使我们感到明显的骄傲或谦卑。由骄傲或谦卑转移到爱或恨，不像由爱或恨转移到骄傲或谦卑那样地自然。这在初看之下似乎与我的假设相反；因为印象关系和观念关系在两种情形下恰恰是同样的。骄傲和谦卑是与爱和恨相关的印象。我自己又与那个人相关。因此，我们应当期望，类似的原因必然产生类似的结果，并且一个完善的转移过程会由这个双重关系产生，正像在其他一切情形下一样。通过下面的考虑，我们可以顺利地解决这个困难。

显而易见，我们在任何时候既然都亲切地意识到自我，意识到我们的情绪和情感，所以关于它们的观念必然比关于任何别人的情绪和情感的观念要以一种较大的活泼性刺激着我们。但是任何以活泼性刺激我们，并且出现于充分的、强烈的观点下的东西，可以说是强迫我们去加以考虑，并且借着最小的暗示和最细微的关系就呈现于心中。由于同一理由，当那个东西一经呈现出来，它就吸引住我们的注意，并使注意不至于飘荡到其他的对象上去，不论那些对象与我们第一个对象有多么强烈的关系。想象容易由晦暗的观念转到生动的观念，却不容易由生动的观念转到晦暗的观念。在前一个情形下，那种关系得到另一个原则的帮助；在后一个情形下，那种关系却遭到另一个原则的反对。

我已经说过,心灵的那两个官能,即想象和情感,在它们的倾向互相类似、并且作用于同一对象上时,是互相促进它们的作用的。心灵永远有由一种情感转到其他任何与之相关的情感上的一种倾向;而当一种情感的对象和另一种情感的对象相关的时候,这种倾向就被推进了。那两种冲动互相会合起来,使得整个推移过程变得更加方便和顺利。但是如果观念关系严格地说继续同一不变,而且失去了引起想象转移的那种影响,于是这种关系在情感上的影响显然也必然要停止,因为那种影响是完全依靠于那种转移的。因为这种缘故,所以骄傲或谦卑转移到爱或恨,就不如后一组情感转变为前一组情感那样容易。如果一个人是我的兄弟,我当然也是他的兄弟;但是这些关系虽是交互的,而它们在想象上却有很不相同的作用。先考虑与我们有关系的任何人,再进而考虑我们时时刻刻所意识到的自我,这个过程是顺利而通畅的。但是当感情一旦转向我们的自我时,则想象便不能同样顺利地由那个对象过渡到其他任何人,不论那个人和我们有多么密切的关系。想象的这种顺利的或困难的推移,对情感起着影响,推进或阻止情感的转移;这就清楚地证明,情感和想象这两种官能是互相联系着的,而且观念间的关系对于感情具有一种影响。除了可以证明这点的无数实验之外,我们在这里还发现,即使关系继续存在,而如果由于某种特殊情况,它对想象的通常的影响受到了阻碍,不能产生观念间的联结或转移;那么它对情感所有的通常的影响也同样受了阻碍,不能使我们由一种情感转到另一种的情感。

有人或许会在这种现象与同情现象之间发现一种矛盾,因

第二章 论爱与恨

为在同情现象方面,心灵很容易由"我们自己"的观念转到和我们相关的其他任何对象的观念。但是我们如果考虑到下面一点,这种困难便会消除,就是:在同情方面,我们自己并非任何情感的对象,而且也没有任何东西使我们的注意固定在自我身上;而在我们被假设为受到骄傲或谦卑的推动的现在这种情形下,却是这种情形。我们的自我,如果离开了对其他任何对象的知觉,实际上就毫无所有;因为这个缘故,所以我们就一定要把观点转向外界对象,并且也很自然地以极大的注意去考虑那些与我们接近或类似的对象。但当自我成为一种情感的对象时,那么在那种情感消竭之前,对自我停止考虑便是不自然的;只有在情感消竭的情形下,印象和观念的双重关系才不再起作用了。

第七实验。 为了进一步试验这个全部推理,让我们再做一次新的实验。我们前面已经看到各种相关情感和观念的结果,现在让我们在这里假设有同一情感和一种观念关系,并考究一下这种新的情况的结果。显而易见,我们在这里有全部理由预期那些情感要由一个对象转移到另一个对象;因为根据假设,两个观念间的关系仍然继续不变,而且同一个印象(印象的同一性)必然比最完善的类似关系还要能够产生一种更加强烈的联系。印象间和观念间的双重关系如果能够产生由一个到另一个的一种转移,那么同一个印象再加上一个观念关系就当然更可以产生这种转移了。因此,我们发现,当我们爱或恨任何人时,那些情感很少继续停留于它们最初的界限以内,总要扩展到一切接近的对象,而包括我们所爱或所恨的那个人的朋友和亲属。我们如果同一个人是朋友,那么对他的兄弟很自然地产生好感,不再进一步去考察他的性格。我们如与某一个人吵架,则对其全家都发生憎恨,虽然其全家从未参加过使我们不快的那件事情。这一类例子是到处可以遇到的。

这个实验中只有一个困难;在我们进行下去之前,必须先加以说明。显而易见,一切情感虽然都容易由一个对象转到与之相关的另一个对象,可是在较重要的对象先呈现出来、然后次要的对象随着而来时,比在这种秩序颠倒过来、当次要的对象先出现时,这种转移更加容易。例如我们因父而爱其子,比因子而爱其父,较为自然。因主而爱其仆,比因仆而爱其主,较为自然。因国王而爱其臣民,比因臣民而爱其国王,较为自然。同样,当我们先与一家家长发生争吵时,也比当我们厌恶一家的儿子或仆人,或其他地位较低的家人时,更容易对其全家发生憎恨。简而言之,我们的情感也和其他对象一样,容易下降,难以上升。

为了要了解、说明这种现象有什么困难,我们必须考虑,决定想象易于由远及近、而不易由近及远的那个理由,也使想象易于由小及大,而不易于由大及小。凡影响最大的东西也最容易被人注意,而凡最被人注意的东西,也最容易呈现于想象中。我们容易忽略任何事物中细微的东西,而不容易忽略其重要的成分;当后者先行出现、首先引起我们的注意时,情形更是如此。例如,假使有任何偶然事件使我们考究到木星的卫星,我们的想象就自然被决定要去形成那个行星的观念,但是我们如果首先考虑那个主要行星,我们便比较自然地忽略它的卫星。一提到任何帝国的省份,就使我们进而想到那个帝国的京城;但是我们的想象却不能同样容易地返回来考虑各个省份。关于仆人的

第二章 论爱与恨

观念使我们想到他的主人，关于臣民的观念使我们进而想到国王。但是同样的关系却没有同样影响把我们的思想倒转过来。科尼利亚所以责斥她的儿子们说，她如果以西皮奥之女的名义见闻于世，不以格拉奇弟兄之母的名义见称于世，他们应当引以为耻[译注]，其故即在于此。换句话说，这就是督促他们也像他们的外祖父那样显赫有名，否则人们的想象在由她这个居于中间而对两方有同样关系的人往前推溯时，总是会离开她的儿子们，而以更伟大、更重要的父亲来称呼她。习惯所以使妻子用丈夫的姓，而不使丈夫用妻子的姓，也是根据于这个原则；而我们对自己所尊崇和敬仰的人，所以依礼让先，其故也在于此。如果这个原则不是已经充分明显的话，我们还可以找到其他许多例子来加以证实。

想象在由小及大时既然也像在由远及近时、同样地感到容易，那么，观念间这种顺利的转移在前一种情形下为什么不像在后一种情形下那样帮助情感的推移呢？一个朋友或兄弟的美德首先产生了爱，随后产生骄傲，因为在那种情形下，想象依照其倾向是由远处转到近处的。我们自己的美德并不先产生骄傲，随后又产生对朋友或兄弟的爱，因为在那种情形下，是由近处过渡到远处，那是违反想象的倾向的。但是对于一个身份较低者的爱或恨并不容易产生对于身份较高者的任何情感，虽然那也是想象的自然倾向；而对身份较高者的爱或恨则引起对于身份较低者的那种情感，这是和想象的倾向相反的。简而言之，那种顺利的转移在尊卑关系方面和在远近关系方面所有的方式并不一样。这两种现象似乎互相矛盾，需要稍加注意，才能加以调和。

在这里,观念的转移既然变得违反想象的自然倾向,那个官能(想象)必然被另外一种比较强烈的原则控制住了;但是呈现于心灵之前的既然只有印象和观念,所以这个原则必然在于印象方面。但是我们已经说过,印象或情感只是被它们的类似关系联系着的,当任何两种情感使心灵处于同样或类似的心理倾向中时,心灵就很自然地由这一个过渡到那一个;相反地,种种心理倾向的矛盾就使情感难以推移。但是我们可以看到,这种矛盾既可以由种类的差别而发生,也可以由程度的差别而发生。我们经验到,由较小程度的爱突然转到较小程度的恨,比由较小程度的爱或恨转到较大程度的爱或恨,也并不更为困难。一个人如果处于平静状态,或者只受到轻微的激动,则与他在受到猛烈情感的干扰时截然两样,前后判若两人;而且在两个极端之间若非隔着相当长的时间,则由一个极端过渡到另一极端是很不容易的。

假如一种情感一出现就消灭了另一种情感,而且两者不能同时并存,那么由强烈情感转到微弱情感,比由微弱情感进到强烈情感,困难也并不较小,即使不是更大一些。但是当两种情感联合起来同时激动心灵时,那么情形就完全改变了。一个微弱的情感加到一个强烈的情感上时,不及一个强烈情感加到一个微弱情感上时,能够在心理倾向中造成那样大的变化;因为这种缘故,所以较大程度对较小程度的联系比较小程度对较大程度的联系较为密切一些。

任何情感的程度都决定于对象的本性;一种情感在指向我

第二章　论爱与恨

们所认为重要的人物上时，比一种以我们所认为较不重要的人作为对象的感情时，以更大的程度充满着心灵、控制着心灵。因此在这里，想象的倾向和情感的倾向之间的矛盾便呈现出来了。当我们的思想转向大小两个对象时，想象感到由小及大比由大及小较为容易，但是感情则发现有较大的困难。而且感情既然比想象是一个较强的原则，所以无怪感情战胜了想象，而把心灵拉到了自己一方面。由较大对象的观念虽然难以转到较小对象的观念，可是指向较大对象的情感永远产生指向较小对象的一种类似的情感，如果较大对象与较小对象有着一种关系。关于仆人的观念最容易把我们的思想传到主人身上，但是对于主人的恨或爱则较为迅速地产生对于仆人的愤怒或好感。在这种情形下，最强的情感占先；加上一个微弱情感，既然使心理倾向不发生重大的变化，所以它们之间的过渡就因此变得较为容易、较为自然了。

在前一个实验中，我们发现，观念间的关系如果因为任何特殊情况，不再产生促进观念的转移的那种通常的效果，那么它对情感也就停止了作用；同样，在现在这个实验中，我们也发现了印象的同一特性。同一类的不同程度的情感确是互相关联着的，但是如果较小的情感首先发生，它并没有引进较大的情感的倾向；这是因为把大的情感加于小的情感之上，比起把小的情感加于大的情感之上时，在心情上要产生一种较为明显的变化。这些现象在充分衡量以后，将被发现为这个假设的令人信服的证明。

我们如果考究一下心灵在这里是在什么方式下调和我在情

感和想象之间所观察到的那种矛盾,这些证明就将得到证实。想象由小及大比由大及小的转移较为容易;但是相反地,强烈情感易于产生微弱情感,而微弱情感却不容易产生强烈情感。在这种对立当中,情感终于战胜想象,不过这种胜利的取得往往是借着依从想象,并借着找寻出另外一种性质,借以抵消对立所由以发生的那个原则。当我们爱一家的父亲或主人时,我们很少想到他的儿女或仆役。但是当这些人在我们面前,或者我们有能力为他们服务时,那么这种情形下的亲近和接近关系便增加了他们的重要性,或者至少消除了想象对感情的推移所作的那种对抗。想象虽然感到难以由大及小,可是它却同样地感到易于由远及近,这就使难易两面趋于平衡,而使由一种情感至另一种情感的路径通畅无阻。

第八实验。 我已经说过,由爱或恨转移到骄傲或谦卑比由骄傲或谦卑转移到爱或恨,要较为容易一些;而我们所以难以遇到后面这种感情的转移的例子,原因就在于想象不容易由近的转到远的。但是我必须提出一个例外,这就是当骄傲和谦卑的原因本身存在于他人身上时。因为在那种情形下,想象就必须考虑那个人,并且也不能把它的观点限制于我们自己身上。例如,一个人对我们的行为和性格的赞许最容易使我们对他发生好感和喜爱;在另一方面,他的谴责或鄙视就使我们发生最强烈的憎恨。这里,显而易见,原始的情感是骄傲或谦卑,它的对象是自我;这个情感又转移到了爱或恨,而爱或恨的对象却是另外一个人,虽然这是违反了我所已经确立的"想象难以由近的转到远的"那个规则。不过在这种情形下的转移,不单是根据于我

第二章 论爱与恨

们自己同那个人之间的关系,而且是因为那个人是我们第一种情感的实在原因,因而与那种情感是密切相关的。产生骄傲的就是他的赞许,产生谦卑的就是他的谴责。所以无怪想象又带着相关的爱和恨的情感、而返回转来。这与那个规则并不抵触,而是那个规则的一个例外;而且这个例外与那个规则自身是由同样理由发生的。

因此,这样一个例外宁可说是那个规则的一种证实。的确,我们如果考究我所说明的全部这八个实验,我们就将发现,同一原则都出现于全部实验中,而且骄傲与谦卑,爱与恨都是借着由印象和观念的双重关系发生的那种转移而产生出来的。没有任何一个关系①或只有一个关系②的对象永不能产生这些情感之一,而且我们发现③,情感永远随着关系而变化。不但如此,而且我们还可以说,当一种关系由于任何特殊情况而没有通常的作用,即不能产生观念间或印象间的推移④时,那么它也就不再对情感起作用,既不产生骄傲或爱,也不产生谦卑或憎恨。即使在显得相反的情形下,我们也发现这个规则仍然有效⑤。在经验中,关系虽然往往没有效果,但经过考察之后,我们发现,这是由于某种特殊情况阻碍了那种转移;同样,即使在那个情况存在而并不阻止转移过程的例子中,我们也发现,那是因为有其他某种情况加以抵消的缘故。由此可见,不但各种变化还原到一般

---

① 第一实验。
② 第二、第三实验。
③ 第四实验。
④ 第六实验。
⑤ 第七、第八实验。

原则,而且这些变化的变化也是还原到一般原则。

〔译注〕 西皮奥是罗马名将,生于公元前237年,二十余岁时就去征伐西班牙,战胜了迦太基人,打败了迦太基名将汉尼拔。他曾被选为执政官。他的女儿科尼利亚生有二子,一为提柏里斯(Tiberius Gracchus)(卒于公元前133年),一为格奥斯(Gaius Gracchus)(卒于公元前121年)。科尼利亚对于两个儿子的教育十分注意。他们以解决罗马经济危机著称于世。他们都曾被选为护民官。

罗马人很崇拜她的德行,给她立了像,曾有一个国王向她求婚,她拒绝说,她宁为罗马公民妻,不愿为王后。有一次一个贵族妇人在她家把珍宝拿出来向她夸示,并请她拿出自己的珍宝来。科尼利亚把两个儿子叫来说,"这就是我所能夸示的仅有珍宝。"——见普鲁塔克:名人列传。

第三节　疑难的解决

我们既然由日常经验和观察中得出了那样多的、那样不可否认的证明,所以如果再详细考察爱和恨的全部原因,就会显得有些多余。因此,我要利用本章的余下部分,第一,来消除关于这些情感的特殊原因的某些疑难;第二,要考察由爱和恨与其他情绪的混合而发生的复合感情。

任何人都是随着我们由他所获得的快乐或不快,而获得我们的好感,或遭到我们的恶意,而且这些情感都恰恰是随着感觉的种种变化而变化的:这一点是十分明显的。任何人能够通过他的服务、美貌或谄媚使他对我们成为有用或使我们愉快,就一定会博得我们的爱;而在另一方面,任何人伤害了我们,或使我们不快,就总是会刺激起我们的愤怒或憎恨。当我们的民族与其他任何民族交战时,我们就憎恨他们,称他们为残忍、背信、非义、凶暴:而总是认为我们自己和我们的同盟是公正、温和和宽大的。如果我们敌人的将领获胜,我们很难承认他有一个正

第二章 论爱与恨

常人的形象和性格。他是一个巫觋,他与恶魔交往,正像人们关于克伦威尔[译注一]和卢森堡公爵[译注二]所传说的那样;他凶残嗜杀,喜欢制造死亡和破坏。但是我们这一方面如果得胜了,那么我们的司令员就具有一切与此相反的良好的品质,不但是勇敢和作战指挥的榜样,同时也是道德的模范。他的奸谋,我们称之为政策;他的残忍是战争所不可避免的一种祸害。简而言之,对于他的种种过错,我们或是力求加以掩饰,或是竭力把与那种过错相接近的德行的名称加以赞扬。显而易见,这种思想方式是通行于日常生活中的。

有些人又加上另外一个条件,要求不但痛苦和快乐由某一个人而发生,而且需要那种苦乐是由故意的行为而发生,是由特殊的意图和意向而发生的。一个偶然伤害我们的人,并不因此成为我们的仇敌,而任何人如果在无意中给我们有所效劳,我们也对他毫无感激的义务。我们根据意向判断行为,随着意向的善恶,那些行为才成为爱或恨的原因。

但是在这里,我们必须作这样一个区别。如果使人愉快或不快的那种性质是经常寓存在那个人及其性格中的,那么不问有无意向,那种性质将引起爱或恨来;除此以外,就需要有意识、有意图才能引起这些情感。一个人如果因为丑陋或愚蠢使人不愉快,便成为我们厌恶的对象,虽然他是绝对没有以这些性质取憎于我们的丝毫意向。但是如果这种不快不是发于一种性质,而是发于一刹那间生灭的行动,那么为了产生某种关系,并把这种行为与一个人密切联系起来,这种行为必须发于一种特殊的预谋和意图。单是这个行为发生于那个人,并以那个人为其直接原因和主动者，那还是不够的。单独这种关系还是太微弱、太不稳定，不足以成为这些情感的基础。这种关系达不到情感和思想的部分，它既不是发生于那个人的任何持久的性质，而且过后也不留任何痕迹；而是一刹那就过去，仿佛不曾发生过一样。在另一方面，一种意向表明某些性质，那些性质在行为完成以后仍然存留着，因而就把行为和那个人联系起来，促进了由此及彼的观念的推移。我们一想到他，就不能不回忆到这些性质；除非悔改和生活上的改变在那一方面产生一种变化：在那种情形下，别人对他的情感也就改变了。因此，这就是需要一种意向来刺激起爱或恨的一个理由。

不过我们必须进一步考虑，意向除了加强观念间的关系之外，在产生印象间的关系和产生快乐和不快方面，也往往是必要的。因为我们可以观察到，构成侵害的主要部分是它所表示出的侵害我们的那个人对我们的鄙视和憎恨；如果没有这种心理，单纯的伤害所给我们的不快便没有那样的大。同样，殷勤的服务所以令人愉快，主要也是因为这种行为投合于我们的虚荣心，并且证明，作出这种行为的人对我们抱有好感和尊重的心理。除去了意向，就把前一方面的耻辱感与后一方面的虚荣感也都消除了；因而一定自然会使爱和恨的情感显然降低。

我承认，由于取消意图而减弱印象和观念关系的这些效果，并非是百分之百如此的，而且也不足以消除一切程度的这些关系。但是我其次仍然要问，消除意图，是否足以完全取消爱和恨两种情感呢？我确信，经验以相反的情况告诉我们，人们对于自己明知其为完全无意而出于偶然的侵害，也往往大发雷霆，这一点也是十分确实的。固然,这种情绪并不长时期继续下去,但是仍然足以表明,不快与愤怒有一种自然的联系,而且印象关系可以由于极轻微的观念关系而发生作用。但是当印象的猛烈程度一经减杀之后,那个关系的缺陷便开始被人较为明白地感到;那个人的性格对这类偶然而无意的侵害本来没有什么关系,所以我们很少因为这些侵害而怀抱一种持久的仇恨。

再以一个平行的例子来具体说明这个学说:我们可以说,不但由于偶然而发生于别人的那种不快,没有多大的力量来刺激起我们的情感,而且发生于公认的必然和义务的那种不快,也是一样。一个怀有伤害我们的真正意图的人,如果他的意图不是发生于憎恨和恶意,而是发生于正义和公道,那么他并不因此引起我们对他的愤怒,如果我们还有些理性的话,虽然他是我们痛苦的原因,而且是它的有意识的原因。让我们对这个现象略加考察。

第一,显而易见,这个情况并不起决定性作用;这个情况虽然可以减弱情感,却不能完全消除情感。罪犯虽然明知自己罪有应得,可是有几个罪犯对于控告他们的人或对于判处他们的法官不怀有恶意的呢?同样,与我们对诉的人,与我们竞争职位的人,往往也被认为是我们的敌人,虽然我们必须承认(只要我们稍一反省),他们的动机和我们的动机同样是完全正当的。

此外,我们可以考虑,当我们受到任何人的伤害时,我们就容易想象他是罪恶的,而非常难以承认他是公正无罪的。这就清楚地证明,任何伤害或不快都有刺激起我们憎恨的一种自然倾向,完全与我们认为是不公道的那个看法无关,我们只是在事后才找寻理由来辩护和建立那种情感。在这里,侵害的观念并不产生那种情感,而是由那种情感发生的。

那个情感之产生侵害观念,也不足为怪;因为如果不是如此,情感就会大为减弱,这是一切情感所要尽量加以避免的。除去侵害,也可以除去愤怒,但是这也并不证明愤怒只是发生于侵害。伤害和公正是两个相反的对象,一个有产生恨的倾向,另一个有产生爱的倾向:这两种对象各自都是随着它的不同的程度和我们的特定的思想倾向而占优势,并刺激起它的特有的情感来的。

〔译注一〕 克伦威尔(1599—1658),英国清教徒,曾任短期国会和长期国会议员,他和国王发生冲突。当战争开始后(1642),他组织他的区民,为国会战斗。他的铁骑兵善用突击进攻,屡战皆捷。后将国王查理一世处死,被推为摄政。

〔译注二〕 卢森堡公爵(1628—1695),生于巴黎。善用兵,曾征尼德兰,屡次战胜奥伦治公爵。

第四节 论对于亲友的爱

我们已经举出理由说明,引起真正快乐或不快的某些行为为什么根本不刺激起对于行为者任何程度的爱或恨的情感,或者只刺激起一种轻微的爱或恨的情感;现在必须指出,我们凭经验发现其产生爱与恨的情感的许多对象,它们所传来的快乐与不快究竟以什么为它们的依据。

依据前面的体系来说,要产生爱或恨,总是需要原因与结果之间有着印象和观念的双重关系。这种说法虽然是普遍真实的,可是可以注意的是:爱可以单独地被另外一种关系,即我们自己和对象之间的关系,刺激起来;或者更恰当地说,这种关系

第二章 论爱与恨

是永远伴有其余两种关系的。谁要是借任何关系与我们联系起来，谁就总是会依其关系的远近得到我们一份的爱，我们并不考察他的其他性质如何。例如血统关系在亲、子之爱方面产生了心灵所能发生的最强的联系，关系减弱，这种感情的程度也就减弱。不但血族关系有这种效果，任何关系也都无例外。我们爱同国人，爱我们的邻人，爱同行、同业，甚至爱与己同名的人。这些关系中每一种都被认为是一种联系，并给予人以要求我们一份爱的权利。

还有与此平行的另外一种现象，就是相识，相识虽然没有任何一种关系，也能产生爱和好感。当我们和任何人相处得熟悉和亲密以后，虽然在和他经常相处之中，并没有发现出他具有任何有价值的品质，可是我们若是把他和我们所充分相信其具有较大优点的陌生人比较的时候，我们总不免要褊袒他。亲戚的作用与相识的作用这两种现象可以互相阐明，都可以用同一原则加以说明。

喜欢攻击人性的人们曾经说过，人类完全不足以支持自己，当你解除去他和外界对象的一切联系时，他立刻便陷入最深的忧郁和绝望之中。他们说，因为这个缘故，人们才不断地在赌博、打猎、实业方面找寻消遣，力求借此忘掉自己，而把我们的精神刺激起来，摆脱去他们不被某种活泼和生动情绪所支持时便要陷入的那种无精打采的状态。我十分同意这个想法，我承认心灵本身不足以自寻娱乐，而自然要寻求可以产生生动感觉、并刺激起精神的外界对象。在这样一个对象出现时，心灵就好像从梦中觉醒：那时血液流入一个新的高潮，心情激发；整个人的精神焕发,这是他在孤独和平静的时候所做不到的。因此,同伴是自然令人非常愉快的,因为他呈现出一切对象中最生动的一个对象,即是与我们自己相似的一个有理性、有思想的存在者;他把他内心的全部活动传达于我们,使我们知道他的内心深处的情绪和感情;使我们在任何对象所引起的一切情绪最初产生的刹那,就看到它们。每一个生动的观念都是令人愉快的,而我们对于别人的情感所抱有的生动观念,尤其是如此,因为那样一个观念变成了一种情感,并且比其他任何意象或概念都能给心灵以一种更为明显的激动。

这一点一经承认,其余一切便可迎刃而解。因为与陌生人相处,尚且可以活跃我们的思想,因而使我们暂时感到愉快,那么与亲友和相识者做伴,必然特别令人愉快,因为在这里它有较大程度的这种活跃思想的效果,和更为持久的影响。凡与我们有关系的任何东西,由于自我和相关对象间有一种顺利的推移,就在一个生动的方式下被我们所想象。习惯或相识也使任何对象易于进入心中,并加强关于这个对象的概念。第一种情形与我们从因到果的推理相平行,第二种则与教育相平行。推理和教育的共同点既然只在于产生任何对象的生动而强烈的观念,那么这也就是亲友和相识惟一的共同点。因此,这一定是两者产生它们一切共同结果的那种具有影响的性质。爱或好感既然是这些结果之一,所以那个情感必然是由于那种想象的强力和生动性得来的。那样一种想象特别令人愉快,并使我们对于一切产生这种想象的东西都发生一种厚爱,如果那种东西是好感和善意的恰当的对象。

第二章 论爱与恨

显然,人们依照他们的特殊气质和性情互相结合,性情快活的人自然喜爱快活的人,正如性情庄重的人喜爱庄重的人一样。不但在人们看到他们和别人之间有这种类似关系时,发生这种同类相求的情形,而且由于心情的自然进程和类似的性格之间经常发生的某种同情,也发生这种声气相投的情形。当他们看到类似关系时,这种关系就产生了观念间的联系,而按照亲友关系的方式发生作用。当他们看不到这种类似关系时,它就根据另一个原则发生作用;后面这个原则如果和前面的原则类似,我们必须认为这个原则是前面推理的一个证实。

自我观念永远亲切地呈现于我们面前,并且把一种明显的活泼程度传给任何与我们有关系的其他对象的观念。这个生动的观念逐渐转变为一个实在的印象,因为这两种知觉在很大程度上是相同的,只是在它们的强烈和活泼程度方面是互有差异的。但是,当我们的自然性情使我们倾向于我们在别人身上观察到的那个印象,并使那个倾向有一触即发之势时,那么前面那种由观念到印象的变化就更加容易产生出来。在那种情形下,类似关系把观念转变为一个印象,就不但是借助于一种关系,并借助于把原始的活泼性转移到相关的观念,而且还借助于提供了可以因一点火花而着起火来的那种材料。在这两种情形下,爱的情感既然都发生于类似关系,那么我们就知道,对于别人的同情所以是愉快的,只是由于它使精神发生一种情绪,因为只有一种容易发生的同情和相应的情绪是亲友、相识和类似三者所共有的。

人类所有的强烈的骄傲倾向,可以看作另一个类似的现象。

往往有这种事情发生,就是:任何城市在最初虽然使人感到非常不快,可是当我们在其中住了一个很长的时期,熟悉了各种对象,哪怕只是熟识了街道和楼房以后,于是厌恶情感就逐渐减退,而终于转变成相反的情感。心灵在观察熟悉的对象时,感到愉快、舒适,而自然地偏爱那些对象,超过了其他虽然也许本身较有价值可是不大熟悉的对象。心灵的这种性质诱导我们对自己和属于我们的一切对象都有良好的看法。这些对象出现于比较强烈的观点之下,较为令人愉快,因而比起其他对象来,更是骄傲和虚荣的较为合适的对象。

在论究我们对于亲友和相识所抱有的爱的时候,我们不妨观察一下与它伴随着的某种颇为奇特的现象。在平常生活中我们很容易注意到,当母亲再婚之后,子女们便认为他们对她的关系大为削弱,不再以在她继续寡居时看待她的眼光来看待她。这种情形的发生,不但是当他们感到由于她的再嫁所引起的不便,或是当她的新夫身份远较她为低,而(即使没有任何这一类的考虑)单是因为她变成了另一个家庭的一个成员。当父亲再婚时,也有这种情形,但是程度却轻了许多;而且父亲的再娶,确实也远不及母亲的再嫁那样地削弱血统关系。这两种现象本身已经可以令人注意,但是一经比较,则更其显得如此。

为了产生两个对象间的一种完善的关系,不但需要类似、接近或因果关系把想象由一个对象传到另一个对象,而且还需要想象同样顺利和容易地由第二个对象返回到第一个对象。初看起来,这似乎是一个必然而不可避免的结果。一个对象既然与另一个对象类似,后一个对象就必然与前一个对象类似。如果

第二章 论爱与恨

一个对象是另一个对象的原因,第二个对象就一定是它的原因的结果。接近关系也是这样:关系既然永远是交互的,所以人们会这样想,想象由第二个对象返回到第一个对象的过程,在任何情形下,也一定和它由第一个对象到第二个对象的过渡一样,同样是自然的。但是在进一步考察之下,我们将很容易发现我们的错误。因为假设第二个对象除了它与第一个对象的交互关系外,又和第三个对象有强烈的关系:在那种情形下,当思想由第一个对象转到第二个对象之后,便不能同样顺利地返回去(虽然那种关系仍然继续不变)、而是由于有一种新的关系出现,给予想象以一种新的推动力,思想因此就迅速地被传到那第三个对象上。因此,这个新的关系便削弱了第一和第二对象之间的联系。想象的本性就是动摇而不稳定的;当它发现两个对象间一往一还的推移同样顺利时,它就总是认为那两个对象比那种推移只在一个方向运动中是容易的时候,有较为强烈的关系。双重运动是一种双重联系,并且以最密切、最亲切的方式把两个对象结合起来。

母亲的再婚并不曾打破亲、子的关系;那种关系就足以使我的想象最为方便和顺利地由我传到她。但是当想象一达到这个观点之后,它就发现它的对象被那么多的需要它注意的其他关系所包围起来,以至使它无所适从,不知道停落在哪一个对象上是好。利害关系和义务把她束缚在另一个家庭上,阻止想象由她再返回到我自己,而这种返回是支持这种关系所必需的。思想已不再有使它完全方便自在任意变化的那种必需的摆动了。思想在前进时是顺利的,但是返回来时,却感到困难;并且由于这种中断，就发现那种关系比起那种推移在两方面都是通畅和顺利时，已经大为削弱了。

现在可以再举理由阐明，为什么当父亲再娶时，并不发生同样程度的效果呢？我们可以回顾一下前面所作的证明，就是：想象虽然容易由较小对象的观点转到较大对象的观点，可是却不能同样顺利地由较大对象的观点回到较小对象的观点。当我的想象由我自己转到我的父亲时，并不那样迅速地再由他转到他的第二个妻子，也不认为他进入了另一个家庭，而还是认为他继续是一家之主，而我自己仍是这一家的成员。他的优越性阻止思想由他顺利地推移到他的配偶，而是使我顺着亲、子关系返回到我自己的通路仍然畅通无阻。他并不沉没于他所获得的那个新的关系中；所以思想的双重运动或摆动仍然是顺利而自然的。想象由于这样的任意变化，所以亲、子关系仍然保留其充分的力量和影响。

一个母亲并不认为她对儿子的联系因为是与她丈夫分享着的，而就有所减弱；一个儿子也并不以为他对其双亲的联系，因为是与一个兄弟分享着的，而就遭到削弱。这里，第三个对象不但和第二对象有关系，也和第一对象有关系；所以想象是极为顺利地在一切这些对象间来来往往的。

第五节　论我们对于富人与权贵的尊重

没有东西比一个人的权力和财富更容易使我们对他尊视；也没有东西比他的贫贱更容易引起我们对他的鄙视。尊视与鄙视既然被视为爱和恨的一种，那么在这里应当说明这些现象。

第二章　论爱与恨

这里最幸运的一点是：最大的困难并不在于发现可以产生那样一种效果的一个原则，而是在于由呈现出的几个原则当中选择那个最主要、最有势力的原则。我们对他人财富所感到的愉快，我们对财富所有者所发生的尊视，可以归于三个原因。第一，归之于他们所有的财物，如房屋、花园、设备；这些东西因为本身就是令人愉快的，所以在每一个考虑或观察它们的人的心中必然产生一种快乐的情绪。第二，归之于希望分享富贵的人的财物而沾到利益的心理。第三，归之于同情，这种心理使我们分享每一个和我们接近的人的快乐。这三个原则可以联合起来产生现在这个现象。问题在于：我们应当把这个现象主要归于哪一条原则。

确实，第一个原则，即对愉快的对象的反省要比我们在初看之下所易想象到的有一种较大的影响。当我们反省美或丑，令人愉快或令人不快的东西时，很少不伴有一种快乐或不快情绪；这些感觉在我们通常的懒散思想方式中虽然不甚出现，可是在读书或谈话时却容易发现它们。富有才智的人们总是把谈话转向使想象感到愉快的题目上；诗人们也总是表述这类性质的对象。菲列普斯先生[译注]选了苹果酒作为他的一首绝妙的诗的题目。啤酒便没有那样适当，因为它是既不可口，也不悦目。但是他的本乡如果提供他以葡萄酒那样一种令人愉快的饮料，他一定会选取葡萄酒，而不写麦酒和苹果酒。由此我们知道，凡使感官感到愉快的东西，也总是在相当程度上对想象是愉快的，并且以它在实际接触于人体器官时所产生的那种快乐的意象传给思想。

不过这些理由虽然可以导使我们把想象的这种灵敏性归于我们尊重富贵的人的原因之列,可是还有许多其他理由,可以阻止我们把这个原因认为是惟一的或主要的原因。因为快乐这个观念既然只是借助于那种使它接近于印象的活跃性,才能发生影响,所以那些有最多的条件加以促进、并且有变为强烈而生动的自然倾向的观念,就极其自然地要发生那种影响;例如我们对于任何人的情感和感觉所抱有的观念便是这样。每个人都和我们类似,并且借此而在想象上起作用时胜过其他任何对象。

此外,我们如果考虑到那个官能的本性和一切关系对它所有的那种巨大影响,那么我们就将很容易地相信,对于富人所享受的美酒、音乐或花园的观念,不论怎样会变得生动而令人愉快,想象总不会局限于那些观念上,而一定会把它的观点带到相关的对象上面,尤其是带到享有那些东西的人身上。使这一点成为尤其自然的是:那个令人愉快的观念或意象,借着那个人对那个对象的关系,在这里产生了对那人的一种情感;所以那个人不可避免地要进入最初的概念中,因为他成了那个派生情感的对象。但是他如果进入最初的概念中,并且被认为享有这些令人愉快的财物,那么恰当地说同情就成为那种情感的原因,因而第三原则就比第一原则更为有力、更为普遍了。

此外,还可以再加上一点,就是:财富和权力即使不被使用也自然会引起尊重和尊敬;因而这些情感并不发生于任何美丽的或愉快的对象的观念。固然,金钱借着它所提供的可以得到那样一些对象的那种能力,因而就涵摄着那些对象的一种表象,并且因为这个缘故,仍然可以被认为是足以传来产生那种情感的那些愉快的意象。但是由于这个前景是辽远的,所以我们就比较自然地要取一个接近的对象,这个对象就是这种能力给予拥有这种能力的那个人所提供的快乐。我们还可以进一步在这一点上得到满足,如果我们考虑,财富只是借着运用财富的意志才代表人生的福利,因而它的本性就涵摄着关于那个人的观念,并且在被人考虑时总不能不对那个人的感觉和快乐发生一种同情。

我们还可以再通过一种思考(这种思考在有些人看来或许是太微妙和细致了)来证实这个说法。我已经说过,能力如果离开了能力的发挥,不是毫无意义,便只是某种存在的可能性或概然性;一个对象是借着这种可能性,才接近于现实,并且在心灵上有一种明显的影响。我也已经说过,当我们自己具有这种能力时,比在他人享有这种能力时,这种接近程度借着想象的幻觉就显得大了许多;而且在前一种情形下,〔能力所能获得的〕对象似乎就接触了现实的边缘,并且几乎传来一种与我们实际享有它们时相等的快乐。现在我肯定说,当我们因为一个人的财富而尊重他时,我们一定体会到所有主的这种情绪,而且如果没有这样一种同情作用,则财富使他有能力得到的那些愉快的对象的观念,对我们将只有一种微弱的影响。一个贪婪的人虽然几乎是并不具有能力,即几乎没有使用金钱获得人生的快乐和舒适的那种概然性或甚至可能性;而我们仍然因为他有钱而加以尊重。只有他自己才觉得这种能力是完整无缺的,因此,我们必然是借着同情作用接受了他的情绪,然后我们才能对这些快乐有一个强烈的观念,或是因为这些快乐而对他尊重。

这样，我们就发现了第一个原则，即财富提供人们享受的那些对象的令人愉快的观念，在很大程度上归结于第三个原则，而成为对我们所尊重或喜爱的那个人的一种同情。现在让我们来考察第二个原则，即希图得到利益的那种愉快的期望，看看我们如何可以正确地以应有的力量归之于这个原则。

显然，财富和权势无疑地给予其所有者以服务于我们的一种能力，可是这种能力并不能和财富所给予他自己的那种使他得到快乐和满足他的欲望的能力放在同等地位上面。在后一种情形下，自爱与能力和能力的发挥很相接近；但是在前一种情形下，要想产生一种类似的作用，那么我们就必须假设友谊和善意与财富结合起来。如果没有那个条件，我们就难以设想，我们可以根据什么而希望由他人的财富得到利益；虽然甚至在我们发现富人对我们有那样一种有利的意向之前，我们自然就对他表示尊重（这是十分确定的）。

不过我还要把这一点推进一步说，不但在权富者不表示对我们有所效劳的倾向时，而且当我们远离开他们的活动范围，以致他们甚至不能被假设为赋有那种能力时，我们对于权富者仍然加以尊敬。战俘们总是依据他们的身份而受到尊重；财富对于确定任何人的身份确是有重大的关系。如果出身和门第在这里也起着一分作用，这也给我们提供了一个同样的论证。因为所谓出身名门的人，还不是指历代有钱有势的祖先的后裔，并借着他与我们所尊重的那些人的关系而得到我们的尊重的一个人么？因此，他的祖先在死去之后仍然在某种程度上由于他们的财富而被尊敬，因而这种尊重是并不伴有任何期望的。

第二章 论爱与恨

不过我们不必远求战俘和死者来找寻例子，以说明对于财富的没有利害关系的尊重感，让我们略加注意来观察我们在日常生活和谈话中所出现的那些现象。一个具有充足的资财的人在进入一大批陌生人中间时，当他熟悉了各人的财富和身份以后，就会以不同程度的尊敬来对待他们，虽然他决不可能打算沾到人家的利益，并且或许也不愿接受人家的利益。一个旅客的仆从和行装就表明他是巨富或中产之家，并按照这个比例受到款待。简而言之，人的不同的等级大部分是被其财富所规定的；不论对尊、卑、生、熟的人都是一样。

的确，人们根据通则的影响，对于这些论证会得到一种回答。有人也许会说，由于我们习惯于从权富者方面获得援助与保护，并因此而尊重他们，我们就把这种情绪扩展到那些与他们的财富相似而我们却永远不能希望沾其利益的那些人身上。通则照常起着作用，并且由于使想象发生一种倾向而把情感带动，正如情感的恰当的对象是实在的和存在的时候一样。

但是在这里并没有这个原则发生作用，这一点是很容易看出来的，假如我们考虑到下面这一点的话，就是：要确立一个通则，并且把它扩充到它的固有的界限以外，那就需要我们的经验有某种一致性，而且需要符合于通则的那些例子比相反的例子占到绝大优势。不过这里的情形却与此十分不同。在我所遇到的一百个有名望、有财富的人里面，或许没有一个人我能够期望从他身上沾到利益；所以任何习惯都不可能在现在情形下占到优势。

总起来说，除了同情原则之外，不再有什么其他东西使我们尊重权力和财富,鄙视卑贱和贫困;借着同情作用,我们才能体会富人与穷人的情绪,而分享他们的快乐与不快。财富给予其所有主以一种快乐;这种快乐通过想象传给旁观者,因为想象产生了一个在强力和活泼性方面都与原始印象相似的观念。这个愉快的观念或印象与爱、这个愉快的情感是联系着的。这个观念或印象来自一个能思想的、有意识的存在者,而这个存在者恰好是爱的对象。依照我的假设来说,情感就是由这种印象关系和观念的同一而发生的。

使我们接受这个意见的最好方法,就是对宇宙作一个总的观察,观察一下全部动物界的同情作用的力量,和有思想的存在者彼此间的情绪的迅速传递。在不掠捕其他动物而且不受凶猛情感激动的一切动物中,都有一种显著的合群的欲望,使它们聚集在一起,而它们并不想在这种合群中沾到任何利益。这一点在人类方面更为显著,人类是宇宙间具有最热烈的社会结合的欲望的动物,并且有最多的有利条件适合于社会的结合。我们每有一个愿望,总不能不着眼于社会。完全孤独的状态,或许是我们所能遭到的最大惩罚。每一种快乐,在离群独享的时候,便会衰落下去,而每一种痛苦也就变得更加残酷而不可忍受。不论我们可以被其他任何情感所推动,如骄傲、野心、贪婪、好奇心、复仇心或性欲等,这些情感的灵魂或鼓动原则,都只是同情作用;如果我们完全除去了别人的思想和情绪,这些情感便都毫无力量。自然界一切能力和元素纵然都联合起来服务并服从于一个人;太阳的升降纵然都听他的命令;河浪海潮纵然由他随意支配;大地纵然自发地把对他有用或使他愉快的一切东西供给于他；可是你至少要给他一个人，可以和他分享幸福，使他享受这个人的尊重和友谊，否则他仍然是一个十分可怜的人。

由对于人性的总的观察所得的这个结论，我们可以用同情作用的力量十分显著的一些特殊例子加以证实。大多数种类的美都是由这个根源发生的；我们的第一个对象即使是一块无知觉、无生命的物质，可是我们很少停止在那里，而不把我们的观点扩展到那个对象对有感觉、有理性的动物所有的影响。一个以其房屋或大厦向我们夸耀的人，除了其他事情以外，总要特别注意指出房间的舒适，它们的位置的优点，隐藏在楼梯中间的小室、接待室、走廊等等，显然，美的主要部分就在于这些特点。一看到舒适，就使人快乐，因为舒适就是一种美。但是舒适是在什么方式下给人快乐的呢？确实，这与我们的利益丝毫没有关系；而且这样美既然可以说是利益的美，而不是形相的美，所以它之使我们快乐，必然只是由于感情的传达，由于我们对房主的同情。我们借想象之力体会到他的利益，并感觉到那些对象自然地使他产生的那种快乐。

这种说法也可以推广到桌子、椅子、写字桌、烟囱、马车、马鞍、犁，的确，可以推广到每一种工艺品；因为它们的美主要由于它们的效用而发生，由于它们符合于它们的预定的目的而发生；这是一条普遍的规则。不过这只是关于物主的一种利益，旁观者只有借着同情才能发生兴趣。

显然，最能使一块田地显得令人愉快的，就是它的肥沃性，附加的装饰或位置方面的任何优点，都不能和这种美相匹敌。田地是如此，而在田地上长着的特殊的树木和植物也是如此。

我知道，长满金雀花属的一块平原，其本身可能与一座长满葡萄树或橄榄树的山一样的美；但在熟悉两者的价值的人看来，却永远不是这样。不过这只是一种想象的美，而不以感官所感到的感觉作为根据。肥沃和价值显然都与效用有关；而效用也与财富、快乐和丰裕有关；对于这些，我们虽然没有分享的希望，可是我们借着想象的活跃性而在某种程度上与业主分享到它们。

绘画中有一条最为合理的规则，就是：把各个形象加以平衡，并且把它们非常精确地置于它们的适当的重心。一个姿势不平衡的形象令人感到不愉快，因为这就传来那个形象的倾倒、伤害和痛苦的观念；这些观念在通过同情作用获得任何程度的强力和活跃性时，便会令人痛苦。

此外还可以再加上一点，就是：人体之美的主要部分就是健康和精力充沛的姿态以及表示体力和活泼的肢体结构。这个美的观念，除了根据同情作用以外，是不能加以说明的。

总而言之，我们可以说，人们的心灵是互相反映的镜子，这不但是因为心灵互相反映它们的情绪，而且因为情感、心情和意见的那些光线，可以互相反射，并可以不知不觉地消失。例如一个富人由于他的财产所得的快乐，在投射于旁观者心中时，就引起快乐和尊重；这种情绪在被知觉到并同情之后，又增加所有主的快乐；在再一度反射之后，又成为旁观者方面快乐和尊重的新的基础。财富有使人享受人生一切乐趣的能力，由于这种能力，人们对于财富确实有一种原始的快乐。这种能力既是财富的本性和本质，所以它必然是由财富发生的一切情感的最初来源。这些情感中最重要的一种就是别人的爱或尊重的情感，因此这种情感是因为对于所有主的快乐发生同情而发生的。不过所有主既然因其财富而获得他人的爱和尊重,因而也就对于财富感到一种次生的快乐,而这种快乐只是由他自身发生的那种原始快乐的再度反射。这种次生的快乐或虚荣感成为财富的一种主要的可取之点,并且也是我们自己希图得到财富或是尊重他人财富的主要理由。在这里原来的快乐便经过了第三度的反射;在此以后,意象和反映就因为微弱和混乱而难以区别了。

〔译注〕 Phillips, Ambrose (1674—1749),英国诗人,与安迪生和斯提勒友善。写有若干牧歌,以流畅幽美著称。

第六节 论慈善与愤怒

观念可以比作物质的广袤和填充性,而印象,尤其是反省印象,可以比作颜色、滋味、气味和其他可感知的性质。观念永远不能互相完全合并起来,而是赋有一种使它们互相排斥的不可入性,并借其结合(而不是借其融合)形成一种复合物。在另一方面,印象和情感则可以完全合并,并且像各种颜色一样,可以完全混合起来,以致它们各自可以隐而不显,而只是有助于使由全体而发生的那个统一印象有所变化。人类心灵的某些最奇特的现象就是由情感的这种特性发生的。

在考察那些能与爱和恨结合的成分时,我开始有些感觉到世界上历来所有的各派哲学体系所遭遇的那种不幸。人们通常发现,当他们以任何特殊假设说明自然的作用时,在恰恰适合于我们所要建立的那些原则的一批实验中,总有一种现象是比较顽固,不肯轻易服从我们的目的。在自然哲学中有这种现象出现，是不足为奇的。外界物体的本质与组织是那样晦暗的，致使我们在自己的推理中，或者不如说是在我们关于它们的推测中，必然会陷于矛盾和谬误之中。但是由于心灵的知觉是为我们所完全知道的，而且在构成关于知觉的若干结论时，我是尽可能地小心的，所以我总是希望摆脱那些伴随着其他各个哲学体系的矛盾。因此，我眼前所看到的那种困难丝毫与我的体系不相抵触，而只是稍为离开了一些一向成为这个体系的主要的力量和美的那种简明性罢了。

爱和恨两种情感永远跟随着慈善和愤怒，或者不如说是慈善和愤怒与它们结合着的。使这些感情与骄傲或谦卑有所区别的主要即在于这种结合。因为骄傲和谦卑只是灵魂中的纯粹情绪，并不伴有任何欲望，并不直接刺激起我们的行动。但是爱和恨本身并不是自足的，也不停止在它们所产生的那种情绪中，而是把心灵带到更远的对象上。爱永远跟随着有一种使所爱者享有幸福的欲望，以及反对他受苦的厌恶心理；正像恨永远跟随着希望所恨者受苦的欲望，以及反对他享福的厌恶心理一样。骄傲与谦卑、爱与恨这两组情感在其他许多点上都互相符合，而却有那样明显的一种差异，这是值得我们注意的。

欲望和厌恶对于爱和恨的这种结合，可以用两个不同的假设加以说明。第一个假设是：爱和恨不但有一个刺激起它们的原因，即快乐和痛苦，和它们所指向的一个对象，即一个人或有思想的存在者；而且还有它们所努力以求达到的一个目的，即所爱者或所恨者的幸福或苦难；这些观点混合起来，只形成一种情感。依照这个体系来说，爱只是希望别人幸福的一种欲望，而恨

第二章　论爱与恨

只是希望别人苦难的一种欲望。欲望和厌恶就构成爱和恨的本性。它们不但是不可分的,而且就是同一的。

但是这显然是与经验相反的。固然,我们爱任何人,就不能不希望他幸福,我们恨任何人,就不能不希望他受苦,可是这些愿望只是在我们朋友的幸福的观念和我们敌人的苦难的观念被想象呈现出来时才发生的,它们并非爱和恨所绝对必需的条件。这些是爱恨感情中的最明显而最自然的情绪,但不是惟一的。爱和恨的情感可以在成百种的方式下表现自己,并存在相当长的时期,而我们并不反省它们的对象的幸福或苦难:这就清楚地证明,这些愿望与爱恨并不是同一的,也不是它们的要素。

因此,我们可以推断说,慈善和愤怒与爱和恨是不同的情感,而只是由于心灵的原始结构与后者结合起来的。自然给予身体以某些欲望和倾向,并依照〔身体上〕各种液体和固体的情况而增减或改变这些欲望和倾向;同样,自然对心灵也是以同样方式进行活动。随着我们发生爱或恨,我们心中对于成为这些情感的对象的那个人的幸福或苦难也发生了相应的欲望,这种欲望并且随着这些相反的情感的每一种变化而也发生变化。抽象地考虑起来,这种事物秩序并不是必然的。爱和恨尽可以不伴有任何这一类的欲望,它们的特定的联系也可以完全颠倒过来。如果自然愿意的话,爱的效果原可以和恨的效果相同,恨的效果也可以同爱的效果一样。把给人苦难的欲望附之于爱,给人幸福的欲望附之于恨,在这样一个假设中,我看不到有什么矛盾。如果情感和欲望两者的感觉相反,自然原是可以改变感觉,而不必改变欲望的倾向,并借此使两者互相适合。

第七节　论怜悯

根据我们对别人的爱或恨而希望他得到幸福或苦难的那个欲望,虽然是我们天性中所赋有的一种随意的、原始的本能,可是我们在许多场合下发现它们有被仿效的情形,并可以由次生的原则发生。怜悯(pity)是对他人苦难的一种关切,恶意(malice)是对他人苦难的一种喜悦,并无任何友谊或敌意引起这种关切或喜悦。我们甚至对陌生人、对那些与我们完全无关的人,也发生怜悯:我们对他人的恶感,如果发于任何伤害或侵害,那么,恰当地说,那就不是恶意,而是报复。但是我们如果考察一下这些怜悯和恶意的感情,我们就会发现它们是次生的感情,是由原始感情经某种特殊的思想和想象倾向所改变以后而发生的。

根据前面关于同情的推理,我们可以很容易地说明怜悯的情感。对于与我们有关的每样事物,我们都有一个生动的观念。一切人类都因为互相类似与我们有一种关系。因此,他们的人格,他们的利益、他们的情感、他们的痛苦和快乐,必然以生动的方式刺激我们,而产生一种与原始情绪相似的情绪;因为一个生动的观念很容易转化成为一个印象。这一点如果是一般地真实的,那么对于苦恼和悲哀来说就更是如此。这些情感比任何快乐或愉快总是有一种更为强烈的、更为持久的影响。

一个悲剧诗人通过他所介绍进来的角色,表象出一长串的悲伤、恐怖、义愤和其他感情来,而悲剧的观者也就随着经历了这一长串的感情。由于许多悲剧有幸运的结尾,而且任何精彩

第二章 论爱与恨

悲剧的写作总不免要包含运气的转变,所以观者必然同情所有这些变化,而体会到那种虚构的喜悦以及其他各种的感情。因此,我们除非说,个别的情感都是被个别的原始性质传来,而不是由上述的一般的同情原则得来的;我们就必须承认,这些情感全部都是由那个原则发生的。要特殊地把任何一种除外,必然要显得极不合理。这些情感既是首先出现于一个人的心中,然后才出现于别人的心中,而且就这些情感的出现方式而论,它们在各种情形下都同样地先是观念,后是印象,所以那种推移必然是由同一原则发生。我至少确信,这种推理方法不论在自然哲学中,或在日常生活中,都会被认为是确实可靠的。

还有一点:怜悯在很大程度上依靠于接近关系,甚至要见到对象才能引起:这就证明它是由想象发生的。且不用说妇女和孩子们,因为最受想象官能的指导,所以是最受怜悯心理的支配的。当他们一见到白刃时,纵然刀是操在最好的朋友手里,他们也会晕倒,这种弱点也使他们极端怜悯他们所看到的那些处于任何悲伤和苦恼中的人们。有些哲学家们把这种情感推源于人们对命运的变幻所作的令人不解的那些微妙的反省,和我们也容易遭到我们所看到的那种苦难的可能性:这些哲学家们将会看到,我这种实例以及还可以很容易地举出的其他许多实例,都是和他们相反的。

现在我们只须再注意一下这种情感的一种相当显著的现象,就是:传来的同情的情感有时由于它的原来情感的微弱而获得力量,甚至由于本来不存在的感情的推移而发生出来。例如一个人获得任何显要的职位,或承继得一宗大的财富,他越是显得不觉得什么突出,他对于享有这种显位或巨富越是表示泰然和淡漠,则我们对他的昌盛便越是感到高兴。同样,一个不因不幸而感到沮丧的人,也因其忍耐而更为人所悲叹;如果那种美德扩大到完全消除了不快感的时候,那就更加增加我们的怜悯的心情。当一个有价值的人陷入世俗所谓极大的不幸中的时候,我们对他的处境就形成一个概念;我们把想象由原因带到它通常的结果上,首先对他的悲哀发生一个生动的观念,随后对它感到一个印象,完全忽略了使他超越于那一类情绪的那种伟大心情,或者只在其能增加我们对他的钦佩、敬爱和怜惜的限度内来考虑他。我们根据经验发现,那样一种程度的情感通常与那样一种的不幸联系着;在现在的情形下虽然有了一个例外,可是想象受了通则的影响,使我们想到那个情感的生动的观念,或者不如说是感到了那个情感本身,正如那个人真被那种情感所激动时一样。根据同样原则,人们如果在我们面前作出愚蠢的行为时,我们也由于他们的行为而感到羞耻,即使他们不表示任何羞耻感,或者丝毫也不意识到自己的愚蠢。所有这些都由同情发生;不过这只是片面的同情心,只观察它的对象的一面,而不考虑它的另一面,这个另一面却有相反的效果,它会完全消灭那个由于同情初次出现时而发生的那种情绪。

我们还有许多的例子,可以说明在不幸情况下的淡漠反而更增加我们对于不幸者的关切,即使那种漠不关心不是由任何美德和宽宏大度而发生的。如果在人睡眠和坦然安心的时候,对之进行谋杀,这种谋杀行为就更为加重一等;正如历史家们对于任何在其敌人手中做了俘虏的婴儿国王,往往会说,他越不感觉到自己的可怜状况，便越是值得怜悯。这里我们自己既然熟悉那个人的可怜状况，所以那就使我们对通常伴随它的那种悲哀发生一个生动的观念和感觉，而这种观念和感觉如果和我们在那个人方面所观察到的那种泰然安心、漠不关心加以对比，这种观念便越加显得生动，这种感觉便越加显得猛烈。任何一种对比总是会刺激想象，而在那种对比是被对象所呈现出时，尤其是如此；而怜悯心理又是完全依靠于想象的①。

第八节　论恶意与妒忌

现在我们必须进而说明恶意情感；恶意类似于恨的结果，正如怜悯类似于爱的结果一样，恶意使我们在不受他人侮辱或侵害时，就对于他们的苦难和不幸发生一种喜悦。

人类在其情绪和意见方面很少受理性的支配，所以他们总是借比较而不借其内在的价值来判断各个对象。当心灵考虑、或是习惯于任何程度的完善性时，则任何东西虽然实际上是可以尊重的，如果达不到这种完善程度，它对情感的作用便和它是残阙和拙劣的时候一样。这是灵魂的一种原始性质，类似于我们在自己身体方面日常的经验。让一个人烘热一只手，冷却另一只手，那么同样的水在同时会随着两个不同器官的倾向显得既热而又冷。程度较小的任何性质如果继程度较大的性质而来，它所产生的感觉便好像小于其实在性质的感觉，有时甚至正

---

① 为了防止一切模糊起见，我必须说，当我以想象和记忆对立时，我一般是指呈现出微弱观念来的那种官能而言。在其他一切地方，尤其在以它与知性相对比时，我指的是同一个官能，只是将理证的和概然的推理除掉。

好像是相反性质的感觉。跟着剧痛而来的任何轻微的疼痛,似乎毫无所有,甚至成为一种快乐;正如在另一方面继微痛而来的任何剧痛、使人加倍感到痛苦和难堪一样。

在我们的情感和感觉方面,这一点是没有人能够怀疑的。但是在我们的观念和对象方面却可能发生某种疑难。当一个对象因为和其他对象比较而在眼前或想象前增大或减小时,那个对象的映象和观念仍然一样,并且在网膜上、在脑中或在知觉器官中显得占有同样的空间。眼睛把光线折射了,视神经以同样方式把映象传入脑中,不论先前的对象为大为小;而且甚至想象也不因为与其他对象比较而改变其对象的大小。因此,现在的问题就是,由同样的印象和同样的观念,我们如何能够对于同一个对象形成那样不同的判断,在一个时候惊羡它的庞大,而在另一个时候又鄙视它的渺小。我们判断中的这种变化,必然是由某种知觉中的变化而来;但是这种变化既然不在于对象的现前印象或观念中,那么就一定在于与之相伴的其他某种印象中。

为了说明这个问题,我将略为涉及两个原则,一个原则将在本书进程中详加说明,另一个则已经加以解说。我相信,我们可以放心不疑地确立一个一般原理说,凡呈现于感官之前的任何对象和想象所形成的任何意象,都伴有某种与之成比例的情绪或精神的活动;不论习惯怎样使我们觉察不到这种感觉,并使我们把它和对象或观念混淆起来,但我们通过仔细而精确的实验仍然可以很容易地把它们加以分离和区别。我们只要举广袤和数目方面的例子来说:任何极其庞大的对象,如海洋、一个广大的平原、一个大山脉、一个辽阔的森林,或是任何众多的对象集合体,如一支军队、一个舰队、一大批群众,都在心灵中刺激起明显的情绪,而且在那类对象出现时所发生的惊羡乃是人性所能享受到的最生动的快乐之一。这种惊羡既然是随着对象的增减而增减的,所以我们可以依照前面的原则断言,[①]惊羡是一个复合的结果,是由原因的各个部分所产生的各个结果结合而成。因此,广袤的每一部分和数目的每一单位,当它被心灵所想象时,都伴有一种独立的情绪;那种情绪虽然并不总是愉快的,可是在与其他情绪结合起来、并把精神激动到适当的高度时,它就有助于惊羡情绪的产生,这种情绪永远是令人愉快的。如果在广袤和数量方面承认了这一点,那么在德和恶、机智与愚蠢、富与贫、幸福与苦难以及其他永远伴有一种明显情绪的同类对象方面,我们就都提不出任何困难来了。

我将要提出的第二个原则就是:我们对于通则的固执;通则对人的行为和知性有那样一种重大的影响,并且甚至能够欺骗感官。当一个对象的出现被经验发现为永远伴有其他一个对象出现时,于是前一个对象不论什么时候一出现(即使在非常重要的条件方面有了改变),我们自然就飞快地想象第二个对象,并对它形成一个生动而强烈的观念,就像我们是借我们知性的最正确、最可靠的结论推断出它的存在一样。任何东西,甚至我们的感官,都不能使我们清醒过来,感官这时不但不改正这种虚妄判断,反而往往被它歪曲,并似乎在认可它的错误。

由这两条原则连同上述比较原则的影响所得出的结论,是非常简明而确定的。每个对象都伴有某种与之成比例的情绪;

[①] 第一卷,第三章,第十五节。

一个大的对象引起一种强烈的情绪,一个小的对象引起一种微弱的情绪。因此,继一个小的对象而来的大的对象,就使一种强烈情绪继一种微弱情绪而来。继微弱情绪而来的强烈情绪变得更为强烈,超出于它的平常的比例之外。但是由于一个对象的每一种大小都伴有一定程度的情绪,所以当情绪增强时,我们自然而然地想象那个对象也增大了。效果把我们的观点转移到它的通常的原因上,某种程度的情绪把我们的观点转移到对象的某种大小上;这时我们并不考虑到,比较作用虽然可改变情绪,但并不改变对象中的任何东西。凡熟悉光学的理论部分、并知道我们如何把知性的判断和结论转移到感官上的人们,将很容易想象这个全部作用。

不过就是抛开新发现的这个秘密地伴随着每个观念而来的印象不谈,我们至少必须承认这个发现所由以发生的原则,就是:对象是因为和其他对象相比较而显得大些或小些的。关于这个原则,我们有极多的例子,所以我们对于它的正确性不容有所争辩;我就是在这个原则里找到恶意与妒忌这两种情感的来源的。

显而易见,随着我们自己的状况和处境显得较为幸运或不幸,随着我们自以为自己具有的财富、权力、优点、名誉的程度的大小:在我们思考这些状况和处境时,我们就感到或大或小程度的快乐和不快。我们既然很少依据对象的内在价值来判断它们,而是根据它们和其他对象的比较来形成它们的观念,因此,随着我们观察到他人享有或大或小的幸福,遭到或大或小的苦难,我们就据以估量自己的幸福和苦难,并因而感到一种相应的

第二章 论爱与恨

痛苦或快乐。我们因为他人的苦难,而对我们的幸福有一个更为生动的观念,因为他人的幸福,而对自己的苦难发生一个更为生动的观念。因此,前者就产生愉快;后者就产生不快。

因此,这里就有了一种颠倒过来的怜悯心理,也即是说,旁观者所感到的感觉和他所考虑的那个人所感到的感觉是恰恰相反的。我们可以概括地说,在各种各样的比较过程中,一个对象使我们由另一个与它比较的对象,接受到的感觉与在直接观察它时从它自身所接受的感觉总是相反的。一个小的对象使一个大的对象显得更大。一个大的对象使一个小的对象显得更小。丑的本身产生不快;但是若把它和一个美的对象对比,而使美的对象益增其美,于是丑就使我们接受到一种新的快乐;正如在另一方面,美的本身产生快乐,可是它如果与一种丑物对比,而使丑物益增其丑,那种美就使我们接受到一种新的痛苦。因此,关于幸福和苦难必然也是同样情形。直接观察他人的快乐,自然使我们感到快乐,因此,在与我们自己的快乐比较时,就产生一种痛苦。他的痛苦就其本身来考虑,使我们感到痛苦,但是却增加我们自己的幸福观念,并使我们感到快乐。

我们可以因他人的幸福和苦难而感到相反的感觉,这也并不显得奇怪;因为我们发现这种比较可以使我们对自己发生一种恶意,使我们对自己的痛苦感到愉快,对自己的快乐感到悲伤。例如当我们满意我们现在的状况时,过去痛苦的回忆便令我们感到愉快;正如在另一方面,当我们的享受今非昔比时,以往的快乐就使我们感到不快。这种比较既然和我们考虑别人的情绪时一样,那么它也必然伴有同样的结果。

不但如此，一个人还可以把这种恶意推及到他自身，甚至推及到他现在的好运，而且可以把恶意加深到这样程度，以致故意找寻苦恼，增加自己的痛苦和悲哀。这种情形可以发生于下面两种情形。第一，发生于朋友或亲人遭遇折磨和不幸的时候。第二，发生于他对自己所犯的罪恶感到悔恨的时候。这两种不正常的追求祸害的欲望是由比较原则发生的。一个纵情享受任何快乐的人，当他的朋友处于苦恼中时，如果把这种苦恼与自己所享受的原始快乐比较一下，就更加明显地从他的朋友那里感觉到一种反射回来的不快。的确，这种对比也应当使现前的快乐显得格外活跃。不过在这里既然假设悲伤是主导的情感，所以每一度的增加都落到悲伤的一方面去，并被吞没于其中，而在相反的感情上丝毫不起作用。人们因为自己过去的罪恶和过失而加于自己身上的苦行，情形与此相同。当一个罪人反省他所应得的惩罚时，惩罚的观念如果与现在的舒适和快乐相比，那个观念便益加增大，并且在某种方式下强使他自寻不快，借以避免那样一种令他不愉快的对比。

这个推理也可以说明妒忌的起源，一如其说明恶意的起源一样。这两种情感之间的惟一差异只在于，妒忌是由别人现时的某种快乐刺激起来的，那种快乐在比较之下就削弱了我们自己快乐的观念。而恶意是不经挑拨而想嫁祸于人、以便由此较获得快乐的一种欲望。成为妒忌对象的快乐往往比我们所有的快乐占着优势。一种优势自然似乎使我们相形见绌，并呈现出令人不愉快的比较来。但是甚至就在他处于劣势的情形下，我们仍然希望有一种较大的距离，以便更加增大自我的观念。当

第二章 论爱与恨

这个距离减小时,那种比较对我们的利益就要小些,因而使我们感到较小的快乐,并且甚至是令人不愉快的。因此,人们在看到比他们低微的人在追求光荣或快乐方面接近他们或赶上他们时,他们就感觉到那种妒忌。在这种妒忌心理中我们看到比较作用的效果重复了两次。一个人和比他低微的人比较,由这种比较得到一种快乐;当那个比自己低微的人上升起来、因其劣势减低的时候,于是原来仅仅应该是快乐的减低,这时由于与先前状况重新比较一下,那种快乐的减低就变为真正的痛苦了。

关于由他人优势而发生的那种妒忌,有一点值得提出,就是:产生这种妒忌的不是自己与他人之间的远远不成比例,反而是我们的互相接近。一个普通的士兵对他的将领不如对军曹或班长那样妒忌,一个卓越的作家遭不到一般平庸的小文人的多大妒忌,而却遭到和他地位相近的作家的妒忌。的确,人们也许会以为越是不成比例,则在比较之下所感到的不快必然越大。但是我们可以在另一方面考虑,远远的不成比例、就切断了关系,或者使我们根本不与我们距离很远的人物比较,或者就减弱了比较的效果。类似和接近总是产生观念关系;你如果消灭了这些联系,其他偶然事件即使可以把两个观念结合在一起,但由于没有任何链索或起联系作用的性质在想象中把它们结合起来,所以两个观念便不能长期结合在一起,或彼此互相有重大的影响。

在考究野心的本性时,我曾经说过,大人物在以自己的状况和他们的奴隶的状况比较时,就对其权威感到双重的快乐;而且这种比较所以有双重影响,一是由于它是自然的,二是由于他的奴隶所提供来的。当想象比较几个对象时,如果不容易由一个对象转到另一个对象,那么心灵的活动在很大程度上就中断了,而想象在考虑第二个对象时,就好像站到了一个新的立场上。伴随着每个对象的那个印象,在那种情形下,并不因为继同类的较小印象而来,而显得更大一些。这两个印象各自独立,产生了它们的个别的效果,其间完全没有任何传导。观念之间由于缺乏关系,以致打断了印象之间的关系,并由于这样一种分离,阻碍了它们相互的作用和影响。

为了证实这点起见,我们可以说,优点程度的互相接近单独还不足以产生妒忌,必须得到其他关系的协助。一个诗人不易妒忌一个哲学家,或另一类的、另一国的、另一时代的诗人。所有这些差异都阻止或减弱那种比较,并因而也阻止或减弱了那种情感。

这也就是为什么一切对象只有在和同类中其他对象互相比较时,才显得或大或小的理由。一座山在我们眼里并不扩大或减小一匹马的身材;但是当一匹弗兰德马和一匹威尔斯马在一处被观察时,比起它们分别被观察时,一匹就显得大些,一匹就显得小些。

根据同一原则,我们也可以说明历史家们的那个说法,他们说,内战中的任何党派,总是不惜任何牺牲招来外敌,而不肯屈服于他们的本国人。桂嘉定(Guicciardin)〔译注一〕把这个说法应用到意大利的战争上,在意大利,各邦之间的关系,恰当地说,只是一种名称、语言和接近的关系。可是就是这些关系,在和优势结合起来以后,也使互相之间的比较更为自然,因而也使这种

第二章 论爱与恨

比较更为痛心,促使人们找寻其他可以不附有这种关系、并因而对于想象的影响可以较少显著的优势。心灵很快就看到它的各种有利条件和不利条件;而当对方优势和其他关系结合起来时,心灵就感觉到自己的情况最为不快,力图把那些关系分离,并打破使比较作用成为更加自然而更加有效的那种观念的联系,借此获得安定。当心灵打不破那种结合时,它就感到有消除那种优势的一种较为强烈的欲望。正因为这个缘故,所以旅行家们都极口称赞中国人和波斯人,而同时却贬抑他们的邻国,这是因为邻国是可以和他们的本国站在互相匹敌的立场上的。

历史和通常经验中的这些事例是很丰富而同时也很奇特的;不过在文艺界我们也发现有同样值得注意的平行的例子。如果一个作家写了一部书,其中一部分是严肃而深刻的,另一部分是轻松而幽默的,每个人都会鄙弃那样奇怪的一种混杂品,因它忽略艺术和批评的一切规则而加以斥责。这些艺术规则是建立在人性的性质上面的,人性中有一种性质要求每种作品都有一致性,这种性质就使心灵不能在一刹那中由一种情感和心情转到十分不同的另一种情感和心情。可是这并不能使我们责备普雷厄尔先生(Mr. Prior)〔译注二〕把他的《阿勒姆》和他的《所罗门》两篇刊印在同一卷内;虽然那个令人钦佩的诗人在一篇的轻松愉快气氛和另一篇的忧郁气氛两方面都取得了极大的成功。即使读者毫不间隔地接连阅读这两篇文字,他在情感的变化方面,也不会感到什么困难。为什么呢?这只是因为他认为这两篇作品完全是两回事,并且借着这种观念上的中断打断了感情的进程,阻止了一种情感影响或对抗另一种情感。

一个英勇事迹的图案和一个滑稽可笑的图案结合在一幅图画中,就显得骇人;可是我们可以毫不犹豫和踌躇地把那样性质相反的两幅画悬挂在一间屋中,甚至紧相挨近。

一句话说,各个观念必须被某种关系结合起来,使观念之间可以顺利推移,因而也使伴随观念而来的情绪或印象可以顺利推移,并使想象在推进到另一个印象的对象上时仍然保存原来的印象——若不如此,则没有观念可以借比较或借它们个别产生的情感互相影响。这个原则是十分显著的,因为它和我们关于知性和情感两者所作的论述正相类似。假设有两个不被任何一种关系所联系起来的对象呈现于我面前;假设这些对象的每一个都分别地产生一种情感,而且这两种情感本身又是相反的:那么我们根据经验发现,这些对象或观念因为缺乏关系,就阻止了情感的自然反对;思想推移的中断使两种感情互相隔离,因而就阻止了它们的对立。比较作用也是同样情形;从这两种现象我们可以稳确地断言,观念间的关系必然促进印象间的推移,因为单是这种关系的缺乏就足以阻止推移,而把原来会自然地互相影响的东西加以分离。如果因为缺乏一个对象或性质、就使任何通常的或自然的结果不发生时,我们就可以确实地断言,那个对象或性质的存在就有助于那个结果的产生。

〔译注一〕 桂嘉定(1483—1540),著名的意大利历史家,著有《意大利史》。

〔译注二〕 普雷厄尔(1664—1721),英国诗人,两诗出版于1718年。

第九节 论慈善和愤怒与怜悯和恶意的混杂

我们已经努力说明了怜悯和恶意。这两种感情是随着想象

第二章 论爱与恨

在什么观点下放置其对象而由想象发生的。当我们的想象直接考虑他人的情绪并深入体会这种情绪时,它就使我们感觉到它所观察的一切情感,而尤其是感觉到悲伤或悲哀。相反,当我们把别人的情绪与自己的比较时,于是我们便感到与原始感觉恰好相反的一种感觉,即由他人的悲伤感到喜悦,由他人的喜悦感到悲伤。不过这只是怜悯和恶意两种感情的最初基础。后来又有其他情感混入其中。爱(或柔情)永远和怜悯混杂在一起,恨(或愤怒)永远和恶意混杂在一起。但是我们必须承认,这种混杂初看起来似乎和我的体系抵触。因为怜悯既然是由他人的苦难而发生的一种不快,而恶意是由此而生的一种愉快,那么怜悯自然应该像在其他情形下一样产生一种恨,而恶意就应该产生一种爱。我将以下述的方式力图调和这个矛盾。

要引起情感的推移,需要印象间和观念间的双重关系,一种关系并不足以产生这种效果。但是为了我们可以理解这种双重关系的充分力量起见,我们必须考虑,决定任何情感的性质的,不是当前的感觉或暂时的痛苦或快乐,而是感觉的自始至终的全部倾向或趋势。两个印象不但当它们的感觉互相类似时是互相关联的(这是我们在以前各种情形下一向所假设的),而且即当它们的冲动或方向互相类似、互相对应时,这两个印象也是互相关联的。在骄傲和谦卑方面,这种情形不能发生;因为它们只是纯粹的感觉,没有任何发生行动的方向或趋势。因此,我们只有在伴有某种欲求或欲望的那一类感情方面,来找寻这种特殊印象关系的例子;例如爱和恨便是这一类感情。

慈善(也就是伴随着爱的那种欲望)是对于所爱的人的幸福

的一种欲望和对他的苦难的一种厌恶；正如愤怒（也就是伴随着恨的那种欲望）是对于所恨的人的苦难的一种欲望和对他的幸福的一种厌恶一样。因此，希望他人幸福和厌恶他人遭难的心理，就和慈善相类似；而希望他不幸和厌恶他幸福的心理，就和愤怒相应。但是怜悯就是希望他人幸福和厌恶他人遭难的心理，而恶意则是相反的欲望。因此，怜悯就与慈善关联，而恶意就与愤怒关联。我们既已发现，慈善借一种自然的和原始的性质与爱发生联系，而愤怒又借同样性质与恨发生联系，所以怜悯和恶意的情感就是借这种连锁而与爱和恨联系起来的。

这个假设是建立在充分的经验上的。一个人不论由于任何动机抱定了一个作出某种行为的决心，那么他就自然而然地想到可以加强那种决心、并使它能够控制和影响心灵的每一个其他的观点或动机。为了使我们坚持任何意图起见，我们就从利益、荣誉、义务等方面找寻种种动机。那么，怜悯与慈善、恶意与愤怒既然是由不同的原则发生的同一类欲望，它们的完全互相混合，以致区别不开，又有什么奇怪呢？至于慈善与爱之间、愤怒与恨之间的联系既然是原始的，第一性的，这种联系是没有什么困难的。

此外，我们还可以再加一个实验，就是：当我们的幸福或苦难在任何程度上依靠于别人的幸福或苦难（再没有任何其他关系）时，则慈善和愤怒、因而还有爱和恨、便都会发生。我确信，这个实验将显得十分奇特，所以我们可以有理由在这里停留一下，加以考虑。

假设有两个同行业的人在一个城市中找寻职业，而这个城

第二章 论爱与恨

市却不能容纳两个人,那么显然,一个人的成功是和另一个人的成功完全不相容的,而且凡可以促进一个人的利益的事情都是和他的对手的利益相抵触的,反过来说,也是一样。再假设两个商人虽然居住在世界上不同的地方,可是合股经营,于是一个人的利益或损失便立刻成为其伙伴的利益或损失,两人必然遭受同样的命运。显然,在第一种情形下,由于利害冲突,总是要发生憎恨,而在第二种情形下,由于利害一致,总是要发生爱的情感。让我们考究,我们能把这些情感归于什么原则。

显然,如果我们只考虑现前的感觉,这些情感并不是由印象和观念的双重关系发生的。因为,以第一种竞争情形而论,对手的快乐和利益虽是必然引起我的痛苦和损失,可是还有一点可以抵消这点,即他的痛苦和损失也给我带来快乐和利益;假如他不成功,我就可以因此由他得到一种较高程度的快乐。同样,一个伙伴的成功虽然使我感觉高兴,可是他的不幸则以同样的比例使我苦恼,而且我们很容易想象后一种情绪在许多情形下会占到优势。但是不论一个对手或伙伴的运气是好是坏,我永远憎恨前者,而喜爱后者。

对于伙伴的这种喜爱不能由我们之间的关系或联系而来,就像我喜爱一个兄弟或本国人那样。一个对手几乎也像伙伴一样与我有同样密切的关系。因为正像伙伴的快乐引起我的快乐、伙伴的痛苦引起我的痛苦一样,同样,对手的快乐就引起我的痛苦,他的痛苦就引起我的快乐。因此,因果的联系在两种情形下都是一样的;在一种情形下,原因和结果虽然有进一步的类似关系,可是在另一种情形下,两者又有相反的关系;而相反关系既然也是类似关系的一种,所以就使问题的两面大体相等了。

因此,我们对这个现象所能提出的惟一说明就是由上述的平行方向原则得来的。我们对自己利益的关切使我由于伙伴的快乐而感到快乐,由于他的痛苦而感到痛苦,正如我们通过同情作用而对着我们面前的任何人所表示的感觉也感到一种相应的感觉一样。在另一方面,对于我们自己利益的同样关切,使我们因对手的快乐而感到痛苦,因对手的痛苦而感到快乐,简单地说,就是感到由比较和恶意发生的那种与他人相反的情绪。因此,由利益发生的各种感情的平行方向既然能产生慈善或愤怒,所以就无怪由同情与比较发生的同样平行方向也有同样的效果了。

我们可以概括地说,不论我们的动机怎样,当我们对其他人做好事时,总不能不对那些人发生某种好感和善意;正如我们加于别人的侵害不但引起受害的人的憎恨,而且甚至也引起我们自己的憎恨一样。的确,这些现象有一部分也可以用其他原则加以说明。

但是这里出现了一个重大的反驳,在我们继续往前研究之前,必须先行加以考察。我已经设法证明,权力与财富或贫穷与卑贱,并不产生任何原始的快乐或不快,就能引起爱或恨来;它们是借次生的感觉对我们起作用的,这种次生的感觉是由我们同情于贫富贵贱在所有者的心中所产生的痛苦或快乐而发生的。由于同情他的快乐,生起了爱,由于同情他的不快,生起了恨。不过我刚才已经确立了一条对于说明怜悯和恶意的现象所绝对必需的原则,就是:"决定任何情感的性质的,不是现前的感

第二章 论爱与恨

觉或暂时的痛苦或快乐,而是那种感觉的自始至终的总的倾向或趋势"。因为这个理由,所以怜悯或对痛苦的同情就产生爱,这是因为同情使我们对他人的或好或坏的运气感到关切,并使我们发生与原始感觉相应的一种次生感觉,在这种感觉方面,怜悯就与爱和慈善有同样的影响。这条规则既然在一种情形下有效,为什么不能到处通行,为什么对于不快的同情除了产生善意和好感以外还会产生其他任何情感呢?一个哲学家如果随着他所要说明的特殊现象,时时变换他的推理方法,而由一个原则转到它的相反的原则,那还合乎哲学家的身份么?

我已经提到可以使情感向前推移的两个不同的原因,一个是观念间和印象间的双重关系,另一个是与此类似的一个原因,即由不同的原则发生的任何两个欲望的倾向和方向的一致性。现在我肯定说,对于不快的同情如果是微弱的,它便借前一种原因产生憎恨或鄙视;如果是强烈的,它便借后一种原因产生爱或柔情。这就是前面那个似乎是那样迫切的困难的解决;这个原理是建立在那样明显的论证上的,因而这个原理纵然不是说明任何现象所必需的,我们也该要把它确立起来了。

确实,同情并不总是限于当前的刹那,我们往往通过传导感觉到他人并不存在的、而只是借想象预料到的苦乐。因为假使我看到一个完全陌生的人睡在田间,有被奔马践踏的危险,我就会立刻去援救他;在这里,激动我的同情原则,也就是使我关怀一个陌生人的现前悲哀的那个原则。这一点只要单单提出一下就够了。同情既然只是转变成为印象的一个生动的观念,因此显然,在考虑任何人将来的可能的或很可能的状况时,我们可以通过一种活泼的想象体会到这种状况,使它成为自己所关怀的对象,并因此感觉到那些既不属于我们自己而现时也并不真正存在的苦乐。

但是在同情任何人时,不论我们怎样料想到将来,我们的同情的扩展在很大程度上依靠于我们对他的现状所有的感觉。要想对其他人现前的情绪形成那样一个生动的观念,以至感觉到这些情绪的本身,也就需要想象作很大的努力;但是如果不借现在生动地刺激我们的某种情况之助,我们便不可能把同情扩展到将来。当另一个人现在的苦难对我发生任何强烈的影响时,想象的活泼性便不限于当前的对象,而是将它的影响扩散到一切相关的观念上,并使我对那个人的一切情况发生一个生动的概念,不论那些情况是过去的、现在的或将来的,也不论它们是可能的、很可能的或确定的。由于这种生动的概念,我便关心那些情况,受到它们的影响,依照我设想他胸中所感到的那种活动,在我的胸中也感到一种同情的活动。如果我减低第一次想象的活泼性,我也就减低各个相关观念的活泼性;正如水管所输送的水量不能超出水源中喷出的水量一样。在这样减低活泼性之后,我就消灭了使我完全关心他人的命运的那种将来的前景。这时我仍可以感到现在的印象,不过我的同情不再往前推进,并且也永远不把第一次想象的力量扩散到我对相关对象所有的观念上。如果他人的苦难以这种微弱的方式呈现出来,则我通过传导接受了它,并且被与它有关的一切情感所感动;但是我对于他的将来的好运和厄运既不十分关怀,因而我永远感不到广泛的同情,也感不到与它相关的各种情感。

第二章 论爱与恨

为了明白什么情感和这些种类不同的同情是关联着的,我们必须考虑,慈善是由所爱的人的快乐而发生的一种原始的快乐和由他的痛苦而发生的一种痛苦;由于这些印象间这种相应关系,就连带发生了一种希望他快乐的欲望和不愿他痛苦的厌恶心理。因此,要想使一种情感同慈善平行,我们就必须感觉到这些和我们所考虑的那个人的双重印象相应的双重印象;任何一个印象单独并不足以达成这个目的。当我们只同情于一个印象并且所同情的是一个痛苦印象时,这种同情由于它给我们传来的不快便与愤怒和憎恨发生关联。但是由于广泛的同情或狭隘的同情决定于第一次同情的力量的大小,因此,爱和恨的情感也就依靠于同一原则。一个强烈的印象在传来的时候,就产生双重的情感倾向;这种倾向借着方向的类似关系而与慈善和爱发生关联,不论第一个印象可能是如何痛苦的。一个微弱的痛苦印象,则因感觉的类似而与愤怒和憎恨发生关联。因此,慈善是发生于巨大程度的苦难或是发生于受到强烈同情的任何程度的苦难;憎恨或鄙视则发生于一种轻微程度的苦难,或是得到微弱同情的苦难;这正是我原来企图证明和说明的那条原则。

关于这个原则,我们不但有理性可以信赖,而且还有经验可以信赖。某种程度的贫困引起鄙视,但是过度的贫困则引起怜悯和善意。我们可能轻视一个农夫或仆役;但是当一个乞丐的苦难显得过大,或者被生动地描写出来时,我们就同情他的苦恼,并且在我们心中感到明显的怜悯和慈善的激动。同一个对象,随其不同的程度,就引起相反的情感。因此,依照我的假设来说,各种情感必然是决定于那些随着高低不同的程度而起作用的原则的。同情的增加显然和苦难的增加有同样的效果。

一片荒芜贫瘠的土地,永远显得是丑陋而令人不快的,并且往往引起我们鄙视那里的居民的心理。但这种丑陋感在很大程度上是由于同情居民而发生的,正如前面所说;不过这种同情只是一种微弱的同情,不超出令人不快的那个当前感觉之外。但是一座烧毁的城市的景象却传来慈善的情绪,因为我们深深体会到那些可怜居民的利益,以至感觉到他们的艰苦,并希望他们的繁荣。

不过印象的力量虽然一般产生怜悯和慈善,但如果印象达到了太强的程度,它一定就不再有这种效果。这一点或许值得我们注意。当不快感本身就很微弱或是与我们远隔的时候,就吸引不住想象,而且对于将来的、偶然的福利所传来的关切,也和对现在实在的祸害的关切不能相等。在这种不快获得较大的力量时,我们对于那个人的遭遇就感到非常关心,因而体会到他将来的好运和厄运;由这种完全的同情就发生了怜悯和慈善。但是我们很容易想象,当现前的祸害以超出平常的力量激动我们时,它就可以完全吸引住我们的注意,阻止上述的那种双重同情。例如我们发现,每一个人,尤其是妇女,虽然都容易对于押赴断头台的犯人发生好感,想象他们长得非常俊秀和匀称,可是一个目击刑架和残酷的行刑状况的人,并不感到这种怜惜的情绪,而是可以说是被恐怖所控制住了,再无闲暇以任何与此相反的同情来调和这种不快的感觉。

不过有一个例子最清楚地证明了我的假设,在那个例子中,我们把对象改变一下,就把双重的同情甚至与中度的情感分开,在那种情形下,我们发现怜悯并不像通常那样地产生爱和怜惜,反而总是引起相反的感情来。当我们看到一个人处于不幸中时,我们被怜悯和爱所感动;但是造成那种不幸的人却成为我们最强烈的憎恨的对象,而且随着我们的怜悯程度而更加受到憎恨。那么为什么同一种怜悯情感产生对于受害者的爱和对于造成不幸者的恨呢?那只是因为在后一种情形下,造成不幸者只对不幸有一种关系,而在考虑受害者时,我们便把观点转到每一方面,不但体会到他的苦难,而且还希望他的昌盛。

在结束本题之前,我只想再说一点:这个双重同情现象和它引起爱的倾向,可以有助于我们对亲友自然地所抱有的那种好感的产生。习惯和关系使我们深深体会到他人的情绪;不论我们假设他们有什么样的运气,那种运气要借想象之力亲切地呈现于我们之前,好像原来就是我们自己的运气似的,对我们发生着作用。我们只是由于同情之力,才对他们的快乐感到高兴,对他们的悲哀感到忧伤。一切关涉他们的事情,我们对之都不能漠然;这种情绪的相应既是爱的自然伴随现象,所以就迅速地产生了那种感情。

第十节 论尊敬和鄙视

现在只须说明尊敬和鄙视两种情感以及性爱的感情,以便理解任何掺杂着爱或恨的一切情感。我们可以从尊敬和鄙视开始。

在考虑别人的品质和境况时,我们可以观察它们本来真实的样子,也可以把它们与我们自己的品质和境况相比,也可以把两种考虑方法结合起来。他人的良好品质由第一个观点产生爱；由第二个观点产生谦卑；由第三个观点产生尊敬，尊敬是这两种情感的混合物。同样，他们的恶劣品质，则随着我们观察它们的观点，引起憎恨、骄傲或鄙视。

鄙视中间掺杂着骄傲，尊敬中间掺杂着谦卑，这一点，我想，由它们的感觉或现象就已十分明显，无需任何特殊的证明。同样明显的是：这种掺杂是由于我们把被鄙视的或被尊敬的人同我们自己暗中加以比较而发生的。随着考虑他人的人可以首先处于低劣地位，随后进到相等地位，随后再进到高超的地位，随着这种变化，同一个被考虑的人可以按照他的境况和才能依次引起考虑者的尊敬、喜爱或鄙视。观点一变，对象虽然仍旧，但它对我们的比例就完全变更；这就是情感所以变化的原因。因此，这些情感是由于我们对那种比例的观察、也就是由于比较而发生的。

我已经说过，心灵的骄傲倾向比谦卑倾向强烈得多，我并且尽力根据人性原则给这个现象指出了一个原因。不论人们是否接受我的推理，这个现象是不容争辩的，并且出现于许多的例子中。除了其他理由之外，这也是鄙视心理中掺杂的骄傲成分较多于尊敬心理中掺杂的谦卑成分的一个理由，而且我们在观察低于自己的人时所感到的得意程度所以比在高出自己者面前时所感到的耻辱程度更大，也是因为这个理由。鄙视或蔑视具有那样强烈的骄傲色彩，以致其中几乎看不到任何其他的情感，而在尊重或尊敬中，则爱比谦卑占着较大的成分。自负的情感是那样敏捷的，所以稍一召唤就立刻发生，至于谦卑〔译注一〕则需

第二章 论爱与恨

要较强的冲动,才能发动起来。

但是这里人们可以有理由地问道,为什么在有些情形下有这种混杂情形,而不是在每个情形下都有这种混杂情形出现呢?寓存于他人身上的引起爱的一切对象,在转移到我们身上时就成为骄傲的原因。因此,这些对象如果属于他人而只是与我们自己所有的那些对象比较,它们就该是谦卑的原因,正像它们是爱的原因一样。同样,在直接考虑时产生了恨的每一种性质,应当永远借着比较产生骄傲,并借憎恨和骄傲这两种情感的混杂刺激起鄙视或蔑视。因此,困难就在于为什么竟有一些对象总是引起纯粹的爱或恨,而并不总是产生尊敬和鄙视这两种混杂的情感呢?

我曾一向假设,爱和骄傲这两种情感,谦卑和恨这两种情感,在它们的感觉方面是类似的,前两种永远是令人愉快的,后两种永远是令人痛苦的。这虽然是普遍真实的,可是我们注意到,两种令人愉快的情感,也和两种令人痛苦的情感一样,其间有某些差异,甚至有相反的性质加以区别。没有东西能够像骄傲和自负那样地鼓舞和振奋心灵,而在同时,爱或柔情却被发现为可以使心灵软弱无力的。这种差异,也可以在令人不快的情感方面观察到。愤怒和憎恨给我们的全部思想和行动增添一种新的力量,而谦卑和羞耻则令人沮丧和气馁。对于各种情感的这些性质,必须形成一个明晰的观念。让我们记住,骄傲和憎恨使灵魂振奋,而爱与谦卑却使灵魂变得软弱。

由此得出的结论就是:爱和骄傲[译注二]在它们愉快感觉方面的一致性,虽然使它们永远被同一的对象刺激起来,可是这另外一种的相反性,却是它们所以在非常不同的程度内被刺激起来的原因。天才和学问是愉快而辉煌的对象,并且借这两个条件而适合于骄傲和自负;但是它们只是因为它们所给人的快乐而与爱情有一种关系。愚蠢和无知是令人不快的、鄙贱的,这在同样方式下使它们与谦卑发生双重联系,和憎恨发生单一关系。因此,我们就可以认为这是确实无疑的,就是:同一个对象虽然随着不同的情况,永远产生爱和骄傲,恨和谦卑,可是很少以同一比例产生前两种或后两种的情感。

正是在这里,我们必须找寻上述困难的解决,即为什么有些对象永远只刺激起纯粹的爱或恨,而并不总是通过与谦卑或骄傲的混杂而产生尊敬或鄙视。一种性质除非是在我们身上时可以产生骄傲,它在他人身上时就不能借比较作用使我们感到谦卑;反过来说也是一样,任何对象除非在直接观察时产生谦卑,它也不能借比较作用刺激起骄傲。显然,各种对象永远借着比较产生一种和它们的原来感觉恰好相反的感觉。因此,假如有一个特别适合于产生爱而不完全适合于刺激起骄傲来的对象呈现出来,这个对象在属于他人时,便借比较而直接产生一种较大程度的爱,和较小程度的谦卑;因而后一种情感在那个混合感情中就几乎觉察不到,也不足以把爱转变为尊敬。好性情,幽默、机敏、慷慨、美以及许多其他的品质就是这样。这些品质特别适宜于在他人心中产生爱,不过在刺激我们自己的骄傲方面却没有那样大的倾向:因为这个理由,一看到他人有这种品质时,虽然就产生了纯粹的爱,可是其中只掺杂着很少的谦卑和尊敬。这个推理很容易推广到其他与此相反的情感。

第二章 论爱与恨

在我们结束这个题目之前,我们不妨说明一下那个颇为奇特的现象,就是:我们通常为什么和我们所鄙视的人保持一定的距离,不使那些比我们低微的人甚至在场所和位置方面过于接近我们。我们已经说过,几乎每一种观念都伴有某种情绪,甚至数目和广袤的观念也是一样,至于那些被认为与人生有重要关系并且吸引我们注意的对象的观念,则更是如此。我们观察一个富人或一个贫人,总不能完全漠然,而必然要在前一种情形下感到一种微弱的尊敬,在后一种情形下感到一种微弱的鄙视。这两种情感是相反的,但是为了使这种相反性被感觉到,那些对象必然要有某种关联,否则各种感情将是完全分离的、各别的,永不会互相会合。当人们一接近以后,就发生了那种关系;这就是一个概括的理由,说明我们在看到一个富人和一个穷人、一个贵族和一个守门人那样不相称的一些对象处于那种接近状况下时,为什么要感觉不快。

每个旁观者所共同感到的这种不快,必然被高贵者所格外感觉到;这是因为低微者的接近被认为是缺乏教养,并且表示他感觉不到这种身份不称,而丝毫不受它的影响。对他人优越性的感觉在一切人心中都产生一种和他保持一定距离的倾向,并使他们在非接近他不可时,要加倍表示尊敬和崇拜。人们如果不遵守这种行为,那就证明他们没有感觉到他的优越性。由此就有一个通常的比喻,把某些性质的、程度巨大的差异称为一个距离。这个比喻虽然似乎是很肤浅,却是以想象的自然原则为根据的。一个巨大的差异使我们倾向于产生一个距离。因此,距离和差异两个观念是联系在一起的。联系的观念很容易被互相混同;一般说来,这就是比喻的来源;这一点我们以后还有机会谈到。

〔译注一〕 原书作 humanity,系 humility 之误。

〔译注二〕 原书作 hatred,系 pride 之误。

第十一节　论性爱或两性间的爱

在爱和恨与其他感情掺杂起来以后所发生的一切复合情感中,两性的爱最值得我们注意,这是一方面因为它的强和猛,一方面因为它给若干奇特的哲学原则提供了一个无法争论的论证。显然,这种感情在它的最自然的状态下是由三种不同的印象或情感的结合而发生的,这三种情感就是:1. 由美貌发生的愉快感觉;2. 肉体上的生殖欲望;3. 浓厚的好感或善意。好感由美貌而发生的这一点,可以用前面的推理加以说明。问题是:肉体欲望如何被美貌所刺激起来。

生殖欲望如果限于某种程度以内,显然是一种令人愉快的欲望并且与一切愉快的情绪有一种很强的联系。喜悦、欢乐、自负和好感都是这种欲望的诱因;音乐、跳舞、美酒、欢欣,也是如此。在另一方面,悲哀、忧郁、贫苦、谦卑,都破坏这种欲望。由于这个性质,就很容易设想,性欲为什么与美的感觉联系起来。

不过还有另外一个原则,也有助于产生同样的效果。我已经说过,各种欲望的平行方向是一种实在的关系,并且也像它们感觉方面的类似关系一样,在那些欲望之间产生一种联系。为了充分地理解这种关系的范围起见,我们必须考虑,任何主要的欲望都可以伴有与之相关的从属的欲望,而且如果有其他欲望

第二章 论爱与恨

与那些从属欲望平行，那么这些其他的欲望也就与主要欲望发生关系。例如饥饿往往被认为是灵魂的原始倾向，而就食的欲望则被认为是次生的倾向，因为它是满足饥饿欲所绝对必需的。因此，一个对象如果借着任何独立的性质、使我们接近食物，那个对象也就自然地增加我们的食欲；正如在另一方面，凡使我们厌恶食物的任何东西都是和饥饿矛盾的，并减低我们的食欲。很显然，美具有第一种效果，丑具有第二种效果；因为这种缘故，所以美就使我们对食物发生强烈的欲望，而丑却足以使我们对烹调术所发明的最美味的菜肴感到厌恶。这一切都可以很容易地应用到生殖欲望上面。

由类似关系和平行欲望这两种关系，就发生了美感、肉体欲望和慈善之间那样一种联系；以致这三者成为可说是不可分离的。而且我们根据经验发现，三者中间不论哪一种先行出现，都无关系；因为它们中间任何一种都必然伴有相关的感情。性欲冲动中的人对于性欲的对象至少具有暂时的好感，同时也想象她比平时较为美丽；正如许多人开始时对一个人的机智和优点抱有一种好感和尊重，随后又由此进到其他两种情感上去。但是最常见的一种爱，就是首先由美貌发生、随后扩展到好感和肉体欲望上去的那种爱。好感或尊重与生殖欲望之间的距离太远了，不容易结合在一起。前者或许是灵魂的最细致的情感，后者或许是最粗俗的情感。对于美貌的爱恰好是处于两者之间的中介，分沾了两者的本性；因此，它是特别适宜于产生两者的。

对于爱的这种说明，并不是我的体系所特有的，而是根据任何假设来说都是不可避免的。构成这个情感的三种感情显然是彼此个别的,并且各自有它的各别的对象。因此,三者确是只借着它们之间的关系才互相产生的。不过单有情感间的关系是不够的。这里还必须有观念间的关系。一个人的美貌永远刺激不起我们对另一个人的爱。因而这就显然证明这里有印象和观念的双重关系。根据这样明显的一个例子,我们就可以判断其他的例子了。

在另外一个观点下,这一点也可以说明我关于骄傲和谦卑、爱和恨的起源所坚持的说法。我已经说过,自我虽是第一组情感的对象,他人虽是第二组情感的对象,可是单单这些对象并不能成为这些情感的原因;因为它们对于一开始就必然互相消灭的两种感情都有同样的一种关系。因此,我在前面所描述过的心灵情况正是这样:心灵有一些器官,自然地适合于产生一种情感;那种情感一旦产生出来以后,自然地把观点转向某个对象。不过这还不足以产生情感,还需要其他某种情绪,借着印象和观念的双重关系,来把这些原则发动起来,并给予它们以最初的冲动。这种情况在生殖欲望方面是更加显著的。异性不但是性欲的对象,而且是它的原因。不但当我们受到性欲的激动时,要把观点转向异性,而且一想到异性,就足以刺激起性欲来。但是由于这种原因出现的频率太大,以致失掉了力量,所以它就必须被一种新的冲动所刺激起来;我们发现那种冲动就由一个人的美貌发生,即由印象和观念的双重关系发生。在一种感情既有一个明确的原因而又有一个明确的对象时,还必需有这种双重关系,那么当它只有一个明确的对象、而没有任何确定的原因时,这种关系岂不更是必需的么?

第十二节　论动物的爱与恨

我们既已讨论表现于人类方面的爱和恨,以及它们的各种混杂和组合,现在可以进而研究表现于畜类方面的这些感情;我们可以说,不但爱和恨是全部感情动物所共同的,而且如上所述的爱和恨的原因的性质是那样的简单,可以很容易地被假设为在单纯的动物身上起着作用。这里不需要任何反省或深察的能力。这里指导着一切的动力和原则都不是人类或任何一种动物所特有的。由这一点所得的结论显然是有利于前面的体系的。

动物的爱并不以同种的动物为惟一对象,而且扩展到更大的范围,包括了几乎每一种有感情、有思想的存在者。一条狗很自然地爱人甚于爱它的同种,并且也往往得到爱的报答。

动物既然不易感受想象中的苦乐,所以就只能借对象所产生的感性的祸福来判断对象,并且必然根据这些祸福来调整它们对那些对象的感情。因此,我们发现,我们通过给予利益或侵害就引起动物的爱或恨来;通过饲养和抚育任何动物,我们很快就得到它的依恋,而通过打骂,我们总是会招来它的敌意和恶感。

动物的爱并不完全是由关系引起的,如在我们人类方面那样;这是因为它们的思想并不是那样活跃,以致能够推溯出各种关系,除了在很明显的例子中。但是我们也很容易看到,在某些场合下,关系对于动物也有一种重大的影响。例如和关系有同样的结果的相识,总是使动物对人或对它们的同种发生爱的情感。由于同样原因,动物之间的任何类似关系也是爱的来源。

一头牛如果和一些马关在一个圈内,自然就加入马群,但是当其能在牛马之间随意选择时,它就离开马群,而去加入牛群。

母畜对于仔畜的爱发生于动物的一种特殊本能,和人类一样。

显而易见,同情,或情感的传导,也发生于动物方面,正如在人类方面一样。恐惧、愤怒、勇敢和其他感情,往往由一个动物传给另一个动物,而它们却并不知道产生原始情感的那个原因。动物也可以借同情感到悲伤,而且悲伤所产生的全部结果和它所刺激起的情绪,和在我们人类方面几乎完全一样。一条狗的哀号和悲鸣在其同伴中引起明显的关切。可注意的是:几乎一切动物在其游戏时和在其争斗时都用着同样的肢体,进行着同样的动作:狮、虎、猫使用它们的爪子;牛使用它的犄角;狗使用它的牙齿;马使用它的后蹄:可是它们都极为小心地提防伤害它们的同伴,虽然它们并不怕后者的恼怒;这就显然地证明,畜类感到彼此的苦乐。

每个人都曾观察到,狗在成群行猎时,比在单独追赶猎物时,更加精神奋发;显然,这种情形只能是由同情发生。猎人们也很熟悉,当两队素来生疏的猎犬联成一队时,这种效果就达到更大的程度,甚至达到了太大的程度。我们如果在人类自身不曾有过类似的经验,对于这个现象或许无法说明。

妒忌和恶意是动物的最明显的情感。它们或许比怜悯更为常见,因为它们更少需要思想和想象的努力。

第三章　论意志与直接情感

第一节　论自由与必然

现在我们来说明直接情感或直接由祸、福、苦、乐所发生的印象。属于这一类的有欲望和厌恶,悲伤和喜悦,希望和恐惧。

在苦乐的一切直接结果中最为显著的就是意志(will);严格地说,意志虽然并不包括在情感之列,可是为了说明这些情感起见,必须对意志的本性和特性要有充分的理解,所以我们在这里将把意志作为我们研究的主题。我所要说的就是:我所谓意志只是指我们自觉地发动自己身体的任何一种新的运动,或自己心灵的任何一个新的知觉时、所感觉到和所意识到的那个内在印象。这个印象正和前述的骄傲和谦卑、爱和恨一样,是不可能下定义的,也无需再进一步描述的。因为这个缘故,我们将略去哲学家们常用以使这个问题变得更加糊涂而未能真正加以澄清的那些定义和区别;我们在一开始研究这个题目之初,便将考察那个长时期来争论着的自由(liberty)和必然(necessity)问题。在论述意志时,这个问题是极为自然地出现的。

大家公认,外界物体的各种活动都是必然的,在它们运动的传达、互相之间的吸引,以及互相凝聚这些作用中间,并没有丝毫中立或自由的痕迹。每一个对象都被一种绝对的命运所决定了要发生某种程度和某种方向的运动，并且不能离开它运动所循的那条精确的路线，正像它不能将自己转变为一个天使或精神，或任何较高的实体一样。因此，物质的活动应当被认为是必然的活动的例子，并且一切在这一方面与物质处于同一地位的东西，都必须被承认是必然的。为了明白心灵的活动究竟是否如此，我们将从考察物质开始，并考究物质活动方面的必然观念是建立在什么上面的，而且我们为什么断言一个物体或活动是另一个物体或活动的必然的原因。

前面已经说过，在任何单独一个例子中都不能借我们的感官或理性发现任何一些对象间的最后联系，而且我们永不能那样深入物体的本质和结构，以至于知觉到它们的相互影响所依靠的原则。我们所知道的只有各个物体的恒常的结合，而必然性正是由恒常的结合发生的。如果各个对象彼此没有一种一致的、有规则的结合，我们永远不会得到任何因果观念；而且，即使在我们得到这个观念以后，进入那个观念中的必然性仅仅是心灵由一个对象转到它的恒常伴随物、由一个对象的存在推断另一个对象的存在的一种确定的倾向。因此，这里有两个情况，我们应当认为是必然性的要素，即恒常的结合和心灵的推断；我们不论在什么地方发现这两个情况，我们就一定要承认那里有一种必然性。物质的活动所有的必然性既然只是由这两个情况得来的，而且我们又不是由于洞察各个物体的本质才发现它们之间的联系，所以只要那种结合和推断存在，那么虽然没有那种洞察，无论如何也永不会消除那种必然性。既然是由于对这种结合所得的观察，才产生那个推断，所以我们就可以认为：如果我们证明了心灵的各种活动的恒常结合，那就足以确立那种推断，以及这些活动的必然性。不过为了给予我的推理以更大的力量起见，我将分别考究这两个情况，并且先根据经验证明，我们的行为与我们的动机、性情、环境，都有一种恒常的结合，然后再来考究我们由这种结合所得出的推断。

为了达到这个目的，只要对人生一般事务作一个简略的、总的观察就足够了。凡是我们观察一般事务所能采取的观点，没有一个不证实这个原则。不论我们根据性别、年龄、政府、生活状况，或教育方法的差异来考究人类，我们总可以看出自然原则的同样的一致性和它的有规则的活动。相似的原因仍然产生相似的结果，正像在自然的元素和能力的互相作用方面一样。

各种不同的树都是有规则地结着滋味互相差异的果子；这种有规则性将被承认为外界物体的必然性和原因的一个例子。不过蒯宁的产品和香槟的产品的差异真是比两性的情绪、行为和情感的差异更有规则些么？——两性中的男性岂不是以体力和发达程度作为他们的特点，而女性则是以优美和柔软作为她们的特点么？

我们身体从幼至老所经的变化是否比我们的心灵和行为的变化更有规则、更为确定呢？一个人如果期望一个四岁的儿童举起三百磅的重量来，另一个人如果期望同岁的儿童从事哲学推理或是作出审慎的、协调的行动，那么第一个人果真是比第二个人更为可笑么？

我们确是必须承认，物质各部分的凝聚力发生于自然的和必然的原则，不论我们在说明它们方面有何种困难；根据同样理由，我们也必须承认，人类社会是建立在与此相似的原则上面的；而且我们的理由在后一种情形下比在前一种情形下更加完善，因为我们不但观察到，人们永远寻求社会，并且能够说明这个普遍倾向所依据的原则。因为两块平面大理石固然一定会互相接合，可是两个异性的野蛮人不是也同样必然要互相交媾么？这种交媾固然一致地要产生孩子，可是孩子们的父母不是也同样一致地关心他们的安全和生存么？当他们在父母照顾之下成年以后，他们的分离固然一定要招来种种不便，可是他们不是同样也一定会预见到这些不便而借密切的结合和联合来采取预防的措施么？

一个做散工的人的皮肤、毛孔、筋肉、神经，与一个名门绅士的各不相同；他的情绪、行为和态度也是这样。生活地位的区别影响一个人的内外全部结构。而这些不同的地位是必然地因为是一致地由人性中必然的和一致的原则发生的。人离开了社会便不能生存，离开了政府便不能结合。政府划定人们的财产，确定人们的等级。这就产生了工业、交通、制造、诉讼、战争、联盟、同盟、航行、旅行、城市、舰队、港口，以及那些导致人生中的多样性而同时又保持人生中的一致性的所有其他的一切行动与对象。

假如有一个从辽远的国家回来的旅行家对我们说，他在北纬五十度地方见到一个地带，一切水果都是在冬季成熟，夏季枯萎，正像它们在相反的季节里在英国结实和枯萎一样：那么他将找不到几个会轻易相信他的人。一个旅行家如果向我们报道说，有一个民族与柏拉图的《理想国》中的人民的性格恰好是一样的，或是与霍布士的《利维坦》中的人民的性格恰好是一样的，我想他也不会被人相信的。在人类的行动中，正像在太阳和气候

第三章 论意志与直接情感

的运行中一样，有一个一般的自然规程。有些性格是不同的民族和特殊的个人所特有的，正如有些性格是人类所共有的一样。我们关于这些性格的知识是建立在我们对于由这些性格发出的各种行为的一致性所作的观察上面的；这种一致性就构成了必然性的本质。

我所能想到躲避这个论证的惟一方法，就是否认这个论证所依据的人类行为的一致性。只要各种行为和行为者的境况和性情有一种恒常的结合和联系，那么我们不论如何在口头上不承认必然性，而在事实上就承认这回事了。有人或许会找到一个借口，来否认这个有规则的结合和联系。因为，人类的行为不是最为捉摸不定的么？还有什么比人类的欲望更为变化无常的呢？还有什么动物比人类不但更为违背正常理性，而且更为违背自己的性格和性情的呢？一个小时，一个刹那，就足以使他从一个极端变到另一个极端，就足以推翻他费了极大的辛苦和劳动才确定下来的事情。必然性是有规则的、确定的。人类的行为是不规则的、不确定的。因此，人类行为并不是由必然发生的。

对于这个说法，我答复说，在判断人类的行为时，我们必须依照我们对外界对象进行推理时所凭借的那些原理。当任何一些现象恒常而不变地结合在一起时，它们就在想象中获得了那样一种联系，以至使想象毫不犹疑地由一个现象转移到另一个现象。不过在此以下还有许多较低级的证据和概然性，而且单独一个相反的实验也不足以完全破坏我们的全部推理。心灵把各种相反的实验互相对消，从多数中减去少数，根据剩下的那种程度的信据或证据进行推理。即使当这些相反的实验的数目完全相等时,我们也不消除原因和必然的概念;我们仍然假设,这种通常的反对是由相反的、秘密的原因的作用而发生的,并且断言,所谓机会或中立性只是由于我们知识的缺陷而存在于判断中间,并不存在于事物自身,事物自身在任何情形下都是一律地必然的,虽然在现象上并不是一律地恒常的或确定的。没有任何一种结合比某些行为与某些动机和性格的结合更为恒常而确定的了;如果在其他情形下那种结合是不确定的,那也不超过于物体的活动方面所发生的情况,而且我们根据心灵活动的不规则性所推出的任何结论,没有一条不可以同样地根据物体活动的不规则性推出来的。

疯人们一般被认为是没有自由的。但是如果我们根据他们的行为加以判断,这些行为比理智清楚的人的行为有较小的规则性和恒常性,因而是较为远离于必然性的。因此,我们在这一点上的思想方式是绝对矛盾的,但它只是我们在自己的推理中(尤其是在现在这个问题上)通常所运用的这些糊涂的观念和含混的名词的自然结果。

现在我们必须表明,动机和行为之间的结合既然像任何一些自然活动的结合一样、具有同样的恒常性,所以它在决定我们由一项的存在推断另一项的存在方面对于知性的影响也是一样的。如果这一点显得是对的,那么凡是加入各种物质活动的联系和产生中的任何已知的条件,没有不可以在心灵的一切活动中发现出来的;因此,我们如果认为物质方面有必然性,而认为心灵方面没有必然性,那就不能不陷于明显的矛盾。

第三章 论意志与直接情感

没有一个哲学家的判断是那样地完全牢守在这个狂妄的自由体系上面，以至不承认人事证据的力量，并在思辨和实践方面依此进行，就像依据着一个合理的基础一样。但是所谓人事证据只是由于考虑了人的动机、性情和境况后、对人的行为所作的一个结论。例如，当我们看到某些字母或符号书写在纸上，我们就推断说，书写这些字母的人要肯定某些事实，如恺撒的死亡、奥古士都的成功、尼罗皇帝的残忍；当我们记起许多其他互相符合的证据时，我们就断言，那些事实曾有一度实际存在过，而且那么多的人，毫无任何利益，也不会联合了来欺骗我们；何况他们要作这种企图，就不得不亲身遭到他们所有的同时人的嘲笑，因为这些事实当时都被肯定为是新近发生的，每个人都知道的。同样的推理也贯穿于政治、战争、商业、经济中间，并且完全参与在人生中间，以至人类如果不采用这种推理，就一刻也不能行动或生存。一个国王在向他的臣民征税时，就预期他们的遵从。一个将军在率领军队作战时，就估计到他的军队有某种程度的勇气。一个商人指望他的代理人或货物管理人的忠实和技巧。一个人在吩咐开饭时，毫不怀疑他的仆人的服从。简而言之，既然没有事情比我们自己的和他人的行为更与我们那样密切相关，所以我们的绝大部分推理就都运用在对于这些行为的判断。现在我可以肯定说，谁要是以这个方式进行推理，他就在事实上相信意志的活动是由必然发生的；如果他否认这一点，他就自己也不知道自己的意义是什么。

我们所称为一因一果的一切那些对象，就其本身而论，都是互相分别、互相分离的，正如自然界中任何两个事物一样，而且我们即使极其精确地观察它们，也不能由这一个的存在推出另一个的存在。我们只是由于经验到、观察到两个事物的恒常结合，才能形成这种推断；就是这样，推断也只是习惯在想象上的结果。我们在这里必须不要满足于说，因果观念发生于恒常结合着的对象，而还必须肯定说，这个观念就是这些对象的观念，而且必然的联系不是被知性的结论所发现的，而只是心灵的一个知觉。因此，什么地方我们看到同样的结合，什么地方这种结合以同一方式影响信念和意见，我们就在那里有了原因和必然的观念，虽然我们也许可以避去不用这些表达方式。在我们所观察到的一切过去例子中，一个物体的运动总是经过撞击而跟着有另一个物体的运动的。心灵再不能进一步深入了。心灵由这个恒常的结合形成原因和结果的观念，并借这个观念的影响感觉到必然性。在我们所谓人事证据中既然有同样的恒常性、同样的影响，我就再不要求别的了。剩下的就只能是词语上的争执了。

的确，当我们考虑到自然的和人事的证据如何恰当地互相结合、而形成一个推理连锁时，我们将毫不迟疑地承认，两者是性质相同的，并且是由同一原则得来的。一个狱囚既无金钱，又无人情，他就不但会从环绕他的墙壁和铁栏，而且也会从狱吏的顽强性，发现他不可能逃跑；在他的一切逃跑的企图中，他宁可从事破坏石墙和铁栏，而不肯试图去转移狱吏的顽强的本性。这个狱囚在解赴刑场时，不但会由铁斧的挥动或绞轮的转动预见到他的死亡，而且也可以从他的监守者的坚定和忠实预见他的死亡。他的心灵循着一串的观念活动：士兵们的不允许他逃脱,行刑人的动作,身首的分离,流血、抽搐和死亡。这里,自然原因和有意的行动形成了一个关联的连锁;但是心灵在由一个环节过渡到另一个环节时,并不感到任何差异;心灵确信那个将来的结果,就像它被我们所谓物理的必然所结合起来的一串原因把它和现在的记忆印象和感官印象联系起来一样。同样的被经验过的结合在心灵上有同样的效果,不论那些被结合的对象是动机、意志和行为,还是形状和运动。我们可以改变事物的名称,但是事物的本性和它们对知性的作用却永不改变。

我敢肯定地说,任何人只有借着改变我的定义,只有借着给予原因、结果、自由和机会等名词以不同的意义,才可以企图驳倒这些推理。依照我的定义来说,必然性构成因果关系的一个必要部分;因而自由既是消除了必然,也就消除了原因,而与机会是一回事了。机会一般被认为涵摄一个矛盾,至少是和经验直接相反的,所以关于自由或自由意志也总是有同样反驳的论证。如果任何人改变了定义,那么除非我知道了他对这些名词所下的定义,否则,我就无法同他进行辩论。

第二节　论自由与必然(续)

我相信,我们可以给自由学说的流行提出下面三个理由,虽然这个学说不论在任何一个意义下都是荒谬和不可理解的。第一,当我们已经完成任何一种行动以后,虽然我们承认自己是被某些特殊观点和动机所影响,可是我们难以说服自己是被必然所支配的,是完全不可能作出另外一种行为的;必然观念似乎涵摄我们所知觉不到的某种力量、暴力和强制。很少有人能够区别自发的自由(如经院中所称)和中立的自由。很少有人能够区别与暴力对立的自由和意味着必然与原因的否定的那种自由。第一种意义甚至是这个名词的最常见的含义；我们所注意保存的既然只有那种自由，所以我们的思想主要就转向了它，而几乎普遍地把它与另一种自由混淆了。

第二，甚至关于中立的自由，人们也有一种虚妄的感觉或经验，并把它作为自由真正存在的论证。不论是物质的或心灵的任何活动的必然性，严格地说，并不是主动因的一种性质，而是可以思考那种活动的任何有思想的或有理智的存在者的性质，并且就是人的思想由先前对象来推断那种活动的存在的一种确定的倾向；正像在另一方面，自由或机会只是那种确定倾向的不存在，只是我们感觉到的一种漠然，可以随意由一个对象的观念转到或不转到另一个对象的观念。现在我们可以说，在反省人类行为时，我们虽然很少感到那样一种漠然或中立，可是通常有这种事情发生就是在完成那些行为本身时，我们感觉到与此类似的某种状况：一切相关的或类似的对象既然都容易被互相混同，所以人们就以这一点作为关于人类自由的一种理证的证明，甚至作为一种直观的证明。我们感觉到，在多数场合下，我们的行动受我们意志的支配，并想象自己感觉到意志自身不受任何事物支配；因为当人们否认这点、因而我们被挑激起来亲自试验时，我们就感觉到意志容易地在每一方面活动，甚至在它原来不曾定下来的那一面产生了自己的意象。我们自己相信，这个意象或微弱的运动，原来可以成为事实自身；因为如果否认这一点，则我们在第二次试验时会发现它能够如此。但是所有这些努力都是无效的；不论我们所能完成的行为是怎样任意和不规则,由于证明我们自由的欲望是我们行动的惟一动机,所以我们就永远不能摆脱必然的束缚。我们可以想象自己感觉到自己内心有一种自由；但是一个旁观者通常能够从我们的动机和性格推断我们的行动；即使在他推断不出来的时候,他也一般地断言说,假如他完全熟悉了我们的处境和性情的每个情节,以及我们的天性和心情的最秘密的动力,他就可以作出这样的推断。而依照前面的学说来说,这正是必然的本质。

自由学说所以比它的相反的学说更被世人所欢迎的第三个理由,乃是根据于宗教,宗教对这个问题很不必要地感到关心。在哲学辩论中,人们借口一个假设对宗教和道德有危险的结果,而就力图加以驳斥；这是一个最通常的、但也是最可以责备的推理方法。当任何一个意见使我们陷于谬误时,这个意见确实是虚妄的；但是一个意见如果有危险的结果,并不因此一定就是虚妄的。因此,这一类论题应当完全放弃,因为它无助于真理的发现,徒然使反对者的人格成为可憎而已。我这些话只是泛论,并不想由此求得任何便利。我愿意坦然地接受这样一种考察,并且敢说,必然学说,根据我的解释,不但丝毫无罪,并且甚至是有益于宗教和道德的。

我依照原因的两个定义,给必然下两个定义,因为必然性正是原因的一个要素。我将必然性或者是放在几个相似对象的恒常联合和结合中,或者是置于心灵由一个对象至另一个对象的推断中。这两种意义下的必然性不论在经院中、在教坛上和在日常生活中,都被普遍地承认(虽然是默认的)为属于人类意志的,而且没有人曾经妄图否认,我们关于人类的行为能够作出一些推断,而且那些推断是建立在人们所经验过的相似行为与相似动机和情况的结合上的。任何人所能与我意见分歧的惟一之点就是:或者是他也许不把它称为必然,但是只要词义明白,我希望名词不会有什么害处;或者是他主张在物质的活动中另有一种其他的东西。不管它是否如此,这个说法对自然哲学不论有什么结果,但对宗教是无关紧要的。当我说、我们并无物体活动中任何其他联系的观念时,我也许是错了,而且如果有人能够在这点上给我进一步的指教,我是很高兴的;不过我确信,我所归之于心灵活动的东西,都是人们必然会立刻加以承认的。因此,希望不要有人对我的话作恶意的解释,断章取义地说:我主张人类行为的必然性,并把人类行为与无知物质的活动放在同一地位上。我并不认为意志具有人们假设物质中存在的那种不可理解的必然性。我却是认为物质具有最严格的正宗信仰所承认或必然承认为属于意志的那种可以理解的性质,不论你是否称之为必然。因此,我并不是在意志方面,而只是在物质的对象方面,对传统体系的说法有所改变。

不但如此,我还要进一步说,这种必然对于宗教和道德都是那样重要的,如果没有这种必然,结果一定会把两者都完全推翻,而且其他各种假设都会彻底破坏一切神的和人的法律。人的一切法律既然建立在奖赏和惩罚之上,所以这里确实是假定了一个基本原则,就是:这些赏罚的动机都对心灵有一种影响,具有产生善行、防止恶行的作用。我们可以给予这个影响以任何的名称,不过这种影响既然通常与行为结合在一起,所以依照常识来说,它就应当被认为是一个原因,应当被看作我所要建立的那种必然性的一个例子。

如果把神当作一位立法者,并假设他根据要求人们服从的意图进行赏罚,那么上述推理在应用于神的法律上时,也是同样坚实的。不过我还主张,甚至当他不以他的主宰身份行事、而被看作只是因为罪行的丑恶可憎而是一个罪行的报复者时:如果人类行为中没有因果的必然联系,那么不但所加的惩罚不可能合乎正义和道德上的公平,而且任何有理性的存在者也不可能会想到要加罚于人。憎恨或愤怒的恒常的和普遍的对象,是赋有思想和意识的一个人或动物;当任何罪恶的或侵害的行为刺激起那种憎恨情感来时,那只是因为那些行为和那个人有一种关联。但是依照自由或机会学说来说,这种关联就变得不存在了,而且人对于那些有意图的、预谋的行为,也像对于偶发的、偶然的行为一样,不负有任何责任了。行为就其本性来说是短暂的、易逝的,如果这些行为不是发生于作出这些行为的人的性格和性情中的某种原因,就不能固定在他的身上,如果是善行,也不能给予他光荣,如果是恶行,也不能给予他丑名。行为本身也许是可以责备的,它可能是违反道德和宗教的一切的规则,不过那个人对它并不负责;行为既然不是发生于他的性格中任何持久的或恒常的性质,并且在事后也不留下这一种性质的痕迹,所以他就不可能因此成为惩罚或报复的对象。因此,依照自由的假设来说,一个人在犯了极恶的罪行以后,就像他在刚出生时一样的纯洁无污,而且他的性格也和他的行为丝毫无关;因为他的行为并不由他的性格发生,因而行为的恶劣绝不能作为性格败坏的证明。只有根据必然原则，一个人才会由于他的行为而有功过，不论一般的意见怎样倾向于相反的说法。

不过人们是那样地自相矛盾，以致他们虽然常常说，必然性完全消灭了一切对于人类或神的功过，可是他们在有关这个问题的一切判断中仍然继续依据这些必然原则本身进行推理。人们由于无知或偶然而作出的那些恶行，无论有什么样的结果，他们都不因此而受到责备。为什么呢？那只是因为这些行为的原因是短暂的，并且是终止于这些行为的本身。人们由于仓促地、未经预谋而作出的恶行，比起由于通过深思熟虑而作出的恶行，受到较少的责备。为什么呢？那只是因为急躁的性情虽然是心灵中恒常的原因，可是它只是间歇地发作，并不玷污整个的性格。其次，悔改也消除各种罪行，尤其是在悔改以后，生活和举动方面有了明显的改善。这又该如何说明呢？我们只能说，行为所以使一个人成为罪恶的，只是因为行为是心灵中罪恶的情感或原则的证明；当这些原则有了任何改变、以致行为不再是正确的证明时，行为就也不再是罪恶的了。但是依照自由或机会学说来说，行为永不能是正确的证明，因而也永远不是罪恶的。

因此，我在这里转向我的论敌，希望他使他自己的体系摆脱这些可憎的结果，然后再用它们来责难别人。如果他认为，这个问题应该在哲学家们面前通过公正的论证来加以决定，而不可以通过在人民面前的雄辩，那么就让他回到我前面在证明自由和机会是同义词时所举出的论证上，并回到我关于人事证据的本性和人类行为的规则性所提出的论证上。在回顾这些推理时，我确信得到了完全的胜利；因此，我既已证明、意志的所有这些活动都有特殊的原因，我现在就要进而说明这些原因是什么，并且它们是如何活动的。

第三节 论影响意志的各种动机

在哲学中，甚至在日常生活中，最常见的事情就是谈论理性和情感的斗争，就是重视理性，并且说，人类只有在遵循理性的命令的范围内，才是善良的。人们说，每一个理性动物都必须根据理性来调整他的行为；如果有任何其他动机或原则要求指导他的行为，他应该加以反对，一直要把它完全制服，或者至少要使它符合于那个较高的原则。古今精神哲学的大部分似乎都建立在这个思想方法上；而且不论在形而上学的辩论中，或是在通俗的讲演中，都没有比这个所谓理性超过于情感的优越性成为更加广阔的争论园地。理性的永恒性、不变性和它的神圣的来源，已经被人渲染得淋漓尽致；情感的盲目性、变幻性和欺骗性，也同样地受到了极度的强调。为了指出一切这种哲学的谬误起见，我将力求证明，第一，理性单独决不能成为任何意志活动的动机，第二，理性在指导意志方面并不能反对情感。

知性或是依照理证来行判断，或是依照概然推断来行判断，所以它的作用有两个方式：在一方面知性所考虑的是我们观念的抽象关系，在另一方面它所考虑的是仅仅为经验所报告于我们的那些对象的关系。我相信，很少有人会说，单是第一种推理可以成为任何行为的原因。第一种推理的确当的范围既然是观念世界，而且意志既然永远把我们置于现实世界中，所以理证和意志因此就似乎是完全互相远隔的。数学在一切机械运动中，算术在每一种技艺和行业中,的确都是有用的;不过并不是数学和算术本身有任何影响。力学是依照某种预定的目的或目标调整物体运动的技术;而我们所以要用算术来确定数的比例,只是为了我们可以借此发现出数的影响和作用的各种比例。一个商人想知道他和任何人的账目的总额;为什么呢？只是为了想知道,多大的总数才可以有偿还债务并到市场购货(合计全部货物在内)的那个结果。因此,抽象的或理证的推理,只有在它指导我们有关因果的判断的范围内,才能影响我们的任何行动;这就把我们引到了知性的第二种活动。

显而易见,当我们预料到任何一个对象所可给予的痛苦或快乐时,我们就随着感到一种厌恶或爱好的情绪,并且被推动了要去避免引起不快的东西,而接受引起愉快的东西。同样显然的是：这个情绪并不停止在这里,而要使我们的观点转到各个方面,把一切通过因果关系与原始对象有关的一切对象都包括无余。这里就有推理发生,以便发现这种关系;随着我们的推理发生变化,我们的行为也因此发生变化。但是显然,在这种情形下,冲动不是起于理性,而只是受着理性的指导。我们由于预料到痛苦或快乐,才对任何对象发生厌恶或爱好;这些情绪就扩展到由理性和经验所指出的那个对象的原因和结果。如果我们对原因和结果都是漠不关心,我们就丝毫不会关心去认识某些对象是原因,某些对象是结果。对象本身如果不影响我们,它们的联系也不能使它们有任何影响;而理性既然只在于发现这种联系,所以对象显然就不能借理性来影响我们。

单是理性既然不足以产生任何行为,或是引起意志作用,所

第三章　论意志与直接情感

以我就推断说,这个官能〔理性〕同样也不能制止意志作用,或与任何情感或情绪争夺优先权。这个结论是必然的。理性若非朝着相反的方向给予我们的情感以一种冲动,它就不可能产生后面这种制止意志作用的效果;可是如果那种冲动单独活动,本来就能够产生意志作用的。除了相反的冲动而外,没有东西能反对或阻挡情感的冲动;这种相反的冲动如果真是发生于理性,那么理性对于意志必然有一种原始的影响,并且必然能够引起和阻止任何意志的作用。但是理性如果没有那种原始的影响,它便不能抵拒具有那样一种效能的任何原则,或使心灵略有片刻的犹疑。由此可见,反对我们情感的那个原则不能就是理性,而只是在不恰当的意义下被称为理性。当我们谈到情感和理性的斗争时,我们的说法是不严格的、非哲学的。理性是并且也应该是情感的奴隶,除了服务和服从情感之外,再不能有任何其他的职务。由于这个意见看来也许有些离奇,我们如果通过其他一些考虑来加以证实,也许不是不适当的。

情感是一种原始的存在,或者也可以说是存在的一个变异,并不包含有任何表象的性质,使它成为其他任何存在物或变异的一个复本。当我饥饿时,我现实地具有那样一种情感,而且在那种情绪中并不比当我在口渴、疾病或是五英尺多高时和其他任何对象有更多的联系。因此,这个情感不能被真理和理性所反对,或者与之相矛盾,因为这种矛盾的含义就是:作为复本的观念和它们所表象的那些对象不相符合。

在这个问题方面,首先可能出现的一点就是:既然只有联系真理或理性的东西才能违反真理或理性,而且只有我们知性的判断才有这种联系，所以必然的结论就是：情感只有在伴有某种判断或意见的范围内，才能违反理性。依照这个原则来说（这个原则是那样地明显而自然的），任何感情只有在两种意义下可以称为不合理的。第一，当不存在的对象被假设为存在时，那么在这个假设上建立的情感（如希望或恐惧、悲伤或喜悦、绝望或安心）是不合理的。第二，当我们将任何情感发挥为行动时，我们所选择的方法不足以达到预定的目的，我们在因果判断方面发生了错误，这时那个情感可以说是不合理的。当一个情感既不建立在虚妄的假设上、也没有选择达不到目的的手段时，知性就不能加以辩护或谴责。人如果宁愿毁灭全世界而不肯伤害自己一个指头，那并不是违反理性。如果为了防止一个印第安人或与我是完全陌生的人的些小不快，我宁愿毁灭自己，那也不是违反理性。我如果选择我所认为较小的福利而舍去较大的福利；并且对于前者比对于后者有一种更为热烈的爱好，那也同样不是违反理性。一种微细的福利由于某种情况，可以比最大而最有价值的快乐产生一种更高一级的欲望；这一点也没有什么离奇之处，这正像我们在力学中看到一磅重的东西由于占着有利的位置举起一百磅重的东西来一样。简而言之，一种情感必然要伴有某种虚妄的判断，然后才可以说是不合理的；甚至在这时候，确当地说，不合理的也不是情感，而是判断。

　　结果是明显的。一种情感既然只有在建立于一个虚妄的假设上，或者在它选择了不足以达到预定的目的的手段时，才可以称为不合理的，而永不能在其他任何意义下称为不合理的，所以理性和情感永远不能互相对立，或是争夺对于意志和行为的统治权。我们一看到任何假设的虚妄,一看到我们手段的不足够,我们的情感便毫无反抗地服从于我们的理性。我也许认为某种水果有美味,因而对它产生了欲望,但是你一旦提醒了我的错误,我的欲望就停止了。我或许要完成某些行为,作为获得我所欲望的福利的一种手段,但是由于我对这些行为的意愿只是次生的,并且是建立在"它们是所欲望的效果的原因"这个假设上的;所以当我一发现那个假设的虚妄时,我对那些行为就漠不关心了。

任何不以严格的哲学眼光考察对象的人,自然会想象,那些不产生不同的感觉、并且不能为感觉和知觉所直接区别的心灵活动都是完全同一的。例如,理性的作用并不产生任何明显的情绪,除了在较为玄妙的哲学研究中以外,除了经院中的烦琐的精究以外,很少传来任何快乐或不快。因此,就有这种事情发生:即一切以同样平静和稳定状态进行的任何心理活动,就被那些单从最初的观察和现象判断事物的人们与理性混淆起来了。确实,有些平静的欲望和倾向,虽是实在的情感,可是它们在心灵中却产生很少的情绪,而且多半是由它们的效果被人认知,而不是由它们的直接的感觉被人认知的。这些欲望有两种:一种是我们天性中原来赋有的某些本能,如慈善和愤恨、对生命的爱恋和对儿女的怜惜;一种是对于抽象地被思考的福利的一般欲望和对于抽象地被思考的祸害的一般厌恶。当这些情感中的任何一种处于平静状态、在灵魂中不引起纷乱的时候,这些情感便很容易地被认为是理性的决定,并被假设为也是发生于判断真伪的同一个的官能。两者的本性和原则就被假设为同一的,因为它们的感觉并没有明显的差异。

除了常常决定意志的这些平静情感以外,还有某些与此同类的猛烈情绪,对于那个官能同样也有一种巨大的影响。当我受了别人的任何侵害时,我往往感到一种猛烈的愤恨情感,使我希望他遭到祸害和惩罚,完全不考虑到我的快乐和利益。当我在大祸临头时,我的恐惧、不安和厌恶就达到了极大的高度,而产生一种明显的情绪。

形而上学家们的一般错误就在于:他们只认为这些原则之一可以指导意志,而假设另外一种原则没有任何影响。人们往往有意地作出违背自己利益的行为;因为这个缘故,所以最大可能的福利的观点并不永远影响他们。人们也往往抑制猛烈的情感,以达到自己的利益和意图;因此,也并不单单是现在的不快决定他们的行为。我们可以概括地说,这两个原则对意志都起作用,而当它们是相反的时候,两者之一就根据那个人的一般的性格和现前的心情而占到优势。我们所谓心志坚强的含义,就是指平静情感对于猛烈情感的优势;虽然我们很容易观察到,没有人能够经常具有这种德性,以致在任何情形下永远不服从情感和欲望的要求。由于性情有这些变化,所以在动机和情感互相反对时,就很难断定人类的行为和决心。

第四节 论猛烈情感的原因

关于平静情感与猛烈情感的不同的原因和结果的这个题目,是哲学中最细致的一个思辨题目。显而易见,情感对于意志的影响,并不是和它们的猛烈程度或和它们所引起的性情的混

第三章 论意志与直接情感

乱程度成比例的；正相反，当一个情感已经成为一个确定的行为原则，并且是灵魂的主导倾向时，它通常就不再产生任何明显的激动。重复的习惯和那个情感自己的力量既然已经使一切都屈服于它〔情感〕，所以这种情感在指导行动和行为时，就不再遭受到每一种暂时发作的情感所自然地引起的那种反对和情绪。因此，我们必须区别平静的情感与微弱的情感，区别猛烈的情感与强劲的情感。虽然如此，可是当我们想支配一个人而怂恿他从事任何行动时，较好的办法通常是鼓动他的猛烈的情感，而不是鼓动他的平静的情感，宁可借着其偏向来支配他，而不借着世俗所谓的理性来支配他。我们应该把对象放在足以增加情感的猛烈程度的那样一种特殊情况下。因为我们可以说，一切都依靠于对象的情况，这一方面如有变化，就会使平静情感与猛烈情感互相转化。这两类情感都是趋福避祸；两者都随着祸福的增减而增减的。但是在这里，两者之间有一种差别：同一种福利在接近时会引起一种猛烈的情感，而在远隔时却只产生一种平静的情感。这个题目既然恰好属于现在这个关于意志的问题，那么我们在这里将彻底加以考察，并且考究使情感成为平静的或猛烈的那些对象的某些条件和情况。

人性中有一个可以注目的特性，就是：伴随着一种情感的任何情绪，都容易转变成那种情感，虽然就其本性而论，两者原来是互相差异的，甚至是互相反对的。诚然，为了造成各个情感间的完全结合，需要印象和观念的双重关系；单有一种关系还不足以达成那个目的。不过这一点虽然被明显无疑的经验加以证实，可是我们仍然必须了解它的应有的限制，并且必须认为这个双重关系只是为了使一种情感产生另一种情感,才是需要的。当两种情感已经被它们各别的原因产生出来、而都存在于心中时,它们就很容易地互相混合和结合;它们之间只有一种关系,有时甚至没有关系。主导的情感吞没了微弱的情感,把它转变成自己。精神一旦被刺激起来以后,就容易接受一种方向上的变化;我们很自然地想象这种变化将由优势的感情方面得来。任何两个情感之间的联系,在许多方面要比任何情感与漠然状态之间的联系更为密切一些。

一个人一旦处于热恋之中,他的情人的一些小的过错和任性,恋爱中容易发生的嫉妒和争吵,虽然都是不愉快的,并且与愤怒和憎恨是关联着的,可是却被发现为给予优势的情感一种附加的力量。政治家们想以一种事实告诉任何人、以便使他大受激动时,他们常用的手段就是先刺激起他的好奇心来,尽量迟延不予满足,借此使他的渴望和焦急达到了顶点,然后才使他彻底知道事情的底细。他们知道,他的好奇心会使他堕入他们所想要激起的那种情感中间,并帮助那个对象来影响心灵。一个走向战场的士兵在想起他的朋友和战友们时,自然就被勇气和信心鼓舞起来;而当他想到敌人时,他就会受到恐惧和恐怖的袭击。因此,从前者所发生的任何新的情绪,都自然而然地增加勇气,正如由后者所发生的同样的情绪都会增加恐惧一样。这种情形的发生是由于观念关系和低弱的情绪转变为优势的情感的缘故。因此,在军事训练中,制服的统一和辉煌,姿态和动作的整齐,以及军容的威武和庄严,都给我们和盟军增加勇气;而同样的对象若出现于敌人方面,就引起我们的恐惧,虽然它们本身

第三章　论意志与直接情感

是令人愉快而美观的。

情感虽然是各自独立的，而当它们同时存在时，就会自然地互相融合；因此，当福或祸被置于那样一种情况之下，以致除了直接的欲望情感或厌恶情感之外，还引起了任何特殊的情绪，那么欲望情感或厌恶情感必然获得新的力量和猛烈程度。

除了其他的情况以外，任何对象在刺激起相反的情感来时，就有这种情形发生。因为我们可以观察到，两种情感的对立通常在精神中产生一种新的情绪，而且比势力均等的任何两个感情的并发能够产生更大的纷乱。这种新的情绪很容易地转化为那个主导的情感，而把它的猛力增加到超过那种情感在不遇抵抗时所能达到的程度。因此，我们自然而然地希望得到被禁止的东西，并且仅仅因为某些行为是不合法的而喜欢去做它们。义务概念在和情感相反时，很少能够克服情感；而且当这个概念产生不出那个效果来时，它就反而在我们的动机和原则之间产生了一种对立，因而增强了那些情感。

不论那种对立情况发生于内在的动机或外在的阻碍，都有同样的效果。在两种情形下，情感通常都获得新的力量和猛力。心灵克服障碍所作的努力刺激起了精神，并使情感活跃起来。

不定心理也和对立有同样的影响。思想的激动，它由一个观点到另一个观点的迅速的转变，随着各种观点而接续出现的各种情感；所有这些情况都在心中产生一种激动，并且合并于主导的情感中。

在我看来，安心所以减弱人的情感，没有任何其他自然的原因，而只是因为安心消除了增加情感的那种不定心理。心灵处于自在的状态中时,就立刻萎靡下去;为了要保持它的热忱,必须时时刻刻有一个新的情感之流予以支持。由于同样理由,绝望虽然与安心相反,也有同样的影响。

最有力地刺激起任何感情来的方法,确实就是把它的对象投入一种阴影中、而隐藏其一部分,那个阴影一面显露出足够的部分来,使我们喜欢那个对象,同时却给想象留下某种活动的余地。除了模糊现象总是伴有一种不定之感以外,想象在补足这个观念方面所作的努力,刺激起了精神,因而给情感增添了一种附加的力量。

绝望和安心虽然是相反的,却产生了同样的效果;别离被观察到有两种相反的效果,它在不同的情况下,或者是增强情感,或者是减弱情感。拉罗希福科公爵(Duc de la Rouchefoucault)[译注]说得好:别离消灭微弱的情感,却增强强烈的情感;正如大风虽能吹灭蜡烛,却会吹旺一堆大火。长期别离自然地减弱我们的观念,削弱我们的情感;但是在观念强烈生动、足以支持自己的时候,由别离而生起的不快反而会增强情感,给予情感以新的力量和猛力。

〔译注〕 拉罗希福科(1613—1680),巴黎人,著有回忆录,道德准则。

第五节　论习惯的效果

但是在增减我们情感、化乐为苦和化苦为乐这些方面,再没有东西比习惯和重复有更大的效果。习惯对于心灵有两种原始的效果,一种是使任何行为的完成或对任何对象的想象顺利无阻,一种是以后使它对于这种行为或对象有一种趋向或倾向,我

第三章 论意志与直接情感

们根据这些效果,就可以说明习惯的所有其他效果,不论它们是如何奇特的。

当灵魂致力去完成它所不熟悉的任何行为或想象它所不熟习的任何对象时,各种官能就有某种倔强性,而且精神在新的方向中运动时,也有些困难。由于这种困难刺激起精神,所以就成了惊异、惊讶、和由新奇而产生的一切情绪的来源;而且它本身是很令人愉快的,正如把心灵活跃到某种适当程度的每种事物一样。但是惊异虽然本身是令人愉快的,可是因为它把精神激动起来,所以它就不但增强我们的愉快感情,而且也增强我们的痛苦感情,这是符合于前述的原则的,就是:凡先行于或伴随着一个情感的每一种情绪都容易转变成那种情感。因此,每一种新的事物都是最能感动人的,并且给予我们以比它(严格地说)原来所能引起的苦、乐更大的苦、乐。当这个东西一再向我们返回来时,新奇性就逐渐消逝了,情感低落下去,精神的激动已经过去,我们就较为平静地观察那些对象了。

重复作用逐渐地产生了一种顺利之感。顺利是心灵中另外一个非常有力的原则,并且是快乐的一个必然的来源,如果顺利不超过一定程度以外。这里可以注意的是:由新奇而来的快乐,不但有增强苦感的倾向,而且还有增强快感的倾向,而由适当程度的顺利所发生的快乐则没有这种倾向。顺利所给予的快乐并不在于精神的激动,而在于精神的顺畅的活动;这种活动有时会成为非常有力,以至把痛苦转变为快乐,并且在相当时候以后使我们对原来是极为生硬、令人不快的事物感到一种兴趣。

但是还有一点:顺利虽然把痛苦转化为快乐,可是当顺利程度太大,使心灵的活动变得微弱无力、不足以再使心灵继续感到兴趣并提起精神来时,它就把快乐转变为痛苦了。的确,只有自然地伴有某种情绪或情感的对象,才会因为过多的重复,以致那种情绪或情感消失去了,其他任何对象却很少会由于习惯而变得令人不快的。云、天、树、石,不论如何重复出现,一个人在思考它们时,永远不会发生厌恶。但是当女性、音乐、宴会或本来应该是愉快的任何东西,变得淡漠起来时,就容易产生相反的感情。

但是习惯不但使人顺利完成任何行为,而且还使人有完成那种行为的倾向和趋向,如果那种行为并不是完全令人不愉快的,同时也决不能成为倾向的对象的。依照一位已故的卓越哲学家的说法,这就是习惯所以增强一切积极习性,而减弱消极习性的理由所在。顺利的习惯由于使精神的活动成为微弱无力,因而消除了消极习性的势力。但是在积极习性中,由于精神足以充分地维持自己,所以心灵的倾向就使精神增添新的势力,促使精神更有力地倾向于那种行动。

第六节 论想象对情感的影响

想象和感情有一种密切的结合,任何影响想象的东西,对感情总不能是完全无关的:这一点是可以注意的。每当我们的祸福观念获得一种新的活泼性时,情感就变得更加猛烈,并且随着想象的各种变化而变化。这种情形是否由于上述"任何伴随的情绪都容易转入于主导的情感"的那个原则而来,我将不加断定。我们有许多例子可以证实想象对情感的这种影响,这对于我现在的目的来说，就已经够了。

我们所熟悉的任何快乐，比起我们虽认为是高一级的、但完全不知其本性的其他任何快乐来，更能影响我们。对于前者，我们能够形成一个具体而确定的观念；对于后者，我们只是在一般的快乐概念下加以想象；我们的任何观念越是一般的和普遍的，它对想象的影响便一定就越小。一个一般观念，虽然只是在某种观点下被考虑的一个特殊观念，可是通常是较为模糊的；这是因为我们用以表象一个一般观念的特殊观念，永不是固定的或确定的，而是容易被其他同样地能够加以表象的特殊观念所代替的。

希腊史中有一段著名的史实，可以说明我们现在的目的。泰米托克里斯（Themistocles）[译注]向雅典人说，他拟就一个计划，那个计划对公众非常有利，但是他如果把这个计划告诉他们，那就必然要破坏那个计划的执行，因为那个计划的成功完全依靠于它的秘密执行。雅典人不授予他以便宜行事的全权，而却命令他把他的计划告诉阿雷司提狄斯（Aristides），他们完全信赖阿雷司提狄斯的机智，并且决心盲目地遵从他的意见。泰米托克里斯的计划是秘密地纵火烧毁结集在邻港中的希腊各邦全部舰队，这个舰队一经消灭，就会使雅典人称霸海上，没有敌手。阿雷司提狄斯返回大会，并对他们说，泰米托克里斯的计划是最为有利的，但同时也是最为不义的；人民一听这话就一致否决了那个计划。

一位已故的著名历史家①非常赞美古史中的这一段史实，

---

① 罗林先生。

以为是极少遇到的一段独特的记载。他说,这里,他们不是哲学家,哲学家们是容易在他们的学院中确立最精美的准则和最崇高的道德规则,并且断定利益是不应该先于正义的。这里是全体人民对于向他们所提出的提议都感到关心,他们认为那个提议对于公益有重大的关系,可是他们却仅仅由于它违反正义而毫不迟疑地一致予以否决了。在我看来,我看不到雅典人这次举动有什么奇特之点。使哲学家们易于建立这些崇高准则的那些理由,同样也趋向于部分地减少了希腊人那种行为的美德。哲学家们从不在利益与正直之间有所权衡,因为他们的判断是一般的,他们的情感和想象都不关心于对象。在现在的情形下,利益虽然对雅典人是直接的,可是因为它只是在一般的利益概念下被认知的,而并不借着任何特殊的观念被想到的,所以这种利益对于他们想象的影响必然没有那么大,因而也不会成为那么猛烈的诱惑,就像他们先已知道它的一切情况时那样。否则我们难以设想,那样一批正像人们通常那样地是不公正而暴烈的全体人民如何竟会一致坚持正义,而抛弃任何重大的利益。

任何新近享受而记忆犹新的快乐,比起痕迹凋残、几乎消灭的另外一种快乐,在意志上的作用要较为猛烈。这种情形的发生,岂不是因为在第一种情形下,记忆帮助想象,并给予它的概念一种附加的强力和活力么?关于过去快乐的意象如果是强烈和猛烈的,它就把这些性质加于将来的快乐观念上,因为将来的快乐是由类似关系与过去的快乐联系起来的。

一个适合于我们生活方式的快乐比起对我们的生活方式是陌生的快乐来,更能刺激起我们的欲望和爱好。这个现象可以由同一原则加以说明。

最能把任何情感灌注于心灵中的,就是雄辩,雄辩能够以最强烈的和最生动的色彩把对象表象出来。我们自己也可以承认那样一个对象是有价值的,那样一个对象是可憎的;但是在一位演说家刺激起想象、并给这些观念增添力量之前,这些观念对于意志或感情也许只有一种微弱的影响。

但是雄辩并非总是必需的。别人的单纯意见,尤其是在情感增添它的势力时,会使一个关于祸福的观念对我们发生影响,那种影响在其他情形下是会完全被忽略掉的。这是发生于同情或传导原则;而同情正如我前面所说,只是一个观念借想象之力向一个印象的转化。

值得注意的是:生动的情感通常伴随着生动的想象。在这一方面,正像在其他方面一样,情感的力量一方面决定于对象的本性或情况,一方面也决定于人的性情。

我已经说过,信念只是与现前印象相关的生动的观念。这种活跃性对于刺激我们的全部情感,不论平静的或猛烈的,都是一个必要的条件;至于想象的单纯虚构,则对于两者并没有任何重大影响。虚构过于微弱,不能把握心灵,或引起任何情绪。

〔译注〕 泰米托克里斯(公元前525—前459)是雅典将领兼政治家。

第七节 论空间和时间的接近和远隔

我们很容易举出理由说明,为什么与我们接近的每一种事物(不论是空间上接近或时间上接近),都以一种特殊的强力和活泼性被人想象,并且它对想象的影响超过了其他任何对象。

我们的自我是密切地呈现于我们的,而且凡与自我有关系的任何东西都分享着那种性质。不过一个对象如果是那样远隔,以至失掉了这种关系的优势,那么为什么它越是再远隔一些,它的观念还会变得越是微弱而模糊呢?这一点或许需要一种较为详细的考察。

显而易见,想象永远不能够完全忘记我们存在其中的空间点和时间点;想象总是由情感和感官得到关于时空点的那些经常的报道,以致想象不论如何把它的注意转向外面的、远隔的对象,它在每时每刻都要被迫来反省现在。还有可以注意的一点是,在想象我们所认为实在的、存在的对象时,我们总是在其应有的秩序和位置下来考虑它们,从来不由一个对象跳到与之远隔的其他一个对象,而总要经历位于它们中间的全部那些对象,至少是要粗略地加以检视。因此,当我们反省与我们远隔的任何对象时,我们不但先要经历位于我们和那个对象之间的一切对象,然后再达到那个对象,而且每一刹那都得重复那个过程,因为我们每一刹那都被召唤回来考虑自己和自己的现前情况。我们很容易设想,这种间断必然把观念削弱,因为它打断心灵的活动,而且使想象不能那样紧张连续,一如在我们反省一个近处的对象时那样。在我们要达到一个对象时,所走的步子越少,而且路途也越是平坦,这种活跃性的减低便越不会那样明显地被感觉到,但是随着距离和困难的程度仍然会或多或少地被观察到。

因此,这里我们要考究远近两类对象;接近的对象借着它们与我们的关系,就在其强力和活泼性方面接近于印象;远隔的对象,由于我们想象它们的方式有了间断,出现在较为微弱、较为

第三章　论意志与直接情感

不完全的观点之下。这就是这些对象在想象上的作用。如果我的推理是正确的,它们在意志和情感上也一定有一种与此成比例的效果。接近的对象比远隔的对象必然有大得很多的影响。因此,我们发现在日常生活中人们所主要关心的是那些在空间和时间上与他们不很远隔的对象,他们只享受现在,而将远隔的对象留给机会和命运来照管。你如果向一个人讲他三十年以后的状况,他将不理睬你。你要是和他谈明天将发生的事情,他就会注意倾听。家中摔破一面镜子,比千百里外一所房子着了火,更能引起我们的关切。

还有一点:空间和时间两方面的远隔虽然在想象上、并因而在意志和情感上有重大的效果,可是远隔的效果在空间上比在时间上要小得多。二十年的时间比起历史,甚至比起某些人记忆所及的时间来,确实只是一段很短的时间距离,可是我怀疑,三千里之远或者地球上所能有的最大距离,是否能够像在前一种情形下那样显著地减弱我们的观念,减低我们的情感。一个西印度商人会告诉你说,他对于牙买加发生的事情相当关心;可是很少有人展望到遥远的将来,以至害怕很远的未来事件。

这个现象的原因显然一定是在于空间和时间的不同的特性。任何人无需求助于形而上学,就容易观察到空间或广袤是由分布于某种秩序中的并存着的、并且能够同时呈现于视觉或触觉的若干部分所组成。相反,时间或接续,虽然也是由若干部分组成,可是每一次只能以一个部分呈现于我们;而且时间的任何两个部分永远不能同时并存。这两种对象的这些性质在想象上有一种适当的效果。广袤的各个部分因为对各个感官来说是能够结合起来的，所以在想象中得到了结合；一个部分的出现既然不排除另一部分，所以思想通过接近的各部分间的推移或过渡，就因此较为顺利而容易。在另一方面，时间的各部分在实际存在中的不能并存，就把它们在想象中分离开来，并使那个官能〔想象〕难以推溯任何一长串或一系列的事件。每一个部分必然是单独而孤立地出现，而且必须先驱除了被假设为紧接在它之前存在的部分，才能依次进入想象中间。因此，时间方面的任何距离就比空间方面的同样距离在思想中引起较大的间断，因此使观念、并因而使情感大为削弱；因为依照我的体系来说，情感在很大程度上是依靠想象的。

与前面现象性质相同的，还有另外一个现象，就是：同样的距离在将来比在过去有较大的效果。在意志方面，这种差异是容易说明的。因为我们的任何行为既然都不能够改变过去，那么过去不能决定意志，是不足奇怪的。但是在情感方面，问题还是新颖的，值得我们考察。

除了我们有通过空间点和时间点依次前进的一种倾向以外，我们的思想方法还有另外一个特点，协同产生这种现象。在安排我们的观念时，我们永远顺着时间的接续方式，容易由考虑任何对象进到紧随其后的对象，而不容易进到在它以前发生的对象。除了其他的例子以外，我们也可以从历史叙事所永远遵守的那个次序来明了这一点。除了绝对必要之外，没有任何东西能迫使一个历史家打破时间的顺序，而在其叙事中把实际在以后发生的事情提前叙述。

这一点也很容易地应用到现在的问题上，如果我们回顾一

第三章　论意志与直接情感

下我前面所说过的话,即人的现在情境永远就是想象的情境,而且我们是从这里进而想到任何远隔的对象的。当一个对象是过去的,那么由现在进到它的那个思想进程是违反自然的,因为那是由一个时间点进到先前的一个时间点,更由那一个点进到先前的另一个点,这都是与自然的接续进程相反的。在另一方面,当我们把思想转向一个将来的对象时,我们的想象就顺着时间之流向前移动,依着一个似乎最自然的顺序达到那个对象,永远是由一个时间点进到紧随其后的那一点。这种顺利的观念进程有利于想象,使它在较为强烈、较为充分的观点下来想它的对象;相反,如果我们在自己的进程中不断受到阻碍,而且被迫去克服由违反想象的自然倾向而发生的种种困难,想象便不能在那样强烈而充分的观点下来想它的对象。因此,过去的小距离程度就比将来的大许多的距离程度,在打断和减弱想象方面有更大的效果。由它对想象所有的这种效果,就发生了它对意志和情感的影响。

还有另外一个原因,既是有助于产生同样的效果,而且也是由决定我们依据观念的接续来追溯相似的时间接续的那种想象的性质发生的。当我们从现在的刹那来考虑将来和过去的两个同样远隔的时间点时,那么显而易见,抽象地考虑起来,它们与现在的关系是几乎相等的。因为将来在某时候会成为现在,过去也曾有一度是现在。因此,我们如果能够消除想象的这种性质,过去和将来的同样距离将有一种类似的影响。不但当想象停留不动、由现在的刹那观察将来和过去时,情形是如此,而且即使它改变它的位置、而使我们处于各个不同的时期时,情形也是如此。因为在一方面，当我们假设自己存在于现在刹那和将来对象之间的某一时间点上时，我们就看到将来的对象接近我们，过去的对象后退、而变得更远；而在另一方面，在假设我们存在于现在与过去中间的一个时间点上时，过去就接近我们，而将来则变得更辽远了。但是由于上述的想象特性，我们宁愿把我们的思想确定在现在和将来之间的一个时间点上，而不愿把它置于现在与过去之间的一个点上。我们愿意推进我们的存在，而不愿延缓我们的存在；我们顺着似乎是时间的自然接续顺序，由过去进到现在，再由现在进到将来。因此，我们就想象将来每时每刻流近我们，而过去则每时每刻在后退。因此，同样一个距离在过去和在将来，对想象并没有同样的效果，这是因为我们认为过去的距离不断在增加着，而将来的距离却不断在减少。想象预料事物的进程，并且在对象所趋向的那个状态下观察对象，一如在被认为是现在的那个状态下观察对象一样。

第八节　论空间和时间的接近和远隔（续）

我们已经说明了三个似乎很可注目的现象：为什么距离削弱了想象和情感；为什么时间方面的距离比空间方面的距离有较大的效果；为什么过去的时间距离比将来的时间距离有更大的效果。我们现在必须考察似乎与这些现象可说是相反的三种现象：为什么一个很大的距离增加我们对一个对象的珍视和敬慕；为什么时间方面那样一种距离比空间方面那样一种距离更能增加这种珍视；为什么过去时间的距离比将来时间的距离更有这种作用。我希望，这个题目的奇特、可以使我有理由对它作

第三章 论意志与直接情感

较长的讨论。

先从第一个现象谈起,即为什么一段很大的距离能够增加我们对于一个对象的珍视和敬羡。显而易见,单纯观察和思维任何巨大的对象,不论是接续着的或是占有空间的,都会扩大我们的灵魂,而给它以一种明显的愉快和快乐。广大的平原、海洋、永恒、漫长的世纪,所有这些都是使人愉快的对象,超过任何虽然是美的、但没有适当的巨大和它的美配合的东西。当任何远隔的对象呈现于想象前时,我们自然就反省到间隔着的距离,并借此想象到某种巨大而宏伟的东西,获得了通常的快乐。但是因为想象容易由一个观念转到另一个与之相关的观念,而把第一个观念所刺激起来的一切情感传到第二个观念,所以对这段距离所发生的那种敬羡就自然地扩散到那个远隔的对象上面。因此,我们就发现,对象不一定要实际远离我们,才能引起敬羡;一个对象如果借着观念的自然联结把我们的观点转移到任何巨大的距离,那就够了。一个大旅行家虽然和我们处在同一个房间内,仍然被认为是一个了不起的人物;一个希腊的奖章虽然放在我们的柜子里面,也总是被认为是珍贵的古董。这里,对象借着自然的推移就把我们的观点转到远方和远古;而由这距离发生的那种敬羡,借着另一次的自然推移,又返回到了那个对象上面。

但每一种大的距离虽然都引起对于远隔对象的敬羡,可是时间方面的距离比空间方面的距离还有更大的效果。古代的半身像和铭刻比日本的桌子更是被人珍贵;且不说希腊人和罗马人,我们就是对于古代迦勒底人和埃及人比对于近代中国人和波斯人确是更加尊敬,宁肯费更多的无益的辛苦去澄清前者的历史和年代,而不肯费较少的辛苦去作一次航行,确实地去了解后者的性格、学术和政府。我不得不离题稍为远些,以便说明这个现象。

人性中有一个很可注目的性质,就是:任何一种障碍若是不完全挫折我们,使我们丧胆,则反而有一种相反的效果,而以一种超乎寻常的伟大豪迈之感灌注于我们心中。在集中精力克服障碍时,我们鼓舞了灵魂,使它发生一种在其他情况下不可能有的昂扬之感。顺境使我们的精力闲散无用,使我们感觉不到自己的力量,但是障碍却唤醒这种力量而加以运用。

反过来说,也是真的。障碍不但扩大灵魂的气概,而且灵魂在充满勇气和豪情时,还可以说是要故意寻求障碍。

他渴望:

在怯弱的群兽中如愿地出现

一头口吐泡沫的野猪;

或者,有一只褐狮闯下山来。①

凡能支持情感和充实情感的东西,都使我们愉快;正如在另一方面,凡使情感微弱无力的东西也都使人不快一样。既然障碍有第一种效果,而顺利有第二种效果,所以就无怪心灵在处于某种心情中时,就要寻求障碍而厌恶顺利了。

这些原则不但影响情感,也影响想象。我们只须一考究高峰和深渊对想象的影响,就可以相信这一点。任何一个高峰都传

---

① 中译本编者按:这两句诗引自古拉丁诗人维吉尔(Virgil):《伊尼德》,第四卷,原书未注明。

第三章 论意志与直接情感

来一种骄傲，或使想象有崇高之感，并使人幻想比下面的人高出一等；反过来说，也是一样，一种崇高而强烈的想象也传来上升和高超的观念。因此，我们就可说是把一切好的东西的观念和高的观念结合起来，并把坏的东西的观念和低的观念联系起来。天堂被假设为高高在上，地狱被假设为处于深渊。一个高贵的天才被称为高超的、崇高的天才。"于是振翼起飞，离开湿漉漉的土地。"在另一方面，一个粗俗而肤浅的想法就被人不加分别地称为低下或低劣。繁荣称为上升，困苦称为下降。国王们被认为处于世间的顶点，而农民和雇工被称为处于最低的地位。这些思想方法和表达方法，并不像初看时显得那样不关重要。

无论常识或哲学都明显地看到，高和低并没有自然的和本质的差别，这种区别仅仅是发生于产生了由上而下的运动的物质的重力。在地球这一部分所称为上升的那个方向，在我们对蹠的地方，就被称为下降。这种情形的发生，只是因为物体有一种相反的倾向。我们确实知道，不断影响我们感官的那些物体的倾向，必然由于习惯的缘故在想象中也产生一种相似的倾向，并且当我们想到任何位于高处的对象时，它的重量的观念就给予我们以一种倾向，要把它由它所在的那个地位运送到直接位于其下的地方，如此一直下去，最后达到地面，才使这个物体和我们的想象都同样地停止下来。由于同样理由，我们在由下往上想时也感到一种困难，而在由低的对象向高的对象推移时，不免有一种勉强之感，就像我们的观念由它的对象获得了一种重力似的。证明这一点的有一个事实，就是我们发现音乐和诗歌中被人努力钻研的流畅被称为降调、收音或乐阶；流畅的观念给我们传来下降的观念,正如下降产生流畅一样。

因此,想象既然在由低的趋向高的时候,在它的内在的性质和原则方面发现一种抵抗,而灵魂被喜悦和勇气所鼓舞时,既然在某种意义上要找寻抵抗,并且当想象的勇气遇到可以滋养它并运用它的场所时,它便迅速投入那种思想或行动的场所;所以结果就是,凡借触动情感或想象来鼓舞和活跃灵魂的每样东西,自然给想象传来这种向上的倾向,并决定它反着它的思想的自然之流而逆行。想象的这种向上的进程符合于心灵当前的倾向;那种困难不但不消灭它的活力和敏捷,反而有支持它、促进它的相反作用。因为这个理由,所以美德、天才、权力和财富,就和高超与崇高结合起来;正如贫穷、奴役和愚蠢是和低下与卑微结合着一样。如果我们的情形正和密尔顿所描写的天使的情况一样,认为下降是逆行,并且不费辛苦和强制便不能下降,那么这种事物的秩序就会完全倒转过来;这可以由下面这一点看出来,就是:上升与下降的本性是由困难和倾向得来的。因此,它们的每一个结果也都是由那个来源发生的。

这一切都很容易应用于现在的问题,即为什么时间上的巨大距离比空间上的同样距离产生了对于远隔的对象的较大的尊敬。想象由一个时间部分进到另一个时间部分时,比它在空间的各部分间的推移,要较为困难;这是因为空间或广袤在我们的感官看来是联合着的,至于时间或接续则永远是间断的、分割的。这种困难在与短的距离结合起来时,就打断并削弱了想象;但是在巨大的距离方面却有相反的效果。心灵由于它的对象的巨大而昂扬起来以后,由于想象的困难而格外昂扬起来;心灵因为每一刹那都被迫重新努力由时间的一部分推移到另一部分，所以就比在空间的各部分之间推移时，感到一种较为活跃而崇高的心情，因为在空间的各部分方面观念是顺利和方便地向前流动的。在这种心情中，想象如同通常那样是由考虑距离进而观察远隔的对象，使我们对它相应地发生一种尊敬；古代一切遗物所以在我们看来那样珍贵，并且比由世界上最辽远的地方所带来的东西都显得更有价值，其原因就在于此。

我所提到的第三个现象将是这一点的充分的证实。并非任何一种时间距离都有产生尊敬和珍视的效果。我们不容易想象我们的后代会超过我们，或者和我们的祖先并驾齐驱。这个现象所以显得更加可以注意，乃是因为将来的任何距离都不如过去同样的距离那样地减弱我们的观念。过去的距离在很大的时候虽然比将来的同样距离更能增加我们的情感，可是短的距离却有减弱情感的较大的影响。

在我们通常的思想方式中，我们处于过去和将来的中间地位；我们的想象既然感觉难以沿着过去往后退，而易于循着将来的途径前进，困难就传达来上升的概念，而顺利则传来相反的概念。因此，我们就想象我们的祖先可说是高高地在我们的上面，我们的后代则在我们的下面。我们的想象达到前者时需要努力，而达到后者时却很容易：在距离小的时候，这种努力就减弱想象；但是在伴有一个适当对象时，它便扩大并提高想象；正如在另一方面，顺利之感在距离小的时候帮助想象，但是在想象考虑任何巨大的距离时反而要减弱它的力量。

在结束这个关于意志的题目之前，我们如果用几句话总结前面关于本题所述各点以便把全部论证更清楚地置在读者前面，那也许不是不适当的。我们平常所谓情感，是指任何祸福呈现出来时、心灵所发生的一种猛烈的和明显的情绪；或者当任何一个对象呈现出来、借着我们官能的原始结构特别适宜于刺激起一种欲望，这时也有情感发生。我们所谓理性也是指着与情感性质相同的感情而言；不过这一类感情的作用较为平静，并不引起性情的混乱；这种平静状态使我们对于这些情感发生一种错误，使我们误认为它们只是我们理智官能的结论。这些猛烈的和平静的情感的原因和结果都是相当容易变化的，并且在很大程度上依靠于每个人的特殊的性情和心情。一般说来，猛烈的情感对于意志有一种较为有力的影响；虽然我们也常常发现，平静的情感在得到反省的配合和决心的支持时，也足以控制情感的最暴烈的活动。使这方面整个情形较为不易断定的原因是：平静的情感容易转变为猛烈的情感，转变的原因或是由于性情的变化，或是由于对象的条件和情况的变化，例如由任何伴随的情感借来了力量，或是由于习惯之力，或是由于想象受了激动。总而言之，一般人所说的这种理性和情感的斗争使人生变得多样化了，不但使人们彼此互相差异，而且使各人自己在各个时间中也各不相同。哲学只能说明这个斗争中少数的较为重大、较为明显的结果；而必须舍去一切较微小、细致的转变，因为那些转变所依靠的原则是太细微了，不是哲学所能掌握的。

第九节 论直接的情感

我们很容易观察到，不论直接的或间接的情感都是建立在

第三章　论意志与直接情感

痛苦和快乐上面的，而且为了产生任何一种感情，只须呈现出某种祸福来就够了。在除去痛苦和快乐之后，立刻就把爱与恨、骄傲与谦卑、欲望与厌恶，以及我们大部分的反省的或次生的印象也都消除了。

由祸福最自然地并且不用丝毫准备而发生的那些印象，就是伴有意志作用的欲望与厌恶、悲伤与喜悦、希望与恐惧等直接情感。心灵借着一种原始的本能倾向于趋福避祸，即使这些祸福只被认为是存在于观念之中，并且被认为是只存在于任何将来的时期。

但是假设有一个直接的痛苦或快乐印象，而这个印象是由一个与我们自己或其他人有关的对象发生，这也并不阻止爱好或厌恶以及连带的情绪发生，而却进一步与心灵中某些潜伏的原则会合起来以后，刺激起骄傲或谦卑、爱或恨等新的印象。使我们趋向或避开对象的那个倾向仍然继续起着作用，但是却与由印象和观念的双重关系发生的那些间接情感结合起来。

这些间接的情感永远是令人愉快的或令人不快的，所以就给直接的情感增添了一种附加的力量，并增加了我们对于对象的欲望和厌恶。例如，一套漂亮的衣服由于它的美产生了一种快乐；这种快乐产生了直接情感或意志和欲望的印象。其次，这些衣服在被认为属于我们自己时，双重关系就给我们传来骄傲的情绪，这种情绪是一种间接的情感；伴随那种情感而生的快乐，又返回到直接感情上，而给予我们的欲望或意志、喜悦或希望以一种新的力量。

当福利是确定的或很可能的时候，它就产生了喜悦。当祸害处于同样情况时，就发生了悲伤或悲哀。

当福利或祸害不确定时，于是随着这两方面的不确定的程度，发生了恐惧或希望。

欲望发生于单纯的福利，厌恶发生于祸害。当身心的行动可以达到趋福避祸的目的时，意志就发动起来。

除了福利与祸害，也就是除了痛苦与快乐以外，直接的情感还往往发生于一种自然的冲动或完全无法说明的本能。属于这一类的有欲求我们的敌人受到惩罚和希望我们友人得到幸福的心理；还有饥饿、性欲，以及其他少数的肉体欲望。恰当地说，这些情感是产生祸福的，而不是由它们而发生的，如其他感情那样。

除了希望与恐惧以外，直接感情中没有一种值得我特别注意；这两种感情我们将在这里力求加以说明。显而易见，由于它的确定性而会产生悲伤或喜悦的那个事件，当它只是很可能的和不确定的时候，就总是会产生恐惧或希望。因此，为了理解这个条件之所以造成那样大的一种差异的理由起见，我们必须回顾一下我在前一卷关于概然性的本质所说过的话。

概然性发生于几个相反的机会或原因的对立，心灵因此不能固定于任何一面，而是不断地在两方面来回摇摆，在一个时刻决定认为对象是存在的，在另一个时刻又认为它是不存在的。想象或知性（随便称它是什么都可以），在相反的观点之间来回变动；它虽然也许较多次地转向于一方面，可是由于若干原因或机会的互相对立，不可能停止在任何一方面。问题的反和正的两方面交替地占到优势；心灵在观察对象的一些相反的原则时，发现了那样一种彻底消灭全部确实性和确定意见的反对情形。

假设我们怀疑它的存在的那个对象是一个欲望或厌恶的对象,那么显然,随着心灵转向这一方面或那一方面,它必然感觉到一种暂时的喜悦或悲哀的印象。我们欲求它存在的一个对象,当我们想到产生它的那些原因时,就使我们愉快;由于同一理由,在相反的考虑下就要刺激起悲伤或不快;所以正像知性在一切概然问题方面是在相反的观点之间摇摆不定一样,各种感情也必然同样地在相反的情绪之间摇晃不定。

如果我们考究人类心灵,我们将发现,就情感而论,心灵并不如管乐器似的,在依次吹出各个音调时,吹气一停,响声就停顿了;心灵倒像一具弦乐器,在每次弹过之后,弦的振动仍然保留某种声音,那个声音是不知不觉地逐渐消逝下去的。想象异常敏捷而迅速,但是情感却迟缓而顽强;因为这种理由,当任何对象呈现出来,给予想象以许多不同的观点,给予情感以许多不同的情绪,这时想象虽然迅速地改变它的观点,可是每一次弹动并不都产生一个清楚而明晰的情感调子,而是一种情感永远要与他种情感混杂在一起。随着概然性之倾向于福或祸,喜悦或悲哀的情感就在心情中占了优势,因为概然性的本性就在于在一个方面投以多数的观点或机会,或者投以(这也是同样的说法)一种情感的较多次的重复,或者投以那种情感的较高程度,因为它把若干分散的情感集合为一个情感。换句话说,悲伤和喜悦既然借着想象的两个相反观点而互相混合起来,那么它们就通过它们的结合产生了希望和恐惧两种情感。

在这个题目方面,关于我们现在所研究的各种情感的反对情况;可以提出一个很奇特的问题来。我们可以观察到,各种相反情感的对象如果同时呈现出来,那么除了优势的情感增强以外(这种增强,前面已经说明,通常是由两个对象的初次相碰或相遇而发生的),有时两种情感隔开短的时间接续出现;有时两种情感互相消灭,没有一种发生;有时两者保持结合在心灵中间。因此,人们就可以问:我们能用什么理论说明这些变化,我们能把这些变化归约于什么一般的原则。

当相反的情感发生于完全差异的对象时,这些情感是交替发生的,观念方面由于缺乏关系,使那些印象互相分开,而阻止它们的互相对立。例如,一个人由于诉讼失败而苦恼,由于得子而欢喜,他的心灵由愉快的对象转到祸患的对象时,它的活动不论如何敏捷,也难以用一种感情来调和另一种感情,并因而处于两者之间的中立状态。

当同一事件是混合性质、而在其各种不同的条件中含有某种祸害的成分和某种幸运的成分时,则心灵就容易达到那种平静状态。因为在那种情况下,那些情感借着彼此的关系混合起来,以致彼此消灭,使心灵处于完全平静状态。

但是,第三点,假设那个对象不是一种祸与福的混合物,而是被认为在某种程度上很可能的或很不可能的;那么,我可以说,在那种情形下,两种相反的情感将同时存在于灵魂中,并不互相消灭,互相调和,而将共存在一起,并借两者的结合产生第三个印象或情感。两种相反的情感只有当它们相反的活动恰好互相冲突,而它们的方向和它们所产生的感觉也是互相反对时,它们才能互相消灭。这种精确的冲突依靠于那些情感所由以发生的那些观念的关系,并且随着关系的大小程度而有全部或局部冲突的情形。在概然性方面,两种相反的机会有那样大的关系,以至决定同一个对象的存在或不存在。不过这种关系远不是完善的,因为有些机会落在存在一方面,另外一些机会落在不存在一方面;而存在与不存在是完全互不相容的对象。我们不可能一次观察两种相反的机会和依靠于这些机会的结果;想象必然要在两者之间来回交替地流动。想象的每一种观点都产生其特有的情感,这个情感逐渐消沉下去,而在经过了一次弹击之后,跟着就有明显的震动。各个观点的互不相容,使各种情感不能沿直线互相撞击(如果可以这样说),可是它们的关系仍然足以使它们的较为微弱的情绪互相混合。希望和恐惧就是按照这个方式由悲伤和喜悦两种相反情感的不同的混合程度而发生,由它们的不完全的联合和结合而发生的。

总而言之,各种相反的情感,如果发生于不同的对象,它们便交替出现;如果是由同一个对象的各个不同部分发生,它们便彼此互相消灭;如果是由任何一个对象所依靠的相反的和互不相容的机会或可能性发生,它们便同时存在,互相混合。在这整个事情中间,显然看到了观念关系的影响。如果相反情感的对象是完全差异的,这些情感就像两个瓶子里两种相反的液体一样,彼此没有影响。如果对象是紧密关联着的,则与之相应的情感便如咸和酸一样,在混合之后便互相消灭。如果关系比较的不完全,而成立于对同一对象所有的相反的观点,则两种情感便如油和醋一样,不论如何混合,总不能完全结合和融合。

关于希望和恐惧的假设本身既然带有自己的明白性,所以我们在给予证明的时候、可以简略一些。少数几个有力的论证胜过许多微弱的论证。

两方面的机会如果相等,而且不论在哪一方面都看不出优势来时,恐惧与希望两种情感就可以发生。不但如此,在这种情况下,这两种情感还是最为强烈的,因为心灵这时没有可以依止的任何基础,而在极度的不确定状态中来回摇摆。如果在悲伤一面投入较大程度的概然性,你就会立刻看到,那个情感扩散于整个组合中,而把它渲染成为恐惧。再把概然性增大,并借此也把悲伤增强起来,于是恐惧就更占优势,终于随着喜悦程度的不断减低,而不知不觉地进入纯粹的悲伤。在达到这种情况以后,你可以照方才增加悲伤的方式把悲伤减低;借着把那一面的概然性减低,你将发现情感每一刹那都变得晴朗起来,终于不知不觉地变为希望;而如果你借着增加概然性来增加组合中的那一部分,则希望又照同样方式逐渐转为喜悦。这就显然证明,恐惧和希望两种情感是悲伤和喜悦的混合物,正如在光学中当你减少或增加组成一条通过三棱镜的有色太阳光线的两条光线之一的数量之后,你如果发现它在组合中依照比例占到或大或小的优势时,那就证明、这条有色的太阳光线是这两条光线的一个组合体。我确信,不论自然哲学或精神哲学都不能有比此更为有力的证明了。

概然性分为两种:一种是对象本身真正是不确定、而由机会所决定的;一种是对象虽然已经是确定的,可是对我们的判断来说是不确定的,我们的判断在问题的两方面都发现有若干的证明。这两种概然性都引起恐惧和希望;这个现象只能由两种概

第三章 论意志与直接情感

然性所共有的那个特性发生,就是两者都共同具有的两种相反观点所给予想象的不定和摇摆。

通常产生希望或恐惧的,乃是一种很可能的祸福。因为概然推断原是一种摇摆不定的观察对象的方法,自然要在情感方面引起相似的混合和不定。不过我们可以说,任何时候这种混合如果可以由其他原因产生,那么虽然没有概然性,恐惧和希望两种情感仍将发生;这一点必须被承认是现在这一个假设的一个令人信服的证明。

我们发现,一种祸害,在仅仅被认为是可能的时候,有时也就产生恐惧,尤其是这种祸害是很大的话。一个人在想到极度的痛苦和拷问时,即使他遭受这种祸害的危险非常小,也不免要战栗失色。概然性的渺小程度被祸害的重大程度所补偿了。我们的感觉正如在那种祸害有较大的概然性的时候同样地生动。对极大的祸害仅仅作一次的观察,其结果就等于对微小的可能性作多次的观察一样。

不过不但可能的祸害会引起恐惧,就是被认为不可能的祸害也会引起恐惧;例如当我们立在悬崖绝壁的边上,就要发抖,虽然我们知道自己十分安全,对于是否前走一步完全是由自己做主的。这是由于祸害的迫近,影响了想象,正如祸害在确定的时候影响想象一样。但是一反省到我们的安全,这种心理便遭到冲击,立刻消失,因而它所引起的情感正如由相反的机会所产生的相反的情感一样。

已经确定的祸害有时也和可能的或不可能的祸害一样,有产生恐惧的同样效果。例如,处于铜墙铁壁、禁卫森严的监狱中,毫无逃脱方法的人,一想到他所判处的酷刑时,就要战栗发抖。这只是由于那种确定的祸害是可怖的、骇人的;在那种情形下,心灵由于恐怖不断地排斥那种祸害,而那种祸害却不断地挤入思想中来。祸害已经确定无疑,不过心灵却不能忍受这种祸害的确定;由于这种变动不定,就产生了外表与恐惧完全相同的一种情感。

不但在祸福的存在是不确定的时候,就是在其种类不确定时,也有恐惧或希望发生。假如有一个人由他素来相信的人告诉他说,他的一个儿子突然被杀,那么显然,他一定要在得到究竟哪个儿子被杀的确息以后,这个事件所引起的情感才会确定成为纯粹的悲伤。这里一种祸害是确定了,不过祸害的种类还未确定。因此,在这种场合下,我们所感到的恐惧并不混杂着任何喜悦在内,而其发生只是由于想象在各个对象之间来回摇摆的缘故。问题的每一方面在这里虽然都产生同样的情感,可是那种情感并不能确定下来,而却从想象得到一种惶惑而不定的活动,那种活动在其原因和在其感觉方面都是与悲伤和喜悦之间的混合和斗争互相类似。

根据这些原则,我们就可以说明情感中的一个初看起来似乎很奇特的现象,就是惊讶容易变为恐惧,一切出乎意料的事情都使我们惊恐。由这一点所得出的最明显的结论就是,人性一般是怯懦的;因为当任何对象突然出现时,我们就立刻断言它是一种祸害,而不等到我们考察它的本性是善是恶,一下子就感到了恐惧。我说这是最明显的结论,不过在进一步考察之下,我们将发现,这个现象需要用其他理由加以说明。一个现象的突然性和奇特性都在心灵中自然地产生一种纷扰,正如我们所没有料到的、不熟悉的每样事物一样。其次,这种纷扰自然地产生一种好奇心或求知欲,这种好奇心由于对象的冲击强烈而突然,因而是很猛烈的,使人感到不快,在它的动摇不定方面正类似于恐惧情感的感觉或悲喜的混合情感的感觉。恐惧的这个影像自然地就转变为恐惧本身,使我们真正害怕祸害的发生,因为心灵形成它的判断,总是根据现前的心情,而很少根据于对象的本性的。

由此可见,一切种类的不确定,都与恐惧有一种强烈的联系,即使它们并不由于它们所呈现于我们的相反的观点和考虑而产生了情感之间的任何对立。一个人在他的友人患病时离开了友人,比他在其身边时对友人感到较大的焦虑,虽然他就是在身边或许也无能为力,也不能判断病情的结果。在这种情形下,情感的主要对象,即友人的生死,虽然不论他在旁或不在旁,都是同样地不确定;可是他的友人的病况中有千万种细微情节,使他在确知之后,可以把观念固定起来,而阻止那种与恐惧密切相关的动摇不定。不确定在一个方面说来,对希望的关系的确也像对恐惧的关系一样,因为不确定在希望情感的组成中也是一个要素;但是它所以不倾向于那一面,则是因为不确定本身单独就是令人不快的,并与种种不快情感发生一种印象关系。

因此,我们对于一个人的细微情节的不确定,就增加了我们对于他的死亡或不幸的忧惧。霍拉斯曾经提到过这个现象:

雏鸟在巢中,羽毛未丰满,

母鸟离巢时,惴惴心不安,

惟恐长蛇至,蜿蜒来侵犯;

虽则身在旁,无能为力焉。

不过我还要把恐惧与不确定互相关联的这个原则再推进一步,而主张说:任何一种怀疑都产生那种恐惧情感,即使它不论在那一方面都呈现出好的、合意的东西来。一个处女在新婚之夜就寝时,充满了恐惧与忧虑,虽然她所期待的事情只是最高的快乐,是她久已渴望的事情。但是这种事的新奇和重大、愿望和喜悦的混乱,使心灵非常惶惑,不知道应该固定在哪一种情感上;因此,精神便发生一种忐忑不安,这种忐忑不安在某种程度上是令人不快的,所以就自己蜕变成为恐惧。

这样,我们仍然发现,凡是使情感动摇或混杂、并附带有任何程度的不快感觉的东西,总是产生恐惧,或者至少产生一种十分类似恐惧而难以和它区别的情感。

我在这里只限于考察了在最单纯而自然的状况下的希望和恐惧,而不曾考究两种情感由各种观点和反省的混杂所可能发生的一切变化。恐怖、惊惶、惊愕、焦虑和其他那一类的情感,都只是各种各样程度不同的恐惧。我们很容易想象,对象改换一个情况,或思想改换一个方向,都会把甚至情感的感觉也改变了;这不但一般地说明了恐惧的一切特殊属类,也一般地说明了其他感情的特殊属类。爱可以表现为柔情、友谊、亲密、尊重、善意和其他许多的形式;归根到底,这些都是同样的感情,并且由同样原因发生,虽然其间小有差异,不必详细说明。因为这个缘故,所以我一向才只限于考察主要的情感。

为了同样留意避免冗长,所以我也不去考察意志和直接情感出现于动物方面的情况。因为,它们也和人类方面这些感情一样,都是性质相同,并且也由同样原因刺激起来,这是非常明显的。我把这一点留给读者自己去观察;希望读者同时考究到这一点对这个系统所增添的附加力量。

第十节　论好奇心或对真理的爱

不过我想我们已经讨论了心灵的那么多的不同的部分,并且也考察了那么多的情感,而却不曾有一度考究对真理的爱好,虽然这种爱好是我们的一切探究的最初根源;我认为这是一个不小的疏忽。因此,在我们结束这个题目之前,应该给予这种情感一些考虑,并指出它在人性中的根源。这是非常特别的一种感情,因此,我们如果在我们所考察过的那些题目的任何一项之下来讨论它,就不能不有陷于模糊和混乱的危险。

真理有两种,一种是对于观念本身互相之间的比例的发现,一种是我们的对象观念与对象的实际存在的符合。确实,第一种真理之所以被人追求,并不是单纯因为它是真理,而且给予我们快乐的也不单是结论的正确性。因为不论我们是用两脚规来发现两个物体的相等,或是借数学的证明来发现它,结论同样是正确的。在一种情形下,证明虽然是理证性的,而在另一种情形下,证明虽然只是感性的,可是一般地说,心灵对于两种证明都有同样的信念。在一种算术演算中,真理和信念虽然也和在最深奥的代数演算中是一样性质,可是在演算中的快乐是极小的,如果它不至于陷入痛苦:这就显然证明,我们有时从真理的发现所感到的愉快不是由真理本身得来,而是由于它赋有的某些性质得来的。

使真理成为愉快的首要条件,就是在发现和发明真理时所运用的天才和才能。任何容易的和明显的道理是永远不被人所珍贵的;甚至本身原是困难的道理,而我们在得到关于它的知识时,如果毫无困难,没有经过任何思想或判断方面的努力,那种道理也不会被人重视。我们喜爱追溯数学家们的理证过程;但是一个人如果仅仅是把线和角的比例告诉我们,我们也不会由此得到多大的愉快,虽然我们深信他的判断和诚实。在这种情形下,我们只要长着耳朵,就足以听到真理。我们无须集中注意,或运用天才;而天才的运用是心灵的一切活动中最令人愉快而乐意的。

不过天才的运用虽然是我们由科学所获得的快乐的主要来源,可是我怀疑,单是这一点是否就能给予我们以很大的快乐。我们所发现的真理必须还要有相当的重要性。我们很容易把代数问题增加到无穷,锥线的比例的发现也是无尽的;可是很少数学家们喜欢做这类的研究,他们总是把思想转向较有用、较重要的问题上面。现在的问题是,这种效用和重要性是以什么方式在我们心理上起作用的呢?在这个问题方面,困难发生于这一点上,即:许多哲学家们为了寻找他们所认为对世人重要而有用的真理,消耗了他们的时间,损毁了他们的健康,忽略了他们的财富,可是由他们的全部行为看来,他们却没有任何为公众服务的精神,丝毫也不关怀人类的利益。如果他们相信,他们的发现没有任何重要性,那么他们就完全会失掉研究的兴趣,虽然他们对研究的结果实际上是毫不关心的:这似乎是一种矛盾。

第三章 论意志与直接情感

为了消除这个矛盾,我们必须考究:有些欲望和爱好不超出想象的范围以外,而只是情感的微弱的影子和影像,并不是任何实在的感情。例如,假设有一个人观察任何一个城市的防御工事,考虑它们的天然的或人工的巩固性和有利条件,观察棱堡、壁垒、坑道和其他军事建筑的配置和设计;显然,随着这些设施适合于达到它们的目的的程度,他将感到一种相应的快乐和满意。这种快乐既然是发生于对象的效用,而不是发生于它们的形式,所以它只能是对于居民的一种同情,因为所有这些筑城技术都是为了居民的安全而采用的;虽然这个人可能是一个陌生人或是一个敌人,他的心中可能对居民毫无好感,甚至还对他们怀着憎恨。

的确,有人可以反对说,那样疏远的同情对于一个情感来说是一个非常微薄的基础;我们通常所见的哲学家们的那种勤奋和努力决不能由那样一种浅薄的根源得来的。不过我在这里要重提一下我前面所说的话,就是:研究的快乐主要在于心灵的活动,在于发现或理解任何真理时天才和知性的运用。如果需要真理的重要性来补足这种快乐的话,那也不是因为真理的重要性本身使我们的快乐有多大的增加,而只是因为它在某种程度上被需要来固定我们的注意。当我们漫不经心或不注意时,知性的同样活动对我们就没有影响,也不足以传来我们处于另外一种心情中时由这种活动所可能得到的那种快乐。

不过心灵的活动固然是快乐的主要基础,可是除此以外,我们还需要在达到目的方面或发现我们所考察的真理方面有某种程度的成功。关于这一点,我将仅仅提出一个在许多场合下都有用的概括说法，就是：当心灵带着一种情感追求任何目的时，那个情感虽然原来不是由那个目的发生，而只是由那种活动和追求发生，可是由于感情的自然过程，我们对于那个目的自身也发生了关切，而在追求目的的过程中如果遭到任何失望，便要感到不快。这种情况发生于前述的本情感间的关系和平行方向。

为了用一个相似的例子来说明这一番道理起见，我将要说，再没有任何两种情感比打猎和哲学这两种情感更为密切地类似的了，虽然在初看起来，两者好像是不能相比的。显而易见，打猎的快乐在于身心的活动：运动、注意、困难、不确定。同样显然的是：这些活动必须伴有一个效用观念，然后才能对我们发生任何作用。一个拥有巨大的财富、丝毫没有贪心的人，虽然对猎取鹧鸪和山鸡感到快乐，可是对于捕打乌鸦和野鹊，却不感兴趣；这是因为他认为前两种适于餐用，后两者则完全无用。这里，效用或重要性本身确是并不引起任何真正情感，而只是需要它来支持想象；同样的这一个人在其他任何事情方面虽然会忽略十倍大的利益，可是在打了几点钟猎以后带回家一打山鹬或其他鹬类，他会感到高兴。为了使打猎和哲学的平行关系更加显得完全起见，我们可以说：在两种情形下，我们的活动的目的本身虽然可以是被鄙视的，可是当活动在热烈进行的时候，我们就集中注意于这个目的，以致在遭到任何失望时，就会感到非常不快，而当我们失去猎物或在推理中陷于错误时，都会感到懊丧。

如果我们还要给这些感情找寻另外一个平行的感情，那么我们可以考究赌博的情感，赌博的给人快乐，正如打猎和哲学一样，也是根据于同样的原则。前已说过，赌博的快乐不单是发生

第三章 论意志与直接情感

利益,因为许多人抛弃了必得的利益,而去从事这种娱乐。这种快乐也并不是单由赌博而来,因为这些人如果不赌金钱输赢,他们也就感不到快乐。这种快乐是由两种原因的结合而得来的,虽然这些原因在分开的时候便不起作用。这里的情况正像某些化学作用一样,两种清澈和透明液体混合起来以后,就产生了第三种不透明的和有色的液体。

我们对于赢得赌注的关切吸引住了我们的注意,如果没有这种关切,我们对于那种活动或其他任何活动,就都不能感到快乐。我们的注意被吸住以后,于是困难、变化、运气的突然转变就更进一步地使我们发生兴趣;我们的快感就是由这种关切而发生。人生是那样一个令人厌腻的场面,而人们又多半是具有懒散的性情,所以任何对他们提供消遣的东西,虽然它所凭借的情感掺杂着一种痛苦,大体上会给人以一种明显的快乐。这种快乐在这里又被对象的本性所增加了,这些对象既是可感知的,而且范围又是狭窄的,所以容易吸引注意并使想象感到愉快。

可以说明数学和代数学中真理的爱好的那个理论,也可以推广到道德学、政治学、自然哲学和其他一些科学,这里我们不考究观念的抽象关系,而考究它们的实际联系和存在。但是除了表现于各种科学中的知识的爱好以外,人性中还赋有一种好奇心,这是由完全另外一种原则得来的一种情感。某些人有一种要想知道邻人的活动和情况的永不满足的欲望,虽然他们的利益与邻人毫无关系,而且他们也必须完全依靠别人,才能得到消息,因而没有研究或努力的余地。让我们来找寻这个现象的原因。

前面已经详细证明,信念的影响在于活跃和固定想象中的任何观念,同时并驱除关于那个观念的种种犹豫和不定。这两种情况都是有利的。借着观念的活泼性,我们使想象感到兴趣,并且产生一种快乐,那种快乐和由缓和的情感发生的快乐性质相同,只是程度较小一点。正如观念的活泼性给人以快乐一样,观念的确实性,通过把一个特殊观念确定于心中,并使心灵免去选择对象时的动摇不定,因而就防止了不快的感觉。人性中有一个性质在许多场合下都是很显著的,并且是身心所共有的,就是:过分突然而猛烈的一种变化使我们感到不快,并且任何对象本身不论我们如何漠不相关的,可是它们的变化总是要引起不快来的。由于怀疑的本性在于引起思想中的变化,把我们由一个观念突然转移到另一个观念上,所以怀疑必然也是痛苦的起因。这种痛苦主要发生于任何事件的利益、关系或是它的重要性和新奇性使我们对它发生兴趣的场合下。我们并不是对每一个事实都有一种求知的好奇心,我们想知道的也不专限于知道以后对我们有利益的那些事实。一个观念只要以充分的力量刺激我们,并使我们对它极为关心,以致使我们对于它的不稳定性和易变性感到不快,那就足以刺激起好奇心来。一个初到任何城市中的人可以完全漠不关心居民的历史和经历,但是当他同他们进一步熟识了,并在他们中间住久了,他就和本地人一样有了好奇心。当我们在阅读一个民族的历史时,我们就极想澄清它的历史中所发生的任何疑难;但是这些事件的观念如果大部分都消失了,则我们对于那一类研究便不再关心了。

人 性 论

在精神科学中采用实验推理方法的一个尝试

> 爱好严肃的德的人应当时常研究什么是德,并且要求贤淑的典范。
>
> ——路庚(Lucan)

第三卷 道德学

附录一篇

其中对前两卷中某些段落作了例解与说明

第一章　德与恶总论

第一节　道德的区别不是从理性得来的

一切深奥的推理都伴有一种不便,就是:它可以使论敌哑口无言,而不能使他信服,而且它需要我们作出最初发明它时所需要的那种刻苦钻研,才能使我们感到它的力量。当我们离开了小房间、置身于日常生活事务中时,我们推理所得的结论似乎就烟消云散,正如夜间的幽灵在曙光到来时消失去一样;而且我们甚至难以保留住我们费了辛苦才获得的那种信念。在一长串的推理中,这一点更为显著,因为在这里,我们必须把最初的一些命题的证据保持到底,可是我们却往往会忘掉哲学或日常生活中的一切公认的原理。不过我仍然抱着这样的希望:现在这个哲学体系在向前进展的过程中,会获得新的力量;而且我们关于道德学的推理会证实前面关于知性和情感所作的论述。道德比其他一切是更使我们关心的一个论题:我们认为,关于道德的每一个判断都与社会的安宁利害相关;并且显而易见,这种关切就必然使我们的思辨比起问题在很大程度上和我们漠不相关时,显得更为实在和切实。我们断言,一切影响我们的事物决不能是一个幻象;我们的情感既然总要倾注于这一面或那一面,所以我们自然就认为,这个问题是在人类所可理解的范围以内;而在其他同类性质的一些情形下,我们对这个问题就容易发生怀疑。如果没有这个有利的条件,我在这样一个时代决不敢再给那样深奥的哲学写第三卷,因为在这个时代里,大部分人似乎都一致地把阅读转变为一种消遣,而把一切需要很大程度注意才能被人理解的事物都一概加以摒弃。

前面已经说过,心灵中除了它的知觉以外,永远没有任何东西存在;视、听、判断、爱、恨、思想等一切活动都归在知觉的名称之下。心灵所能施展的任何活动,没有一种不可以归在知觉一名之下;因此,知觉这个名词就可以同样地应用于我们借以区别道德善恶的那些判断上,一如它应用于心灵的其他各种活动上一样。赞许这一个人,谴责另一个人,都只是那么许多不同的知觉而已。

但是知觉既然分为两类,即印象和观念,这个区别就又产生了一个问题,就是:我们还是借我们的观念,还是借印象,来区别德和恶,并断言一种行为是可以责备的或是可以赞美的呢?我们将从这个问题开始我们关于道德学的现在这种研究。这个问题将立刻斩除一切不着边际的议论和雄辩,而使我们在现在这个题目上归结到一种精确和确切的论点。

有人主张,德只是对于理性的符合;事物有永恒的适合性与不适合性,这对于能够思考它们的每一个有理性的存在者是完全同一的;永恒不变的是非标准不但给人类、并且也给"神"自身,加上了一种义务:所有这些体系都有一个共同的意见,即道德也和真理一样,只是借着一些观念并借着一些观念的并列和比较被认识的。因此,为了评判这些体系,我们只须考究,我们是否能够单是根据理性来区别道德上的善恶,或者还是必须有其他一些原则的协助,才使我们能够作出这种区别。

第一章 德与恶总论

如果道德对于人类的情感和行为不是自然地具有影响,那么我们那样地费了辛苦来以此谆谆教人,就是徒劳无益的了,而且没有事情再比一切道德学者所拥有的大量规则和教条那样无益的了。哲学普通分为思辨的和实践的两部分;道德既然总是被归在实践项下,所以就被假设为影响我们的情感和行为,而超出知性的平静的、懒散的判断以外。这一点被日常经验所证实了,日常经验告诉我们,人们往往受他们的义务的支配,并且在想到非义时,就受其阻止而不去作某些行为,而在想到义务时,就受其推动而去作某些行为。

道德准则既然对行为和感情有一种影响,所以当然的结果就是,这些准则不能由理性得来;这是因为单有理性永不能有任何那类的影响,这一点我们前面已经证明过了。道德准则刺激情感,产生或制止行为。理性自身在这一点上是完全无力的,因此道德规则并不是我们理性的结论。

我相信,没有人会否认这个推论的正确性;而且除非先否认作为这个推论基础的那个原则,也就没有可以逃避这个推论的其他方法。我们只要承认、理性对于我们的情感和行为没有影响,那么我们如果妄称道德只是被理性的推论所发现的,那完全是白费的。一个主动的原则永远不能建立在一个不主动的原则上;而且如果理性本身不是主动的,它在它的一切形象和现象中,也都必然永远如此,不论它是从事研究自然的或道德的问题,不论它是在考虑外界物体的能力或是有理性的存在者的行为。

前面我已经证明[①],理性是完全没有主动力的,永远不能阻

---

① 第二卷,第三章,第三节。

止或产生任何行为或感情;我在证明这点时所用的种种论证,如果在这里一一加以重复,那就有些厌烦了。我们将很容易回忆到我们在那个论题上所说的话。我在这里将仅仅回忆这些论证之一,并将力求使它具有更大的决定性,并且更适合于应用到现在这个论题。

理性的作用在于发现真或伪。真或伪在于对观念的实在关系或对实际存在和事实的符合或不符合。因此,凡不能有这种符合或不符合关系的东西,也都不能成为真的或伪的,并且永不能成为我们理性的对象。但是显而易见,我们的情感、意志和行为是不能有那种符合或不符合关系的;它们是原始的事实或实在,本身圆满自足,并不参照其他的情感、意志和行为。因此,它们就不可能被断定为真的或伪的,违反理性或符合于理性。

这个论证对我们现在的目的来说,具有双重的优越性。因为它直接地证明,行为之所以有功,并非因为它们是符合于理性,行为之所以有过,也并非因为它们违反了理性;同时,它还较为间接地证明了这个同一的真理,就是通过向我们指出,理性既然永不能借着反对或赞美任何行为、直接阻止或引生那种行为,所以它就不能是道德上善恶的源泉,因为我们发现道德的善恶是有这种影响的。行为可以是可夸奖的或是可责备的,但不能是合理的或不合理的:因此,可以夸奖的或可以责备的同合理的或不合理的并不是一回事。行为的功过往往和我们的自然倾向相矛盾,有时还控制我们的自然倾向。但是理性并没有这种影响。因此道德上的善恶区别并不是理性的产物。理性是完全不活动的,永不能成为像良心或道德感那样,一个活动原则的源

第一章 德与恶总论

泉。

但是有人也许会说,虽然任何意志或行为都不能和理性直接互相矛盾,可是我们可以在行为的某些伴随条件方面,即在其原因或结果方面,发现那样一种矛盾。行为可以引起判断,而且当判断和情感相合时,也可以间接地被判断所引起,因而借着一种*滥用*的说法(哲学是难以允许这种滥用的),也可以把那个矛盾归之于那种行为。这种真或伪在什么样的程度上可以成为道德判断的源泉,现在应该加以考察。

我们已经说过,理性,在严格的哲学意义下,只有在两个方式下能够影响我们的行为。一个方式是:它把成为某种情感的确当的对象的某种东西的存在告诉我们,因而刺激起那种情感来;另一个方式是:它发现出因果的联系,因而给我们提供了发挥某种情感的手段。只有这两种判断能够伴随我们的行为,并可以说在某种方式下产生了行为;同时我们必须承认,这些判断往往可以是虚妄的和错误的。一个人可以因为误认一种痛苦或快乐存在于一个对象之中,因而发生了情感,事实上那个对象并没有产生苦乐感觉的倾向,或者所产生的结果恰好和所想象的情形相反。一个人也可以在求得达到他的目的时、采取了错误的手段,而由于他的愚蠢的行为妨害了,而不是促进任何计划的执行。我们可以认为这些虚妄的判断影响了与之有关的那些情感和行为,并且可以用一种不恰当的比喻说它们使行为成为不合理的。不过这一点虽然可以被承认,我们仍然很容易看到,这些错误远远不是一切不道德的源泉,它们往往是清白无罪的,而对于不幸陷入错误中的人们并不带来任何罪过。这些错误仅仅是事实的错误,道德学家一般都不认为这种错误是有罪的,因为它完全是无意的。如果我在对象产生痛苦或快乐的影响上发生了错误的认识,或者不知道满足我的欲望的恰当方法,那么人们应该惋惜我,而不该责备我。任何人都不能认为那些错误是我的道德品格中的一种缺陷。例如一个实际上是不好吃的果子在相当距离以外出现于我面前,我由于错误而想象它是甜美可口的。这是一个错误。我又选择了不适于达到取得这个果子的某种手段。这是第二个错误。除此以外,在我们关于行为的推理中再也没有第三种错误可能发生。因此,我就问,一个人如果处在这种情况下,犯了这两种错误,是否不管这些错误是多么不可避免,都应把他认为是恶劣的和罪恶的呢?我们能不能想象,这类错误是一切不道德的源泉呢?

这里我们也许应该提出,如果道德上的善恶区别是由那些判断的真伪得来的,那么不论在什么地方我们只要形成那些判断,就必然有善恶的区别发生;而且不论问题是关于一个苹果或关于一个王国,也不论错误是可避免的或是不可避免的,就都没有任何差异了。因为道德的本质既然被假设为在于对理性的符合或不符合,那么其他的条件就都完全是可有可无的,永远不能赋予任何行为以善良的或恶劣的性质,也不能剥夺它的那种性质。还有一点,这种符合或不符合既然不能有程度的差别,那么一切德和恶当然就都是相等的了。

有人或许这样说:事实的错误虽然不是罪恶的,可是是非的错误却往往是罪恶的,而这就可以成为不道德的源泉。我的答复是:这样一种错误不可能是不道德的原始源泉,因为这种错

第一章 德与恶总论

误以一种实在的是非作为前提，也就是以独立于这些判断之外的一种实在的道德区别作为前提。因此，是非的错误可以成为不道德的一种，不过它只是次生的一种不道德，依据于在它以前就存在的别的一种不道德上面的。

至于〔有人说〕有些判断是我们行为的结果，而且这些判断如果是错误的，就使我们断言那些行为是违反真理和理性的：关于这一点，我们可以说，我们的行为永远不能引起我们自己的任何真的或伪的判断来，而只有在他人方面才有这样一种影响。的确，一种行为在许多场合下可以使他人发生虚妄的结论；一个人如果从窗中窥见我同邻人的妻子的淫乱行为，他也许会天真地想象她一定是我的妻子。在这一点上，我的行为就类似谎言或妄语；惟一的不同之点（这点是很重要的）在于，我的淫乱行为并没有要想使别人发生一个错误判断的意图，而只是为了满足我的性欲和情感。不过我的行为却由于偶然而引起了一种错误和虚妄的判断；行为结果〔即他人的判断〕的虚妄可以借一种奇特的比喻归之于行为自身。但是我仍然看不到任何借口，可以根据它主张说，引起那样一种错误的倾向就是一切不道德的最初的源泉或原始的根源。①

---

① 一个幸运地成了名的已故的作者〔渥拉斯顿 Wollaston〕曾经郑重地主张说，这样一种错误就是一切罪恶和道德上的丑恶的基础；若不是他这样说，我们原可以认为证明上面这一点是完全多余的。为了发现他的假设的谬误，我们只须考究一点，就是：人们所以从一个行为推出一个错误的结论来，只是由于自然原则的模糊不明，致使一个原因被相反的原因在暗中打断了它的作用，并且使两个对象之间的联系变化不定。但是由于甚至在自然的对象方面，原因也有相似的不确定性和变化，并且引起我们的判断中的相似的错误，所以那个产生错误的倾向如果就是恶和不道德的本质，那么必然的结果就是：甚至无生物也可以成为罪恶的和不道德的

因此,总起来说,道德上的善恶的区别不可能是由理性造成的;因为那种区别对我们的行为有一种影响,而理性单独是不能

了。

人们如果再申辩说,无生物的行为是没有自由和选择的,那也是徒然的。因为自由和选择既然不是使一种行为在我们心中引生错误结论的必要条件,那么两者无论如何都完全不能成为道德的本质;而且我也不容易看到,就这个体系来说,它如何还会考虑到自由和选择。引起错误的倾向如果是不道德的根源,那么那种倾向和不道德在任何情形下都应当是不可分离的。

还有一点:如果我在和邻人的妻子尽情淫乱的时候,小心地先把窗子关住,那么我就不犯不道德的罪了;这是因为我的行为既然完全掩藏起来,就该没有产生任何错误结论的倾向了。

由于同样理由,一个窃贼如果登着梯子从窗户里进来,并且极其小心地不惊动人,那他就完全无罪了。因为他或者是不被人发觉,或者是如果被人发觉,他也不会引起任何错误,任何人在这种情况下也不会错认了他的身份。

大家都熟知,斜眼的人很容易使人发生错误。我们很容易认为他们是在向某人打招呼或谈话,而事实上他们是在和另外一个人交谈。那么他们就能因此而算是不道德的吗?

此外,我们还容易看到,在所有那些论证中都有一种明显的循环推理。一个人如果侵占了别人的财物,当作自己的来用,那他就像是宣布了那些财物是自己的;这种谬误是"非义"的这种不道德的根源。但是如果没有先在的道德准则作为前提,财产、权利、义务还可理解么?

一个对恩人负义的人,就在某种意义下表明他不曾由他受过任何恩惠。但是在什么意义下呢?是不是因为感恩是他的义务呢?不过这就假设,在此以前已有一种义务和道德的规则。那么,这是不是因为人性一般是感恩的,并使我们断言,一个伤害人的人永不会由他所伤害的人得到过任何恩惠呢?不过人性并不是那样一般地是感恩的,以至可以证明这样一个结论。即使人性一般是感恩的,那么一个一般原则的例外是否仅仅由于它是一个例外,而就总是罪恶的呢?

但是有一点就足以彻底粉碎这个荒唐的体系,就是:它使我们同样难以说明为什么真实是善良的,谬误是恶劣的,正如它不能说明其他任何行动的功罪一样。我倒愿意承认,一切不道德都是由行为中这种假设的谬误得来的,假如你能给我举出任何说得通的理由来说明,为什么那种谬误是不道德的。如果你把这个问题正确地考虑一番,你将发现自己仍然处于最初那样的困难境地。

最后这个论证是很有决定性的;因为假如在这类真伪上没有附着一种明显的功或罪的话,则真伪对我们的行为决不能发生任何影响。因为谁曾因为怕别人可能由某种行为得出错误的结论,而不去作那种行为呢?或者谁曾为了要别人得出正确结论,才作出任何行为呢?

第一章　德与恶总论

发生那种影响的。理性和判断由于推动或指导一种情感，确是能够成为一种行为的间接原因；不过我们不会妄说，这一类判断的真伪会伴有德或恶。至于由我们的行为所引起的他人的那些判断，它们更不能对构成它们原因的那些行为给予那些道德的性质。

不过为了说得更详细一点，为了指出事物的那些永恒不变的合适性和不合适性并不能得到健全的哲学的辩护，我们还可以衡量下面的几点考虑。

如果思想和知性单独就能够确定是非的界限，那么德和恶这两种性质必然或者在于对象的某些关系，或者在于可以由我们的推理所发现的一种事实。这个结论是明显的。人类知性的作用既然分为两种，即观念的比较和事实的推断，所以德如果是被知性所发现的话，那么德一定是这些作用之一的对象，除此以外，知性再也没有第三种作用可以发现它们。某些哲学家们曾经勤勤恳恳地传播一个意见说，道德是可以理证的；虽然不曾有任何人在那些证明方面前进一步，可是他们却假设这门科学可以与几何学或代数学达到同样的确实性。根据这个假设来说，恶与德必然成立于某些关系；因为各方面都承认，事实是不能理证的。因此，让我们先从考察这个假设开始，并且，如果可能的话，力求确定那些长时期以来成为毫无结果的研究的对象的道德性质。请你明确地指出构成道德或义务的那些关系来，以便我们知道那些关系由什么而成立的，以及我们必须在什么方式下来加以判断。

如果你主张，恶和德成立于可以有确实性和可以理证的一些关系，那么你必然只限于那四个能够有那种证信程度的关系；而在那种情形下，你就陷于重重的矛盾中间，永远无法脱出。因为你既然认为道德的本质就在于这些关系中间，而这些关系中没有一种不可以应用于无理性的对象上，而且也可以应用于无生命的对象上，所以当然的结果就是，甚至这些对象也必然能够有功或有过了。类似关系、相反关系、性质的程度和数量与数目的比例，所有这些关系不但属于我们的行为、情感和意志，同样也确当地属于物质。因此，毫无疑问，道德并不在于任何一种这些关系中间，而且道德感也不在于这些关系的发现①。

如果有人说，道德感在于发现和这些关系不同的某种关系，并且当我们把一切可以理证的关系归在四个总目之下时，我们所列举的关系是不完全的：对于这个说法，我不知道如何答复才好，除非有人肯惠予指出这种新关系来。对于一个从未说明过的体系，我们是不可能加以驳斥的。像这样的黑暗中进行混战，一个人往往打在空处，把拳击送到了敌人所不在的地方。

因此，我在这个场合下，就只好满足于向愿意澄清这个体系

---

① 为了证明我们在这个论题上的思想方式通常是如何的混乱，我们可以说：那些主张道德是可以理证的人们并不说，道德就存在于关系中间，以及那些关系是可以被理性所区别的。他们只是说，理性能够发现，那样一种行为在那样一些关系中是善良的，而另一种行为则是恶劣的。他们似乎以为，他们只要能把关系这个名词放进他们的命题中就够了，而不再费心思去考虑它是否切合于命题。不过我想这里有一个明显的论证。理证的理性只发现关系。但是依照这个假设来说，那个理性也发现恶和德。因此，这些道德的性质必然就是关系。当我们责备任何情况下的任何行为时，行为和情况的全部复杂对象必然形成恶的本质所在的某些关系。这个假设在其他方式下是不能理解的。因为当理性断言任何行为是恶劣的时候，它所发现的是什么呢？它发现了一种关系呢？还是一个事实呢？这些问题是有决定性的，不容任何人逃避的。

的人要求下面的两个条件。第一，道德的善恶既然只属于心灵的活动，并由我们对待外界对象的立场得来，所以这些道德区别所由以发生的那些关系，必然只在于内心的活动和外在的对象之间，并且必然不可以应用于自相比较的内心活动，或应用于某些外界对象与其他外界对象的对比。因为道德既然被假设为伴随某些关系，所以这些关系如果只属于单纯的内心活动，那么结果就是：我们在自身就会犯罪，不管我们对宇宙处于什么立场了。同样，这些道德关系如果能够应用于外界对象之间，那么结果就是，甚至无生物也可以有道德上的美丑了。但是我们似乎难以想象，在情感、意志和行为与外界对象比较之下所能发现出的任何关系，是不可能在自相比较的情况下，属于这些情感和意志，或属于这些外界对象的。

但是证明这个体系时所需要的第二个条件，更加难以满足。如有些人所主张的，在道德的善恶之间有一种抽象的理性的差异，而事物也有一种自然的适合性与不适合性；依照这些人的原则来说，他们不但假设，这些关系由于是永恒不变的，所以在被每一个有理性的动物考虑时，都是永远同一的，而且它们的结果也被假设为必然是同一的；并且他们断言，这些关系对于神的意志的指导，比起对于有理性的、善良的人们的支配，具有同样的、甚至更大的影响。这两点显然不是一回事。认识德是一回事，使意志符合于德又是一回事。因此，为了证明是非的标准是约束每一个有理性的心灵的永久法则，单是指出善恶所依据的那些关系来还不够，我们还必须指出那种关系与意志之间的联系，并且必须证明，这种联系是那样必然的，以致在每一个有善意的心灵中它必然发生，并且必然有它的影响，虽然这些心灵在其他方面有巨大的、无限的差异。但是我已经证明，甚至在人性中间，任何一个关系决不能单独地产生任何行为；除此以外，在研究知性时我也已经指出，任何因果关系（道德关系也被认为是因果关系）都只能通过经验而被发现，而且我们也不能妄说，单是通过对于对象的考虑，就能够对这种因果关系有任何确实的把握。宇宙间的一切事物，单就其本身考虑，显得是完全散漫而互相独立的。我们只是借着经验才知道它们的影响和联系；而这种影响，我们永远不应该推广到经验之外。

由此可见，永恒的、理性的是非标准的体系所需要的第一个条件是不可能满足的，因为我们不可能指出那样一种是非区别所依据的那些关系；第二个条件也同样不能满足，因为我们不能够先验地证明，这些关系如果真正存在并被知觉的话，会具有普遍的强制和约束力量。

不过为了使这些一般的考虑更加清楚而有说服力起见，我们可以用人们普遍承认为含有道德的善、恶性质的一些特殊例子加以具体说明。在人类可能犯的一切罪恶中，最骇人、最悖逆的是忘恩负义，特别是当这种罪恶犯在父母的身上，表现在伤害和杀害的尤其罪恶昭彰的例子里面。一切人，不论哲学家和一般人，都承认这一点；只有在哲学家们中间发生了这样一个问题，就是：这种行为的罪恶或道德上丑恶还是被理证的理性所发现的呢？还是被一种内心的感觉、通过反省那样一种行为时自然地发生的某种情绪、所感到的呢？我们如果能够指出，其他对象中虽然也有同样的关系，而却并不伴有任何罪恶或非义的概

第一章 德与恶总论

念,那么这个问题就立刻被决定了,而前一个意见就被否定了。理性或科学只是观念的比较和观念关系的发现;如果同样的关系有了不同的性质,那么明显的结果就是:那些性质不是仅仅由理性所发现的。因此,为了试验这个问题,让我们选定任何一个没有生命的对象,例如一棵橡树或榆树;让我们假设,那棵树落下一颗种子,在它下面生出一棵树苗来,那棵树苗逐渐成长,终于长过了母株,将它毁灭;那么我就问,在这个例子中是否缺乏杀害父母或忘恩负义行为中所发现的任何一种关系呢?老树不是幼树的存在的原因么?幼树岂不是老树的毁灭的原因、正如一个儿子杀死他的父母一样吗?如果仅仅回答说,这里缺乏选择或意志,那是不够的。因为在杀害父母的情形下,意志并不产生任何不同的关系,而只是那种行为所由以发生的原因,因此,它产生的关系是和橡树或榆树方面由其他原则所发生的关系是相同的。决定一个人杀害父母的是意志或选择;决定一棵橡树幼苗毁灭它所由以生长的老树的是物质和运动的规律。因此在这里,同样的关系具有不同的原因,但是那些关系仍然是同一的;这些关系的发现在两种情形下既然并不都伴有不道德的概念,所以结果就是,那种概念并不发生于那样一种发现。

不过我们还可以选出一个更加类似的例子;我请问任何人,为什么血族通奸在人类方面是罪恶的,为什么同样行为和同样关系在动物方面就丝毫也不算是道德上的罪恶和丑恶呢?如果有人答复说,这种行为在动物方面所以是无罪的,乃是因为动物没有足够的理性来发现它是罪恶的,至于人则赋有理性官能,应该约束他遵守义务,所以同样行为对他来说立刻成为是罪恶的了;如果有人这样说,则我可以答复说,这显然是一种循环论证。因为在理性能够觉察罪恶之前,罪恶必然先已存在;因此,罪恶是独立于我们理性的判断之外的,它是这些判断的对象,而不是它们的结果。因此,依照这个体系来说,凡有感觉、欲望和意志的动物,也就是每一个动物,必然都有我们所赞美和责备于人类的一切的那些德和恶。所有的差异只在于,我们的高级理性足以发现恶或德,并借此可以增加责备或赞美;不过这种发现仍然假设这些道德区别以一个独立的存在者作为前提,这个存在者仅仅依靠于意志和欲望,而且在思想和现实中都可以和理性分开。动物彼此之间也和人类一样有同样的关系,因而道德的本质如果就在于这些关系,则动物也和人类一样、可以有同样的道德。动物缺乏足够程度的理性,这或许阻止它们觉察道德的职责和义务,但是永不能阻止这些义务的存在,因为这些义务必须预先存在,然后才能被知觉。理性只能发现这些义务,却永不能产生这些义务。这个论证值得衡量,因为据我看来它是完全有决定性的。

这个推理不但证明,道德并不成立于作为科学的对象的任何关系,而且在经过仔细观察以后还将同样确实地证明,道德也不在于知性所能发现的任何事实。这是我们论证的第二个部分;这一部分如果阐述明白,我们就可以断言,道德并不是理性的一个对象。但是要想证明恶与德不是我们凭理性所能发现其存在的一些事实,那有什么困难呢?就以公认为罪恶的故意杀人为例。你可以在一切观点下考虑它,看看你能否发现出你所谓恶的任何事实或实际存在来。不论你在哪个观点下观察它,

第一章 德与恶总论

你只发现一些情感、动机、意志和思想。这里再没有其他事实。你如果只是继续考究对象,你就完全看不到恶。除非等到你反省自己内心,感到自己心中对那种行为发生一种谴责的情绪,你永远也不能发现恶。这是一个事实,不过这个事实是感情的对象,不是理性的对象。它就在你心中,而不在对象之内。因此,当你断言任何行为或品格是恶的时候,你的意思只是说,由于你的天性的结构,你在思维那种行为或品格的时候就发生一种责备的感觉或情绪。因此,恶和德可以比作声音、颜色、冷和热,依照近代哲学来说,这些都不是对象的性质,而是心中的知觉;道德学中这个发现正如物理学中那个发现一样,应当认为是思辨科学方面的一个重大进步,虽然这种发现也和那种发现一样对于实践都简直没有什么影响。对我们最为真实、而又使我们最为关心的,就是我们的快乐和不快的情绪;这些情绪如果是赞成德、而不赞成恶的,那么在指导我们的行为和行动方面来说,就不再需要其他条件了。

对于这些推理我必须要加上一条附论,这条附论或许会被发现为相当重要的。在我所遇到的每一个道德学体系中,我一向注意到,作者在一个时期中是照平常的推理方式进行的,确定了上帝的存在,或是对人事作了一番议论;可是突然之间,我却大吃一惊地发现,我所遇到的不再是命题中通常的"是"与"不是"等连系词,而是没有一个命题不是由一个"应该"或一个"不应该"联系起来的。这个变化虽是不知不觉的,却是有极其重大的关系的。因为这个应该或不应该既然表示一种新的关系或肯定,所以就必需加以论述和说明;同时对于这种似乎完全不可思议的事情,即这个新关系如何能由完全不同的另外一些关系推出来的,也应当举出理由加以说明。不过作者们通常既然不是这样谨慎从事,所以我倒想向读者们建议要留神提防;而且我相信,这样一点点的注意就会推翻一切通俗的道德学体系,并使我们看到,恶和德的区别不是单单建立在对象的关系上,也不是被理性所察知的。

第二节 道德的区别是由道德感得来的

这样,论证的进程就导使我们断言,恶与德既然不是单纯被理性所发现的,或是由观念的比较所发现的,那么我们一定是借它们所引起的某种印象或情绪,才能注意到它们之间的差别。我们关于道德的邪正的判断显然是一些知觉;而一切知觉既然不是印象、便是观念,所以排除其中之一,就是保留另外一种的有力的论证。因此,道德宁可以说是被人感觉到的,而不是被人判断出来的;不过这个感觉或情绪往往是那样柔弱和温和,以致我们容易把它和观念相混,因为依照我们平常的习惯,一切具有密切类似关系的事物都被当作是同一的。

其次的问题是:这些印象是什么性质的,它们是以什么方式对我们起作用的? 这里我们无需久待不决,而必然立刻可以断言,由德发生的印象是令人愉快的,而由恶发生的印象是令人不快的。每一刹那的经验必然都使我们相信这一点。任何情景都没有像一个高贵和慷慨的行为那样美好;而任何情景也没有像残忍奸恶的行为那样更令人厌恶的了。任何快乐都比不上我们与所爱所敬的人在一起时所感到的那种愉快;正如最大的惩罚

第一章 德与恶总论

就是被迫和我们所憎恨或鄙视的人们一起生活一样。一部戏剧或小说就可以提供我们以一些例子，说明由德所传来的这种快乐和发生于恶的痛苦。

我们借以认识道德的善恶的那些有区别作用的印象，既然只是一些特殊的痛苦或快乐；那么必然的结果就是，在关于这些道德区别的一切研究中，我们只须指出，什么一些原则使我们在观察任何品格时感到快乐或不快；这就足以使我们相信，为什么那个品格是可以赞美的或可以责备的了。一个行动、一种情绪、一个品格是善良的或恶劣的，为什么呢？那是因为人们一看见它，就发生一种特殊的快乐或不快。因此，只要说明快乐或不快的理由，我们就充分地说明了恶与德。发生德的感觉只是由于思维一个品格感觉一种特殊的快乐。正是那种感觉构成了我们的赞美或敬羡。我们不必再进一步远求；我们也不必探索这个快感的原因。我们并非因为一个品格令人愉快，才推断那个品格是善良的；而是在感觉到它在某种特殊方式下令人愉快时，我们实际上就感到它是善良的。这个情形就像我们关于一切种类的美、爱好和感觉作出判断时一样。我们的赞许就涵摄在它们所传来的直接快乐中。

对于建立了永恒的理性的是非标准的那个体系，我已经反驳说，我们在理性动物的行为中所能指出的任何关系，没有一种不能在外界对象中发现的；因此，道德如果永远伴着这些关系，那么无生物也可以成为善良的或恶劣的了。但是人们也可以同样反驳现在这个体系说，如果德和恶是被快乐和痛苦所决定的，那么这些善恶性质必然永远是由感觉而发生的；因而任何对象，不论是有生或无生,有理性的或无理性的,只要能刺激起快感或不快,都可以在道德上成为善的或恶的了。不过这种反驳虽然似乎与前面的一致,可是它在这种情形下绝对没有在前一种情形下的那种力量。因为,第一,显而易见,在快乐这个名词下面我们包括了很不相同的许多感觉,这些感觉只有那样一种疏远的类似关系,足以使它们可以被同一个抽象名词所表示。一个美好的乐章和一瓶美好的酒同样地产生快乐;而且两者的美好都只是由快乐所决定的。但是我们就可以因此而说,酒是和谐的或音乐是美味的么?同样,一个无生物,或任何人的品格或情绪虽然都可以给人快感;但是由于快感不同,这就使我们对于它们而发生的情绪不至于混淆,并使我们以德归之于一类,而不归之于另一类。就是由品格和行为发生的每一种苦乐情绪也并不是都属于使我们赞美或责备的那种特殊的苦乐情绪之列。一个敌人的优良品质对我们是有害处的,但是仍然激起我们的尊重与尊敬。所以我们只是在一般地考虑一种品格,而不参照于我们的特殊利益时,那个品格才引起那样一种感觉或情绪,而使我们称那个品格为道德上善的或恶的。诚然,由利益发生的情绪和由道德发生的情绪,容易互相混淆,并自然地互相融合。我们很少不认为一个敌人是恶劣的,也很少能够在他对我们的利害冲突与本人的真正的邪恶和卑劣两者之间有所区别。不过这并不妨害那些情绪本身仍然是彼此各别的,而且一个镇静而有定见的人是能够不受这些幻觉支配的。同样,一个和谐的声音虽然确实只是自然地给人以一种特殊快乐的声音,可是一个人却难以觉察到一个敌人的声音是悦耳的,或者承认它是和谐的。

但是一个听觉精细而能自制的人却能分开这些感觉,而对值得赞美的加以赞美。

第二,我们可以回忆一下前面的情感体系,以便看到我们各种痛苦和快乐之间的一种更加重大的差异。当一个事物呈现于我们之前,而且那个事物既对于这些情感的对象有一种关系,又产生了一种与这些情感的感觉相关的独立感觉,这时骄傲与谦卑、爱与恨就被刺激起来。德和恶就伴有这些条件。德与恶必然在于我们自身或在他人身上,并且必然刺激起快乐或不快;因此,它们必然刺激起这四种情感之一;这就使它们清楚地区别于那些与我们往往没有关系的无生物所发生的那种苦乐。这或许是德和恶对心灵产生的最重大的作用。

现在,关于区别道德的善恶的这种苦乐,可以提出一个概括的问题来,就是:这种苦乐是由什么原则发生的,它是由什么根源而发生于人类心灵中的呢?对于这个问题,我可以答复说,第一,要想象在每一个特殊例子中、这些情绪都是由一种原始的性质和最初的结构所产生的,那是荒谬的。因为我们的义务既然可以说是无数的,所以我们的原始本能就不可能扩及于每一种义务,不可能从我们最初的婴儿期起在心灵上印入最完善的伦理学系统中所包含的那一大堆的教条。这样一种进行方法是和指导自然的那些通常的原理不相符合的,在自然中,少数几条的原则就产生了我们在宇宙中所观察到的一切种类,而且每样事情都是在最简易的方式下进行的。因此,我们必须把这些最初的冲动归纳起来,找寻出我们的一切道德概念所依据的某些较为概括的原则。

但是第二,有人如果问,我们还是应该在自然中来找寻这些原则,还是必须在其他某种来源方面找寻它们?那么我可以答复说,我们对于这个问题的答案是决定于"自然"一词的定义的,没有任何一个词比这个名词更为含混而模糊的了。如果所谓自然是与神迹对立的,那么不但德与恶的区别是自然的,而且世界中所发生过的每一事件,除了我们宗教所依据的神迹之外,也都是自然的。因此,如果说关于恶与德的情绪在这个意义下是自然的,我们便没有作出什么很了不起的发现。

不过自然也可以同稀少和不常见的意义相对立;在这个通常的意义下,关于什么是自然的,什么是不自然的问题往往可以发生争执;我们可以一般地说,我们并没有任何十分精确的标准,可以用来解决这些争端。常见和稀少决定于我们所观察到的事例的数目,这个数目既然可以逐渐地有所增减,所以我们就不可能确定其间任何精确的界限。在这一点上,我们只可以肯定说,如果有任何事物可以在这个意义下称为自然的,那么道德感一定是可以称为自然的。因为世界上没有任何一个国家、任何一个国家中也没有任何一个人完全没有道德感,没有一个人在任何一个例子中从来不曾对于习俗和行为表示过丝毫的赞许或憎恶。这些情绪在我们的天性和性情中是那样根深蒂固的,若不是由于疾病或疯狂使心灵完全陷于混乱,决不可能根除和消灭它们的。

不过自然不但可以同稀少和不常见对立,也可以和人为对立,而且在这个意义下,人们也可以争论,德的概念是否是自然的。我们容易忘掉,人们的设计、计划和观点正如冷、热、潮、湿

第一章 德与恶总论

等原则一样在它们的作用中同样都是受必然所支配的；但是当我们把它们看作为自由的、完全由自己支配的时候，我们通常就把它们与自然的其他一些原则对立起来。因此，如果有人问，道德感是自然的还是人为的，我认为我现在对于这个问题不可能给以任何确切的答复。往后我们或许会看到，我们的某些道德感是人为的，而另外一些道德感则是自然的。当我们进而详细考察每个特殊的恶和德的时候[①]，再来讨论这个问题，将是较为适当的。

同时我们不妨根据自然和不自然的这些定义说，那些主张德与自然同义、恶与不自然同义的体系是最违反哲学的。因为在"自然"一词与神迹对立的第一个意义下，恶和德是同样自然的；而在它与不常见的事物对立的第二个意义下，那么德或许会被发现是最不自然的。至少我们必须承认，勇德和最野蛮的暴行一样，因为是不常见的，所以同样是不自然的。至于自然的第三个意义，那么恶与德确实同样是人为的，同样是不自然的。因为人们不论怎样争辩、某些行为的功或过的概念是自然的还是人为的，那些行为自身显然是人为的，是根据某种意图和意向而作出的；否则那些行为便不可能归在这些名称中的任何一个之下。因此，"自然的"和"不自然的"这些性质不论在任何意义下都不能标志出恶和德的界限。

这样，我们就又回到了我们原来的论点上，就是：德和恶是被我们单纯地观察和思维任何行为、情绪或品格时所引起的快

[①] 在下面的讨论中，自然的一词有时也与政治的对立，有时与道德的对立。对立的情形总是会显出所指的意义来。

乐和痛苦所区别的。这个论断是很适切的,因为它使我们归结到这样一个简单的问题,即为什么任何行为或情绪在一般观察之下就给人以某种快乐或不快,借此就可以指出道德邪正的来源,而无需去找寻永不曾存在于自然中的,甚至也并不(借任何清楚和明晰的概念)存在于想象中的任何不可理解的关系和性质。对于这个问题作了这个在我看来毫无任何含糊不清之点的陈述以后,我就庆幸我已经完成了我现在的计划的一大部分。

第二章　论正义与非义

第一节　正义是自然的还是人为的德

我已经提过，我们对于每一种德的感觉并不都是自然的；有些德之所以引起快乐和赞许，乃是由于应付人类的环境和需要所采用的人为措施或设计。我肯定正义就属于这一种；我将力求借一种简短和（我希望）有说服力的论证，来为这个意见进行辩护，然后再来考察那种德的感觉所由以发生的那种人为措施的本性。

显而易见，当我们赞美任何行为时，我们只考虑发生行为的那些动机，并把那些行为只认为是心灵和性情中某些原则的标志或表现。外在的行为并没有功。我们必须向内心观察，以便发现那种道德的性质。我们并不能直接发现这种性质，因此，我们就把行为作为外在的标志、而集中注意于其上。不过这些行为仍然被视为标志，而我们称赞和赞许的最后对象仍然是产生这些行为的那个动机。

同样，当我们要求任何行为，或责备一个人没有作出那种行为时，我们总是假设，处于那种情况之下的一个人应当被那种行为的固有动机所影响，并且我们认为他没有顾到这点是恶劣的。如果我们在探索之后发现，他内心中的善良的动机仍然占着优势,可是被我们所不知道的一些条件阻碍了它的作用,于是我们便取消我们的责备,而对他仍然表示尊重,就像他真正作出了我们所要求于他的那种行为似的。

因此,我们的一切德行看来只是由于善良的动机才是有功的,并且只被认为是那些动机的标志。根据这个原则我就断言,使任何行为有功的那个原始的善良动机决不能是对于那种行为的德的尊重,而必然是其他某种自然的动机或原则。要假设对于行为的德的单纯的尊重可以是发生那个行为,并使它成为善良的原始动机,那就是一种循环推理。在我们能发生那种尊重之前,那种行为必须真正是善良的,而这个行为的德又必须是由某种善良的动机所发生;因此,善良的动机就必然不同于对于行为的德的尊重。一个善良的动机是使一种行为成为善良的必要条件。一种行为必须先是善良的,然后我们才能对它的德表示敬意。因此,在那种尊重之前,必然先有某种善良的动机。

这样说法也并不单纯是一种哲学的玄谈,而是见于我们日常生活的一切推理中的,虽然我们也许不能用那样明晰的哲学词语加以表达。一个父亲忽略了他的孩子,我们就要责备他。为什么呢?因为那就表示他缺乏自然的爱,而这种爱是每一个父亲的义务。如果自然的爱不是一种义务,那么对于孩子们的爱护便不能是一种义务;而且我们对于子女的关怀也就不可能被看作一种义务了。因此,在这种情形下,每个人都假设了一个别于义务感的行为动机。

这里有一个人做了许多慈善的行为:拯救患难中的人,安慰受折磨的人,并施恩于素昧平生之人。没有人比他更仁厚和善良的了。我们认为这些行为是最大的仁爱的证明。这种仁爱使他的行为有功。因此,对于这个功的尊重乃是次生的考虑,是由

第二章　论正义与非义

先已存在的有功的、可以赞美的仁爱原则发生的。

简而言之,我们可以确立一条无疑的原理说:人性中如果没有独立于道德感的某种产生善良行为的动机,任何行为都不能是善良的或在道德上是善的。

但是道德感或义务感离开了任何其他动机就不可以产生一种行为么？我回答说,可以;不过这并不是对于我现在的学说的一个反驳。当任何善良的动机或原则是人性中共同具有的时候,一个感到心中缺乏那个动机的人会因此而憎恨自己,并且虽然没有那种动机,而也可以由于义务感去作那种行为,以便通过实践获得那个道德原则,或者至少尽力为自己掩饰自己缺乏那个原则。一个在自己性情中真正感不到感恩心的人,仍然乐于作出感恩的行为,并且以为他借此就履行了他的义务。行为在最初只被认为是动机的标志;不过在这种情形下,也和在其他一切情形下一样,我们往往集中注意于标志,而在相当程度上忽略了被标志的事物。不过在某些场合下,一个人虽然可以单纯由于考虑到一种行为的道德义务而作出那种行为,可是这仍然以人性中某些独立的原则为前提,这些原则能够产生那种行为,并且它们的道德之美也使那种行为成为有功的。

我们可以把所有这些理论应用到现在这样一个例子:假如一个人借给我一笔钱,条件是我必须在几天以内归还他这笔钱;还可以假设在到了约定的期限之后,他索还那一笔钱;那么我就问,我有什么理由或动机要还这笔钱呢？人们或许说,假如我有丝毫的诚实或责任感和义务感,那么我对于正义的尊重以及对于奸诈和无赖行为的憎恨,便足以成为我的充分理由。对于一个在文明状态中而又依照某些训练和教育培养出来的人来说，这个答复无疑地是正确的、满意的。但是在他的未开化的、较自然的状态下（如果你愿意称那种状态是自然的），这个回答会被认为是完全不可理解的、诡辩的，而遭到排斥。因为处在那样情况下的一个人立刻会问你，你在还债和戒取别人的财产这件事中间所发现的那种诚实和正义究竟是由什么而成立的呢？它一定不存在于外表的行为中。因此，它必然存在于外表的行为所由发生的那个动机中。这个动机决不能是对于行为的诚实性的一种敬意。因为要说一个善良的动机是使一种行为成为诚实的必要条件，而同时又说对于诚实的尊重是那种行为的动机，那显然是一种谬论。一种行为若非先是善良的，我们就永不能对它的德表示敬意。任何行为都只是因为它是发生于一个善良的动机，才能是善良的。因此，一个善良的动机必然先于对德行的尊重；善良的动机和对于德的尊重不可能是一回事。

因此，对于正义的和诚实的行为，我们必须发现不同于对诚实的尊重的某种动机。重大的困难就在这里。因为假使我们说，对于自己的私利或名誉的关怀是一切诚实行为的合法动机，那么那种关怀一旦停止，诚实也就不再存在了。但是利己心，当它在自由活动的时候，确是并不促使我们作出诚实行为的，而是一切非义和暴行的源泉；而且人如果不矫正并约束那种欲望的自然活动，他就不能改正那些恶行。

但是有人如果说，那一类行为的理由或动机就是对于公益的尊重心，而非义和不诚实的事例是最为违反这种公益的；如果有人这样说，我可以提出下面三个值得我们注意的考虑之点。

第二章 论正义与非义

第一,公益并不自然而然地与正义规则的遵守相依属的,公益所以与这种遵守相联系,只是因为先有了可以确立这些规则的一种人为的协议,这一点以后将更详细地加以说明。第二,如果我们假设那笔借款是在秘密中进行的,而且为了出借人的利益,这笔借款必须在同一方式下归还(例如当出借人要隐蔽他的财富时),那么在那种情形下,范例作用就停止了,而公众对于借债人的行为也就不再关心了;虽然我认为,没有一个道德学家会说,责任和义务也就停止了。第三,经验充分地证明,人们在日常生活中,当他们还债、践约、戒偷、戒盗、戒任何一种非义的时候,并不远远看到公益上面。这个动机是太疏远了、太崇高了,难以影响一般的人们,并在那样违反私利的行为(正义和一般的诚实的行为往往是如此)中以任何力量发生作用。

我们可以概括地说,如果不考虑到个人的品质、服务或对自己的关系,人类心灵中没有像人类之爱那样的纯粹情感。诚然,任何一个人或感情动物的幸福或苦难,当其在与我们接近并以生动的色彩呈现出来时,没有不在相当程度上影响我们的;不过这只是发生于同情,并不证明我们有对于人类的那样一种普遍的爱情,因为这种关切是扩展到人类之外的。两性间的爱显然是根植于人类天性中的一种情感;这个情感不但出现于其特殊的表征方面,而且表现于激起其他各种的爱的原则,并使人由于美貌、机智和好感发生出一种比其他情形下更为强烈的爱。如果一切人类之间都有一种普遍的爱,那种爱也就应该以同一方式表现出来。任何程度的好的品质所引起的爱都应该比同样程度的坏的品质所引起的恨更为强烈一些;这是与我们在经验中所发现的情形正相反的。人的性情各不相同,有的倾向于柔和的感情,有的倾向于比较粗暴的感情:但是大体上我们可以说,一般的人或人性既是爱的对象,也是恨的对象,并且需要另外一个可以借着印象和观念的双重关系刺激起这些情感来的原因。我们如果设法躲避这个假设,那是徒然的。没有任何现象向我们指出,有那样一种不考虑到人们的优点和其他一切条件的对于人类的爱。我们一般地爱好同伴,不过这也和我们爱好其他任何消遣一样。一个英国人在意大利时就成为英国人的朋友,一个欧洲人在中国时就是欧洲人的朋友;我们如果在月球上遇到一个人,我们或者会单因他是一个人而爱他。不过这只是由于别人和我们有一种关系;这种关系在这些情形下因为限于少数人而就加强起来了。

因此,如果对公众的慈善或对人类利益的尊重不能是正义的原始动机,则对私人的慈善或对于有关的人的利益的尊重,就更不能成为这个动机了。因为假使他是我的敌人,使我有憎恨他的正当理由,那该怎么样呢?他如果是一个坏人,值得全人类的憎恨,那该怎么样呢?他如果是一个守财奴,根本不会利用我们剥夺去他的东西,那该怎么样呢?他如果是一个浪荡的败家子,有了大宗财产,不但无益,反而受害,那该怎么样呢?假如我有急需,有为家庭求得某种东西的紧迫动机,那该怎么样呢?在一切这些情形下,正义的原始动机就会不起作用;结果,正义本身、连同一切产权、权利和义务也就都不发生作用了。

一个富人在道德上有义务将他的多余的财物的一部分分给贫困的人。对私人的慈善如果是正义的原始动机,那么一个人

第二章 论正义与非义

就没有义务让其他的人们享有超过他有义务要给他们的更多财物。至少,财产的差异应该很小。人们一般都是把他们的爱置于他们所已占有的东西,而不置于他们所从未享有的东西:因为这种缘故,所以把一个人的任何财物夺去比起不给他任何财物来,是更大的残忍行为。但是谁会说、这是正义的惟一基础呢?

此外,我们还必须考虑,人们所以贪恋他们的所有物,主要的理由就在于他们认为那些所有物是自己的财产,是由社会法律给他们神圣不可侵犯地确保的财产。不过这是一种次生的考虑,依据于先前的正义和财产概念上面的。

一个人的财产被假设为在一切可能的情形下都是受到保障,不受任何人侵犯的。不过对私人的慈善是、并且也应当是在一切人中间有强有弱的,而在很多人中间(或者说在大多数人中间),必然是根本没有的。因此,对私人的慈善并不是正义的原始动机。

由这一切所得出的必然结论就是:我们并没有遵守公道法则的任何真实的或普遍的动机,除了那种遵守的公道和功德自身以外;但是因为任何行为如不能起于某种独立的动机,就不能成为公道的或有功的,所以这里就有一种明显的诡辩和循环推理。因此,我们除非承认,自然确立了一种诡辩,并使诡辩成为必然的和不可避免的,那么我们就必须承认,正义和非义的感觉不是由自然得来的,而是人为地(虽然是必然地)由教育和人类的协议发生的。

对于这个推理,我还要加上一个系论,就是:离开了别于道德感的某些动机或有推动力的某些情感,既然就没有任何行为是可以赞美的或可以责备的，那么这些各别的情感对那种道德感必然有一种巨大的影响。我们的责备或赞美，都是依据于这些情感在人性中的一般的势力。在判断动物身体之美时，我们总是着眼于某一个种类的构造；当肢体和姿态符合于那个种类的共同的比例时，我们就断言它们是美好的。同样，当我们断定恶和德的时候，我们也总是考虑情感的自然的和通常的势力；如果情感在两方面离开共同的标准都很远，它们就总是被认为恶劣的而遭到谴责。一个人自然爱他的子女甚于爱他的侄儿，而爱他的侄儿甚于爱他的表兄弟，爱他的表兄弟又甚于爱陌生人，如果其他条件都相等的话。这样，在取舍之间，我们就发生了一个共同的义务标准。我们的义务感永远遵循我们情感的普通的、自然的途径。

为了避免得罪人起见，我在这里必须声明：当我否认正义是自然的德时，我所用自然的一词，是与人为的一词对立的。在这个词的另一个意义下来说，人类心灵中任何原则既然没有比道德感更为自然的，所以也没有一种德比正义更为自然的。人类是善于发明的；在一种发明是显著的和绝对必要的时候，那么它也可以恰当地说是自然的，正如不经思想或反省的媒介而直接发生于原始的原则的任何事物一样。正义的规则虽然是人为的，但并不是任意的。称这些规则为自然法则，用语也并非不当，如果我们所谓"自然的"一词是指任何一个物类所共有的东西而言，或者甚至如果我们把这个词限于专指与那个物类所不能分离的事物而言。

第二节　论正义与财产权的起源

现在我们进而考察两个问题：一个问题是：关于正义规则在什么方式下被人为措施所确立的问题，另一个问题是：什么理由决定我们把遵守这些规则认为是道德的美，把忽视这些规则认为是道德的丑。这两个问题以后会显得是彼此各别的。我们先从讨论前一个问题着手。

在栖息于地球上的一切动物之中，初看起来，最被自然所虐待的似乎是无过于人类，自然赋予人类以无数的欲望和需要，而对于缓和这些需要，却给了他以薄弱的手段。在其他动物方面，这两个方面一般是互相补偿的。我们如果单纯地考虑狮子是贪食的食肉兽，我们将容易发现它的生活是很困难的；可是我们如果着眼于狮子的身体结构、性情、敏捷、勇武、雄壮的肢体、猛力等等，那么我们就将发现，狮子的这些有利条件和它的欲望恰好是成比例的。羊和牛缺乏这些有利条件，不过牛羊的食欲不是太大，而它们的食物也容易取得。只有在人一方面，软弱和需要的这种不自然的结合显得达到了最高的程度。不但人类所需要的维持生活的食物不易为人类所寻觅和接近，或者至少是要他花了劳动才能生产出来，而且人类还必须备有衣服和房屋，以免为风雨所侵袭；虽然单就他本身而论，他既然没有雄壮的肢体，也没有猛力，也没有其他自然的才能，可以在任何程度上适应那么多的需要。

人只有依赖社会，才能弥补他的缺陷，才可以和其他动物势均力敌，甚至对其他动物取得优势。社会使个人的这些弱点都得到了补偿;在社会状态中,他的欲望虽然时刻在增多,可是他的才能却也更加增长,使他在各个方面都比他在野蛮和孤立状态中所能达到的境地更加满意、更加幸福。当各个人单独地、并且只为了自己而劳动时,(1)他的力量过于单薄,不能完成任何重大的工作;(2)他的劳动因为用于满足他的各种不同的需要,所以在任何特殊技艺方面都不可能达到出色的成就;(3)由于他的力量和成功并不是在一切时候都相等的,所以不论哪一方面遭到挫折,都不可避免地要招来毁灭和苦难。社会给这三种不利情形提供了补救。借着协作,我们的能力提高了;借着分工,我们的才能增长了;借着互助,我们就较少遭到意外和偶然事件的袭击。社会就借这种附加的力量、能力和安全,才对人类成为有利的。

但是为了组成社会,不但需要社会对人们是有利的,而且还需要人们觉察到这些利益;人类在其未开化的野蛮状态下,不可能单凭研究和思索得到这个知识。因此,最幸运的是,对于那些补救方法原是辽远的和不清楚的需要,恰好有另一种需要与之结合,那种需要有一种当时可以满足并较为明显的补救方法,因而可以正确地被认为是人类社会成立的最初的原始原则。这种需要就是两性间的自然欲望,这种欲望把两性结合起来,并维系他们的结合,以后由于对他们的子女的共同的关切,又发生了一种新的联系。这种新的关切又变成亲子之间的联系原则,并形成了一个人数较多的社会。在这个社会中,父母凭其优越的体力和智慧这个有利条件,管理着家务,同时又因为他们对子女有一种自然的爱,所以他们在对其子女行使权威时,就受了限制。不久,

第二章 论正义与非义

习惯因为在子女的幼小心灵上起了作用，使他们感到他们由社会方面所可获得的利益，并且使他们磨去棱角，以及妨害他们的团结的倔强感情，而借此把他们逐渐培养成适宜于社会生活。

因为我们必须承认，人性的各种条件不论如何使人类的结合成为必要的，而且性欲和自然爱情不论如何可以似乎使这种结合成为不可避免的：可是在我们的自然性情中和我们的外界条件中还有其他一些特点，它们对于那种必需的结合是很不利的，甚至是相反的。在自然性情方面，我们应当认为自私是其中最重大的。我很知道，一般地说，自私这个性质被渲染得太过火了，而且有些哲学家所乐于尽情描写的人类的自私，就像我们在童话和小说中所遇到的任何有关妖怪的记载一样荒诞不经，与自然离得太远了。我远不认为人类除了对自己以外，对其他事物没有任何爱情；我相信，我们虽然极少遇到一个爱某一个人甚于爱自己的人，可是我们也同样很少遇到一个人，他的仁厚的爱情总加起来不超过他的全部自私的感情的。参考一下通常的经验：你不是看到，家庭的全部开支虽然一般是在家长的支配之下，可是很少有人不把他的家产的绝大部分用在妻子的快乐和儿女的教育上面，而只留极小的一部分供自己的享用和娱乐。这是我们在那些有爱情上的联系的人们方面所可看到的，而且我们也可以推测，其他没有这种联系的人们如果处在同一情况下，也会是一样的。

但是我们虽然必须承认人性中具有慷慨这样一种美德，可是我们同时仍然可以说，那样一种高贵的感情，不但使人不能适合于广大的社会，反而和最狭隘的自私一样，使他们几乎与社会互相抵触。因为每个人既然爱自己甚于爱其他任何一个人,而且在他对其他人的爱中间,对于自己的亲戚和相识又有最大的爱,所以这就必然要产生各种情感的对立,因而也就产生了各种行为的对立;这对于新建立起来的结合不能不是有危险的。

但是还有一点值得提出,就是各种情感的这种冲突情形,倘使没有我们外界条件中的一个特点和它联合起来、并为它提供了一个发作的机会,它也只会带来很小的危险。人类所有的福利共有三种:一是我们内心的满意;二是我们身体的外表的优点;三是对我们凭勤劳和幸运而获得的所有物的享用。对于第一种福利的享受,我们是绝对安全无虑的。第二种可以从我们身上夺去,但是对于剥夺了我们这些优点的人们却没有任何利益。只有最后的一种,既可以被其他人的暴力所劫取,又可以经过转移而不至于遭受任何损失或变化;同时这种财富又没有足够的数量可以供给每个人的欲望和需要。因此,正如这些财物的增益是社会的主要有利条件一样,它们的占有的不稳定和它们的稀少却是主要的障碍所在。

我们不可能希望在未受教化的自然状态中给这种不利条件找到一种补救方法;我们也不能希望,人类心灵中有任何一个自然的原则,能够控制那些偏私的感情,并使我们克服由我们的外界条件所发生的那些诱惑。正义观念永不能达成这个目的,或被认为是能够促使人们以公道行为互相对待的一个自然原则。我们现时所理解的那一种德〔正义〕,未开化的、野蛮的人们是永远不会梦想到它的。因为侵害或非义的概念涵摄着对他人所犯的不道德或恶。各种不道德既然都是由情感的某种缺点或不健

第二章 论正义与非义

全而得来的,而这种缺点既是必然在很大程度上根据心灵结构中通常的自然作用过程被判断的,所以我们只要考察一下我们对他人所发生的那些感情的自然的和通常的力量,就很容易知道自己对他人是否犯了不道德。但是可以看到,在我们原始的心理结构中,我们最强烈的注意是专限于我们自己的;次强烈的注意才扩展到我们的亲戚和相识;对于陌生人和不相关的人,则只有最弱的注意达到他们身上。因此,这种偏私和差别的感情,必然不但对我们在社会上的行为有一种影响,而且甚至对我们的恶和德的观念也有一种影响;以至于使我们认为显著地违反那样一种偏私程度(不论是把感情过分扩大或过分缩小),都是恶劣的和不道德的。在我们关于行为的通常的判断中,我们可以看出这一点来:一个人如果把他的全部爱情集中在他的家庭,或者竟然不顾他的家人,而在利害冲突之际,偏向了陌生人或偶然的相识,我们就要责备他。由上所述,我们可以断言,我们的自然的、未受教化的道德观念,不但不能给我们感情的偏私提供一种补救,反而投合于那种偏私,而给予它以一种附加的力量和影响。

因此,补救的方法不是由自然得来,而是由人为措施得来的;或者,更恰当地说,自然拿判断和知性作为一种补救来抵消感情中的不规则的和不利的条件。因为当人们在早期的社会教育中感觉到社会所带来的无限利益,并且对于交游和交谈获得了一种新的爱好;当他们注意到,社会上主要的乱源起于我们所谓的外物,起于那些外物可以在人与人之间随意转移而不稳定的;这时他们就一定要去找寻一种补救方法,设法尽可能地把那些外物置于和身心所有的那些固定的、恒常的优点相等的地位。要达到这个目的,没有别的办法;只有通过社会全体成员所缔结的协议使那些外物的占有得到稳定,使每个人安享凭幸运和勤劳所获得的财物。通过这种方法,每个人就知道什么是自己可以安全地占有的;而且情感在其偏私的、矛盾的活动方面也就受到了约束。这种约束也并不违反这些情感;因为如果是这样,人们就不会投入这种约束,并加以维持;这种约束只是违反了这些情感的轻率和鲁莽的活动。我们戒取他人的所有物,不但不违背自己的利益或最亲近的朋友的利益,而且还只有借这样一个协议才能最好地照顾到这两方面的利益;因为我们只有通过这种方法才能维持社会,而社会对于他们的福利和存在也和对于我们自己的福利和存在一样,都是那样必要的。

这种协议就其性质而论,并不是一种许诺(promise),因为甚至许诺本身也是起源于人类协议,这点我们后来将会看到。协议只是一般的共同利益感觉;这种感觉是社会全体成员互相表示出来的,并且诱导他们以某些规则来调整他们的行为。我观察到,让别人占有他的财物,对我是有利的,假如他也同样地对待我。他感觉到,调整他的行为对他也同样有利。当这种共同的利益感觉互相表示出来、并为双方所了解时,它就产生了一种适当的决心和行为。这可以恰当地称为我们之间的协议或合同,虽然中间并没有插入一个许诺;因为我们双方各自的行为都参照对方的行为,而且在作那些行为时,也假定对方要作某种行为。两个人在船上划桨时,是依据一种合同或协议而行事的,虽然他们彼此从未互相作出任何许诺。关于财物占有的稳定的规则虽然是逐渐发生的,并且是通过缓慢的进程,通过一再经验到破坏这个规则而产生的不便,才获得效力,可是这个规则并不因此就不是由人类协议得来的。正相反,这种经验还更使我们确信,利益的感觉已成为我们全体社会成员所共有的,并且使我们对他们行为的未来的规则性发生一种信心;我们的节制与戒禁只是建立在这种期待上的。同样,各种语言也是不经任何许诺而由人类协议所逐渐建立起来的。同样,金银也是以这个方式成为交换的共同标准,而被认为足以偿付比金银价值大出百倍的东西。

在人们缔结了戒取他人所有物的协议,并且每个人都获得了所有物的稳定以后,这时立刻就发生了正义和非义的观念,也发生了财产权、权利和义务的观念。不先理解前者,就无法理解后者。我们的财产只是被社会法律,也就是被正义的法则所确认为可以恒常占有的那些财物。因此,有些人不先说明正义的起源,就来使用财产权、权利或义务等名词,或者甚至在那种说明中就应用这些名词,他们都犯了极大的谬误,而永不能在任何坚实的基础上进行推理。一个人的财产是与他有关系的某种物品。这种关系不是自然的,而是道德的,是建立在正义上面的。因此,我们如果不先充分地了解正义的本性,不先指出正义的起源在于人为的措施和设计,而就想象我们能有任何财产观念,那就很荒谬了。正义的起源说明了财产的起源。同一人为措施产生了这两者。我们的最初的、最自然的道德感既然建立在我们情感的本性上,并且使我们先照顾到自己和亲友,然后顾到生人;因此,不可能自然而然地有像固定的权利或财产权那样一回事,因为人类的种种对立的情感驱使他们趋向种种相反的方向,并且不受任何协议或合同的约束。

没有人能够怀疑,划定财产、稳定财物占有的协议,是确立人类社会的一切条件中最必要的条件,而且在确定和遵守这个规则的合同成立之后,对于建立一种完善的和谐与协作来说,便没有多少事情要做的了。除了这种利益情感之外,其他一切情感或者是容易约束的,或者是虽然放纵,也并不发生那样有害的结果。虚荣心倒是可以认为一种社会的情感,是人与人结合的联系。怜悯和爱也可以在同样的观点下来看待。至于妒忌和报复,虽然有害,但它们的作用是间歇的,并且是指向我们所认为高出于我们的人或是我们的敌人的那些特殊的人们。只有这种为自己和最接近的亲友取得财物和所有物的贪欲是难以满足的、永久的、普遍的、直接摧毁社会的。几乎没有任何一个人不被这种贪欲所激动;而且当这种贪欲的活动没有任何约束、并遵循它的原始的和最自然的冲动时,每个人都有害怕它的理由。因此,整个说来,我们应当认为在建立社会方面所遇到的困难是大是小,就决定于我们在调节和约束这种情感方面所遇到的困难是大是小。

的确,人类心灵中任何感情都没有充分的力量和适当的方向来抵消贪得的心理,使人们戒取他人的所有物,并借此使他们成为社会的合适的成员。对于陌生人的慈善是太微弱了,不足以达成这个目的;至于其他情感,则它们反而会煽动这种贪心,因为我们看到,我们的财富越大,则我们越有满足我们一切欲望的能力。因此,没有一种情感能够控制利己的感情,只有那种感情自身，借着改变它的方向，才能加以控制。不过这种变化是稍加反省就必然要发生的；因为显而易见，那种情感通过约束、比起通过放纵可以更好地得到满足；我们维持了社会，就比在孤立无援的状态下（这种状态是必然随着暴力和普遍的放纵而来的），在获得所有物方面就有了大得很多的进步。因此，关于人性善恶的问题，绝不包含在关于社会起源的那另一个问题之内；这里所考虑的只有人类智愚程度的问题。因为自利情感不论被认为是善良的或恶劣的，情形都是一样的；因为只有它本身才约束住自己；因此，它如果是善良的，那么人类是借这种德而成为有社会性的；如果是恶劣的，那么他们的这种恶也有同样的效果。

这个情感既然是通过建立财物占有的稳定这种规则而约束自己的；所以这个规则如果是深奥而难以发明的，那么社会就必须被看作可说是偶然的，是许多世代的产物。但是如果我们发现，没有东西比这个规则更为简易而明显；如果我们发现每一个父母，为了在子女间维持和平，必须确立这个规则；如果我们发现，正义的这些最初萌芽随着社会的扩大，必然日益改善；如果这一切都显得是明白的（这是一定如此的），那么我们就可以断言，人类绝不可能长期停留在社会以前的那种野蛮状态，而人类的最初状态就该被认为是有社会性的。不过这也不妨碍哲学家们随意把他们的推理扩展到那个假设的自然状态上，如果他们承认那只是一个哲学的虚构，从来不曾有、也不能有任何现实性。人性由两个主要的部分组成，这两个部分是它的一切活动所必需的，那就是感情和知性；的确，感情的盲目活动，如果没有知性的指导，就会使人类不适于社会的生活；但由于心灵的这两个组成部分的分别活动所产生的结果，却也可以允许我们分别加以考察。允许自然哲学家们的那种自由，也可以允许精神哲学家们；自然哲学家很通常地把任何运动当作是复合的、由两个彼此各别的部分组成的，虽然在同时他们也承认运动的本身是单一而不可分的。

因此，自然状态就应当被认为是单纯的虚构，类似于诗人们所臆造的黄金时代；惟一的差别是，自然状态被描写为充满着战争、暴力和非义，而黄金时代则被描绘为最魅人的、最和平的状态。在自然的那个最初时代，四季温和（如果我们相信诗人们的话），人类无须备有衣服和房屋来抵御酷暑和严寒。河川里流着酒、乳；橡树产着蜜；自然界自发地产生着最宝贵的珍馐。那个幸福时代的主要优点还不止这些。不但自然界没有风暴，而且现在引起人类的争吵和混乱的那些更为猛烈的风暴，也从来不曾在人类胸中发生。贪婪、野心、残忍、自私从来不曾听到过；人类心灵中所熟悉的仅有的活动只有慈爱、怜悯和同情。甚至我的和你的这个区别，也被排除于那些幸福的人们的心灵之外，而财产权和义务、正义和非义等概念也就随之而不存在。

毫无疑问，这应当被认为是一种无聊的虚构；可是也值得我们注意，因为没有东西更明显地表明成为我们现在考察题材的那些德的起源了。我已经说过，正义起源于人类协议；这些协议是用以补救由人类心灵的某些性质和外界对象的情况结合起来所产生的某种不便的。心灵的这些性质就是自私和有限的慷慨；至于外物的情况，就是它们的容易转移，而与此结合着的是

第二章 论正义与非义

它们比起人类的需要和欲望来显得稀少。但是不管哲学家们在那些思辨中如何感到迷惑,诗人们却受到某种鉴别力或普通的本能较为正确的指导,这种本能在大多数的推理中比我们所熟悉的那种艺术和哲学的识见还走得更远一些。诗人们容易地就看到了,如果每一个人对其他人都有一种慈爱的关怀,或者如果自然大量供应我们的一切需要和欲望,那么作为正义的前提的利益计较、便不能再存在了,而且现在人类之间通行的财产和所有权的那些区别和限制也就不需要了。把人类的慈善或自然的恩赐增加到足够的程度,你就可以把更高尚的德和更有价值的幸福来代替正义,因而使正义归于无用。由于我们的所有物比起我们的需要来显得稀少,这才刺激起自私;为了限制这种自私,人类才被迫把自己和社会分开,把他们自己的和他人的财物加以区别。

我们也无需求助于诗人的虚构来明了这一点;除了事物本身的道理以外,我们也可以借平常的经验和观察发现这个真理。我们很容易看到,慈爱的感情使一切东西成为亲族间的共同财物;而夫妇尤其是互相忘掉了他们的财产权,不分你的和我的;而你的和我的这个区别在人类社会中却是那样必要的,而又是引起那么大的纠纷的。人类的外界条件的任何变化也会产生同样的效果,例如当任何东西多到足以满足人类的一切欲望时,财产的区别便完全消失,而一切东西都成为共有的了。在空气和水方面,我们可以看到这种情形,虽然这些是一切外界对象中最有价值的东西;因而我们可以容易地断言,如果每样东西都同样丰富地供给予人类,或者每个人对于每个人都有像对自己的那种慈爱的感情和关怀，那么人类对正义和非义也就都不会知道了。

因此，这里就有一个命题，我想，可以认为是确定的，就是：正义只是起源于人的自私和有限的慷慨，以及自然为满足人类需要所准备的稀少的供应。如果我们回顾一下，我们就将发现，这个命题对于我们关于这个论题所已说过的某些话给予一种附加的力量。

第一，我们由此可以断言，对公益的尊重或强烈的广泛的慈善，不是我们遵守正义规则的最初的、原始的动机；因为我们承认，人类如果赋有那样一种慈善，这些规则根本是梦想不到的。

第二，我们由同一原则可以断言，正义感不是建立在理性上的，也不是建立在外面的永恒的、不变的、具有普遍约束力的某些观念关系的发现上面的。因为我们既然承认，如上所述的人类的性情和外界条件中那样一种改变、会完全改变我们的职责和义务，所以认为道德感是由理性得来的那个通常的体系、就必须说明这种改变为什么必然要在种种关系和观念中产生那种变化。但是显而易见，人类的广泛的慷慨和一切东西极度的丰富所以能消灭正义观念的惟一原因，就在于这些条件使正义观念成为无用的了；而在另一方面，人类的有限的慈善和贫困的状况所以会产生那种德，只在于使那种德成为公益和每个人的私利所必需的条件。由此可见，使我们确立正义法则的乃是对于自己利益和公共利益的关切；而最确实的一点就是：使我们发生这种关切的并不是任何观念的关系，乃是我们的印象和情绪，离开了这些，自然中每样事物都是对我们漠然无关的，丝毫都不能影响我们。因此,正义感不是建立在我们的观念上面,而是建立在我们的印象上的。

第二,我们还可以进一步证实前面的命题,就是:产生这种正义感的那些印象不是人类心灵自然具有的,而是发生于人为措施和人类协议。因为性情和外界条件方面的任何重大变化既然同样地消灭正义和非义,而且这样一种变化所以有这种结果,只是由于改变了我们自己的和公共的利益;因此,必然的结果就是:正义规则的最初确立是依靠于这些不同的利益的。但是人们如果是自然地追求公益的,并且是热心地追求的,那么他们就不会梦想到要用这些规则来互相约束;同时,如果他们都追求他们自己的利益,丝毫没有任何预防手段,那么他们就会横冲直撞地陷于种种非义和暴行。因此,这些规则是人为的,是以曲折和间接的方式达到它们的目的的,而且产生这些规则的那种利益,也不是人类的自然的、未经改造的情感原来所追求的那样一种利益。

为了更进一步明了这点起见,我们可以考虑,正义规则虽然只是由利益所确立的,可是这些规则与利益的联系却有些独特,和其他场合下所可以观察到的现象不同。单独的一个正义行为往往违反公益;而且它如果孤立地出现,而不伴有其他行为的话,它本身就可以危害社会。当一个有德的、性情仁厚的人将一大宗的财产还给一个守财奴或作乱的顽固派时,他的行为是公正的和可以夸奖的,不过公众却是真正的受害者。单独的正义行为,单就其本身来考虑,对私利也并不比对公益更有助益;我们很容易设想,一个人如何可以由于一个非常的正直行为而陷于穷困,并可以有理由地愿望,正义的法则对那个单独的行为在宇宙间暂时停止作用。不过单独的正义行为虽然可以违反公益或私利,而整个计划或设计确是大有助于维持社会和个人的幸福的,或者甚至于对这两者是绝对必需的。益处和害处是不可能分离的。财产必须稳定,必须被一般的规则所确立。在某一个例子中,公众虽然也许受害,可是这个暂时的害处,由于这个规则的坚持执行,由于这个规则在社会中所确立的安宁与秩序,而得到了充分的补偿。甚至每一个人在核算起来的时候,也会发现自己得到了利益;因为如果没有正义,社会必然立即解体,而每一个人必然会陷于野蛮和孤立的状态,那种状态比起我们所能设想到的社会中最坏的情况来,要坏过万倍。因此,当人们有了充分的经验观察到,单独一个人所作出的单独的一个正义行为不论可以有什么不良的结果,可是全体社会所共同奉行的全部行为体系对于全体和个人都有无限的利益:于是不久就有正义和财产权发生了。社会上每一个成员都感觉到这种利益;每个人都向其他的人表示出这种感觉,并且表示决心,愿以这种感觉来调整他的行为,假使其他人也照样行事的话。无需再有其他条件来诱导社会中任何一个人在一遇到机会时便作出一个正义行为。这就给其他人立了一个榜样。这样,正义就借一种协议或合同而确立起来,也就是借那个被假设为全体所共有的利益感觉而确立起来;在这种感觉支配之下,人们在作出每一个单独的正义行为时,就都期待其他人也会照样行事。如果没有这个协议,就没有一个人会梦想到有正义那样一种的德,或者会被诱导了去使自己的行为符合于正义。就任何单独的行为而论,我的正义行为或许在各个方面都是有害的;只有在别人也会仿效我的榜样这个假设上,我才能够被诱导了去采纳那一种德;因为只有这种彼此协作才能使正义成为有利的或给予我以遵守正义规则的任何动机。

现在我们要来讨论我们所提出的第二个问题,就是:为什么我们把德的观念附于正义,把恶的观念附于非义。我们前面既然已经确立了若干原则,所以这个问题不至于花费我们很多的时间。关于这个问题,我们现在所能说的话,可以用几句话来结束。要得到进一步的详论,读者必须等到本卷的第三章。正义的自然的约束力,即利益,我们已加以充分说明;但是关于道德的约束力,即是非之感,则我们必须首先考察自然的德,然后才能给以充分而满意的说明。

人们既然凭经验发现,他们的自私和有限的慷慨,如果自由地进行活动,会使他们完全不适合于社会,同时他们又已观察到,社会是满足那些情感的必需条件;所以他们自然就乐于把他们置于那些使人与人交往更加安全、更为方便的规则的约束之下。因此,他们最初只是由于利益的考虑,才一般地并在每个特殊例子下被诱导了以这些规则加于自己的身上,并加以遵守;而且在社会最初成立的时候,这个动机也就是足够的强有力的。不过当社会的人数增多、扩大成一个部族或民族时,这个利益就较为疏远了;而且人们也不容易看到,这些规则每一次所遭到的破坏,随着就有混乱发生,如像在狭小的社会中那样。不过我们在自己的行为中虽然往往看不到我们由维持秩序所得到的那种利益,并且可以追逐较小的和较切近的利益,可是我们永远不会看不到我们由于他人的非义所间接或直接遭受的损害;因为我们在那种情形下,不会被情感所蒙蔽,也不会因为相反的诱惑而抱有偏见。不但如此,而且即当非义行为与我们距离很远、而丝毫影响不到我们的利益时,它仍然使我们不高兴;因为我们认为它是危害人类社会的,而且谁要和非义的人接近,谁就要遭到他的侵害。我们通过同情感到他们所感到的不快;而且在一般观察之下,人类行为中令人不快的每样事情都被称为恶,而凡产生快乐的任何事情同样也被称为德;所以道德的善恶的感觉就随着正义和非义而发生。在现在情形下,这种感觉虽然是由思维他人的行为得来的,可是我们也总是把它甚至于扩展到我们自己的行为上。通则的效力达到它们所由以发生的那些例子之外;同时我们也自然会同情他人对我们所抱有的情绪。由此可见,自私是建立正义的原始动机;而对于公益的同情是那种德所引起的道德赞许的来源。

这个情绪发展的过程虽然是自然的,甚至是必然的,可是它在这里确是又受到了政治家们的人为措施的促进;政治家们为了更容易统治人们起见,为了在人类社会中维持安宁起见,曾经努力产生对于正义的一种尊重,和对于非义的一种憎恶。这必然要产生一种结果;但十分明显的是,有些道德学的作者们把这一点过分夸大了,并且似乎尽了最大的努力把一切的道德感说成是人类所根本不具有的。政治家们的任何人为措施可以帮助自然产生自然向我们所启示的那些情绪,甚至在有些场合下还可以单独产生对任何一个特殊行为的一种赞许或尊重;不过这不可能是我们区别恶与德的惟一原因。因为自然在这一方面如

第二章 论正义与非义

果不协助我们,政治家们尽管谈论光荣的或耻辱的、可以赞美的或可以责备的等等的话,也是徒然的。这些词语会成了完全不可理解的,会不再有任何观念附于其上,正如它们是我们所完全不懂的语言中的词语一样。政治家们所能做到的,最多只是把自然的情绪扩展到它们原来的界限以外;但是自然仍然必须先提供材料,给予我们以某种道德区别的概念。

正像公众的称赞和责备增加我们对于正义的尊重,私人的教育和教导也有助于同样的效果。因为父母们既然容易观察到,一个人越是正直和高尚,他就越是对自己和他人有利,而且他们也观察到,当习惯和教育对利益和反省加以协助的时候,那些原则便越有力量:由于这些理由,他们就乐于从他们的子女的最初婴儿时起,把正直的原则教导他们,教导他们把维持社会的那些规则的遵守看成是有价值的、光荣的,而把那些规则的破坏看成是卑鄙的、丑恶的。通过这个方法,荣誉感就可以在他们的幼嫩的心灵中扎根,并且长得极为坚实而巩固,以至它们与人性中那些最主要的原则以及我们天性中最根深蒂固的那些原则可以等量齐观。

当主张正义有功和非义有过的这个意见一经在人类中间确立以后,人们对名誉就发生了关切,这就使荣誉感更进一步巩固了起来。感动我们最深切的就是我们的名誉,而我们的名誉在最大程度上是决定于我们对他人财产的行为。由于这个缘故,顾到自己的品格或想与他人和好相处的人们,都必须给自己立一条不可违犯的法则,即不受任何诱惑的驱使、去违犯一个正直而高尚的人所必须具备的那些原则。

在结束这个题目之前,我只想再提出一点,就是:我虽然说,在自然状态下,或在社会以前的那种假想的状态下,没有正义和非义,可是我并不说,在那样一种状态下可以允许侵犯他人的财产。我只是主张,那时候没有财产权这一回事,因而也就不能有正义或非义那一回事。在讨论许诺时,我还有机会要对许诺作与此类似的考虑;我希望这里所作的考虑在适当衡量以后,足以消除人们对于前面关于正义和非义的意见的一切反感。

第三节 论确定财产权的规则

虽然关于稳定财物占有的规则的确立对人类社会不但是有用的,而且甚至于是绝对必需的,但是这个规则如果仅仅停留于这种笼统的说法,它就决不能达到任何目的。必须找到某种方法,使我们借此可以划定某些特殊的财物应当归某个特殊的人所有,而其余人类则被排除于其占有和享用之外。因此,我们其次的任务,就必然在于发现限制这个一般规则、并使它适合于世人通用和实践的那些理由。

显而易见,那些理由的成立,并不是由于特殊的个人或公众在享有任何特殊的财物时比在其他任何人占有那些财物时,具有更大的效用或利益。毫无疑问,每个人如果都占有最适合于他的、适于他使用的东西,那是最好的了;不过这种适合关系可以在同时为若干人所共有。除此以外,它还可以引起那样许多的争执,而且人们在判断这些争执时,也会那样地偏私和激动,致使那个含糊而不确定的规则与人类社会的安宁是绝不相容的。人们所以缔结稳定财物占有的协议,原是为了防止一切纠纷和争执的起因；可是我们如果允许在各种场合下，随着应用这个规则时所发现的各种特殊效用，各不相同地来应用这个规则，那么我们就永不能达到防止争端的这个目的了。正义在它的判决中绝不考虑财物对具体个人的适合或不适合，而是遵循着比较广泛的观点来作出决定的。不论一个人是慷慨的或是一个守财奴，都同样地受到正义的优待，并且甚至在对于他是完全无用的东西方面与人争执时，也同样容易获得有利于他的判决。

因此，必然的结果就是：所有物必须稳定的那个一般规则，不是根据特殊的判断而被应用的，而是根据必须扩展到整个社会的、不能由于好恶而有改变的其他一些一般规则而被应用的。我想用下面的例子来说明这一点。我首先考虑处于野蛮和孤立状态下的一批人；随后假设他们感到那种状态的苦难，并预见到社会将会带来的利益，因而互相找寻对方做伴，提议互相保护，互相协助。我还假设，他们赋有那样大的智慧，以至立刻看到，建立社会和互助合作的这个计划所遭到的主要障碍就在于他们的天性中的贪欲和自私；为了补救这种缺点，他们缔结了稳定财物占有、互相约束、互相克制的协议。我感觉到，这种推论方法并不完全自然；不过我这里只是假设这些考虑是一下子形成的，而事实上它们是不知不觉地逐渐形成的；除此以外，我认为下面这种情形也是很可能的，就是：若干人由于各种意外事情与其原来的社会分离以后，也可以被迫互相形成一个新的社会；在那种情形下，他们就完全处于上述的那种情况。

因此，显而易见，在这种情况下，当确立社会和稳定财物占有的一般协议缔结以后，他们遇到的第一个困难就是：如何分配他们的所有物，并分给每个人以他在将来必然可以永远不变地享有的特殊部分。这个困难不会阻挡他们很久，他们立刻会看到，最自然的办法就是，每个人继续享有其现时所占有的东西，而将财产权或永久所有权加在现前的所有物上面。习惯的效果是那样的大，以致它不但使我们安于我们所长期享用的任何财物，并且甚至使我们对它发生爱好，使我们爱它甚于爱其他一些可能更有价值的、但为我们不很熟悉的东西。长时期在我们眼前的、而又为我们得心应手地使用的东西，我们对它就最为爱不忍释；但是我们所从未享用过的、不习惯的所有物，则我们离开了它，生活中也没有什么不便。因此，显而易见，人们很容易同意这个办法，就是：让各人继续享有他现时所占有的东西；而他们所以那样自然地一致选择这个办法，其理由也在于此①。

---

① 当对于同一个现象有若干的原因呈现出来时，决定哪一个原因是主要的、起主导作用的，是哲学中最困难的一个问题。这里很少有任何非常精确的论证来确定我们的选择；人们只好根据类比推断和相似例子的比较而得来的鉴别力或想象力来指导自己。例如，在现在的情形下，确定财产权的规则无疑地大部分都有公益为其动机；但是我仍然猜想，这些规则主要是由想象，或者说我们的思想和想象的较为浅薄的特性所确定的。我将继续说明这些原因，让读者自己去决定，或是选取那些发于公益的原因，或是选取那些来自想象的原因。我们将从讨论现实占有者的权利开始。

我在前面〔第一卷，第四章，第五节〕已经提到人性有一种性质，就是：当两个对象出现在一种密切的关系中时，心灵就容易给予它们以一种附加的关系，以便补足那种结合；这种倾向是那样的强烈，以致往往使我们陷于种种错误（例如把思想和物质结合起来的那种错误），如果我们发现它们足以达到那个目的。我们的许多印象并不能占有场所或位置；可是我们却假设那些印象和我们的视觉印象及触觉印象有一种场所上的结合，这只是因为它们被因果关系结合起来，并且已经在想象中联合起来。因此，我们既然能够虚构一个新的关系甚至一种谬误的关系来补足任何一种结合，所以我们就容易想象，如果有任何关系是依靠于心灵的，心灵便容易把它们和先前的任何关系结合起来，并通过一种新的联系，把那些已在想象中结合

第二章 论正义与非义

但是我们可以说,把财产权归于现实占有者的这个规则虽是自然的,并且因此是有用的,可是它的效用不超出社会最初形成的时期;永远遵守这个规则,就会是非常有害的。这个规则会排除财物的偿还,而且使各种非义行为都得到认可和奖励。因此我们必须找寻在社会一旦建立起来以后仍然可以产生财产权的其他一些的条件;属于这一类条件的,我发现最主要的有四种,即占领、时效、添附和继承。我们将简略地考察各项,并先由占领谈起。

一切外界财物的占有是变化和不定的,这对于建立社会是最重要的障碍之一,同时也是人们通过明白的或默认的普遍同意、而以我们现在所谓正义和公道的规则来约束自己的理由所在。在实行这种约束以前人们所处的那种苦难状态,就是人们所以尽快地采取那种补救方法的原因;这也使我们容易说明,我

起来的对象加以结合。例如,当我们排列各种物体时,我们总是把那些互相类似的东西置于互相接近之处,或者至少置在相应的观点之下;这是因为我们把接近关系与类似关系结合起来,或把位置上的类似关系与性质上的类似关系结合起来,就感到一种满意。这是容易用已知的人性的特性来加以说明的。当心灵已决定要结合某些对象但是还没有决定选取哪些特殊的对象时,它就自然着眼于那些关联的对象。那些对象已经在心灵中结合起来;它们同时呈现于想象之前,这时它们的结合就不需要任何新的理由,反而需要很强有力的理由,才能使我们忽略这种自然的亲密关系。当我们以后讨论美的时候,我们还有机会详细说明这一点。这里,我们可以满足于说明这一点,就是:在整理一个书斋中的书籍和客厅中的椅子时所有的那种对秩序和整齐的爱好,也可以通过限制关于稳定财物占有的那个一般的规则,而有助于社会的形成和人类的幸福。财产权既然形成一个人和一个对象间的关系,所以就很自然地要把它建立在某种先前的关系上,而且财产权既然只是社会法律所确保的一种永久所有权,所以就很自然地要把它加在现实占有上,由于现实占有是与永久占有类似的一种关系。因为,这种关系也有它的影响。如果结合一切种类的关系是自然的,那么把那些类似的关系和关联的关系结合起来,就更是自然的了。

们为什么把财产权观念附加于最初的占有或占领之上。人类不愿意使财产权（即使在最短的时间内）悬空，或者给暴力和纷乱打开一点点的门路。此外，我们还可以说，最初的占有总是最能引起人们的注意；如果我们原来忽略了这一点，我们就没有丝毫理由把财产权归于任何一种继续的占有了①。

现在留待解决的，就是精确地决定"占有"的含义；这并不如我们初看时所想象的那样容易。不但当我们直接接触任何东西时，我们可以说是占有了它，而且当我们对那种东西处于那样一种关系，以致有能力去使用它，并可以随着自己现前的意愿或利益来移动它、改变它或消灭它的时候，也可以说是占有了那个东西。因此，这种关系是一种因果关系；财产权既然只是依据正义规则或人类协议而得来的一种稳定占有，所以也应当看作是同样的因果关系。但是在这里我们可以注意，随着我们所可能遇到的阻碍的概然性之或大或小，我们使用任何对象的能力的确定程度也就有大有小；而这种阻碍的概然性既然可以不知不觉地有所增加，所以我们在许多情形下就不可能决定占有是从何时开始，何时终止；我们也没有确定标准，可以根据了它来决定这一类的争端。一头野猪落在我们的陷阱中，如果它"不可能"

---

① 有些哲学家解释这种占领权说，每个人对于自己的劳动都有一种财产权，当他把那种劳动加于任何东西上面时，这就使他对全部的东西获得了财产权。但是，第一，对于有几种占领，我们并不能说是把我们的劳动加于我们所获得的对象上：例如我们由于在草地上放牧牛羊因而占领那片草地。第二，这种说法是以添附来解释这个问题，这是一种无谓的绕圈子。第三，除了在比喻的意义以外，我们不能说是把我们的劳动加于任何东西上。恰当地说，我们只是借自己的劳动把那个对象作了某种改变。这就形成我们与对象之间的一种关系，由此就（根据前面的原则）发生了财产权。

第二章 论正义与非义

逃脱,它就被认为被我们所占有。不过我们所谓"不可能"是什么意思呢?我们如何能将这种不可能同很不可能分开呢?我们又如何确切地分别"很不可能"与"很可能"呢?请划出两者的精确界限,并指出我们是借什么标准来决定在这个题目上可能发生的、并且在经验中往往发生的一切争端。①

---

① 我们如果想在理性和公益方面给这些疑难找寻解答,我们将永不会得到满足;我们如果在想象方面找寻解答,那么显而易见,作用于想象官能上面的那些性质,是那样不知不觉地逐渐互相混合的,以致不可能给予它们以任何精确的界限。如果我们再考虑到,我们的判断随着对象而有显著的变化,而且同一的能力和接近关系在一种情形下被认为占有,而在其他情形下则不被认为占有:那么在这个问题方面的困难就更会增加。一个人如果把一只兔子追得精疲力竭,那么如果有另外一个人跑到他前面,攫取那个猎物,他就会认为那是一种非义的行为。但是同一个人如果前去摘一个他手所能及的苹果,而同时又有一个较他为敏捷的人,跑在他前面,取到那个苹果,他就没有任何抱怨的理由。这种差别的理由就在于:兔子的僵卧不动不是它的自然状态,而是人的勤劳的结果,因而在那种情形下形成了对猎人的一种强烈的关系,而在另一种情形下则没有这种关系。

这里可以看出,一种确定和必然的享用能力,如果没有接触或其他明显的关系,往往产生不了财产权;而且我还要进一步说,一种明显的关系,即使没有任何现实的享用能力,有时也足以产生对任何对象的权利。单是看到一个东西,很少被人认为一种重大的关系,除非那个对象是隐藏着的或是很暧昧的;在后一种情形下,我们发现,单纯看见一东西就足以给人以财产权,这是根据于"甚至整个大陆也属于首先发现它的那个民族"那样一个原理。但是我们可以注意到,在发现和占有这一个例子中,最初的发现人和占有人必须在那个关系上加上自己要成为所有主的一种意向,否则那关系并不会产生它的效果;这是因为在我们的想象中,财产权和那个关系之间的联系并不是很大的,而还需要那样一个意向加以协助。

从所有这些情况中,我们很容易看到,关于由占领而获得财产权的许多问题,会变成如何的困惑;而且人们略费思索,就可以提出一些不能得到任何合理解决的例子来。如果我们喜欢真实的例子,而不要虚构的例子,我们可以考虑在几乎每一个自然法作家的著作中都可遇到的下面这个例子。希腊的两个殖民团在离开本国去寻觅新地时,得到消息说,他们附近的一座城市已被其居民所放弃了。为了知道这个报道是否真实起见,他们立刻派遣了两个使者,每个殖民团派出了一名;他们在接近那座城的时候发现,他们所得的情报是真实的,于是便开始一场赛跑,想要占领那座城市,各人都是为了本乡人要去占领它。使者之一,看到自己不是另外一人的敌手,于是便拿起长矛,向城门掷去,并且幸而在他的伙伴达到之前竟然射中

507　不过这一类的争执不但发生于财产权和所有权的实际存在方面,而且也发生于其范围的大小方面;而且这些争执往往无法判决,或者说是除了借想象之外,不能借其他官能加以判断。一个人若是登陆于一个荒凉而无人耕种的小岛岸上,那么他在一着陆地的时候便被认为是那个岛的占有人,而获得了全岛的财产权;因为那个对象在想象中是有界限和有范围的,同时对于那个新的占有人也是成比例的。同一个人若是登陆于像大不列颠那样大的一个荒岛上,那么他的财产权便不超出直接占有的范围以外;虽然一个人数众多的殖民团在一登陆的时候,便被认为是全岛的主人。

508　不过最初占有权往往因为时间长久而成为暧昧不明,而且关于财产权所可能发生的许多争执,也就无法解决。在那种情况下,长期占有或时效(prescription)就自然地发生了作用,并且使一个人对于他所享有的任何东西获得充分的财产权。人类

城门。于是两个殖民团关于谁应当是空城的城主一事便发生了争执;在哲学家们中间这个争执仍然存在未决。据我看来,我觉得这个争执是没法解决的;这是因为整个问题都依赖于想象,而想象在这种情形下却没有任何精确的或确定的标准,可以根据了它作出一个判断。为了显示这一点起见,我们可以考虑,假如这两个人只是殖民团的团员,而不是使者或代表,那么他们的行为便当无足轻重;因为在那种情形下,那些行为与殖民团的关系将是微弱而不完全的。此外还当再加上一点,就是:使他们所以奔向城门而不奔向城墙或城的其他任何部分的决定因素只有一个,就是:城门因为是最为明显和显著的部分,所以把城门看作全城的象征,最可以使他们的想象感到满意;正像我们在诗人方面所发现的那样,诗人是常常由城门取得他们的写像和比喻的。此外,我们还可以考虑,一个使者的接触城门,也并不比另一个使者以长矛刺穿城门更确当地是一种占有;这种接触只形成了一种关系;但是在另一方面也有一种同样明显的,虽然力量也许是不相等的关系。因此,这些关系中哪一种给人以那一种权利和财产权,或者说,其中任何一种的关系是否足以产生那个效果,我只好留待比我聪明的人来加以解决。

第二章　论正义与非义

社会的本性不允许有任何很大程度的精确性；我们也不能永远追溯事物的最初起源，以便判定它们的现状。任何很长的一段时间把一些对象放在那样辽远的距离之外，以致那些对象在某种意义上似乎失去了它们的实在性，并且对心灵几乎是没有什么影响了，就像它们从来没有存在过一样。一个人的权利在现时是清楚而确定的，可是过了五十年以后，就似乎是模糊和可疑的了，即使它所根据的事实是可以千真万确地被证明的。同样的事实在隔着那样长的时间以后就没有同样的影响。这可以作为我们前面关于财产和正义的学说的一个令人信服的论证。长时期占有可以给人以对于任何对象的一种权利。但是，一切东西虽然都是在时间中产生的，可是时间所产生的一切东西确是没有一件是实在的；由此而得的结论就是：财产权既然是被时间所产生的，所以它并不是对象中存在着的任何实在的东西，而是惟一可以受时间影响的情绪的产物。①

当某些对象和已成为我们财产的对象密切联系着、而同时又比后者较为微小的时候，于是我们就借着添附关系（accession）而对前者获得财产权。例如我们的花园中的果实，我们的牲畜的幼畜，我们的奴隶的作品，即使在占有之前就已被认为是我们的财产。当各种对象在想象中联系起来的时候，它们就容易被置于同一地位上，并且通常被假设为赋有同样的性质。我们由一个对象迅速地转到另一个对象，我们在判断它们时并

---

① 现实占有显然是一个人和一个对象之间的一种关系；不过除非它是长期的、不间断的，它不足以抵消最初的占有。在长期的、不间断的占有的情况下，由于时期的长久，现实占有关系就增强了，而最初占有的关系却因时间久远而减弱了。关系方面的这种变化，结果在财产方面产生了相应的变化。

不加以分别;尤其当后一个对象比前一个对象为微小的时候,更是如此①。

---

① 这种财产权的来源,只有根据想象才能加以说明;而且我们可以说,这里的原因并不是混杂的。我们将进而较详尽地加以说明,并从普通的生活和经验中举出一些例子来加以阐述。

前面已经说过,心灵自然地倾向于结合各种关系,尤其是互相类似的各种关系,并且在那样一种结合中发现一种适合性和一致性。由这种倾向就得出这样一些自然法则,就是:在社会初成立时,财产权总是随着现实占有而发生;而后来则发生于最初占有或长期占有。我们也可以很容易地观察到,关系不止限于一个等级,我们由一个与我们有关系的对象,也获得对于其他与之相关的每个对象的关系,如此一直顺推下去,直至思想由于进程太长而失掉线索为止。每推移一步,关系不论如何有所削弱,但总不至于立刻就消灭,而往往借一个与两者关联的中介对象把两个对象联结起来。这个原则具有足以产生添附权的那样大的力量,并使我们不但对于我们直接占有的那些对象,而且对于那些和它们相关的对象,都获得一种财产权。

假设一个德国人、一个法国人、一个西班牙人走进一个房间,房间内的桌子上放着三瓶酒,一瓶是德国的白葡萄酒,一瓶是法国的红葡萄酒,一瓶是葡萄牙的红酒;假设他们对于分酒发生争吵;一个被选为公断人的人,为了表示他的没有偏见起见,自然会把各人本国的产品分给各人;他所根据的原则,在某种程度上也就是将财产权归于占领、时效和添附的那些自然法则的来源。

在所有这些情形下,尤其是在添附的情形下,最初在那个人的观念与那个对象的观念之间有一种自然的结合,后来我们又赋予那个人以一种权利或财产权,这就又产生了一种新的、道德的结合。但是这里发生了一个困难,值得我们注意,并给予我们以一个机会,使我们把已经用于现在这个题目上的那个独特的推理方法检验一下。我已经说过,想象由小及大比由大及小较为容易,并且观念的推移在前一种情形下比在后一种情形下总是较为容易和顺利。那么,添附权既然发生于各个相关对象借以联系起来的那种观念的顺利推移,所以我们自然会想象,添附权必然随着观念推移的较大顺利程度而增加力量。因此,人们或许会认为,当我们获得任何小的对象的财产权时,我们就容易设想与之相关的任何大的对象是一种添附,并属于小的对象的所有主;因而在那种情形下,由小的对象到大的对象的推移应该是很容易的,并应该把它们非常密切地联系起来。但事实上,情形却永远是另外一个样子。大不列颠帝国似乎带来对奥克尼岛、海卜利德岛、人岛、威特岛的统治权,但是对于这些小岛的统治权却并不自然地含有对大不列颠的任何权利。简而言之,一个小的对象自然地伴随着一个大的对象,而成为它的添附;但是一个大的对象却永不会被假设为属于与之相关的小的对象的所有主,仅仅由于小的对象的财产权和关

第二章 论正义与非义

继承权(succession)是一种很自然的权利,这是由于一般所

系。可是在后面这种情形下,观念由所有主推移到作为他的财产的小的对象,再由小的对象推移到大的对象,比在前一种情形下,由所有主推移到大的对象,再由大的对象推移到小的对象,要较为顺利一些。因此,人们或许认为,这些现象就反驳了前面的假设,即:以财产权加于添附物,只是观念关系的结果,只是想象顺利推移的结果。

如果我们考虑到想象的敏捷与不稳定,以及想象不断地把它的对象放在各种不同的观点之下,那么我们就容易解答这个反驳。当我们以两个对象的财产权归于一个人的时候,我们并不总是由那个人转到一个对象,随后再由那个对象转到与之相关的另一个对象。这两个对象在这里既然被认为是那个人的财产,我们就容易把它们结合起来,置于同一观点之下。因此,假如一个大的对象与一个小的对象关联在一起,而一个人如果与那个大的对象有强烈的关系,那么他与两个对象全体必然也有强烈的关系,因为他与最重大的部分发生了关系。相反,如果他只和小的对象发生关系,他就不会与两者全体发生强烈的关系,因为他的关系只存在于最微小的部分方面,而当我们考虑全体时,那个部分是不容易在任何重大程度上刺激我们的。这就是小的对象成为大的对象的添附物,而大的对象不成为小的对象的添附物的理由所在。

哲学家们和民法学者们的一致的意见是:海洋不能成为任何民族的财产。这是因为对于海洋不能占有,或者说对于海洋不能形成可以成为财产权基础的那样明确的关系。在这个理由不适用的时候,立刻就发生了财产权。例如,力主海洋自由的人们也都普遍地承认,河口和海湾作为一种添附物自然地属于周围大陆的所有主。河口和海湾恰当地说,比起太平洋来和陆地之间并没有更大的联系或结合;不过它们在想象中却有一种结合,而且同时又因为是较为微小的,所以自然被认为是一种添附物。

根据许多国家的法律,根据我们思想的自然倾向,河流的财产权被归于其两岸的所有主,除了像莱茵河或多瑙河那一类大河流因为太大而不易被想象看作邻近田野的财产的添附。可是甚至这些河流也被认为是其所流经的那个国家的财产;因为一个国家的观念是有足够大的体积可以和河流相应,并在想象中与之发生那样一种关系的。

邻接河流的土地的添附,据民法学者们说,应该属于那片土地,如果这种添附是被所谓土地增加(alluvion)造成的,即不知不觉地造成的;后面这些条件大大地协助了想象的结合作用。当任何一个重大部分由一个岸上一下子崩落下来、而与对岸联结起来的时候,那一部分并不成为它所落到的那块土地的所有主的财产,直到它与那块土地结合起来,直到树木或植物在两块土地中都扎根生芽为止。在此以前,想象并不把它们充分地联结起来。

还有其他一些的情形,也有些类似于这种添附情形,但是根本上是大不相同

假设的父母或近亲的同意,并由于人类的公益,这种同意和公益

的,值得我们的注意。若干人的财产那样地结合起来,以致不能分离,就是这种情形。这里的问题就是,这样结合起来的一种物体应该属于谁。

当这种结合是那样一种性质可以允许分划而不允许分离时,则判决是自然而容易的。整个物体必须被假设为各部分的所有主所共有,随后并必须依照这些部分的比例加以分划。但是在这里我不能不注意到罗马法区别融合(confusion)和混合(commixtion)的那种异常的精微说法。融合是两种物体的结合,例如两种不同的液体掺合起来,各个部分在这种结合中是完全不可分辨的。混合是两种物体的混合,例如两斛谷粒混合起来,各个部分在这种混合中仍然是明白可见地分开来的。在后一种情形下,想象不如在前一种情形下发现出那样完全的结合来,而是仍然可以追溯并保存各个对象的财产权的各别观念;所以民法虽然在融合方面确立了完全的共同所有权,随后依照比例进行分配,可是在混合方面,仍然假设各个所有主维持其各自的权利;虽则事实的必然性最后仍然会强使他们服从同样的分配。

如果提图斯的谷物和你的谷物混合,而且混合时得到双方同意,则全部谷物应归公有,因为各部分谷粒虽然原是各人分别所有的财产,现在已因同意而成为公有的了。但是那种混合如果出于偶然或者是由提图斯不经你的同意所完成的,则由此造成的整体便不为公有,因为各个谷粒仍然保持其原有的特质,所以在那种情形下,全部谷粒并不归公有,正如提图斯的家畜同你的家畜相混时,那些家畜不归你们双方公有一样。但是你们中间如有一个人掌握全部谷物,则另一个人可以提出诉讼,恢复其比例份额。而法官的职责就在于分别各部分谷物的优劣。(居斯廷尼法典第二编,第一章,第二十八节。)

当两个人的财产密切地结合起来,以致既不能分划,也不能分离,例如一个人在另一个人的土地上建筑房屋那样,在那种情况下,全部财产只好属于两个所有主中间的一个人;这里我说,那个全体是很自然地被人设想为应属于最大部分的财产的所有主的。因为那个复合的对象,对于两个不同的人不论如何都有一种关系,并使我们同时想到那两个人,可是最重大的部分既然是我们所主要注意到的,而且借着紧密的结合把较之微小的部分带在一起,所以全体就对那一部分的所有主发生了一种关系,而被认为是他的财产。惟一的困难就在于:我们应该称什么是最重大的部分,什么是对想象最有吸引力的部分。

这个性质依靠于若干彼此间没有多大联系的条件。一个混合对象的这一部分所以能比另一部分显得重大,或者因为它是较稳定、较持久的,或者因为它的价值是较大的,或者因为它是较为明显而引人注目的,或者因为它是范围较大的,或者因为它的存在较为独立而自足的。我们很容易设想,这些条件既然可以在我们所能设想的种种不同的方式下和各种不同的程度内,互相结合或互相对立,所以结果就会有许多情形,使两方面的理由势均力敌,以致我们无法作出任何满意的判断。因此在这里,民法的主要任务就是要确定人性的原则所留下来的未决的问题。

第二章　论正义与非义

都要求人们的财物传给他们最亲近的人,借以使他们更加勤奋和节俭。这些原因或许又被亲属关系的影响或观念的联结所协助,因为在一个人的父亲死后,这种关系就自然地导使我们考虑他的儿子,并给他以他的父亲的财产的权利。那些财物必然要成为某人的财产;但是应当属于谁,却是问题所在。在这里,显而易见,那个人的子女自然而然地呈现于心灵之前;他们既然借其已故的父母而与那些所有物联系起来,所以我们就容易以财产权的关系使他们更进一步地和那些所有物联系起来。

民法上说,地面属于土地,文字属于纸卷,画布属于油画。这些判决并不都很一致,而证明了它们所根据的那些原则是互相抵触的。

但是在所有这一类的问题中最奇特的一个就是多少世纪来使普罗库拉斯(Proculus)〔译注一〕和萨宾纳斯(Sabionus)〔译注二〕的门徒一直分歧的那个问题。假如一个人用别人的金属铸了一只杯子,或者用别人的木料造了一条船,又假设金属和木料的所有主索还他的财物,那么问题就在于,他对那只杯子或船是否有一种权利。萨宾纳斯主张肯定的一面,认为实质或物质是一切性质的基础;它是不坏的、永存的,因而比形式较为优越,形式是偶然的、附属的。在另一方面,普罗库拉斯则说,形式是最为明显而显著的部分,各种物体之获得这种或那种的特殊名称,都是根据形式而定。此外,他还可以附加说,物质或实质在许多物体中是那样变化不定的,以致人们完全不可能在它的一切变化中追溯出它来。据我看来,这个争论不知道应该根据什么原则才可以确实地解决。因此,我只好满足于说,特雷本宁(Trebonian)〔译注三〕的判决在我看来似乎是很机敏的:他说,那个杯子应该属于金属的所有主,因为它能还原到原来的形式;不过那只船则由于相反的理由,应该属于创造那个形式的人。但是这个理由尽管显得非常机敏,显然仍是依靠于想象,想象依据那样一种还原作用的可能性、发现杯子与金属所有主的联系和关系比船与木料所有主的关系较为密切一些,因为金属的实质是较为固定不变的。

〔译注一〕　公元一世纪前半期罗马著名法学家,著有书翰集十一卷。

〔译注二〕　公元一世纪前半期罗马法学家,著有民法三卷。帝国时期的大多数法学家不属于普罗库拉斯学派,便属于萨宾纳斯学派。

〔译注三〕　特雷本宁(卒于543年),曾受东罗马皇帝任命,编纂法典,搜集有判例五十条。

关于这一层,有许多平行的例子①。

第四节 论依据同意而进行的财产转移

财产的稳定对于人类社会不论如何是有用的,甚至是必要的,可是它却伴有重大的不便。在分配人类的财产时,适合性或适应性永远不该在考虑之列;我们必须遵循那些可以较为一般地应用的、而又较少怀疑和不定的规则。属于这一类的是社会初成立时的现实占有;后来又有占领、时效、添附和继承。这些规则既然在很大程度上决定于机会,所以往往与人类的需要和欲望都发生矛盾;而人和所有物的关系必然往往调整得很不好。这是一种极大的不便,需要加以补救。如果采取直接的补救方法,让每一个人用暴力夺取他认为对于自己是合适的东西,那就会毁灭社会;因此,正义的规则就要在僵硬的稳定性和这种变化不定的调整办法之间、找寻一种中介。但是最合适的中介就是那个明显的方法,即:除了所有主同意将所有物和财产给予另外一个人之外,财物和财产永远应当是稳定的。这个规则不会有引起争斗和纷扰的恶果,因为这种割让是得到惟一当事人,即所有

---

① 在考察对于政府统治权的各种权利时,我们将发现有许多理由使我们相信,继承权在很大程度上依靠于想象。在这里,我将只满足于观察属于现在题目的一个例子。假设一个人死了,没有子女,他的亲戚们关于他的继承问题发生了争执;显而易见,假如他的财富一部分得自父方,一部分得自母方,那么解决那样一个争端的最自然的方法就是把他的所有物划分,而将每一部分分给原来所得来的那一家。但是那个人既被假设为曾经是那些财物的充分而十足的所有主,我就要问,除了想象以外,还有什么东西使我们在这种分配方面发现某种公道和自然理性呢?他对于这些家庭的爱并不依靠于他的所有物;因为这个理由,我们永不能推定他恰好同意于那种分配。至于公益,则不论就哪一方面说,它似乎都是漠不相关的。

主的同意的。这个规则在按人调整财产方面可以达成许多良好的目的。地球上各地产生不同的商品；不但如此，而且不同的人的天性适宜于不同的工作，并且在专门从事于一种工作时会达到更大的完善程度。所有这些都需要互相交换和交易；因此，根据同意转移财产这件事、是根据于自然法的，正如不经同意、财产就该是稳定的一样。

在这个范围内，一切是决定于明显的效用和利益的。不过或许由于较为浅薄的理由，民法和自然法普通都要求物品的交付手续或有形转移、作为财产转移的一种必要手续，如许多作者所说。对于一个对象的财产权如果被看作一种与道德或心灵的情绪无关的实在的东西，它就是一种完全不可觉察的甚至是不可设想的性质；而且我们对于这种财产权的稳定性或其转移，也不能形成任何明晰的概念。在财产权的稳定方面，我们的观念的这种缺陷不很明显地被感觉到，因为它不甚引起我们的注意，容易被心灵忽略过去，而不详细地加以考察。但是各人之间的财产转移既是一种较为显著的事情，所以我们的观念的缺点在那种场合下就变得较为明显，迫使我们在各方面找寻某种补救方法。但是使任何观念生动起来的既然没有超过于一个现前印象，以及那个印象对一个观念的关系；所以我们自然要从这个方面寻求某种虚妄的观点。为了帮助想象来设想财产权的转移起见，我们就拿了有形的对象，现实地把它的占有转移给我们愿意把财产权交给他的那个人。这两种行为的假设的类似关系和这种有形交付的现前实施，欺骗了心灵，使它想象它体会到了财产权的神秘的转移。对于这件事所作的这种解释是正确的，这可以由下面一事看出，就是在无法交付实在物时，人们就发明了一种象征的交付方法来满足想象。例如把谷仓的钥匙交出去，就被看作是把仓中的谷物交付出去；石和土的交付，就表示把一座庄园交付出去。这在民法和自然法方面是一种迷信惯例，类似于宗教中罗马天主教的种种迷信一样。罗马天主教借一支小蜡烛、一套祭衣、一幅画像，来表象基督教的种种不可思议的神秘，使它们显现于心灵之前，因为这些东西是被假设为和这些神秘事迹类似的；同样，法律家们和道德学家们也由于同样理由作出了同样的发明，并力图通过那些方法使自己对于根据同意而作的财产转移一事得到满意。

第五节　论许诺的约束力

责成人们实践许诺的那个道德规则不是自然的；这一点由我将进而证明的下面两个命题可以充分地显出，就是：在人类协议确立许诺之前，许诺是不可理解的；即使可以理解，它也不伴有任何道德的约束力。

我说，第一，许诺在自然状态中是不可理解的，也不是在人类成立协议之前就存在的；一个不知道有社会的人永远不会与他人订约，纵然他们凭着直观能够觉察到对方的意图。如果许诺是自然的、可以理解的，则我许诺这一句话必然伴有某种心理活动；而其约束力必然以这种心理活动为基础。因此，我们可以逐一检视心灵的全部官能，看看在我们的许诺中哪一种官能在活动。

许诺所表示的那种心理活动不是完成任何事情的一个决

第二章 论正义与非义

心；因为单是决心决不能加上任何义务。许诺也不是做那样一件事情的欲望，因为我们承担义务，可以没有那样一个欲望，甚至可以带有公开宣布的厌恶心理。许诺也不是对我们许诺去作的那种行为的意愿；因为许诺永远关系到将来，而意志则仅影响到现在的行为。因此，结果就是，投入许诺并产生其义务的那种心理活动，既然不是要作一个特殊行为的决心、欲望或意愿，它必然是对由于许诺而发生的那种义务的一种意愿。这也并不单是一个哲学的结论，而是完全符合于我们平常的思想方法和表达方法的，例如当我们说我们受了自己的同意的约束，义务发生于我们单纯的意志和意愿等等的话。因此，惟一的问题就是，如果假设有这种心理活动，是否就陷入明显的荒谬，是否就陷于一切不由于成见和语言的误用而观念混淆的人所永不能陷入的那样一种荒谬。

一切道德都依靠于我们的情绪；当任何行为或心灵的性质在某种方式下使我们高兴时，我们就说它是善良的；当忽略或未作那种行为、在同样方式下使我们不高兴时，我们就说我们有完成那个行为的义务。义务的改变以情绪的改变为其前提；新的义务的发生以某种新的情绪的发生为其前提。但是我们确是不能自然而然地改变我们自己的情绪，正如我们不能改变天体运动一样；我们也不能借我们意志的单纯一种活动，即许诺，使任何行为成为令人愉快的或令人不快的，道德的或不道德的；如果那种行为，离开了那种活动，可能会产生出相反的印象，或赋有另外一些的性质。因此，要说人们意愿任何新的义务，即意愿任何新的苦、乐的情绪，那是荒谬的；而且人们也不会自然而然地陷于那样大的一种荒谬。因此,许诺在自然状态中是一种完全不可理解的东西,而且也没有任何心理活动是属于它的①。

但是,第二,如果有任何一种心理活动属于它,它也不能自然地产生任何义务。由前述的推论,可以明白地看到这点。许诺创生了新的义务。一种新的义务以新的情绪的发生为其前提。可是意志永不产生新的情绪。因此,任何义务不能自然地发生于许诺,即使我们假设心灵竟然能够陷入意愿那种义务的荒谬情形。

前面我们证明正义一般地是一种人为的德时所用的推理,可以更明显地证明这里的真理。人性中如果原来不赋有一种具有推动作用的、能够产生某种行为的情感或动机,那么没有人可以把那种行为当作义务来要求我们。这个动机不能是义务感。义务感以先在的一种义务为前提;而且一种行为如果不是被任

---

① 如果道德是可以被理性发现的,而不是被情绪发现的,那么尤其显而易见,许诺不能把道德加以改变。道德被假设为成立于关系。因此,每新加上一种道德,都必然是因为有某种新的对象关系而发生;因而意志不能在道德方面直接产生任何变化,而只有先在对象上产生一种变化,才能有那种效果。但是一个许诺的道德的义务既然是意志的纯粹结果,而在宇宙中任何部分都丝毫没有改变,所以必然的结果就是:许诺没有自然的义务。

如果有人说,意志的这种活动事实上是一个新的对象,因而产生了新的关系和新的义务,那么我可以答复说,这纯粹是一种诡辩,我们的思想只要有几分准确性和精确性,就可以发现出这种诡辩。意愿一个新的义务,就等于是意愿一种新的对象关系;因此,这个新的对象关系如果是由意愿本身形成的,那么我们事实上应该是意愿那种意愿了,这显然是荒谬而不可能的。意志在这里既然没有对象可以趋向,就必须无限次地返回到它自身。新的义务以新的关系为基础。新的关系又以一个新的意愿为基础。新的意愿以新的义务为对象,因而以新的关系并因而以新的意愿为对象;这个意愿又着眼于一种新的义务、关系和意愿,如此一直推到无穷的地步。因此,我们决不可能意愿一种新的义务;因此,意志决不可能伴随一个许诺,或是产生一种新的道德义务。

第二章　论正义与非义

何自然的情感所要求的,它也不能被任何自然的义务所要求;因为即使不作这种行为,那也并不证明心灵和性情中有任何缺点,因而也并不产生任何的恶。可是显而易见,除了义务感以外,我们并没有其他动机,导使我们完成许诺。如果我们认为许诺没有道德的义务,我们便永不会感到有遵守许诺的任何倾向。而各种自然的德却不是这样。虽然原来没有救济贫困的义务,我们的仁爱心仍会导使我们达到这种义务;当我们不尽那种义务时,我们就感到那是不道德的,这是因为这件事证明了我们缺乏自然的仁爱情绪。一个父亲知道照顾子女是他的义务,不过他对这件事也有一种自然的倾向。如果没有人有那种倾向,那么就没有人有那种义务。但是除了完成许诺的一种义务感之外,人们没有任何遵守许诺的自然倾向;因此,忠实并不是一种自然的德,许诺在人类协议成立之前是没有力量的。

如果有任何人不同意这个说法,他必须给下面这两个命题作出一个确当的证明,就是:有一种特殊的心灵活动伴随着许诺;随着心灵的这种活动又发生了不同于义务感的一种践约的倾向。我可以断定,这两点中不论哪一点都是无法证明的;因此我大胆地断言,许诺是以社会的需要和利益为基础的人类的发明。

为了发现这些需要和利益,我们必须考察我们已经发现为产生前面所说的一些社会法则的那些人性性质。人类因为天性是自私的,或者说只赋有一种有限的慷慨,所以人们不容易被诱导了去为陌生人的利益作出任何行为,除非他们要想得到某种交互的利益,而且这种利益只有通过自己作出有利于别人的行为才有希望可以得到的。但是由于这些交互行为往往不能在同时完成,所以其中一方就只好处于一种不确定的状态,依靠对方的感恩来报答他的好意。但是人类中间的腐败情况是太普遍了,所以一般地说,这种保障是很薄弱的;而且我们这里既然假设施与者是为了自利才施惠于人的,所以这就既消除了义务,并树立了一个自私的榜样;这种自私正是忘恩负义的母亲。所以,我们如果只是顺从我们情感和爱好的自然途径,我们便很少会由于无私的观点而为他人的利益作出任何行为,因为我们的好意和仁爱天然是很有限的;我们就是为了利益起见也很少会去作那一类的行为,因为我们并不能依靠他人的感恩。这样,人类的互相服务就可以说是消灭了,而每个人都得凭自己的技巧和勤劳来谋求幸福和生存了。关于稳定财物占有的那条自然法的发明,已使人们彼此可以相安,而通过同意转移财产和所有物的那条自然法也开始使人们互相受益;不过这些自然法不论怎样被严格地遵守,仍不足以使他们互相服务,如他们可以天然变得的那样。所有物虽然是稳定了,但人们若是占有自己用不着的大量财物,而同时又苦于缺乏其他物资,那么他们由这种稳定所能获得的利益仍然很小。可以适当地补救这种不便的财产的转移、也不能完全加以补救;因为只有在那些现前的、个别的对象方面,才能进行财产转移,而对于不在现前的、一般的对象,则不能进行这种转移。一个人不能转移六十里以外的一所特定房屋的财产权,因为这种同意不能伴有交付,而交付是一个必需的条件。一个人也不能凭着单纯的表示和同意转移出十斛谷或五大桶酒的财产权;因为这些只是一般的名词,与任何一堆特定的谷

第二章 论正义与非义

或某些大琵琶桶的酒毫无直接关系。此外,人类的交往也不限于物品的交换,还可以扩展到服务和行为;我们也可以交换这些,达到互利的结果。你的谷子今天熟,我的谷子明天将熟。如果今天我为你劳动;明天你再帮助我,这对我们双方都有利益。我对你并没有什么好意,并且知道你对我也同样没有什么好意。因此,我不肯为你白费辛苦;如果我为了自己利益帮你劳动;期待你的报答,我知道我将会失望,而我所依靠于你的感恩会落空的。因此,我就让你独自劳动,你也照样对待我。天气变了,我们两人都因为缺乏互相信托和信任,以致损失了收成。

这一切都是人性中自然的、固有的原则和情感的结果;这些情感和原则既是不可改变的,所以人们会以为依靠于这些原则和情感的我们的行为、也必然是同样不可改变的,而且不论道德学家们或政治学家们如何为了公益而干预我们,或是企图改变我们的行为的经常的途径,那也是徒劳无益的。如果他们的计划的成功依靠于他们在改正人类的自私和忘恩负义方面的成功,那么除非有全能的上帝加以协助,他们将不能前进一步,因为只有全能者能够重新改造人类心灵,而在那些根本之点方面改变心灵的性质。他们所能企图的,只是给予那些自然情感以新的方向,并且教导我们说,我们通过间接的、人为的方式,比起顺从我们的欲望的直接冲动来,更可以满足这些欲望。因此,我就学会了对别人进行服务,虽然我对他并没有任何真正的好意;因为我预料到,他会报答我的服务,以期得到同样的另一次的服务,并且也为了同我或同其他人维持同样的互助的往来关系。因此,在我为他服务了、而他由我的行为得到利益以后,他就被诱导了来履行他的义务，因为他预见到他的拒绝会有什么样的后果。

不过人类这种自私的交往虽然开始发生了，并且在社会中占了主导地位，可是这也并不完全取消更为慷慨和高尚的友谊和互助的交往。我对于我所爱的那些人，对于特别相识的那些人，仍然可以作种种服务，而并不希望得到任何利益；他们也可以同样地报答我，而且没有别的企图，只是为了补报我过去的服务。因此，为了区别那两种计较利害的和不计较利害的交往，人们就给前者发明了某种语言形式，借以束缚自己去实践任何某种行为。这种语言形式就构成了我们所谓的许诺，这就是对于人类计较利害的交往所加的一种认可。当一个人说，他许诺任何事情时，他实际上就表示了他完成那件事情的决心；与此同时，他又通过使用了这种语言形式，就使他自己会受到再不被人信任的处罚，如果他失约的话。一个决心就是许诺所表示的自然的心理活动，但是在这种情形下，如果只有一个决心，那么许诺将是仅仅声明了我们先前的动机，而不会造成任何新的动机或义务。许诺是人们的协议，协议创造出了新的动机来，因为经验教导我们，如果我们制定一些符号或标志，借以互相担保我们在任何特殊事情中的行为，那么人事的进行将会调整得对彼此都有利益。当这些标志制定以后，谁要应用这些标志，谁就立刻被他的利益所约束了，要实践他的约定，并且如果他拒绝履行他的许诺，他将永不能期望再得到别人的信托。

人类固然要有知识，才能感觉到制定并遵守许诺的这种利益，可是这种知识不应该被认为超出于人性的能力以外，不论人性是处于如何野蛮而不开化的状态。只消对世事稍有一点的实践，就会使我们看到一切这些结果和利益。最短的社会经验，就会使每一个人发现出这些利益；当每一个人看到所有其他的人都有同样的利益感觉时，他就立刻会履行他在任何协约中所承担的义务，因为他确信，他们也不会不履行他们的义务的。他们全体都同心一致地加入那个旨在谋求共同利益的行动计划中，并同意忠于他们的诺言。要形成这个协作或协议，不需要任何别的条件，只需要每个人感觉到忠实履行约定是有利益的，并向社会中其他成员表示出那种感觉来。这样就立刻使那种利益对他们起了作用；而利益是履行许诺的最初的约束力。

随后，一种道德感又和利益结合了起来，成为人类的一种新的约束力量。这种道德感，在实践许诺这一方面，正和我们戒取他人财产的道德感一样，都发生于同样的原则。公益、教育和政治家们的措施，在两种情形下都有相同的作用。在假设许诺有一种道德的义务时，我们对于所遇到的一些困难，或是加以克服，或是设法逃避。例如，一个决心的表示通常并不被认为是有约束力的，而且我们也不容易想象，使用某种语言形式如何就能引起任何重大的差异。因此，我们在这里就虚构一种新的心灵活动，我们称之为承担义务的意愿；而我们就假设道德以这个意愿为基础。不过我们已经证明，并没有这样一种心理活动，因而许诺并不施加任何自然的义务。

为了证实这一点，关于被假设为加入许诺以内并产生其约束力的那个意志，我们可以再附加其他几点的考虑。显而易见，单是意志永不能被假设为产生义务，意志必须被词语或标志表示出来，才能以一种束缚加于任何人。这种表达方式一旦被用来表示意志，立刻就变成了许诺的主要部分；一个人即使在暗中改变意向，打消决心，不再意愿承担那种义务，他也并不因此而少受一些他的诺言的约束。不过在许多情形下，表达方式虽然构成许诺的全部，可是并不永远如此；一个人如果用了他所不解其意、并且也无意用来约束自己的表达方式，那他自然就不受它的约束。不但如此，他即使懂得表达方式的意义，可是他如果只是开玩笑地用它，并且应用了显然表示他没有诚意来约束自己的那样一些标志，他也就没有实践的义务；词语必须是意志的完全表示，不容有任何相反的标志。不过，我们甚至也不能把这一点推得太远，以至想象：我们显然凭锐敏的理解力、根据某些标准、推断某人有欺骗我们的意向，可是在我接受了他的表达方式或口头许诺以后，他仍然不受它的约束；这个结论仅仅适用于那些例子，即当所用的标志不同于欺骗的标志的时候。如果说许诺所加于人的义务只是为了社会的方便而作的一种人类发明，所有这些矛盾就很容易说明；但如果说这种义务是由身心的任何活动所发生的某种实在的、自然的东西，那么它将是永远不能说明的。

我还要进一步说，每一个新的许诺既然对作出许诺的人加了一种新的道德义务，而且这种义务既然发生于他的意志；所以它就成了我们所可能想象到的最为神秘而不可解的一种作用，甚至可以比之于化体（transubstantiation）或圣职①，在这种情形

---

① 我只是就圣职被人设想为可以产生不可磨灭的品格而言。在其他方面，圣职只是一种合法的资格。

下，某种语言形式加上了某种意向，就完全改变了外物的甚至一个人的本性。不过这些神秘活动虽然那样地相似，可是很可注意的是，它们在其他一些点上却大为差异，而且这种差异就可以认为是它们来源不同的一个有力的证明。许诺所加于人的义务既然是为了社会的利益而作的一种发明，所以随着那种利益的要求，它就被纳入许多不同的形式，甚至陷于直接的互相矛盾，而也不肯忘掉它的目的。而宗教方面的那些荒诞学说、既然只是僧侣们的捏造，而不着眼于公共的利益，所以即使有新的障碍，它们的进程也很少受到打扰；我们必须承认，在建立了第一个荒谬前提以后，那些学说就比较直接地遵从理性和常识的趋势。神学家们清楚地看到，外在的语言形式仅仅是一种声音，需要一种意向，才能有任何效果；并且这种意向一旦被认为是一个必需条件以后，则在没有意向的时候，就必然会同样地阻碍效果的发生，不论是明白表示的或隐藏的，不论是诚恳的或欺骗的。因此，他们通常就断定，僧侣的意向才构成圣礼，他如果暗中取消意向，他自己就犯了重罪，不过同时也仍然使洗礼、圣餐或圣职归于无效。这个学说的可怖结果并不曾能够阻止它的成立，而关于许诺的一个类似的学说则因其扞格不通而阻止了那个学说的成立。人类对现世比对来世总是更为关心，而容易认为现世方面的些小祸害比来世方面的最大祸害更为重要。

关于许诺的起源，我们也可以由暴力得出同样的结论；人们假设暴力可以使一切契约归于无效，而使我们摆脱其所加于我们的义务。这样一个原则就证明，许诺没有自然的义务，只是为社会的方便和利益而作的一些人为的设计。如果我们正确地考虑这件事，则暴力与希望或恐惧等任何其他动机并没有本质上的差异，而后面这些动机却可以诱导我们作出诺言，并使自己受其约束。一个受了重伤的人如果许给医治他的外科医生以一笔巨款，他一定就有践约的义务；这个情形与一个许给强盗以款项的人的情形本来没有那样大的差别，以至于在我们的道德感中产生那样大的差异，其所以产生这种差异的缘故，乃是因为这些道德感完全建立在公益和方便上面的。

第六节 关于正义和非义的一些进一步的考虑

我们已经略论了三条基本自然法则，即稳定财物占有的法则，根据同意转移所有物的法则，履行许诺的法则。人类社会的和平与安全完全依靠于那三条法则的严格遵守，而且在这些法则遭到忽视的地方，人们也不可能建立良好的交往关系。社会是人类的幸福所绝对必需的；而这些法则对于维持社会也是同样必需的。不论这些法则对人的情感可以加上什么约束，它们总是那些情感的真正产物，并且只是满足情感的一种更为巧妙、更为精细的方法。我们的情感是最有警觉性、最有发明力的，而遵守这些规则的协议也是最为显而易见的。因此，自然就把这件事完全交给人来执行，而没有赋予人类心灵以任何特殊的、原始的原则，借以决定我们从事于我们的结构和组织中其他原则已足以导使我们完成的那一套行为。为了使我们更充分地相信这个真理起见，我们在这里可以稍停片刻，以便借着检视前面的推理，可以推出一些新的论证，来证明那些法则不论如何是必然的，仍然完全是人为的，是由人类所发明的；并因而正义是一种人为的,而不是一种自然的德。

Ⅰ.我所要应用的第一个论证是由通俗的正义定义得来的。人们通常把正义下定义为:使每个人各得其应有物的一种恒常和永久的意志。这个定义假设,独立于正义之外并在正义之前,已有权利和财产权那一类事情;而且人们即使不曾梦想到实践那样一种的德,权利和财产权仍然会存在的。我已经约略提到这个意见的谬误,我将在这里较为明晰地继续阐述我对这个题目的意见。

首先,我要说,我们称为财产权的这种性质,正像逍遥哲学派中所主张的许多想象的性质一样,当我们一抛开我们的道德感、单独考究这个题目并对它作一种更详细的考察时,这些性质就消逝了。显而易见,财产权并不成立于对象的任何一种可以感知的性质。因为这些性质可以继续同一不变,而财产权则有变化。因此,财产权必然成立于对象的某种关系。不过这种关系不是对其他外界物体和无生物的关系。因为这些关系也可以继续同一不变,而财产权则有变化。因此,这种关系是成立于对象与有理智、有理性的存在者的关系。但是构成财产权的本质的不是外在的、有形的关系。因为那种关系在无生物之间,或在畜类方面也可以同样存在,可是在那些情形下它并不构成财产权。因此,财产权是成立于某种内在的关系,也就是说成立于对象的外在关系对心灵和行为所加的某种影响。例如,我们所谓占领或最初占有的那个外在关系,其本身并不被想象为对于对象的财产权,而只是被想象为产生那种财产权。但是,显而易见,这个外在关系在外界对象方面并不产生任何东西,而只是对心灵有一种影响，就是：它给予我们以一种义务感，使我们戒取那个对象，而把它归还于其最初的占有者。这些行为正是我们所谓正义的确当意义；因此，财产权的本性依靠于那个德，并不是那个德依靠于财产权。

因此，如果任何人说，正义是一种自然的德，非义是一种自然的恶，那么他就不得不说，离开了财产权、权利和义务等概念，某种行为或一系列的行为在某些外在的对象关系中自然有一种道德的美丑，并产生一种原始的快乐或不快。这样，把一个人的财物归还其人一事之所以被认为是善良的，并不是因为自然以某种快感附于那种对他人财产的行为上，而是因为自然以那种快感附于那样一种对外界对象的行为上，这些外界对象就是他人最初占有或长期占有的东西，或是在得到最初占有者或长期占有者的同意之后而享有的东西。但是如果自然不曾以那种情绪给予我们，则在自然状态中，亦即在人类协议之前，并不会有财产权这样的东西。——在对现在题目所作的这种枯燥的、精确的考究中，虽然似乎已经充分地显示，自然并不曾以快乐或赞许的情绪附于那样一种行为上，可是为了尽量不留任何怀疑余地起见，我将再加几条论证，来证实我的意见。

第一，如果自然给予我们以这种快感，则这种快乐应该像在其他每个场合下那样明显而可以辨识的；而且我们也应该不难看到，我们一考虑那种情形下的那种行为，就会发生某种快乐和赞许的情绪。我们也就不会被迫在给正义下定义时，要求助于财产权的概念，而同时在给财产权下定义时，又要应用正义的概念。这种虚假的推理方法就显然证明了这个论题中包含着若干含混和疑难之点,这些困难,我们无法加以克服,而只是想借这种手段来逃避它们。

第二,确定财产权、权利和义务的那些规则,并不包含有自然起源的标记,而却包含有许多人为措施和设计的标记。这些规则太繁多了,不可能由自然发生;它们可以被人类法律所改变;它们全体对于维护公益和支持文明社会都有一种直接而明显的趋向。最后这一点,由于两个理由,值得注意。第一,因为这些法则的成立的原因虽然是对于公益的尊重,而公益是这些法则的自然趋向,可是这些法则仍然是人为的,因为它们是有目的地设计出来,并指向于某种目的的。第二,因为如果人们赋有对公益的那样一种强烈的尊重心,他们就决不会用这些规则来约束自己;由此可见,正义法则乃是在一种较为间接而人为的方式下由自然原则发生的。利己心才是正义法则的真正根源;而一个人的利己心和其他人的利己心既是自然地相反的,所以这些各自的计较利害的情感就不得不调整得符合于某种行为体系。因此,这个包含着各个人利益的体系,对公众自然是有利的;虽然原来的发明人并不是为了这个目的。

Ⅱ. 在第二方面,我们可以说,一切恶和德都是不知不觉地互相涉入,并且以不可觉察的程度互相接近,以致难以、纵非绝对不可能决定,什么时候一项终止,而他项开始。根据这个说法,我们就可以给前面的原则得出一个新的论证。因为一切恶和德不论是什么情形,而权利、义务和财产权确是不容有那样一种不可觉察的程度区别;一个人若不是有充分而完全的财产权,就是完全没有;若不是完全有实践某种行为的义务,就是完全没有任何义务。民法上虽然可以谈到一种完全的支配权(dominion)和不完全的支配权,可是我们很容易观察到,还是发生于一种虚构,这个虚构在理性中并没有基础,而永不能加入我们的自然正义和公道的概念中。一个人雇了一匹马,哪怕只是一天,也有充分权利在那一段时间内使用那匹马,正如我们所称为马的所有主的那个人在其他任何日子有权利使用它一样;而且显而易见,那种使用权不论如何在时间或程度方面受有限制,那个权利本身却不容有那种程度区别,而在其所扩及的范围内是绝对而完整的。因此,我们可以说,这个权利是在一刹那之间发生而又在一刹那之间消灭的;并且,一个人或是借着占领,或是借着所有主的同意,对任何对象完全取得全部财产权,并借他自己的同意而失掉其财产权;这里并没有在其他性质和关系中所观察到的那种不可觉察的程度区别。在财产权、权利和义务方面既然是这种情形,那么在正义和非义方面又是什么情形呢?不论你怎样答复这个问题,你都会陷于无以自拔的困难中。如果你答复说,正义和非义允许有程度区别,并且不知不觉地互相涉入,那么你就分明违反了前面所说义务和财产权不容有那种程度区别的论点。义务和财产权是完全依靠正义和非义的,并且随其所有的变化而变化的。在正义是完整的地方,财产权也是完整的;在正义是不完整的地方,财产权也必然是不完整的。反过来说,如果财产权不允许有那种程度差别,这种差别必然也和正义是不相容的。因此,你如果同意最后这个命题,而主张说,正义和非义不容有程度区别,那么实际上你就是说,它们并不自然地是善良的或恶劣的;因为恶和德,道德的善和恶,的确,一切自然

第二章 论正义与非义

的性质,都是不知不觉地互相涉入,而在许多场合下是不可区别的。

这里有一点值得提出,就是:抽象的推理、哲学和法律的一般原理虽然确立了财产权、和权利及义务不允许有程度区别的这样一个命题,可是在普通松懈的思想方式中,我们却很难以信奉那样一个意见,甚至在暗中抱有相反的原则。一个对象必然归这一个人或另一个人所有。一个行为或是必须实践或是不必实践。在这些两难的困境中,我们不得不选择一项,而且由于我们往往不能在其间发现恰当的中道,我们在反省这个问题时,就不得不承认一切财产权和义务都是完整的。但是,在另一方面,当我们考究财产权和义务的起源,而且发现它们以公益为基础、并且有时也依靠于想象的倾向时(这些倾向在任何一方面很少是完整的),我们自然会倾向于想象,这些道德的关系容许有一种不知不觉的程度区别。因此,在委托他人仲裁、而各造都同意让几个公断人具有全权去处理一个问题时,他们往往发现两造都很公道而合于正义,因而采取一种折中的办法,劝说两造妥协调停。法官们没有这种自由,不得不在某一方面下个判决,所以往往不知道应该如何判断,因而被迫根据世界上最浅薄的理由来进行审判。"半权利"和"半义务"的说法在日常生活中似乎是那样自然的,而到了法庭上则成了纯粹的荒谬说法;因此,法官们往往被迫把片面论证当作全面论证,以便不论如何以某种方式来结束一个讼案。

Ⅲ. 我所要利用的这一类的第三个论证可以这样加以说明。如果我们考究人类行为的通常途径,我们将发现,心灵并不以任何一般的和普遍的规则约束自己,而在大多数的场合下是根据它现前的动机和倾向的决定而采取行动的。每一种行为既然是一种特殊的、个别的事件,所以它必然发生于一些特殊的原则,发生于我们内心的现实情况以及我们对宇宙其余部分的关系。在某些场合下,我们虽然把我们的动机扩展到产生动机的那些条件以外,并且我们也给自己的行为立下类似通则的一种东西,可是我们也容易看到,这些通则并不是完全不可改变的,而是容有许多例外的。因此,这既然是人类行为的通常趋势,所以我们就可以断言,正义法则既然是普遍有效的,完全不可改变的,所以决不能是由自然得来的,也不能是任何自然动机或倾向的直接产物。除非有某种自然的情感或动机驱使我们趋善避恶,任何行为都不能在道德上成为善的或恶的;而且显而易见,情感有多少自然的变化,道德也必然会有多少变化。这里有两个人争夺一笔财产,其中一个是富人、笨蛋、单身汉;另一个是穷人、通达事理并且有一个人口众多的家庭。前者是我的敌人,后者是我的朋友。在这个争执中,不论我的动机是为公益或是为私益,是为友谊或是由于故意,我一定尽最大的努力使后者取得那笔财产。我如果只是被自然的动机所推动,而没有别的动机与之结合或协力,则我不会因为考虑到各人的权利和财产权而约束自己。因为一切财产权如果依靠于道德,而一切道德又依靠于我们情感和行为的通常途径,而这些情感和行为又被特殊的动机所指导:那么显然,那样一种偏私的行为必然符合于最严格的道德,而永远不会是对财产权的一种破坏。因此,人们如果对于社会法律可以采取自由行动,一如他们在其他一切事情方面

第二章　论正义与非义

那样,那么他们在大多数的场合下将遵循适应情况的特殊判断,并且会考虑到各人的品格和条件,一如其考虑到问题的一般性质一样。但是我们很容易看到,这样就会在人类社会中产生无限纷扰,而且人类的贪心和偏私如果不受某种一般的、不变的原则所约束,就会立刻使世界混乱起来。人类正是因为着眼于这种弊害,才确立了那些原则,并同意以一般的规则约束自己,因为一般的规则是不会被敌意和偏爱、不会被对于公私利益的特殊看法所改变的。所以,这些规则是为了某种目的被人为地发明出来的,并且是违反人性的普通原则的;人性的普通原则是适应具体情况的,没有明确不变的活动方式的。

我也看不出,我在这个问题方面、怎样会容易陷入错误之中。我明显地看到,当任何人在他对别人的行为方面以一般的、不变的规则加于自己时,他是认为某些对象为别人的财产,而假设其为神圣不可侵犯的。但是最明显的一个命题就是:如果不先假设正义和非义,财产权便是完全不可理解的;而我们如果在道德之外再没有动机推动我们趋向正义的行为,避免非义的行为,那么这些德和恶也是不可理解的。因此,那些动机不论是什么样的,它们总是适应情况的,并且一定容许有人事的不断变迁所可带来的一切变化。因此,这些动机就不能成为像〔正义?〕法则那样严格不变的规则的适当基础;所以,显而易见,这些法则只能发生于人类的协议,当人类看到了遵循他们那些自然而易变的原则所会引起的纷乱。

总而言之,我们应当认为正义和非义的这种区别有两个不同的基础,即利益和道德;利益所以成为这个基础,是因为人们看到,如果不以某些规则约束自己,就不可能在社会中生活;道德所以成为这个基础,则是因为当人们一旦看出这种利益以后,他们一看到有助于社会的安宁的那些行动,就感到快乐,一看到有害于社会的安宁的那些行动,就感到不快。使最初的利益成立的,乃是人类的自愿的协议和人为措施;因此,在这个范围内来说,那些正义法则应当被认为是人为的。当那个利益一旦建立起来、并被人公认之后,则对于这些规则的遵守自然地并自动地发生了一种道德感。当然,这种道德感还被一种新的人为措施所增强,政治家们的公开教导,父母的私人教育,都有助于使我们在对他人的财产严格约束自己行为的时候,发生一种荣誉感和义务感。

第七节　论政府的起源

人类在很大程度上是被利益所支配的,并且甚至当他们把关切扩展到自身以外时,也不会扩展得很远;在平常生活中,他们所关怀的往往也不超出最接近的亲友和相识:这一点是最为确实的。但是同样确实的是:人类若非借着普遍而不变地遵守正义规则,便不能那样有效地达到这种利益,因为他们只有借这些规则才能保存社会,才能不至于堕入人们通常所谓的自然状态的那种可怜的野蛮状态中。由一切人维护社会、遵守正义规则所得到的这种利益既然是巨大的,所以它甚至对最粗野和未受教化的种族也是明白而显然的;任何经验过社会生活的人在这一点上几乎都不可能发生错误的。因此,人类既然那样真诚地依恋自己的利益,他们的利益又是那样有赖于正义的遵守,而且这个利益又是那样确实而为大家所公认的;那么人们就会问,社会中为什么竟然还能发生纷乱,而且人性中有什么原则是那样地有力,以至克服了那样强的一种情感,并且是那样地猛烈,以至蒙蔽了那样清楚的一种认识呢?

在论述情感时,我已经说过,人类是大大地受想象所支配的,而且他们的感情多半是与他们对任何对象的观点成比例的,而不是与这个对象的真实的、内在的价值成比例的。凡以一种强烈和生动的观念刺激人们的对象,普通总是超越于出现在较为模糊的观点下的对象;必须有大得很多的价值,才足以抵消这种优势。凡在空间或时间上与我们接近的东西既然以那样一个观念刺激我们,所以它在意志和情感上也有一种与此成比例的效果,而比处于较远、较模糊的观点下的任何对象通常都有一种力量较强的作用。我们虽然可以充分地相信,后一个对象较前一个对象更为优越,可是我们却不能以这种判断来调整我们的行为。我们总是顺从我们的情感的指示,而情感却总是为接近的东西辩护的。

这就是人们的行为所以那样常常和他们所明知的利益相抵触的缘故,尤其是他们所以宁取任何现实的些小利益而不顾到维持社会秩序的缘故;虽然社会的秩序是那样地依赖于正义的遵守的。每一次破坏公道的后果似乎是辽远的,不足以抵消由破坏公道所可能获得的任何直接利益。不过这些结果并不因辽远而减少其实在性;而一切人类既然都在某种程度上受同一弱点的支配,所以必然发生这样一种现象;就是,公道的破坏在社会上必然会成为非常频繁,而人类的交往也因此而成为很危险而不可靠的了。你和我一样都有舍远而图近的倾向。因此,你也和我一样自然地容易犯非义的行为。你的榜样一方面推动我照样行事,一方面又给了我一个破坏公道的新的理由,因为你的榜样向我表明,如果我独自一个人把严厉的约束加于自己,而其他人们却在那里为所欲为,那么我就会由于正直而成为呆子了。

因此,人性的这种性质,不但可以危害社会,而且粗看起来还似乎是不可补救的。补救的方法只能来自人类的同意;如果人们不能自行舍近图远,那么他们便永不会同意于强使他们作出那种选择的任何事情,不会同意于那样显然与他们的自然原则和倾向相冲突的任何事情。谁要选择了手段,也就选择了目的;我们如果不可能舍近求远,那么我们也就同样不可能顺从强使我们采取那种行为方法的任何必然性。

不过这里我们可以看到,人性的这个缺点就成为它本身的一种救药,而且我们所以采取措施来防止我们对辽远的对象的疏忽,只是因为我们自然地倾向于那样一种疏忽。当我们考虑任何远隔的对象时,它们的一切细小区别就消失了,而且我们总是偏重本身是可取的任何东西,而不考虑它的境况和条件。这就产生了我们不确当地称为理性的那种东西,这种理性就是和对象在接近时人们所表现出来的那些倾向往往相矛盾的一个原则。在思考十二个月以后我将要作的一种行为时,我总是决意选择那个较大的善,不论到了那时,它将是较近的还是较辽远的;在那个细节方面的任何差异都不能使我现在的意向和决心有所改变。我与最后决定因为距离辽远,所以就使所有那些细微的差异都消失了,而且影响我的只有那些一般的、比较可以辨识的善和恶的性质。但当我在较为接近的时候,我原来所忽略了的那些条件就开始出现了,并且对我的行为和感情有了一种影响。对于现前的善发生了一种新的倾向,使我难以不变地坚持我的最初目的和决心。对于这个自然的缺点,我也许会很抱憾,我也许力图要尽一切可能去摆脱它。我也许求助于研究和反省,求助于朋友的指教,求助于经常的思索和不断重复的决心。但是当我经验到这些办法都是无效的时候,我也许乐意接受其他任何方策,以便约束自己,防止这个弱点。

因此,惟一的困难就在于找寻出这个方策来,好使人们借以克制他们的自然的弱点,使自己处于不得不遵守正义和公道法则的必然形势之下,虽然他们原来有舍远求近的一种猛烈倾向。显而易见,这个补救方法如果改正不了这个倾向,它便永远不能是有效的;而我们既然不能改变或改正我们天性中任何重要的性质,那么我们所能做到的最大限度只是改变我们的外在条件和状况,使遵守正义法则成为我们的最切近的利益,而破坏正义法则成为我们的最辽远的利益。但是,这事对全人类来说既是行不通的,所以只有在少数人方面才可能办得到,因而我们就使这些人和执行正义发生了直接的利害关系。这些人就是我们所谓民政长官、国王和他的大臣、我们的长官和宪宰;这些人对于国内最大部分的人既然是没有私亲关系的,所以对于任何非义的行为,都没有任何利益可图,或者只有辽远的利益;他们既然满足于他们的现状和他们的社会任务,所以对于每一次执行正义都有一种直接利益,而执行正义对于维持社会是那样必需的。

这就是政府和社会的起源。人们无法根本地救治自己或他人那种舍远图近的褊狭心理。他们不能改变自己的天性。他们所能做到的就是改变他们的境况，使遵守正义成为某些特定的人的直接利益，而违反正义成为他们的辽远利益。因此，这些人不但在自己的行为方面乐于遵守那些规则，并且还要强制他人同样地遵守法度，并在全社会中执行公道的命令。如果必需的话，他们还可以使其他一些人对于执行正义发生较为直接的利害关系，而创设若干文武官员，来协助他们的统治。

不过这样的执行正义虽然是政府的主要优点，却不是它惟一的优点。猛烈的情感既然会妨害人们清楚地看到对他人采取公道行为的利益；所以，这种情感也会阻止他们清楚地看到那种公道自身，而使他们对自己的爱好有显著的偏私。这种弊害也是以上述的方式而得到改正。执行正义法则的那些人们也解决关于这些法则的一切争论；他们对于社会上大部分人既然是没有私亲关系的，所以他们的判决就比各人自己的判决较为公道。

由于正义的执行和判断这两个优点，人们对彼此之间的和自己的弱点和情感都得到了一种防止的保障，并且在长官的荫庇之下开始安稳地尝到了社会和互助的滋味。不过政府还进一步扩展它的有益影响；政府还不满足于保护人们实行他们所缔结的互利的协议，而且还往往促使他们订立那些协议，并强使他们同心合意地促进某种公共目的，借以求得他们自己的利益。人性中使我们的行为发生最致命的错误的性质，就是使我们舍远图近、并根据对象的位置而不根据它的真正价值来求取对象的那种性质。两个邻人可以同意排去他们所共有的一片草地中的积水,因为他们容易互相了解对方的心思,而且每个人必然看到,他不执行自己任务的直接后果就是把整个计划抛弃了。但是要使一千个人同意那样一种行为,乃是很困难的,而且的确是不可能的;他们对于那样一个复杂的计划难以同心一致,至于执行那个计划就更加困难了,因为各人都在找寻借口,要想使自己省却麻烦和开支,而把全部负担加在他人身上。政治社会就容易补救这些弊病。执政长官把他们的任何重大部分臣民的利益看作自己的直接利益。他们无须咨询他人,只须自己考虑,就可以拟定促进那种利益的任何计划。由于在执行计划时,任何一部分的失败牵连到(虽然不是直接地)全体的失败,所以他们就防止那种失败,因为他们在这种失败中看不到有任何切近的或辽远的利益。这样,桥梁就建筑了,海港就开辟了,城墙就修筑了,运河就挖掘了,舰队就装备了,军队就训练了;所有这些都是由于政府的关怀,这个政府虽然也是由人类所有的缺点所支配的一些人所组成的,可是它却借着最精微的、最巧妙的一种发明,成为在某种程度上免去了所有这些缺点的一个组织。

第八节　论忠顺的起源

政府对人类虽然是很有利的,甚至在某些条件下还是绝对必需的一种发明;但它并不是在一切条件下都是必需的,而且人类即使不求助于那样一种发明,也不是不可能在某一段时期以内维持社会的。自然,人类总是极其爱取现前利益而舍去辽远的利益的;而且他们也不容易因为担心一种辽远的灾祸,而抵拒他们所可以立即享受的任何利益的诱惑。不过当所有物和人生乐事是稀少的、并且没有多大价值的情形下(在社会初期就是这种情形),这种弱点是不很显著的。一个印第安人很少受到诱惑,要想抢夺另一个印第安人的茅屋或偷窃他的弓,因为他已经备有同样的便利;至于一个人在渔猎时所可能遇到的优于他人的运气,那只是偶然而暂时的,很少有扰乱社会的倾向。我不但不像某些哲学家们那样,认为人类离了政府就完全不能组织社会,而且我还主张,政府的最初萌芽不是由同一个社会中的人们的争端而发生,而是由几个不同的社会中的人们的争端而发生的。较少量的财物就足以引起后一种争端,虽然还不足以引起前一种的争端。人们在公共的战争和殴斗中所恐惧的,只有他们所遇到的抵抗,这种抵抗因为是他们所共同遭遇的,所以它的恐怖程度似乎较小;并且又因为来自外人,所以它的结果似乎不是那样有害;相反,如果各人间的交往是互有利益的,而且断绝交往就会使他们不可能存在的,那么他们若是互相敌对起来,其结果便是非常有害的了。但是对于一个没有政府的社会,一次对外的战争必然会产生内战。把一大批财物投入人群,他们就会立刻争吵起来,这时各人都力求占有他所喜欢的东西,而不顾有什么后果了。在对外战争中,最重要的所有物——生命和肢体——都处于危险之中;而且由于每个人都逃避危险的地点,抢夺最好的武器,稍为受伤就找到了借口,所以人们在平静时候所遵守得很好的那些法律,到了他们处于那样纷扰的情形下时,就不复存在了。

我们发现,美洲各个部族证实了这一点;在那里,人们和睦友好地生活在一处,并没有任何确立的政府;他们也从来不服从

第二章 论正义与非义

本部族中的任何人；只有在战时，他们的首领享有一点点的权威，但从战场上归来，并与邻族建立了和平关系以后，他就失掉了这点权威。但是这种权威把政府的优点教给了他们，教他们求助于它，当因为战争的劫掠，或因为通商，或因为偶然的发现，他们的财富和所有物变得那样庞大起来，致使他们在每个紧急关头忘掉了维持和平与正义的利益。因此，我们就可以在其他理由之外，再举出一个很好的理由来说明，为什么一切政府最初都是君主的，没有任何掺杂和变化；为什么共和国只是由于君主制和专制权被人滥用才发生出来的。军营是城市的真正母亲。战争中的每个危机都是突然发生的，所以如果不把权威集中于一人，就不能指挥作战；因此，继军事政府而来的民事政府自然也就具有同样的权威。我认为说明政府起源，这个理由要比人们通常由家长统治或父权所推得的理由更为自然一些——人们通常认为，这种权威首先发生于一个家庭之中，使家庭成员习惯于一个人的统治的。没有政府的社会状态是人类的最自然的状态，并且在许多家族聚居、远在第一代以后的一个长时期中，必然是继续存在的。只有财富和所有物的增加，才会迫使人们脱离这个状态；而因为一切社会在初成立时既然都是那样野蛮而不开化的，所以一定要过了许多年以后，这些财富才会增加到那样大的程度，以致扰乱人们对和平与和睦的享受。

不过人类虽然可以维持一个没有政府的小规模的不开化的社会，可是他们如果没有正义，如果不遵守关于稳定财物占有、根据同意转让所有物和履行许诺的那三条基本法则，他们便不可能维持任何一种社会。因此，这三条法则是在政府成立以前就已存在，并被假设为在人们还根本没有想到对民政长官应该有忠顺的义务之前，就给人们加上了一种义务。不但如此，我还要进一步说，政府在其初成立时，自然被人假设为是由那些法则，特别是由那个关于实践许诺的法则，得到它的约束力的。当人们一旦看出维持和平和执行正义必须要有政府的时候，他们自然就会集合起来，选举执政长官，规定他们的权限，并且许诺服从他们。人们既然假设，许诺是已经通用的一种盟约或保证，并且附有一种道德的义务，所以就把许诺认为是政府成立的原始根据和最初的服从义务的根源。这个推理看来似乎是那样地自然，以至它已成为现代时髦的政治学体系的基础。并且可以说是我们一个政党的信条，这个党很有理由地以其哲学的健全和思想的自由感到骄傲。这些人说，一切人生来都是自由和平等的；政府和权势只能借同意建立起来；人类既然同意建立政府，因而就给他们加上自然法所没有规定的一种新的义务。因此，人们之所以必须服从其执政长官，只是因为他们许诺了这种服从；如果他们不曾明白地或默认地表示愿意保持忠顺，那么忠顺永远不会成为他们道德义务的一部分。但是这个结论如果推得太远，包括了一切时代和一切情况下的政府，那么它就是完全错误的了。我主张，忠顺的义务虽然在最初是建立在许诺的义务上，并在一个时期内被那种义务所支持的，可是它很快就自己扎根，并且有一种不依靠任何契约的原始的约束力和权威。这是一个重要的原则，我们必须细心注意地加以考察，然后再继续申论。

那些主张正义是一种自然的德并且在人类协议以前就存在

的哲学家们,有理由把一切政治上的忠顺都还原到许诺的约束力,并且主张,约束我们服从执政长官[译注]的只有我们自己的同意。因为一切政府既然分明是人类的一种发明,而且大多数政府的起源是有历史可考的,所以我们如果主张我们的政治义务有任何自然的道德约束力,我们就必须再往上追溯,以便发现这些义务的起源。因此,这些哲学家们马上就说,社会是和人类同样古老的,那三条自然法则又是和社会同样古老的。因此,他们就利用了这些法则的古老性和模糊不清的根源,先否认这些法则是人类的人为的、自愿的发明,随后又企图把那些更显然是人为的其他义务建立在它们之上。但是当我们在这一方面一旦明白以后,发现了自然的和政治的正义都起源于人类的协议,我们就将立刻看到,要把这一种还原到那一种,并且在自然法方面,而不在利益和人类协议方面,给我们的政治义务找寻一个较为强固的基础,那是怎样地无益的;因为这些自然法则本身也是建立在同一基础上面的。不论我们在那一方面反复思维这个题目,我们都将发现;这两种义务都恰好建立在同一基础上,而且它们的最初发明和道德约束力也都有同样的根源。人类所以设计它们,都是为了补救相似的不便,而它们之所以获得道德的强制力,也同样都是因为它们可以补救那些不便。这两点,我们将尽可能清楚地加以证明。

我们已经表明,当人们观察到社会对于他们的共存是必不可缺的,并且发现,如果不约束他们自然的欲望,便不可维持任何一种的交往,这时他们就发明了那三条基本的自然法则。因此,原来使人类彼此不便的那种利己心,在采取了一个新的和较方便的方向之后，就产生了正义的规则，并且成了遵守这些规则的最初动机。但是当人们观察到，正义规则虽然足以维持任何社会，可是他们并不能在广大的文明社会中自动遵守那些规则；于是他们就建立政府，作为达到他们目的的一个新的发明，并借更严格地执行正义来保存旧有的利益或求得新的利益。因此，在这个范围内来说，我们的政治义务是和我们的自然义务联系着的；而前者的发明主要是为了后者；并且政府的主要目的也是在于强制人们遵守自然法则。但是在这一方面，关于履行许诺的那条自然法则只是和其余的法则归并在一起；而且这个法则的严格遵守应当被认为是政府的建立的一个结果，而对政府的服从却不是许诺的约束力所产生的结果。我们的政治义务的目的虽然是在于执行我们自然的义务，可是这个发明的第一①动机，以及履行这两种义务的最初动机，都只是私利。同时，服从政府和履行许诺既然各有不同的利益，所以我们也必须承认，它们有各别的义务。服从民政长官是维持社会秩序和协调的必要条件。履行许诺是在人生日常事务中发生互相信托和信赖的必需条件。两方面的目的和手段都是完全各别的；两者也没有彼此从属的关系。

为了把这一点阐述得更为明显起见，让我们考虑下面这件事，就是：人们往往借许诺来约束自己去履行那种不经这些许诺而实行起来原就对自己有利的事情：例如，人们在他们原先所承担的义务之上再加上以利益为基础的一种新的约束，以便给予他人以一种更充分的保证。履行许诺的利益，除了它的道德

---

① 所谓第一是指时间而言，不是指尊严或力量而言。

义务以外,是普遍的、公认的、在人生中极为重要的。其他的利益也许是较有特殊性的、并且是可疑的;而且我们比较容易猜想,人们会顺着自己的心情和情感作出违反这些利益的行为。因此,这里许诺就自然地发生作用,而人们往往要求许诺以便得到更充分的保证和安心。但是假设那些其他的利益也是普遍的和公认的,正如履行许诺那种利益一样,那么人们也就会认为这些利益处于同等的地位,而且人们也将对它们开始发生同样的信心。我们的政治义务,或者说我们对执政长官的服从,正是这种情形;没有了这种义务,没有一个政府能够存在,也不可能在大型的社会中维持和平或秩序,因为在大型社会中,一方面有那样多的财物,一方面又有那么多的实在的或想象的需要。所以我们的政治义务必然很快就离开我们的许诺而存在,并获得了独立的力量和影响。两方面的利益都属于同一种类,这种利益是普遍的、公认的、通行于一切时间和地点的。因此,没有什么合理的借口可以把这一种建立在那一种上面;因为各自都有它自己的特有的基础。我们不但可以把戒取他人财物的义务还原到许诺的约束力,也同样可以把它还原到忠顺的约束力。在两种情形下,都有同样明显的利益。尊重财产对自然社会固然是必要的;而服从对于政治社会或政府也是同样必要的。前一种社会对人类的生存固属必要,而后一种社会对人类的福利和幸福也是同样必要的。简单地说,履行许诺固然是有利的,服从政府同样也是有利的:前一种利益如果是普遍的,后一种利益也是如此;前一种利益如果是明显的和公认的,后一种利益也是如此。这两条规则既然是建立在同样的利益的约束力上面的,它们就必然各自有其独立的权威,彼此互不依靠。

但是不仅利益的自然的约束力在许诺和忠顺两方面是各别的,而且荣誉和良心的道德约束力在两方面也是各别的;一方面的功过丝毫不依靠于另一方面的功过。的确,我们如果考虑到自然约束力和道德约束力之间的密切联系,我们将发现这个结论是完全不可避免的。服从执政长官对我们永远是有利益的;只有极大的现实利益才能使我们忽略维持社会安宁和秩序所得到的辽远利益,使我们发动叛乱。不过一种现实利益虽然可以使我们在自己的行为的方面变得那样地盲目,但是对其他人的行为来说,就没有这种利益发生,因而也就不会使那些行为隐蔽其危害公益、特别是危害我们私利的那种本来面目。这就使我们在考虑那些作乱和不忠的行为时,自然地发生一种不快之感,并使我们对那些行为加上邪恶和败德的观念。同样的原则也使我们谴责私人的一切非义行为,尤其是毁约的行为。我们谴责一切叛逆和背信行为,因为我们认为,人类交往的自由和范围完全依靠于对许诺的忠实。我们也谴责一切不忠于执政长官的行为,因为我们看到,如果没有了对于政府的服从,则在稳定财物占有、根据同意转移财物和履行许诺方面,便都不可能执行正义。这里既然有两种利益,完全各别,所以它们就必然产生同样是各别而互相独立的两种道德义务。世界上即使没有许诺这样一回事,在一切大的文明社会中,政府依然是必要的;而且许诺如果只有它本身的约束力,而没有政府的另外一种强制力,则许诺在那一类社会中将只有很小的效果。这就划分了我们公共义务和私人义务的界限,并且表明,私人义务依靠于公共义务的程度,超过公共义务依靠于私人义务的程度。教育和政治家们的措施又联合起来给忠诚加上了进一步的道德性,而以更大程度的罪名和丑恶加之于一切叛乱。这里既然那样特别地牵涉到政治家们的利益,所以无怪他们要孜孜不倦地以这类概念教导人们。

也许这些论证还不显得是完全有决定性的(我认为它们是完全有决定性的),所以我将求助于权威,并将根据人类的普遍同意来证明,服从政府的义务不是由臣民的任何许诺得来的。我虽然一直力图把我的体系建立于纯粹理性之上,并且几乎不曾引证过甚至哲学家们或历史家们在任何一个点上的论断,可是我现在竟然要诉于通俗的权威,而把群众的情绪与任何哲学的推理对立起来:不过任何人对我这种做法也不必感到奇怪。因为我们必须说,一般人的意见在这个方面带有一种特殊的权威,并且大体上是无误的。道德善恶的区别既然建立在我们观察任何情绪或性格时所感到的快乐或痛苦上,而且这种快乐或痛苦又一定不能不被感到它的人所认识,所以必然的结果就是[①]:正像各人所认为、任何性格中有多大程度的恶或德,那个性格就有多大程度的恶或德,而且我们在这一点上也永远不可能错误的。我们关于任何恶或德的起源所作的判断,虽然不及关于它们各种程度的那些判断那样地确实,可是当前的问题既然不是关于义务的任何哲学的根源,而只是关于一个明显的事

[①] 对于单纯被情绪所决定的每一种性质,这个命题必然是完全正确的。至于我们是在什么意义下来谈论道德、雄辩或美这些方面的正确的或错误的鉴别力,我们以后将加以考究。同时我们可以说,人类的一般情绪是那样一致的,以致使这一类的问题没有很大的重要性。

实,所以我们就不容易设想,我们如何能够陷于错误。一个承认自己对另外一个人负有一笔款项义务的人,必然知道那是由于他自己所订的契约,还是由于他父亲所订的契约;还是仅仅是由于自己的善意,还是为了偿还借给他的一笔款项;并且知道他是在什么条件之下,为了什么目的使自己负有这种义务的。同样,服从政府也确实是一种道德的义务,因为每个人都是这样想的;因而这种义务一定不能是由许诺发生的;因为凡是不太拘泥地信从一个哲学体系以致使他的判断陷于错误的人,都从来不会梦想到把那种义务归于那个根源。无论执政长官或臣民都不曾形成这样的政治义务观念。

我们发现,执政长官们不但不把他们的权威及其臣民的服从义务归源于许诺或原始契约这样一个基础,他们反而尽量对人民,尤其是对一般的民众,掩饰这种权威和义务是由那个根源发生的。如果这是政府的根据,那么我们的统治者们永远不会默然接受这种根据的(人们最多也只能假设是默然接受的);因为任何默然地、不知不觉地给予的许诺,永不能像明白而公开地所作的许诺对人类能有那样一种的影响。所谓默然许诺是指用语言以外的其他种较为模糊的标志所表示的意志而言;不过这里一定有一个意志,而发挥这个意志的人,不论他如何默然无言、总不能不注意到这个意志。但是你如果询问国内的大部分人,他们是否曾经同意于他们的统治者们的权威或者曾经许诺要服从他们,那么他们会认为你这个人很奇怪,并且一定会回答说,这件事不依靠于他们的同意,而他们生来就是这样服从的。由于这个意见,所以我们就往往看到,他们想象那些在当时毫无任何权威而且任何愚人都不会自愿地选择的人们为他们的天然统治者；这只是因为那些人是生于那个先前曾经统治过的王族，并且是依据亲等应该继承统治的；虽然那个王族或许是在那样辽远的一个时期中实行过统治，任何活着的人几乎都不可能曾经给它以服从的许诺。由于某些人们从未对一个政府给予同意，并且认为那样一种自由选择是一种侮慢和大不敬的行为，这个政府是否就对这些人们没有统治权吗？我们从经验中发现，政府为了它所谓的叛逆和谋反是很自由地惩处他们的，而这些事情依照这个主张许诺学说的体系来说，就降低到了一种普通的非义行为。如果你说，他们居住在那个政府所统辖的区域以内，他们实际上就已同意于那个确立的政府，那么我可以答复说，只有当他们认为那件事情依靠于他们自由选择的场合下，才能如此，而这种选择，除了那些哲学家们以外，简直是没有人想象过的。从来没有人举出这样一个理由为一个反叛者辩护说：他在成年以后所作的第一次行为就是对国王兴兵作战；当他在儿童时期，他不可能以自己的同意束缚自己，而当他成人之后，又以其第一次的行为明显地表示，他无意于以任何服从的义务加在自己身上。相反，我们发现，民法惩罚在这个年龄所犯的这种罪行，一如其惩处不待我们同意而本身就是犯罪的其他罪行一样；这就是说，民法在一个人达到能够充分运用理性的时候就加以惩处，而依据公道来说，民法对这种罪行理应允许一个人至少可以有默认的同意的一个过渡时期。此外，我们可以再加上一点，即一个生于专制政府之下的人对它应该没有忠顺的义务；因为依其本性来说，这个政府是不依靠于同意的。不过那个政府既然和任何政府同样是一个自然而普通的政府，所以它必然对人施加某种义务；而我们根据经验明显地看到，隶属于那个政府之下的人们永远是这样想的。这是一个明白的证据，证明我们平常并不认为我们的忠顺是由我们的同意或许诺而来的；此外，它还更进一步地证明，当由于某种原因我们的许诺是明白地表示出来的时候，我们总是精确地区别那两种义务，而相信一种义务加于另一种义务上的力量比重复同一许诺时所有的力量为大。在不曾作出许诺的情形下，一个人纵然发动叛乱，而并不因此就认为自己破坏了私事方面的忠实；他总是把信义和忠顺两种义务分得完全清清楚楚。这就令人信服地证明了，这些哲学家们所认为这两者的结合是一种很奥妙的发明，实际上是不正确的；因为一个人既不能作一种自己所不知道的许诺，也不能被这种许诺的强制力和约束力所约束的。

〔译注〕 执政长官（magistrate）在本书中的含义是指国王、国家统治者或团体。

第九节　论忠顺的限度

那些以许诺或原始契约看作对于政府的忠顺的起源的政治学作家们所企图建立的一条原则，是完全正确而合理的，虽然他们力求建立那条原则时所根据的推理是谬误的、诡辩的。他们想要证明，我们对于政府的服从允许有例外，并且统治者们如果过分残暴，就足以使臣民解除一切忠顺的义务。他们说，人们既是由于自由和自愿的同意而加入社会并服从于政府的，所以他们一定是着眼于他们打算由社会获取的某些利益，并且愿意为此而放弃其天赋的自由。因此,执政长官也必须约定有一种交互的义务,即提供保障和安全;他只有通过向人们提供得到这些利益的希望,才能说服他们来服从自己。但是,人们如果得不到保障和安全,却遭到暴虐和压迫,于是他们就不再受他们的许诺的约束(一切有条件的契约都是这样),回到建立政府以前的那种自由状态。人永远不会那样愚蠢地同别人订立完全有利于他人的协约,而不着眼于改善自己的状况。谁要打算由我们的服从得到任何利益,他就必须明白地或默认地约定使我们由其权威获得某种利益;他不应该期望,当他不履行自己的诺言时,我们仍然会继续服从他。

我再重述一遍:这个结论是正确的,不过它所根据的原则是错误的;而且我可以自夸,我能够把同样的结论建立在更为合理的原则上。在确立我们的政治义务时,我将不迂回曲折地说:人们看到了政府的优点;他们着眼于那些优点,才建立了政府;政府的建立要求一种服从的许诺;这种许诺在某种程度上以一种道德的义务加在人们身上,但因为它是有条件的,所以如果订约的另一方不履行他所约定的义务时,这个许诺就失去了约束力。我看到,许诺本身完全是由人类的契约而发生,并且是因为着眼于某种利益才被发明出来的。因此,我就找寻与政府有比较直接关系的利益,即既可以为建立政府的原始动机、同时又可以为我们服从政府的原因的那样一种利益。我认为这种利益就在于我们在政治社会中所享受的安全和保障,而我们在安全自由和独立的时候,是永远得不到这种利益的。利益既然是政府的直接根据,那么两者只能是共存共亡的;任何时候,执政长官如果压迫过度，以致其权威成为完全不能忍受，这时我们就没有再服从他的义务了。原因一停止，结果也必然就跟着停止。

在这个范围内，即关于我们在忠顺方面的自然的义务，我们的结论是适切而直接的。至于道德的义务，我们可以说，原因停止、结果也必然就跟着停止这个原理，在这里就成为谬误的。因为我们曾屡次提到人性中的一个原则，就是：人们是十分迷恋于通则的；我们往往把我们的原则推到超出了原来使我们建立这些原则的那些理由以外。当若干情形在许多条件方面互相类似时，我们就容易把它们置于同等地位，而不考虑它们在最重要的条件方面是有差别的，并且那种类似之点只是表面的、而不是实在的。因此，人们可能会这样想，在忠顺方面，即使成为忠顺原因的利益的自然约束力已经停止，而忠顺义务的道德约束力仍然不停止。人们仍然会违反了自己的和公共的利益，受其良心的约束，而服从于一个暴虐的政府。的确，对于这种论证的力量，我是相当信服的，我承认，通则往往扩展到它们所据以建立的那些原则以外；我们对这些通则很少制定例外，除非那个例外也具有一个通则的性质，并且是建立在许多通常的例子上面。我肯定地说，现在的情形完全是这样。当人们服从他人的权威时，那是为了给自己求得某种保障，借以防止人的恶行和非义，因为人是不断地被他的难以控制的情感、被他的当前的和直接的利益所驱使，而破坏一切社会法律的。但是这种缺点既然是人性中所固有的，所以我们知道它总是伴随着一切人的，不论他们的身份和地位是怎样；而且我们所选举为统治者的那些人们也并不因为他们有了较高的权力和权威，而在本性方面立刻变得高出于其余的人类。我们对他们的期望，不是依靠于他们的本性的改变，而是依靠于他们地位的改变，因为在他们的地位改变以后，他们就在维持秩序和执行正义方面有了一种较为直接的利益。但是他们在臣民中间执行正义所有的这种利益，仅仅是较为直接一些；而且除此而外，我们根据人性的不规则性，还往往可以预料到统治者们甚至会忽略这种直接的利益，而被他们的情感所转移，陷于种种过度的残酷和野心的境地。我们对于人性的一般知识，我们对于人类过去历史的观察，我们对于现时代的经验——所有这些原因必然会导使我们对于例外敞开大门，并且必然会使我们断言说，我们可以对于最高权力的较为强暴的行为进行反抗，而不犯任何罪恶和非义。

因此，我们可以说，这是人类的一般的实践和原则，而且凡能找到任何补救方法的民族，都不肯忍受一个暴君的残酷的蹂躏，也没有因为反抗而遭到谴责。对狄昂尼修斯（Dionysius），对尼罗（Nero），或对菲列普二世[译注]进行武装反抗的人们，都得到阅读他们的历史的每个读者的赞许；只有对常识的极度歪曲，才能使我们谴责他们。因此，在我们的全部道德概念中，我们确是不会抱有像消极服从的那样一种荒谬的主张，而都一定承认在罪恶昭彰的专制和压迫的情况下可以进行抵抗。人类的一般意见在一切情形下都有某种权威，而在这个道德的事例中，人类的意见是完全无误的。人们虽然不能明确地说明这个意见所依据的原则，但它也并不因此而减少其正确性。很少有人能够进行这样一系列的推理："政府仅仅是为了社会利益而成立的一个人类的发明。当统治者的暴行消除了这种利益时，它也就消除了服从的自然义务。道德义务是建立在自然义务上面的,因此,当自然义务停止时,道德义务也就停止了;而当问题使我们预见到自然义务将会在许多场合下停止并使我们立下一个通则来调整自己在那一类事态中的行为时,则尤其是如此。"不过这一系列的推理对一般人来说虽然是太微妙了,可是人们对这种推理确有一隐含的概念,并且知道,他们所以应当服从政府,只是为了公益;同时也知道,人性是那样地受着弱点和情感的支配的,以致容易滥用这个机构,而把他们的统治者们转变为暴君和公敌。如果公益的感觉不是我们所以服从的原始动机,那么我就要问,人性中有什么别的原则能够制服人类的自然野心,并且强使他们那样地服从呢?模仿与习惯并不足以达成这个目的。因为问题仍然会再度发生,就是:什么动机最初产生了我们所模仿的那些服从的先例,以及形成习惯的那一系列的行为呢?除了公益之外,显然没有其他原则了。如果利益首先产生了对政府的服从,那么那个利益什么时候在任何很大的程度内、并在大多数情况下停止了时,服从的义务也就停止了。

〔译注〕 菲列普二世为西班牙国王,曾设立宗教裁判所,以推行其暴政;并实行暗杀,造成恐怖。曾造无畏舰队,攻英国,失败。

第十节 论忠顺的对象

不过在某些场合下,健全的政治学和道德学虽然都主张反抗最高权力是正当的,可是在人事的通常进程中,再不能有比这件事更为有害,更为罪恶的了。除了革命总是要引起动乱以外,那样一种实践还会直接趋向于推翻一切政府,并且在人类中间

第二章 论正义与非义

引起普遍的无政府状态和混乱局面。正如人数众多的文明社会离开了政府便不能自存,政府离开了最严格的服从也就完全无用。我们永远应当衡量由权威所获得的利益与不利,并借此对反抗学说的实践采取更加谨慎的态度。通常的规则要求人们服从;只有在残酷的专制和压迫的情形下,才能有例外发生。

对于执政长官通常既然应该那样盲目服从,那么其次的问题就是,应当对谁服从?我们应当认谁为我们合法的执政长官?为了答复这个问题,让我们回忆一下我们前面关于政府和政治社会所已确立的理论。各人如果自作主人,并根据他现前的利益和快乐来破坏或遵守社会法律,那么在社会中就不可能维持任何稳定的秩序:当人们一旦经验到这一点以后,他们自然就会进而发明政府,并尽量把破坏社会法律一事置于他们自己的权力以外。因此,政府是由人类的自愿协议而成立,而且显而易见,确立政府的那个协议也将决定哪些人应当统治的问题,并且在这一点上将消除一切疑惑与含糊。执政长官的权威如果在最初确是成立于臣民约定服从他的那种许诺的基础上,则人们的自愿同意必然有更大的效力,正如在其他契约或协约方面一样。因此,强制他们服从的那个许诺也把他们束缚于一个特定的人,并使他成为他们忠顺的对象。

但是当政府已经在长时期内在这个基础上确立起来,而且我们因服从而得到的那种单独的利益也产生了一种单独的道德感之后,情形就完全改变了,许诺也就不能再决定特定的执政长官了;因为许诺已经不再被认为是政府的基础了。我们自然而然地假设自己生来就应该服从;并且想象那样一些特定的人们就有命令的权利,正如我们有服从的义务一样。这些权利和义务的概念只是由我们从政府方面所获得的利益得来的,这种利益使我们对自己的进行反抗发生厌恶,同时也使我们对他人的反抗行为表示不满。但是这里可以注意的是:在这种新的事态下,政府的原始根据、即利益,已不再被允许来决定我们所当服从的人们,只有当事态最初处于一个许诺的基础上时,原始的根据才能作那样的决定。一个许诺毫无疑义地把作为忠顺对象的人们确定下来;但是显而易见,人们如果在这一方面依据他们的特殊的公私利益的想法来调整他们的行为,那么他们就会陷入无穷的混乱,并且使一切政府在很大程度上成为无效的了。各人的私利各不相同;公益本身虽然永远是同一不变的,可是由于各人对于公益怀有不同的意见,所以公益同样也成为极大纠纷的源泉。因此,使我们服从执政长官的那种利益,也使我们在选择执政长官时放弃那种利益,并且把我们束缚于某种政府形式和某些特定的人们,而不允许我们在这两方面企求尽善尽美。这里的情形正和在关于稳定财物占有的自然法则方面一样。财物占有的稳定对社会是极为有利的,甚至是绝对必要的;这就导使我们确立了那样一条规则;但是我们发现,我们如果为了追求同样的利益,而将特定的所有物分配于特定的人们,我们将会挫阻自己的目的,而使那个规则原来所要防止的那种纷乱情形持续下去。因此,在限定关于稳定财物占有的自然法则时,我们必须依照一般原则进行,并依据公益来调整自己的行为。决定自然法则的那些利益虽然似乎是微薄的,可是我们也不必因此就害怕我们对于这个法则的依附会因而减少。心灵的冲动是由很

第二章　论正义与非义

强的利益而得来的，其他那些较为细微的利益，只不过指导那种活动，并不把它有所增减。政府也是这样的情形。再没有什么东西比这种发明对社会更为有利的；这种利益就足以使我们热忱而敏捷地采纳这个发明；不过到了后来，我们就不得不依据没有那样大的重要性的种种考虑，来调整和指导我们对政府的忠诚，并在选择我们的执政长官时也不着眼于我们由这种选择所可能获得的任何特殊的利益。

我将论述作为执政长官的权利基础的第一条原则，就是无例外地给予世界上一切最确定的政府以权威的那个原则：我所指的就是任何政府形式下的长期占有或国王的一脉相传的体系。诚然，我们如果追溯任何国家的最初起源，我们就将发现，几乎没有任何一个帝系或共和国政府最初不是建立在篡夺和反叛上的，而且其权利在最初还是极其可疑而不定的。只有时间使他们的权利趋于巩固，时间在人们心灵上逐渐地起了作用，使它顺从任何权威，并使那个权威显得正当和合理。没有什么东西能够超过习惯使任何情绪对我们有一种更大的影响，或使我们的想象更为强烈地转向任何对象。当我们长期惯于服从任何一派人时，则我们假设忠诚有道德约束力的那种一般的本能或趋向，便很容易采取这个方向，并且选择那一派人作为其对象。利益产生了这个一般的本能，而习惯则给以特定的方向。

这里可以注意，同样长的时间随其对心灵的不同影响、而在我们的道德感上有不同的影响。我们很自然地通过比较来判断任何事物，在考虑王国和共和国的命运时，我们既然总是要综观一个长的时期，所以一个短的时期在这个情形下对我们的情绪并没有像我们考虑其他任何对象时的那种影响。在一个很短的时间内，人们就可以认为自己获得了对一匹马或一套衣服的权利，不过一世纪的时间也几乎不足以确立任何新的政府，或是消除臣民心中对于那个政府的一切疑虑。还有一点，一段较短的时间就足以给予一个国王所可篡取的附加权力以一种权利，但当他的整个权力是由篡夺得来的时候，那么这样短的时期就不足以确定他的权利。法国的国王们享有绝对权力的没有超过两朝以上的；可是在法国人看来，没有事情比谈论他们的自由更为荒唐的。如果我们考虑一下关于添附所说过的话，我们便容易说明这个现象。

在没有任何政府形式被长期占有所确立时，则现实占有便足以代替它，并且可以被认为是一切公共权威的第二个来源。对于国家权力的权利、只是为社会法律和人类利益所维持的权威的恒常占有；而依照上述原则，把这种恒常的占有附加在现实占有上，乃是最自然的事情。这些同样的原则在私人财产方面所以不发生作用，乃是因为这些原则被很强烈的利益考虑所抵消了，因为我们看到，那样做会使一切偿还都成为不可能的，而且一切暴行都将得到认可和保障。这些动机在公共权威方面虽然也可以显得有些力量，可是却有一种相反的利益加以对抗；这种利益就在于维持和平和避免一切变革；因为一切变革在私人事务方面不论如何容易发生，而在牵涉到公众利益的时候，就必然要引起流血和混乱。

如果有任何人发现、依照任何公认的伦理学体系不可能说明现实占有者的权利，因而决心绝对否认那个权利，并且说那是

第二章 论正义与非义

道德所不许可的，那么我们可以正当地认为这个人是在主张一种狂妄的似是而非之论，并且使人类的常识和判断为之震骇。最符合于慎重和道德学的一条准则，就是安然服从于我们生活所在的那个国家的确立的政府，而不过分好奇地追究政府的起源和最初的建立。很少有政府能够经得起那样严格的考察。现在世界上的许多王国，以及历史上更多的那些王国，其统治者所有的权威，有多少是超过现实占有这样一个基础的呢？单就罗马帝国和希腊帝国来说吧。由罗马自由的解体到那个帝国最后被土耳其人所消灭，那一长系列的皇帝们不是很显然地除了现实占有这个权利之外，对于帝国再不能妄称有其他任何权利么？元老院的选举仅仅是一个形式，永远是仰承着军团的选择。各个行省的军团几乎总是意见分歧的，最后只有武力才能解决争端。因此，每个皇帝都是凭借武力获得权利并捍卫其权利的。因此，我们如果不说，在我们所知的全世界中、多少世纪以来就没有过政府，因而对任何政府也都没有忠顺的义务，那么我们就必须承认，在公共事务方面强者的权利必须被认为是合法的，并被道德学所认可的，如果没有其他任何权利来对抗它的话。

征服权可以被认为是统治者的权利的第三个来源。这个权利很类似于现实占有的权利；不过它有较大的力量，因为我们所归于征服者的光荣和尊荣的那两个概念支持了这种力量，而人们对于篡夺者却只有憎恨和厌恶的情感。人类很自然地祖护他们所爱的人，因而容易认为在各个君主间互相斗争时，谁的暴行成功，谁就得到权利，而不容易认为一个臣民在对其君主反叛成功时得有那种权利①。

在没有长期占有、现实占有、也没有征服的时候,例如建立任何君主国的第一代统治者死去以后的情形,这时继承权自然就代之而发生作用;人们通常就乐于将他们的已故国王的嗣子置于君位,而假设他承袭了他父权的权威。人们所假定的父亲的同意,对私家继承的模仿,国家由选择最有权威的、而且拥护的人数最多的人为君主时所可得到的利益;这些理由都使人们选择已故的国王之子,而舍去其他任何人②。

这些理由有一些分量;不过我相信,一个公平地考虑这件事情的人会看到,这里有一些想象的原则和那些利益的观点结合起来。就在父王生存的时期中,王权似乎就被思想的自然的推移与王子结合起来,而在其死后,则更是如此;因此,以一种新的关系,就是使他实际占有那个原来似乎极为自然地属于他的权位,借以补足这种结合,这是最自然的事情。

为了证实这点,我们可以衡量下面这些相当奇特的现象。在选举君主国中,依据法律和习惯来说,继承权是不存在的;可是继承权的影响是那样自然的,以致不可能完全被排除于想象之外,使臣民对于已故国王之子漠不关心。因此,在这一类的某

---

① 这里并不是说,现实占有或征服足以给予人以一种权利来对抗长期占有和成文法;而只是说,它们具有一种力量,并且当几方面的权利在其他一些点上都相等时,现实占有或征服就可以打破平衡,有时甚至足以使力量较弱的权利得到承认。它们究竟有多大的力量,那是难以确定的。我相信,一切稳健的人们都将承认,它们在关于国王权利的一切争执中,确有巨大的力量。

② 为了防止误解起见,我必须说,这种王位继承和世袭君主国的王位继承并不相同,在后一种情形下,惯例已经确立了继承权。这些君主国是以上述的长期占有为基础的。

些政府中，当选的往往是王族中的某一个成员；而在另一些政府中，则他们完全被排除出去。那些互相反对的现象是由同一原则所发生的。王室所以在某些国家中遭到排斥，乃是由于政治上的一种精微的手法，使人民觉察到他们有从王室中选举君主的偏向，并且使他们防护他们的自由，以免他们的新君在这个偏向的协助之下竟然确立王族的继承，因而消灭了将来的选举自由。

阿塔克薛西斯(Artaxerxes)和居鲁士(Cyrus)的历史〔译注一〕也可以使我们发生一些感想，说明同样的问题。居鲁士自称比他的哥哥更有继承王位的权利，因为他是在他的父亲即位以后出生的。我并不认为这个理由是有效的。我只是由此推断说，他本来不会利用那样一个借口的，如果不是因为上述想象的那些性质的缘故；由于那些性质我们才自然地倾向于把已经结合起来的对象用一种新的关系再加以结合。阿塔克薛西斯比他的弟弟占着一种优势，因为他是长子，在继承方面位居第一；但是居鲁士却同王权有较密切的关系，因为他是在他父亲赋有王权以后出生的。

如果有人主张说，方便观点可能是一切继承权的根源，人们总是乐意利用可以决定已故国王的继承者、并可以阻止一切由重新选举所带来的纷扰和混乱的任何规则；那么我可以答复说，我立刻承认，这个动机可以相当地有助于这种效果，不过同时我还主张，如果没有另外一个原则，那样一个动机是不可能发生的。一个国家的利益要求王位的继承总须有这种或那种的确定的方式，不过不论用什么方式确定，对国家的利益来说，都是一样的;因此,血统关系如果没有独立于公益之外的一种效果,则除了由成文法加以规定以外,人们便不会考虑血统关系,而且各国的那样多的成文法也不会恰好有同样的观点和意图。

这就导使我们进而考察权威的第五个来源,即成文法;当立法机关确立了某种政府形式和国王继承法时,成文法就成了权威的来源。初看起来,人们会认为,这个权利必然要还原到权威所根据的前述的某种权利。产生成文法的立法权,必然是以原始契约、长期占有、现实占有、征服或继承关系为根据的;因此,成文法必然是由那些原则之一获得它的力量的。不过这里可以注意,一条成文法虽然只能由这些原则获得它的力量,可是它并不由它所自出的那个原则得到它的全部力量,这时力量在推移过程中要大大地有所损失;这是可以自然地想象得到的。例如,一个政府在许多世纪中、建立于一套法律、政府形式和继承方法的体系上。由这个长期传统所确立的立法权,突然把全部政府制度都改变了,并通过一部新的宪制组织法来代替它。我相信,臣民中很少有人以为自己有服从这种变革的义务,除非它有促进公益的明显倾向;他们以为自己仍然可以有自由返回到古代的政府。因此,就发生了根本法的概念,根本法被假设为不能被君主的意志所改变的。法国的撒利族法典(Salic Law)〔译注二〕就是这种性质。这些根本法所扩及的范围是不曾被任何政府所规定的;也永远是不可能规定的。由最重要的法律到最微末的法律,由最古老的法律到最近代的法律,其间有一种不可觉察的推移等级,所以就不可能限制立法权,并决定它在何种范围内可以在政府的原则方面有所革新。这是想象与情感的工作,而不是理性的工作。

谁要是考察世界各国的历史，考察它们的革命、征服、领土的扩张和缩小，考察各国政府成立的方式，考察世代相传的继承权利；那么他不久就会学到轻视一切有关国王权利的争执，并且相信，严格地固执任何通则，以及坚持不变地忠心于某些特定的人和家族（有些人很重视这点）那样一些的德，并不是发生于理性，而是发生于顽固和迷信。在这一方面，历史的研究证实了真正哲学的推理，这种推理向我们指出了人性的原始性质，教导我们把政治上的争论看成在许多情形下是无法解决的，而是完全从属于和平与自由的利益的。当公益并不显然要求一种变革时，那么原始契约、长期占有、现实占有、继承法和成文法等一切权利要求，就一定汇合起来，形成对统治权的最强的权利要求，并且正确地被认为是神圣不可侵犯的。但是当这些权利要求在各种程度下混合并对立起来时，它们就往往会引起迷惑，就不能凭法律家们和哲学家们的论证来解决，而是要靠军队的武力来解决。例如，当提柏里斯[译注三]（Tiberius）死时，如果日耳曼尼格斯（Germanicus）和德鲁苏斯（Drusus）都是活着，而他并没有指定他们中间哪一个人作为他的继承人，那么谁可以告我说，他们中间谁应该继承提柏里斯呢？在这个国家中，养子权和血统权在私家中有同样的效力，并且在国统方面也已有两个先例，那么这两种权利是否应该同等看待呢？日耳曼尼格斯生在德鲁苏斯之前，他是否因此就该被认为长子呢？但是他是在他的弟弟出生以后才被收养，那么他是否因此又该被认为是幼子呢？在这个国家的私家继承方面，长兄并没有优先的权利；那么，在国统

563 方面长子的权利应当被重视么？在罗马帝国中有过两次父子相传的先例〔译注四〕，那么罗马帝国在那时候就该因此被认为是世袭的么？还是即在那样早的时候，罗马帝国就该被认为是属于强者或现实占有者的呢（因为它是建立在那样新近的一次篡夺上的）？我们不论依据什么原则来妄自答复这一类的问题，我恐怕我们永不能满足一个公平的研究者，如果这个人在政治争论中并不偏袒任何党派，并且除了健全的理性和哲学之外，再不满意于别的说法。

不过在这里，一个英国的读者容易会探究那次对我们的宪制有良好的影响、并产生了那样巨大的后果的著名的革命。我们已经说过，在极度专制和压迫的情形下，甚至对于最高权力进行武装反抗也是合法的；而且政府既然只是为了互利和安全而成立的一种人类的发明，所以当它一旦不再具有那种倾向时，它就不再对人施加任何自然的或道德的义务了。不过这个一般的原则虽然被常识和历代的实践所认可，但是法律甚至哲学，都确是不能建立任何特殊的规则，使我们能够据以认知什么时候进行反抗才是合法的，并决定那个问题上所可能发生的一切争端。不但在最高权力方面可以发生这种情形，而且甚至在立法权不寄存于一个人身上的某些宪制政体中，也可能有一个雄才大略的执政长官迫使法律对这件事保持缄默。这种缄默不但是法律界的尊敬的结果，而且也是法律界的慎重的结果；因为可以确定，一切政府的事务既然是千变万化的，所以那样一个强有力的执政长官的行使权力，在一个时候可能是有利于公众，而在另一个时候又可能成为有害的和暴虐的了。不过在立宪君主国，法律方面虽然对此事保持缄默,而人民仍然确是保留其反抗权的;因为甚至在最专制的政体下,也不可能剥夺去他们这种权利。自卫的必要性和公益的动机,都使他们在立宪和专制两种情形下有同样的自由。我们还可以进一步说,在那种混合〔立宪〕政府下,比在专制政府下,合法反抗的事件一定出现得更多,臣民必然有更大的自由进行武装自卫。不但当执政长官采取了本身极端有害于公众的措施时,而且甚至当他侵犯了宪制的其他部分,把权力行使到合法的界限以外时,人们也有权利反抗他、废黜他;虽然那种反抗和暴行就法律的一般意旨来说,可以被认为是不合法的、叛乱的。因为保障公共自由对于公益来说是最为重要的;而且除此以外,显而易见,如果那样一个混合政府一经被假设为已经确立,那个宪制政体中每一个部分或成员就都必然有自卫的权利,有维持宪制旧有的界限、使其不受其他任何权威侵犯的权利。任何事物如果被剥夺了抵抗的能力,则其每一个部分都不能保存它的独立存在,全体必然挤成一点,因而这个事物的创造便成为徒劳无功;同样,要假设任何政府有一种无法制裁的权利,或者虽然承认最高权力与民共享,而却不承认他们反抗任何一个侵略者以维护他们分内的权利是合法的:那就是最大的谬论。因此,那些似乎尊重我们的自由政府、而却否认反抗权利的人们,就连任何常识都没有,不值得给予认真的答复。

我本来可以指出,这些一般的原则也适用于晚近的革命;而且一个自由民族所视为神圣的一切权利和特权,在那时候曾遭受威胁而处于极度危险之中;不过我现在的目的不在于指出这一点来。我乐于抛开这个争论不休的题目（如果它真是可以争论的话），而详谈一下由那个重要事件所自然地引起的某些哲学上的考虑。

第一，我们可以说，在我国的宪制政体中，上院和下院的议员们，如果不是为了公益而将在位的国王废黜了，或者在国王死后，排斥那个依法律和习惯应当继承王位的皇储，那么没有人会认为他们的行事是合法的，或者认为自己有服从他们的义务。但是假如那个国王由于非义的行为，或是因为企图求得暴君的和专制的权力，以致正当地丧失了他的合法权利，那么废去他不但在道德上是合法的，而且也符合于政治社会的本性；不但如此，我们也容易认为，那个政体中其余成员还有权废黜直接继承他的皇嗣，而选举他们所喜欢的人作为他的继承人。这一点是建立在我们的思想和想象的一种很独特的性质上的。当一个国王丧失了他的权威，皇嗣所处的地位理应像国王死去以后一样，除非皇嗣本人也因为参与暴行而丧失了这种权利。不过这个看法虽然似乎是合理的，而我们却容易遵从相反的意见。在像我国这样的一个政府中，废黜一个国王，确是越出一切普通权威的一种行为，并且是为公益而采取的一种不合法的越权行为；在政府的通常情形下，这个政体中任何成员都没有这种权利。当公益是那样巨大而那样明显以致使这种行为成为正当的时候，适合公众要求的这种特许权的使用便使我们自然而然地给予国会以进一步利用这种特许权的权利。法律的旧有界限一旦被冲破，并得到人们的赞许，我们就不容易那样严格地把自己确限于那些法律的界限以内。心灵一开始任何一系列的活动，它就自

第二章 论正义与非义

然而然地随着进行下去;当我们作出了任何一种初次的行为之后,我们通常对于我们的义务就不再有所疑虑。例如在革命的时候,凡认为废除父王是正当的,就都不认为自己应当忠于他的幼嗣;可是那个不幸的君主如果是在那时候无罪而死,而且他的嗣子恰好是寓居海外,那么一个摄政团体无疑地会被任命,一直等到皇嗣到达成年,把国家的统治权归还他为止。想象的最轻微的特性既然对人民的判断有一种影响,所以法律和国会就利用那些特性,而从一个世系以内或以外选举出人民最自然地认为有权威和权利的那些执政长官;这表明了法律和国会的机智。

第二,奥伦治公〔译注五〕的登位最初虽然可以引起许多争论,而且他的权利也曾被人争论过,可是到了现在就不应当再显得可疑,而一定已从那三个根据同样权利继承他的嗣君获得了充分的权威。再没有事情比这种思想方法更为通常的了,虽然初看起来,也没有事情比这种思想方法更为不合理的了。国王们似乎不但从其祖先得到权利,而且往往也从其后嗣得到权利。一个国王如果幸运地使他的家族稳居在皇位上,而且完全改变了旧有的政府形式,那么他在其生时虽然可以正当地被人认为是一个篡夺者,可是后人就将认为他是合法的国王。尤利斯·恺撒被认为是第一个罗马皇帝,而苏拉(Sylla)〔译注六〕和马雷斯(Marius)〔译注七〕两人的权利虽然实际上和他的权利是一样的,可是他们却被认为是暴君和篡夺者。时间和习惯以权威授予一切政府形式和一切国王的继承;而且原来只是建立在非义和暴力之上的权力逐渐就变成了合法的、有约束力的。心灵还不停止在这里,而且还倒退着追溯回去,把它所自然地归于后代的那种权利，转移到他们的前辈和祖先的身上，因为他们在想象中是互相关联、结合起来的。现在的法国国王使胡·迦裴（Hugh Capet）〔译注八〕比克伦威尔成为一个更合法的国王；正如荷兰人的确立的自由是他们所以对菲列普二世进行顽强反抗的一个重大的根据一样。

〔译注一〕 阿塔克薛西斯和居鲁士是波斯王大流士二世的儿子。阿塔克薛西斯即位后，居鲁士率领十一万大军进攻，被阿塔克薛西斯所败，居鲁士被杀。

〔译注二〕 撒利族法典中有一个条款说："撒利族土地不得任何部分归属妇女；全部土地都归男性继承"（59章，5款）。

〔译注三〕 提柏里斯，罗马皇帝，生于公元前42年，公元13－37年为皇帝。——日耳曼尼格斯是他的外甥，被他所收养，因征日耳曼有功，深得兵士的拥戴。提柏里斯恐其尾大不掉，派人把他毒死。德鲁苏斯是提柏里斯的亲生子，原定继承帝位，因夭折，未能实现。

〔译注四〕 按罗马原为共和国。但罗马第一个皇帝恺撒传帝位于奥古士都（他的外孙），奥古士都又将帝位传于其子提柏里斯。按恺撒未曾正式即皇帝位。

〔译注五〕 荷兰的奥伦治亲王（1650－1702）曾娶英王詹姆士二世之公主玛丽（1677）。嗣后詹姆士二世，因为暴虐无道，压迫新教徒，人民属望于奥伦治亲王。1688年11月威廉（即奥伦治亲王）率英荷联军一万五千人，在托尔拜登陆。各首领都拥护他。詹姆士逃走；1689年2月，国会宣布威廉和玛丽为英国国王及王后。

〔译注六〕 苏拉（公元前138－前78）曾任罗马执政。征战有功。81年达到独裁地位，对许多人宣布"公敌宣告"，开始恐怖统治。

〔译注七〕 马雷斯生于公元前156年，119年时为护民官，曾六次任执政，条顿人以大军入侵，屡败罗马军，马雷斯经两日猛战，把敌人歼灭了。被人民称为罗马的第三位建立人。他与苏拉不和，内战发生，被迫逃到非洲。后来得友人之助，返回意大利，攻下罗马，对贵族进行了报复。

〔译注八〕 胡·迦裴系法国王族名，由987年起，胡·迦裴就被法兰克人选立为王。这个王族前后统治法国约九百年。休谟所指的国王是路易十五。

第十一节　论国际法

当人类大部分都已建立了法治政府，而且彼此接近的许多不同的社会也都形成起来的时候，邻近各国之间便发生了适合于互相交往的性质的一套新的义务。政治学作家们告诉我们说，在任何一种交往中，政治团体都应当被看作一个法人；这种说法在一定程度上确是正确的，因为各国也像私人一样需要互助；同时各国的自私和野心也是战争和纷乱的永久来源。不过各国在这一方面虽然类似个人，可是在其他方面它们既然是很不相同，所以无怪它们就要用另一套准则来约束自己，并因而产生了我们所谓国际法的一套新的规则。我们可以把大使人格的神圣不可侵犯、宣战、禁止使用有毒武器，以及显然为了进行各个社会间特有的交往而规定的其他同类的义务，都归在这个项目之下。

不过这些规则虽然是附加在自然法上的，可是前者并不完全取消了后者；我们可以妥当地断言，正义的三条基本原则，即稳定财物占有、根据同意转移所有物和履行许诺，也是国王们的义务正如它们是臣民的义务一样。同样的利益在两种情形下产生了同样的效果。什么地方财物占有是不稳定的，什么地方就必然有永久的战争。什么地方财产权不是根据同意而被转移，什么地方就没有交易。什么地方人们不遵守许诺，什么地方就不能有同盟或联盟。因此，和平、交易和互助的利益，就必然把个人之间所发生的正义的概念扩充到各个王国之间。

世界上有一个十分流行的准则，就是：为国王们所立的道德体系比支配私人行为的道德体系要自由得多；这个准则虽然很少有政治家愿意公开承认，但它是被历代的实践所认可的。显而易见，这并不能理解为公共职责和义务的范围较为狭小；任何人也不会狂妄地说，最庄严的条约在各个国王之间不应该发生效力。因为国王们彼此之间既然事实上订立条约，所以他们一定打算由于实行条约而得到某种利益;未来的那种利益的前景必然会约束他们实践他们的义务,并且必然建立起那个自然法来。因此,这条政治准则的含义就是:国王们的道德虽然和私人的道德有同样的范围,可是它没有私人道德那样大的效力,而是可以因为微小的动机合法地遭到破坏的。这样一个说法虽然在某些哲学家们看来似乎骇人听闻,可是我们很容易地根据我们说明正义和公道的起源时所用的那些原则,来加以辩护。

当人类从经验发现,人们离了社会便不可能存在,而且人们如果放纵他们的欲望,也就不可能维持社会;于是那样一种迫切的利益便迅速地约束住他们的行为,而以遵守我们所谓正义法则的那些规则的一种义务加于人们。这种基于利益的义务并不停止在这里,而且还由于情感和情绪的必然进程,产生了履行职责的道德义务;这时我们就赞许促进社会和平的那样一些行为,而谴责搅乱社会的那样一些行为。基于利益的自然义务也发生于各个独立的王国之间,并且产生了同样的道德;因此,不论怎样道德堕落的人都不会赞同一个任意地自动背弃诺言或破坏条约的国王。不过在这里我们可以说,各国之间的交往虽然是有利的、有时甚至是必要的,可是其必要和有利程度都没有私人之间的交往那样大,因为离开了私人的交往,人性便完全不可能存在。因此,各国之间履行正义的自然义务既然不及私人之间那样地强有力,所以由此而发生的道德义务也必然具有自然义务的弱点;而对于欺骗对方的国王和大臣,比对于破坏其诺言的一个私绅,我们也必然要更为宽容一些。

如果有人问,这两种道德彼此间有什么比例关系,那么我就答复说,这是我们永远不能精确地回答的一个问题;我们也不可能把我们在两者之间所应确立的比例归约成数字。我们可以妥当地说,无需通过任何技术和研究,这种比例就会自行发现的,正像我们在其他许多场合下所可以看到的。世人的实践比人类所发明的最精微的哲学,更能够把我们义务的程度教导我们。这就可以成为令人信服的证明,表明一切人对于有关自然正义和政治正义的那些道德规则的基础,都有一种隐含的概念,并且都觉察到,那些规则发生于人类的协议,发生于人类在维持和平与秩序方面所获得的利益。因为,如果不是如此,那么利益的减小就决不会使道德松弛,并使我们较容易宽容国王和共和国之间的违犯正义,而不宽恕各个臣民在私人交往中的这样行事。

第十二节　论贞操与淑德

关于自然法和国际法的这个体系如果伴有任何困难,那一定是发生于人们对于遵守这些法则所表示的普遍赞许,和对于违犯这些法则所表示的普遍责备:有些人或许认为这种普遍的赞许或责备是不能以社会的公益充分地加以说明的。为了尽可能地消除一切这类的犹疑起见,我在这里将考察另外一套的义务,即属于女性的淑德(modesty)和贞操(chastity)。我确信,这些德将被发现是一些更显著的例子,可以表明我所已经申论的那些原则的作用。

有些哲学家很激烈地攻击女性的德,而且当他们能够指出,在表情、衣着和行为方面、我们所要求于女性的那种外表的淑德,在自然中都是没有基础的,他们就想象自己已把人们通俗看法的错误发现出来了。我相信,我可以无需费力去申论这样明显的一个题目,而且不必做更多的准备,就可以进而考察,那些概念是在什么方式下由教育、由人类的自愿协议,并由社会的利益而发生的。

谁要是考虑一下人类幼年期的历时漫长和软弱无能,以及两性对其子女的自然关系,就容易看到,男女两性必须结合起来去教育子女,而且这种结合必然要有很长的时期。不过为了促使男子以这种约束加于自己,并且甘心乐意去忍受由此所招致的一切辛苦和费用,他们必须相信,那些子女是他们自己的,而且当他们发挥他们的爱和慈爱时,他们的自然本能没有施加于错误的对象上。但是我们如果考察人体的结构,我们就会发现,我们男人很难达到这种保证,而且在两性的交媾中,生殖因素是由男体进入女体的,所以在男子方面容易有错误发生,而在女子方面则绝对不可能有错误。从这种浅薄的解剖学的观察,就得出了两性的教育和义务方面的那种重大差异。

一个哲学家如果先验地来考察这件事,那么他会以下述方式进行推理。男子是由于相信子女是自己的,才肯为了抚养和教育他们而进行劳动;因此在这一方面给他们以保证是合理的,甚至是必需的。对妻子在破坏夫妇忠贞之后给予严厉的惩罚,也还不能成为完全的保证;因为这种公开的惩罚在没有合法的证明时、不能施加于人,而在这个问题方面是难以得到这种证明的。那么,我们应当以什么样的约束加于女性,才能抵消她们犯不贞行为的那样强烈的一种诱惑力呢?除了丑名或败誉那种惩罚之外,似乎没有任何可能的约束方法。这种惩罚对心灵有巨大的影响，同时是由世人根据法庭上永不能接受的猜想、推测和证明而施加于人的。因此，为了给女性施加一种适当的约束起见，除了不贞行为单纯由于违法而招致的耻辱以外，我们还必须对这种行为再加上一种特殊程度的耻辱，并且必须对她们的贞操予以相应的赞美。

不过这虽然是保持贞操的一个很强烈的动机，可是我们的哲学家会很迅速地发现，单有这一点还不足以达到那个目的。一切人类，尤其是女性，都容易忽略辽远的动机，而听从于任何现实的诱惑。诱惑在这里是最强的，它的来临是不知不觉的，并且是有勾引作用的；一个妇女很容易发现或自以为可以发现保全她的名誉的某种手段，而防止她的快乐会带来的一切有害的后果。因此，除了那种放纵行为所引起的丑名之外，还必须先有一种羞缩或畏惧之感，来防止这些放纵行为的发端，并且使女性对于凡与那种享乐有直接关系的一切表情、姿态和放肆，发生一种恶感。

我们思辨哲学家的推理大概就是这样；但是我相信，如果他对于人性没有一种完善的知识，那么他就会认为那些推理只是一些虚妄的空想，并且会认为，不贞行为所招来的丑名和对于不贞行为的发端的羞缩，只不过是世人所能愿望的而不是他们所能期望的一些原则。因为他会说，有什么方法能使人们相信，破坏夫妇义务比其他非义行为更为丑恶呢？因为，由于这种诱惑是太大了，显然这种破坏的行为是更可以原谅的。自然既以那样强烈的倾向刺激人们去追求这种快乐，怎么还能够使人们对那种快乐的发端感到羞缩呢？何况这个倾向，为了绵延种族，最后还是绝对必须要加以顺从的呢？

但是哲学家们费了极大辛苦所作的思辨推理，世人却往往不经思考就自然地能够形成；因为在理论上似乎不可克服的困难，在实践中却很容易得到解决。那些对女子的忠贞抱有利益的人们自然不赞成她们的不贞，以及一切不贞行为的发端。至于对此没有任何利益的人们则是随从着潮流。教育在女性幼年时期就控制了她们驯顺的心灵。当这样一个通则一旦确立以后，人们就容易把它扩展到它所原来由以发生的那些原则之外。例如，单身汉不论如何淫纵，在看到妇女的任何淫荡或无耻的行为时，也会感到震惊。所以这些准则虽然都是明显地与生育有关，可是超过生育年龄的妇女，在这一方面比青年美貌的妇女也并没有较大的特权。人们无疑地有一种隐含的概念，认为所有那些端庄和淑德的观念都是与生育有关；因为他们并不以同样大的力量把同样的戒律加于男性，因为在男性方面并没有那个理由。这个例外是明显而广泛的，并且是建立在一种显著的差别之上，那种差别就使两种观念显然各别，没有关联。但是妇女的不同年龄既然与性别的差异不是同样情形，由于这个缘故，所以人们虽然知道这些贞操概念是建立在公益之上的，可是通则却使我们超出了原来的原则之外，并使我们把淑德这个概念推广到整个女性，由她们最早的幼年一直到她们年老衰朽为止。

有关男子荣誉的勇敢，也像妇女的贞操一样，在很大程度上是由于人为措施而成为一种德的；虽然它在自然方面也有某种基础，这点我们以后将会看到。

至于男性的贞操义务，我们可以说，依照世人的一般概念来说，这些义务对妇女的义务的比例几乎像国际法的义务对自然法义务的比例一样。男子如果可以享有完全的自由去纵欲，那是违反文明社会的利益的；但是这种利益比在女性一方面既然是较弱，所以由此发生的道德义务也必然是成比例地较弱一些。我们只须查考各国各代的实践和意见，就可以证明这一点。

第三章 论其他的德和恶

第一节 论自然的德和恶的起源

现在我们来考察那些完全是自然的而不依靠于人为措施和设计的德和恶。对于这两者的考察就将结束这个道德学的体系。

人类心灵的主要动力或推动原则就是快乐或痛苦；当这些感觉从我们的思想和感情中除去以后，我们在很大程度上就不能发生情感或行为，不能发生欲望或意愿。苦和乐的最直接的结果就是心灵的倾向活动和厌恶活动；这些活动又分化为意愿，分化为欲望和厌恶，悲伤和喜悦，希望和恐惧；这些变化决定于快乐或痛苦的情况的改变，决定于它们变得很可能或很不可能实现，变得确定或不确定，或是被认为现前不能为我们所获得等等的情况。但是，与此同时，引起快乐或痛苦的那些对象，如果又对我们自己或其他人获得一种关系，则它们除了仍然继续刺激起欲望和厌恶、悲伤和喜悦以外，同时还刺激起骄傲或谦卑、爱或恨等间接的情感，这些情感在这种情况下就与痛苦或快乐有了印象和观念的双重关系。

我们已经说过，道德上的区别完全依靠于某些特殊的苦乐感，而且不论我们的或其他人的什么心理性质，只要在考察起来或反省起来的时候给予我们以一种快乐，这种性质自然是善良的，正如凡给我们以不快的任何这种性质是恶劣的一样。我们的或其他人的任何性质，凡能给予快乐的，既然永远引起骄傲或爱，正如凡产生不快的任何性质都刺激起谦卑或憎恨一样；所以必然的结果就是，在我们的心理性质方面，德和产生爱或骄傲的能力、恶和产生谦卑或憎恨的能力，两者应当被认为是等同的。因此，在任何一种情形下，我们都必须根据其中之一来判断另外一个；我们可以断言，凡引起爱或骄傲的任何心理性质是善良的，而凡引起恨或谦卑的性质是恶劣的。

如果说任何行为是善良的或恶劣的，那只是因为它是某种性质或性格的标志。它必然是依靠于心灵的持久的原则，这些原则扩及于全部行为，并深入于个人的性格之中。任何不由永久原则发生的各种行为本身，对于爱、恨、骄傲、谦卑，没有任何影响，因而在道德学中从不加以考究。

这种考虑是自明的、值得注意的，因为在现在这个题目中这一点是至关重要的。在我们关于道德起源的探讨中，我们决不应该考究任何一个单独的行为，而只考究那种行为所由以发生的性质或性格。只有这些性质和性格才是持久的，足以影响我们对于一个人的情绪。的确，行为比起语言、甚至比起愿望和情绪来，是性格的更好的表示；但是也只有在作为性格的表示的范围内，它们才引起爱、恨、赞美或责备。

要发现道德和爱或恨发生于心理性质的真正根源，我们必须相当深入地研究这个问题，把我们已经考察和说明过的某些原则加以比较。

我们可以由重新考察同情的性质和力量着手。一切人的心灵在其感觉和作用方面都是类似的。凡能激动一个人的任何感

576 情,也总是别人在某种程度内所能感到的。正像若干条弦线均匀地拉紧在一处以后,一条弦线的运动就传达到其余条弦线上去;同样,一切感情也都由一个人迅速地传到另一个人,而在每个人心中产生相应的活动。当我在任何人的声音和姿态中看出情感的效果时,我的心灵就立刻由这些效果转到它们的原因上,并且对那个情感形成那样一个生动的观念,以致很快就把它转变为那个情感自身。同样,当我看到任何情绪的原因时,我的心灵也立刻被传递到其结果上,并且被同样的情绪所激动。当我亲自看到一场较为可怕的外科手术时,那么甚至在手术开始之前,医疗器具的安排,绷带的放置,刀剪的烘烤,以及病人和助手们的一切焦急和忧虑的表情,都确实会在我的心灵上发生一种很大的效果,刺激起最强烈的怜悯和恐怖的情绪。别人的情感都不能直接呈现于我们心中。我们只是感到它的原因或效果。我们由这些原因或效果才推断出那种情感来,因此,产生我们的同情的,就是这些原因或结果。

我们的美感也大大地依靠于这个原则;当任何对象具有使它的所有者发生快乐的倾向时,它总是被认为美的;正像凡有产生痛苦的倾向的任何对象是不愉快的、丑陋的一样。例如一所房屋的舒适,一片田野的肥沃,一匹马的健壮,一艘船的容量、安全性和航行迅速,就构成这些各别对象的主要的美。在这里,被称为美的那个对象只是借其产生某种效果的倾向,使我们感到愉快。那种效果就是某一个其他人的快乐或利益。我们和一个陌生人既然没有友谊,所以他的快乐只是借着同情作用,才使我们感到愉快。因此,我们在任何有用的事物方面所发现的那种美，就是由于这个原则发生的。这个原则是美的多么重要的一个因素，这是一经反省便可以看到的。只要一个对象具有使它的所有者发生快乐的一种倾向，或者换句话说，只要是快乐的确当的原因，那么它一定借着旁观者对于所有者的一种微妙的同情，使旁观者也感到愉快。许多工艺品都是依其对人类功用的适合程度的比例，而被人认为是美的，甚至许多自然产品也是由那个根源获得它们的美。秀丽和美丽在许多场合下并不是一种绝对的而是一种相对的性质，而其所以使我们喜欢，只是因为它有产生一个愉快的结果的倾向①。

　　这个原则在许多例子中不但产生了我们的美感，也产生了道德感。没有一种德比正义更被人尊重，没有一种恶比非义更被人厌恶；而且在断定一个性格是和蔼的或可憎的时候，也没有任何性质比这两者的影响更为深远。但是正义之所以是一种道德的德，只是因为它对于人类的福利有那样一种倾向，并且也只是为了达到那个目的而作出的一种人为的发明。对于忠顺，对于国际法，对于淑德和礼貌，也都可以这样说。所有这些都是谋求社会利益的人类设计。在各国各代，对于这些既然都伴有一种很强的道德感，所以我们必须承认，只要一反省性格和心理性质的倾向，就足以使我们发生赞美和责备的情绪。达到目的的手段，既然只有在那个目的能使人愉快时，才能令人愉快；而且和我们自己没有利害关系的社会的福利或朋友的福利，既然只

---

① 一匹腰腹结实的马不只美观，而且敏捷。一个勤于锻炼、筋肉坚韧的体育家，不但赏心悦目，而且适于比武决赛。真美与效用永不背道而驰。无需明智之才，即可懂得这个真理。——《蒯提林》第八卷。

是借着同情作用才能使我们愉快的;所以结果就是:同情是我们对一切人为的德表示尊重的根源。

由此可见,(一)同情是人性中一个很强有力的原则,(二)它对我们的美的鉴别力有一种巨大的作用,(三)它产生了我们对一切人为的德的道德感。由此我们可以推测,它也产生了许多其他的德;而且各种性质之所以获得我们的赞许,只是因为它们趋向于人类的福利。当我们发现,我们所自然地赞许的那些性质,大多数确实具有那种倾向,并使一个人成为社会中的一个合适的成员,而我们所自然地谴责的那些性质,则具有一种相反的倾向,并且使我们和这样的人的交往成为危险的或不愉快的。当我们发现了这一点时,上述的那种推测便成为确实的结论了。因为我们既然发现,那一类的倾向具有产生最强的道德感的足够力量,那么在这些情形下,我们就决没有理由再去找寻赞美或责备的任何其他的原因了。因为哲学中有一条不可违犯的原理,即当任何一个特殊的原因足以产生一个结果时,我们就应该满足于那个原因,而在不必要时不去加多原因的数目。我们在人为的德方面已经成功地做了实验,结果发现各种性质对社会福利的倾向性就是我们所以表示赞许的惟一原因,我们并不再猜疑有其他的原则参与其间。因此,我们就知道了那个原则的力量。当那个原则可能发生的时候,当受到赞许的性质是真正有益于社会的时候,一个真正的哲学家将永远不需要其他任何原则来说明最强烈的赞许和尊重。

许多自然的德都有这种导致社会福利的倾向,这是无人能够怀疑的。柔顺、慈善、博爱、慷慨、仁厚、温和、公道,在所有道德品质中占着最大的比例,并且通常被称为社会的德,以标志出它们促进社会福利的倾向。这个看法具有极大的影响,以致某些哲学家认为一切道德的区别都是人为措施和教育的结果,是由于机敏的政治家们通过荣辱的概念、努力约束人类的泛滥的情感,并使那些情感对公共利益发生促进作用而得来的结果。不过这个理论与经验不相符合。因为,第一,除了倾向于公共利益和损害的那些德和恶以外,还有其他的德和恶。第二,人们如果没有自然的赞许和责备的情绪,政治家们决不能刺激起这种情绪来;而且可以夸奖的和可以赞美的、可以责备的和可以憎恶的等形容词都将成为不可理解的,正如它们是我们完全不理解的一种语言一样,这是我们在前面所已说过的。不过这个理论虽然是错误的,可是仍然可以教给我们一点,就是道德的区别在很大程度上发生于各种性质和性格有促进社会利益的倾向,而且正是因为我们关心于这种利益,我们才赞许或谴责那些性质和性格。但是我们对社会所以发生那样广泛的关切,只是由于同情;因而正是那个同情原则才使我们脱出了自我的圈子,使我们对他人的性格感到一种快乐或不快,正如那些性格倾向于我们的利益或损害一样。

自然的德与正义的惟一差别只在于这一点,就是:由前者所得来的福利,是由每一单独的行为发生的,并且是某种自然情感的对象;至于单独一个的正义行为,如果就其本身来考虑,则往往可以是违反公益的;只有人们在一个总的行为体系或制度中的协作才是有利的。当我拯救苦难中的人时,我的自然的仁爱就是我的动机;我的拯救有多大的范围,我就在那个范围内促进了我的同胞们的幸福。但是我们如果考察提交任何正义法庭前的一切问题，我们就将发现，如果把各个案件各别地加以考虑，则违反正义法则而作判决，往往和依照正义法则而作判决，同样地合乎人道。法官们把穷人的财物判给富人；把勤劳者的劳动收获交给浪荡子；把伤人害己的手段交于恶劣的人的手中。但是法律和正义的整个制度是有利于社会的；正是着眼于这种利益，人类才通过自愿的协议建立了这个制度。当这个制度一旦被这些协议建立起来以后，就有一种强烈的道德感自然地随之发生。这种道德感只能由我们对社会利益的同情而发生。对于有促进公益倾向的某些自然的德人们所有的一种尊重心理，我们就无须再找其他方法来加以说明了。

我还必须进一步说，有一些条件使这个假设在自然的德方面比在人为的德方面显得更为合理。确实，想象比较容易被特殊的事物所影响，而比较不容易被一般的事物所影响；而且当情绪的对象在任何程度上是模糊而不确定时，情绪就总是难以刺激起来；但是并非每一个特殊的正义行为都是对于社会有益的，而是整个的行为体系或制度才对社会是有益的；而且由正义得到利益的，或许不是我们所关心的任何个人，而是社会的整体。相反，每一个特殊的慷慨行为或对于勤苦的人的救济却都是有益的，而且是有益于一个并非不配救济的特殊的人的。因此，我们自然会认为，后一种德的倾向比前一种德的倾向、更容易影响我们的情绪，激起我们的赞许；因此，我们既然发现，对于前一种德的赞许发生于那些德的倾向，所以我们就更有理由认为对于后一种德的赞许也是由于同样的原因。在任何一批类似的结果中，我们如果能够发现一个结果的原因，我们就应当把那个原因推广到可以用它来说明的其他一切结果；如果这些其他结果还伴有可以促进那个原因的作用的特殊条件，那么我们就更应该把那个原因推及于这些结果上了。

在进一步研究之前，我必须提到这个问题方面两个可以注目之点，这两点似乎是对于我现在这个体系的两个反驳。第一点可以这样说明。当任何性质或性格有促进人类福利的倾向时，我们就对它表示高兴，加以赞许；因为它呈现出一个生动的快乐观念来；这个观念通过同情来影响我们，而且其本身也是一种快乐。不过这种同情既是很容易变化的，所以有人或许会认为，道德感也必然可以有一切同样的变化。我们对于接近我们的人比对于远离我们的人较为容易同情；对于相识比对于陌生人较为容易同情；对于本国人比对于外国人较为容易同情。不过同情虽然有这种变化，可是我们不论在英国或在中国对于同样的道德品质，都给以同样的赞许。它们显得同样是善良的；并且同样得到一个明智的观察者的尊重。同情虽有增减，而我们的尊重却仍然没有变化。因此，我们的尊重并不是由同情发生的。

对于这个困难，我答复说，我们对于道德品质的赞许确实不是由理性或由观念的比较得来的，而是完全由一种道德的鉴别力，由审视和观察某些特殊的性质或性格时，所发生的某种快乐或厌恶的情绪而得来的。但是，显而易见，那些情绪不论是从哪里发生的，必然随着对象的远近而有所变化；我对二千年前生于希腊的一个人的德，当然不及对于一个熟悉的友人和相识的德感到那样生动的快乐。可是我并不说，我尊重后者甚于尊重前者。因此，情绪变化而尊重心理不变这一个事实如果可以作为一个反驳的理由，那么它必然可以同样有力地反对其他任何的体系，正像它反对同情说的体系一样。但是如果正确地考察这个事实的话，它是完全没有任何力量的；而且要把它加以说明，也是世界上最容易的事情。无论对人或对物，我们的位置是永远在变化中的；一个与我们远隔的人在短时期内可能就变成我们的熟识者。此外，每个特殊的人对其他人都处于一种特殊的地位；我们各人如果只是根据各自的特殊观点来考察人们的性格和人格，那么我们便不可能在任何合理的基础上互相交谈。因此，为了防止那些不断的矛盾、并达到对于事物的一种较稳定的判断起见，我们就确立了某种稳固的、一般的观点，并且在我们的思想中永远把自己置于那个观点之下，不论我们现在的位置是如何。同样，外在的美也只是决定于快乐；可是，显而易见，一个美丽的面貌在二十步以外看起来，不能给予我们以当它近在我们眼前时所给予我们的那样大的快乐。但我们并不说，它显得没有那样美了；因为我们知道，它在那个位置下会有什么样的效果。通过这种考虑，我们就改正了它的暂时现象。

一般说来，一切责备或赞美的情绪，都是随着我们对于所责备或赞美的人的位置远近，随着我们现前的心理倾向，而有所变化的。但在我们的一般判断中，我们并不考虑这些变化，我们仍然应用表示爱憎的那些名词，正如我们保持在同一个观点之下一样。经验很快就把改正我们情绪的这个方法教给我们，或者至少是在情绪比较顽固和不变的时候把改正我们语言的方法教给我们。我们的仆人如果是勤恳和忠实的，可以比历史上所记载的马尔克斯·卜鲁塔斯[译注]激起我们较强的爱和好感；但是我们并不因此就说，前者的性格比后者的性格更可以夸奖。我们知道，我们如果与那位著名的爱国者同样地接近的话，他会使我发生高得很多的敬爱。在一切感官方面，这类改正作用是常见的；而且我们如果不改正事物的暂时现象，忽略我们的现前的位置，那么我们确实也就无法使用语言，互相传达情意。

因此，我们责备或赞美一个人，乃是根据他的性格和性质对于和他交往的人们发生的一种影响。我们不考虑受到那些性质的影响的人是我们的相识、还是陌生人，是本国人、还是外国人。不但如此，我们在那些一般性的判断中还忽略去我们自己的利益；而且当一个人自己的利益特别地牵涉在内时，我们也不因为他反对我们的任何权利要求而责备他。我们承认人们有某种程度的自私；因为我们知道，自私是和人性不可分离的，并且是我们的组织和结构中所固有的。通过这种考虑，我们就改正了在遇到任何反抗时、自然地发生的那些责备的情绪。

不过不论我们的一般的责备或赞美原则如何可以被那些其他原则所改正，那些原则确实并不是完全有效的，并且我们的情感往往并不完全符合于现在这个理论。人们对于距离很远的东西和完全不增进自己特殊利益的东西，很少会热心地爱好；同样我们也很少遇到有人在别人反对他们的利益时，能够原谅别人，不论那种反对根据一般的道德规则可以被认为怎样正当的。这里我们只想说一点，就是：理性要求那样一种公正的行为，不过我们很少能够使自己去做这种行为，而且我们的情感也并不容易地遵从我们判断的决定。这个说法是容易理解的，如果我们考虑一下我们前面关于那个足以反对我们情感的理性所说的话；我们已经发现，那个理性只是情感依据某种辽远的观点或考虑所作的一种一般的冷静的决定。当我们只依照人们的性格促进我们的利益或友人的利益的倾向来判断他们时，我们在社会上和交谈中就发现了与我们的情绪相反的那样多的矛盾，而且由于我们的位置的不断变化，我们也就感觉自己那样地无所适从，于是我们就寻求不容有那样大的差异的另外一种的功过标准。在这样摆脱了我们的最初的立场以后，我们就只有借着同情与那些我们所考虑的人交往的人们来确定自己判断，而且其他方法都不及借同情来确定判断更为方便。这种同情远不及我们自己的利益或我们亲密的友人的利益牵涉在内时那样地生动；它对于我们的爱和恨的心理也没有那样大的影响；不过因为它是同样地符合于我们冷静的和一般的原则，所以我们就说它对理性具有同样的权威，并支配着我们的判断和意见。当我们在历史中读到一种恶行时，我们同样地加以责斥，正如我们责斥几天以前我们邻近所发生的那样一种恶行一样。这个意义就是说，我们凭反省知道，前一种行为如果与后一种行为放在同一个位置之下，它也会刺激起同样强烈的一种谴责情绪的。

现在我将进而讨论我原定要提出的第二个可以注目之点。如果一个人具有自然地倾向于有益社会的一种性格，我们就认为他是善良的，并且在观察到他的性格时就感到快乐，即使有特殊的偶然事件阻止了那个性格发生作用，并使它不能为他的朋友和国家服务。即使在贫困之中，德仍然是德；而且这种德所获得的敬爱还随着一个人进入牢狱中或沙漠中，虽然德在那里已经不能表现于行为,而且一切世人也都不能享其利益了。这一点或许会被认为是对于我现在这个体系的一种反驳。〔人们会说〕同情使我们关心于人类的福利,因而如果同情是我们对德表示尊重的来源,那么就只有在德现实地达到它的目的、并且是有益于人类的时候,那种赞许的情绪才能够发生。它如果达不到它的目的,那么它就是一个不完善的手段,因而就决不能由那个目的获得任何价值。只有当手段是圆满地、现实地产生了目的的时候,那个目的的善才能以一种价值赋予那些手段。

  对于这个反驳,我们可以答复说,任何一个对象就其一切的部分而论,如果足以达成任何令人愉快的目的,它自然就给我们以一种快乐,并且被认为是美的,纵然因为缺乏某种外在的条件,使它不能成为完全有效。只要那个对象本身的条件全部具备,那就够了。一所房屋如果是精确地设计的,足以达到一切生活上的安适的目的,那么它就由于那个缘故使我们高兴;虽然我们也许知道,没有人会去住在里面。一片肥沃的土地,一种温和的气候,我们一想到它们对居民们所可提供的幸福,就使我们感到快乐,即使那个地方现在还是荒芜而无人居住的。一个人的四肢和形态如果表现出他的体力和活泼,他就被人认为是英俊的,即使他已被判处了无期徒刑。想象有一套属于它的情感,是我们的美感所大大地依靠的。这些情感是可以被次于信念的生动和强烈程度所激起,而与情感对象的真实存在无关的。当一个性格在每一方面都适合于造福社会时,于是想象便容易由原因转到结果,而并不考虑还缺着使原因充分发挥其作用的某些条件。通则创造出一种概然性来,那种概然性有时也影响判断,但是却永远在影响想象。

确实,当一个原因是圆满的时候,当一种善良的心理倾向伴有幸运的条件使它可以真正有益于社会时,它就使旁观者感觉到较强的快乐,并且引起他的较为生动的同情。我们由此获得较大的感受;可是我们并不因此就说,它是更善良的,或者说我们更加尊重它。我们知道,运气的改变可以使慈善的心理倾向完全无能为力;因此我们就尽可能地把幸运与心理倾向分开。这种情形就像我们改正由于距离不同而使我们发生的各种不同的道德感一样。情感并不永远遵从我们的改正;但是这些改正足以充分调整我们的抽象概念,而当我们一般地断定恶和德的各种程度时,我们只是着眼于这些改正的。

批评家们说,一切不易发音的词或句,听起来都是刺耳的。不论人们是听别人在发这种词句的音或是自己在默读,其间并没有差异。当我用眼睛浏览一部书时,我就想象自己听到了这本书的全部词句的音;我也借想象之力体会到诵读者在诵读这本书时所会感到的那种不快。那种不快并不是真实的;不过那样一种的词语组织既然有产生不快的自然倾向,这就足以把某种痛苦感影响心灵,并且使那篇文章刺耳而令人不快。当任何实在的性质,因为偶然的条件而变得不能发挥作用并且失掉它对社会的自然影响时,情形也是一样的。

根据这些原则,我们就很容易消除广泛的同情和有限的慷慨之间可能出现的任何矛盾;广泛的同情是我们的道德感所依靠的根据,至于有限的慷慨,我曾经屡次说过,是人类自然具有的,而且依据前面的推理来说,又是正义和财产权的前提。当任何具有给予他人以不快的倾向的对象呈现出来时,我对那个人的同情就会使我发生一种痛苦和谴责的情绪;虽然我也许不愿为了满足他起见,牺牲我的任何利益或抑制我的任何情感。一所房屋可以因为设计得不合于房主的舒适,而使我感觉不愉快,可是我也许不肯出一个先令来改建它。情绪必须触动内心然后可以控制我们的情感;不过情绪无须超出想象以外,就能影响我们的鉴别力。当一所房屋在眼中看来显得笨拙和摇动时,它就是丑的和令人不快的,即使我们完全相信工程是坚固的。引起这种谴责情绪的是一种恐惧;不过这种情感和我们不得不站在我们所真正认为摇动的一堵墙下面时所感到的那种情感,并不一样。对象的貌似的倾向影响心灵;它们所刺激起的情绪和由对象的实在结果发生的那些情绪属于同一种类,不过它们在感觉上却是不同的。不但如此,而且这些情绪对感觉来说可以有那样大的差别,以致它们往往可以成为互相反对,而不互相消灭;例如敌人的城防工事由于建筑巩固可以被认为是美的,虽然我们可能希望它们全部遭到毁坏。想象坚持着对于事物的一般看法,并把这些看法所产生的感觉和由于我们的特殊而暂时的位置而发生的那些感觉加以区别。

如果我们考察人们对大人物们通常所作的颂扬,我们就将发现,人们所归于他们的品质的大部分可以分为两类,一类是使他们在社会上履行职责的品质,一类是有助于自己使他们促进自己利益的品质。人们不但称颂他们的慷慨和仁爱,也称赞他们的慎重、节制、节俭、勤奋、刻苦、谋略和机敏。如果我们宽容任何使人不能在世上显露头角的性质,那就是宽容懒惰那种性质;人们假设懒惰并不剥夺一个人的才具和能力,而只是停止它们的发挥;而且这对他本人并没有任何不利,因为这在某种程度上是他自己所选择的。可是人们总是把懒惰认为是一种过失,并且在极端的时候还是一个很大的过失;一个人的朋友们也永不承认他有这种弊病,除非是为了掩饰他的性格中某些比较重要的方面的缺陷。他们说,他如果肯努力的话,他是能够成为一个人物的;他的理解力是健全的,他的想象是敏捷的,他的记忆力是持久的,但是他讨厌经营,无心于事业。有时人们甚至表面上好像是在承认过失,实际上却是以此自炫,因为他可能认为,这种不善经营就意味着他具有更高贵的品质;例如哲学精神、精微的鉴别力、巧妙的才智或对于乐趣和交际的爱好。不过我们可以随便再举一些其他的例子:假如有一种性质,它并不显示出其他任何良好的品质,而是永远使一个人丧失经营的能力,并且损害了他的利益;例如见解糊涂,对一切人事判断错误;轻浮无恒,优柔寡断,或者待人接物都缺乏灵活:这些都被人认为是性格上的缺点;很多人宁可承认自己犯了重大罪行,也不愿让人猜疑自己在任何程度上犯有这种的缺点。

在我们的哲学研究中有时有这样一种幸事,就是:我们发现,同一个现象由于各种条件而有种种表现,而且我们借着发现这些条件中的共同因素,就更可以使自己相信我们说明这个现象时所用的任何假设确是真实的。如果除了有益于社会的行为和性质而外,再没有别的可以被认为是德,我相信,前面对于道德感所作的说明仍然应该被接受的,并且是在充分的证据上被接受;但是当我们发现其他一些德除了根据上述假设就无法说明的时候,这个证据就对我们有更大的力量了。这里有一个人在他的社会品质方面并无显著的缺陷,不过他的主要优点却在于他的治事机敏,借此他能够使自己脱出最大的困难,并且能够以特有的灵活和精明处理极度微妙的事务。我对这个人立刻发生了一种尊重;和他结交对我是一种愉快;在我和他进一步熟识之前,我对他就比对另一个在其他方面与他相等而在这一点上却是缺陷的人,更愿意提供一些服务。在这种情形下,使我感到愉快的那些品质都被认为是对那个人有用的,并且有促进他的利益和快乐的倾向的。这些品质只被认为是达到目的的手段,并且随其适合于那个目的的程度而使我有不同程度的愉快。因此,那个目的必然是令我愉快的。但是那个目的因为什么而能令人愉快呢?那个人是一个陌生人;我对他没有任何关切,也没有任何义务;他的幸福比任何一个人甚至任何一个感情动物的幸福,与我并无更大的关系;换句话说,他的幸福只是通过同情来影响我的。由于这个原则,所以每当我发现他的幸福和福利时(不论是在其原因方面或是在其结果方面发现它),我就深深地体会到它,因而它就使我发生一种明显的情绪。凡有促进这种幸福的倾向的那些品质的出现,都对我的想象有一种愉快的结果,并引起我的敬爱。

这个理论也可以说明,为什么同样性质在一切情形下,总是产生骄傲和爱,或者谦卑和恨;同一个人为什么在自己看来是善良的或恶劣的,有教养的或可鄙弃的,在他人看来也永远是这样。我们如果发现一个人具有原来只对他自己是不利的任何情感或习惯,他就单是因为这一点而总是使我们感到不快;正如在另一方面，一个人的性格如果只是对别人有危险的、令人不快的，那么他只要觉察到那种不利，他就永远不能满意自己。不但在性格和仪态方面可以看到这一点，而且甚至在最细微的情节方面，也可以看到。别人的一阵剧烈的咳嗽使我们感到不快；虽然咳嗽本身丝毫不影响我们。你如果对一个人说他的呼吸发臭，他会感到耻辱；虽然口臭并不使他本人觉得讨厌。我们的想象很容易改变它的位置；我们或者以他人对我们的看法来观察我们自己，或者以其他人对他们自己的感觉来考虑他们，并借此体会到完全不属于我们而只是借同情才能使我们关心的情绪。我们有时把这种同情推得很远，以致仅仅因为某种原来对我们是有利的性质会招致其他人的不快，并使我们在他们眼中显得讨厌，而就不喜欢那种性质；虽然我们的讨人喜欢对自己也许并没有任何利益。

历代哲学家们曾经提出过许多的道德学体系；但如果严格地考察起来，这些体系可以归结为惟一地值得我们注意的两个体系。道德上的善恶确实是被我们的情绪，而不是被我们的理性所区别出来的；不过这些情绪可以发生于性格和情感的单纯的影响或现象，或是发生于我们反省它们促进人类或某些个人幸福的倾向。我的意见是，这两个原因在我们的道德判断中都是混杂起来的；正如它们在我们关于大多数外在的美的判断中是混杂起来的一样：虽然我同时也主张，对于行为倾向的反省具有最大的影响，并决定我们的义务的一切重大的方向。不过在较少重要的情形下，有一些例子表明这种直接的鉴别力或情绪就产生了我们的赞许。机智、某种悠闲洒脱的行为，对别人来

第三章 论其他的德和恶

说,是直接令人愉快的并博得人们敬爱的性质。这些性质中有一些性质,借着人性中一种不能说明的特殊的、原始的原则,使他人产生一种快乐;另有一些性质,则可以归纳于较为一般的原则。在详细考察之后,这一点将显得更为清楚。

有些性质没有促进公益的倾向,但因为对于别人是直接愉快的,而就获得了它们的价值。同样,有些性质却是因为对具有这些性质的本人是直接愉快的,而被称为是善良的。心灵的每一种情感和活动都令人发生一种特殊的感觉,这种感觉不是令人愉快的,便是令人不快的。前者是善良的,后者是恶劣的。这种特殊的感觉就构成情感的本性,因而无需加以说明。

不过恶与德的区别不论如何似乎由某些特殊性质给我们或他人所引起的直接的快感或不快而直接地发生,我们仍然容易看到,这种区别大部分仍然依靠于我们所一再申论的同情原则。一个人如果具有对于与他交往的人是直接愉快的某些性质,我们便对他加以赞许,虽然我们自己从未由这些性质得到任何快乐。一个人如果具有对于自己是直接愉快的某些性质,我们也赞许这个人,虽然那些性质对世界上任何人都无助益。为了说明这点,我们必须求助于前述的原则。

我们可以对现在这个假设作这样一个总的回顾:心灵的任何性质,在单纯的观察之下就能给人以快乐的,都被称为是善良的;而凡产生痛苦的每一种性质,也都被人称为恶劣的。这种快乐和这种痛苦可以发生于四种不同的根源。我们只要观察到一个性格自然地对他人是有用的,或对自己是有用的,或对他人是愉快的,或对自己是愉快的,就都感到一种快乐。有人或许会感到惊讶,在所有这些利益和快乐中,我们竟然忘记了在一切其他情况下最亲切地触动我们的自我的利益和快乐。但是在这个问题上,我们很容易消除自己的疑虑,如果我们这样考虑:每个特殊个人的快乐和利益既然是不同的,那么人们若不选择一个共同的观点,据以观察他们的对象,并使那个对象在他们全体看来都显得是一样的,那么人们的情绪和判断便不可能一致。在判断性格的时候,各个观察者所视为同一的惟一利益或快乐,就是被考察的那个人自己的利益或快乐,或是与他交往的人们的利益和快乐。这一类利益和快乐触动我们的程度,虽然比我们自己的利益和快乐要较为微弱,可是因为它们是恒常的、普遍的,所以它们甚至在实践中也抵消了后者,而且在思辨中我们也只承认它们是德性和道德的惟一标准。只是它们,才产生了道德的区别所依据的那种特殊的感觉或情绪。

至于德或恶的功过,那是快乐或不快情绪的一个明显的结果。这些情绪产生了爱或恨,而爱或恨又借着人类情感的原始组织伴有慈善或愤怒,也就是说,伴有一种使所爱的人幸福和使所恨的人不幸的欲望。在另外一个场合下,我们已经较详细地讨论过这一点了。

〔译注〕 马尔克斯·卜鲁塔斯(公元前 78—前 42),罗马人,他刺杀了独裁者恺撒。

第二节 论伟大的心情

现在我们或许应该借实例来说明这个一般的道德学体系,即把它应用于特殊的德和恶的例子上,并且指出它们的功过如何发生于这里所说明的四个来源。我们将先从考察骄傲和谦卑两种情感开始,并将考察它们在过度或适度时的恶或德。过度的骄傲或极端的自负,总是被认为是恶劣的,并遭到普遍的憎恨;正如谦卑或对自己的弱点的一种正确的感觉被认为是善良的、并得到每个人的善意一样。在道德区别的四个来源中,这应当归于第三个来源,即一种性质不经人们反省其倾向而就对人发生的那种直接的愉快或不快。

为了证明这点,我们必须应用人性中两条很显著的原则。第一条就是同情,即上述的情绪和情感的传达。人类灵魂的交感是那样地密切和亲切的,以至任何人只要一接近我,他就把他的全部意见扩散到我心中,并且在或大或小的程度内影响我的判断。在许多场合下,我对他的同情虽然不至于发展得很远,以至完全改变了我的情绪和思想方式;可是这种同情也很少是那样地微弱,而不至于搅乱我的思想的顺利进程,并推崇由他的同意和赞许所推荐给我的那个意见。他和我不论运思于什么题目上,都没有什么重大关系。不论我们是判断随便一个人,或判断我自己的性格,我的同情都给予他的判断以同等的力量;甚至他对于他自己的价值的意见,也使我照他自己看待自己的观点来看待他。

这个同情原则是那样地有力而潜入人心的,以致它深入于我们的大部分的情绪和情感之中,并且往往以相反的形式出现。因为值得注意的是,当一个人在任何一个问题上反对我的强烈的意向并由于这种反对而激动我的情感时,我总是对他有某种程度的同情,而且我的心理骚动也并不是由其他任何根源而发生的。我们在这里可以观察到一些相反原则和情感之间的一种明显的斗争或冲突。一方面有我自然而然地发生的那种情感或情绪；而且我们可以观察到，这个情感越强烈，心理骚动程度也就越大。在另外一方面，也必然有只能由同情发生的某种情感或情绪。别人的情绪必须在某种程度上变成了我们的情绪，然后才能影响我们；在那种情形下，别人的情绪就借着反对和增加我们的情感，来影响我们，正如它们原来是由我们自己的性情和心理倾向中发生的一样。当这些情绪隐藏于他人心中时，它们对我们永不能有任何影响；而且即使他们的情绪被我们所认识，如果不超出想象或概念之外，那些情绪对我们也不能有任何影响。因为想象官能习惯于各种不同的对象，所以一个单纯的观念，虽然和我们的情绪和倾向相反，决不能单独地就影响我们。

我所要提出的第二个原则就是比较原则，所谓比较，就是我们是依着各种对象的比例来变化自己对各个对象的判断。我们判断对象，多半是通过比较，很少依据其本身的价值；当任何东西与同一类中较高级的东西对比起来时，我们就把那种东西看作低劣的。但是任何一种比较都没有以我们自己为中心所作的比较更为明显，因此在一切场合下，这种比较都在发生，并且与我们的绝大多数情感混杂起来。这种比较就其作用而论，是与同情直接相反的，正如我们研究怜悯和恶意时所已说过的那样[①]。在一切比较中，我们由直接和现前观察一个对象所发生的感觉，总是和由与之比较的另一个对象所得来的感觉是相反

---

① 第二卷，第二章，第八节。

的。直接观察他人的快乐，自然给我们以一种快乐；因此，在与我们自己的快乐相比较时，就产生一种痛苦。他的痛苦，就其本身而论，是令人痛苦的；但是却增加我们自己幸福的观念，而给我们以快乐。

那些同情原则和他人与自我的比较，既然是直接相反的，所以值得我们考究的是：除了各人的特殊的性情以外，对于两者的消长还可以形成什么一般的规则呢？假如我现在安然住在陆地上，并愿意由这个考虑得到一种快乐：我必须设想那些在海上处于惊涛骇浪中的人们的可怜状况，而且必须力求使这个观念变得尽量强烈而生动，以便使我更加感觉到我的幸福。不过不论我做多大的努力，那种比较所有的效果永远不能像我真正立于海岸上①，遥望远处一艘孤舟在风暴中颠簸，时刻有触石或触礁而沉没的危险时那样。但是假如这个观念变得更加生动些，假如那艘船被风刮得十分靠近我，我清清楚楚地看到海员们和乘客们面部的惊慌表情，听到他们的悲号哭泣，看到最亲爱的亲友们在作最后的诀别，或是互相拥抱，决心一块儿沉没；没有人能够有那样野蛮的心情，以致由那种景象中得到任何快乐，或是抵拒住最慈爱的怜悯和同情的激动。因此，在这种情形下，显然有一个中介状态；如果观念过于微弱，它就不能借比较发生影响；而在另一方面，如果它是过分强烈，它就完全通过同情来影响我

---

① 当大海中狂风掀起巨浪时，
遥望他人身罹大难实为快事；
这并非因为他人的苦难可以赏心悦目，
乃是因为自己一感觉到自己未曾遭难，
便觉得私心窃慰。

（卢克莱修）

们,这种同情是和比较完全相反的。同情既然是由一个观念到一个印象的转化,所以同情较之比较就需要观念有较大的强烈和活泼程度。

所有这些说法都很容易应用到现在的论题上。在一个大人物或高超的天才之前,我们就在自己的眼光中大大地降低了身价。依照前面关于我们对高出我们的人所表示的尊敬情感的推理而言①,这种谦卑感在那种尊敬情感中占着一个重大的成分。有时由于比较,甚至发生妒忌和憎恨;不过在绝大多数的人中间,它停留在尊敬和尊重上。同情在人类心灵上既然有那样强有力的影响,所以它就使骄傲在某种程度上也和真正的价值具有同样的效果。它借着使我们接受骄傲的人对自己所抱的那些昂扬的情绪,而呈现出那样地令人感到耻辱、令人不快的比较来。我们的判断并不完全附和他引以自豪的自负心理,可是仍然大受感动,以致接受其自负所呈现出的观念,并使它的影响比想象所发生的笼统概念的影响更大一些。一个人在空想中、如果形成一个价值比自己高出许多的人的概念,他并不会因为那个虚构而感到耻辱。但是我们面前如果来了一个我们确信其为价值低劣的人,而我们又看到他的极度骄傲和自负,于是他那种对自己的价值的坚定的信念便把握住了想象,使我们在自己的眼光中降低了身价,就像他真正具有他所自吹自擂的一切优良品质似的。我们的观念在这里恰好处于它借比较作用影响我们时所需要的那种中介状态。那个观念如果伴有一种信念,而且那个人也显得真正具有他所自称的那种价值,那个观念就会有相反

---

① 第二卷,第二章,第十节。

的作用，而会借同情来影响我们。这时那个同情原则的影响就会超过比较原则的影响，而与那个人的价值似乎是低于他的自负时的情形相反。

这些原则的必然结果就是：骄傲或过分的自负，必然是恶劣的，因为它使一切人感到不快，并且时时刻刻给他们以一种令人不快的比较。在哲学中，甚至在日常生活和谈话中，有一句老生常谈的话，就是：使我们对他人的骄傲感到非常不悦的，乃是我们自己的骄傲；他人的虚荣对我们所以是不可忍受的，乃是因为我们自己就是虚荣的。快活的人自然与快活的人互相结合，放荡的人自然与放荡的互相结合；可是骄傲的人却永远不能忍受骄傲的人，而宁愿与性情相反的人交往。我们全体既然都有些骄傲，所以骄傲就普遍地被人责备和谴责；因为骄傲有一种自然倾向，容易借一种比较作用引起他人的不快。这种效果必然会更自然地发生，因为那些毫无根据而自负的人永远在作那一类的比较，而且他们也没有别的方法可以支持他们的虚荣。一个聪明贤达的人能够自得其乐；无需乎考虑别人的短长；但是一个愚蠢的人却永远必须找寻一个更愚蠢的人，才能欣赏他自己的才具和智力。

不过对自己的价值的过分自负虽然是恶劣的、令人不快的，但是当我们真正具有有价值的品质时，重视自己却也是最可以称赞的。任何性质给我们自己带来的效用和利益是德的一个来源，正如它给予别人的愉快一样；而在生活行为中，最有用的确是莫过于一种适当程度的骄傲，因为骄傲使我们感到自己的价值，并且使我们对我们的一切计划和事业都有一种信心和信念。

一个人不论赋有什么样的才具,他如果不知道自己有这种才具,并且不形成适合于自己的才具的计划,那种才具对他便完全无用。在一切场合下,都需要知道我们自己的力量;如果允许我们在任何一方面发生错误的话,那么过高估计自己的价值,比把它估得低于它的正确水平,要更加有利一些。幸运往往赞助勇敢和进取的人;而最能以勇气鼓舞我们的莫过于对自己的好评。

还有一点,骄傲或自夸虽然有时对别人是不愉快的,可是对自己却永远是愉快的;正如在另一方面,谦逊虽然使一切观察到它的人感到快乐,可是它在赋有谦逊的人心中往往产生一种不快。但是我们已经说过,我们自己的感觉也决定任何性质的恶与德,正如那种性质在别人的心中所刺激起的感觉决定它的恶与德一样。

由此可见,自满与虚荣不但是可以允许的,而且还是性格中的一个必要条件。诚然,礼貌和礼仪都要求我们避免一切直接显示那种情感的姿态和表现。我们各人对自己都有一种极大的偏私,我们如果总是在这一方面发泄我们的情绪,那么我们彼此间就会激起对方最大的愤慨;这不但是由于有那样一个令人不快的比较对象直接呈现在我们面前,而且也由于各人的判断是相反的。因此,正像我们确立了自然法则,以便在社会中确保财产权,防止自我利益的互相对立,同样我们也建立了礼貌规则,以防止人们的骄傲的互相对立,并使交谈成为愉快的和不讨厌的。一个人的过分的自负是最令人不快的:每个人几乎都有犯这种过恶的强烈倾向;没有人能够区别清楚他自己身上的恶与德,或者确实知道,他对自己的价值的重视是有很好的根据的:

第三章 论其他的德和恶

因为这些理由,所以这种情感的一切直接表现都遭到谴责;而对于聪明贤达的人,我们也并不加以袒护,使他们成为这个规则的例外。他们也和其他人一样不得公开地以语言对自己作恰当的评价;即使他们在自己的思想中评判自己时,如果也表示一种保留和暗自怀疑,那么他们就更会得到称赞。把自己估价过高的那种傲慢的、几乎人人都犯的倾向,使我们对于自夸产生了一种反感,以致我们不论在什么地方遇到了它,都根据一个通则来加以谴责;我们也难以给予贤达的人以自负的特权,即使在他们最隐藏的思想中。至少我们必须承认,在这一点上,某种伪装是绝对必要的;如果我们胸中藏着骄傲,我们也必须装出谦和的外表,而在我们的举止和行为中表现出谦逊和互相恭敬。在任何场合下,我们都必须准备着贬抑自己,推崇别人;即使对于同辈,也应当恭敬地对待;在任何交际场合中,我们如果不是十分出人头地,我们总是应当装作是最低微的人;我们如果在自己的行为中遵守这些规则,那么当我们间接地表示出我们的隐藏的情绪来时,人们就会更加宽容。

我相信,凡稍为熟悉世故、而能透察他人内心的情绪的人,都不会说,礼貌和礼仪所要求于我们的谦卑、会超出于表面以外,或者说,在这一方面的彻底的诚恳会被认为是我们的义务的一个真正的部分。正相反,我们可以说,一种纯真和真心的骄傲或自尊,如果掩饰得好,并且有很好的根据,乃是一个尊荣的人的性格的必需条件,而且要想得到人类的尊重和赞美,也没有其他的心灵性质比这种性质更是必要的。习俗要求各种等级的人们互相恭敬和谦逊;谁要是在这一方面越犯规矩,如果是为了利益,则被人指责为卑鄙,如果是由于无知,则被人指责为愚蠢。因此,我们必须知道我们在世界上的等级和地位,不论这个身份是由我们的门第、财产、职业、才能或声名所确定的。因此,我们必须符合于这种身份而感到骄傲的情绪和情感,并据此而调整我们的行为。如果人们说,在这一方面的谨慎就足以调整我们的行为,无需任何真正的骄傲心理,那么我就该说,这里谨慎的目的就在于使我们的行为符合于一般的习惯和习俗。人类若不一般地都是骄傲的,而且那种情感若不是在有很好的根据时一般地得到赞许,那么那种隐含的骄傲态度也不会被习俗所确立和认可了。

如果我们由日常生活和交谈转到历史上去,那么这个推理便获得了新的力量;这里我们就观察到,成为人类钦佩对象的那些伟大的行为和心情只是建立在骄傲和自尊心上面的。亚历山大在他的兵士们拒绝随从他到印度去时,曾对他们说:回去告诉你们的国人说,你们在亚历山大完成征服世界的大业中离开了他。在圣埃弗雷孟(St. Evremond)〔译注〕的书中,我们看到,孔德公爵(Conde)是特别赞赏这一段的。那位公爵说,"亚历山大被他的士卒离弃,身处尚未完全被征服的蛮夷中,却在其内心感到惟我独尊,有统治帝国的权利,以致不能相信任何人会拒绝服从他。不论是在欧洲或在亚洲,是在希腊人中间或在波斯人中间,他都觉得一切没有差别:什么地方他找到了人,他就想象他找到了臣民"。

总而言之,我们可以说,我们所谓英雄德性,以及我们所钦佩的那种所谓伟大和豪迈的心灵性质,只是一种牢固的和坚定的骄傲和自尊,或者就是大部分沾有那种情感的。勇敢、无畏、野心、荣誉心、豪情,以及那一类的其他辉煌的品德,其中显然都含有大量的自尊成分,并且由那个根源得到它们的大部分的价值。因此,我们发现,许多宗教讲道家就痛斥那些德为纯粹异端的、自然的德,而向我们宣扬基督教的优越,说基督教把谦卑列在诸德之中,而把世人甚至哲学家们的判断加以改正,因为这些人一般是钦佩骄傲和野心的种种努力的。究竟人们对于这种谦卑的德理解得是否正确,我不在这里随便决定。我可以退一步说,如果有一种有节制的骄傲在暗中鼓动我们的行为,而不爆发为粗鄙的傲慢言行,以致触犯他人的虚荣心,世人是自然加以尊重的。

  骄傲或自尊的价值是由两个条件得来的,即它所给予我们自己的效用和愉快;它借此就使我们能够经营事业,同时并给予我们一种直接的快乐。当它超出了恰当的界限以后,它就失掉了第一种利益,甚至变成有害的;这就是我们所以谴责过度的骄傲和野心的理由,不论它们如何得到礼貌和礼仪的调节。但是由于那样一种情感仍然是令人愉快的,并且对于被这种情感所推动的人传来自豪和崇高的感觉,因此,人们对那种自满的同情,就大大减少了责备,而通常对于这种情感所加于那个人的行为上的那种危险影响是自然发生责备的。因此,我们可以看到,一种过度的勇敢和豪情,尤其当它表现在形势险恶的时候,在很大程度上渲染了一个英雄的性格,并且使一个人成为后代的景仰对象;同时,这种过度的勇敢却又毁坏了他的事业,使他陷入了本来不会遇到的危险和困难中。

英雄主义或武功,是一般人所大为崇拜的。人们把它看作一种最崇高的价值。冷静思考的人们并不热心地加以称赞。在这些人看来,英雄主义在世界上所引起的无限纷乱和搅攘,减低了它的大部分的价值。当他们反对世人在这一点上的看法时,他们总是描绘出这种所谓的德给人类社会所招致的祸害:帝国的颠覆,地方的糜烂,城市的劫掠。当我们想到这些灾祸时,我们就倾向于憎恨而不是钦佩英雄们的野心。但是当我们着眼于制造这一切灾祸的那个人本身时,他的性格中就显得有那样一种灿烂的品质,使我们一想到它,就心志昂扬,不由得肃然起敬。我们由于它危害社会的倾向所感到的那种痛苦,就被一种较强烈的、较直接的同情所压下去了。

由此可见,我们对于各种程度的骄傲或自尊的功过所作的解释,也可以作为前述那个假设的一个强有力的论证,因为它表明了前述那些原则如何影响我们关于那个情感的各种各样的判断。这个推理不但表明,恶和德的区别发生于四个原则,即对于本人及他人的利益和快乐,并因而证实了我们的假设,而且对那个假设的某些附属部分也可以为我们提供一个有力的证明。

任何确当地考察这个问题的人,都会毫不迟疑地承认,任何鲁莽的行为或骄傲和傲慢的任何表现所以使我们不愉快,只是因为它震动我们自己的骄傲,并借同情作用促使我们进行比较,因而产生了那种令人不快的谦卑情感。即使这样一种傲慢行为出之于一个一向对我们特别有礼貌的人,或者甚至是出之于我们只在历史上知道他的名字的人,也都要遭到责备:所以必然的结果就是,我们的谴责发生于对他人的一种同情,发生于这样的一种反省，即那样一个性格：对于一切和具有这种性格的人交谈或交往的每一个人，都是极为不快而可憎的。我们同情于那些人的不快，而且他们的不快既然是部分地发生于对侮辱他们的那个人的同情，所以我们在这里就观察到同情的双重反映，这是与我们在另一个场合下所已提出的原则很类似的一个原则①。

〔译注〕 埃弗雷孟(1610—1703)，法国人，耶稣会士，初学法律，后入军籍，与孔德公爵友善。后因伏凯(Fouquet)失势，逃入英国，为查理二世所优待，给以年金。他一直住在伦敦，著有喜剧等书。孔德公爵(1621—1686)是法国的将领。

第三节 论仁善与慈善

人类感情中一切可以称为伟大的那些性质都引起一种称赞和赞美，我们已将这种赞美的来源加以说明。现在我们就进而说明人类感情的仁善性质，并指出这种性质的价值是从什么得来的。

当经验一旦把关于人事的充分的知识给予我们，并且把人事对于人类情感的比例教给我们时，我们便看到，人类的慷慨是很有限的，很少超出他们的朋友和家庭以外，最多也超不出本国以外。在这样熟悉了人性以后，我们就不以任何不可能的事情期望于他，而是把我们的观点限于一个人的活动的狭窄范围以内，以便判断他的道德品格。当他的感情的自然倾向使他在他的范围内成为有益的、有用的人时，我们就通过同情那些与他有比较特殊联系的人的情绪，而赞许他的品格，并且爱他这个人。我们很快地被迫在我们这一类的判断中忘掉我们自己的利益，这

---

① 第二卷，第二章，第五节。

是因为我们在社会上和交谈中遇到那些与我们的处境不同、利益不同的人不断地与我们所发生的矛盾。只有当我们考虑某种情感对于和某一个具有这种情感的人有直接联系或交往的那些人所有的有利倾向或有害倾向时,我们的情绪才和其他人的情绪有了惟一的共同观点。这种利益或损害虽然往往与我们是很疏远的,可是有时它与我们也很接近,并通过同情使我们发生强烈的关切。我们迅速地把这种关切扩展到其他类似的事例;如果这些事例是很疏远的,我们的同情就成比例地变得较弱,我们的赞美或责备也就变得较为微弱和含糊。这里的情形正和我们关于外物的判断一样。一切对象都由于距离而显得减小;但是对象在我们感官之前的现象虽然是我们据以判断它们的原始标准,可是我们并不说,它们由于距离而确实减小了;我们借着反省改正了那个现象,而对于那些对象达到较为恒常而确定的判断。同样,同情虽然比我们对自己的关切微弱得多,而且对远离我们的人的同情也比对近在眼前的人的同情微弱得多;可是在我们关于人们性格的冷静判断中,我们却忽略去所有这些差异。除了我们自己在这一方面往往改变自己的地位以外,我们每天还遇到一些和我们处于不同地位的人,那些人永远不能在任何合理的基础上同我们交谈,如果我们永远停留在我们特有的地位和观点上。因此,在社交和谈话中,彼此情绪的沟通,就使我们形成某种一般的、不变的标准,使我们可以据此而赞许或谴责人们的性格和风俗。人的内心虽然并不永远拥护那些一般性的概念,或是依据这些概念来调准它的爱和恨,可是这些概念足以供交谈之用,并且在交际中、在讲坛上、在剧场上、在学院中

第三章 论其他的德和恶

都足以达到我们的全部目的。

根据这些原则,我们就很容易说明我们通常所归于下面一些性质的那种价值,这些性质就是慷慨、仁爱、怜悯、感恩、友谊、忠贞、热忱、无私、好施和构成一个仁善与慈善的性格的其他一切性质。使人发生慈爱情感的那种倾向,就使一个人在人生一切部门中都成为令人愉快的、有益于人的;并且给予他那些本来可以有害于社会的所有其他性质以一个正确的方向。勇敢与野心,如果没有慈善加以调节,只会造成一个暴君和大盗。至于判断力与才具,以及所有那一类的性质,情形也是一样。它们本身对于社会的利益是漠不关心的,它们所以对人类具有善恶的倾向,是决定于它们从这些其他的情感所得的指导。

爱对于被爱所激动的人是直接使他感到愉快的,而恨是直接使他感到不快的:这就可以成为我们所以称赞一切掺杂有爱的情感,并责备一切含有大量的恨的成分的情感的重大理由。的确,我们受到慈爱情绪的无限的感动,正像受到豪情的无限的感动一样。我们一想到它,自然就眼泪盈眶;对于表现慈爱情感的人,我们也不禁报以同样的慈爱。这一切在我看来似乎都证明:在那些情形下,我们的赞许并不是因为我们预料到自己或其他人可能得到效益和利益,而是由于另外一个根源。此外,我们还可以附加说,人们不经反省就很自然地赞许与自己最相类似的性格。具有和蔼的性情和慈爱的感情的人,在形成最完善的德的概念时,总比勇敢而进取的人在那个德的概念中掺杂着较多的慈善和仁爱的成分,后一种人则自然地认为某一种的豪情才是最完善的性格。这显然是由于人们对于与自己类似的性格有一种直接的同情。他们更热烈地体会到那一类的情绪,并且更明显地感到由那种情绪所发生的快乐。

可以注目的是:最能使一个仁爱的人受到感动的,就是特别体贴的爱或友谊的表现;在这里,一个人注意到他的朋友的最小的关心的事情,并愿意为之牺牲自己的最重大的利益。这类体贴行为对于社会很少影响,因为它们使我们只考虑一些最琐屑的事情;不过那种关心的事情越是细微,那种体贴也就越加动人,并且证明能够这样体贴的人具有最高的价值。情感是那样的富于感染力,它们极为迅速地由一个人传到另一个人,并在一切人的心胸中产生相应的活动。当友谊表现在突出的例子中时,我的内心就感染了同样的情感,并且因为呈现于我面前的那些热烈的情绪而感到温暖。那种令人愉快的心理活动,必然使我对于激起那些活动的每一个人都发生一种爱。任何人只要有令人愉快的任何性质,情形也都是这样的。由快乐到爱的推移是很容易的;不过这种推移在这里必然是更加容易;因为由同情所刺激起的那种令人愉快的情绪,就是爱的本身;这里不需要别的条件,只需要改变一下对象就可以了。

因此,慈善在其各种形式和表现中都有它的特殊的价值。因此,甚至慈善的弱点也是善良的和可爱的。一个人在亲友死后如果悲伤过度,会因此而得到尊重。他的慈爱给他的忧伤增添了一种价值,正如它给快乐增添了一种价值一样。

但是我们也不要想象,一切愤怒情感都是恶劣的,虽然它们是令人不愉快的。在这一方面,我们对于人性要给予某种程度的宽容。愤怒和憎恨是我们的结构和组织中所固有的。在某些

第三章　论其他的德和恶

场合下,缺乏了愤怒和憎恨,甚至可以证明一个人的软弱和低能。在人们表现轻微的愤恨时,我们不但因为它是自然的,而加以宽容,而且甚至因为它不如大部分人类的愤恨情感那样地激烈,而加以赞扬。

当这些愤怒的情感达到了残忍的程度时,它们就成为一种最可憎恨的恶。对于这种恶的可怜的受害者们我们所发生的一切怜悯和关怀,全部都转过来反对犯了这种恶行的人,并产生了我们在其他任何场合下所感觉不到的那样强烈的憎恨。

即使在残忍这种恶没有达到这样极端的程度时,我们也因为反省到这种恶所发生的祸害,以致大大地影响了我们对它的情绪。而且我们可以概括地说,如果我们发现一个人有任何一种性质,使他对于和他一起生活和交谈的人都是不利的,那么我们无需进一步的考察,就总是认为那是一种过失或缺点。在另一方面,当我们列举任何人的优良品质时,我们总是提到他的性格中那些使他成为可靠的同伴、快意的友人、和善的主人、称心的丈夫或宽容的父亲的优点。我们把他和他在社会上的一切亲友,一并加以考虑,而我们的爱他或恨他,也是依照他如何影响直接与他来往的那些人的情形为转移的。这里有一个最确实的规则,就是:如果在人生的任何关系中间,我都愿意和某一个人交往,那么他的性格在那种范围内必然可以认为是完善的。如果他对己对人都没有什么缺陷,那么他的性格就是尽美尽善的了。这是价值和道德的最后标准。

第四节 论自然才能

在一切伦理学体系中,自然才能和道德的德的区别是最通常的一种区别;在这些体系中,自然才能与身体的禀赋被放在同等的地位上,而且被假设为并不赋有价值或道德价值。任何人精确地考察一下这个问题,就将发现,关于这个问题的争论只是一种词语上的争论,而且这些性质虽然不是完全属于同一个种类,它们在最重要的条件方面却都是一致的。两者都同样是心理性质;两者都同样产生快乐;并且自然都有获得人们的爱和尊重的同等倾向。很少有人不是在见识和知识方面尽力维护自己性格,正像在荣誉和勇敢方面维护自己的性格一样,而且还远远超过了他们在克己和自制方面对自己的性格的维护。人们甚至恐怕别人把自己当作性情和善,生怕这种性质会被认为是缺乏理解力;他们往往自夸生活放荡,超过了他们的实际行为,借此使自己显得气概不凡。简而言之,一个人在世上所显露的头角,他在朋辈中所得到的优遇,他的相识对他表示的尊重:所有这些利益几乎都依靠于他的见识和判断,正如它们依靠于他的性格的其他成分一样。一个人即使有最良好的意向,最远离一切非义和暴行,他如果没有适当程度的才具和智力,他就永不会得到很多的尊重。自然才具比起我们所称为道德的德的那些性质来,虽然也许没有那样重要,可是就其原因和结果而论,它们既然都处于同等的地位,那么我们又何必把它们强加区别呢?

我们虽然不以德这个名称给予自然才能,可是我们必须承认,它们获得人们的爱和尊重;这些才能给予其他的德以一种新的光辉；而且一个具有自然才能的人，也比一个完全没有这种才能的人，更能够得到我们的善意和服务。的确，人们可以说，那些性质所引生的赞许情绪，不但是较低于而且是有些不同于其他的德的引生的赞许情绪。不过据我看来，这并不是可以把才能排除于德的项目之外的一个充分理由。每一种的德，甚至慈善、正义、感恩、正直，都在旁观者的心中刺激起一种不同的情绪或感觉来。就萨鲁斯特[译注]所描写的恺撒和迦陶两人的性格而论，它们都在严格意义下是有德的；不过其方式各不相同，而且由它们所发生的情绪也不是完全一样的。一个性格引起爱，另一个引起尊重；一个是和蔼的，另一个是威严的；我们但愿在朋友身上遇到前一种的性格，却热望自己具有后一种的性格。同样，伴随自然才能而生的赞美情绪，也许有些不同于由其他的德所发生的感觉，但这也并不使这些才能属于完全另外的一类。我们确实可以说，各种自然才能正像其他各种的德一样，并非全部都产生同样一种的赞许。见识和天才产生尊重；机智和幽默引起喜爱①。

有些人认为自然才能与道德的德之间的区别很为重要，他们或许会说：前者是完全不自愿的，因此没有功过可言，因为它们不依赖于自由和自由意志。不过对于这个说法，我可以答复说：第一，所有的道德学家、尤其是古代的道德学家、归在道德

---

① 爱和尊重根本上是同一情感，并且由类似的原因发生。产生两者的性质都是令人愉快、给人快乐的。但是当这种快乐是严肃和庄重的；或者当它的对象是伟大的，并造成一个强烈的印象；或者当它引起了任何程度的谦卑和敬畏时；在所有这些情形下，那种由快乐所发生的情感，被称为尊重比被称为爱，要较为适当一些。慈善伴随着两者；不过慈善与爱有较高程度的联系。

的德这个名称之下的许多性质,和判断和想象两种性质一样,同样是不自愿的和必然的。属于这一类的有恒心、刚毅、豪爽,简而言之,就是构成伟大人物的一切性质。关于其他的德,在某种程度上我也可以这样说;心灵在任何重要的性质方面,几乎不可能改变它的性格,或是矫正它的激动和易怒的性情,如果这些性质是它天然具有的。这些可以责备的性质的程度越重,它们便成为越加恶劣的,可是它们却因此更不是自愿的了。第二,我愿意有人举出理由给我说明,为什么德和恶不可以如美和丑那样是不自愿的。这些道德的区别发生于自然的苦乐区别;当我们对任何性质或性格作一般的考虑、并因而感受到那种苦乐感觉时,我们就称那种性质或性格为恶劣的或善良的。可是我相信,没有人会说:一种性质,若不是出于具有它的那个人的完全自愿,便永远不能给考虑它的人产生快乐或痛苦。第三,至于自由意志,我们已经指出,它在人的行为方面,正如在人的性质方面一样,都并不存在。说自愿的就是自由的,并不是一个正确的结论。我们的行为比我们的判断是较为自愿的,可是我们在行为方面也并不比在判断方面更为自由。

不过自愿和不自愿的这种区别虽然不足以证实自然才能和道德的德的区别,可是前一种区别却给我们提供了道德学家何以要发明后一种区别的一个很好的理由。人们看到,自然才能和道德的德虽然大体上处于同等的地位,可是它们之间却有这种差异,即前者几乎是不能借任何技巧或勤劳加以改变的,至于后者,至少是那些由它们发生的行为,却是可以被赏和罚、赞美和责备等动机所改变的。因此,立法家们、神学家们和道德学家们所主要从事的,就是来调节那些自愿的行为,并且力求在这方面创造使人们成为善良的附加动机。他们知道,由于一个人的愚蠢而加以惩罚,或是劝勉他成为明智的和聪明的,都不会有什么效果,虽然同样的惩罚和劝勉,在正义和非义方面,可以有重大的影响。但在日常生活和交谈中,人们并不着眼于这种奖惩目的,而是自然地称赞或责备任何使他们愉快或不快的事情,所以他们似乎并不考虑这个区别,而认为明智也和慈善一样,认为洞察力也和正义一样,都可以归在德的一类。不但如此,我们还发现,一切不是因为拘泥于一个体系而歪曲其判断的道德学家,也都进入同样的思想方式;特别是古代的道德学家毫不犹疑地把明智置于四个主德之首。心灵的任何官能在其完善状况和状态下,都可以在某种程度上刺激起尊重和赞许的情绪;说明这种情绪,正是哲学家们的事情。至于考察什么性质才配称为德,那是语法家们的事情;而且,他们如果做这种尝试,也就会发现,这不是一件容易的工作,如像他们在初看起来所容易想象的那样。

自然才能所以被人尊重的主要理由,是因为这些才能对于具有它们的人有一种有用的倾向。如果没有明智和谨慎指导我们实现任何一个计划,就不可能成功地完成这个计划;单有良善的意图也并不足以使我们的事业得到一个美满的结局。人类之所以高出于畜类,主要是因为他们的理性优越;人与人之间所以有无限的差别,也是由于理性官能的程度有千差万别。技术所带来的种种利益,都是由人类的理性得来的;在命运不是极为反复无常的地方,这些利益的绝大部分都必然落在明智的和聪明的人手里。

人们如果问,是敏捷的理解力更有价值呢,还是迟缓的理解力更有价值呢?还是一个一见到问题就能明白底里、而却不能通过仔细研究有所作为的人更有价值呢?还是必须刻苦努力才能作出任何事情的一个相反的性格更有价值呢?还是一个清楚的头脑更有价值呢?还是一个富于发明的人更有价值呢?还是一个天才深厚的人更有价值呢?还是一个判断准确的人更有价值呢?简而言之,什么样的性格或特殊的智力比其他的高出一等呢?显然,我们如果不考究那些性质中哪一种最能使一个人适应生活,并使他在他的任何一种事业方面最有发展,我们就不可能答复这一类中的任何一个问题。

心灵还有其他许多性质,也是由同一根源获得其价值的。勤劳、坚持、忍耐、积极、警惕、努力、恒心,以及其他一些容易想得到的同类的德,其所以被人认为是有价值的,也只是因为它们对于生活行为是有利的。节制、俭朴、节约、决心都是一样;正如在另一方面,浪费、奢侈、优柔寡断、迟疑不决之所以是恶劣的,只是因为它们给我们招来毁灭,并使我们不能胜任事业和行动。

智慧与见识之所以被人重视,只是因为它们对具有它们的人是有用的;同样,机智和辩才之所以被人重视,也只是因为它们使其他人直接感到快乐。在另一方面,舒畅的心情之所以得到别人的爱和推崇,是因为它使本人直接感到快乐。显而易见,一个机智的人的谈话是很令人满意的;正如一个心情愉快的同伴,因为使人同情他的欢愉,而把他的喜悦传播于全体的同伴一样。因此,这些性质既然是使人愉快的,所以自然就得到了人们的敬爱,并符合于德的一切特点。

第三章　论其他的德和恶

在许多场合下,我们难以说明,是什么使一个人的谈话那样地愉快而有趣,而另一个人的谈话却枯燥而乏味。谈话和书籍一样,也是心灵的一个抄本,所以那些使书籍成为有价值的性质,也必然使谈话得到我们的推崇。这一点,我们以后将加以考察。同时,我们可以概括地说,一个人从他的谈话而具有的价值(这种价值无疑是很大的),只是由于他的谈话给在场的那些人传来一种快乐。

在这个观点之下,清洁也可以算是一种德;因为它自然而然地使我们成为令人愉快的,并且是爱和好感的一个很重大的来源。没有人会否认,这一方面的疏忽是一种过失;而各种过失既然只是较小的恶,并且这种过失的根源既然只在于它在别人心中所刺激起的一种不快,所以我们在这个似乎是那样细微的例子中,就清楚地发现出其他例子中恶和德之间的那种道德区别的根源。

除了使一个人成为可爱的或有价值的所有那些性质以外,愉快和美好的事物还有某种莫名其妙的性质,也能够产生同样的效果。在这方面,正如在机智与雄辩方面一样,我们必须求助于某种不经反省并且不考虑到性质和性格的倾向而就发生作用的感觉。有些道德学家就以这种感觉来说明一切道德感。他们的假设似乎是很有理的。只有严格的探讨,才能使人舍掉这个假设,而选取任何其他的假设。当我们发现,几乎所有的德都有那样一些特殊的倾向,并且发现,单有这些倾向就足以产生强烈的赞许情绪,发现了这个情况以后,我们就不能怀疑:各种性质的得到赞许,是与由它们所产生的利益成比例的。

依据年龄、性格、地位来说,一种性质的适合与不适合也有助于其得到赞美或责备。这种适合在很大程度上决定于经验。我们常见,人们随着年龄的增长而失去他们的轻浮。因此,那样一种庄重程度和那样一种年龄就在我们的思想中联系起来。当我们在任何人的性格中看到、庄重程度和他的年龄不相称时,这种情形就冲击了我们的想象,并因而令人感到不快。

灵魂中有一种官能比起其他一切官能来对性格的影响最小,而且它虽然可以有许多不同的程度,但它的各种程度却不含有丝毫的德或恶在内,这个官能就是记忆。记忆若非高到惊人的程度,或是低到有些影响判断力的程度,则我们通常不注意它的各种差异,而且在称赞或指责一个人的时候,也不提到它。有良好的记忆力,绝不算是一种德,以致人们往往还故意抱怨自己的记忆不好;他们力求使世人相信,他们所说的话完全是自己的创见,情愿牺牲了记忆来使人称赞他的天才和判断。但是如果抽象地来考虑这个问题,我们就难以举出一个理由来说明,真实而明确地唤起过去观念的官能,为什么不能和条理清楚地安排现前的观念以构成正确的命题和意见的那种官能,具有同样大的价值。两者差别的惟一理由一定是在于:记忆的作用不带有任何苦乐的感觉,而一些中等程度记忆力也几乎同样都足以使人很好地经营事业和处理事务。不过判断方面的些小变化,就会在其后果中被明显地感到;同时,那个官能在显著的程度内发挥出来的时候,总是使人感到非常愉快和满意。我们对这种功用和快乐的同情,就赋予智力以一种价值。在记忆方面,因为没有这种同情,所以我们便认为记忆是十分无关于责备或赞美的一个官能。

在我结束自然才能这个题目之前，我必须要说，人们所以重视这些才能，其根源之一就在于这些才能使具有它们的人获得重要性和势力。他在人生中就有了较大的重要性。他的决心和行为影响着较多的人们。他的友谊和敌意都极其重要。而且我们容易看到，谁要在这一方面高出于其余人类，他就必然刺激起我们的尊重和赞许的情绪。一切重要的事物都吸引我们的注意，控制我们的思想，而且在思维起来时也令人愉快。王国的历史比家庭的故事更有趣味；大帝国的历史比小城市和附属国的历史更饶兴趣；战争和革命的历史比和平与安定时期的历史更饶兴趣。我们同情那些遭受盛衰荣枯的种种变化的人们的心情。心灵被一大批的对象和种种强烈情感的表现所占领了。心灵在受到这种占领或激动时，往往感到愉快和高兴。这个理论也说明了我们给予才具和才能出众的人的尊敬和尊重。群众的祸福与他们的行为互相关联。他们的所作所为，都是重要的，都要求我们的注意。有关他们的事情都不应遭到忽视和鄙弃。任何人只要能刺激起这些情绪，他就立刻得到我们的尊重，除非他的性格中有其他条件使他成为可憎的和令人不快的。

〔译注〕 萨鲁斯特(公元前86—前34)，罗马历史家。

第五节　关于自然才能的一些进一步的考虑

前面在论究情感时已经说过，骄傲与谦卑、爱与恨，是由心灵、身体或财富的任何有利条件或不利条件所刺激起的；而且，这些有利条件或不利条件之所以有那种结果，是由于产生了一个独立的痛苦或快乐印象。由一般观察心灵的任何活动或性质而发生的痛苦或快乐,就构成了那种活动或性质的恶或德,因而就引生了赞美或责备,这种赞美或责备只是一种较为微弱、较不易觉察的爱或恨。对于这种痛苦和快乐,我们已经指出了四个不同的来源;为了更充分地证明那个假设的正确起见,我们应该可以在这里提出,身体和财富方面的有利条件或不利条件也是由于同样原则而产生痛苦或快乐的。任何对象如果有对于所有者或对于其他人的有用倾向,如果有给予他本人或给予其他人以快乐的倾向;那么所有这些条件就都给考虑那个对象的人传来一种直接的快乐,而引起他的爱和赞许。

先从身体方面的有利条件谈起:我们可以注意一个现象,那个现象或许显得有些琐屑而可笑,如果确证那样一个重要结论的任何事情也能够说是琐屑的,或者在哲学推理中所应用的任何事情也能够说是可笑的话。人们常说,我们所谓善良的郎君,那些或者以擅长性爱术著称,或其身体构造显示其在那一方面精力过人的人,都得到女性的欢迎,并且自然地引起甚至那些淑德坚贞、永不可能对她们使用那些本领的贤良妇女的爱好。这里显而易见,这样一个能够给女性以快乐的人的本领,乃是他所以受到妇女爱慕和珍视的真正原因;同时,爱慕和珍视他的那些妇女自身并没有自己得到那种快乐的希望,她们所以受到感动,只是因为她们同情于一个和他有性爱关系的女子。这个例子是独特的,值得我们注意。

我们由考虑身体的有利条件时所获得的快乐的另一个来源,就是这些有利条件对具有它们的人的效用。确实,人类和其

第三章 论其他的德和恶

他动物的美很大一部分就在于其肢体的配合得当，使其力量充沛，矫健活泼，并使那个动物足以从事任何行动或活动，这是我们凭经验所发现的。宽阔的肩膀，细长的腹部，结实的关节，尖细的小腿；所有这些在人类方面都是美的，因为它们都是力量和活力的标志，力量和活力既是我们所自然地同情的一些有利条件，所以它们就把它们在具有它们的人方面所产生的那种快乐传给予旁观者。

前面所说的是关于身体的任何性质所伴有的效用。至于直接的快乐，那么，一种健康的外表，也确是和体力与敏捷的外表一样，构成美的很大一部分；而别人的憔悴病容，则由于其给我们传来痛苦和不快观念，总是令人不愉快的。在另一方面，我们对自己容貌的匀称也感到一种愉快，虽然这种匀称对自己和对他人都没有用处；我们必须在某种程度上把自己置于一定距离以外，才能使这种匀称之美给我们传来任何快乐。在他人眼光中我们显得是什么样子，我们往往就据此来考虑自己，并且同情他们对我们所抱的有利的看法。

财富的有利条件究竟在何种范围内由同一的原则产生了尊重和赞许，我们只要回顾一下前面关于那个题目的推理，就可以明白了。我们说过，我们对那些具有财富的有利条件的人们的赞许，可以归之于三个不同的原因。第一，归之于一个富人借其所有的美丽的衣着、陈设、花园或房屋的景况所给予我们的那种直接的快乐。第二，归之于我们希望由他的慷慨好施而获得的那种利益。第三，归之于他本人从他的财产获得的快乐和利益，那种快乐和利益引起了我们的愉快的同情。不论我们把对于富人和大人物的尊重归之于这些原因中的一个或全部原因,我们总可以清楚地看到产生恶和德的感觉的那些原则的痕迹。我相信,大多数人在初看之下都倾向于把对富人的尊重归之于利己心和求得利益的希望。但是我们的尊重或恭敬既然确是超出了为自己谋求利益的希望以外,所以显而易见,那种尊重情绪的发生,必然是因为我们同情那些依赖于我们所尊重和尊敬的那个人并和他有直接联系的人们。我们认为他是能够促进其他人的幸福或快乐的一个人,那些人对他的情绪,是我们自然地加以接受的。这个考虑就足以说明我的假设是正确的:我的假设是选取第三个原则,而舍去其余两个原则,并把我们对于富人的尊重归之于对富人自己由他的财产所获得的快乐和利益的同情上面。因为甚至其他两个原则如不求助于这种或那种的同情,它们的作用也不能达到适当的程度,或者说明一切现象;既然如此,那么我们如果选择切近的、直接的同情,就比选择疏远的、间接的同情,更为自然得多了。此外还可以再加上一点,就是:当财富或权力是很大的时候,并使那个人在世上成为显要的人物,这时我们对它们的尊重一部分也可以归于与这三个来源有区别的另一个来源,就是:它们借其可能有的结果的众多和重要,而引起心灵对它们的关心;不过为了说明这个原则的作用,我们也必须求助于同情,正如我们在前一节所已经说过的那样。

在这个场合下,也不妨注意一下我们的情绪的适应性,及其由所接触的对象迅速接受的各种变化。伴随任何特殊种类的若干对象而发生的一切赞许情绪,纵然发生于不同的来源,也是很相类似的；而在另一方面，则对着不同对象发生的那些情绪，虽然由同一根源得来，在感觉起来却是各不相同的。例如，一切有形对象的美都引起一种大体上相同的快乐，虽然这种快乐有时来自对象的单纯显现和现象，有时来自同情和它们的效用观念。同样，任何时候，当我们观察人的行为和性格，而对它们没有任何特殊的利害关系时，则由观察它们而发生的快乐或痛苦，虽然有些微的差异，大体上仍是属于同一种的，虽然那种快乐所由以发生的种种原因或许是千差万别的。在另一方面，一所舒适的房屋，一个善良的性格，却并不引起同样的赞美感觉；虽然我们的赞许的来源是同一的，并且是由同情和那些对象的效用观念发生的。我们感觉的这种变化有些不可解释的地方，但是这是我们在我们的一切情感和情绪方面所经验到的。

第六节　本卷的结论

总起来说，我希望，这个伦理学体系已经得到应有尽有的精确证明。我们已经确定了，同情是人性中一个强有力的原则。我们也确定了，当我们观察外在对象时，也像我们在判断道德学时一样，同情对于我们的美感有一种巨大的影响。我们发现，当同情单独发生作用，而无任何其他原则与之协作时，它就有足够的力量，可以给我们以最强的赞许情绪；正如在正义、忠顺、贞操和礼貌等方面就是那样。我们可以说，在大多数的德方面，都发现有使同情发生作用的一切必要条件；这些德大部分都有促进社会福利的倾向，或是有促进具有这些德的人的福利的倾向。如果我们比较一下所有这些条件，我们将不会怀疑，同情是道德区别的主要源泉;特别是当我们考虑到,在一种情形下对这个假设所提出的反驳总是可以推广到一切情形的。正义之所以得到赞许,确实只是为了它有促进公益的倾向;而公益若不是由于同情使我们对它发生关切,对我们也是漠不相关的。对于凡有促进公益的相似倾向的其他一切的德,我们也可以作同样的假设。那些德所以有价值,都一定是因为我们同情那些由它们而获得任何利益的人,正如那些有促进本人福利倾向的德,是由于我们对他的同情而获得它们的价值一样。

大多数人都容易承认,心灵的有用的性质之所以是善良的,乃是由于它们的效用。这种思想方式是那样自然,并且发生于那样多的场合,以致很少有人会迟疑而不承认它。这一点一经承认,同情的力量也就必须加以承认。德被认为是达到目的的一个手段。达到目的的手段,只是在那个目的被人重视的范围以内才被人所重视。但是陌生人的幸福,只是通过同情才影响我们。因此,由于观察一切那些对社会有用的德或一切那些对具有它们的人有用的德而发生的赞许情绪,我们都应当把它归之于那个同情原则。这些德就形成了绝大部分的道德。

如果在这样一个题目方面,可以允许收买读者们的同意,或者除了坚实的论证以外,还可以应用任何讨人喜欢的说法,那么我们在这里正有大量的话题,可以博得读者们的爱好。一切爱好德的人(我们在思辨中都是爱好德的人,不论我们在实践上如何堕落),在看到道德的区别起源于那样一个高贵源泉,而且那个源泉又使我们对人性中慷慨和才具具有正确的概念时;他必然要感到高兴。我们只须对人事稍有认识,就可以看到,道德的感觉是灵魂中一个固有的原则,而且是心灵组织中所含有的一个最有力的原则。但是这个感觉在反省它本身时,如果又赞许它所由得来的那些原则,而在其起源和由来方面又发现一切东西又都是伟大和善良的;那么这种感觉必然会获得新的力量。把道德感觉归原于人类心灵的原始本能的那些人可以用充分根据来为德辩护;不过他们与那些用对人类的广泛同情来说明这种感觉的人们比起来,却没有后者所具有的那种有利条件。依照后者的体系来说,不但德应当受到赞许,而且德的感觉也应当受到赞许;不但德的感觉应当受到赞许,而且这种感觉所由得来的原则也应当受到赞许。因此,不论在哪一方面所呈现出的原则,都是可以赞美的,都是善良的。

这个说法也可以推广到正义和其他同一类的德。正义虽然是人为的,可是人对它的道德性的感觉却是自然的。人类在一个行为体系中的结合,才使任何正义行为对社会是有益的。但是当这种行为一旦有了那种有益的倾向时,我们自然地就加以赞许;如果我们不是这样,那么任何结合或协议都不可能产生那种情绪。

人类的大部分发明都容易发生变化。它们是依人的心向和喜爱为转移的。它们流行一个时期,随后就被人遗弃。所以人们也许会担忧,以为如果承认正义是人类的发明,它也必然要处于同样的地位。但是这两种情形是绝不相同的。作为正义基础的那种利益是最大的利益,是适合于一切时间和地点的。它不能被其他的发明所满足。它是明显的,在社会最初形成时就显现出来的。所有这些原因就使正义的规则成为稳定而不变的;

至少是和人性一样是不变的。如果把它们说成是建立在原始本能上的,它们还能有任何更大的稳定性么?

这个体系还可以帮助我们形成关于德的幸福的正确概念,以及关于德的尊严的正确概念,并且可以使我们天性中的每个原则都乐于怀抱那个高贵的品质。种种知识和能力的造诣,不但直接产生利益,而且还在世人的眼光中使一个人得到一种新的光辉,使他普遍地得到尊重和赞许;当他考虑到这一点时,那么在知识和能力的追求活动中,谁还不会感到一种踊跃争先的干劲呢?当一个人考虑到,不但他对人的品格,而且他内心的安宁和快乐,都完全依靠于社会道德的严格遵守;当他考虑到,一个人如果对人类和社会的义务有所缺陷,则心灵在反观内照时便要感到内疚;当一个人考虑到这几点时,谁还能认为财富的利益足以补偿其对社会道德的些小破坏呢?不过我可以不必继续申论这个问题。这些考虑要求一部旨趣与本书的旨趣迥然不同的独立著作。解剖学家永远不应当与画家争胜,解剖学家对人体的细微部分虽然作了精确的解剖和描绘,却不应该自命为给了他的图像以任何优雅动人的体态或表情。在他所表现出的事物的景象中,甚至有一种可憎的或至少是过于细微的东西;这些对象必须置于一定的距离之外,并且对视觉要相当地掩盖起来,以便使眼睛和想象感到愉快。不过一个解剖学家却最适宜于给画家提供意见;没有了解剖学家的帮助,要想在绘画方面有优异的表现,那甚至是不可能的。我们必须对于各部分以及其位置和联系有一种精确的知识,然后运笔布局,才能优雅正确。就是这样,关于人性的最抽象的思辨,不论如何冷淡和无趣,却可以为实用道德学服务,并且使后一种科学的教条成为更加正确,使它的劝导具有更大的说服力量。

附　录

　　遇到有承认自己错误的机会，我是最为愿意抓住的，我认为这样一种回到真理和理性的精神，比具有最正确无误的判断还要光荣。一个没有犯任何错误的人，除了他的理解正确以外，不能要求得到任何其他的赞美；而一个改正了自己错误的人，则既表示他的理解正确，又表示他的胸襟光明磊落。我还不曾幸运得能够发现出我在前几卷中所作的推理中有什么重大的错误，只有一项是个例外；不过我凭经验发现，我的有些用语选择得不好，没有能够防止读者方面的一切误解，我所以添加了下面的附录，主要是为了弥补这个缺点。

　　除非一种事实的原因或结果呈现于我们之前，我们决不会被诱导来相信那个事实的；但是关于那种由因果关系而发生的信念的本性是什么，却很少有人有探索的好奇心。在我看来，这样一个两端论的选择是不可避免的。这个信念若不是我们加于一个对象的简单概念上的某种新的观念，例如实在观念或存在观念，便只是一种特殊的感觉或情绪。这个信念不是加于简单概念上的一个新的观念，这可以由下面两个论证加以证明。第一，我们并没有可以和特殊对象的观念区别开来和分离开来的抽象的存在观念。因此，这个存在观念就不可能附加在任何对象的观念上，或形成简单概念与信念之间的差别。第二，心灵可以支配它的全部观念,并且可以随意地分离、结合、混合和变化它们;因此,信念如果只是附加于概念之上的一个新的观念,那么一个人就能够相信他所愿意相信的东西。因此,我们可以断言,信念只成立于某种感觉或情绪,也就是成立于不依靠于意志的而必然发生于我们所不能支配的某些确定的原因和原则的某种东西。当我们相信任何事实时,我们只不过在想象它的时候带着某种感觉,那种感觉与伴随着想象的纯粹幻念的感觉不同。当我们表示自己不相信某种事实时,我们的意思是说,证明那个事实的论证产生不了那种感觉。如果信念不是成立于与我们的单纯概念不相同的一种情绪,那么最狂妄的想象所呈现出的对象,就会和建立在历史和经验上的最确定的真理处于同等的地位。除了那种感觉或情绪以外,再没有别的东西可以把两者区别开来的了。

信念只是不同于单纯概念的一个特殊感觉,这个说法既然被认为是一个毫无疑问的真理,那么其次会自然发生的问题就是:这个感觉或情绪的本性是什么,以及它是否和人类心灵的其他任何情绪相似。这个问题是重要的。因为它如果与其他任何情绪是不相似的,那么我们就没有希望来说明它的原因,而不得不认为它是心灵中的一个原始原则。如果它与其他情绪是相似的,我们就可以希望借类比方法来说明它的原因,而把它推溯到一些较为一般的原则。但是每个人都会立刻承认,成为信意和信念的对象的那些概念,比一个空想者的虚无缥缈的幻念,具有较大的稳定性和坚实性。这些概念以较大的力量刺激我们;它们对我们较为亲切;心灵对它们的把握较为牢靠,并受到它们较强烈的刺激和打动。心灵同意了它们,并且可说是固定和停留在它们上面。简而言之,这些概念较为接近于直接呈现在我们之前的那些印象,因而与心灵的许多其他活动是相似的。

据我看来,我们没有可能避免这个结论,除非说,信念是在那个简单概念之外,成立于某种可以和概念区别开来的印象或感觉。它并不限制概念并使概念较为亲切而强烈;它只是附加于概念之上,正如意志和欲望附加于特殊的福利和快乐的概念之上一样。不过我相信,下面的考虑足以打消这个假设。第一,这是直接违反经验和我们的直接意识的。一切人都承认,推理只是我们思想或观念的一种活动;那些观念不论在感觉上有怎样的不同,可是进入我们结论中的,却只有观念或我们的较为微弱的概念。例如,我现在听到一个熟人的声音;这个声音来自隔壁的房间。我的感官的这个印象立刻把我的思想带到那个人和其周围一切对象上。我想象那些对象为现在存在的,并具有我先前知道它们所有的那些性质和关系。这些观念比空中楼阁的观念较为牢固地把握住我的心灵。它们对感觉来说是不同的,不过它们并不伴有独立的或分别的印象。当我回忆一次旅途中的各种事情,或任何历史中的各种事件时,情形也是一样。在那里,每个特殊事实都是信念的对象。它的观念与空中楼阁的虚无缥缈幻念的状态有所不同;但是并没有独立的印象伴随着每个独立的事实观念或概念。这是明白地经验到的事情。只有在下面的场合下这个经验才能容许争辩,就是当心灵被怀疑和困惑所激动,而随后在新的观点下观察那个对象,或得到新的论证时,又固定和停留在一个确定的结论和信念上。在这种情形下,确有一种独立于和分别于概念之外的感觉。由怀疑和激动至平静和安定的过程传给心灵以一种满意和快乐。但是,让我们举一个任何其他的例子。假如我看到一个人的腿在动,而我和他中间有一个对象把他的身体的其余部分隐藏住了。在这时,想象确是把整个形体都展现出来。我给他添上一个头颅,两个肩膀,一个胸膛,一个脖子。我设想他,相信他具有这些肢体。最明显的是:这种活动全部是由思想或想象单独地进行的。这种推移是直接的。那些观念立刻刺激我们。它们和现前印象的习惯性的联系,以某种方式改变和限制了它们,但是并不产生区别于这种特殊想象方式的任何心灵活动。让任何人考察一下他自己的心灵,他就会明显地发现这是真理。

第二,这个独立的印象不论是什么样子,而我们必须承认,心灵对于它所认为是事实的事物比对于虚构有一种较为牢靠的把握,或较为稳定的概念。那么,我们为什么还要更进一步去探索,或是不必要地增多假设呢?

第三,我们能够说明这个稳定概念的原因,而却不能说明任何独立印象的原因。不但如此,而且这个稳定概念的原因就是全部的题材,再没有剩下什么东西来产生其他任何结果。关于一个事实的推论,只是与一个现前印象经常结合或联系在一起的一个对象观念。这就是推论的全部。这个推论的每一个部分在借着类比来说明较为稳定的概念方面,都是必要的;再没有剩下别的东西,能够产生任何独立的印象。

第四,在影响情感和想象方面,信念所有的效果全部可以由稳定概念来加以说明;我们无需求助于任何其他原则。这些论证以及前几卷中所列举的许多其他的论证,充分地证明了,信念仅仅是限制了观念或概念,并使观念对感觉来说有所不同,而却不产生任何独立的印象。

由此可见,在综观这个问题的时候,就出现有两个重要的问题,我们可以大胆地提供哲学家们考虑:除了感觉或情绪以外,是否有任何东西来区别信念与简单概念?其次,这个感觉是否只是我们对于对象所有的一种较为稳定的概念或较为稳固的把握?

如果在公平的探讨以后,我所已经形成的那个结论得到了哲学家们的同意,那么其次的任务就是要考察信念与其他心灵活动的相似关系,并且找出概念的稳定性和强烈性的原因:我认为这不是一件困难的工作。由现前印象而进行的推移总是会使任何观念变得活跃和强烈。当任何对象呈现出来时,它的通常伴随物的观念,就作为一种实在而可靠的东西立刻来刺激我们。它与其说是被想象到的,不如说是被感觉到的,而且它的力量和影响也接近于它所由得来的那个印象。这一点我已详细加以证明。我不能再增加任何新的论证。不过下面一些篇段如果插在我给它们所标志出的地方,那么我对于全部因果问题的推理或许会更能令人信服。在我认为必要的地方,我在其他一些点上也加了*少数的说明。

我曾怀着一些希望,以为我们关于理智世界的理论,不论有什么样的缺陷,总该是摆脱了人类理性对于物质世界所能作出的每一种说明似乎不可免去的那些矛盾和谬误。但是在我较严

---

* 〔增加段落已补在译文中,用〔 〕标出。——译者〕

格地检查了关于人格同一性的那一节以后,我却发现自己陷入了那样一个迷境,使我不得不承认,我既不知道如何改正我以前的意见,也不知道如何使那些意见互相一致。如果这不是可以主张怀疑主义的一个妥善的概括的理由,至少对我来说也是一个充足的理由(如果我还不是已经有了大量的理由),使我在我的一切判断方面都抱着疑虑和谦谨的态度。我打算把两方面的论证都提出来,并先从使我否认自我(或有思想的存在者)的严格的和固有的同一性和单纯性的那些论证着手。

当我们谈到自我或实体时,我们必然有一个附于这些名词上的观念,否则这些名词便完全不可理解。每个观念都是由先前的印象得来的,可是我们并没有作为单纯的、个体的东西的一个自我或实体的印象。因此,我们就没有那种意义下的自我观念或实体观念。

凡各别的东西都是可以区别的,凡可以区别的东西都是可以被思想或想象所分离的。一切知觉都是各别的。因此,它们都是可以区别的,可以分离的,并可以被想象为分别存在着的,而且也就可以分别地存在的,这种说法,并无任何矛盾或谬误。

当我看着这一张桌子和那一个烟囱时,呈现于我面前的,只有一些特殊的知觉,这些知觉和所有其他的知觉在性质上是相同的。这是哲学家们的学说。不过呈现于我面前这张桌子和那个烟囱可以而且也确实是分别地存在着。这是通俗的说法,也并不含有任何矛盾。因此,把这个说法推广到一切知觉,是没有什么矛盾的。

概括地说,下面的推理似乎是令人满意的。一切观念都是从先前的知觉得来的。因此,我们的对象观念是由那个根源得来的。因此,凡适用于对象的任何可以理解的或一致的命题,对于知觉来说也没有不是这样的。但是要说对象各别存在着,独立存在着,而并没有任何共同的单纯的实体或寓存体;这个命题是可以理解的、一致的。所以这个命题对知觉来说也永远不会是谬误的。

当我转而反省自我时,我永远不能知觉到这个自我没有某一个或某一些的知觉,而且除了知觉以外,我也永不能知觉到任何东西。因此,形成自我的就是这些知觉的组合。

我们能够设想一个有思想的存在者有或多或少的知觉。假设心灵降低到甚至一个牡蛎的生命阶梯以下。假设它只有一个知觉,例如渴或饥的知觉。试在那种状况下来考察它。你除了那个知觉以外,你还能想象到任何东西么?你有任何自我或实体的概念么?如果没有,那么加上其他知觉,也不能给你以那个概念。

有些人所假设的随着死亡而来并完全消灭了这个自我的那种寂灭,也只是一切特殊知觉的消灭,例如爱和恨、痛苦和快乐、思想和感觉等知觉的消灭。因此,这些必然与自我是同一的,因为自我在知觉消灭之后是不能继续存在的。

自我与实体是同一的么?如果是同一的,那么所谓实体变化之后而自我仍然独存的那个问题怎么发生的呢?两者如果是各别的,它们又有什么差异呢?就我而论,在离开了特殊的知觉加以想象时,我对两者之中的任何一个都没有任何概念。

哲学家们开始信从了关于外界物体的那个原则,就是:离开了各个特殊性质的观念,我们便没有外界实体的观念。这就必然给关于心灵的同样原则铺平了道路,就是:我们并没有独立于各个特殊知觉的任何心灵的概念。

在这个范围内来说,我似乎具有充分的证据。但是在我这样把我们的一切特殊知觉分离开来以后,当①我进而说明把许多知觉联系起来,并使我们认为它们有实在的单纯性和同一性的那个原则时,我就感觉到,我的说明是很有缺点的,而且也只是前面一些推理的表面证据,才使我接受这个说明。如果知觉是各别的存在物,那么它们只有在被联系起来时,才形成一个整体。但是人类知性绝不能发现各别存在物之间的任何联系。我们只是感觉到思想有由这个对象转到那个对象的一种联系或倾向。因此,结果就是,只有思想才能发现人格同一性,即当思想反省构成心灵的过去一系列知觉,感觉到各个观念联系起来,并且自然地互相引进:这时它发现了人格同一性。这个结论不论似乎是如何离奇,我们也不必感到惊讶。大多数的哲学家们似乎倾向于认为人格同一性发生于意识;而意识也只是一种被反省的思想或知觉。因此,我现在这个哲学,在这个范围内来说,前途颇有希望。但是当我进而说明在思想中或意识中结合前后接续的各个知觉的那些原则时,我的全部希望便都消逝了。我发现不出在这个题目上能使我满意的任何理论。

简单地说,有两个原则,我不能使它们成为互相一致,同时我也不能抛弃两者中的任何一个。这两个原则就是:我们全部

---

① 第一卷,第四章,第六节。

的各别知觉都是各别的存在物；而且心灵在各别的存在物之间无法知觉到任何实在的联系。我们的知觉如果寓存于某种简单的个体的东西中，或者如果心灵在它们中间知觉到某种实在的联系，那么在这种情形下，将没有什么困难。就我而论，我不得不要求一个怀疑主义者的特权，并且承认，这个困难太大了，不是我的理智所能解决的。不过我也不冒昧地断言，它是绝对不可克服的。其他人或者我自己在较为成熟的考虑之后，也许会发现可以调和这些矛盾的某种假设。

我还要借此机会承认我的推理中其他两个次要的错误，这是较为成熟的考虑使我发现出来的。第一个错误可在第一卷，58页〔译注〕发现，在那里我说，两个物体间的距离，除了别的条件而外，可以依据由物体发出的光线所形成的角来认知。这些角确实不是被心灵所认知的，因而永不能显示出距离。第二个错误可以在第一卷，96页发现出来，在那里我说，同一对象的两个观念，只能因其强力和活泼性的不同程度而互相差异。我相信，观念之间还有其他差异，如果归在这两项下有些不大恰当。我如果说，关于同一个对象的两个观念只能因其不同的感觉而互有差异，我就该较为接近于真理了。

〔译注〕 指标于本书页边的英文原书页码，下同。

索　引[*]

A

爱（love）

　　§1. 爱与恨,329,及以下;与骄傲得到同样说明(参看该条);爱与谦卑;它们的对象是"其他某一个人";而对那个人的思想、行为和感觉,我们是意识不到的",229(比较482);"某个人或能思想的存在物",331;证实这一点的实验,332;由爱转移于骄傲,较易于由骄傲转移于爱情,339。

　　§2. 这个理论中所含的困难,347及以下;我们不会爱一个人或恨一个人,除非一个人所有的取悦于或取憎于我们的性质是经常不变,而为他所固有的,或者除非他的行为出于有心,表明他有某种恒常的性质,在行为完成以后仍然存留着,348(比较609);行事人的意图是借我们同情他对我们的尊重或憎恨而影响我们的,349;我们之爱亲戚故旧,并不是由于他们直接给予我们以快乐,352;因为我们同他们的关系永远借着同情给予我们以新的生动的观念,而每一个生动的观念都是令人愉快的,353;对他人的同情所以是愉快的"只是由于它给予元精以一种情绪",354。

　　§3. 永远伴随着一种欲望,这就使它区别于骄傲,骄傲是灵魂中一个纯粹的情绪,367;它与一种欲望的结合是任意的、原始的、本能性的,368。

　　§4. 两性间的爱是由三种不同的印象或情感的结合而来,394;产生了社会的最初萌芽,486。

　　§5. 自爱不是本义的爱,329;自爱是一切非义的来源,480;"人类心灵中没有对于单纯作为人类看的人类的爱的那样一种情感",481;"一般的人类"或人性是爱的对象,不是爱的原因,482;一种社会的情感,491;使灵魂沮丧,正如谦卑一样,391;动物的爱和恨,397;真理之爱,448及以下。

---

[*] 索引中所标页码,均系原书页码。原书个别误注,已予更正。

§6. 德＝可以产生骄傲和爱的人类心理性质的能力,575;为什么同样的性质始终产生骄傲和爱情,谦卑与憎恨,589;我们夸奖凡沾有爱的一切情感,就如慈善,因为爱使受了爱情激动的人立时感到心情愉快,604;并且因为由爱转移至于爱是特别容易的,605;夸奖和责备是微弱一些的爱和恨,614;爱和尊重,608 注。

爱国主义（patriotism）——306;反爱国主义的倾向的说明,307。

B

贝克莱（Berkeley）——抽象观念的理论,17。

悲剧（tragedy）,121。

本能（instinct）——"理性只是我们灵魂中的一种神奇而不可理解的本能,是由过去的经验发生的",179;本能与反省的对立＝想象与理性的对立,215;慈善,爱生,慈幼都是原始植根于我们天性中的本能,417;心灵借着一种原始的本能,企图趋福避祸,438;直接的情感往往起于难以解说的本能,439。

本质的（essential）和偶有条件(在一个前件中的)被想象所混淆,判断借通则的帮助才把它们区分出来,148,149（比较 173）。

比较（comparison）——推理的作用,73;人类在判断时,多依据比较,而少依据它们的内在价值,372-375;比较必须行之于同样事物以内的分子之间,378;从历史和艺术中举例说明,379;在它的作用中与同情直接相反,593;同情比较需要观念中更大的活泼性,595。

比例（proportion）"观念本身的比例",真理的一种,448;相等式数目方面的比例,是一个可以证明的关系,464。

必然的（necessary）——必然的联系(参看原因条§6. A,§9. C,§10)。

必然性（necessity）——必然性和意志的自由,400 及以下。

§1. 外界物体的作用是必然的,并且是被一个"绝对的命运"所决定的;这种必然性只是由恒常的联合所产生的心灵的一种强制倾向,400（比较 165）;我们的行为与我们的动机和环境也有一种相似的恒常关系,因而也有一种相似的必然性,401;所谓人类行为的反复性也消除不了这种必然性,因为(1)相反的经验要不使确实性降低为概然性,要不使我们的假设有相反的或隐藏的原因存在,表面上的偶然性或中立性只是由于我们的无知,404（比较 130,132）;(2)一般人都承认疯人没有自由,虽然他们的行为没有规则性,404;道德的证据含有由行为至动机的推断,404;自然的和道德的证据因此容易结合起来,406;自由因此就只能＝机会,407。

§2. 自由学说的通行有三个原因。(1)由于混淆自发的自由和中立的自由,407（比较 609）;(2)有一种虚妄的中立自由的感觉或经验:一种行为的必然性不是行为者的一种性质,而是旁观者的一种性质（比较 165）;自由只是旁观者心中没有强制倾向的意思;并且＝中立,行为者是往往感到中立的,而旁观者则很少

索 引

感到,408;行为者为证明他的自由所作的虚妄实验,408;旁观者一般能由我们的动机和性格,推断我们的行为,当他不能推断时,那是由于他的无知 408;(3)宗教,409(比较 271,241)。"我并不认为意志具有人们假设物质中存在的那种不可理解的必然性。我却是认为物质具有最严格的正教徒所承认或必然承认为属于意志的那种可以理解的性质",410。

§3. 进一步说,这种必然性是宗教和道德所必不可缺的,没有这种必然性,就不能有法律,就不能有功、过,就不能有责任,471(比较 575);将没有无知和故犯的区别,有意和偶然的区别,将没有原宥或悔改,412;自然才能和道德德性在自主性方面的区别,608 及以下;一种心理的性质不必是完全自主的,也能引起旁观者的赞许,609;"自由意志在人的行为方面,正如在人的性质方面一样,都并不存在";"说自愿的就是自由的,并不是一个正确的结论"(比较 407);"我们的行为比我们的判断是较为自主的",可是我们在行为方面也并不比在判断方面更为自由;609。

标准(standard)——道德的标准是固定不变的,这是由于社会交际中情调的互相交换,603(比较 581)(参看道德条§3. B)。

博罗(Barrow)——引文见 46 页。

C

才能(abilities),自然的,——606 页及以下,与道德的德性有别(可参看该条),因为它们是不能借艺术或称赞来变化的,因而自然就被政治家所忽视,609 页。

财产(权)(property)

§1. 一种最密切的关系和骄傲的一个最普通的来源,309;财产的定义,310;是一种特殊的因果关系,310;动物不能成立财产权关系,326;一种离了心灵的情调便完全感觉不到而甚至不可设想的性质,515(比较 509);我们所谓财产权并不是对象的可感性质,也不是对于对象的一种关系。而是一种内心的关系,即对象的外界关系对心灵和行为所有的某种影响,527;不容划分等级,529;除了是在想象中,531。

§2. 财产权和正义(参看该条,§2),它们的起源,484 及以下;在自然状态下没有财产权,501;如果预先没有道德,便不可了解,462 注,491;是一种道德的而不是自然的关系,491;不能独立于正义之外,526。

§3. 财产应当稳定的这个规则需要被其他规则进一步加以决定,502;说财产应当适合人的这个说法并不是这些规则之一;主张人人应当继续享有他现实占有的东西的规则是依靠在习俗上的,503;想象总是这些规则的主要来源,504 注,

509注;这条规则的效用只限于社会最初形成时期,505;后来,主要的规则就是(1)占领或最先占有;这并不是建立在人对其劳动的财产权上的,505注;不可能确定占有何时开始,何时终结,506;它的范围不是可用理性或想象来确定的,507;(2)时效或长期占有规则;财产权在这个场合下既然是被时间所产生的,所以它不是对象中的任何真实东西,而只是情绪的产物,509;(3)添附,509,这只能用想象来说明,想象在这个场合下是由大物进至小物的,这与它的寻常途径相反,509—510注;小的对象变成了大的对象的添附物,而非相反,511注;以河流融合与混合为例,加以说明,512注;普罗克鲁和萨宾纳斯,513注;(4)继承,受到联结和观念的协助,510;大部分依靠于想象,513注;依同意而行的财产的转移,514;需要交付手续,515;但是因为财产权是无形无相的,所以交付手续就只能是象征的,这就好像天主教的迷信仪式一样,515(比较524);财产的稳定和转移是自然法,526(比较514);确定财产权的各种关系为数甚多,不可能发生于自然,而且它们都是由人类法律来改变的,528。

财富(riches)——311;对于富人的重视,357;主要发生于对所设想的所有人的快乐的同情,359—362(比较616)。

残忍(cruelty)——可憎恨的,605。

差异(difference)——关系的否定;有两种,15;差异的,可分辨的,可被思想或想象分开的,——这些名词的关系,18;求异法,和求同法,300,301,311。

场所(place),235及以下(参看广袤条,§3;心灵条,§2)。

成功(success),使我们对本来不愉快的目的发生快乐,451。

惩罚(punishment)——只能用必然学说加以辩护,411。

抽象的(abstract)——观念,17页及以下;抽象作用并不包含分离,18,43;以空间观念为例来说明,34;以时间观念为例来说明,35;抽象的能力观念,161;抽象的和时间的,35;抽象的存在观念,623。

触觉(touch)——触觉的印象,不是填充性的观念的来源,230—231;视觉和触觉的印象是广袤和空间的观念的来源,235;并且是本身"有形象和有广袤的"惟一的观念,236及以下。

慈善(benevolence)

§1. 一种平静的欲望或情感,417;"严格说来,产生了善和恶,而不是由善恶发生的",439。

§2. 借着"心灵的原始结构",借着"自然",借着任意的和原始的本能,与爱结合起来;但是"抽象地考察起来"这种结合不是必然的;要假设爱与给人产生患难的欲望联结起来,那并不自相矛盾,368;是原始植于我们天性中的一个本能,就如爱生,慈幼,417,439。

§3. "在人类的心灵中,没有对于人类本身的一种爱",481;一般的人类不是爱和恨的原因,482;而是其对象;对公众的慈善不是正义的本来动机,480;对私人的慈善也不是,482;"强烈的、广泛的慈善"会使正义归于无用,495;我们只当希冀一个人在其自己范围以内有用,602。

§4. 慈善的功在于我们具有一个固定的不变的标准,借以夸奖或责备他人,603;爱使受爱激动的人直接感到愉快,恨使受恨激动的人直接感到痛苦;因此,我们夸奖沾有前一种情感的情感,而责备沾有后一种情感的情感,604;由爱转移至爱特别容易,因此,慈善在其一切形式和现象中都有一种特殊的功,605;人们夸奖慈善不是由于希冀给自己或给他人求得利益,604。

存在(existence)

§1. 经比较某些观念之后,显得不可能的事情必然实在是不可能的,29;存在的观念可以拿我们关于它的谈论加以证明,32(不过比较 62);"凡心灵所能明白观想的东西,都包含有可能的存在的观念",32;数学对象的实在性因我们具有有关它们的明白观念而得到证明,43(比较 52,89);"实在的存在和事实"与"诸概念的关系"相对立,458,463(比较 413);关于一个对象的存在的观念和那个对象的观念原是一回事,66(比较 94,153,623);"我们任意形成的任何观念都是一个存在的观念,一个存在的观念也是我们所任意形成的任何观念",67(比较 189,190);外界存在的观念,如看作与观念和印象有种类上的差别,则是不可能的,67(比较 188);只有外界对象的"相对观念"是可能的,68;我们没有任何抽象的"存在观念",所以关于一个对象的存在的信念,并不是存在观念与对于对象的单纯观想的结合,623(参看信念条,§4,5;原因条,§7,A)。

§2. 关于知觉(参看该条)的继续的独立的存在的观念不是由感官得来的,188—192;因为在各个感官面前,对象(参看该条)与存在之间没有区别,189;"心灵的一切行为和感觉必然在每个细节方面,现象正如其实在,实在正如其现象",190;不是由理性得来,193;而是由想象得来的;想象产生了现象与存在间的区别,产生了继续存在和独立存在的观念,194—209;哲学家为了掩饰这些假设中所含有的矛盾,就发明了"双重存在"并区分了对象的存在(参看该条)和知觉的存在,211;不过不可能由印象的存在推证出对象的存在来,212;不过这个系统是两个原则的"怪胎",213;近代哲学把其他关于物体存在的证明建立在第一性质和第二性质的区别上,致使那种存在成为不可能,226 及以下;我们的全部知觉可以各别存在,而无需任何东西来支持它们的存在,232(参看心灵条§1)。

存在的(existential)判断,并不含有两个观念的结合,96。

错误(error),生理学的解释,60及以下;类似性是错误的最丰富的源泉,61;以真空为例来说明,62;我们所以误认互相类似的各个印象为同一个对象,其错误的来源在于它们的类似性,202;任何一些观念如果把心灵置在相同或相似的心境下,它们就容易被人互相混淆,203;心灵在思考同一个对象时的活动,和思考前后相承的相关对象时的活动很相似,204,254及以下;除了哲学家以外,一切人们都想象"凡不产生差异感觉的那些心理活动都是相同的";因此,平静的欲望就和理性混淆了,417(不过比较624,627);自发的自由和中立的自由的混淆,408;道德印象可以因为柔和温文而与一个观念混淆,470;混淆的发生是由于应用了柔弱、易变化而不规则的想象原则,而不曾利用了恒常的、不可抗的、普遍性原则,225;观念的模糊不清是我们自己的过失,而是可以救药的,72;错误是由哲学家发现的,哲学家抽离开习惯的效果,并比较各个观念,223;发生于使用通则,可是也能被通则所改正,146－149(参看原因条,§8.D);并不构成恶,不论它是由行为所引起,或者引起一种行为,459及以下;误认事实不是有罪的,459;误认是非不是不道德的来源,而是含有一种先前的道德,460。

D

第一(primary)——第一性质和第二性质,226－231(参看物体条)。
单一(unity)——与同一相区别,200。
单纯性(simplicity)——假设的物体的单纯性达到实体的虚构上,219。
道德的(moral)

§1. 道德上的善恶是非区别不是来自理性,455及以下;"道德也和真理一样,只是借着一些观念并借着一些观念的并列和比较被认识的么?"德是对于理性的契合吗?456;(a)"道德准则既然对行为和感情有一种影响,所以当然的结果就是,这些准则不能由理性得来",457,因为理性是不活动的,决不能成为像良心或道德感那样一个活动性大的原则的源泉,458(比较413及以下);(b)因为情感、意志和行为既是"原始的事实和实在,本身圆满自足,因此,它们就不能是真的、伪的,违反理性或符合理性",458;(c)一种行为在引起一个虚妄判断或间接被虚妄判断所引起时,虽然也不适当地被称为虚妄,可是这种虚妄性并不构成它的不道德性,459;因为(i)说到被一个虚妄判断所引起,那么这类错误只是对于事实的错认,不是道德品质的一个缺点;错认了是非也不能是不道德的原始来源,因为它意味着先前已有了是非,460;(ii)说到引起虚妄的判断一节,那么这类判断是发生于他人方面,而不是发生于我们方面,而他人的错误,并不能使我的判断成为邪恶的,461(比较597);渥拉斯顿的理论会使无生物也成为恶的,因为无生物也能引起错误判断，461注；而且如果没有认错，也就该没有恶，461，462注；这个论证也是循环论证，并没有说明为什么真实是善良的，虚妄是邪恶的，462注；(d)道德既然不是各种对象之间的关系，也不是一个事实，因此，不是知性的一个对象，463及以下；(i)它不是一个能够理证的关系，464及注；没有任何关系只存在于外物和内心活动之间，465；我们在忘恩负义方面所能发现的一切关系也存在于无生物之间，466；属于亲属通奸的一切关系也存在于动物之间，467；每一种动物都和人类一样能够发生同样的关系，468；因而不可能说明，任何关系怎样能够普遍有约束力，465－466；(ii)道德不是能够被知性所发现的一事实，468；在故意谋杀中不可能发现你所称为恶的那个事实或实在存在；你只在自己心中发现一种不赞许的情调，"这里有一个事实，不过它是感情的对象，不是理性的对象"，469（比较517），"当你断言任何行为或品格是恶的时候，你的意思只是说，由于你的天性的结构，你在思维那个行为或品格的时候，就发生一种责备的感觉或情绪"。（比较591）；因此，恶和德可以比作颜色、声音，热和冷，这些按照近代哲学说来，不是物体中的性质，而是心灵中的知觉，469（比较589）；道德学中这种发现是有极大的思辨上的重要性的，不过却很少有实践上的重要性，469；每一种德性都刺激起不同的赞许感情来，607；赞许或责备"只是一种较为微弱，较不易觉察的爱或恨"，614；"一所舒适的房子，一个善良的性格，却并不引起同样的赞许感觉，虽然我们赞许的来源是同一的"，"我们感觉的这种变化有些不可解的地方"，617。

§2. 道德上的原则是由道德感得来，470及以下（比较612）；恰当地说来，道德宁可以说是被感觉到的，不是被判断出的，虽然这种感觉是那样柔和，以致它与一个观念混淆了，470；我们借着特殊的快乐和痛苦，分别德与恶；"我们并非因为一个性格令人愉快，才推断那个性格是善良的；而是在感觉到它在某种特殊方式下令人愉快时，我们实际上就感觉到它是善良的"。471，547，574；这一种特殊的快乐感觉起来与其他一切快乐都不相同；它只是(a)被一个人的性格和情绪所刺激起来的，472，575（比较607，617）；(b)并且是被一般地被思考下的这些性格和情绪所刺激的，并不考虑到我们的特殊的利益，473（比较499）（参看同情条）；(c)它必然有产生骄傲（参看该条）的能力，473（比较575）它并不是始终被一种"本来的性质和原始的结构"所产生的，473；这些原则是否自然的，是以"自然的"一词的不同的意义为转移的，474－475；如果说德性与自然的事情是一而二的，那无论如何是很没有哲学意味的，475；我们只须指示出，"为什么任何行为或情绪在一般观察之下就给人以某种快乐或不快"，475（比较591）（参看同情条）。

§3. A. 道德的赞许 是非的感觉与利害的感觉互相差异，498（比较523）；在社会中，导向正义的那种利益变得辽远了，不过可以被对他人的同情心所觉察到,499;人类行为中任何情节凡在一般观察之下给人以不快的都称作恶,因此,道德上的善恶的感觉就随着正义和非正义发生,499;自利心是确立正义的原始动机,不过对于公共利益的同情(参看该条)是对正义之德所发生的那种道德的赞许的来源,500,533;政治的措施只能加强并不产生这种赞许;自然提供材料,并给予我们以某种道德区别的观念,500,578(比较619)。

B. 我们的德感和美感一样,也以同情为根据,那种同情心主要是对一种性质或性格所可给予所有者的那种快乐的同情,577;我们的同情虽然变化,我们的道德判断并不跟着它们一同变化;因为"我们确立了某种稳固的一般的观点,并且在我们的思想中永远把自己置于那个观点下,不论我们现在的情况如何"。581(比较602);因此我们只考虑一个人的性格对和他打交道的人的影响,而不顾及它对我们自己的影响,582(比较596,602);其次,一种性格虽然对我们所能同情的任何人并不产生任何实际的福,我们仍然认那个性格是善良的,584;由于通则(参看该条)在想象上的影响,585;我们永远认为慈善是善良的,因为我们是根据一个"一般的和不变的标准"来判断的,603;通过同情,一个自觉善和邪恶的人,永远对他人也是善良的和邪恶的,通过同情我们甚至能够责备那对我们有利的一种性质;如果它使人不高兴的话,589(比较591)。

C. 德与恶的情绪要不发生于"性格和情感的单纯的影像或现象,要不发生于我们反省它们促进人类或某些个人幸福的倾向",589;后者是我们对美和德的判断的最重要的来源;但是机智是"一种直接取悦于他人的性质",590;某些性质所以称为是善良的,只是因为它们直接使具有它们的人高兴,590;在单纯观察那些性质时,我们感到四种不同的快乐来源,591;我们故意排除了自己的利益,而只承认那个人或其邻人的利益,而这些利益比我们自己的利益激动我们较为微弱,可是"他人的利益因为是较为恒常而持续的",甚至在实践上也抵消了我们的利益,591;一种行为所以被人赞许,只是因为它是"心灵中某种持续原则的象征"(参看性格条),575。

D. "凡引起爱或骄傲的任何性质都是善良的",575(比较473);骄傲和谦卑之所以被称作善良的或邪恶的,是依它们在他人感觉其为愉快的或不快的而定的,这时并不反省它们的趋向,592;"任何性质给我们带来的效用和利益是德的一个来源,正如它给予别人的愉快一样",596;我们自己的感觉决定任何性质的恶和德,正如它在别人方面所可能刺激起的那些感觉一样,597(比较461,582,591);我们夸奖与爱类似的那些情感,因为它使被它所促动的那人直接感到愉快,604,我们夸奖与我们性格相似的性格,因为我们对他们感到直接的同情,604(比较596);一切愤怒的情感并不都是恶的,虽然是令人不愉快的,605。

§4. 我们为什么区分自然的才能和道德的德呢？606及以下（参看自然的条）；两者都是心理的性质，都产生快乐并且有求得人类爱和重视的同样倾向，607；人们为区别它们所举出的理由是(1)它们产生出各不相同的赞许感情来；不过每一个单独的德也各个产生各不相同的赞许感情来，607（比较617）；(2)自然才能是不自主的；不过许多德和恶同样是不自主的，而且也无理由说明，德何以不应当同美一样不自主，608；还有，德纵然是自主的，它们也不因此是自由的，609；不过德或由德出发的行为，能够被奖赏或夸奖所改变，至于自然的才能则不能，因此，道德学家和政治家就把它们加以区分，609；"考虑什么性质才配称为德，那就是文法学家的事情"，610；在一切官能之中，记忆的程度不论大小，其恶或德都是最小的，因为它的施展没有任何快感或痛苦，612。

§5. "各人认为任何性格中有多大程度的恶或德，那个性格就有多大程度的恶或德，而且我们在这一点上也永远不可能错误的"，服从政府是一种道德的义务，因为每个人都这样想，547；"人类的一般意见在一切情形下都有某种权威，而在这个道德的事情中，人类的意见是完全无误的"，而且并不因为它不能说明它所依据的那些原则，就减少其无误性，552；在道德学中、雄辩中或美中，能够有正确的或错误的鉴别力吗？547。

§6. A. 道德性随动机为转移（参看动机条），"当我们赞美任何行为时，我们只考虑发生行为的那些动机，并把那些行为只认为是心灵和性情中某些原则的标志或表现。外在的行为并没有功。我们必须向内心观察，以便发现那种道德的性质"，477，575；不过"人性中如果没有独立于德性感以外的某种产生善良行为的动机，任何行为都不能是善良的，或在道德上是善的"，479（比较518，523）。

B. 各种情感（参看该条）之为道德的或为不道德的，是依它们发动时是否伴有它们自然的和寻常的力量为转移的，483－484；在社会存在以前，道德性＝情感的寻常力量，即自私和偏爱是善良的，488（比较518）；"任何一种不道德都是由情感的某种缺点或不健全而得来的，而这种缺点必然在很大程度上是根据心灵结构中通常的自然作用过程被判断的"，488；"一切道德性都以我们情感和行为的通常进程为转移"，532（比较547，552，581）。

§7. 关于必然性的学说不但无害于道德，而且是它所离不开的，409－412（比较375）（参看必然条；意志条）；道德（精神）哲学，175，282；道德学中深奥的思辨所以使人发生确信，是由于这个题目有趣味，453。

道德的和物理的（moral and physical），171。

道德的义务（或束缚力）（moral obligation），517，523，547，569（参看义务条）。

道德的与自然的（moral and natural），道德的和自然的美，300；证据，404，406；

义务,545(参看自然的条)。

德(virtue)(参看道德条)。

笛卡尔派(Cartesian)——笛卡尔派关于能力或效力的论证,159;证明上帝的论证,160。

抵抗(resistance)——抵抗权,并不根据于政府起源于同意的学说,549;被动的服从是荒诞的,552;哲学不可能确立任何特殊的规则来说明,在什么时候,抵抗是合法的,562;在混合政府下较之在专制政府下更常是合法的,564。

点(points)数学点的实在性,32;点的观念,38;有色而凝固的点,40;物理点,40;点的穿入,41;点的有限可分性,44。

定义(definition)——原因的定义,179;对简单印象不可能下定义,277,329,399。

动机(motive)

§1. (参看必然条,400及以下。)各种行为同动机,性情和环境,都有一种恒定的结合,400,因此,可以由其一推断出其他来,401;想着证明自由的欲望也是行为的一个动机,408;暴力与其他任何动机在本质上并不差异,525;影响意志的动机,413及以下;单有理性并不能成为意志的一个动机,414及以下。

§2. "当我们夸奖任何行为时,我们只顾及产生那些行为的动机"(参看性格条),当我们责备任何人不完成任何行为时,我们就是责备他不曾受到那个行为的适当动机的影响,477(比较483,488,518,在那里,一个善良的动机就显现为任何场合下一种通常的情感);"使任何行为有功的那个原始的、善良的动机决不能是对于那种行为的德的尊重,而必然是其他某种自然的动机或原则";478(比较518);"人性中如果没有独立于德感的某种产生善良行为的动机,任何行为都不能是有德性的,或在道德上是善良的",虽然在后来,道德感或职责感可以不用任何动机协助而发生一种行为,479,518;正义行为或忠实行为的动机与对于"忠实"的尊重有别,480及以下,是由反省所指导的一种利害感,489;当这种利益变得辽远而一般,并且只被同情所感到时,它就成了道德的,499;"自私是建立正义的本来动机,而对于公益的同情是那种德所引起的道德赞许的来源",500(参看正义条)。

动物(animals)——动物的理性,是由它们的行为和我们行为的类似推断出来的,176;人类之高出于动物之上,主要由于人的理性优越,326,610;关于心灵的各派学说,当看它们能否说明动物、儿童、普通人心灵的活动来检验,177(比较325);动物的普通行为含有依经验和信念而行的推论,178;我们诿于人类心灵的同一性,类似于我们诿于植物和动物的同一性,253及以下;动物"各部分"对于一个共同目标的"交感性",257;动物的骄傲和谦卑,324,也导源于和人类方面相同的原因,326,327;没有德与罪恶的感觉,不能发生权利与财产的关系,326;同情心可以在全部动物界观摩到,363,398;动物的爱和恨,397;不能感到想象的快乐和痛苦,397;和人类一样具有意志和直接情感,448;动物没有道德,因此,道德不能成立于一种关系;以亲属通奸为例可以说明,468。

独断主义（dogmatism）——与怀疑主义（参看该条）,187。

妒忌（envy）和恶意,372,377。

对象（object）

§1. 与骄傲和谦卑的原因有别,277,286,287,304,305,330（比较 482）;爱和恨的对象,329,331。

§2.（参看物体,一贯性,恒常性,习惯,存在,§3,同一性,知觉各条。）

A. 各种经验被产生它们的共同对象结合起来,140;动物对于外界（参看该条）对象感不到骄傲,326;关于自我的观念离开关于其他对象的知觉就一无所有,因而强迫我们向外物转移眼光,340。

B. 外界对象存在的问题＝各个知觉继续独立存在的问题,188;世俗人们认为各种知觉就是他们的惟一对象,193,202,206,209;可是他们看有些知觉只是知觉,而认其他知觉则有继续独立的存在,192;这个区别起于想象,194;想象使我们误认前后相承的一串类似的印象就是始终同一的对象,203,254;哲学家发明了对象和知觉的双重存在,211 及以下;但是纵然各个对象存在的方式异于知觉存在的方式,我们也永远不能由后者的存在推出前者的存在来,212,更不能推出它们的类似,216,217;近代关于初性和次性的区别消灭了外界的对象,使我们陷于关于它们的最狂妄的怀疑主义地步,226-231。

C. 当各种外界对象被感觉到的时候,它们就对我们所称为心灵的一堆关联着的知觉发生一种关系,207;"不通过一个意象,或知觉作为媒介,任何外界对象都不能被心灵直接认知","呈现于我们面前的那张桌子,只是一个知觉",239;"对于一个知觉的观念和对于一个对象的观念,这两者决不可能表象在种类上互相异别的任何东西",我们或则必须构想是一个外物并没有关系项的关系。或则使它和一个印象或知觉成为正面的,241;因此,我们在各个对象之间所能够发现的任何关系,在各个对象之间都将有效,但是相反的说法则不能成立,242。

E

恶意（malice）——与妒忌,371 及以下;颠倒了的怜悯心;他人的苦难使我们对自己的幸福发生一种较为生动的观念,375;对自己的恶意,376;通过两个平行的方向的关系与恨混合起来,380 及以下。

F

法律(law)——含有关于必然的学说,只有必然学说才能说明责任,411;正义的规则可以称为"自然法",484;自然法是由人类所发明,520,526,543;成文法,是对政府的一个权利名义,561;国际法和自然法,567。

发挥(exercise)——能力的发挥和拥有(参考该条)的区别是轻浮的,但是在有关情感的哲学中占有一个地位,311,360(比较 12,172)。

反叛(rebellion)(参考反抗条)。

反省(reflexion)——反省印象,7,84,276;不能消灭信念,184;"理性或反省",215;人为的=反省的结果,484;改变情感的方向,492;对于性格和情感的产生幸福的倾向所作的反省是道德情绪的主要来源,589;不断需要反省来改正对象在我们感官前的现象,603。

[方法] (method)——求同法和求异法,300,301,311,332。

方向(direction)——几个印象的平行方向是那些印象间关系的一个来源。就如,怜惜与慈善不是借其感觉,而是借其方向关联起来,381,384,394;情感的方向可以被协约所改变,492,521,526。

愤怒(anger)——和慈善,366;并非一切愤怒情感都是恶劣的;表现于残忍形式中时是可令人憎恨的,605。

讽刺(satire),150。

符合(agreement)——符合法(求同法),300,301,311。

父权的(patriarchal) 政府起源说,541。

G

概然性(probability)(参看原因条§8)——概然性和可能性,133,135;用于两种意义:(1)包含一切证据(除了知识),因而包括着根据原因和结果而成立的论证;(2)只限于不确定的臆度论证,既与知识有别,也和根据原因和结果而进行的证明或论证有别,124;概然的推理只是一种感觉,103;两种概然性,即对象本身的不确实性,和判断以内的不确实性,444;通则创造出一种概然性来,那种概然性有时影响判断,并且永远影响想象,585;由于考虑到我们官能的易于错误,一切知识都降到概然性地步,180;不过甚至对于我们的官能所作的这种评价也只是概然的,而这种新概然性又减少了前一种概然性的力量,因而就将发生第三种概然性,如此一直至于无穷地步,甚至最后我们把信念和证据完全消灭为止,182;

索　引

但是由于玄妙的怀疑在我们的想象上只有些小的影响,所以总有某种程度的概然性保留下来,因此我们的信念真正是被最初的怀疑所影响的,185;对怀疑主义的救药就是漫不经心和毫不注意,218(参看怀疑主义条);说明能力(参看该条)和发挥(施展)能力的区别,313;概然的推理影响着我们情感的方向,414;概然性对我们情感的影响,444 及以下。

感觉(感)(sense)——道德感是道德上善恶区别的来源,470 及以下(参看道德的条§2);一似非而实是的假设是:一切德性情绪的来源是"不经反省而起作用,并且不顾及行为和性质的倾向的那种感觉",612。

感觉或感情(feeling)

§1.(参看信念条§4;现象条);信念只是一种感触:除了感触或情调之外,没有东西能够区分事实和幻想,而这个感触只是对于对象的一种更为坚牢的观想,624;它和那种观想并无差异,625,627;经人同意的感触与虚构的感触使人感到两样;这个感触我们称之为较占优势的力量,活泼性,坚牢性,充实性,稳定性,629;各个观念不但在劲强性和活泼性方面互有差别,而且在感觉上也有差别,636;如果假设那些不产生差异感觉的心灵活动都是同一的,那是错误的,417。

§2.(参看道德的感情条§2;)当你声言一种行为是罪恶的时,你的意思只是说,你在思考它时发生一种惩责的感情或情调,469;"道德宁可说是被感到的而非被判断的",470,589;我们并非因为一个性格使人高兴,才推断它是善良的,而是在感到它令人愉快时,我们实际上就感到它是善良的,471;快乐包括着许多种不同的感情,472;道德上的区别完全依靠于我们自己或他人的心灵特质所刺激起的特殊的痛苦或快乐情调,574;"一所舒适的房屋和一个善良的性格并不引起同样的赞美感情或情调,虽然我们赞许的根源是同一的";"我们情感的这种变化,有些很不可解释的地方",617;每一种德都在观察者心中刺激起一种不同的赞同感情来,因而自然的才能和道德的德之刺激起不同的赞许感情来的这个事实并不是把它们置于各别的类别中的一个理由,607。

§3.需要借反省和知性加以改正,417,582,603,672(参看感觉条,感官条)。

感官(senses)——感官方面的怀疑主义,187 及以下(参看怀疑主义条§1);不能把知觉的继续存在报告我们,因为那就意味着它们在停止作用以后,还在起作用,188;也不把它们的独立存在(作为印象的模型)报告我们(参看印象条),因为它们只给我们传来单一个知觉,永不给予我们以超出这个知觉以外的任何东西的些小暗示,189;感官也不能凭幻觉给予我们以知觉的独立的存在,因为一切感觉都被心灵感觉到就是它们那个样子,189,190;(比较现象条);因此,要把我们的印象独立呈现于我们自己以外,感官就必须在同时把印象和我们自己呈现出来,189;可是我们很怀疑,我们在多大范围内是自己感官的对象,190(参看同一性条§4);就事实而论,感官只把物体呈现为存在于我们的身体以外,这并不等于存在于我们自己以外,191;其次,视觉也并不把距离或外在性报告我们,只有理性才能如此,191。感官传来三种印象,192(参看印象条);就我们的感官所能判断出的而论,一切知觉在其存在方式方面都是同一的,193;"建立在想象或观念的活泼性上",265;要不断的改正,而且"我们如果不曾改正事物的暂时现象而忽略我们的状况,我们就不能有任何语言或交际",582,603;感官所传达来的现象被知性所改正,632(比较189)。

感觉(**sensation**)(参看感触或感情(**feeling**)条)——与推理相对立,89;概然推理只是一种感觉,103;视觉中感觉和判断的混淆,112;决定任何情感的性质的不是现前的感觉或暂时的苦乐,而只是自始至终的整个倾向,385;除了哲学家以外,所有人们都想象"凡不产生一种差异感觉的那些心灵活动都是同一的",417;我们自己的感觉决定了任何性质的恶和德,正如它在他人心中所刺激起的那种感觉一样,597(比较469及以下)。

感性的(**sensible**)——感性的证明与理证的证明相对立,449。

哥白尼(**Copernicus**)——哥白尼以前的自然哲学,282。

革命(**revolution**)——英国革命,563。

功(**有功**)(**merit**)(参看道德条)——含有人性中某种恒常而经久的东西,因而需要必然的学说,411;依动机为转移(参看该条),477及以下。

公共的(**public**)——与私人的相对立(参看该条),546,569。

古代(**ancient**)——古代的哲学,219及以下各页。

官能,能力(**faculty**)——关于官能的虚构,224。

关系(**relation**)

§1. A. 关系是由联结作用所产生的复合观念,13;关系的定义,关系分为哲学的和自然的两种(比较94,69,170);哲学关系的七个来源,14;对于关系所作的生理学的说明,60;因果关系是一种反省印象,165;两个对象之间的完全关系意味着"想象的一种来回颤动",那就是说,在由随便一个进于另一个是同样容易的,355;接近,接续和类似,独立于并先行于知性的作用以外,168;若非在某种共同的性质上,是不可能建立一种关系的,236。

B. 只有四种哲学关系是"知识和确实性的对象",并且是"科学的基础",因为两者都"只是依据于观念之上",而且观念只要继续不变,它们就不会变,69(比较413,463);这四种关系就是(1)类似,(2)相反,(3)性质的程度(这是可以凭直观一下子可以发现的,70)和(4)数量或数目的比例(这是只能被算学和代数所精确确定的;并被几何学不甚精确地所确定的),71。

C. 通过比较来发现两个物体间的恒定的或不恒定的关系,是一切推理的职务,73;发现时间和空间关系和同一关系宁是知觉的工作,而不是推理的工作,73;有三个非恒定的关系并不依靠于观念,它们只是概然的,73;因果关系的发现是特殊的推理工作,因为它是惟一能够推溯到我们感官以外,并把我们看不见、触不到的存在和对象报告于我们的一类关系,74(比较 103);因果关系既是一个哲学的关系,也是一个自然的关系,15,94(参看原因条 §2,§3);财产权是一个很密切的关系,309,310;动物不能够发生财产和权利的关系,326;不过观念和印象的关系对动物是存在的,动物表示出对于因果关系有"一种明显的判断",327。

D. 接近关系,类似关系和因果关系不但使心灵由印象转到观念上,而且把印象的活泼性传递于观念上,98 及以下(参看同情条);只有因果关系是一个信仰的来源,107;在由因及果的全部推理中,都应用类似的关系,142;现前一个对象与两个常相结合着的对象之一的精确类似关系是根据原因和结果而成立的论证所必需的,153;一切过去例证彼此间的类似关系,也是如此,163 及以下(参看原因条 §7.C,§9.B)。

§2. 各个观念是由接近关系,因果关系和类似关系加以关联的,各个印象只被类似关系所关联,283,343(比较 381);印象和观念的双重关系,286,381(参看骄傲条);方向相反的观念与印象的关系,339;同一性(参看该条)比较完善的类似性还产生一种更为强固的关系,341;各观念间的关系促进各印象间的关系,因为当这种关系不存在的时候,才能阻止印象间的关系,380;两个印象不但当它们的感觉互相类似时,而且当它们的冲动或方向互相类似或相应时,都可以是有关系的,381;就如,使人痛苦的怜悯与令人愉快的慈善是互有关联的,382,384;各个欲望的平行方向是一种"实在的关系",394;各种情感的彼此转移,可以发生于印象和观念的双重关系,也可以发生于任何两个欲望在方向和倾向上的互相契合,385;为了产生一种情感,需要印象间和观念间的双重关系,而为了把一个情感转化成另一种情感,则不需要,420;纵然没有任何关系,占优势的情感也吞噬掉力量较小的情感,419;各个观念间的关系说明了希望和恐惧中的悲喜交集,443。

§3. 恶和德不是关系,463 及以下;如果它们是任何可以证明的关系,那么无生物也会成了善良的和恶劣的,因为它们也能够发生这些关系,464;要说,理性发现处于某种关系中的某种行为是善良的,那并不使那种德成为一种关系,464 注;如果它们是关系,那么,这些关系必然只存在于外界对象和内心活动之间;不过并没有那样特殊的关系,465;就如,我们在人与人之间的忘恩负义中所发现的一切关系,也发现于无生物之间,而亲戚通奸一事也发生于动物之间,466-467;纵然有那样一些关系,我们也不可能指出它们的普遍束缚力和对行为的影响,465-466(比较496);财产权是一种道德的关系,而不是自然的关系,491。

观念(ideas)

§1. 观念的起源和分类,1页以下;由印象得来,并与印象只在活泼性方面有差别,1(比较106,629);洛克对于此词的应用太过广泛,2;单纯的与复合的观念,2(比较13);单纯的观念精确地表象单纯的印象,但是复合的观念和印象并不精确相应,3(比较231);印象是观念的原因,因为恒常会合在一块,并且先行于观念,5;一个颜色系列的实例,对此是个例外,6;第一性和第二性的观念,6;产生反省印象,7(比较165,289);天赋观念的问题和印象的优先性的问题相同,7,158,它的重要性,33,74,161;记忆的观念比想象的观念较为生动,8及以下;前者"等于印象",82;一个观念的观念,106;与印象相较,显得模糊,33;观念的模糊是我们自己的错误,而是可以改正的,72;心灵可以支配它的全部观念,624,629;我们谈论一个观念,并对它从事推论,并不证明我们有这个观念,62(比较32);不是可以无限分割的,27,52;每个生动的观念都是令人愉快的,353;伴有某种情绪,373,375,393。

§2. A. 观念的联结(参看该条),10;根据三个指导原则,类似、接近和因果关系(参看该条)11及以下(比较92),283及以下,305及以下;生理学的解释,60。

B. 与印象相联结,并被印象所活跃,98,101(比较317);观念的联结和印象的联结互相协助,即是在印象和观念的双重关系中可以互相协助,284,286,380;观念的联结不产生新的印象,只使观念有所变化,所以不产生情感,305;各个观念之间的转移法则,即由微弱的至生动的,由远的及近的,339;因此,容易由他人的观念进于自我的观念,但倒转来说并不如此,除了在同情的情形下(参看该条)340;观念的法则与印象的法则相对立,341-342(比较283),不过在有了冲突时,屈从于印象法则,344-345;在同情心中,一个观念借着关系转变为一个印象,317及以下;永远不能全部结合,只能联结,不能混合,在于印象和情感则能化合,366;各相关的观念易于互相混淆(参看错误条),60,62,203,264;在动物方面也和在人方面一样有关联,327。

§3. A. 推理、判断、观想和信念(参看该条),都只是观想各个观念的一些不同的方式,97注(164)。推理只是我们思想或观念的一种作用,而进入我们的结论中的只有观念或微弱的观想,625(比较73,183)。

B. 观念的抽象关系与所经验到的各对象间的关系,互相对立,414,463;观念世界是理证(证明)的领域(参看该条);实在的世界是意志的世界,414;真理是只当作观念看而不是当作表象性的观念(ideas considered as such)间的一种关系,**这里的观念不是表**,448,458;四种理证的比例,464;道德是一种可以理证的关系么? 456,463,496。

C. 真理只属于作为表象的观念＝作为摹本的观念与它们所表象的那些对象的契合,415;＝我们的对象的观念和它们的实在存在的契合,448,458;知性要不比较各个观念,要不推论各个事实,463。

§4. **抽象的或一般的观念**,17 及以下;只是附于一定的名词上的特殊观念,那个名词给予它们以一种较广泛的意义,17;特殊的情节不是被抛弃了,而是被保留着,18;每个观念在性质和数量方面都是有定限的,并且是个体的,19;因此,抽象观念本身都是个别的,20;它们"在表象方面所以变为一般的",只是因为它们附于一个名称上,那个名称,唤醒了观察这个名称所指的其他个体的那种习惯,20 —24;没有抽象的能力观念,161;也没有抽象的存在观念,623(比较 66 及以下)。

§5. 空间和时间的观念,33 及以下;由各个印象所呈现的方式得来,34,37(比较 96);数学的观念,45 及以下,52,72;关于存在和外界存在的观念,66 及以下;关于因果关系的观念,74 及以下;必然性的观念由反省印象得来,155,165;物体观念,229 及以下,实体观念,232;广袤观念,本身是有广袤的;自我观念,251(参看同一性条);上帝观念,348;对"我们所意识不到其思想,行动和感觉"的另一个人的观念,329;对于另一个人的感情的观念,虽然那种感情在实际上不是被任何人所感到的(参看同情心条),370(比较 385)。

概念(conception)——知性的一切活动,不论推理、判断或信念都可还原为概念,97;永远先行于并制约着知性作用,164;对于一个对象的概念与对于它的存在的信念,区别之点只在于后者有较大的坚牢性,624,627。

广袤(extension)

§1. ——29 及以下,依据形而上学家的寻常意见,广袤是一个数目,31;由不可分的部分成立,因为那样一种广袤的观念没有含着矛盾,32;广袤观念是由思考各个物体间的距离得来的;是有色诸点和其出现方式的一个摹本,34(比较 235 及以下);因有共存的各部分,而与持续有别,36;这些部分是由有色而可触的对象的印象模拟来的不可分的观念,38;数学的定义和证明,在广袤方面是互相反对的,42;与距离相混淆,62;笛卡尔派的理论,159。

§2. 与填充性同属初性,227;如果颜色、声音等只是知觉,那么甚至运动、广袤和填充性都不能具有"实在的、继续的、独立的存在"228,(比较192);运动含有运动着的物体,物体还原为广袤和填充性;广袤只能被观想为由赋有颜色或填充性的部分所组成;照假设,颜色是被排除了;因此,广袤观念的实在性就依靠于填充性的实在性,228;不过填充性只能被解释为依靠于颜色或广袤,229。

§3.——广袤和思维:根据它们的互不相容推断出灵魂的非物质性(参看心灵条),234及以下;只有有颜色而可触的事物才是有广袤的,235(比较34,38);照这样说来,一切知觉,除了视觉和触觉以外,虽然存在,可是不存在于任何地方,既无形象,也无广袤,236;那就是说,一个果实的滋味和其颜色或形象并没有场所上的结合,除非对我们的想象说来才是如此,238;由此可见,把一切思维和广袤结合起来的唯物主义者就错误了,239;但是在另一方面广袤又是某些知觉的性质,那就是说,这张桌子只是一个知觉,239;"广袤的观念只是由一个印象模拟而来,因而必须和那个印象完全符合。要说广袤的观念与任何东西符合,那就是说,那个观念是有广袤的",因此,就有真正有广袤的印象和观念,240。

规则(rules)

§1. 判断原因和结果的规则,173及以下(比较149,631)(参看原因条§11);理证科学的规则是确实无误的,不过我们的官能在应用它们时是容易错误的,180。

§2.——一般的规则,141;非哲学的概然性或偏见的一个来源,146;规则甚至反着现前的观察和经验能影响判断,147;被判断用以区分本质的条件和偶然的条件,149(比较173);条条规则互相对立起来,因为我们只是借着遵循通则才能改正由通则产生的偏见,149;以讽刺为例来说明,150;荣誉法则,152;改正感官的现象,并且造成严格确信和诗的热情之间的差异,631—632;它们对骄傲的影响,293,598;需要某种经验的一律性和肯定事例对否定事例的优越性,362;在同情中规则对于想象的影响,371;能够欺骗感官,374;比较147;所有寻常的通则都容有例外,不过正义的规则是没有伸缩性的,因而是极富于人为性的,532;在自然的束缚力停止许久以后,规则还能保存道德的束缚力,551;规则可以解决要求政权的权利名义,555;在颇大程度内,推广淑德的职责,573。

§3. 改正我们同情心中的各种变化,因而使我们的道德情绪趋于稳定,581及以下(比较602);规则使我们认为对任何人都没有实际利益的任何东西为美而有德,584及以下;规则创造一种永远影响想象的概然性,585;因而消除了我们的德性情绪所依靠的那种广泛同情同人类所自然赋有,并为正义来源的那种有限慷慨之间的矛盾,586。

国际(nations)——国际法,567及以下;遵守国际法的道德义务,不及在个体方面那样劲强,569;"国际的和私人的道德",569。

H

好奇心（curiosity）——它使人高兴，因为它产生信念，并免去怀疑的踌躇不安，453。

恒常的结合（constant conjunction）——参看原因条。

恒定性（constancy）——我们的印象的恒定性是人们所以虚构它们的继续存在的根据，后来又是虚构它们的独立存在的根源，199及以下；印象的恒定性，它们在各个不同时间的类似性，199；这种类似性领着我们把相关联的对象的相继出现，误认为一个同一的对象；正如思考相继出现的心灵活动和思考同一对象的心灵活动之间的那种类似一样，204。

怀疑主义（scepticism）

§1. 理性方面的怀疑主义（参考理性条）180及以下；关于我们各个官能的易误性的考虑把我们的全部知识降低到概然性地步，并且最后产生了信念和证明的全部熄灭，180—183；不过这样全盘的怀疑主义是不可能的；"自然借着一种绝对而不可控制的必然性已经不但促使我们呼吸和感觉，而且促使我们来判断"，183；它只向我们表明，"一切推理是建立在习惯之上，而且信念不是一种单纯的思想活动，而是一种感觉"，而这个感觉"不是单纯的观念和反省所能消灭的"，184；我们永远保留着某程度的信念，因为力求理解怀疑主义奥妙理论的努力，就减弱了那些理论的力量，185；因此，全部怀疑主义论证的力量就被自然所打破，187，268；有些人对怀疑家采取了一个简便做法，说他们是用理性来消灭理性，不过这不是对他们所做的最好的回答，186；怀疑主义并不为怀疑主义找寻根据，它们是互相摧毁的。所幸自然并不等它们达到那个极端地步，187。

§2. 在感官方面的怀疑主义，187及以下；正如怀疑主义者被迫来推理和信仰一样，他也自然所强制来同意物体的存在（参看该条）："要问有无物体，那是徒然的"，187；向我们指出(1)感官提不出说明对物体的信仰的理由来，188；(2)这个信念是想象的不合法的倾向的结果，193及以下；(3)主张物体和知觉双重存在的哲学学说是两个相反体系的怪胎，213；(4)初性与次性的区别把外界物体的存在完全消灭了，并且归结于一个狂妄的怀疑主义体系，228；真正哲学家的温和的怀疑主义，和世俗之人的愚昧无知及虚妄哲学家的幻觉，达到同样的漫不经心的地步，224。

§3. 一般的怀疑主义，263及以下；真理的惟一标准和同意任何意见的惟一理由是"照物体出现于我们面前时的那个观点来考察它们的一种强烈倾向"；这是由于受经验和习性所影响的想象；记忆、感觉、知性，都建立在想象或观念的活泼性上,265;不过想象领着我们达到直接相反的信念上,266(比较 231);可是我们也不能专门依靠在"知性上,即概括的、较为确定的想象原则上",因为单单知性自身,就把它自己推翻了,267(比较 182 及以下);我们只是由于奥妙推理在想象上的影响微乎其微,才从这个全盘的怀疑主义中挽救出自己来,268(比较 185);可是我们也不能排除一切奥妙推理"我们只能在虚妄理性和全无理性之间有所选择",268;自然提供了漫不经心这个通常的救药,而且我的怀疑主义在对于感官和知性的盲目确信中最完善地表现出自己来,269;我们只能借助着我们对于怀疑主义或哲学的爱好,来为怀疑主义辩护;"我觉得我如果不从事它们,那么我在快乐方面就将有所损失",271;我们既然不能满意于日常的谈话和行为,所以我们就只应当考察如何选择我们的指导,而选择最妥当的、最愉快的,即哲学。哲学的错误只是可笑而已,而且它的放肆言论也影响不了我们的生活,271。我们所要求的全部只是一套满意的主张,而且我们借着研究人性,多半会得到这些主张,272;"一个地道的怀疑主义者,不但怀疑他的哲学的信念,也怀疑他的哲学的怀疑,他不论由于怀疑或信念,从来都不摈弃他所能自然享受到的快乐";他在特殊的点上也并不反对自己的确信,273。

幻想(fancy)——与信念(参看该条),140,624;守财奴的幻想的幻觉,314。

黄金时代(golden age),关于黄金时代的诗意的虚构,包含着一种有价值的真理,494。

悔改(repentence)——悔改和宽恕需要必然学说,412。

活泼性(vivacity)——只有活泼性能区别印象和观念,1(比较 319);这个名词的含糊性,105(比较 629);由一个印象传于它的相关的观念上,98 及以下,119;活泼性与非哲学的概然性,144;凡达不到知识地步的每一种信念或判断都完全是从知觉的劲强和活泼性得来的,而且这些性质就在心灵中构成所谓对任何物体的存在的信仰,153(参看原因条§7);我们观念或想象的活泼性是一切同意的基础,是感官、记忆、知性的基础,265;不是我们所以把我们的印象区分为"单纯的知觉"和继续独立存在的知觉的根据,194;每一个生动的观念都是愉快的,353;不是各个观念间的惟一差别;各个观念都产生不同的感觉,636;与劲强、凝固、坚实、稳定都是同义的,629。

活动(action)——思想不能说是灵魂的活动,正如其不能说是灵魂的变状一样,245—246(比较 632—633);内在的活动和外在的对象相反对,465;一切活动都是人为的,475。

霍布士(Hobbes)——论原因,80。

J

几何(geometry)（参看数学条），45 及以下，71，72。

机会(chance)——（参看原因条，§8)被恒常的结合所排斥，4 及以下；机会与概然性，124 及以下；原因的否定和机会＝完全的中立：因此，一切机会都是相等的，概然性就成立于多数相等的机会，125；各种机会的这种结合，意味着在各个机会中掺杂着一个原因，126；多数的相等机会的结合，在心灵上有什么样的效果，以致产生信念或同意呢？127；每个机会＝心灵的一种冲动，有多少机会，则本来的冲动便分为多少冲动，129；机会的概然性＝这些冲动多数结合所产生的较大活泼性，130；俗人所谓机会只是一个秘密的暗藏的原因，130；机会和必然性之间设有中介，171。"中立的自由"＝机会，407－408（比较 125）；关于稳定财产的规则大部分依靠于机会，514。

机智(wit)——真机智只能凭鉴别力（即所产生的快乐）来区别，297；"是一个直接使人愉快的性质，因而是善良的"，590；机智和雄辩，611。

记忆(memory)——记忆与想象，8 及以下；108，117 注（比较 265，370 注，628）；没有改变简单观念的秩序和位置的能力，9；不过这个特性，我们觉察不到，因此，记忆与想象之间的差别，就在于它的强力和活泼性，85；记忆的观念，等于印象，82，83；伴有信念，86；记忆印象或记忆观念的体系是实在的，并且与成为判断的对象的那个体系相对立，108；由记忆得来的确信几乎等于证明或知识的确信，并且强于由因果论证所得来的确信，153；是对于知觉的继续独立存在的信念的一个来源，199，209；不但发现并且产生人格同一性，261；虽然从另一个观点看来，相反的说法才是真实的，262；"在一切官能之中，记忆的各种强弱程度是最少有罪或德的"，370 注；记忆虽然极有用，但是它的施展，并无任何快乐和痛苦，因而没有殊功，至于判断则永远有功，613。

家庭(family)——骄傲心的一个来源，307；国家的起源，486；家长制家庭不是君主制的起源，541。

假设的(hypothetical)论证，83。

坚强(strength)——名词的含糊，105，629；心灵的坚强＝平静的情感战胜猛烈的情感，418；一种情感的坚强与其猛烈性应有分别，419（比较 631）。

间接的(indirect)——和直接的情感，276；或习惯的迂回结果，197。

鉴别力(taste)——机智的惟一鉴定者，297；在道德中、雄辩中和美以内，有正确和错误的鉴别力吗？547 注。

交付(delivery)——转移财产时象征的交付（参观该条），575。

骄傲与谦卑(pride and humility),277 及以下。

§1. A. 它们是间接的猛烈的反省印象,276;因为是单纯而一律的,所以是不能下定义的,277;灵魂中的纯粹情绪,因而与爱和恨有别,后者永远伴有一个欲望,367。

B. 两者有同一个的对象,即自我,277;但是自我不能是它们的原因,278(比较443);在它们的原因中应区别起作用的那个性质,和那个性质所寓托的寓体(subject)就如在一所美丽的房屋中,美是性质,而"被认为一个人的财产或设计的房子"就是寓体,因为那个寓体必须是与我们有关的某种东西,279(比较290);它们凭一种自然的和本来的特性把自我作为它的对象,280;它们的原因是自然的,但不是本来的,281—283。

C. 骄傲的每一个原因凭借其特有的性质,产生一种独立的快乐。寓体或则是我们的自我的一部分,或则是与我们有密切关系的一种东西,285;对象是被一种本来的、自然的本能所决定的,并且就是自我;骄傲是一种愉快的感觉,286;因此,这种情感是由印象和观念的双重关系得来的:原因与对象相关,那个原因所单独产生的感觉与骄傲的感觉相关;那个观念易于转变成它的相关物,那个印象易于转变成与它类似的印象而且这两种运动是彼此协助的,286;任何能给人快乐感觉或痛苦感觉,并与自我相关的东西都能随着情况引起骄傲或谦卑,288,303。

D. 这些说法的限制:(1)主体和自我必须接近,接近程度要比喜悦所需要的为大,290;(2)那个愉快的事物或主体必须是我们所特有的,291(比较302);(3)对我们自己和他人都是明显的,292;(4)并且必须是恒常而经久的,293(比较302);(5)情感是大大受到通则或习惯的协助的,293;一个人虽然能够骄傲,可是并不幸福,因为有许多实在的祸害,使我们狼狈,虽然那些事情并不减少骄傲,294。

E. "除了心灵和身体的各种性质,即自我以外",任何特别与我们有关系的对象都能引起骄傲,303;原因与结果的类似关系很少是骄傲或谦卑的基础,304;需要接近关系和因果关系,305;也需要各个印象的联结,306;对国家、故乡、旅行,朋友亲戚方面所感到的骄傲,307;对家庭感到的骄傲,308,对家业感到的骄傲,309,这是一种特殊的因果关系,310;关于财富的骄傲,311,312(参看能力条);他人的意见也借着同情(参看该条)产生骄傲,316—322。

F. 动物的骄傲,324;与人的骄傲由同一原因发生——不过它们只能以其身体自骄,而不能以它们的心灵或外界对象自骄,因为它们没有德感,并且不能发生权利和财产的关系,326;不过各种原因仍然是在同一方式下起作用的,327;证实这个理论的各种实验,332及以下。

G. 由骄至爱不及由爱至骄那样容易,339;心灵对骄傲比对谦卑有更大的倾向,因此,在轻蔑中的骄傲比尊敬中的谦卑更为大些,390;骄傲与憎恨加强灵魂,爱与谦使心灵沮丧,391(比较295)。

§2. A. 德和恶是骄傲和谦卑的最明显的原因,因为它们永远分别产生快乐与痛苦;因此,谦卑的德就使我们高傲,而骄傲的德则使我们沮丧,295(比较286,391);其他性质,如机智,也产生骄傲,因为它们的本质就在于使我们的鉴别力感到愉快,297;骄傲并不永远是恶劣的,谦卑并不永远是善良的,因为骄傲=满意自己的快乐,谦卑则与此相反,297;美也产生骄傲,299,300;正如使人惊羡的事物产生骄傲一样,301;健康不是骄傲的一个原因,因为不是特有的,也不是恒常的,302(比较291)。

B. 德和恶因有激起骄傲和谦卑的能力而与无生物所产生的快乐有所区别,473(比较288);凡产生快乐的一切性质也都产生骄傲与爱;因此,德和产生骄傲的能力,恶和产生谦卑和憎恨的能力就被认为在心理性质方面是相等的:"凡引起爱或骄的任何心灵的性质都是善良的",575;同样的性质,由于同情,永远产生骄与爱,谦与恨,589。

C. 骄傲的恶和德,592及以下;它们所以称为善良的或恶劣的,是依它们对他人是愉快的或不快意的而定,而并不考虑它们的趋向,592;这是由于同情和比较,593;同情使骄傲有几分和功有同样的效果,但是比较则使我们恨它,骄傲在我们面前显得恶劣,尤其是当我们自己也骄傲时,更为如此,596;骄傲对有骄心的人是有利益的,因为它能增加他的能力,并且是愉快的,597(比较295,391,600);谦卑只是在外表上才需要,598;英雄的德性是稳定的、确立的骄傲和自重,599(参看道德的条§2. A,3. D. 同情条§2—3)。

教育(education)——直接产生信念的一种习惯,116;一种人为的原因,和同意任何意见的一种谬误根据,117;教育和道德上的善恶区分,295;协助利益和反省,来产生对于正义的道德赞许,500。

接近(contiguity)——因果观念所不可缺的一个关系,75;一个印象使一个因接近而与它发生关系的观念生动起来,100,110;不是信念的一个来源,如因果关系那样,107;是"自然"中的一个关系,独立于知性作用之外,并在其前,168;联结各个观念,不联结各个印象,283。

它对于想象的影响,109;导使人破坏正义法则,并使政府成为必要,535;如要产生骄傲,必需要骄傲的原因和对象互相接近,304;当与因果关系和类似关系结合起来时,产生同情,318,320;它对于情感的影响,427及以下。

接续(succession)

§1. 独立于知性的活动之外,并在其以前的,168;与同一性相混,202,254 及以下;自我是知觉的接续,277;没有满意的学说可以说明那些在我们的思想或意识中结合各个接续印象的原则,636(参看时间条,同一性条3,4)。

§2. 接续和财产权,505,513;接续和政府,559;被想象协助,就如居鲁士的要求,560。

谨慎(慎思)(prudance)——企图"使我们的行为契合于一般的习惯和习俗",599;有些道德学者把慎思置于诸德之首,虽然它只是"一种自然的才能",610。

经验(experience)——与知识和科学推理相反,82(比较157);对经验的性质加以说明,87;推理的基础,87;在根据原因(参看该条§7.B)和结果而进行的推论中,产生了确实性,124(比较623);不完全的和相矛盾的经验产生概然性,131;经验中所以有互相反对的情形,是由于隐蔽原因的秘密作用,132;推断若达到经验以外,便无根据,139;与"想象的自主活动"相对立;各种经验是被"产生它们的一个共同对象结合起来的",而实验则不是这样,140;经验和效力观念,157 及以下。

经院派的(Scholastic)——经院派的自由意志学说,312。

惊奇(surprise),301。

距离(distance)——被理性所发现,而非被感官所发现,56,191;不是借光线所夹的角被认识的,636,638;两种距离,59;距离和差异,393;距离对于情感的影响,427及以下。

K

克拉克(Clarke)——论原因,80。

空间(space)(参看广袤条§1)——哲学关系的一个来源,14;空间的无限可分性,29及以下;广袤由不可分的部分形成,因为那样一个观念不含有矛盾,32;论证总结,39;答复各种驳斥,40及以下;我们的空间观念的来源,33及以下;空间观念是有色的各点和其显现方式的一个摹本,34;空间的各个部分是有色而凝固的原子的印象,38;没有真空,40;真空的观念,53及以下;说明我们可以幻想自己有一个空虚空间的方式,62及以下;空间的各个部分是共存的,427;空间的各种性质对情感的关系,429及以下。

恐惧(fear)——恐惧与概然性,440;由喜与悲的混合所引起,441及以下。

夸奖(praise)——夸奖和责备,只是一种较为微弱并难以觉察的爱和恨,614。

快乐(pleasure)

§1. 快乐和痛苦,是一种印象,没有人认为它有一种继续的存在;它们只被认为是"单纯的知觉",192;虽然和其他种类的印象是同样不自主和猛烈的,不过它们并不像其他印象那样恒常不变,194;它们虽然也有一惯性,可是那一种惯性"是另外一种性质的",195。

§ **2.** 快乐和痛苦本来发生于灵魂或身体中,(称作什么,可以随便,)276(比较324);我们由夸奖所感到的快乐是通过同情心发生的,324;只由同情发生,同情供给我们以生动的观念,因为每一个生动的观念都是愉快的,353—354;快乐和痛苦立刻产生直接的情感,276,399,438;"善和恶,换言之,就是快乐和痛苦",439;痛苦是人类心灵的主要促动原则;没有这些原则,我们在颇大的程度内(比较439)是不能发生情感或行动,欲望或意志的,574;为什么对真理的追求令人高兴,448及以下,包括着许多不同的感觉,472。

§ **3.** 快乐和痛苦"纵然不是德和恶的原因,至少也和它们分不开",296;不单是美的必然伴随物,而且是美的本质,299;快乐和机智,297(比较590,611);德和恶是一般考虑下的性格和行为所引起的特殊快乐和痛苦为转移的,472;道德上的善恶区分完全依靠于我们自己或他人的心理性质所刺激起的某种特殊快乐和痛苦的情调,574;这种痛苦或快乐可以发生于四个不同的来源,591;每一种德都在旁观者心中刺激起一种各不相同的感觉,607;由快乐易于转移到爱,605;赞许的快乐能够被占有人的一种完全不自主的性质刺激起来。609(参看道德的条, § 2—4;同情条, § 3. A.)

§ **4.** 哲学,好奇心或求知的野心的惟一辩护理由,就是:"我感觉到,我如果不满足它们,我就在快乐方面有所损失",271;在我们的思辨中应当遵循最愉快的指导,271。

L

懒惰(**indolence**)——为什么可以原谅,587。

劳动(**labour**)——分工增加人的能力,485;主张各人对其劳动有财产权的那个理论,505 注。

类比(**analogy**)——第三种概然性,142,147;领我们达到经验以外,209;信念的感觉只能比照其他感觉加以说明,624。

类似(**resemblance**)(参看关系条)——观念联合的一个来源,11;哲学关系的一个来源,14;一个可以解证的关系,是被直观所发现的,69,70,413,463;印象和观念的类似使得观念生动起来,99,110(比较142及以下,163及以下);用画像和礼节来加以说明,100;不是信念的来源,因为它不强制心灵,107;不过它协助信念,而且如果缺乏这就把信念毁坏了,113;在根据原因和结果所进行的一切论证中都用类似关系,142;在类比推理中的应用,142;在心灵中产生一个新的印象,165;独立于知性作用之外,并在其前,168;是错误的最富饶的来源,61;在不同时候,我们知觉的类似关系=恒定性,并且使我们认为我们各个类似的印象是有个体的同一性的,并且是一个单一的、同一的印象,199;这个信念是另一个类似关系的结果,那另一种类似关系就是在思考一个同一对象时的心灵作用和思考接续而至的类似的对象时的心灵作用之间的类似关系,202;因为"那些使心灵处于同一或类似心向中的观念是很容易互相混淆的",203,204 注,253 及以下(参看同一性条,错误条);我们永远不能由知觉的存在推论它们与对象的类似,217;一个印象必然类似于它的观念,232;依靠于记忆,261,并且产生人格同一性的意念(参看该条),253 及以下,261;各个印象只借类似关系联结起来,283,343,骄傲的原因和对象的类似关系,不足以产生骄傲,304—305;同情心的一个原因,318,320;各个印象的同一性比最完备的类似关系所产生的联系更为强烈,341。

理证(demonstration)——理证和概然推理,31;数学的理证,42,166;建立在不精确的观念上的不是本义的理证,45 及以下;含着反面的绝对不可能性,161(比较 166);理证科学的规则是确实无误的,不过人的各种官能在其应用时容易发生错误,180;发现了观念本身的比例,448;四个可以理证的关系,——类似,相反,性质的程度,数量或数目比例,464;没有任何事实能够被理证,463。

研究各个观念的抽象关系;它的范围是"观念世界",至于意志则把我们置于"现实世界"中;由此可见,理证和意志就完全背道而驰,413;只是间接地影响我们的行为,414;为什么理证使人快乐,449;主张"道德可以理证的"的意见,受到批评——在这个理证中,没有人曾经前进一步,463。

理性(reason)

§1. 形象和有形象的物体之间所作的理性的区别,25,43;强制我们由一个对象的印象过渡到另一个对象的观念或信念上的,不是理性,而是习惯,97;与想象相对立,108,268;与经验相对立,157;三种理性,即知识、证明、概然推理,124;永远不能产生效力观念,因为(1)它永远不能产生任何原始的观念(比较 164);(2)就其有别于经验而言,永不能使我们断言,存在的每一种开始都必须要一个原因,157(比较 79,172);动物的理性,是由它们的行为和人类行为的类似推断出的,176(比较 610);"只是我们灵魂中一种奇妙而不可理解的本能",179;理性方面的怀疑主义,180 及以下,只能被漫不经心和毫不注意所医治,218,269;把距离和外在性报告我们,191;它并不区分各种知觉,192;并不,也永远不能给予我们以关于物体的继续独立存在的信仰,193;理性(或反省)与想象(或本能)冲突,报告我们说,我们的全部知觉都有间断,215(比较 266),理性和感官互相对立,或者不

索　引

如说，根据原因与结果而进行的论证与使我们确信物体的继续独立存在的论证互相对立，231，266；向我们说明不可能指出一个果实的滋味同其形象等的位置关系，238；与想象互相对立：“在一个虚妄的理性和完全没有理性之间我们毫无选择”，268；理性是真与妄的发现，458；要不比较各个观念，要不推断出一个事实来：它或则从事于各个对象的关系，或则考察事实问题，463（比较413）；根据于"纯粹理性"的论证与根据于权威的论证相对立，546；人类高出于畜类的主要根据，610（比较176）。

§2. A. 理性和意志，413及以下；永不能成为意志和任何动机，414（比较457）；永远不能阻止意志，并且"是，而且只应当是，情感的一个奴隶"，415；情感不能与理性相反，"如果选择我所认为较小的福利而舍弃较大的福利，那也不是违反理性"，416（比较458）；平静的欲望或情感与理性混淆了，417，437，536，583（参看情感条§3）。

B. 道德上的区别不是由理性得来的，455及以下，理性是"完全不活动的"，并且"永远不能成为像良心或道德感那样活泼的一个原则的来源"，457，458；行为既不能为真，也不能为假，既不能合乎理性，也不能违反理性，458；德和恶既然不是关系，也不是事实，它们是感情的对象，而不是理性的对象，463－469（参看道德条§1）。

利益（interest）（参看正义条）——利益的情绪和道德的情绪容易混淆，472；①给人加上一种自然的束缚力，以别于道德的束缚力，498，546；和许诺（参看该条），519及以下；三条基本"自然法"的源泉，526；利益与忠顺（参看政府条），537及以下；和贞操，573。

历史（history）——历史的可靠性，145；历史中的环节都是同一性质的，所以转移过程是顺利的，观念活泼，信念强烈，146；历史和诗，631。

怜悯（pity）——第二性的感情，由同情而发生，369；恶意是倒过来的怜悯，375；因为是痛苦的，而与慈善有关（慈善是愉快的），因为它们的冲动或方向是类似的，或相应的，381；一种社会的情感，491。

联结（association）——观念的联结，是由想象在某些原则或观念性质（即类似，接近，[因果关系]）的指导下所完成的，11及以下，虽然这些并不是各个观念所以联结的确实无误的，也不是惟一的原因，92；各种印象只借类似关系来联结，283；观念的联结并不产生新的印象，因而也不产生情感，305，不过它由于促进各个相关印象的转移，而协助了情感，306；各观念之间和各印象之间的联结互相协助，284，就如在骄傲中，观念和印象的双重关系那样，286；联结＝吸引作用，289；关

---

① 原书误作473。

索 引

于联结所作的生理学的说明,60;所谓关系,样态和实体等复合观念,是联结的结果,13;对于财产的继承权,是由这种联结所协助的,513;概然推论或臆断是不完备的联结的结果,130。

良心(conscience)——也名"道德的感觉"是"一种积极的原则,而理性永不能成为这个原则的原因",458(参看道德条,§1)。

灵魂(soul)(参看心灵条)——灵魂的永生,114;"灵魂或物体,随便由你称呼";是快乐和痛苦所由以发生的地方,276。

论证(argument)——冗长时,会因为活跃性渐灭,而把证明降为概然性,144。在历史中不是这样,在历史中一切环节都是同样性质的,146。

逻辑(logic),逻辑的规则,175。

洛克(Locke)——他对于"观念"一词的误用,2;引自洛克的原文,35;证明原因的必然性的论证,81;论能力的观念,157。

M

马尔卜兰希(Malbranche)——论能力,158,249。

马尔秀(Malezieu),30。

美(beauty)——快乐不但是它的必然伴随物,而且是它的本质;美只是快乐的一种形式,299;分为自然的和道德的两种,300;在美一方面,能够有一种正确的或错误的鉴别力么? 547注;不是自主的,608;由同情心得来,364;美感是由对所有人因其所有物而感到的快乐发生了同情才产生的。因此,我们在凡有用的事物中都发现了美,576;不过一个事物仍然是美的,虽然它在实际上对任何人都不是有用的,584;美的情操和道德的情操一样,或是由单纯"影像"或"外观"直接发生的,或是由反省事物产生快乐的倾向而产生的,590。

猛烈的(violent)——反省印象分为平静的和猛烈的两种,情感是猛烈的,276;猛烈的情感与强烈的情感应当有所区别,平静的情感和微弱的情感应当有所区别,419。

迷信(superstition)——迷信与哲学,271。

民族性(nationality)——民族感,317。

名称(names)——普通:它们在形成实体观念方面的作用,16;在使抽象观念具有一般代表性方面的作用,20;没有一个明白的观念,就被人使用,162。

名誉(fame)——好名心,316及以下,可以借同情心来说明,316;协助对于正义的道德的赞许,501(参看骄傲条§2)。

模式的(exemplary)模式因,171。

目的(end)——假设各部分有一个共同目的,就可以协助一个对象的同一性的意念(notion),257。

N

内在的(internal)——与外在的相对(参看该条),464,478(参看物体及同一性条)。
能力(power)(参看原因条,§9);能力和能力的施展之间的区别是不能认可的,172;不过"在一个哲学的思想方式下",虽然轻浮,可是在关于我们的情感的哲学中它是通行的,311;这种区别不是建立在经验哲学关于自由意志的学说上面的,312;能力的感觉,与虚妄的自由感觉相比较,314;=通过经验所发现的一种行为的可能性或概然性,=对行为完成的预期或逆料,313;财富获得财产权的能力=对实际获得的预期或逆料,315(比较360)。

O

偶有性(accidents)——偶有性的虚构,222。

P

判断(judgement)
  §1. 并不必然含有两个观念的结合,96注;只是一个观想(概念)形式,"我们能够形成只包含一个观念的命题",97注;判断就是"知觉",456;只有判断可以是不合理的,情感和行为则不能是不合理的,416,459;道德照其本义讲宁可以说是感觉到的,而不是判断出的,470;我们的判断没有我们的行为那样自主,609。
  §2. 判断的对象是一个实在事物的体系,108;在视觉中判断和感觉的混淆,112;与想象相反,因为它应用通则来区别前行事件中的本质的和偶有的情节,147-149;知性借着改变情感的方向,对人类的自私心提供了一种自然的改正,489,493;若与记忆相对比,有优劣之分。
偏见(prejudice)——由通则所产生,可是也只能为通则所改正,146及以下。
平静(calm)——平静的情感应与微弱的情感互相区别,419(比较631),与理性混淆了,417,437(比较583)。
普通的(common)——=自然的,549。

Q

期待(expectation)——说明了能力和能力的发挥的区别,313(参看原因条,

齐一性（一致性）（**uniformity**）——自然的齐一性是可以理证的,89;是概然推理的基础,而不是其结果,90;齐一性的原则建立在习惯上,105,133,134;一次实验以后的推理的基础,105;间接地是概然推理的一个来源,135(参看原因条§6.B)。

谦卑(**humility**)——真诚的谦卑,不能希冀,598。

强力(**force**)——和活泼性,这些名词的含糊性,105,629(参看信念条);与激动不同,631(比较419);使许诺归于无效;这就证明,许诺没有自然的束缚力,因为"强力与任何其他希望和恐惧的动机本质上并无差别",525。

清洁(**cleanliness**)——611。

情感(**passions**)

§1. 情感是次生的印象(参看该条§1),或反省的印象,那就是说,它们是由某种本来的感觉印象发生的,而其发生"要不是直接的,要不是以观念为媒介的",275(比较,7,119);反省的印象分为平静的和猛烈的两种;爱、喜、骄、和它们的反对情感属于猛烈的一类,虽然这样区分并不精确,276;分为直接的与间接的:直接的情感,即欲望,厌恶,悲,喜,希望,恐怖,失望,安心,直接发生于福或祸,苦或乐;间接的情感,即骄傲,谦卑,野心,虚荣,爱,恨,怜悯,妒忌,恶意,慷慨,都由同一原则发生,不过是与其他性质结合而生的,276(比较438)。

§2. 间接的情感(参看骄傲条)。对于一个情感的观念可以借着同情心(参看该条)转化成为那个情感自身319(比较576);各个观念的结合永不能产生任何情感,305—306;各种情感的转移法则与想象和观念的转移法则相反,因为情感容易由强烈的情感进到微弱的情感上,341—342;在冲突的情形下,情感的法则战胜了想象的法则,344—345,但是它的范围较小,因为情感是借类似性相结合的,343;各个情感"能够完全结合",366(比较441),"决定任何情感的性质的,不是现前的感觉或暂时的痛苦或快乐,而是那种感觉的自始至终的总的倾向或趋势",385(比较190);情感的转移可起于(1)印象和观念的双重关系;(2)可起于任何两个欲望的趋向和方向的一致;当对于"不快"的同情是微弱的时候,它就借前一个原因产生恨,当这种同情强烈时,它就借后一个原因产生爱,385(比较420);伴随一个情感的任何情绪容易转变成那种情感,纵然与它性质相反,并且它没有任何关系,419;印象和观念的双重关系只在产生一个情感时,才是必要的,而对于一种情感之转变为他种情感,则并不需要,420(比较385);因此,情感在遇到反对、犹疑、隐匿、失纵时,就更加猛烈,421—422;习惯有增加或减少情感的最大能力,422;想象影响了我们的善恶观念的活泼性,因而也影响我们的情感,424;尤其是通过

索 引

同情,427;空间和时间中接近与远隔的关系,427及以下,间接的情感往往增加直接情感的力量,439;希望和恐怖是由忧和喜混杂而引起的,441;情感的相反产生了(1)它们的交替存在,(2)互相消灭,(3)混合,441(比较278);这依靠于观念的关系,443;概然性和情感444及以下;对真理的爱和好奇心,448及以下;虚荣、怜悯、爱、社会情感,491。

§3.A. 意志(参看该条)和直接的情感与理性(参看该条),399及以下;意志和直接的情感在动物方面也存在着,而其产生也和在人一方面永远相同,448;意志是快乐和痛苦的一个直接结果,但是严格说来,并不是一个情感,399(比较438);情感永远不是由推理所产生的,而只是被推理所指导的;情感只是由预料到痛苦或快乐而发生的,因此,理性决不能是意志的任何动机,414,492,521,526(参看道德的条§1);理性永远不能和任何情感或情绪争夺优势,因而"理性是并且只应当是情感的奴隶",415,457—458;"我们一看到任何假设的虚妄,一看到我们手段的不足用,我们的情感便毫无反抗地服从于理性",416;各种情感不能违反理性或真理,因为它们是本来的存在物,而不是表象性的存在,415,458;只有当它们带有某种判断时,它们才能违反理性,但是这时候,不合理性的就不是情感,而是判断;"选取任何公认的小善,而舍取任何大善,那并不违反理性",416。

B. 平静的情感或欲望往往和理性被人相混,因为它们不产生多大情绪,如慈善、好生,"对于抽象地被思考地福利的一般欲望和对于抽象地被思考的祸害的一般厌恶",417(比较437);平静的情感往往反着猛烈的情感决定意志;"决定人类的不单是现前的不安";"心灵的坚定"=平静的情感战胜猛烈的情感,418;平静的情感与微弱的情感应当有所区别,猛烈的情感与强劲的情感应当有所区别;一种平静的情感是"变为确立的行为原则的一种情感",419(比较631);感情和知性造成人性,两者在人性的一切活动中都是必需的,493;我们的情感往往拒不服从我们的理性,"那个理性只是情感依据某种辽远的观点或考虑所作的一种一般的、冷静的决定",583。

C. 欲望与直接的情感,438;"欲望发生于孤立地被思考的福利,厌恶发生于祸害",439;"除了福利与祸害,也就是除了痛苦与快乐以外,直接的情感还往往发生于一种自然的冲动,成为完全无法说明的本能",即希冀敌人受惩罚和友人得幸福的欲望,饥饿,肉欲和少数其他体欲;"严格地说,这些情感是产生祸福的,而不是由它们发生的,如其他感情那样",439。

§4. 各种情感之被夸奖和责备,是随它们的发动带有自然的和通常的力量而定的,483;我们的职责之感永远跟着我们情感的平常的、自然的过程发生,484;

在社会成立以前的人类状况中,自私和偏好是正常的情感,因而是值得夸奖的,488;"每一种不道德都是由情感的某种缺点或不健全发生的",488;一个自然的情感或对于一种行为的倾向,就是那种行为的自然束缚力,518;"一切道德都依靠于我们情感和行为的通常的进程",532;夸奖和责备只是一种较为微弱而较为难觉察的爱和恨,614(比较道德的条§1)。

§5. 关于我们情感方面的人格同一性应当与关于我们的思想和想象的人格同一性有所区别,253;关于我们情感的哲学在"能力"问题方面与严格的哲学有所区别,311。

情绪(emotion)——某种情绪都伴随着每一个观念和呈现于感官前的每一个对象,373,393;因此,当情绪增强时,我们就想象那个对象也增大了,374;这就说明各个对象在与其他对象比较时如何显得大些,小些,375。

权利(right)——动物不能成立权利关系,326;意味着一种预先成立的道德,462注,491。

确实性(certainty)——(参看概然性条,原因条§8);七种哲学关系中只有四种是知识的对象(参看该条)和确实性的对象,70(比较81,87,104);在根据因果成立的论证中,确实性是由经验得来的,124(比较153);在特殊问题上,怀疑家也不否认自己有确信,273(参看怀疑主义条)。

R

人格(person)——(参看同一性条§4,心灵条)。爱和恨的对象是"其他某个人,他的思想、行为和感觉是我们所觉察不到的",329,"某个人或能思想的存在物",331;容易由他人的观念进到自我的观念上,但相反的途径并不如此,除非在同情中(参看该条),340。

人类(man)——他对于社会的需要,485;"一般的人类"不是爱和恨的原因,而是其对象,481;没有关于人类原始仁善的问题,只有关于人类聪慧的问题,492;人性包含着感情和知性,两者在其一切活动中都是必要的,493;人之高出于动物(参看该条)主要是由于他的理性优越,人性是"惟一的关于人的科学",273;一个人是一束或一团不同的知觉,252,634(参看同一性条)。

人为措施(artifice)——政治上的人为措施,不是我们区分恶与德的惟一原因,500,521,533,578。

人为的(artificial)——在教育方面与"自然的"相对立,117;人为与正义,310(比较474及以下);人为的=计划和意向的结果;因此一切行为都是人为的,475,529;=思想或反省干涉的结果,484;人为措施=自然借判断和知性对倔强反常

索　引

的感情所提供的救药，489，496；人为的德与自然的德相反，475，577，580；正义虽然是人为地发生的，可是必然发生的，而非任意的，483－484；三个基本的自然法，不论如何必然，都是完全人为的，526；正义虽然是人为的，而对它的道德性的感觉仍是自然的，619。

S

撒利族法典（Salic law），561。

莎夫茨柏雷（Shaftesbury），254。

善（或福）（good）——对于片面的被思考的善的普遍的欲求，417；福与祸＝快乐与痛苦，276，399，438，439（参看道德的条）；三种善的分别；我们心灵的内在快乐，我们身体的外面优势，所有物的享有，487。

善（goodness）与慈善，602及以下。

上帝（god）——原始推动者，159；上帝的观念由一个印象得来，160；关于一个非物质的、能思想的实体的学说必然是和斯宾诺莎的体系一样，达到无神主义上，240及以下；上帝的观念由一些特殊的印象得来，那些印象中没有一个包含任何效力，或者似乎与其他任何存在有任何联系，因此，我们就没有作为原因的上帝的效力的观念，248；把上帝视为可以补充一切原因的缺点的一个有效原则，那就无异于使他成为我们一切知觉和意想的（不论好的或坏的）发动者，249；宇宙的秩序证明一个全能的心灵，不过我们不能有上帝的观念，正如我们不能有任何强力的观念一样，633注。

社会（society）（参照正义条§2）——为了满足人的需要必需有个社会，485；首先是由两性间的自然爱慕所产生的，486；随后是由关于共同利益的反省所产生的，那种共同利益达到一个协约上，而那种协约并不是一个许诺，487；这种反省是那样单纯而明显的，以致野蛮国家不能经久，而且"人类的最初状态和状况可以正当地认为是社会的"，493；"自然状态"是一个哲学上的虚构，493；虚荣、怜悯、爱，是社会的情感，491；在社会以前没有许诺，516；政府不是一切社会都需要的，而是由外战所引起的，540；没有政府的社会的状况是人类的最自然的状况之一，并且在第一代以后长期存在，不过没有正义，社会就不能维持，541；社会同人类一样古老，自然法也与社会一样古老，542；社会的德，578。

神迹的（miraculous）——与"自然的"相对立，474。

神学家（theologians）——他们关于思维实体的学说是地道的无神主义，和斯宾诺莎的学说一样，240及以下；他们的体系和斯宾诺莎的体系有其共同的荒谬之点，243。

审虑的（deliberate）——审虑的和偶然的行为的区别暗含着必然的学说，412。

生动的（liveliness）——印象的生动性，98及以下，119；这个名词的意义含糊，105（参看观念条）。

诗（poetry）——120，121；关于黄金时代的诗意的虚构，494；诗与历史；诗的热情和严肃的确信，通过反省和通则而互有差异，631。

时间（time）（参看接续条）——哲学关系的一个来源，14；时间的无限可分性，29及以下；时间的本质是：它的各个部分从来不是共存的，因此，时间是由不可分的刹那组成的，31（比较429）；时间观念是由我们各种知觉的接续得来的，35；没有单独的时间观念，36；时间的观念不是由任何特殊的印象（不论是感觉的或是反省的）获得的，而是由各种印象出现的方式获得的，37（比较96）；时间或持延的观念被一个虚构应用到不变的对象上，37（比较65）；时间的不可分的刹那是充满着某种实在的对象或存在的，39；因此，没有空虚的时间，40，65；被因与果同时存在的说法所消灭，76；时间或持续是位于单一和多数之间的，因此是同一性的观念的来源，201；"一般共存"的关系区别于"在心灵面前出现的同时性"关系，237；时间中的接近与距离，427及以下；不产生任何实在的东西，因此，财产权既是由时间产生的，所以它并不是对象中的任何实在的东西，而是情调的产物，515。

实体（substance）

§1. A. 各种实体是由联结作用所产生的一类复杂观念，13；实体这个观念是简单观念的一个集合体，想象把这些简单观念结合起来，给予它们以一个共同的名称，16。

B. 实体的虚构，用来支持各个物体的想当然的单纯性和同一性，219及以下；"一个不可理解的幻想"，222；逍遥学派关于实体和实体的形相的区别，221；整个体系是不可捉摸的，222；没有一个印象能产生实体的观念，232（比较633）；实体的定义，即"一种可以自己存在的东西"，是和"可能设想的任何东西都符合的"，233。

§2. 灵魂的实体，232及以下；（参看心灵条），"关于灵魂的实体的问题是绝对不可理解的"，250；不可能把一切思想和一个单纯而不可分的实体结合起来，正如不可能把一切思维和广袤结合起来一样，239；"关于一个能思维的实体的非物质性，单纯性和不可分性的学说，是真正的无神主义"，是和斯宾诺莎所主张的思想和物质共同寓托于其中的那个实体的统一性的学说相一致的。240及以下；斯宾诺莎关于样态和实体的学说和神学家的学说的比较，243－244；自我与实体是同一的么？635。

实验(experiment)——第一次经验以后的有效的推断,105(参看原因条,§7.B);凭借于自然的齐一性原则,131;"在推测将来时,过去每一个实验显然都有同样的分量,而只有较多数的实验才能加重某一方面",136;"各个实验的协力增加一个观点的活泼性",138(比较 140)。

实在性(实在物)(reality)(参看存在条)——两类实在性,一类是把记忆和感官的对象,另一类是判断的对象,108;"当一个对象的存在是连续不断的,独立于我们在自身所意识到的那些不停的变化以外时,我们就会认为那个对象有充分的实在性",191;意志把我们置于"实在事物的世界"中,而实在世界是与观念世界(这是解证的领域)相对立的,414;真理=对观念的实在关系的符合,或对实在存在的事实的符合,448。

视觉(vision)——视觉并不把距离或外在性报告我们,只有理性报告我们,191;视觉和触觉合起来给予我们以广袤这个观念,235;只有视觉和触觉的印象是有颜色和有广袤的,236 及以下。

事实(fact)——事实的真实=符合于"各个观念的实在关系,或实在的存在和事实",458;知性或是比较各个观念,或是推断出事实来,463(比较 413);(比较原因条,§7);道德不成立于能够被知性所发现的任何事实,468;当你寻觅一种行为的道德性时,你只能在自身以内发现赞许或不赞许;"这里有一种事实,不过它是感情的对象,不是理性的对象",469。

事实问题(matter of fact)——由因及果的全部推理的结论,94;与各个观念的关系相反对,463(比较 413)(参看事实条)。

适合(decorum)——612。

适合性(fitness)——不是分配财产时所依靠的一个原则,502。

守财奴(miser)——以此为例来说明,314。

舒畅心情(good humor),611。

淑德(modesty),570 及以下。

数量(quantity)——数量和数目是关系的一个来源,14;数量或数目的比例是一种可以理证的关系,70,464。

数学(mathematics)——数学点,数学点观念的性质,38 及以下;数学的定义与广袤的不可分的部分的理论符合,不过它的证明是和这种理论不符合的,42;数学的对象真正存在着,因为我们有关于它们的明白观念,45;几何学的证明名不符实,因为是建立在不精确的观念上的,45 及以下,那就是说,几何学中完全相等的观念是一个虚构,48;直线,49;平面,50;几何学不及数学和代数那样精确,71;几何学的价值,72;作为数学的对象的那些观念没有含着神秘性,因为它们是由印象模拟而来的,72;数学的必然性依靠于知性的活动,166;数学的解证只是概然的而当它们冗长的时候尤其如此,180;受想象的支配,198(比较48)。

私人的(private)——私人的和公共的职责,546;私人的和民族的道德的比例是被世人的实践所决定的,569。

思维(思想)(thought)(参看心灵和物质两条)——思维与广袤的关系,234及以下;唯物主义者的错误在于把一切思维与广袤结合起来,235;他们正和他们的反对者一样错误,他们的反对者是把一切思维同一个单纯而不可分的实体结合起来,239,不论他们认为思维只是一个"变状"或"样态",243,或是能思维的实体的一种"作用",244;能够被,并且也就被物质或运动所引起,"因为人人都看到他的身体的不同的情况能够改变他的思想和情调",248;"借着比较思维和运动这两个观念,我们发现它们是彼此差异的,而且借着经验,也发现,它们是经常结合着的",因此,此一个是另一个的原因,248。

斯宾诺莎(Spinoza)——他的可恶的假设几乎等于关于灵魂的非物质性(精神性)的假设,241及以下;他关于样态的学说,242;他的体系和神学家的体系都有其共同的荒谬之处,243—244。

T

天才(genius)——能够从应用一般名词搜集确切观念的一种神奇官能,24。

添附(accession)——和财产,509以下。

填充性(solidity)——一个第一性质,227,不能具有"实在的继续的,独立的存在",如果颜色、声音都被认为是"单纯的知觉",228;我们的"近代哲学"没有留下正确的或满意的填充性观念,因而也没有留下关于物质的满意的观念,229;=消灭的不可能性,因为(原作但是)这就意味着某种实在对象的被消灭,230;没有任何印象是填充性这个观念所由以发生的;不是由触觉来的,因为(1)物体虽然是借它们的填充性被人感觉的,可是那种感触是与填充性十分差异的一种东西,"它们并没有丝毫类似之点",230,(2)触觉的印象是单纯的印象,填充性的观念是一个复合观念,(3)触觉的各个印象是可变的,231。

通常的(usual)=自然的(参看该条),483,549;情感的通常的力量是夸奖的标准,483,488。

同意(consent)——不是政府的基础(参看该条),542及以下;住在政府的领土以内并不是对一个政府的同意,549。

同情(心)(sympathy)

§1.A. (参看同一性条§4,)可以用一个观念之转化为一个印象来解释,

317,427；自我的观念或印象永远是当下存在的，并且是生动的，317,320（比较340）；因此，凡与我们相关的任何对象必然以一种同样活泼的概想来被设想，317；但是其他人是和我们密切类似的（比较359,575）；所以这种类似关系就使我们容易体会他们的情调；接近关系和因果关系也со以协助，三者合起来把对于一个人的印象或意识转达到对于他人的情调和情感的观念上，318,320；因而对他人情调或情感的观念就可以"那样生动起来，以至于变为那个情调或情感自身"，319；因为一切观念既然是由印象借来，而其和印象的差别只在于活泼性，所以这个差别一旦消除，那么对于他人的情感的观念也就转变为它们所表象的那些印象自身；319（比较371）；关系借着对他人的观念和我们自己人格的观念的联结，而产生了同情，322（比较576）；在同情中，心灵由关于自我的观念进到关于另一对象的观念，这是与观念转移的法则相反的；它所以是这样，乃是因为"我们的自我如果离开了对其他任何对象的知觉，实际上就毫无所有"；"所以我们一定要把视线转向外界对象，并且也很自然地以极大的注意去考虑那些与我们接近或类似的对象"，340；每一个人都和我们自己类似，并因而在影响想象方面对其他每一个对象占有一种优势，359；"人们的心灵是彼此的一面镜子"，365；我们只是根据情感的外部标记来推测我们所同情的那种情感（比较371）；"没有他人的情感直接呈现于心灵之前"，一切感情都迅速地由一个人传至另一个人，正如交缠在一块的几条弦的运动一样，576。

B. 怜悯的来源，369及以下，"传来的同情的情感有时由于它的本来的情感的微弱而获得力量，甚至从本来不存在的感情的转移而发生起来"，370（比较319,584）；"我们把想象由原因（灾难）带到它通常的结果（痛苦）上，首先对他的悲哀发生一个生动的观念，随后对它感到一个印象，想象在这里受了通则的影响"，370（比较319）；"我们往往通过传导而感觉到他人的并不存在的，而只是借想象的力量预料到的苦乐"，385；这需要想象的绝大努力，而想象必须得到某种现前的活泼的印象的协助的，386。

C. 由两个不同的原因发生，(1)印象和观念的双重关系，(2)几种冲动的平行方向，犹如，当对于不快的同情是微弱的时候，它就借前一个原因产生了恨，而当是强烈的时候，它就借后一个原因产生了爱，385；同样，我们之判断对象既然多半凭借于比较，而少凭借于它们自身，所以借着同情就发生了与他人所感到的情感相反的一种情感，375（比较589）；当他人的反对增强了我们的情感时，同情心往往以其相反情感的面容出现，因为他人的情绪若非有几分变为我们自己的，就永远不能影响我们；比较和同情的作用直接反对，593；在转变一个观念为一个印象时，同情比之比较作用需要更大的力量和活泼性，595；是一种偏私的性质，"它只在一方面观察它的对象",371;双重同情,389;同情的双重回跃,602。

§ 2. 在一切人中都发现有同情,并且是同一民族中的人们性情所以齐一的来源,317;协助爱和恨,349;是对于亲朋之爱的一个原因,因为同情提供我们以活泼的观念,而每一个活泼的观念都是愉快的,353,对他人的同情所以愉快,只是"由于它给了元精以一种情绪",354;是我们所以敬重富人的主要原因,这种敬重往往是不计利害的,358,361,616;在整个动物界都可以观察到,363,398;在人类方面特别可以观察到,人类每有一种欲望,都是针对社会的,363;甚至在骄傲中、野心中、贪婪中、好奇心中、肉欲中,都以同情为其灵魂或鼓动的原则,363;美的来源,364;因此,我们在每一种有用的东西中都发现了美,576;同情说明为什么效用是使真理成为愉快的必需条件,450。

§ 3. A. 是他人的判断所以影响我们的理由,320;是我们由夸奖得到快乐的一个源泉,323;对他人意见的同情使我们认为自己的不正当的行为是恶劣的,499;对公益的同情心是对正义的道德赞许的来源,500;美感大部分依靠于对那个对象或性质的所有者的快乐的同情上,576;在同样方式下,往往产生了我们道德的情绪;"是我们所以敬重一切人为的德的根源",577;它也产生了许多其他德性,即产生了我们因其有益人类而加以赞许的那些德,578;我们若非借着同情,就不能对社会发生广泛的关切,579;使我们赞许那些有益于占有者的那些德,纵然那些人是陌生的人,586(比较 591);说明了同样的性质永远激起骄傲和爱的这个事实,589;使我们能够照他人看待我们的眼光来观察自己,甚至不赞许那些对我们有利的性质,589;是我们所诿于骄傲和谦卑的那种恶和德的根源,592;"人类灵魂的交感是那样地密切和亲切的,以致任何人只要一接近我,他就把他的全部意见扩散到我心中,并且在或大或小的程度内影响我的判断",因此,我自然要照一个人考虑他自己的那个观点来考虑他,592;使得骄傲有几分和功德有同样的效果,595;我们对于性格与自己相似的人有一种立刻的同情,604;道德区别的主要根源,618;是一个很高贵的根源,比人类心灵的任何原始的本能都高贵,619。

B. 各种反驳(1)我们的敬重心纵然没有变化,可是我们的同情仍然有变化,因此,我们的敬重并不发生于同情,581;(2)一种心理性质纵然对任何人不产生任何福利,可是我们仍然认为那个性质是善良的:"贫家中的德仍然是德",不过对于一种本不存在的人类的福利,并不能有同情,584(比较 370,371);这是缘于"通则":我们定了一个规则,"即只同情于那些同我们所考虑的人打交道的人们",583(比较 602);"广泛的同情心(这是我们的道德情操所依靠的)和狭窄的慷慨(这是人类自然而有的,并且是正义的根源)之间的矛盾,借着假设了'通则'的影响,而被消除了",586。

同一性（identity）

§1. 最普遍的一种关系，14；与其说是由理性所发现，毋宁说是由知觉所发现，除非是它被因果关系所发现，74；是一种不"依靠于观念"的关系，因此，只是概然性的一个来源，73；各个印象的同一性比最完全的类似性都产生了一种较为强烈的联系，341。

§2. A. "个体化的原则"，200及以下，一个对象只产生一个单位的观念，多数对象产生数目观念；时间或持续也是同一性观念的来源，200；"一个对象与其自身是同一的"="一个时候存在的对象，与另一个时候存在的它本身是同一的"；这个"原则"只是任何一个对象在所假设的时间变化中的不变化性和不间断性，201。

B. 一团物质的同一性在下列三种情形下给我们保存下来，(a)当变异对全体说来是微小而渐进的时候，256；(b)当各部分结合于一个共同目的，尤其是当一个有机体中各部分有一种交感作用的时候，257；(c)当一个对象天然是变化的时候——就如一条河流，258。

§3. 我们印象的恒定性，即它们在不同时间的类似性，使我们思考它们有个体的同一性，199，202，253及以下；一系列互相关联的印象和一个同一的对象，使心灵处于同样的心向下，203。因而我们把接续性和同一性混淆了，204；两种类似关系产生了这种混乱，204注；不过这个假设的同一性被我们知觉的明显间断所驳倒，我们借着它们的继续存在的虚构，来避免这种矛盾，205及以下；并进一步借实体或物质的虚构来避免它，219（比较254及以下）（参看物体条§2，存在条§2）。

§4. A. 人格同一性或自我的观念，251及以下；印象永不曾被感觉认为独立于我们自己以外，189；我们在何种范围内是我们感官的对象，是一个很难解答的问题，190；在我们的身体或感官以外，并不就是在我们自己以外，191；没有任何"自我"印象，我们可由以得到一个单纯的、同一的人格的观念，251，189（参看感官条）（比较633）；除了一个特殊知觉以外，我们从来不曾亲切地意识到任何东西；一个人是"一束或一团以不可想象的速度接续而来，并且不停地迁流运动的不同的知觉"，252，634；我们所诿于心灵的那种同一性，正和我们所诿于植物和动物的同一性相似；想象使我们误认前后相承的互相关联的对象为一个同一个对象，254；我们借虚构一个灵魂，自我，或实体，来掩饰这种间断，或者想象除了它们的关系而外，还有某种不可知的、神秘的东西联结各个部分，254；我们所诿于人类心灵的同一性是一个虚构的同一性；它不能把各个知觉融为一个知觉，它也不是它们之间的一种纽带，259；它只是由类似和因果关系所产生的一种顺利的转移,260,636;记忆作为这些关系的源泉不但发现同一性而且产生了同一性,261,可是我们仍然把原因系列扩充于记忆以外,262;对心灵的单纯性所作的解释,也和对心灵的同一性所作的解释一样,263;自我和实体是同一个东西么？635;没有任何满意的理论来说明那在我们思想中或意识中结合继出现的印象的原则,636;我们必须"区分思想或想象的人格同一性,和情感或我们对自身的关切方面的人格同一性",253。

  B. 自我——骄傲和谦卑的对象,277,286;我们自己的存在是可以持续的,293;"自我或我们所亲切记忆和意识到的接续着的互相关联的观念和印象",277;"我们所谓自我的相继出现的知觉",277;"我们各人都密切意识到其行为或情绪的那个自我或同一的人格",286;我们心灵和身体（即自我）的各种性质,303;"关于自我的观念或印象,永远亲切地呈现于我们,我们的意识给予我们以关于自我的那样生动的观想,所以我们不能想象任何东西能在生动性方面超出它以外",307,320,339,340,354,427;我们自我和他人间的关系,是同情的基础（参看该条）,318,322,359;容易由对他人的观念进于自我观念上,但相反的说法则不正确,340;自爱不是本义的爱,329,480。

同意（assent）——对任何意见的同意完全依靠于所感觉到的一种强烈倾向;不得不在一种特殊观点下考虑任何事物。265（参看信念条,怀疑主义条）。

推断（inference）——（参看信念条,原因条,）并不一定需要三个观念,97注。

推理（reasoning）——两个对象的比较,和对于它们的恒定的或不恒定的关系的发现,当至少有一个对象不呈现于感觉时,才是应用推理的恰当场合,73;与知觉相对立,73,87,89（比较103）;并不需要三个观念,即是说,我们由一个结果直接推出它的原因,而且这是最强烈的一种推理,97注;可以还原于概想,97注;意味着预先具有观念,164;概然推理只是一种感觉,103（比较73,625）;根据原因和结果进行的推理对于意志所加的影响,119;信念是某种感觉或特殊的概想方式,它是单纯的观念或反省所不能消灭了的,184;由奥妙的推理所发生的确信,随着需要理解它时的努力程度而逐渐减低,186（比较455）;理证的和概然的推理:前者的领域是"观念的世界",是与"实在的世界"相对立的,413;只是我们思想和观念的一种活动,而且除了观念或微弱的概想以外,没有东西能够进入我们的结论之中,625（比较103）。

W

外界的（external）——与内心的相对立,166,167;对象（参看该条）与内心的活动相对立,464;与内心的动机、原则,或性质相对立,477及以下;没有外界存在的观念(参看该条)与观念及印象有种类上的差别,67(比较188,211及以下);当一个印象在我们的身体以外时,它并不是在我们自身以外的,190;因为我们的肢体本身也只是印象;凡没有广袤的印象,如声音、嗅味等,都不能是在任何东西以外的,191;"不通过一个意象或知觉作为媒介,任何外界的对象都不能被心灵所认知",239。

外缘(occasion)——外缘和原因,其间没有分别,171。

[渥拉斯顿](Wallaston)——他的学说主张所谓恶是引起虚妄判断的一个倾向,461注。

无神主义(Atheism)——斯宾诺莎的无神主义,和关于思想实体的非物质性(精神性)、不可分性,和单纯性的学说相同,240及以下,244。

无限(infinite)——空间和时间的无限可分性,26及以下;点、线等的无限可分性,44,数量的无限性,52。

物体(body)

§1. 它的实在的本性发现不出,只有它的外表特性可以认知,64;能力和必然性不是物体的性质而是知觉的性质,166。

§2. A. 要问有无物体,那是徒然的;那是我们在我们的一切推理中所必须假设的一点,187。但是我们为什么相信物体的存在呢?即是说(a)我们为什么当各种知觉不在感官之前时,还以继续的存在诿于它们呢?(b)我们为什么假定它们有一种独立于心灵和知觉以外的存在呢?"外界存在的意象在当作一种与我们的知觉有种类上的差异时"是荒谬的,188(比较66及以下)。各种感官决不能产生一个继续的、独立的存在的信念,189—193;理性也不能产生它;因此,根源一定在于想象,193;我们把继续的存在只诿于某些知觉,192,而我们所以这样做不是因为它们的不自主性和活泼性,而是因为它们的特殊的恒定性和一贯性,194—197;一贯性和继续性的混淆,198;恒定性或类似性在不同的时候与同一性混淆,199—204;以关于独立存在的进一步假设来支持此点,205;这种假设不包含有对心灵本质的任何矛盾,而且我们相信这个假设,209,虽然它与最明白的经验互相冲突,210。

B. 为了避免这个困难,哲学家区分了知觉和对象,这个见解保留了通俗见解的一切困难,还加上了它所特有的困难,211—213;它把间断性归于知觉,把继续性归于对象,215;不论根据任何系统,都无法辩护我们的知性或我们的感官——不论是接受或排斥知觉(即物体)的继续而独立的存在,218。

C. 我们的物体观念,人们承认,只是我们所见为经常联合着的各种可感性质的一个集合体,我们认为这个混合体是单纯的,自同的,虽然它的组合性和它的单纯性相矛盾,而它的变异也和它的自同性相矛盾,219;为了避免这些矛盾,想象就虚构了一个未知的、不可见的、不可理解的东西,称之为实体或物质,220;不过"任何一个性质既然是独立于其他性质以外的一种事物,所以也就可以设想为独立存在,而且也可以离开其他物质,并且离开那个不可理解的实体虚构而独立存在",222。"整个体系是完全不可理解的,然而却是从和上述这些原则中的任何一个都同样自然的原则得来的",222。

§3. 近代哲学由于区别了初性和次性就不但不曾说明外界对象的作用,反而消灭了它们,并使我们陷于有关这些性质的最诞妄的怀疑主义地步,228;如果颜色、声音等只是知觉,那么就没有留下任何东西,能供给我们以一个正确的、首尾一贯物体观念,229(比较192);没有任何印象是物体这个观念所由以导生的——触觉并不是这种现象,"因为物体虽然是借其填充性而被人感觉的,可是触觉是与填充性十分差异的一种东西,而且两者并无丝毫类似之点",230;根据因果而进行的论证和使我们相信物体的继续独立的存在的那个论证是彼此直接冲突的,231(比较266)。

物理的(physical)——物理的和精神的必然性,没有区别,171;物理科学和精神科学,175。

物质(matter)

§1. ——笛卡尔派所说的质与力,159;或者是一个实体,支持物体的单纯性和同一性的一个虚构,219及以下(参看物体条);逍遥哲学中所说的物质的同质性,221;含有抵抗能力,564。

§2. ——物质与心灵(参看该条),232及以下;大部存在物可以不与有广袤的物体发生位置关系而存在,即是与物质没有位置上的结合,235;唯物主义者把一切思维与广袤结合起来,那是错误的,正如那些把思维同单纯的不可分的实体结合起来的人们一样,239;斯宾诺莎也是错误,他假设思维和物质都寄托于实体的单一性中,241(比较244)。

——物质或运动是我们知觉的原因,246及以下;先验地讲来,没有理由可以说明物质何以不能引起思维,247;就事实问题而论,我们发现物质或运动与思维有一种恒常的关系,"因为每一个人都觉察到身体的各种不同的倾向改变他的思想或情调",248;因而物质可以是并且也就是思维和知觉的原因,248。

§3. ——物质的作用是必然的,不过这种必然性只是通过恒常的联合所产生的心理的强制倾向,400;"我并不认为意志是具有人们假设物质中存在的那种不可理解的必然性,我却认为物质具有最严格的正教徒所承认或必然承认为属于意志的那种可以理解的性质,不论你是否称之为必然",410。

X

希望(hope)——与恐惧,440 及以下,由喜与悲所引起,441。

吸引作用(attraction)——心理的吸引作用与自然的吸引作用比较;它的各种原因不可解释,13。

习惯(custom)

§1."凡不经任何新的推理或结论而由过去的重复所发生的任何东西,我们都称它为习惯";它在我们有暇反省之前,就发生作用,并且是一种"秘密的作用"104。

§2. 抽象观念的概括代表性的来源,20。

§3. (参看原因条,§7)强制我们由一个对象的印象进于另一个对象的观念或信念上,97,170;在根据一个实验而进行推断的情形下,"在一个迂回而人为的方式下"被反省产生出来,105(比较 197);使我们确信自然的齐一性原则,105,134;一个"充分而完备的习惯",把过去转移于将来,135;怀疑主义证实了一个观点,即一切根据因果而成立的推断都建立在习惯上,183(比较 223)。

习惯有两种,一种间接产生了一个活泼的观念和信念,另一种是直接产生的,即教育,116;但是后者是一个人为的原因,不是自然的原因,因而哲学家认为它是对任何意见给以同意的一个谬妄根据,117;有意识地重复各种实验,也并产生不了一个特有的习惯,140。

一个不完善的习惯是概然性的一个直接来源,130(参看原因条,§8.C);一个完备的习惯分化了一个间接的来源,133 及以下;它被一种相反的经验"分裂开来而散布"出去,后来又被经验的协力而重新结合起来,134。

习惯是非哲学的概然性的一个来源,因而是它的惟一救药,146 及以下;在通则(参看该条)的形式下甚至反着现前的观察和经验影响了判断,147;因此,引起了想象与判断之间的对立。

§4. (参看物体条)由我们各个知觉的连贯推出它们的继续存在来的论证是建立在习惯上的,但是仍然与我们根据因果而成立的论证十分差异,因为这种推断是在一个间接而迂回的方式下由知性和习惯发生的,197(比较 105,133);我们各个知觉的规则性都不能使我们推断出某些未经知觉的对象中的较大程度的规则性,因为这就假设了一个矛盾,即"借从来不曾存在于心中的东西而获得了一种习惯",197;"这样把习惯和推理扩展到知觉之外,决不能是恒常重复和联系的直接而自然的结果,而必然是由于其他一些原则之合作而发生的",这些原则就是想象原则,198。

§5."在我们的情感中,也如在我们的推理中一样,迅速把我们带到正当的界限以外",293;使我们对自己有一个好感,"因为心灵在观察熟习的对象时感到愉快舒适",355。有增加或减弱情感的很大力量;对于心灵有两种原始的效力:产生实行或观想的顺利性,随后又产生一种趋向或倾向,422,顺利程度太大时,就把快乐转变为痛苦,423;增强一切积极的习惯,424;是作为一种财产权名义的现实占有的来源,503。

协议(**convention**)——以稳定性赐予所有物,489;不是一个许诺,"只是关于共同利益的一般意识,社会全体成员都互相表示这种意识",就如共同划船的两个人的共同意识一样,490;没有许诺的协议是语言的来源,490;许诺在人类协议以前是不可理解的,516;协议在许诺方面创造一个新的动机,522;是政治正义也是自然正义的来源,485。

习惯(**habit**)(参看习惯条)——只是自然原则之一,并且由那个来源得到它的全部强力,179。

喜悦(**joy**),喜悦和骄傲,290;喜悦与悲哀的混合产生希望和恐怖,441及以下。

戏剧(**drama**),115;戏剧的一致,122。

先验的(**a priori**)——先验地讲,任何东西都可以被任何东西产生出来,247;没有先验地必然的联系存在,466;关于淑德的先验论证,571。

现象(**appearance**)——现象和一切存在和实在对感官说来都是同一的,188及以下;一切感觉被心灵感到就真正是它们那样,189;"心灵的一切活动和感觉必然是在每一个点上,现象正如其实在,实在也正如其现象",190(比较385,417,582,603,632),现象和存在之间的区别来自想象,193及以下;"倘使我们不改正事物的暂时现象,并忽略我们的当下情况",582,我们就不能有语言或进行交际;对象在感官面前的现象需要经常由反省加以改正,603,并由想象所造的一般规则加以改正,632。

相等(**equality**)——线段等的相等,关于相等的各种困难,45及以下,完全的相等是一种虚构,448。

相反性(**contrariety**)——关系的一个来源,15;四个可以证明的关系之一,是被直观所知觉的,70,464。

只存在于存在和不存在之间,173;各个实在的对象都不能是相反的,247。骄傲与谦卑是直接相反,并且互相消灭,278;爱与恨也是如此,330;各种情感的相反性结果产生了(a)交替;(b)互相摧毁;(c)混合,441。

想象(**imagination**)——与记忆相对立,8及以下,86,93,97注,628(比较265);与记忆及理性相对立,117;与经验相对立,140;与判断相对立,148—149;与知性相对立,97,267(比较182);有移置和改变观念的能力,10,92,629;主要从事于形成复合的观念,10;根据某些原则,联结各个观念,10;那些原则有时候是"恒定的,不可抗的,普遍的",在其他时候,又是柔弱的,可变化的,不规则的,甚至在立身处世中没有用处,225(比较148);因而就领我们达到直接相反的意见上,266(比较231);知性="想象的一般的,较为确定的特性",267;想象的这种活动之为自然,正如疾病之为自然一样,因而被哲学所抛弃,226;由模糊的观念进于生动的观念,339;但是在情感一方面,则与此相反,340—345(比较509注);想象在两个观念之间的一来一往构成一种完备的关系,355;"把习惯和推理扩充及于知觉以外",197;当它的对象消逝时,想象还继续前进,正如正划着的船一样;使一种不完备的齐一性趋于完善,198,213,237;通则的来源,371,385,504注;少受抽象推理的影响,185,268;容易受近处事物的影响,不易受远处事物的影响,因此,政府是必要的,535;想象和情感,340及以下,借着一种大的努力使我们同情一种不被知觉的感情,371,385—386,在同情心中把一个观念转变为一个印象(参看该条),47;是决定财产权的那些规则的来源,504注,509注,513,531,559,566;动物不能感到想象的快乐或痛苦,397。

逍遥学派的(peripatetic)关于自然,自然中交感和反感的虚构,224。

效能(efficacy)——原因的效能(参看该条,§9),156;效能的观念不由理性得来,157;而是由印象得来,158及以下,第二性原因的效力,160。

效用(utility)——使真理成为愉快的,不过只是借助于同情,450;美的一个来源,576;效用通过同情成为道德情绪的来源,577。

协作(co-operation)——增加人的能力,485。

心灵(mind)(参看同一性条,§4)。

§1. A. "心灵只是被某些关系(比较636)所结合着的一堆不同知觉或其集合体,并错误地被假设为赋有一种完全的单纯性和同一性",因而如果把任何特殊的知觉和心灵分开,或把一个对象与心灵结合起来,那并不荒谬,207(参看同一性条,251及以下);"心灵是一种舞台:恰当地说,在同一时间内心灵是没有单纯性的,而在不同的时间内,它也没有同一性";不过我们决不可因为拿舞台来比拟心灵,发生错误想法,因为"这里只有接续出现的知觉构成心灵",253;心灵比做一个共和国,261;"要想对人类心灵有一个正确的观念,就该把它视为各种不同的知觉或不同的存在物的一个体系;这些知觉是因果关系联系起来,互相产生,互相消灭,互相影响的",261。

B. 心灵仿佛一具弦乐,各种情感慢慢消逝,441(比较576);只有心灵的性质是善良的或邪恶的,574;"德或恶需要心灵的某些持续的原则",575;一切人的心灵在其感情和作用中都是相类似的,576;能支配它的全部观念,因而信念不能是一个观念,624;"在任何重要的条款方面,心灵都几乎不能改变它的性质",608;理智世界不像自然世界有那么些矛盾:"我们关于理智世界所有的知识都是自相符合的,至于我们所不知道的,那我们就只好听其自然了",232;"心灵的各个知觉是完全被人认识到的",366(比较 175)。

§2. A. 心灵的非物质性(精神性),232—250;我们没有心灵的实体的观念,因为没有这样的印象,232;如果所谓实体指的是某种能独立存在的东西,那么知觉就是实体了,233;我们也没有任何寓存观念,234;有关心灵的实体的问题是绝对难以理解的,250。

B. 心灵与物质在位置上的结合;人们争辩说,思维和广袤是完全不相容的,因而灵魂必然是精神性的,234;但是下面的说法是真实的,就是:大部分存在物虽然存在,而却不在任何地方存在,就是一切对象和知觉(除了属于视觉和触觉的以外,235)和想象认为有位置的那些别的对象,237;因此,那些把一切思想与广袤(参看该条)结合起来的唯物主义者就都是错误的,239;不过也有些印象和观念是确实有广袤的,主张能思想的实体的精神性,不可分性和单纯性的学说是一种真正的无神主义,并且为斯宾诺莎的一切臭名昭彰的意见作了辩护,241;斯宾诺莎说,对象的宇宙是一个单纯实体的变状,神学家说,思维的宇宙是一个单纯实体的变状,242;两种见解都是不可理解并且同样荒谬的,243—244;并且归结到一个危险的不可挽救的无神主义,244;如果你不称思维为灵魂的活动,而不称它为灵魂的变状;结果仍然一样,245,246;我们知觉的原因可能是而且也就是物质(参看该条)和运动,247—248。

信念(belief)(参看怀疑主义条)

§1. 知觉的活泼性,86;对于任何观念的一种强烈而稳定的观想,97 注,101,103,116,119,"活泼性"与"明白性"有别,因为在不信中也和在信念中一样有同样明白的对象观念,不过在信念中,那个观念是在不同的方式下被观想的,96;一个观念的强劲有力,是和它在心灵中所产生的激动有所区别的;因此就产生了诗和历史的差别,631(比较 419);活泼性不是各个观念之间的惟一差异;各个观念使人实在有不同的感觉,636(比较 629);印象的活泼性不是真理的尺度,也不是信念的惟一来源,143,144;就如,哲学的概然推论就和非哲学的概然推论互相差异,因为它借反省和通则改正活泼性,146 及以下,631。

§2. 它是由对于当下印象有一种关系而产生的一个活泼观念,93,97,98,209,626,而这种关系是由习惯所产生的,102;信念只由因果作用产生,而不由类似和接近两者产生,107;不过也因为有这些关系而加强并因为没有这些关系而减弱,113。

§3. 信念会因冗长的论证而减弱,144;这是怀疑主义的救药,186(比较218),268,在历史方面,146,和道德学方面则有例外,因为它们各有特殊的兴趣,455;不完备的信念是不完备的习惯的直接结果,或是分散的完备习惯的间接结果,133及以下;伴随概然性的信念是一种混合结果,137;非哲学的概然性,146及以下。

§4. 由因果关系发生的对一个对象的存在的信念,不是附着于单纯的对象的观想上的一个新观念,623(比较66及以下);(a)它不是附加到对象观念上的一个存在观念,因为我们没有任何抽象的存在观念,623;(b)它根本不是一个观念:如果它是一个观念,那么一个人愿意相信什么,就能相信什么,因为心灵可以支配它的全部观念,624(比较184);信念"只是某种感觉或情调",它不依靠于意志,而且只有它可以使事实和幻想区别开来,624,153;较正确地说来,它毋宁是人性中感觉部分的一种活动,而不是认识部分的一种活动,183(比较103),并且不是一种单纯的思想活动,184。不过它不是和观想有所区别的一种感觉或印象;因为(a)对于每一个别的事实观想并没有一个别的印象与之相伴,625;(b)一个活泼的观念就说明了样样事情;(c)一个坚牢观想的原因就说明了一切需要说明的东西,626;(d)一个坚牢观想对情感所施展的影响就说明了信念的一切效果,625(比较119);使信念区别于观想的那种感觉,只是一种坚牢的观想,627;劲强、活泼性、填充性、坚牢性、稳定性等名词的含糊性,629。

§5. 对于物体(参看该条)的存在的信念,187;各种知觉的继续存在不但被人假设,而且被人相信,209;对于感官和想象,或对于理性的信念,永远得不到说明;疏忽懈怠或漫不经心是怀疑主义大惑的惟一救药,218(比较186,268,146,632)。

§6. 信念对于情感的影响,119,625,对于传中想象的影响,例如,在诗中,120;想象对信念的反作用,123。

行为(action)——行为与真理;"行为是本来的事实与存在","本身圆满自足,不能断定为是真的或伪的,违反理性的或符合理性的",458(比较415);除非是在一种不恰当的意义下,说是间接被一个虚妄判断引起,或引起这种判断,459。

行为(actions)——和意志(参看意志条、必然条)——动机和行为之间的恒常联合产生了由此及彼的推论,虽然人们公认人类的行为反复无常,401,411,632－633(比较575);任何行为的必然性不是行动者的一个性质,而是旁观者的心灵强制,408;行为比判断较为自主,不过我们在行为方面也和在判断方面一样不自由,609。

行为（actions）——行为的功，只有当行为是由人类中一种恒常经久的东西，是由一种性格出发，并因而需要必然学说时，才能存在，411，575（比较632）；只有性格和行为才能刺激起所谓德性的一种特殊快乐，472；"当我们夸奖任何行为时，我们只顾及产生那些行为的动机"；"行为只是心灵和性情中某些原则的标记"，外面的实行并没有功，477；我们所以责备一个人不践履一种行为，就因为他不曾受到那种行为的固有动机的影响，477；"使任何行为有功的那个原始的善良的动机，决不是对于那种行为的德的尊重"，478；"人性中如果没有独立于德感的某种产生善良行为的动机，任何行为都不能是善良的，或在道德上是善良的"，479；行为者的意向对于行为的道德性是必要的，461和注。

行为者（agent）——一种行为的必然性不是行为者的一种性质，408（比较632）；行为者的意向，461。

形而上学（metaphysics），31，32，190。

形式（form）——实体的形式的虚构，221。

形相（fosmal）因，171。

性质（quality）——关系的一个来源，15；性质的等级（或程度）是凭直观知觉到的一种可以证明的关系，70，464；能力、必然和广袤都是知觉的性质，166及以下，239；未知的性质也是可能存在的，168（比较172）；我们对于物体的观念是感性性质的观念的一个集合体，219；"任何一个性质既然是区别于其他性质的一种独立事物，所以也就可以被想象为独立存在，而且也就可以不但离开了其他性质，并且离开了那个不可理解的'实体'虚构，而独立存在"，222；关于奥秘性质的虚构，224；初性和次性的区别，226—231（参看物体条）；感性的或第二性的性质，227；起作用的那个性质区别于它在骄傲的原因中所寓托的那个客体（参看骄傲条，§1，原因条，§10），279，330；一个人的恒常性质"在一个行动完成以后，仍然存在"，349；我们只须考虑行为所以出发的那个性质或性格，575；只有心理的性质只是善良的或恶劣的，607；自然的才能，530。

性格（品格）（character）——根据性格来判断行为的可能性，400及以下；人的一种较经久较恒常的东西，给予他的行为以一种道德的性质，411（比较477）；只有性格和行为能够刺激起我们所称为德的那种特殊的快乐，而且只有在它们"一般地被考察"时才是这样，472；行为只有在其是某种性质或性格的标记时，才是善良的；性格必然依靠于扩及行为全部并构成人的性格的经久的心灵原则，575（比较349）；使我们发生道德情操的是一个人的性格对与他交接的那些人所发生的影响，582；心灵几乎不能在任何重要条款方面改变它的性格，608（参看同一性条，§4）。

雄辩(辩才)(eloquence)——611。

虚构(fiction)(参看信念条,§1)——对作为静止的尺度的持续的虚构,37,65;完全相等性的虚构,48;关于继续的、独立的存在的虚构,193及以下;这个虚构得到信仰,209,由习惯得来,不过是迂回而间接地得来的,197;关于知觉和对象的双重存在的虚构,211及以下;完全是幻想的产物,216;实体或物质的虚构,220;关于实体的形相的虚构,221;偶然性的虚构,222;关于自然界官能或凭隐秘性质,交感或反感的虚构,224;关于人格同一性,灵魂。自我,实体的虚构,以掩盖我们知觉的变化,254,259;关于"自然状况"的哲学虚构,493;关于"黄金时代"诗的虚构;494(比较631);关于"欲求一种义务"的虚构,523;关于不完全的所有权的虚构,529;对虚构进行考察,正如对我们的梦境进行考察一样有用,219。

虚荣(vanity)——一种"社会的情感",491。

许诺(promise)——确立正义的那个社会习惯不是一个许诺,490;在"自然状态"中没有许诺,501;许诺的束缚力,516及以下;令人履行许诺的规则不是自然的,因为(1)一个许诺在人类的社会习惯以前是不可理解的,516及以下,(2)纵然可以理解,也不会是有束缚力的,516;由一个许诺所表示的心灵活动既不是完成任何事情的一个决意或欲望,也不是对于那种行为的欲求,516,也不是对于那种义务的欲求,517,518,523,524;我们没有独立于职责感以外的一种履行许诺的动机,518(比较478,522);没有践履许诺的自然倾向,如对于以人道待人那样,因此,忠实践约并不是一种自然的德,519;人们所以需要践约的规则是为了补充关于财产的稳定或转移的自然法,520(比较526);我们借文字或象征形式创造了一个新的动机,使我们在不能忠实践约时,就要受到不再被人信任的惩罚;不过利益是践履许诺的最初束缚力,522;后来一种道德的情调又协助利益,而变为一种新的束缚力,523;不过文字形式不久就变为许诺的主要形式,因而引起一些矛盾,524;暴力使许诺归于无效的这个事实,就说明许诺没有自然的束缚力,525;践履许诺是人类所发明的第三条基本的自然法,526,它的束缚力是在政府成立以前就存在的:它们是政府的本来根据并且是最初的服从义务的来源,541;不过忠顺迅速地获得了它自己的一种束缚力,因此,一切政府都不依据在同意上,542;许诺和忠顺的道德的束缚力是独立的,正如利益的自然束缚力是独立的一样,545(比较519)(参看政府条,忠顺条)。

选择(choice)——"意志或选择",467。

Y

样态(modes)——由联结作用所产生的复合观念的一种,13;样态与实体,17;斯宾诺莎的样态说或变状说,和"神学家"的学说相比较,242—244(参看心灵条§2.B)。

野心(ambition)——较低的一种野心,300。

一般的(general)(参看抽象条)——一般的能力概念,161;一般的快乐概念,425;关于性格和行为的一般考虑产生一种特殊的快乐或痛苦,就是我们所谓德或恶,472;人类行为中在概观之下凡能使人不快的任何东西都称为恶,499。

一贯(或连贯)(coherence)——我们各种感觉的连贯性是人们所以虚构它们的继续存在的一个来源,195 及以下;=我们各个知觉变化的有规则的互相依靠,195;各种快乐的一贯与其他印象的一贯属于"不同的种类",195;并不令我们把继续的存在诿于我们的情感,而只诿于运动,填充性,形象等知觉;我们如果不想象我们的某些知觉的继续存在,就不能说明它们的规则性,196—197,这种一贯是通过习惯发生作用的,不过是"间接的""迂回的"——即是借着刺激起想象的一种倾向,使它继续在其所进行的路途上前进和把所观察到的局部齐一性补足成为完善的齐一性那种倾向,198(比较,237);是根据经验而进行的一种不规则的推理,即是一贯使我们发现与知觉相对立的各个对象的关系,242。

意图(design)——动物的行为可以推测出是有意图的,176;在帮助或侵害我们的人一方面意图增加我们的爱或恨,因为意图指示出他有某些性质,"在他完成行为之后仍然存在着",而且我们通过同情心受到那些性质的影响,348—349;凡依意图实行的一切行为都是人为的,475。

意向(intention),348,349,412,461 和注。

意欲(volition)——是本来的事实和实在,因而不是符合理性而成为真或违反理性而成为妄,458;痛苦和快乐的直接结果,574(参看意志条)。

意志(will)

　§1. A. 意志的施展(发挥)把能力转化为行为,12(比较172);被关于活泼的快乐和痛苦的观念所影响,119;关于意志的经院派学说和世俗的学说,312;意志和动机,312;人类意志的变化无常,313;意志和直接情感,399 及以下;严格说来,不是一个情感,虽然是快乐和痛苦的直接结果:"我所谓意志只是指我们自觉地发动自己身体的任何一种新的运动,或自己心灵的任何一种新的知觉时,所感到的和所意识到的那个内在的印象";这个印象是无法定义的,399(比较 518);意欲是一种直接的情感,438;"当身或心的行动可以达到趋福避祸的目的时,意志就发动起来",439;意欲作为本来有的存在物看,既不是真的,也不是假的,既不是合理的,也不是不合理的,458;"意志或选择",467;动物有意志,468;意志=人的性格或某种经久的、恒定的东西,411,412(比较348,575)。

　B. 欲求一种义务,严格说来是不可能的,517;意志永不会创造出新的情调来,因而不能创造出新的义务来,518(比较399);不过我们虚构说,人们欲求一种义务,以便避免矛盾,523。

§ 2. A. 意志的自由与必然;400 及以下(参看必然条),行动者的虚妄的自由感觉或经验——他感到他的意志容易在任何一面移动,并且想象意志不受任何东西支配,并做一个谬妄的实验来证明它,408;"我并不认为意志具有人们假设物质中存在的那种不可理解的必然性。我却是认为物质具有最严格的正教徒所必然承认为属于意志的那种可以理解的性质",410;意志只是一个原因,并且像其他原因一样,和效果没有一种可以发现的联系;我们永不能看到一种意欲与身体的运动之间的联系,更不能看到它与心灵的活动之间的联系,632;我们只是觉察到心灵的各种活动之间的恒常会合,正像我们觉察到物质的各种活动之间的那种会合一样,633。

B. 能影响意志的动机,413 及以下;理性(参看该条)并不能成为意志的任何动机;解证所涉及的是观念的世界,"意志则永远把我们置于实在界";概然推理只是指导已经存在的一种欲望或厌恶,414;理性不能够阻止意欲,415;理性和情感永远不能争夺对意志和行为的统治,416;平静的情感往往反着猛烈的情感来决定意志,418,419。

§ 3. 自然的才能并不因为是不自主的而与道德的德有所区别,608 及以下;因为(1)大部分德也是同样不自主的;的确,心灵几乎不可能在任何大的条款方面改变它的特质,608(比较 624);(2)没有人会主张说,一种性质若非在具有它的那个人方面是完全自主的,就永远不能给思考它的人产生快乐或痛苦,609(比较 348—349);(3)在人的行为方面没有自由意志,正像在人的性质方面没有自由意志一样;"说凡自主的都是自由的,那并不是一个正确的结论","我们的行为比我们的判断更为自主,不过我们在行为方面也并不比在判断方面更为自由",609;信念不是一个观念,因为心灵对它的一切观念都有控制力量,624。

义务(或束缚力,obligation)

§ 1. 先前如果没有道德,就不能理解义务,462 注(比较 491);那些由理性推出道德来的人们不曾把德的普遍束缚力加以说明,"认识德,是一回事,使意志合乎德,那是另一回事",465—466;不可能欲求一种束缚力,517,523,524;一个新的束缚力以新的情调的发生为其先决条件,而且"意志永远创造不出新的情调来",518;义务并不容划分等级,529;虽然我们想象它们是这样的,531。

§ 2. 利益是使人实行正义的自然束缚力(参看正义条,§ 3);是非的情调是道德的束缚力,498;许诺(参看该条)的束缚力不是自然的,516;"当任何行为或心灵的性质,在某种方式下使我们高兴时,我们就说它是善良的,在同样方式下,当我们忽视或不履行那种职责,就使我们不高兴时,我们就说我们有完成它的义务",517;当一种行为是被一种自然的情感所要求的时候,才有使人完成那种行为的自然束缚力(义务),不过并没有使我们完成一定许诺的自然束缚力,就像使我们趋向人道和自然法的那种自然束缚力那样,518,519(比较546);利益是践履许诺的最初束缚力;后来,一个道德的情调又协力相助,于是发生一种新的义务,522,523;暴力使许诺归于无效一事,就说明许诺没有自然的束缚力,525;忠顺的义务,541(参看政府条,§2);服从长官和履行许诺,各有各的利益,因为各有各的束缚力,544;因此,各有一种道德的束缚力,546;服从政府是一种道德的义务,因为人人都这样想,547;当利益停止时,忠顺的自然义务也就停止了,不过道德的义务由于通则的影响,仍然继续作用,551;道德义务的力量与自然义务共同变化,569,573。

印象(impression)(参看观念、感情、感官、感觉各条)

§1. 感觉印象和反省印象:后者主要是由观念得来,前者则"由不明了的原因原始地发生于灵魂中",7,84;本来的印象依据于物理的和自然的原因,275;心灵由一个对象的观念进于其寻常伴随物的那种倾向是一个反省印象,165,275;痛苦和快乐是本来的印象,情感是第二性的或反省的印象,276;反省的印象粗略地分为平静的和猛烈的两种,情感是猛烈的,分为直接的、间接的两种,276;单纯的和复合的,2;是每个单纯观念都有一个先前印象的那个规则的一个例外,6;单纯的和单一的印象不能下定义,277,329;意志是内在的印象,399;产生正义感的那些印象不是自然的,而是人为的,497;广袤观念本身是有广袤的,239。

§2. 只能被感官呈现为印象;它们的实在必然如其现象,现象也必然如其实在,190;并不被感觉到为异于自我,或是任何别的东西的摹本,189;并不感觉到为在自我以外,191;究竟在何种范围内,有一个自我印象,是很可怀疑的,190,251(比较307,320,参看同一性条,§4.A);自我印象永久存在(于心灵中),并且是生动的,317。

§3. 由感官传来的印象共分三类,(a)形象、大小、运动和填充性;(b)颜色、滋味、嗅味、热等;(c)痛苦和快乐:所有这些都被人感觉到,而且就感官之为鉴定者而言,它们存在的方式都是相同的,193;不过我们以继续的存在诿于第一种,有时也诿于第二种,至于第三种,我们认为只是知觉,194及以下;"一切印象都是内心的、易逝的存在,并且也显现为这样的",194,251;近代哲学区分那些类似产生它们的对象的性质的印象和那些不类似它们的印象,226及以下;物体观念不能由任何印象得来;触觉不能把这个观念给予我们,"因为物体虽然是借其填充性而被人感到的,可是触觉是与填充性十分差异的一种东西,两者并无丝毫类似之

索 引

点",230。

§4. (参看观念条,§2。)只被类似性所联结,283,343;"不但当各个印象的感觉互相类似,而且当它们的冲动或方向类似或相应的时候",它们都互相关联起来,381,384,394;印象的同一性比最完全的类似性所产生的联系更为强固,341;印象和情感能够完全结合,这是与观念相反的,366;诸印象和诸观念的两重关系,286,381(参看骄傲条);诸观念的联结不产生新观念,因而也不产生新情感,305;转移法则,342;与观念的转移法则相对立,342;在同情心中,一个观念转化为一个印象,317;纵然印象不被任何人所觉察,370,385。

§5. 我们之区分德和恶,还是借着我们的印象,还是借着观念,456及以下(参看道德条,§1,2);区分德和恶的那个印象,往往被人误认为是一个观念,因为它是柔弱温和的,470。

英雄主义(heroism)——只是一种稳定的、确立的骄傲和自尊,599。

"应当"(ought) 不曾与"已经"分别,通俗的道德思想也没有加以说明,469。

永生(immortality)——灵魂的永生,114。

勇敢(courage)——勇敢的责任,大部分是用人为措施所厉行的,573。

友谊(friendship)——与"人们的利害交往"同时并存,521。

语言(language)——不经许诺而由约定俗成所产生,490。

欲望(desire)——一种直接的情感,438(比较278,574);由单纯思考所认为的善发生,439;"心灵借着一种原始的本能倾向于趋福避祸,即使这些祸福被认为是存在于观念之中,并被认为是存在于任何将来时期",438;使敌人受害,使友人得福的欲望、肉欲、饥饿等,都是直接的情感,它们是"由完全不可解释的自然冲动和本能发生的";"这些情感恰当说来是产生祸福的而不是由祸福产生的,如其他感情那样",439。

伴随着爱和憎,并使它们区别于骄傲和谦卑,后两者是心灵中的纯粹情绪,367。

平静的欲望往往和理性相混,417;"慈善、爱生、慈幼"都是如此,它们是本来植根于人性中的本能:"对抽象地被思考的福利的一般的欲求和对于抽象地被思考的祸的一般厌恶",也属于平静欲望,417(比较438);平静的情感往往反着猛烈的情感决定人的意志;"决定人类行为的不单是现前的不快之感":坚定的心力是平静情感对于猛烈情感的战胜,418(参看情感条,§3)。

寓存(inhesion)——没有实体或寓存的观念,234。

原因(cause)

§1. 印象是观念的原因,因为印象恒常与观念结合而且先于印象,5;当一个对象产生了另一个对象的动作,运动或存在时,那个对象就是那另一个对象的原因,而当前一个对象有产生后一个对象的能力时,它也是后者的原因,12(比较172)。

§2. 原因和结果是可以产生联想的观念的一个性质,11,101;因果关系联结各个观念,而不联结各个印象,283;是自然的,也是哲学的关系,15,94;原因的定义——一个自然的和哲学的关系,170;财产权是一种特殊的因果关系,310,506。

§3. 因果关系是由推理所发现的概然性的一个来源(比较124,153),因为"心灵超出了直接存在于感官前面的东西",73(比较103,141);它是以"我们看不到,感不到的存在和对象报告我们的"惟一关系,74。

§4. 我们的因果关系的观念的起源,应当在某种印象中去找寻,74(比较165);不过"没有一种性质,是普遍属于一切存在物,而使它们有权利"被称为原因的;因此,这个观念必然是由对象间某种关系得来的,75;接近关系(比较100)和时间接续关系是因果关系的重要条件,76(不过因果关系之所以存在于一个果子的味觉或嗅觉与颜色之间,乃是因为它们是分不开的,虽然一般是共存的,并且它们是同时出现于心灵中的。237,238);因而是"必然联系"的关系,"因为一个对象可以接近于、先行于另一个对象,而并不必被人认为是它的原因",77(比较87);不过我们不能直接发现必然联系的观念所由来的那个印象,77。

§5.〔因果关系法则〕 因此我们间接地问,(a)"为什么一个原因永远是必然的",那就是说,"为什么凡开始存在的事物都必然也有一个原因",78及以下,157(比较172);这在直观上,和证明上都不是确实的,79;把一个原因的观念同存在的开始这个观念分开,不是矛盾的,荒谬的,80;霍布士和克拉克关于原因的必然性的证明的弱点,80;洛克论证的弱点,81;根据因果的互相关联而成立的论证的弱点,82;因此,这个信念是建立在"观察和经验"上面的,82;这就引起了进一步的问题,(b)"我们为什么断言,那样特定的原因必然有那样特定的结果,我们为什么要形成由这一个推到那一个的推断呢?"82。

§6. A. 由果及因的论证要求在某处有一个感官的或记忆的印象,83(比较97),或想象的印象,这个印象在某些情形下产生了信念;信念只是一个知觉的活泼性,85,86;我们只有凭借经验才能由印象进于观念上;当我们思考两个对象在有规则的接续秩序和接近秩序中的恒常会合时,我们就"毫不绕弯地"称其一为原因,另一为结果,并且由一个的存在推断出另一个的存在来,87(比较102,149,153);不过恒常的会合永不能产生像必然联系这样一个新的观念,它只发动一个推断;是这个推断产生了必然的联系么? 88(比较155,163)。

B.〔自然界的齐一性〕 由印象至观念的这种推断或转移,不是通过理性由经验发生的,因为那就会要求自然齐一性的原则,即将来将与过去一样,而这一点既不能借解证证明,89,也不能以概然推理证明,因为概然推理本身就臆设了这个原则,90(比较 104,105,134);我们也不能依据产生,能力,或效力作为论证,进行推论,以求加以说明:这一类论证或是循环论证,或是没有穷尽,90(比较 632)。因此,纵然经验以两个对象的恒常会合报告我们,而"我们也不能凭自己的理性使自己相信,我们为什么把那种经验扩大到我们所曾观察过的那些特殊事例之外",91(参看§7.B)。

C. 因此,这种推断只依靠于想象中各种观念的结合,这种结合依据于三个概括原则——类似性,97(比较 168);接近性,100(比较 168);因果关系,92(比较 101,109),因果关系="想象中的习惯性的结合",93;因此,作为自然关系的因果关系是作为哲学关系的因果关系的基础,94,比较 11,15,101,170(参看§7.C)。

§7. A. 〔信念〕 由原因至结果的一切推理的结论就是对于一个对象存在的信念(参看该条),这个信念仍是对象的观念,不过是在一种不同的方式下被观想罢了,96(比较 34,37,153,623);这个方式="带有附加的强力或活泼性":一个信念="借习惯而与当下印象关系或联结的一个活泼观念",97(比较 102),这时印象就把它自己的一份力量或活泼性传达于其相关的观念上,98;在全部作用中,只有"一个现前印象一个生动的观念,以及这个印象和这个观念在想象中的关系或联结",101;关于这一点的实验性证明,102;因此,"一切概然推理只是一种感觉",103(比较 132,141,149,173 及以下),405—406,458。

B. 根据过去经验而进行的推断,并不暗含着对于过去经验的反省,更不暗含着"任何有关过去经验的原则的形成"如自然齐一性等的原则,104(参看§6.B);不过在有些情形下,对于过去经验的反省"没有习惯也产生了信念",或者不如说是"在一种间接的,人为的方式下产生了那种习惯",就是只借一个实验就发现了一个特殊的原因,104;不过在这种情形下,习惯业已确立了一个原则,"即相似的对象,若置于相似的条件中,将永远产生相似的结果"(比较 89,90,134),而且这种习惯性的原则就"包括了"只有一次实验而尚未成为习惯的观念的联系,105。

C. 信念只起于因果关系,107;习惯和因果关系也同记忆中的观念和感官方面的观念一样给予我们的观念以同样多的实在性,——确实,各种实在可以分为两类,即记忆和感官的对象和判断的对象,就如罗马的观念,108;接近和类似两种关系的效果,在孤立时,是不确实的,因为它们可以随意虚构,变化无端,而习惯则是不可变化,不能抵抗的,109;在依据原因和结果而成立的论证中,我们使用那些恒定的、不可抗的、普遍的原则;225(比较 231,267);由因果关系呈现出的

"对象"是"确定不变的"心灵在由一个既生印象进于观念上时,不能迟疑不决或有所选择,110(比较175,461注,504);可是,类似和接近仍然增加任何观想的活泼性,111及以下;缺乏类似会特别减弱信念,而推翻习惯所已确立的成果,114。

D. 习惯分为两种(参看该条),一种是借着产生一个由印象出发的顺利转移间接给观念灌注活泼性,一种是直接把一个生动的观念导入心灵中,因而产生了信念,115;这是教育的作用,116,这种教育既是人为的原因,而不是自然的原因,所以哲学家不认为它是信念的恰当的根据,"虽然它在实际上是和我们根据原因和结果而进行的推理建立在习惯和重复的同样基础上",117(比较145及以下);教育是使人"同意任何信念的一个谬妄的根据",118。

E. 根据因果关系而进行的推理,能够作用于意志和情感上(参看该条),119;信念激起情感,同样,情感也激起信念,120;一个生动的想象,疯狂,和愚痴影响判断,产生信念,而其方法就是,它可以和推断及感觉同样使观念完全活泼起来,123;因果关系在与接近和类似结合起来时,产生了同情,318,320;"间接"由判断所引起的一种活动,459;理性永远不能引起一种情感,而是完全惰性的,不活动的,458,415—416(比较103)。

§8. 〔概然性〕**A.** 依据因果而成立的论证,并不是普通所谓概然的,因为这些论证虽然建立在经验上,却没有怀疑和不定,124;两种概然性,一种建立在机会上,一种建立在原因上,124。

B. 机会,原因的否定=思想中的全然无所取舍,或无所决定;一切机会都相等,125;关于机会的推算或结合意味着各种机会之中,混含着原因,126;"一种事情如何成为概然的?"这问题="多数相等的机会对心灵有什么结果?"这样一个问题,127;思想的活泼性,或求达结论的原始冲动分裂为多数冲动,而机会的概然性就在于这些各别冲动的一种结合,对于其他结合的胜利,129;"俗人所谓机会只是一个秘密隐蔽的原因",130。

C. i. 原因的概然性=(a)不完全的经验——即一种尚未完备的转移的习惯,(b)受相反经验限制的一种确信,(c)各种效果的不确实性或互相反对;不是由于原因中有偶然性,而是由于相反原因的秘密作用,"因为一切原因和结果之间的联系都是同样必然的",132(比较404,461注);这种相反性归结于犹豫不定的信念,(a)这是由于它减弱了我们的转移习惯,132;(b)间接"由于把原来完备的习惯分散各个部分,随后又结合到各个部分,那个完备的习惯使我们断言,我们不曾经验过的那些事例,必然类似我们所经验过的那些事例",135(比较105);概然性是"由多数的观点的结合而发生的一种较大的活泼性",137;它是当你由多数实验所产生的活泼性减去少数实验所产生的活泼性之后所留下的那种活泼性分量,138。

ii. 根据因果关系所成立的一切论证有两大原则,(a)没有任何东西本身能够提供一个理由,使人推得一个超出那个东西以外的结论,(b)各种对象的恒常会合也不提供任何理由,使我们超出我们所经验的对象以外,对任何对象作出任何推断,139;认为某种将来结果会发生的那个信念是由想象的作用得来的,想象是从各种实验的比较中,求得单一个活泼观念的,140;但是任意重复实验,并产生不出这个生动观念来;因为"心灵的这些各别的活动并不曾被可以产生它们的任何共同对象,结合起来",140,比较 XXII,XXIII,两章;概然性的细微差异不能觉察,就如九十九次与一次实验之间的差异那样;我们所以取大数,是根据于通则的,141,比较 146,173(但可比较 103)。

iii. 类比,第三种原因概然性,在这里现前对象与联结在一处的几个对象之一的类似关系是微弱的,因而转移过程也相应微弱,142。

D. 非哲学的概然性＝(a)由相关印象的活泼性的低减(由于时间久远或距离辽远)而发生的减低的确信,明验程度的这样一种差异并不曾被认为是坚牢而合法的,否则一个论证的力量一天一天会有所变化,143;我们也是受这一类概然性的骗人,如果(b)我们允许自己多受新近实验的影响,少受久远实验的影响,143;(c)多受简短单纯的论证的影响,而少受冗长复杂的论证的影响,144(比较 185);(d)如果我们受了通则的有害影响,被导人类比推理上;146 及以下;那么,信念还只是由本来印象传来的某种活泼性呢?还是与那活泼性有区别的某种东西呢?145(比较§7.A.B);〔合法的信念＝得到反省和通则的证明的活泼性,146 及以下(比较 173)通则虽然产生偏见和虚妄的推断,可是通则仍然是后者的惟一救药,因为借着通则,我们在前件中分别本质的和偶然的条件;这种区别往往被人归于判断,而混乱则归于想象,实则判断和想象都是习惯的奴隶,149;"当我们发现一个结果没有某某一个特殊条件的参与,也能产生出来时,我们就断言,那个条件并不构成那个有效原因的一部分,不论它和那个原因怎样常常结合在一起",149(比较 87,248)。

E. 确信或信念的各个等级是:(a)"知识"或理证级;(b)记忆级;(c)"判断"级,这种信念是由因果关系得来,起于两个对象的完全恒常会合,及现前对象与那两个对象之一的精确类似,153;(d)概然性级,概然性在一切方面,活泼性较小(不论什么理由),因而确信也较小,154(比较§7)。

§9.〔必然联系或能力的观念,155 及以下〕

A. 能力的观念,或效能的观念,不是由理性,也不是由任何单独的经验获得,156;洛克的解说,157;马勒布兰西的解说,158;笛卡尔派的解说,159,他们思考的正确结果就是,我们没有任何对象的能力或效力的适当观念,160;那个观念不能由物质的任何未知的性质获得,160;如果我们没有一个特殊能力观念,我们就不能有任何概括的能力观念,161;因此,我们对属于任何物体或存在物的能力就没有明白观念:当我们谈论能力时,我们只是使用没有任何精确意义的字眼,162(比较 172,311);我们没有任何赋有能力(更不用说无限能力)的存在物的观念,249;能力观念不是由我们内心的精力感觉模拟而来,并转移到物质上的,632。

B. 只有多数互相类似的例证能产生那个观念,而且就是这些例证,也只能间接产生它,因为一再重复也并不在各个相关的对象之内发现出任何新的东西,163;一再重复,也不在它们中间产生任何新的东西,164;不过一再重复,却在心灵中产生一个新的印象(这个印象是能力观念的"实在模型"),即"由一对象进于其恒常伴随物的一种强制作用",这是一个"反省的印象",165(比较 155,74,77)。

C. 由此可见,"必然性乃是存在于心灵中而非存在于对象中的某种东西",165;正如 $2 \times 2 = 4$ 的那种必然性"只存在于我们比较这些观念时所凭借的知性活动之中"一样。能力和必然也是知觉的性质,而非对象的性质,是由灵魂在内心感到的,不是被知觉到存在于外界物体中的,166(比较 408);是心灵"把自己扩大到外界对象上"的一种倾向,167;我们被我们的天性所驱使,在外界对象中找寻一种有效力的性质,可是这种性质实在是在我们自身以内,266;可是自然的作用仍然是独立于我们的思想和推理以外的,即是说,"各个对象的接近,接续和类似,是独立于知性的作用以外并在它们以前的",168;"我们内心知觉之间的结合原则,也如外界对象之间的结合原则一样不可理解",169(比较 636)。

原因的两个定义,170。

§ **10.** 系辞:(a)一切原因都是同样性质,没有作成因和形相因等之间的区别,也没有原因和外缘的区别(在骄傲和爱情方面,我们区分那个起作用的性质,那个性质所寓的主体,和对象,279,283,330)(比较 174,504);(b)只有一种必然性,没有物理必然和精神必然的区别;在机会与一个绝对必然性之间也没有中介,171 (比较 § 8.C);能力和施展能力的区别是无效的,172(比较 12);但是在道德学中这种区别是可以允许的,311(参看能力条);(c)存在的每一度开始都应当伴有一个原因的说法,并没有绝对的或形而上学的必然性,172(比较 § 5);(d)"凡我们对之不能形成观念的任何对象,我们永远不能有相信它存在的理由",172。

§ **11.** 判断原因和结果的规则,173 及以下(比较 146);"任何东西都可以产生任何东西",那就是说,"不论什么地方对象如果不是互相反对的,那里就没有东西阻止它们发生因果关系全部所依据的那种恒常的结合";而互相矛盾的东西又只有存在和不存在,173—247;"同样原因,永远产生同样的结果,而同样的结果也永远只发生于同样的原因;这个原则我们是由经验得来的",173〔归纳法,174〕;"如果一个对象完整地存在了任何一个时期,而却没有产生任何结果,那么它便不是那个结果的惟一原因",174;这些规则是容易发明的;却是难以应用的,在道德学中尤其如此;在那里,我们的许多情操"甚至没有人知其存在",175(比较 110);难以从一大堆原因中,区别出主要原因来,504;自然界没有多数的原因,282,578;自然界各种原因的纷杂无定,461 注(比较 110)。

§ 12. 物质是我们知觉的原因,246 及以下;没有先验的理由来说明,为什么思想不能由物质所引起;虽然看不出运动或(和?)思想之间的任何联系方式,可是在一切原因和结果方面也是这种情形,247;物质确系恒常地与思想结合着,并且与思想差异,因此,可以是并且确实就是思想和知觉的原因,248;一个两难论法指示出,我们必须满足于认为一切恒常结合着的各对象就是原因和结果,否则便不能有像上帝的那样一个原因,248—249(比较 149)。

§ 13. 在植物和动物方面,我们假设各个部分对一个共同目的的交感性并且"假设它们彼此间带有原因和结果之间的交互关系",259;心灵是互相产生,消灭,和影响的各个不同知觉的一个体系,261;产生了人格同一性的因果关系或因果系列的观念是由记忆得来的,261;不过把原因系列扩充于记忆之外,是可能的,262。

§ 14. 意志(参看必然条),400 及以下;意志只是一个原因,并且和其他原因一样,对其结果没有一种可以发现出的联系,632;在行为方面,我们往往必须假设互相反对的若干秘密原因,404,461 注(比较 132);任何行动的必然性都不是行动者的一个性质,而是观察者心灵中的一个强制作用,408(比较 166)。

运动(motion)——主张上帝为最初发动者的笛卡尔派理论,159;如果我们接受近代关于初性和次性的分别,这个理论便不真实,228 及以下;运动或物质是我们的知觉的原因,246 及以下;"我们借着比较思想和运动的观念发现它们是彼此不相同的,而从经验上发现它们是恒常结合着的",这就是进入原因和结果观念(参照该条)中的一切情节,248。

原始的(original)——原始的和次生的印象,275—276;与"自然的"相区别,280,281;德是否建立在本来的原则上,295;心灵的原始结构=自然,368(比较 372);心灵有趋福的原始的本能,438。

Z

责任(responsibility)——需要必然的学说,411。

战争（war）——对外战争是政府的起源,540。

占领（occupation）——占领与财产权,505 及以下。

占有（领）（possession）——长期占有是要求统治的一个权利名义,556;现实占有,503,557;最初占有,505;＝使用一件事物的能力,506。

哲学（philosophy）（参看怀疑主义条）

§1. 19,76,78,143,165,282;实验哲学和精神哲学,175;精神哲学和自然哲学,282;在自然哲学中可以料到有矛盾现象,但是在心灵哲学中却没有;因为"心灵中的知觉是被人所完全认识到的",366(比较 175);思辨哲学和实践哲学,457;比作打猎,451;严格的哲学排斥能力(参看该条)和发挥能力的区别,但是在"有关我们情感的哲学"中,给这种差别留有余地,311;用作理性的对称物,193;哲学与宗教,250(比较,272);一个真正哲学家的性格,13。

§2. 哲学的关系和自然的关系相对立,14,69,73 及以下,170(参看原因条,§6.C);"非哲学的概然性",143 及以下(参看原因条,§8.D)。

§3. A. 古代哲学,219 及以下;它关于实体和原质的虚构,219;逍遥派哲学,及其实体形相和实体的区别,221,527;古代哲学应用一些原则,那些原则是易于变化的,柔弱的,不规则的,"甚至在处世接物方面也没有用处",225,227。

B. 近代哲学,225 及以下;把它对于物体(参看该条)或外界对象的信仰建立在初性和次性的区别上,226;通过这个体系,"我们不但说明不了外界对象的作用,反而把所有这些对象完全消灭了,并使我们不得不降到最狂妄的怀疑主义关于这些对象的意见",228。

C. 真正哲学家的意见比虚妄哲学家的意见要更其接近世俗人士的意见,223;凡"抛开习惯的结果而比较各个观念"的哲学家发现了各个对象之间没有已知的联系,223;虚妄的哲学家最后通过幻觉也和世俗之人通过他们的愚痴一样达到同样的中立地步,而真正哲学家则也借他们的中和的怀疑主义达到这个地步,224;除了哲学家以外,一切人都假设,"不产生一种差异感觉的那些心灵活动就是同一的",417。

D. 关于"自然状态"的哲学的虚构,493。

§4. 哲学只能由"我们所感觉到的一种喜爱从事哲学思想的倾向"加以辩护,270;应当作为我们思辨中的一个指导而加以采纳,因为它如果是正确的,那它只以一种柔和适度的情调呈现于我们,它如果是狂妄的,那也是无害的,271;宗教中的错误是危险的,哲学中的错误则只是可笑的罢了,272。

贞操（chastity）——和淑德,570 及以下;它们的束缚力被通则所扩充的,573;对男子的贞操有较小的束缚力,因为利害较小,573。

真空(vacuum)——真空的观念,53及以下,638(参看空间条)。

真理(truth)——真理与诗歌,121;真理的标准在感触方面发现(参看该条),265;我们不能希冀一套真实的、只能希冀一套满意的信念,272;所谓与真理或理性相矛盾,就在于那些被视为摹本的观念和它们所表象的观念不相符合,415;两种真理(1)对于纯粹观念间的比例的发现,(2)我们关于对象的观念与它们的实在存在的符合,448;"真或妄就在于对各个观念间的实在关系或对于实在的存在和事实的符合或不符合"。因而情感、意欲和行为既然是人"本来的事实和本身自足圆满的实在",所以它们不能成为真的或妄的,458(比较415);只有判断能够成为真的或妄的,416,458;一种行为在和一个真实的判断结合起来时被人不恰当地称为真的,459;真理之爱和好奇心,428及以下;为什么真理使人高兴;(1)因为它需要努力和专心,(2)因为它是有用的,虽然效用在这里只是通过同情和通过集中注意才有作用的,449—451。

征服(conquest)——对于政权的一种权利名义,558。

正义(justice)

§1. 借着人为措施或设计产生快乐和赞许,477;正义行动的动机不能是对于行动的正义性的重视,477—480;这个动机也不是我们对于利益或名誉的顾虑,因为纯粹的自爱是一切非正义的来源,480;也不是对于公共利益的重视,481,495;因为在人类心灵中并没有对于人类(单就其为人类而论)的爱的那样一种情感,482;也不是私人的慈善,或对于有关之人的利益的重视,482;"因此,我们必须承认,正义之感与非正义之感不是由自然得来,而是人为地(虽是必然地)由教育和人类社会习惯发生的",483(比较530);虽是人为的,但并不因此就是任意的:正义的规则是"思维和观想干涉"的结果,而这种结果是那样明显和必然,以至于它和任何其他事物都真是同样自然的,484;正义的规则可以称为"自然法",如果所谓"自然",是指"任何物种所共有而与之不可分的"而言,484,526;虽然是人类的发明,可是和人性一样不可变,因为它是依据在那样大的一种利益上的,620。

§2. 正义和财产的规则如何被人为的措施所确立,484及以下;社会虽然增加人的能力、本领和安全,485;可是在野蛮状态中人类并意识不到这一点,因而不能产生社会;不过两性之间的自然悦慕和对共同子女的关爱,造成了社会的萌芽,486;人类的自然性情和外面情境都有害于社会,那就是他们有限的慷慨("因为每个人爱自己甚于爱其他任何单一个人")和可以罗致的那些货物的不稳定性和匮乏,487;"未受教化的天性"永不能矫正这一点;在这个阶段,所谓正义只是指赋有寻常的情感(即自私和偏爱)而言,因而"正义观念不是一种救药",488;这种救药不是得之于自然,而是得之于人为手段,换言之,"自然拿判断和知性作为一种补救手段,来抵消感情中的不规则的和不利的条件",489;人类借着一种社会习惯来矫正所有物的不稳定性,这种习惯不是反乎情感的利益,而是契合于这种利益,489,526;这个习惯不是一个许诺,只是社会全体成员彼此表示出的一种"共同利益的一般感觉",正如共同划一只船的两个人的共同利益感一样,490;在此以后,立刻发生了正义观念,以及财产、义务和权利的观念,这些观念离了正义观念都是不可理解的,491;虚荣、怜悯、爱,因为是社会性的情感,所以协助正义,491;在这个社会习惯中,只有情感的方向经过改变:没有人的善恶问题,只有人的智愚问题,492;这个社会习惯既然是那样简单而容易形成,所以野蛮状态必然是很短促的,而且"人类的最初状况和情形可以正确地认为是社会性的";"自然状况"是一个哲学上的虚构,493;同样,"黄金时代"也是一个诗意的虚构,虽然它表达着一个巨大的真理,494;"强烈的、广泛的慈善"不能是正义的原始动机,因为它会使正义成为不必要的,495;理性也不能是这种动机,496;产生正义感的那些印象不能是自然的,只是起于人为措施,否则没有习惯会成为必然的,497;正义规则和利益的联系是独特的,因为一种单独的正义行为往往违反公私利益,497(比较 579)。

§3. 我们为什么把德的观念附于正义上? 498;利益是正义的自然约束力,是非之感是它的道德的约束力,498;我们借着同情心作一个概观,看到非义永远带来不快,因此,道德上的善恶之感就随着非义发生,499;"自利心是确立正义的原始动机,对公共利益的同情则是对于德的道德赞许的来源",500;政治上的人为措施协助这种赞同,但是绝不能是我们所以区分恶与德的惟一原因,500,533;教育和好名心也加以协助,501;"正义虽然是人为的,对于它的道德性的感觉则是自然的",619。

§4. 把正义说成是"给每个人以其应得之份的一种恒常经久的意志",这个通俗定义假设正义和财产独立于正义之外,这个定义是荒谬的,526—527;正义和非义不能划分等级,因而其为德为恶都不是自然的,"因为一切自然性质,都是不知不觉互相涉入的",530;正义法则是普遍而完全不可动摇的,永不能由自然得来,532;厉行正义,需要政府,535—538;自然的和政治的正义两者都由社会习惯得来,543;正义的道德束缚力在国与国之间,不如在人与人之间那样强烈,因为正义的自然的束缚力是较为柔弱的,569;与自然德有别,因为在自然德方面,每一个单独行为都是善的,579(比较497)。

政治的(civil)——与"自然的"相对立,475 注,543。

政治(politics)——政治中的争论,"在大多数场合下都无法解决,并且完全从属于和平与自由的利益",562。

政治的(political)——政治的措施永远不能成为德与恶的区别的惟一原因,500,533,578;只能改变情感的方向,521。

政府(government)

　§1. 政府的起源,534及以下;人有舍远求近,因而破坏财产法则的倾向,必须政府加以补救,534－536;补救之道就在于使遵守那些法则成为某些少数人的切身利益,537;政府虽然由不免人性弱点的人所组成,可是它变成一个组合体,可以有几分免于所有这些弱点,539;政府并不是在一切社会中都需要的;政府一般发生于不同社会的人们之间的争执;对外战争如果无政府,就产生内战;"军营是城市的真正母亲",540;君主制宁可说发生于战争,而不是发生于家长的权威;没有政府的社会状态是人类最自然的状态之一,而且在第一代以后还继续长存下去;不过在这种状态中,正义法则是有束缚力的,541。

　§2. 忠顺(allegiance)或对政府的服从,539及以下,在一起初依据在许诺上,许诺是"政府的原始的根据和最初的服从义务的来源",541;因此,主张政府依据于同意上的那个理论,只有在一起初是真实的,并不是在一切时代都是真实的,542;政府的主要目的是勒令人们遵守自然法则(参看该条),自然法则中包括遵守许诺的职责,严格履行职责是政府的结果,不是政府的原因,543;服从长官与履行许诺各有各的利益和义务,544;因此,忠顺与践约就各有各的基础,各有各的道德义务,545;纵然没有许诺那样一种东西,而一切大的社会都必然需要一个政府;纵然没有政府这样一种东西,而许诺仍然有束缚力,546;这也是通俗的意见,547;长官们自己也不相信,他们的权威依靠在一个许诺上;如果他们这样相信,他们也不会甘心缄默无言地接受了它,547;臣民们相信,他们生下来就得服从,548;居住在一个政府的领土内,并不就是同意那个政府,548;依照这种看法,就不会忠顺于专制政府了,可是专制政府是和任何政府都同样自然的,549;这个同意说真正只足以证明,我们对政府的服从是容有例外的,549;这个结论是正确的,不过原则是谬误的,550;当利益消灭时,自然的义务也就消灭了,但是因为通则的影响,道德的义务仍然存在,552;但是在我们道德的观念中,我们永远不会怀有像被动服从的那样一种谬见,552。

　§3. 忠顺的对象,即我们的合法的长官,在一起初是由社会习惯和一种特殊的许诺所确定的,554;后来则是被为了我们利益而发明的通则所确定的,555,即是(a)长期占有,556;(b)现实占有,557;(c)征服,558;(d)继承,559;(e)成文法,561;执迷不悟的忠义近乎迷信;政治学中的争论一般是琐细而不能凭理性来解决的,562;英国革命,563;在混合政府中,比在专制政府中,反抗行为往往是更为合法的,564;在任何政府中,对于一种权利总有一种补救,564;政治学中想象的影响,565—566。

证明(proof)＝由根据原因和结果而进行的论证所得来的确信;有时包括在概然推理中,有时不包括在其中,124(比较 103);感性的证明区别于理证式的证明,449。

证据(evidence)——概然的和自然的证据,404,406(参看原因条,§11)。

知觉(perception)

§1. 分为印象和观念(参看该两条),1;简单的与复合的知觉,2;与推理相对,一为被动,一为主动,"只是通过感觉器官被动地接纳那些印象",73;可以是,并且也就是由物质或运动所引起的,246 及以下;包括判断,456。

§2. 知觉的继续独立的存在,187 及以下(比较 66)(参看对象条);这个信念不是由感官得来的,188—193;也不是由理性得来的,193;而是由想象得来的,194 及以下;是某些知觉的连贯性和恒常性使我们假设它们有继续的存在,194;并区别它们的存在和现象,199;对于知觉的独立而继续存在的信念"是违反最分明不过的经验的",210;哲学关于知觉和对象所作的区别只是一种镇痛药,并包括着通俗体系的全部过失,又加上它自己的过失,211;不可能根据知觉的存在推到对象的存在上,更不能推到两者的类似上,216,和推到特殊知觉和对象的类似上,217;我们的感官报告我们,知觉就是我们的惟一对象,想象报告我们说,我们知觉纵然在不被知觉时仍然继续存在,而反省则报告我们说,这是虚妄的,可是我们仍然继续相信它,214;世俗的人并不分知觉和对象,193,202,206,209;虽然他们认为,他们的某些知觉有一种继续独立的存在,而有些则没有,而只是知觉,192;我们知觉对我们自己的外在性是感觉不到的,190—191;我们对于一个知觉和一个对象的观念不能表象彼此种类不同的任何东西,241;必须有一个知觉或影像居间,才能使一个外界对象被心灵所认知,239;一切可发现的对象的关系也都适用于知觉上,不过相反的说法却不正确,242。

§3. 除了视觉不接触外,一切知觉虽都"存在而并不存在于任何地方",那就是说,既无形象,也无广袤,也不占场所,236;知觉并不像数学点那样存在,239;广袤是知觉的一个性质,即是,有些知觉本身就是有广袤的,240(参看广袤条,§3)。

§4. 一个知觉很可以和心灵分开,因为心灵只是"由某些关系结合起来的一堆知觉和其集合体",207;我们的互相类似的印象并不真正是同一的,而且它们的存在也不是继续的,210;"我们的全部知觉可以独立存在,而无需任何东西来支持它们的存在",233,633;一切特殊的知觉可以独立存在,因而不是必然地与一个自我或人格相关联的,252;当我们密切注意我们自己时,我们只发现某些特殊的知觉,252,456,634;一个人"只是那些以不能想象的速度互相接续着,并处于永远流动之中的知觉的集合体或一束知觉",252;"它们是互相接续的,构成心灵的知觉;知性在各个知觉之间并觉察不出任何实在的纽带来",259;可是构成心灵的各个不同的知觉是由因果关系联结在一处的,并且是互相产生、互相消灭、互相影响的,261;没有令人满意的学说,可以说明那些联合在我们思想或意识中相继出现的各个印象的原则,636(参看心灵条,§1)。

知识(knowledge)——与概然性相对立,69及以下;与观察和经验相对立,81,87;被定义为由各个观念的比较而发生的一种确信,区别于由证明发生的那种知识,即根据因果而成立的那种论证,并区别于由各个机会的概率或推算而发生的那种论证,104;也区别于由记忆,因果关系和概率而发生的确信,153;七种哲学关系中,只有四种是知识和确信的对象,70;四种中有三种是被直觉所知觉的,第四种是被数学的推理所发现的,73;不过一切知识都堕落为概然性,如果我们一考究我们的官能的容易致误的性质,180(参看怀疑主义条);人类的知识高出于动物的知识,326。

知性(understanding)——知性的活动,97;继观想之后,并且为其所制约,164;接近关系,连续关系和类似关系独于知性作用之外并在其前,168;在各个对象之间永远观察不到任何实在的联系,260;建立在想象上或我们观念的活泼性上,265;我们不能单单坚持"知性即想象的概括的和较为确定的特性",因为"知性当它单依照它的最概括的原则活动时,就完全推翻它自己",267(比较182及以下);与想象相对立,371注;矫正了感情的倔强性,489。借着改变感情的方面,492;知性也和感情一样,是人性的一切活动所必需的;捏造了"自然状态"的那些哲学家只考虑到后者的作用,没有考虑到前者的作用,493;改正了感官的现象,632。

职责(duty)参看义务条,道德条。

直观(intuition)——是知识和确信的一个来源,它觉察到四个可理证的关系中的三个,即类似;相反和任何程度的性质,70;并不报告我们说一种存在的开始必然要一个原因,79。

直接的(direct)——直接的情感(参看该条),278,438。

质料(material)——质料因,171。

中立(indifference)=机会,125,408;中立的自由与自发的自由相混淆,407。

忠顺(allegiance)——参看政府条,539及以下各页。

忠心(loyalty)——顽固时,就成为迷信,562。

终极（final）因——171。

重视（esteem）——对富贵人士的重视，357及以下，主要由同情发生而不是由希冀利得心发生，361（比较616）；爱情和重视，608注。

自发性（spontaneity）——自发性的自由与猛烈性对立，407（参看必然性条，§2）。

自我（self）（参看同一性条，§4，心灵，同情条）。

自然（nature）

§1. 自然的作用"独立于我们的思想和推理"以外，即是接近关系、接续关系、类似关系，168；自然的复杂性，175；自然中有少数单纯的原则，282，473，528（比较578）；自然界比精神界更充满着矛盾，232。

§2. "自然借着一种绝对而不可控制的必然性，不但已决定我们要呼吸和感觉，而且也决定我们要进行判断"，183；强迫怀疑家同意有物体的存在，187；决定骄傲的对象，286-288；与习惯并不是对立的，因为"习惯只是自然的一个原则，并且由那个来源获得它的全部力量"，179；人性的变化无常，283；作为德的来源是和利益及教育相对立的，295；自然＝心灵的本然结构，是一种任意的和本然的本能，368（比较280-281）；＝任何物种所共有或与之不可分离的东西，484。

§3. 自然状态是一个哲学上的虚构，493；正像黄金时代的那个诗意的虚构一样，494；在一个自然状态中，没有财产，没有许诺，501；人类的最初状态和状况可以正确地认为是社会性的，493；自然法，484，520，526，543（比较正义条，§1）；不能被国际法所取消，567。

自然的（natural）

§1. 自然的关系与哲学的关系相对立，13，170（参看原因条，§6，C）；与规范的相对立：我们的错误推理是自然的，正如疾病之为自然的一样，226；与人为的相对立（参看该条），117，475，489，526，619；与本然的相对立，280，281；＝本然的，368；与神奇的相对立，474；与稀奇而不寻常的相对立，549（比较483）；与政治的相对立，528；我们的政治职责之所以被发明，主要是为了我们自然的职责，543；自然的证据与概然的证据，404，406。

§2. 自然的和道德的义务（参看该条），475注，491；对于践约没有自然的束缚力，516及以下；只有当一种行为是被一种自然的情态所需要时，只有当我们对那种行为有一种趋向，就如我们对人道和其他自然德性的趋向那样时，我们才对那种行为有一种自然的义务（束缚力），518，519，525（比较546）；自然的义务（束缚力）＝利益，551；道德的义务随着自然的义务变化，569；说德与自然是同义的，那是最没有哲学意味的说法，475；自然的德或恶，是那些不依靠于人为手段和设计的德,574及以下(比较530);我们所自然赞许的那些性质,都有求致人类福利的一种趋向,并且使一个人成为社会中的一个良善成员,578(比较528);即是柔顺、慈善、博爱、慷慨、公道,578;由自然的德发生的那种善,发生于每一单个行为,而却不发生于单个的正义行为,579(比较497);自然的才能,为什么与道德的德相区别呢,606及以下(参看道德条,§4)。

自私性(selfishness)——人的自私性,被人们估计得太高了,因为"我们很少遇到一个人,他的仁厚的爱情总加起来不超过他的全部自私的感情";可是每个人仍然爱自己甚于爱其他任何单一个人,487;正义的一个来源,487及以下,494,500;广泛的同情(这是我们道德情操的来源)和狭窄的慷慨(这是人类自然而有的)之间的矛盾,是正义的来源,这个矛盾被通则所消除了,586;自爱,480。

自由(liberty)(参看必然条),400及以下,疯人没有自由,404;只能=机会,407;自发的自由和中立的自由被人混淆,"与猛烈性相反的自由和意味着必然性和原因之否定的那种自由"被人混淆,407;虚假的自由感觉:企图证明它的那种谬误实验,408;自由学说和宗教,409;自由与选择,461;"说凡自主的事情就是自由的,是一个不正确的结论",609。

自由意志(freewill),(参看必然性、自由、意志各条)312,314,399及以下,609。

宗教(religion)——宗教和哲学,250;"宗教的错误是危险的,哲学中的错误只是可笑的",272;宗教是自由学说所以通行的一个原因,虽则必然学说不但无害于宗教,而且为宗教所必不可缺,409及以下;如果由于一个学说危及宗教,而就谴责它,那是一个"有过失的推理方法",409(比较241,271及以下);以神迹为依据,474。

宗教仪式(ceremonies)——它们对想象的影响,99。

主体(object)——主体和实体,242及以下;主体中的性质和起作用的性质有所分别,两者合起来才构成原因,279,285(参看骄傲条)。

组合的(composite)——一切物体的组合性,219。

尊敬(respect)——尊敬和鄙视,389;爱与谦卑的混合,390。

作用(efficient)——作用因与形相因等无所分别,171(参看原因条,§10)。

作者生平和著作年表
◁ 诞生和成长 ▷

陈尘若编写

·一七一一年⊙ ·诞生·

▲四月二十六日:大卫·霍姆(David Home*)诞生于英国北部苏格兰爱丁堡郡奈因微尔斯(Ninewells)镇贵族家庭里。

他排行第三,上有兄约翰·霍姆(John Home,1709－1785)、姊卡德琳·霍姆(Katherine Home,1710?－1790),他们的父母,约瑟·霍姆(Joseph Home,1681－1713)和卡德琳·福尔科内(Katherine Falconer,1683－1745)结婚于1708年1月,一个三十岁,一个二十八岁。

约瑟·霍姆是老约翰·霍姆(John Home,1657?－1695)的第三个孩子、长男。老约翰·霍姆于妻子(1678年结婚)生下第五个孩子后故世不久即续弦(1686),第二个妻子婚后不几年也故世,再娶的是牛顿镇大卫·福尔科内爵士(Sir David Falconer)的寡妻玛丽·福尔科内(Mary Falconer,娘家姓 Norvell,后称 Mary Home),她有七个孩子,其中叫卡德琳的,后来和约瑟成亲。

他们政治上倾向辉格党,宗教信仰上属长老会(Presbyterians)。

△十七、十八世纪之交,英国唯物论哲学家霍布士(1679)、洛克(1704)先后去世。"霍布士和洛克亲眼看到了荷兰资产阶级的较早的发展(他们两人都曾经有一个时期住在荷兰),而且也看到了英国资产阶级的最初的政治运动,英国资产阶级曾经通过这些运动冲破了地方局限性的圈子,还看到了工场手工业、海外贸易和开拓殖民地的已经比较发展的阶段;特别是洛克,他的著作就是属于英国政治经济学的第一个时期的,属于出现股份公司、英国银行和英国海上霸权的那个时期的。"**

△霍布士已故,洛克还健在,在这期间,主观唯心论哲学家乔治·贝克莱(George Berkeley)于1685年诞生。同年,他在爱尔兰都柏林三一学

院任教堂神甫,不久前发表《人类知识原理》(*The Principles of Human Knowledge*,1710 年 5 月)。

⊙英国斯图亚特朝末代女王安娜(Anne,1665—1714,1702 年登基)在朝。苏格兰自从 1707 年接受联合条款(Articles of Union)而和英格兰合并,就成为不列颠王国一部分,在安娜的统治下。

⊙西班牙王位继承战争(1701—1714)在进行。国王查理二世无嗣而终,法国波旁王室和奥地利哈布斯堡王室都争着要继承王位,双方纠合各自势力,构成了英国、荷兰、意大利、普鲁士都卷进去的大规模战争。

* Home 一字,据司各特(Sir Walter Scott),在苏格兰早期文献中,拼写为 Heume,Hewme,Hoome,见《评论季刊》(*Quarterly Review*)第 70 号第 170 页,转引自希尔,第 10 页。

** 见马克思、恩格斯《德意志意识形态》。《马恩全集》3:481—482。

·一七一二年⊙一岁·

⊙英国掌权的托利党*自 1710 年竞选胜利后,趁本国同盟一方力量尚稍占上风,向敌对的法国建议媾和,促成了在荷兰乌特勒支开始和谈,而于下年先后签订几项乌特勒支和约,结束西班牙王位继承战争。

这样,法国国王路易十四之孙腓力普五世·安茹公爵固然可遵故查理王遗嘱登基,但是有条件,这就是西、法两国不能由一个国王统治,西欧各国以此限制法王利用机会兼领西班牙而称霸欧洲;英国则通过和约取得法国在美洲的殖民地以及其他地方。

法国霸业从此大势已去,新霸主——英国正代之而起。

* 托利党(Tory)和辉格党(Whig),又译:保守党、维新党,见《卢梭时代的英国》29,台北幼狮文化事业公司,1977 年;王党、民党,见《近代欧洲政治社会史》418,商务印书馆,1937 年;保守党、民权党,见《英伦欧陆的改革》144,台北幼狮文化事业公司,1976 年。

·一七一三年⊙二岁·

△"贝克莱和狄德罗都渊源于洛克"。*洛克的经验论的唯心主义因素为"英国哲学中的一种神秘唯心主义"所利用,洛克的唯物主义认识论、感觉论则由法国百科全书派狄德罗、孔狄亚克等继承,他们是十八世纪法国大革命前十分活跃的一批启蒙思想家。

最初一批早在十七、十八世纪之交就相继诞生:孟德斯鸠(1689)、伏尔泰(1694)、魁奈(1694)、布丰(1707)、拉美特里(1709)、马布里(1709);接着又一批激进而干练者:卢梭(1712)、雷纳尔(1712)、狄德罗(1713)、爱尔维修(1715)、孔狄亚克(1715)、达尔贝(1717)、霍尔巴赫(1723)、杜尔阁(1727)等。

△贝克莱的《海拉和菲伦诺对话三篇》出版。**

  * 见列宁《唯物主义和经验批判主义》。《列宁全集》14:124。

 ** 中译本:黄秀玑译《柏克烈著:海纳士、腓罗诺士对话三篇》,收于《基督教历代名著集成〔第二部第十四卷〕近代理想主义》(658页,1—128,香港基督教辅侨出版社,1961年,商务印书馆藏)。

・一七一四年⊙三岁・

⊙八月:女王安娜去世。安娜女王的弟弟詹姆士三世坚持天主教信仰,无权继承,避居法国。汉诺威选侯苏菲公主(Princess Sophia)是英王詹姆士一世的孙女,新教徒;德国汉诺威选侯根据英国新教徒王位继承法前来伦敦登基。苏菲公主的儿子于其母新丧两个月后得到安娜女王死讯即以乔治一世(George I,1660—1727,1714—1727)称号成为英王。

⊙辉格党在选举中获得重大胜利,结束了托利党短暂的执政。

・一七一五年⊙四岁・

△苏格兰阿伯丁的第十代马里沙尔伯爵(10th Earl of Marischal)乔治・基思(George Keith,1693—1778)、兄弟(James Keith,1696—1758)参加雅各拜特党(Jacobite)*起义,失败后,兄遭弟夺公权、财产没收,于是兄弟俩相继出亡大陆。

⊙苏格兰爆发反英起义。英国资本主义的发展使苏格兰农民在土地被剥夺过程中生计无着,遂把恢复斯图亚特王朝看作保持宗法农业结构的途径,而支持雅各拜特党起义。起义所提出的恢复斯图亚特王朝口号实际上当然具有更广泛深刻的历史意义。起义于下年九月被镇压。

  * 又译:詹姆士二世党人、帝王神权论者,见郑易里《英华大辞典》666,1957年,时代出版社。

・一七一六年⊙五岁・

△爱丁堡一群青年,有学神学的,也有学法律的,在一家小旅店聚会,后来组成团体也就因旅店而称兰肯俱乐部(Rankenian Club)。他们跟贝克莱

主教联系,受到主教夸奖,说"不列颠北疆只有这批青年最理解我的体系"。后来,1725年他筹划到百慕大群岛*筹办教会大学,还表示欢迎他们前去。

俱乐部成员是:麦奇(Charles Mackie)、麦克拉林(Colin Maclaurin, 1698—1746)、特恩布尔(George Turnbull)、华莱士(Robert Wallace, 1697—1771)、威斯夏特(William Wishart,? —1754)等。

△德国科学家、唯心主义唯理论哲学家莱布尼茨(Leibniz,生于1646年)在汉诺威去世。五十年间,大陆上两位著名的唯理论者,另一位是唯物主义唯理论者斯宾诺莎(Spinoza,1632—1677)先后去世了。

* 又译:贝缪德群岛,见《论十六世纪末十八世纪初西欧哲学》第289页,三联书店,1961年。

·一七一七年⊙六岁·

△麦克拉林任阿伯丁马里沙尔学院数学教授,直至1726年。

·一七一九年⊙八岁·

⊙十一月:乔治一世以汉诺威选侯身份和瑞典国王签订斯德哥尔摩条约,争得布累门(不来梅)和弗尔顿两地。

·一七二一年⊙十岁·

⊙罗伯特·华尔波尔爵士(Sir Robert Walpole,1676—1745)任政府首脑,直至1741年。

·一七二二年⊙十一岁·

△三月十一日:英国自由思想家、唯物论哲学家约翰·托兰德(John Toland,生于1670年)去世。

上起切尔伯雷的赫伯特男爵(Edward Herbert of Cherbury,1st Baron, 1583—1648),在英国资产阶级革命的重要阶段,宗教改革进行过程中,陆续涌现一大批自然神论者、自由思想家,诸如舍夫茨别利伯爵(3rd Earl of Shaftesbury,1671—1713)、柯林斯(Anthony Collins,1676—1729)、惠斯东(Whiston,1653—?)、丁铎尔(Matthew Tindal,1653—?)等等,而以洛克

影响为最大最广泛,以托兰德思想为最深最彻底。

他们的观点相互补充,蔚为大观,形成了强大的思潮,不仅在国内打击了唯心论,而且促进了法国无神论的成长,推动了德国唯物论、启蒙运动。

·一七二三年⊙十二岁·

▲二月二十七日:进爱丁堡大学*,在校董事司各特教授(Regent William Scott)的希腊语班学习**。

△巴克斯特(Andrew Baxter)到奈因微尔斯附近的邓斯堡 (Duns Castle)教家馆,不久即结识大卫·霍姆家的常客、法官亨利·霍姆(Henry Home,1696—1782),一起常漫谈基尔(John Keil)。根据牛顿学说写成的《物理学导论》(Introduction to Physics)和洛克的《人类理智论》(Essay Concerning Human Understanding),他们由探讨因果作用(theory of causation)而集中讨论《理智论》第二卷第二十一章能力(Power)。

* 苏格兰是当时文化较发达,民族特点较显著的地区,就大学而言,圣安德鲁斯(St. Andrews)早就设立一间,格拉斯哥大学也颇有历史,爱丁堡(1582)、阿伯丁(1593)两处的大学算是新办的。爱丁堡的校长是惠夏特牧师(Rev. William Whishart, the Elder)。学校有四个班,第一班学拉丁语,第三班学逻辑、形而上学,教授为德拉蒙特(Colin Drummond),第四班学自然哲学,教授为斯图尔特(Robert Stewart),他是笛卡尔主义者,后拥护牛顿学说。

** 休谟早年的笔记第二本上有希腊喜剧诗人伊壁查米(Epicharmus)的名言 νηθε, χαι μέμνηδο ἀπιστειν/Keep sober〔or Be sober-minded〕and remember to be sceptical (头脑要清醒,凡事持怀疑)。盖里格认为伊言应为 νᾱφε ᾱαί μίμνησ' ἀ πιοτεῖν,见《书信集》1:173。莫斯奈指出,雅可比(F. H. Jacobi)在《休谟论信仰,或唯心论和实在论》(David Hume über den Glauben, oder Idealismus und Realismus, Ein Gespräch, Breslau, 1787)卷首也引用此句。

·一七二四年⊙十三岁·

▲在德拉蒙德教授的逻辑、形而上学班学习,教授的个人兴趣*影响他重视自然科学。

△利奇曼(William Leechman,1706—1785)毕业于爱丁堡大学;不久,任默里(William Mure of Caldwell,1718—1776)的家庭老师。大约在校时霍姆就与利奇曼相识,由此,霍姆通过利奇曼而与默里熟悉。

△德国哲学家康德诞生于普鲁士东部城市哥尼斯堡。

* 德对"新哲学"有浓厚兴趣,大概他在班上介绍了自己对牛顿、洛克的看法,并且四年后,爱丁堡大学六教授支持彭伯东(Henry Pemberton)所著《牛顿哲学概观》(*View of Sir Isaac Newton's Philosophy*)的出版时,德列名于支持者名单上。

·一七二五年⊙十四岁·

▲在历史班教授马基(Charles Mackie)指导下,用英文写《历史论文:论骑士制和现代荣誉》(*An Historical Essay on Chivalry and Modern Honour*)*。

▲霍姆家是小地主,父早丧,家产不多,母亲独力支持家庭,经济既不富裕,本年又遭火灾,只得退学还乡自学**。

* 论文八页长,由莫斯纳(Mossner)重刊并撰文介绍于《现代语言学》(*Modern Philology*)第 45 卷(XLV),1947 年。

** 关于他的出身和行事,恩格斯说过:正如对一个苏格兰人所应当希望的那样,休谟对于资产阶级赢利的羡慕,绝不是纯粹柏拉图式的。他出身贫穷,可是后来却达到每年一千镑的巨额进款……。他是对"教会与国家"颂扬备至的辉格党寡头统治的热烈拥护者,为了酬谢他的这些功劳,所以他最初得到巴黎大使馆秘书的职务,后来得到更重要的、收入更多的副国务大臣的官职。(见《马恩全集》20:265)

·一七二六年⊙十五岁·

▲在家进修法官业务知识,经常向亨利·霍姆法官请教;同时,浏览一般文学作品。

△五月:法国戏剧家、启蒙学者伏尔泰(Voltaire,1694－1778,32 岁)无理受押到巴士底监狱,出狱后被解出国,流亡到伦敦。

△牛顿学说的拥护者麦克拉林从阿伯丁马里沙尔学院转来爱丁堡大学,任数学教授,直至 1746 年。

·一七二七年⊙十六岁·

△逐渐涉猎古典文学著作。当时(爱丁堡)有两位书商拉姆齐(Michael Ramsay)和金凯德(Alexander Kincaid,？－1777),前者本身是诗人,其子阿伦·拉姆齐(Allan Ramsay,1713－1784)和霍姆是少年朋友;后一书商四十年代承印霍姆著作。霍姆在家进修时颇得两书商善待和照顾,开始对苏

格兰诗歌发生兴趣。

△三月:英国物理学家、数学家牛顿去世,伏尔泰参加在伦敦威斯敏斯特教堂举行的葬礼。

△法国怀疑论哲学家贝勒(Pierre Bayle,1647—1706)的《全集》(Œuvres diverses,1727—1731)开始出版。

⊙英王乔治二世(George II,1683—1760)登基。

·一七二八年⊙十七岁·

△贝克莱随带兰肯俱乐部成员、肖像画家史密伯特(John Smibert)渡洋前往北美罗得斯岛筹办大学。

◁研究和著述▷

·一七二九年⊙十八岁· ·《人性论》酝酿阶段·

▲春季:读洛克、贝克莱著作后,自信有得,于是,改变进修方向,放弃法学,决定专攻哲学。*

▲开始探讨思维的新境界(a new scene of thought),逐渐想到试用实验推理法于精神科学(后来,这成为《人性论》一书的副题)。

▲病半年,九月痊愈。

▲学习法语。

⊙英、法、西、荷四国缔结塞维尔条约,承认西班牙王腓力之子查理为意大利巴尔马和塔斯卡尼两公国继承人。

* 参看㊀格罗斯:休谟版本志,收于《伦理、政治、文学短著》,并㊀于 1727 年 7 月致拉姆齐(M. R.)函。显然,他认为"对于……人类理性法庭(the tribunal of human reason/суд разума)的最重要问题,我们……仍然愚昧无知",自己则有信心出来澄清阐述(见《人性论·引论》)。

·一七三○年⊙十九岁·

▲冬季:赴爱丁堡。

△爱丁堡大学逻辑教授(1730—1774)斯梯文森(John Stevenson)讲洛克而不是讲亚里士多德;所讲修辞学、文学评论,给学生印象深刻。

·一七三一年⊙二十岁·

▲春季:返乡,注意身体锻炼,留心饮食。

△剑桥柏拉图学派卡德沃思牧师*(Rev. Ralph Cudworth,1617－1688)遗著《论不朽的道德和不变的道德》(*Treatise Concerning Eternal and Immutable Morality*)出版。

⊙伦敦《历史年鉴》(*Historical Register*,XVI 317)报道法国巴里神父(Abbé Pâris,François de Pâris,1690**－1727)在坟地显灵的奇迹。

⊙爱丁堡医学界人士发起组织技术和科学促进会,并开始出版《医学论文和观察报告》(*Medical Essays and Observations*),受到英国和大陆各地人士欢迎。

* 又译:寇德沃尔特,见涂纪亮译《爱尔维修的哲学》349,书名:《论永恒的和不朽的道德》。

** 《人类理解研究》译本作1609,系排误,见第110页。这个译本,缺F本所添一条长注,注文详细介绍这个神迹一时怎样轰动社会,造成思想混乱。

·一七三二年⊙二十一岁·

▲经常参考查阅贝勒(Bayle)的《历史批评辞典》(1697)和《全集》(1727－1731)。

▲三月:身体时好时坏,体质大不如前。稍好后,即约请老拉姆齐来奈因微尔斯一游。

▲计划撰写《人性论,试用实验推理法于精神学科》(*A Treatise of Human Nature, being An Attempt to Introduce the Experimental Method of Reasoning into Moral Subjects*)。

·一七三三年⊙二十二岁·

△友人小拉姆齐离开爱丁堡书店,前往伦敦学习艺术。

▲夏季:加强身体锻炼,学习自然哲学。

⊙约翰·开伊发明"飞梭",大大提高织布效率,纺织工业大发展。

·一七三四年⊙二十三岁·   ·从商不成·

▲年初,经过伦敦到英格兰西南部海外贸易港口布里斯托尔(Bristol),

供职于糖商的铺子里,这家糖商从非洲、美洲(西印度群岛)进口货物。

▲结识青年伯奇(James Birch)、皮奇(John Peach)、勇格(Will Yonge)等。

▲有人说,在这里结识辉格党人、自然神论者摩根(Thomas Morgan)。

▲鉴于英格兰人念 Home 为 Hume,主动将姓氏霍姆改拼写为休谟*(Hume)。

▲仲夏:赴法学习,经巴黎,转往东北百余里外的兰斯(Rheims/Reims)城。

▲在巴黎受到骑士拉齐斯(Chevalier Andrew Michael Ramsay)的接待,后者并介绍在兰斯的友人给休谟。

▲在巴黎去看所谓巴里神父显灵究竟是怎么回事。

▲小城兰斯,居民只有四万,他寄居于教区神学博士戈迪诺(Jean Godinot)家,约一年,开支八十镑。

▲结识㊀兰斯大学修辞学、人文课程教师、扬森派、反笛卡尔主义者布吕神父(Abbé Noel-Antoine Pluche),㊁介绍牛顿学说给法国人的普伊(Louis-Jean Lévesque de Pouilly),后者访问过英国,与牛顿相识,1720 年指导过博林布鲁克(Bolingbroke 1678—1751)学习哲学,当时博正在法避难。

▲读洛克《人类理智论》,贝克莱《人类知识原理》。

△英国经济学家,重农学派先驱,货币数量说代表杰科布·范德林特(Jacob Vanderlint,? —1740)的《货币万能,或试论怎样才能使各阶层人民都有足够的货币》(*Money answers all things;or,an essay to make money sufficiently plentiful amongsts all ranks of people*)出版于伦敦**。

* 又译:谦谟,见上海《东方杂志》第 17 卷第 2 号(1920 年 2 月)陈朴文;又见朱进译述《伦理学导言》(美·薛蕾原著)第 99 页,商务印书馆,1921 年;侯模,见谢蒙编《新制哲学大要参考书》第 135 页,上海中华书局,1914 年;胡米,见郭凤翰译《世界名人传略》〔英国《张伯尔世界名人字典》选译〕H 字第 42—43 页,上海山西大学堂译书院译,商务印书馆,1908 年,中华书局图书馆藏。日文:ヒユーム。俄文:Давид Юм。

** 马克思指出:把范德林特的著作(即《货币万能》)同休谟的《论丛》(即《政治论》)《论丛》的第一集,马克思使用的是 1777 年版)仔细对照后,我丝毫不怀疑,休谟知道并且利用了范德林特这部在别的方面也很重要的著作。《马恩全集》23:143 注文)

· 一七三五年 ⊙ 二十四岁 ·　　　　· 法国之行〔一〕学习 ·

▲从兰斯转往安茹的拉弗来舍(La Flèche)。这里位于巴黎西南三百里地,居民五千,物价低廉;一家耶稣会中学(笛卡尔、梅桑内的母校),上百名耶稣会士。

▲结识市长康(François-Michel de la Rue du Can);结识从图尔的耶稣会中学来的神父格雷塞(Père Jean-Baptiste-Louis Gresset),后者年不过二十六岁,教龄已达十年,从事文学活动。

▲在耶稣会中学藏书丰富的图书馆(1762,达四万卷)找到笛卡尔、马尔布朗士、阿尔诺、尼科尔等人的著作,也看到伏尔泰的匿名著作《哲学书简》(*Lettrés philosophiques sur les Anglais*,1734,鲁昂)、马尔齐(Nicolas de Malezieu)的《几何学读本》(*Eléments de Géométrie de M. le duc de Bourgogne*)。

· 一七三六年 ⊙ 二十五岁 ·　　　　· 《人性论》撰写阶段 ·

▲集中精力撰写《人性论》,进展顺利。

⊙英国议会撤销"禁止女巫蛊惑条例"(Witches Act)。该条例自上世纪颁布以来,实际上为宗教顽固势力所利用,他们勾结地方反动人士,不时以"女巫"罪名陷害稍萌异志的修女、平民妇女,后更扩而大之,诬陷普通自由思想者。议会开明人士鉴于公正舆论之压力,群起而反对才得以经过多年反复辩论予以废除。

· 一七三七年 ⊙ 二十六岁 ·

▲年中,《人性论》(主要是前两卷)完稿。

▲取道图尔(八月)经巴黎回伦敦(九月中旬)。

▲尽力通过苏格兰在京人士(爱丁堡时期的同学米切尔〔Andrew Mitchell〕本年成为议员,进入国会)的关系,接洽《人性论》出版事宜。

⊙十一月:英王乔治二世的王后卡罗琳(Caroline)去世。她生前关心学术文化,伦敦西南里士满(Richmond)市郊公园由她建议而建立哲学纪念亭,树立培根、洛克、牛顿、克拉克半身雕像。

·一七三八年⊙二十七岁·

▲欣赏伦敦正方兴未艾的戏剧演出活动：莎士比亚(1564—1616)十六个剧本、本·约翰生(Ben Johnson, 1573—1637)和王政复辟时期的戏剧、爱丁堡时期的同学苏格兰戏剧家马勒特(David Mallet)、唐姆逊(James Thomson)的剧本，这些新旧剧本正在伦敦开始得到演出的机会，观剧成为城市居民一种娱乐，受到市民的欢迎。

▲夜晚经常出入彩虹咖啡馆(Rainbow Coffeehouse)，参加一些人的哲学闲谈。参加者有㊀同学坎宁安(Alexander Cunningham，后为爵士〔Sir Alexander〕)，㊁法国新教徒流亡人士(例如：德马泽*〔Pierre Desmaizeaux〕)等人。

△下半年：同乡、童年友人拉姆齐(M. R.)来京。

▲九月：和切伯塞(Cheapside)的出版商诺翁(John Noon)签订《人性论》出版合同，印数一千，得五十镑，应得合订本12部。

⊙三月：英国海外贸易大发展，自从海上打垮西班牙无敌舰队后，与西班牙的矛盾加剧；常川西属美洲走私的英国船只不时被捕捉，西班牙海岸部队本年割掉英国走私船长詹金斯的耳朵以示惩戒。

* 德是贝勒传记作者、遗著处理人，与英国自由思想家柯林斯、第三代舍夫茨伯利伯爵、艾迪生(Addison)等人常相过从，并在出版于阿姆斯特丹的所编杂志上报道英国思想界出版界消息。

·一七三九年⊙二十八岁·　　　　　　　　·《人性论》出版·

▲一月：《人性论》第一卷：论知性(Of the Understanding)，第二卷：论情感(Of the Passion)，匿名出版于伦敦，价十先令*。

▲二月：以新著赠㊀德马泽，㊁布里斯托尔主教巴特勒博士(Bishop Joseph Butler, 1692—1752)，㊂诗人蒲伯(Alexander Pope)等。

▲三月：离开逗留了十七个月的伦敦，回家乡。

▲英国的期刊：伦敦的《君子杂志》(*Gentleman's Magazine*)、爱丁堡的《苏格兰人杂志》(*Scots Magazine*)披露了出版消息。

▲在大陆，㊀莱比锡的《学者工作新报》(*Neuen Zeitungen von gelehrten Sachen*)于五月号报道书讯时，称作者为新的自由思想家(a new freethinker)；㊁阿姆斯特丹的《欧洲学者著述分类书目》(*Bibliothèque raisonnée* des ouvrages des savans de L'Europe)在夏季第二号伦敦文讯栏披露了作者姓氏;㊂海牙的《新书目》(Nouvelle bibliothèque, ou histoire littéraire des principaux écrits qui se publient)于十月号;㊃《英国书目》(Bibliothèque britannique, ou histoire des ouvrages des savans de la Grande-Bretagne)于最后一号都报道了出版消息,前者把休谟的道德观点和赫奇逊(Francis Hutcheson,1694—1746)联系起来,后者认为作者的逻辑、形而上学导源于洛克。

▲十一月:请求友人介绍家庭教师职务,未成。

▲冬季:往西去格拉斯哥,以第三卷部分手稿请伦理学教授赫奇逊提意见,并以第一、第二卷奉赠以请教,自后即和赫书信往来。

⊙英国、西班牙发生"詹金斯耳朵"之战(1739—1748),英国要强力争夺西班牙在美洲的殖民地。

　　* 德译本:Eine Abhandlung über die menschliche Natur。日译本:㊀人性論(上)推理の實驗的方法な精神の問題に應用したろ人性論。認識論の部〔第一卷:論知性〕,太田善男訳,396頁,1918年(大正七年),阿蘭陀書房,㊁〔第一卷前三章〕,香原一勢訳,166頁,昭和五年,春秋社,均中国科学院图书馆藏。

◁ 思考和写作 ▷

·一七四〇年⊙二十九岁·　　·为《人性论》辩护〔一〕·

▲有意避开苏格兰、英格兰的出版法(Copyright Act)的制约,想利用爱尔兰之可不受此限制,以便立即修订再版《人性论》第一、第二卷,经赫奇逊介绍,与爱尔兰出版商斯密(John Smith)联系匿名出版,未成。

▲年初:六便士小册子《哲学新著〈人性论〉一书摘要》(An Abstract of a late Philosophical Performance, entitled A Treatise of Human Nature)匿名出版于伦敦。《摘要》本拟以读者投书形式寄交《学者轶事》(History of the Learned)以打破舆论的沉默,恐得不到发表机会,遂交出版商*。

▲春季:去伦敦,和赫奇逊所介绍,经手赫著的另一出版商朗曼(Thomas Longman)洽商出版《人性论》第三卷,结果十一月见书,价四先令。

▲亚当·斯密(1723年生,17岁)到牛津大学学习(1740—1746)。

⊙当时爱丁堡人口约五万,是苏格兰政治、学术、时尚的中心。

　　* 本书于1938年,由凯恩斯(J. M. Keynes and P. Sraffa)等交剑桥重印,附

有导言。

·一七四一年⊙三十岁·

▲回到奈因微尔斯镇以来,对于《人性论》大部头著作受到冷落一事常与亨利·霍姆交换意见,认为问题是表达方式不对头,而启蒙运动以来,报刊流行,早年艾迪生、斯梯尔(Richard Steele,1672—1729)等主编的《旁观者》(The Spectator,711—712,1714)、《闲话报》(The Tattler,1709—1711)、《监护报》(The Guardian)、《英国人》(The Englishman,1713—1714)就都以短文吸引读者。

▲以十二篇短文编为《伦理和政治短著集》*(Essays Morals and Political)交爱丁堡出版商金开德(Alexand Kincaid)匿名出版,印一千五百册。

▲复习希腊文。

* 又译:道德经验和政治经验(Опыты нравственные и политические),见《哲学史》1:490。本版,格罗斯编为 A 本;1742 年再版本为 B 本;第二集为 C 本。1748 年的第三版为 D 本。

·一七四二年⊙三十一岁·

▲一月:以十五篇编为《伦理和政治短著》第二集出版于爱丁堡。共得约二百镑,个人生活有了保证。

▲年中:第一集修订再版,删去其中七篇。

▲第二集的《罗伯特·华尔波尔爵士的品质》(A Character of Sir Robert Walpole)当即受到注意,为《君子杂志》、《伦敦杂志》、《苏格兰杂志》所转载,不久这位首相就下台。

△结识诗人布莱克洛克(Thomas Blacklock,1721—1791),这位幼年患天花致盲的诗人穷困潦倒,他的第一部诗集(1746)因起义而滞销,生计无着,休谟即接济他五年,后来第二部诗集出版时(1754)休谟向许多友人推荐。

⊙二月:华尔波尔内阁因发生不光彩的所谓"詹金斯耳朵"之战并严重失利而倒台。

·一七四三年⊙三十二岁·

▲六月:住爱丁堡。

▲读同学、格拉斯哥大学神学教师利奇曼的布道之讲词《论祈祷的特性、合理性和好处;驳反对祈祷》后,致函默尔,指责利奇曼是"可恶的无神论者"(a rank Atheist)。

▲十二月:在乡下奈因微尔斯,母病。

⊙英国和新加冕的波希米亚王马利亚·泰利萨结盟,以意大利某些地区给予萨地尼亚(Sardinia)。

⊙英国利用奥地利王位继承战争之机,反对法国,夺取其在北美洲的殖民地。

·一七四四年⊙三十三岁·

▲爱丁堡教授普林格博士(Dr John Pringle,1707—1782)于两年前离职去弗兰德英军中任军医。休谟事先征得市长科乌特(John Coults,后来的 Lord Provost,1699—1751)同意,向学校自荐担任伦理学和精神哲学(Pneumatic Philosophy)教席,校长惠夏特(Wishart)以休谟著有《人性论》为由极力反对,争取到十五张反对票,支持休谟者仅有十二票,包括在宗教观点上与休谟意见不一致的华莱士一票。

▲四月:适逢支持休谟者缺席,市会议选定赫奇逊接任。

▲夏季:谢绝某贵族提出任其子导游教师的邀请。

⊙二月:法国支持斯图亚特王系复辟活动,支持从苏格兰攻英。

·一七四五年⊙三十四岁·   ·为《人性论》辩护〔二〕·

▲二月:应第三代安南戴尔侯爵(Annandale,George,3rd Marquess of,1720—1792,二十五岁)的邀请,前往英格兰担任他的教师。侯爵于 1738 年一度精神错乱,由专人照顾和教育。休谟到伦敦去接他,见他对《伦理和政治短著》有好感,休谟对教育工作稍具信心。然后,一同前往伦敦西北三十公里的韦尔德豪尔(Weldehall)庄园(在圣·阿尔班〔St. Alban〕,属哈德福郡〔Hertforshire〕)。

相处半年还颇融洽,逐渐,护理事务多于导师工作,薪俸争执也随之而生。

▲春季：母亲卡德琳·霍姆(Katherine Home)死。*

▲夏季(五月？)：亨利·霍姆未征得休谟同意,把休谟在谋大学职位期间写给科乌特的信,信上批驳校长对他提出的六点责难,亨利把信题为《一位先生给爱丁堡一友人,谈一些材料上所胡说的关于宗教和道德的原理,还归之于是一部新出版的〈人性论〉所提出》(*A Letter from a Gentleman to his Friend in Edinburgh: Containing some Observations on a Specimen of the Principles containing Religion and Morality, said to be maintain'd in a Book lately publish'd, intitled, A Treatise of Human Nature*)**。

▲经常进京,一则为侯爵家族事务,一则大约也为到各图书馆查阅资料。

▲七月：开始改写《人性论》第一卷为《哲学短著：论人类理智研究》(*Philosophical Essay concerning Human Understanding*)。

▲撰写《伦理和政治短著三篇》。

⊙詹姆士二世长孙、查理·爱德华·斯图亚特亲王(Prince Charles Edward Stuart)少觊觎王位者(Young Pretender)于七月潜入苏格兰,雅各拜特党做内应,再度起义,九月占领爱丁堡,南下英格兰。

* 休谟在《自传》上写道："我在 1749 年回家去,和我的长兄在他的乡舍中住了两年,因为我的母亲在此时已经去世了。"但,1745 年 6 月 13 日,他写给亨利·霍姆的信提到他收到母丧家书。看来仍宜以此信为据,而把他临终前写的《自传》关于此事所载视为记忆有误。

** 本书于 1967 年,由莫斯奈(E. C. Mossner;J. V. Price)等编辑,撰写导言,重版于爱丁堡。

◁ 投军和观察 ▷

·一七四六年⊙二十五岁·   ·法国之行〔二〕·

▲在韦尔德霍尔庄园一年挂零,数度入京,特别是冬季,既办事也进图书馆查阅材料。

▲四月：因侯爵精神错乱严重,工资谈判不妥,愤而离职前往伦敦。

▲五月：任陆军中将(Lieut-General)圣·克莱尔(St. Clair,？—1762)的秘书。他本有意避居法国南部潜心著述,遇上这位远亲,军事任务紧急,也就匆匆应邀入幕当僚属。

▲七月:任务改为直接入侵法国,以军法官(Judge-Advocate)身份从普利茅斯港(Plymouth)直驶法国莫尔比昂省(Morbihan)南部港口洛里昂(Lorient)登陆。五营军队,四五千人,五六十艘船,仓促间,无军事地图可凭,就于九月开航,要直捣法国西印度公司大本营。

▲入侵法国本去挽回法将萨克斯元帅在奥地利所属尼德兰(今属比利时)的胜利给英奥方面造成的不利形势,围魏救赵不成,反因行动仓促,毫无准备,大败而归,十月,随将军回到爱尔兰的科克(Cork,直至下年一月)。

△友人亚当·斯密回家乡柯卡尔迪,结识亨利·霍姆。

⊙四月:坎伯兰公爵(Duke of Cumberland,1726)* 威廉·奥古斯都(William Augustus,1726—1765)率军一万二千人镇压苏格兰起义,大败雅各拜特党人于卡罗顿(Culloden),少觊觎王位者查理逃法(九月),斯图亚特复辟企图彻底失败。

* 乔治二世的第三子。

· 一七四七年 ⊙ 三十六岁 ·   · 心理学家 ·

▲行程:在科克(一月),离开爱尔兰(三月)去伦敦(四月)。

▲七月:离开伦敦回奈因微尔斯,进行《哲学短著:论人类理智》定稿工作。

▲十一月:赴伦敦。

△春季:亨利·霍姆的《试论英国古史若干问题》匿名出版于爱丁堡,作者放弃早年雅各拜特党观点,接受辉格党原则。

△神学家米德勒顿(Conyers Middleton,1683—1750)的《自由探讨》(*Free Inquiry*)出版,反对休谟对神迹的怀疑论观点。

· 一七四八年 ⊙ 三十七岁 ·   · 法国之行〔三〕·

▲三月:以军法官身份兼秘书(aides-de camp,共三人)随辛克莱将军出使大陆执行秘密使命。

▲旅程:从哈里奇(Harwich,二月)出发,到荷兰(三月),又从布雷达(Breda)到尼默根(Nimeguen),经科隆(Cologne,德国)、法兰克福(Frankfort)、雷根斯堡(Ratisbon/Regensburg)、维也纳(奥地利,四月),入米兰、都灵(五月至十一月)、曼都亚(Mantua),然后从里昂、巴黎(十二月)回国。

▲四月:《哲学短著:论人类理智》* 署名为《伦理和政治短著》作者所著出版。价三先令。

▲秋季:读到孟德斯鸠新著《论法律的精神》(Esprit des Loix,日内瓦),当即记下意见,后转告作者(1749)。

▲十一月:《伦理和政治短著》(第三版)**、《伦理和政治短著三篇》(Three Essays, Moral and Political)二书第一次署真实姓名出版。

前书的第六篇《论爱情和婚姻》第七篇《论历史研究》(Of the Study of History)于1760年撤销。

后者包括《论神迹》(Of Miracles)《论特殊的天意和来世的状况》(Of a Particular Providence and a Future State)等。原编入《论新教的继承权》(Of the Protestant Succession)临时抽出,以免被扣上怀疑论帽子而有碍于法国之行。

▲十二月:经巴黎时,全体人员到枫丹白露(Fountainebleau)会见少僭主,后者不久就流放于意大利。

△拉姆齐骑士(已故)的《自然宗教和天启宗教的哲学原理》(Philosophical Principles of Natural and Revealed Religion, Unfolded in a Geometrical Order,两卷)出版于格拉斯哥。

△经亨利·霍姆推荐,斯密来爱丁堡讲演(1748—1751),题目为文学和文学评论(两次),法学(一次)。

⊙亚琛和约签订,英法在北美洲的争夺战并未停止。

* 又译:人类理性研究(Исследование о человеческом уме),见《哲学史》1:492(下册);人类悟性之研究,见《伦理学的起源和发展》305,又见王子野译《西洋哲学史简编》(薛格洛夫主编)第170页,上海新华书店,1949年;中译本:伍光建《人之悟性论》商务印书馆,关文运《人类理解研究》商务印书馆,1981年。德译本:Eine Untersuchung über den Menschlichen Verstand,223页,莱比锡,1911年,北京大学图书馆藏。

** 德译本:Moralische und Politische Essays。日译本:道德および政治論。

·一七四九年⊙三十八岁·

▲春季:在伦敦,应出版商米拉要求审读爱尔兰牧师(the Reverend Philip Skelton)反对他《论神迹》篇而准备匿名出版的《奥非马刻斯,即天启自然神论》(Ophiomaches, or Deism Revealed),表示支持出版。*

▲接到孟德斯鸠函,提到读了《短著三篇》,十分赞赏《论民族特性》(Of National Character)一篇强调道德精神因素高于身体因素,并托伦敦酒商斯图尔特(John Stewart of Allawbank)转赠《论法律的精神》。

▲四月:在爱丁堡,促成据孟德斯鸠的校正本摘译两章的《论法律的精神》出版。

▲孟德斯鸠表示要促成《政治论》法译本,后未果。

▲写法文长信问候孟德斯鸠,告以读《论法律的精神》后一些看法,从此两位忘年交通信联系直至孟去世。

△博林布鲁克勋爵的《致冒失者的恳切函》(A Familiar Epistle to the Most Impudent Man Living)匿名出版。小册子是写给沃伯顿的,支持休谟在《哲学短著》上反对神迹之可能性的意见。

⊙辉格党内部日趋分裂。

* 休谟对学术论争、对意见不同者的态度,可由一件事以见一斑。他请出版家卡德尔(Thomas Cadell,1742—1802)出面邀约"著文反对他的作者都来"会餐聚谈,见罗吉尔(Samuel Roger)《闲谈》(Table Talk)第 106 页,转引自希尔,259。

· 一七五〇年 ⊙ 三十九岁 ·

▲《哲学短著》再版*。

▲十二月:友人、解剖学教授卡尔伦博士(Dr. William Cullen)、默尔(William Mure of Caldwell,1718—1776)、马克斯威尔爵士(Sir John Maxwell of Pollock,1751 年任校长)等为他在当地大学谋取逻辑学教授席位,遭到教会执事,特别是第三代阿基尔公爵(Duke of Argyle)坎贝尔(Archibald Campbell,1682—1761)这位左右苏格兰的人物的反对而未成。

△英国经济学家约瑟夫·马西(Joseph Massie,? —1784)匿名出版《论决定自然利息率的原因。对威廉·配第爵士和洛克先生关于这个问题的见解的考察》(An essay on the governing causes of the natural rate of interest;wherein the sentiments of Sir William Petty and Mr. Locke on that head, are considered)于伦敦。

"休谟就是从这部著作中得出他的利息理论的。"**

⊙自 1694 年英格兰银行在伦敦创办以来,至本年,伦敦有二十家银行,外地有十二家。

＊据格罗斯：版本志，本版因地震之误，延至1751年始见书。格罗斯编之为F本，见《伦理、政治、文学短著》第51、85页。
　　＊＊见《马恩全集》23(《资本论》第一卷)：562注文。

·一七五一年⊙四十岁·　　　　　　　　　　　　·伦理学家·

　　△一月：斯密任格拉斯哥大学逻辑学教授。

　　▲《自然宗教对话录》(Dialogues Concerning Natural Religion)＊草成，稿子在爱丁堡友人手中传阅。埃利奥特(Gilbert Elliot of Minto, 1772－1777)、布莱尔等都奉劝他勿付梓。

　　▲二月：在一封信上提到"几乎读遍古籍，希腊文的和拉丁文的"＊＊。

　　△三月：友人亨利·霍姆的《论道德原理和自然宗教》(Essays on the Principles of Morality and Natural Religion)匿名出版于爱丁堡。十二年前，作者连接受休谟论述有关题材的著述的赠书也不愿意，现在终于亲自深入理解，并撰写评论。亨利是一位自然神论者，政治上正从支持斯图亚特王朝转到辉格党立场，在哲学上是亚里士多德主义者，本书反对休谟，但以友好态度支持休谟探索问题。

　　△三月：兄约翰·霍姆成亲。

　　▲休谟仍和姊卡德琳作伴，同寓于劳恩市场(Lawn Market)、南边里德利场(Riddle's Land)、附近的西鲍(the West Bow)，属爱丁堡市区。

　　▲参加爱丁堡哲学会(Philosophical Society of Edinburgh)，并于十二月，和小门罗(Alexander Monro the Younger)两人当选为秘书。该会原为技术和科学促进会，经麦克劳伦教授(Colin Maclaurin)扩而大之，欢迎哲学、文学界人士参加(1737)，1739年道格拉斯(James Douglas, 1702－1768)任主席，会务从此更加活跃。惟自1745年苏格兰起义失败后则停止活动，更兼秘书麦克劳伦去世。重新恢复活动后，两秘书继续主持编辑出版会刊(1754、1756)。

　　▲十二月：《人性论》第三卷重加修订，题为《道德原理探究》(An Enquiry Concerning the Principles of Morals; Charles W. Hendel编，158页，纽约，1957年，北京图书馆藏；169页，据1777年版，1953年，上海市图书馆藏)＊＊＊出版于伦敦。

　　△里德任阿伯丁马里沙尔学院(即阿伯丁大学，第五代基思所创)道德学

教授。

△拉瑟福德牧师(the Reverends Thomas Rutherforth)的《捍卫神迹的可信性,反对哲学短论集作者》(*Credibility of Miracles Defended against the Author of Philosophical Essays*),牛津的亚当(William Adams)的《论休谟之论神迹》(Essay on Mr. Hume's Essay on Miracles)出版。

* 德译本:Dialoge über natürliche Religion,莱比锡,1905 年;中译本:陈修斋、曹棉之译,郑之骧校,商务印书馆,1962 年。

** 参看:伯顿著《休谟传》(*Burton's Hume*,两卷)1:326,转引自希尔,xxi。

*** 德译本:Eine Untersuchung über die Prinzipien der Moral;俄译本:Исследование о принципах морали,舍维勒也夫(В. С. Швырев)译,收于《休谟选集》2:209—368。书名异译:道德原则研究,见《哲学史》1:490;道德原则探寻,见郭本道《洛克、巴克莱、休谟》第 94 页,上海世界书局,1934 年;道德原理的研究,见《伦理学的起源和发展》305;道德原理之探讨,见庆泽彭译《近代五大家伦理学》(C. D. Broad 著)第 65 页,商务印书馆,1932 年;道德原理问题,见张东荪《道德哲学》(648 页)第 348 页,中华书局,1931 年。

◁ 潜读和撰史 ▷

·一七五二年⊙四十一岁·　　　　　　　　　　·经济学家·

▲二月:在鲁迪曼(Thomas Ruddiman)领导下,担任苏格兰律师公会(the Faculty of Advocates)图书馆(Advocates Library,今〔1875 年后〕苏格兰公共图书馆)管理员(Keeper)和公会书记,年薪 40 镑。有助手古德达尔(Walter Goodall,1706? —1766)。

▲利用图书馆藏书三万卷,开笔撰写英国史。

▲论文集《政治论》*(*Political Discourses*,304 页,弗来明〔R. Fleming〕版,1752 年,北京大学图书馆藏)出版于爱丁堡。全书包括十二篇论文:论商业、论奢侈、论货币、论利息、论贸易差额、论权力平衡、论税收、论公债、论值得注意的习惯、论古代国家的人口稠密、论新教继承权、论完美国家之我见。作者惠赠孟德斯鸠,不久巴黎就有勒·布朗神父法译本。

"在《论货币》、《论贸易差额》、《论商业》这一组论文中,休谟一步一步地,往往甚至在奇怪的想法上,都跟杰科布·范德林特的《货币万能》一书走。"**

▲一月:苏格兰格拉斯哥文学社(Literary Society of Glasgow)成立,斯密据《政治论》宣读"介绍休谟先生几篇论商业的文章"(Account of some of Mr. David Hume's Essays on Commerce).

△苏格兰人罗斯(？—1786)和格里菲思(Ralph Griffith)主办的《每月评论》(*Monthly Reviews*)一月号卷首文章以十九页评论道德原理探究,第二篇以二十五页评论政治论;二月号继续评论后者。

▲阿姆斯特丹的《欧洲……分类书目》(B. r.)季刊第三期以五页篇幅向大陆读者介绍该书,虽未与《人性论》相提并论,该书开始为国内外读者所重视。

△友人亨利·霍姆受封为凯姆斯勋爵(Lord Kames),任苏格兰最高宗教会议(the supreme civil court)法官。

△牧师道格拉斯(John Douglas)的《准则;或确凿的神迹》(*The Criterion; or Miracles Examined*)出版于伦敦。作者自己驳掉罗马天主教所宣扬的神迹又不敢怀疑圣经所提到的神迹,把休谟称为"十分机灵而古怪的作者"。

⊙英国同意采用罗马教皇格里高利十三世(Gregory XIII,1502—1588)所命令实行的新历法,具体办法是宣布儒略〔·恺撒〕历(Julian Calender,旧历)十月四日至十五日间之十一日作废,改历当年按格里历(Gregorian Calender,新历)计,即比儒略历提前十日;其次,以一月一日为岁首,而不以"春分日"(三月二十一日)为岁首。***

* 又译:政治谈话(Политические беседы),见《哲学史》1:490;政治讨论集,见郭本道 94;政治辩论,见《马恩全集》20:739;政治论文集,见郭大力、王亚南译《国民财富的性质和原因的研究》上 299。

** 见恩格斯:《反杜林论》。《马恩全集》20:259。

*** 又译:朱理安历、格累戈里历,见《中外历史年表》646;格勒哥里历,见郑天杰《历法丛谈》(354 页)1977 年,台北华岗出版有限公司,第 19 页。英国改用格里历,有的系于 1755 年,例如:胡继勤《时间和历法》(117 页),1962 年,商务印书馆,第 83 页,误。

·一七五三年⊙四十二岁·

▲《对若干问题的短著和论文》*(*Essays and Treatises on Several Subjects*,四卷;232 页,波士顿,1868 年,上海市图书馆藏)开始出版第一卷:《伦理和政治短著》,1756 年出齐。

▲《政治论》又一法译本出版于阿姆斯特丹。译者可能是普罗旺斯人莫维荣(Eléazar de Mauvillon,1712—1779)**。

▲当选为格拉斯哥文学会会员。

▲巴尔弗(James Balfour of Pilrig,1705－1795)的《道德的本性和义务概述,兼评休谟先生著作〈道德原理探究〉一书》(Delineation of the Nature and Obligations of Morality, with Reflexions upon Mr. Hume's Book, intitled, An Inquiry concerning the Principles of Morals)匿名出版于爱丁堡。

▲爱尔兰根学报(Gelehrte Erlangen Zeitungen)和格廷根学报(Göttingische Zeitungen von Gelehrten Sachen)分别于六月号、九月号和五月号、八月号先后评论《哲学论著》和《政治论》。

▲购置住房。

△乔治·贝克莱去世。

⊙本年输入英国的棉花为三百万磅,至 1789 年,激增至三千二百万磅。

*　又译:若干问题论丛,见《马恩全集》20:739。

**　参看莫斯奈等编《亚当·斯密书信集》(The Correspondence of ADAM SMITH,1977 年,牛津,北京图书馆藏)第 15 页。

·一七五四年⊙四十三岁· ·历史学家·

▲四月:从伦敦采购进一批七十四种书,有拉·封丹(Jean de La Fontaine,1621－1695)的《故事集》(Contes)克雷比荣(C.-P. Jolyot de Crébillon)的《漏勺》(L'Ecumoire)比西－拉比丁(Bussy-Rabutin,1618－1693)的《高卢族爱情史》(L'Histoire amoureuse des Gaules)。这三种书馆务董事会认为粗鄙无价值,而于六月决定此后管理员无采购审批权。原本在聘用谁的问题上暂时和缓的矛盾从书籍采购问题上爆发了。

▲五月:参加画家小拉姆齐(Allan Ramsay,1713－1784)邀约司法界、教育界、宗教界以及其他经过挑选的社会人士十五人所创立的上流会社(The Select Society),一些志趣相投者借此自由讨论,以推进苏格兰文学、科学、农业、工业,鼓励文化娱乐、植物研究方面做出成绩。同时,避免触及天启宗教问题,不谈论雅各拜特党问题。

威德伯恩(Alexander Wedderburn,1733－1805)、凯姆斯勋爵、古德达尔、亚当·斯密都先后参加,休谟担任司库(七月)并几次连任。

▲小拉姆齐为之画像。*

△接勒·布朗神父(Abbé Jean-Bernard Le Blanc)函(八月、十月),知道巴黎读者踊购《政治论》,达让松伯爵(M. le Comte d'Argenson)、诺阿耶元帅(M. le Maréchal de Noailles,1713—1793)等政府要员莫不议论该书主题;后来还知道莫佩都依(P.-L. Moreau de Maupertuis,1698—1759)身为普鲁士科学院长,深为休谟在柏林未引起注意感到惊讶。

▲文集德译本于1754—1756年出版。

▲霍尔巴赫友人格林姆(Friedrich Melchior Grimm,1723—1807)在他主办的手抄本杂志《文学通讯》(*Correspondance littéraire*,1750—1790)于八月号发表《政治论》(部分)法译文,并于十月号撰文推荐。

△五月:爱丁堡哲学会会刊发表凯姆斯勋爵亨利·霍姆反对牛顿学说的《论运动定律》(Of the Law of Motion)。

▲九月:历史著作《英国史:从詹姆士一世至查理一世朝》(*History of Great Britain, Containing the Reign of James I and Part of Charles I*)叙述斯图亚特朝者出版于都柏林,印二千册,第一版得四百镑,第二版得六百镑。每册售价十四先令,在爱丁堡,六周内即销出450部。

本书法译本译者为普雷沃神父(Abbé Prévost)。

▲据说是已故(1751)博林布鲁克勋爵所写的《死者给生者的劝诫》(Admonitions from the Dead, in Epistles to the Living)出版。该书批评休谟在因果关系上的观点。

▲十月:读到诗人约翰·霍姆牧师(John Home,1722—1808)的《道格拉斯》(Douglas),该剧取材于苏格兰民谣(Ballad)所叙述的悲剧故事,当即致函牛津大学斯宾塞教授(Joseph Spence,1699—1768)推荐这个天才同乡的剧作,以避免他早先的剧本《阿吉斯》(*Agis*)那样遭到名演员加里克(David Garrick,1716—1779)**否定的命运。后来,剧本终于在1756年上演。

* 此画的图像见《休谟传》卷首页。
** 休谟称加里克为"世间的好演员、坏评论者"(the best Actor, but the worst critic in the world)。

·一七五五年⊙四十四岁·   ·《论文四篇》的出版·

▲六月:《论文四篇:宗教的自然史*、论感情、论悲剧、论几何学的形而上学原理》(*Four Dissertations: Natural History of Religion*〔本篇和《自

然宗教对话录》合为一册,299页,牛津,1976年,北京图书馆藏〕,on the Passions,on Tragedy,on the Metaphysical Principles of Geometry)交伦敦出版商米拉付印。

经数学家斯坦霍普(Philip Stanhope,2nd Earl,1717—1786)指出第四篇论据不足、论证不严密;遂代之以《论自杀》(*Of Suicide*)、《论灵魂不朽》(*Of the Immortality of the Soul*)**,书名相应改为《论文五篇》(*Five Dissertations*)。

接受斯密劝告,把后两篇撤下,临时以《论趣味的标准》去替换,书名自然仍冠以《论文四篇》。

整个过程,休谟事先征询在京的小拉姆齐,而出版商为慎重计也向教会人士沃伯顿牧师(Rev. William Warburton,1698—1779)探询,沃因而大概得到了《五篇》的校样而于晚些时候向㊀检察总长(Attorney General,1754)默里(William Murray,第一代曼斯菲尔德伯爵〔1st Earl of Mansfield〕,1705—1793),㊁第二代哈德威克伯爵(2nd Earl of Hardwick,1754)约克(Philip Yorke,1690—1764),㊂沃的顶头上司、伦敦主教谢洛克(Thomas Sherlock)等人展示,于是,米拉虽有胆量承印博林布鲁克的抨击性政治小册子,深知约克这位卸任检察总长的"厉害",他在任上对几位自然神论著者提出过起诉,等等,不得不考虑沃的"奉劝",而多方劝告休谟,休谟并不是反对宗教的猛士,自然总求多一事不如少一事,不但只印行《四篇》(第二次所定)而且对于几次更换过程,流传开去的毛本数册一直追寻下落,设法索回。

▲三月:罗斯(William Rose)在《每月评论》上批评休谟批判罗马天主教会的迷信活动是无视宗教,迹近无神论。

▲利兰牧师(Rev. John Leland,1691—1766)的《英国主要自然神论作家概观》(*A View of the Principal Deistical Writers that have appeared in England*,两卷,1754—1755)于第二卷增篇上攻击休谟对宗教的态度。并于1756年继续进行,篇幅扩大至135页之多。

⊙英法因争夺在美洲、亚洲的殖民地发生战争,在海战上,大致均为英国所胜。

⊙年底:里斯本大地震。

* 又译:宗教性质史,见何宁译《西方名著提要》(416页)第188页,1963年,另,该书对《伦理与政治文集》做了提要;中译文:宗教自然演进史,徐宝谦译,载《哲学评论》

第 2 卷 1 号(1928 年六月)北京大学图书馆藏。俄译文：Естественная история религии，收于《休谟选集》2；369—445。

** 德译本：Dialoge über natürliche Religion，über selbstmord und unsterblichkeit der Seele，莱比锡，上海市图书馆藏。

・一七五六年⊙四十五岁・　　　　　　　　・美学论文作者・

▲春夏：《论趣味的标准》*(Of the Standard of Taste)写毕。

△伏尔泰的《1741 年战争史》(History of the War of 1741)英译文载《每月评论》二月号，四月号上即有匿名作者批评伏氏对英军登陆不列塔尼事件叙述不实，有人怀疑匿名作者即休谟。

▲二月：借九百镑给玛丽约里朋(Alexander Maryoribanks)，后者 1762 年始还。

▲收到意大利学者阿加罗蒂伯爵**(Count Francesco Algarotti，1714—1764)惠书和函。

▲四月：友人米切尔赴任驻普鲁士大使，带走《五篇》一部。

▲法国《法兰西信使》(Mercure de France)杂志在 1756 至 1760 年内译载休谟文章(个别乃摘自书简)六篇。

▲有人把《论文五篇》呈交苏格兰长老会最高宗教裁判会议(General Assembly of the Church of Scotland)试图制裁休谟，终因五十票对七十票，未遂。

▲十一月：《英国史，从查理一世之死至 1688 年革命》(History of Great Britain, Containing the Period from the Dead of Charles I, till the Revolution in 1688)出版。

▲参加爱丁堡市文学戏剧活动。

△博克的《论崇高和美两种观念的根源》***(Philosophical Inquiry into the Origin of Our Ideas on the Sublime and Beautiful)出版于伦敦。

⊙威廉・庇特(William Pitt，1708—1778，查达姆勋爵[Lord Chatham])任首相，至 1768 年。

⊙反普鲁士的七年战争(1756—1763)开始。

⊙英国占领了法国在北美的最后大块领地加拿大。

*　又译：论审美趣味的标准，见朱光潜《西方美学史》上 225；中译文收于《古典文艺理论译丛》第五册第1—18页,人民文学出版社,1963年。本篇和论悲剧,见《伦理、政治、文学短著》第一卷第一部,列为第二十三、第二十二篇,1875年,格林、格罗斯(Grose)等编。格罗斯撰附"版本志"(History of the editions, 15—84)于卷前,并将若干版本编次(85—86)于后,前文后表,对休谟著作的版本交代颇详。

** 这位威尼斯学者,服膺牛顿物理学,于1738年著《妇女读物牛顿哲学》(*Neutonianismo per le donne*/*The Newtonian Philosophy for Ladies*),在这之前于1735年11月拜访了伏尔泰。他可能是从亚当(Robert Adam)等在那些年到过意大利的英国学者处了解到休谟。后来,亚当于1755年11月在罗马发现休谟在那里享有很大声誉。

*** 又译:对我们关于崇高与美的观念的起源的哲学探讨,见汲自信等译《近代美学思想史论丛》第1页,1966年;论崇高与美两种观念的起源之哲学探讨,见江金泰等译《世界文明史〔33〕卢梭时代的英国》(威尔·杜兰夫妇著)第38页。中译文:孟纪青、汝信摘译第三、第四部分,载于《古典文艺理论译丛》第五册第38—68页。

◁ 沉思和观察 ▷
·一七五七年⊙四十六岁·

▲一月:辞去图书馆管理员职务,由弗格森(Adam Ferguson,1723—1816)接任。

▲二月:《论文四篇》(*Four Dissertations*)出版,价三先令。

▲编订旧著为《短著和论文》(*Essays and Treatises*)出版。《伦理和政治短著》改为《伦理、政治、文学短著》(*Essays, moral, political, and literary*;格林等编,1875,第一卷,第一部:23篇*,91—284,第二部:16篇,287—493;第二卷,人类理智研究〔3—135〕,论情感〔A dissertation on the passions,六节,139—166〕,道德原理探究〔169—257〕,附录〔四篇,258—287〕,一篇对话〔289—305〕,宗教的自然史〔309—363〕,撤销的短著〔Essays withdrawn,八篇,367—396〕,未刊短著〔四篇,399—437〕,"论文四篇"献辞〔439—441〕,一七四六年袭击布列塔尼沿岸〔443—460〕,苏格兰方言特用语词〔Scotticism,461—464〕,北京图书馆藏),编为第一部分;《政治论》仍旧,编为第二部分;原名《关于人类理解力的哲学论文集》改为《人类理智研究》;并把《论文四篇》分插各部分。

△赫尔德(Rich Hurd)将沃伯顿牧师对未正式出版的《论文五篇》所做批语,编写为《致沃伯顿牧师,评休谟先生的〈论自然宗教史〉》(*Ramarks on Mr. David Hume's Essay on the Natural History of Religion: Addres-*

sed to the Rev. Dr. Warturton)于伦敦。

▲七月:致函米拉,要求把他写给米拉的信,凡不涉及事务者,全部销毁。

△上流会社举办征文竞赛,马里沙尔学院道德和逻辑学教授杰拉德(Alexander Gerard,1728—1795)的《论审美趣味》(Essay on Taste)获金质奖章。

▲法国友人阿莱翁(Alléon,圣·莫里的迪普雷〔Nicolas-François Dupré de St. Maur〕的妻子,1695?—1774)开始通信联系。

△孟德斯鸠遗稿残篇《论自然和艺术作品的鉴赏》**(Essai sur le goût dans les choses de la nature et de l'art)收于《法国百科全书》第七卷 E. F. G.字母卷,出版于巴黎。

△博克的《论崇高与美》修订再版,增附《论审美趣味》***(A Discource on Taste)一文。

⊙上流社会成员增至 135 位。

*　第十五篇:伊壁鸠鲁的信徒,或娴雅而又快乐的人(The Epicurean, or, The man of elegance and pleasure)第十六篇:斯多噶派,或力行者、有德者(The Stoic, or the man of action and virtue)第十七篇:柏拉图主义者,或沉思与献身哲学的人(The Platonist, or the man of contemplation, and philosophical devotion)三篇译文见《外国哲学》第三辑,赵前、丁冬红译,1982 年。

**　中译文:论趣味,收附于《罗马盛衰原因论》第 137—164 页,1962 年。

***　又译:论鉴赏力,见《卢梭时代的英国》38。

·一七五八年⊙四十七岁·

▲《关于理解力的哲学论文集》法译本出版于阿姆斯特丹。

▲休谟的文集法文本于 1758—1760 年出版。

△普赖斯牧师(Rev. Richard Price,1723—1791)的《评道德中的主要问题和难题》(Review of the Principal Questions and Difficulties in Morals)出版。作者批评了休谟的观点。

△阿伯丁哲学会(以"博学者俱乐部"〔Wise Club〕著称)成立。休谟虽未正式入会,仍被视为成员,阿伯丁大学里德教授经常与之保持联系。

▲八月:在伦敦。

▲在伦敦,会见亚当、道格拉斯、普赖斯、博克、加里克。

▲可能在出版商斯特雷汉处会到北美殖民地邮政部副部长(Deputy-

Postmaster-General)富兰克林(Benjamin Franklin,1706—1790)。

▲十二月:吉本(Edward Gibbon,1737—1794)来见。

- 一七五九年⊙四十八岁 ·　　　　·勤恳治史·

▲连续三次取得许可证,在英国博物馆阅览室做研究工作(1759年3月;1761年7月、11月)。

△一月:对罗伯逊的《苏格兰史》校样提出意见,提供新资料,并于该书出版后向友人推荐,又以手头一本送爱尔维修(四月)。

▲三月:《都铎王朝大不列颠史》(*The History of Great Britain,under the House of Tudors*,两卷,包括1485—1603年,为《英国史》第二册)出版。每部售价一镑。

△四月:致函斯密,报告怎样收到米拉交来刚印出的《道德情操论》(*The Theory of Moral Sentiments*),怎样他代为分送友人第三代阿盖尔公爵(3rd Duke of Argyll)坎贝尔(Archibald Campbell,1682—1761)、利勒顿勋爵(Lord Lyttleton,1709—1773)华尔波尔(H. W.)、伯克(Edmund Burke,1729—1797)等,并转告爱尔维修的《论精神》(*De l'Esprit*)在巴黎遭禁,对伏尔泰的《老实人》(*Candide,ou L'optimisme*)的看法等等。

▲十月:离开伦敦。

▲秋季:会见从伦敦来爱丁堡的北美富兰克林。*

▲罗比耐(Jean Baptiste Robinet,1735—1820)等人把宗教的自然史、论感情、论悲剧、论趣味的标准等译为法文,取名《休谟哲学论文集》出版于阿姆斯特丹。

▲友人德·蒙蒂尼(Jean-Charles Trudaine de Montigny,1733—1777)把宗教的自然史译为法文,未刊。

▲《论文四篇》(*Vier Abhandlungen，I,Die Naturgeschichte der Religion，II, Von den Leidenschaften，III，Über die Tragödie，IV，Vom Maßstab des Geschmacks*)德译本出版。

▲特里纽(J. A. Trinius)所编《自由思想家辞典》(Freydenker Lexicon)出版于莱比锡,休谟传记占五页。

⊙一月十五日:英国博物院(British Museum)开幕。

* 《新刊休谟书简》把富兰克林此行访苏格兰系于1760年,见第66页注1;本表据《休谟传》，见第 394 页。

·一七六〇年⊙四十九岁·

▲接爱尔维修来信，得知《斯图亚特朝英国史》已由法国小说家普雷沃(Antoine-François Prévost, 1697－1763)译出。

▲部分文章的法译，以《伦理短论和道德原理探究》为题出版。

⊙十月：乔治三世(George III, 原威尔斯王子, 1738－1820)在朝。

⊙苏格兰人口约一百二十五万。

·一七六一年⊙五十岁·

▲修改《自然宗教对话录》*。

△上流会社邀请爱尔兰作家、演员谢立丹(Thomas Sheridan, 1678－1761)做两组关于英语的讲演，讲稿予以出版。

▲十一月：《从朱里·恺撒入侵至亨利七世即位的大不列颠史》(*The History of Great Britain, From the Invasion of Julius Caesar, to the Accession of Henry VII*, 两卷)出版。得一千四百镑。

▲十一月：在伦敦。

▲收到法国巴夫勒伯爵夫人(Comtesse de Boufflers, 1725－1800)来信，开始通信联系，直至 1772 年。

⊙罗马教廷把休谟著作登入《禁书目录》。

　　* 俄译本：Диалогм о естественной релитии，译者潘非(Памфил)，收于《休谟选集》2：445－564，莫斯科，1965 年。

·一七六二年⊙五十一岁·

▲在爱丁堡，收到富兰克林寄来论文如何应用避雷针(On the Use of the Lightning-rod)，当即转交哲学会准备发表于会刊，并以秘书身份复函致谢。

△苏格兰诗人、史家麦克菲生(James Macpherson, 1736－1796)整理苏格兰民间史诗，发表《奥西安》(*Ossian*)，立即震动文坛。

▲五月：在爱丁堡旧城区詹姆士宫(James's Court)北，以五百镑购置房产。

▲坎贝尔的《论神迹：兼评大卫·休谟于其〈论神迹〉所提出原则》(*Dissertation on Miracles ; Containing an Examination of the Principles advanced by David Hume , Esq ; in an Essay on Miracles)出版。休谟读后即去函解释(六月)。

▲参加爱丁堡政界人士所组织的波克俱乐部(Poker Club)。

▲七月至十二月：在伦敦。

▲《英国史》六卷，经修订同时出版于伦敦。休谟于下年向艾利奥特(Gilbert Elliot of Minto,1722－1777)指出该版纠正了由于据辉格党原则撰写而带上的偏见和错误。

△荷兰经济学家、哲学家品托(Isaac de Pinto,1715－1782)* 的《论奢侈》(Essai sur luxe)出版。这位投机商、高利贷者借巨款给英荷两国的西印度公司；眼下英法和谈期间，在巴黎，他向英方的第四代贝德福德公爵(4th Duke of Bedford)透露消息，他就这样进行种种活动，企图东山再起，恢复里斯本地震时他在葡萄牙遭受的损失。

⊙青年稳健派(Moderates)领袖罗伯逊(William Robertson,1721－1793)受委任为爱丁堡大学校长。

⊙基思(G.K.)在普鲁士治下的纳沙特尔(Neuchâtel,今属瑞士)任地方长官。

　　*　生年据《马恩全集》23：172。波普金(Richard H. Popkin)作：1717，见《休谟和伊萨克·品托，第二篇，新发现的五封信》，收于托德(W. B. Todd)所编《休谟和启蒙运动》(Hume and the Enlightenment,1974 年，爱丁堡)北京图书馆藏，第99页。

◁ 从政和广交 ▷

·一七六三年⊙五十二岁·　　　　　　·法国之行〔四〕·

▲二月：在爱丁堡。

△四月：巴夫勒伯爵夫人由侄子、第五代埃利邦勋爵(Lord Elibank)默里(Patrick Murray,1703－1778)陪同来访，有意促成休谟法国之行。

▲六月：接爱尔维修来信，建议他撰写教会史(History of the Church),认为这事对英法德各国都很重要。

▲八月：到伦敦。

▲《英国史》再版。

▲秋季：见到基思。基思阔别故土四十五年，于弟(J.K.)为普鲁士效劳，亡于沙场后，得知国内赦免令，乃取道伦敦返苏格兰，想邀约卢梭、休谟三人在阿伯丁他的庄园共同生活；经察看，无论社会条件(虽收回部分财产，已无爵位)、气候环境都不适宜，于是把庄园脱手，重返大陆。

△卡德琳·麦考莱(Catherine Macaulay,1731－1791)为了回答休谟而站在辉格党观点所撰写的《詹姆士一世朝至不伦瑞克家系英国史》(History from the Accession of James I to that of the Brunswick Line，八卷，1763－1781)开始出版。她的丈夫麦考莱(Dr. George Macaulay)于年底寄一部赠休谟。

▲十月：从伦敦前往巴黎，担任驻法公使赫特福德勋爵(Lord Hertford)康威(Francis Seymour Conway,1718－1794)的私人秘书。

△十一月：伏尔泰致函达让达伯爵(Comte d'Argental)，提起收到休谟来信(信佚)。休谟在下年一月致埃德蒙斯东中校(Lieut.-Col. James Edmonstoune of Newton)函回答征询有意去访问伏尔泰否时，提到公务缠身，否则他要去日内瓦拜访伏尔泰。

▲冬季：审订贝约夫人(Octavie Guichard, Dame Belot, 1719－1805，1765年为Jean-Baptiste-François Durey de Meinières, Président de Meinières 的妻子)所译《英国史·都铎朝》(第二册)的法文稿。

⊙英国国会议员威尔克斯在《北方不列颠人》(North Briton)* 杂志批判国王的讲演，有关人员——作者、编者、印刷者、发行者均以"不敬"罪被捕，后经大法官判决逮捕令为非法始获释。

⊙法国路易十五(Louis XV,1710－1774)在朝。

⊙英国、法国、西班牙签订巴黎和约，重新划定在殖民地(主要在北美)的势力范围，暂时和缓了长期以来互相争夺而引起的剧烈矛盾。

* 又译：北布利吞，见翦伯赞主编《中外历史年表》745。

·一七六四年⊙五十三岁·　　　·法国启蒙学者的友人·

▲二月：会见斯密。斯密身为第三代巴克里奇公爵(Duke of Buccleuch, Henry)游历教师，带后者到大陆做大周游(the Grand Tour)以广其见识，正从英国前往法国图卢兹，八月间去拜访伏尔泰。

▲三月：为品托(Isaac de Pinto)对英国西印度公司的劳绩，代向本国

政府申请一笔年金，事情直至他自己回朝管事才解决。

▲《对若干问题的短著和论文》第四版。

▲五月：从威尔克斯处得知他手头有一部《五篇论文》，当时后者被借故开除出下议院，失去法律保护权，正在法国避风，受到霍尔巴赫（威、霍是在荷兰莱顿大学时期的同学）接待。

▲五月：伏尔泰在《欧洲文学杂志》(*La Gazette Littéraire de l'Europe*，1764—1766)上评论休谟的《英国史》(*L'Histoire complète de l'Angleterre*)，认为比前此托拉斯(Rapin Thoiras)所写要公正、全面，像医生下诊断，考虑到缺点；该杂志同期发表接近哲学家们(philosophes)的评论家安东尼(Jean-Baptiste-Antoine，1733—1817)所摘译《英国史》关于伊丽莎白朝和詹姆士朝英国文学部分章节。

△里德的《以常识原则探究人心》*(Inquiry into the Human Mind, on the Principles of Common Sense)出版。作者事先将手稿交爱丁堡长老会牧师布莱尔(Hugh Blair，1718—1800)转请休谟提意见；休谟阅毕，直接给里德写信。

▲米热(S. C. Miger)根据画院秘书、青年画家小科尚(Charles-Nicholas Cochin)为休谟所画右侧面像**创作雕像。前此，在巴黎期间，画家、钢琴小曲(bagatelles)作者卡蒙泰尔(Carmontelle，本名 Louis Carogis，1717—1806)应奥尔良公爵(Duc d'Orléans)路易·腓力(Louis-Philippe，1725—1785)请求，也为休谟画幅水彩像。***

△伦敦的博林布鲁克勋爵、奥索里勋爵等组织阿尔马克俱乐部(Almack's Club)，休谟应邀参加，同意日后身在伦敦时当参与俱乐部活动，后来，果于1767—1769年参加了他们的活动。

* 又译：根据常识的原则来探究人类心灵，见葛力译《西方哲学史》下129；根据常识的原则对人生之质询，见《卢梭时代的英国》168。

** 此画的图像，见《新刊休谟书简》卷首页。称他为小科尚，因父(1688—1754)子同名、同行业，父为《百科全书》绘制版画，子则兼搞评论。

*** 据莫斯奈(E. C. Mossner)说，此像一度下落不明，后发现于苏格兰国家肖像馆(Scottish National Portrait Gallery)，见所著《休谟传》(全709页)第482页，1954—1980年，牛津，北京图书馆藏。另，卡蒙泰尔也为富兰克林、霍尔巴赫画像，后者为全身坐像，见管士滨译《自然的体系》上卷卷首页。

·一七六五年⊙五十四岁·　　　　　　　　　·外交官·

△法国诗人贝卢瓦(Pierre-Laurant-Buyrette de Belloy,1727－1779)的《加莱之围》(Le Siège de Calais)演出成功之后,出版剧本。该剧主题是1347年反抗英国爱德华三世之入侵法国港口加莱。作者在注文中批评休谟《英国史》有关论述。

▲夏季(七月?):担任大使秘书(Embassy Secretary),并于大使回国处理私事期间任代办(chargé d'affaires)*,按期向国务大臣(Secretary of State)汇报情况。

▲在职期间,会见各国许多外交家,例如:俄国全权大使戈里岑亲王(Prince Dimitri Alexievitch Galitzin/Голицын)这位在巴黎和启蒙思想家颇有往来的人物。**

▲九月:会见刚完成大西洋探险远航(1763－1765)归来的布干维尔(Louis-Antoine de Bougainville,1729－1781)。

△夏秋季:霍尔巴赫夫妇游伦敦,返法后提到伦敦自杀风气颇盛。

▲十一月:陪新大使里奇蒙公爵(Duke of Richmond)晋见法王之后,准备卸职回国。

▲在法期间,经常出入百科全书派和启蒙思想家们和著名贵妇的"沙龙"(Salon)。

△梅尼埃夫人(Mme de Meinières,原贝约夫人)续译《英国史》第一册即叙述金雀花王朝(Plantagenets)者。

△华尔波尔捏造普鲁士国王的信(Letter from Frederick II to Rousseau),讽刺卢梭酷爱独立又怕受迫害,而且垂涎于年金,手抄本在巴黎流传,不久,在巴黎、伦敦同时印行。卢梭怀疑是达兰贝手笔,并以为休谟与闻其事。杜尔阁予以揭穿,达兰贝、巴夫勒伯爵夫人等众口谴责。

△罗伯逊《苏格兰史》意译者克罗奇(Peter Crocchi)在锡耶纳(Siena)以译本附函托鲍斯威尔(James Boswell,1740－1795)转赠休谟,鲍当时正游意大利(1765－1766)。

⊙十月:北美殖民地代表抗议英政府实行印花税。

　　* 薪俸每年1200镑,活动费300镑;另,勋爵为休谟申请到四百镑年金。勋爵回国后调职,未返任。这个职务,有的译为"一等秘书",见《西洋哲学史简编》第170页。

　　** 参看:〔苏〕西林著,郭力军译《爱尔维修》(Силин, ГЕЛЬВЕЦИЙ,1958;全

170页)附录二,1960年,上海人民出版社。另,德兰布尔(Даламбер),即达兰贝,见第158页。

·一七六六年⊙五十五岁·　　　　　　　　·接待卢梭·

▲一月:爱尔维修、霍尔巴赫等分别为他饯行,莫尔莱神父(Abbé Morellet)参加后一饯别宴。

▲一月:邀请卢梭到英国避难,以躲避法国、瑞士当局和教会自《爱弥儿》《社会契约论》出版以来变本加厉加诸他的种种迫害。

▲旅程:四日离开巴黎,十三日抵伦敦;卢梭一行另行,卢梭的妻子泰雷兹(Thérèse de Le Vasseur,1721—1801,1744年同居)由鲍斯威尔陪送到奇齐克(Chiswick,英国)与卢梭会合,由商业大臣(Commissioner of Trade and Plantations,1765—1772)菲茨舍伯特(William Fitzherbert,1772年自杀)派人从德比(Derby)护送到阿什伯恩(Ashburn),最后由德比郡乡绅戴芬波特(Richard Davenport,1705?—1771)安顿他们夫妇于伍顿(Wootton,三月)。

▲为卢梭定居筹划安排,同时,并未征询卢梭就设法向乔治三世申请年金。殊不知"卢梭不断避免向现存政权作任何即使表面上的妥协"*,况且伦敦正流行华尔波尔所捏造的信和伏尔泰矢口否认的《伏尔泰致卢梭函》(*A Letter from Mr. Voltaire to M. Jean Jacques Rousseau/Lettre de Mr. de Voltaire au Docteur Jean-Jacques* (sic) *Pansophe* 出版于伦敦),以及无名氏的《爱弥儿致让·雅克函》(*Letter from Emile to Jean-Jacques*),凡此种种,更兼卢梭经受各种迫害的折磨、颠沛流离的生活影响,精神大受损伤,至此逐渐患上被迫害狂,把误解和愤慨集中对休谟而发,三个月不与休谟联系(直至六月二十三日)。

华尔波尔的信,四月译载于《伦敦纪事报》(*London Chronicle*),八月《圣詹姆士纪事报》(*St. James's Chronicle*)又从《布鲁塞尔报》(*Brussels Gazette*)转载原法文信(见《华尔波尔书信集》4:463)。

▲小拉姆齐(A. R.)为他(身着大使秘书官服**)和卢梭画个人像。拉姆齐自1733年来伦敦学绘画,后受聘为乔治三世宫廷肖像画师。

▲七月:从伦敦致函达兰贝解释卢梭和他的交恶经过,以答复莱斯皮纳斯小姐(Mlle de Lespinasse)和达兰贝的联名询问。休谟的复信在莱的沙

龙当众朗读,众人遂释怀。

▲致霍尔巴赫函(六月二十七日,七月一日,前者佚,后者存),得到复函(七月七日)。在前信,休谟说:你对,男爵先生,卢梭是怪人(见于马蒙德尔《回忆录》)。至此,可见,休、霍都给卢梭的变态弄得失去克制了。

▲告诉杜尔阁,五十年代,反对他休谟的大书小册子可以摆满(?)一个大房间。

▲收到摩勒赠书,琉善(Lucian)对话的法译本。1776年四月赴京途中,八月静卧,读《冥间的对话》(Dialogues of the Dead)均是他惟一消遣。他还以书中情节与来探视的斯密打趣,俨然不以死为念。

▲夏季(九月):返爱丁堡奈因微尔斯镇数周。

△斯密已从法国回来,定居于家乡柯卡尔迪(Kirkcaldy,海口城市,位于爱丁堡北三十公里),两人常相过从。

△奥斯瓦德(James Oswald of Dunniker,？—1793)的《为了宗教的利益诉诸常识》(An Appeal to Common Sense in Behalf of Religion)出版。

⊙不列颠不得不对北美殖民地取消印花税条(the Stamp Act)。休谟不赞成诺思勋爵(Lord North)的政策,反对"国王之友"(the King's Friends)一帮人的做法,同情美国革命。

* 见《马恩全集》16:36。

** 小拉姆齐所画休谟盛装半身像,图像见英国百科全书新版 8:1192;见《休谟选集》(Давид Юм: Сочинения в двух томах,1965,莫斯科)第二卷卷首页。

·一七六七年⊙五十六岁·　　　·政治生涯,任副大臣·

▲二月:离爱丁堡,到伦敦(中旬)。

▲应邀入阁。赫特福德勋爵的弟弟康威(The Hon. Henry Seymour Conway,1721—1795)(Northern Department,1766—1768)继哈利法(Halifax)任国务大臣(Secretary of State),邀他任副大臣(Under-Secretary of State)负责北方部(Northern Department)*。

△三月:卢梭以回赠自己在英国的藏书为条件勉强接受英国友人设法替他争取到的英王乔治三世所发年金一百镑,以后未续支。

▲四月:读到匿名小册子《评卢梭的品行和著述》(Remarks on the Conduct and Writings of Jean-Jacques Rousseau,伦敦),后知道是苏黎世移

民、雕刻师弗西利(Johann Heinrich Fuessli/Henry Fuseli,1741—1825)所作。**

△五月：卢梭误解英国友人的好意，终于改名易姓，从德比郡的伍顿潜回法国，化名勒努(Jean Joseph Renou)，和泰雷兹避居于瓦兹区(Oise)特里(Trye-le-Château)。不久，休谟就收到达兰贝来信说卢梭终于向人解释他错怪了休谟(七月)。

▲五月：在政府处理工作中支持苏格兰长老会(the Presbyterian Church of Scotland)的合法权益。

▲以《短著和论文》赠罗比耐。

△里德常识哲学信徒、阿伯丁马尔里沙学院道德哲学、逻辑学教授比阿蒂***(James Beatie,1735—1803)要出版散文讽刺集《怀疑论城寨》(*The Castle of Scepticism*)未成。作者强调直观和信仰，反对霍布士、伏尔泰，指责休谟是寨主，诱人入寨予以奴役折磨，这些原都是他在学校中经常发表的言论，虽未出版，仍然发生影响作用于青年。

▲十月：致函其兄，"我每年收入超过一千一百镑，只想用小半数"。

▲十月：《简单剖明休谟先生和卢梭先生之间的争吵》(*Exposé succinct de la contestation qui s'est élévée entre M. Hume et M. Rousseau, avec les pièces justicatives*, 英国博物院图书馆藏)由达兰贝、絮阿尔(J. B. A. Suard)合编，后者翻译英文部分，匿名出版于巴黎。序言称颂休谟的为人，并有附言由达兰贝签署，否认他与所谓普王御札有牵连。

▲十一月：英文译本(A Concise and Genuine Account of the Dispute between Mr. Hume and Mr. Rousseau; with the Letters That Passed between Them during their Controversy. As Also, the Letters of the Hon. Mr. Walpole, and Mr. D'Alembert, Relative to This Extraordinary Affair)出版于伦敦。

▲法国拉·图尔夫人(Mme de la Tour de Franqueville)的《拟复函，卢梭先生答休谟先生之简单剖明》和《芒勒夫人致为卢梭声辩之作者函》出版。

▲在政府任职期间会见一些外国官员、结交上流社会人士、熟悉伦敦学术文化界人物、常与在京苏格兰同乡交往。†

▲将卢梭来信送交英国博物院图书馆副馆长马蒂(Matthew Maty,

1718—1776)保存。

⊙各地先后驱逐耶稣会士出境,葡萄牙——1759年,法国——1764年,西班牙——1767年,相当一部分押送往教皇国。

* 当时,北方部处理对外与法国以北(俄国含)的关系,对内处理苏格兰事务。关于弃文从政,参看休谟致巴夫勒伯爵夫人函,收于《私札》(*Private Corres.*)转引自希尔,104。

** 参看《新刊休谟书简》(*New Letters of David Hume*, R. Klibansky等编,253页,伦敦,1954年,北京图书馆藏)160。

*** 又译:贝阿提,见葛力译《西方哲学史》下128;毕提,见庞景仁译《导论》7;柏阿蒂,见贺麟、王太庆译《哲学史讲演录》4:212。

† 参看:卡莱尔(Alexander Carlyle)《自传》(*Auto.*)。

◁ 退隐和乡居 ▷

· 一七六八年 ⊙ 五十七岁 ·　　　　　　　　　　　· 辞官 ·

△一月:康威辞职,休谟也于八月离职。

▲接到康威的书记、瑞士青年迪维坦(George Deyverdum)交来他受吉本之托转来的文稿,要求审阅吉本所著法文《瑞士革命史》(*History of the Swiss Revolution*)手稿。

▲抓紧时间修订《英国史》。

▲应杜尔阁要求,推荐李斯东(Robert Liston)前往意大利担任巴尔马大学英语教授,因不是天主教徒,未成。

⊙威尔克斯再次当选为下院议员,却遭"国王之友"所逐,伦敦群众大哗,提出"威尔克斯和自由"(Wilkes and Liberty)的口号,请愿要求释放被捕并被选为伦敦市长之威尔克斯,国王军队开枪击毙请愿群众多人。休谟在这场斗争中支持"国王之友"集团。

· 一七六九年 ⊙ 五十八岁 ·　　　　　　　　　　　· 还乡 ·

▲建议摩勒神父编写《商业辞典》时批判重农学派。

▲八月:离开伦敦(前后待了约两年半)返爱丁堡。

▲经赫特福德勋爵和康威大臣两兄弟的申请,又得到国王年金两百镑,此事颇费周折,至此终于获准。

△爱丁堡大学医学系北美殖民地学生(1766—1768)拉什(Benjamin

Rush)从巴黎带来狄德罗的信。拉此行是来邀请威瑟斯普恩牧师(Reverend John Witherspoon)前往北美新泽西担任大学校长职。此番来爱丁堡,对休谟印象良好。

⊙詹姆士·瓦特改良蒸汽机初步成功,获得专利证。

· 一七七〇年⊙五十九岁 ·　　　　　　·一段传闻·

▲霍尔巴赫据威尔克斯所保存的《论文五篇》把《论自杀》(*Dissertation sur le suicide*)《论灵魂不朽》(*Dissertation sur l'immortalité de l'âme*)亲自译为法文,由耐冗(Jacques Andre Naigeon)编为《哲学文集,即宗教、道德短篇集》(*Recueil Philosophique ou Mélange de Pièces sur la Religion et le Morale*)匿名出版,出版地点署"伦敦"。

▲接到爱尔维修来信,提到放弃译《论人》为英文的计划。爱尔维修此前曾经表示希望休谟能助一臂之力,使他成为英国皇家学会一员,休谟未进行。

▲《英国史》再版于伦敦。

▲《短著和论文》由斯特雷汉再版。

△比阿蒂的《论真理的本性和不变性,反对诡辩和怀疑论》(*An Essay on the Nature and Immutability of Truth; in Opposition to Sophistry and Scepticism*)出版,获得巨大成功,嗣后连年再版。

▲忙于在圣·安德鲁斯广场(St. Andrew Square)附近盖新屋。

▲秋季:为盖屋事,经常散步于新旧区,正是这阶段一度失足陷于城内小河泥淖,向一位渔妇呼救,发觉他即是当地群众所谓"无神论者休谟"(Hume the Atheist),稍费口舌才得营救。

⊙伦敦的银行增至七十家,十年内有增无已,直至八十家之多。

⊙英国工人周薪,高者十一先令,低者六先令六便士。大部分工厂,工人每周工作六日,每日工作十二至十四小时。

⊙诺斯勋爵出任首相,组织托利党内阁。

· 一七七一年⊙六十岁 ·　　　　　　·接待北美友人·

▲降灵节(Whitsunday)前后,搬出詹姆士宫附近旧居,迁入新落成的寓所,北边是圣·安德鲁斯广场,西边是圣·大卫街(St. David Street)*。

▲九月：致函伦敦出版商斯特雷汉，《短著和论文》(*Essays and Treatises*，两卷，1772年)出书后即寄瑞士洛桑出版商加塞尔(Gasset)以便法译者使用。后，法文本未译出。

▲十月：接待从伦敦前来的富兰克林于寓所(二十六日)，介绍他与当地教授、学术文化界人士会晤，直至富离爱丁堡返伦敦。富于此期间一度访问格拉斯哥(十一月六日至十六日)。

△品托的《关于流通和信用的论文》(*Traité de la circulation et du crédit*)出版于阿姆斯特丹。手稿于出版前即已流传。

* 关于街名，参看希尔(G. B. Hill)编注《休谟致斯特雷汉书翰集》(Letters of D. H. to W. S.，牛津，1888年，北京大学图书馆藏)第251页。另，北京《编译参考》月刊登载过一幅图，介绍休谟寓所，见1981年十月号画页：英国风光。

· 一七七二年⊙六十一岁 ·

▲一月：出版商理查逊(Richardson)在《伦敦记事》宣布厄克特(Urquhart)出版《杂志文选》(*Beauties of the Magazines*)，说收有休谟未刊论著《论冒失与谦恭》(*Of Impudence and Modesty*)《论爱情与婚姻》(*Of Love and Marriage*)《论贪婪》(*Of Avarice*) 这些已为休谟于1764、1770年所撤销者，实际该书到头来并未出版。

▲二月：致函富兰克林，要求协助在北美出版《短著和论文》。到头来，无论此书或《英国史》，在他生前都无美国版；倒是《自传》于1778年出版于费城。

△里德的《人类心灵的能力论》(*Essays on the Powers of the Human Mind*)出版。

△爱丁堡律师公会图书馆长海斯勋爵(Lord Hailes，上流会社成员)提出要从阿伯丁调比阿蒂进爱丁堡大学，遭反对。

△常识哲学在英格兰获得巨大胜利。雷诺(Joshua Reynold)画《真理的真正凯旋》(*The True Triumph of Truth*)，表现比阿蒂的《论真理》对休谟、伏尔泰等的胜利。

· 一七七三年⊙六十二岁 ·

▲《英国史》(*The History of England, from the Invasion of Julius*

Caesar to the Revolution in 1688，八卷）经修订由斯特雷汉出版于伦敦。*

△比阿蒂的《论真理》第四版在伦敦出版，受到乔治三世赞赏为是对休谟的"斩草除根"，特予作者年金两百镑。

⊙伦敦工人平均收入为十先令，在较小的企业中则仅达七先令，在爱丁堡仅为五先令。**

* 三卷本，纽约，1786 年，北京图书馆藏。《英国史，远古至 1688 年革命》(*A History of England, from the Earliest Times to the Revolution in 1688*)，J. S. Brewer 编订注释，798 页，伦敦，1895 年，北京图书馆、上海市图书馆藏。

** 参看：斯密《国富论》。

·一七七四年⊙六十三岁·

△他的姊姊卡德琳搬进圣·安德鲁斯与之作伴。

▲四月：接斯密函，指定他为遗嘱执行人，请他特别关心一份天文学史，讲述到笛卡尔时代的材料的出版。

▲会见约翰逊（Samuel Johnson，1709－1784），约翰逊由鲍斯威尔陪同游历苏格兰，而当年，休谟在詹姆士宫附近的旧居是租于鲍斯威尔的。

▲《政府的产生》(*Of the Origin of Government*)，自威尔克斯事件以来草拟的这篇文章始终未完篇。

△唯物论感觉论者普利斯特利（Joseph Priestley，1733－1804），批判比阿蒂。

·一七七五年⊙六十四岁·

▲撰写《关于〔盖尔族英雄〕奥西安的组诗》(*Of the Poems of Ossian*)，对于苏格兰诗人麦克菲生发表《奥西安》*后受到的指责，表示态度，支持对苏格兰古代文献的研究，反对约翰逊等人之轻率对待苏格兰文学遗产。

▲身体显著虚弱，肠胃病逐渐恶化。

▲十一月：给斯特雷汉信，提到他的哲学文集有下列各版——1758，1760，1764，1768，1770，1772。

⊙北美英属殖民地人民揭起独立战争义帜，1783 年终于建立美利坚合众国。

* Ossian，或 Oisin（奥伊辛），芬（Finn）的儿子，传说中三世纪英雄人物，盖尔民间文学形象。参看〔爱尔兰〕柯蒂斯(Ed. Curtis)《爱尔兰史》(上下册),1974年,商务印书馆,第8页。

·一七七六年⊙六十五岁·　　　　　　　　　　　·逝世·

▲一月:写遗嘱,四月修改遗嘱。

▲春季:收到吉本的《罗马帝国衰亡史》(*History of the Decline and Fall of the Roman Empire*)第一卷,驰书祝贺。

▲四月十八日:写《自传》(*My Own Life*)*。

▲七月:前往伦敦、巴思,检查身体,在伦敦,吉本、斯特雷汉等来探视。

▲收到摩勒神父筹备出版《商业辞典》(*Dictionnaire de Commerce*)说明书,译为英文,交伦敦《君子杂志》发表。

▲读斯密的《国富论》。

▲写委托书,请斯密全权处理全部手稿、信札,特别要求设法于两年内将《自传》、《论自杀》、《论灵魂不朽》、《自然宗教对话录》等予以出版。

▲八月二十五日:逝世。

▲遗产大部分赠侄,小部分赠达兰贝。

▲九月:伦敦《君子杂志》(*Gentleman's Magazine*)发表简短死讯。

　* 拉丁文译本:海斯勋爵,1787年;法译本:絮阿尔译,1777年;俄译本:Жизнь Давида Гумма, описанная им самим,译自法译本,莫斯科,1781年,新译Автобиография,见《休谟选集》1:65—75;中译本:附于《人之悟性论》(1927年)伍光建译;载《哲学评论》第2卷第一号(1928年6月),健孟译;附于《人类理解研究》(1981)关文运译。

·一七七七年·

▲三月:《休谟自撰生平》(*The Life of David Hume*, Esq. Written by Himself)出版于伦敦。

▲《短著两篇》(*Two Essays*,即《论自杀》和《论灵魂不朽》)出版于伦敦,价五先令。

文献资料：

一、著作：

①《休谟哲学著作集》(*The Philosophical Works of David Hume*)，四卷，格林(T. H. Green, T. H. Grose)等编，1874－1875，伦敦；再版，1964年。

②《休谟经济学著作集》(*David Hume：Writings on Economics*)，罗特温(Eugene Rotwein)编，1955年，爱丁堡。

二、信札：

①《休谟书信集》(*The Letters of D. H.*)，两卷，盖里格(J. Y. T. Greig)编，1932年，牛津，北京图书馆藏。

②《新刊休谟书简》(*New Letters of D. H.*)，克利班斯基(R. Klibansky, E. C. Mossner)等编，1954年，牛津，商务印书馆资料室藏。

③《休谟致斯特雷汉书翰集》希尔(G. B. Hill)编注。

本书由斯特雷汉出版，斯特雷汉写序，附有斯密给前者的信(1776年11月9日)，详述休谟安详、坦然去世经过。长信，以及斯密与休谟的亲密关系，后来使斯密招来宗教人士的攻讦，例如：霍奈(George Horne, D. D.)发表《基督教徒一分子：一封给亚当·斯密法学博士的信：关于他的朋友大卫·休谟的生平、逝世和哲学》(*Letter to Adam Smith, L. D., On the Life, Death and Philosophy of his Friend, David Hume, Esq. By One of the People Called Christians*)。斯特雷汉本有意附休谟给他一些信，谈政治者，以免篇幅单薄，斯密以休谟历来不主张发表私札为由，不同意这种编法，本书终于按斯密意见编辑出版。

三、手稿：

参看《休谟传》第647页。

四、研究论文：

参看《休谟研究五十年目录》(*Fifty Years of Hume Scholarship*，1925－1976年，并附1900－1924年要目，150页，1978年，爱丁堡)，有作者、外文语种、主题索引。北京图书馆藏。

图书在版编目(CIP)数据

人性论/(英)大卫·休谟著;关文运译.—北京:商务印书馆,2016(2025.7重印)
ISBN 978-7-100-12292-4

Ⅰ.①人… Ⅱ.①大…②关… Ⅲ.①人性论
Ⅳ.①B82-061②B561.291

中国版本图书馆 CIP 数据核字(2016)第 121696 号

权利保留,侵权必究。

人 性 论

〔英〕休谟 著
关文运 译
郑之骧 校

商 务 印 书 馆 出 版
(北京王府井大街 36 号 邮政编码 100710)
商 务 印 书 馆 发 行
北京新华印刷有限公司印刷
ISBN 978-7-100-12292-4

2016 年 10 月第 1 版　　　开本 850×1168　1/32
2025 年 7 月北京第 13 次印刷　印张 24 5/8

定价:95.00 元